Edición Especial

Adobe®
Photoshop 5

CONSULTORES EDITORIALES:

SEBASTIÁN DORMIDO BENCOMO
Departamento de Informática y Automática
UNIVERSIDAD NACIONAL DE EDUCACIÓN A DISTANCIA

LUIS JOYANES AGUILAR
Departamento de Lenguajes, Sistemas Informáticos e Ingeniería del Software
UNIVERSIDAD PONTIFICIA DE SALAMANCA en Madrid

Edición Especial
Adobe®
Photoshop 5

Gary David Bouton
Barbara Mancuso Bouton

Traducción:
Vuelapluma

PRENTICE HALL

Madrid • Upper Saddle River • Londres • México • Nueva Delhi • Rio de Janeiro
Santafé de Bogotá • Singapur • Sydney • Tokio • Toronto

datos de catalogación bibliográfica

Gary David Bouton y Barbara Mancuso Bouton
Edición Especial Adobe Photoshop 5
PRENTICE HALL IBERIA, Madrid, 1999

ISBN: 84-8322-082-2

MATERIA: Informática   681.3

Formato: 170 × 240 mm   Páginas: 704

**Gary David Bouton y Barbara Mancuso Bouton
Edición Especial Adobe Photoshop 5**

DERECHOS RESERVADOS
© 1999 respecto a la primera edición en español por:
PRENTICE HALL IBERIA, S.R.L.
TÉLLEZ, 54
28007 MADRID

ISBN: 84-8322-082-2
Depósito Legal: M-6.223-1999
1.ª reimpresión: 1999

Traducido de:
Inside Adobe® Photoshop 5
Copyright© 1998 by New Riders Publishing
ISBN: 0-56205-884-3

Editor de la edición en español: Alejandro Domínguez
Editor de Producción: David Álvarez
Revisión técnica: Miguel Ángel Gremo
Cubierta: La Movie
Composición: Ángel Gallardo
Impreso por: COFAS

IMPRESO EN ESPAÑA - PRINTED IN SPAIN

Este libro ha sido impreso con papel y tintas ecológicos

Este libro está dedicado a la memoria de Carl Wilson.

Marcas registradas

Todos los términos de este libro de los que se es consciente de su condición de marcas comerciales han sido adecuadamente escritos con mayúscula. Los editores no pueden hacerse responsables de la exactitud de esta información. No debe considerarse que el uso de un término en este libro afecte a la validez de ninguna marca comercial. Photoshop y el logotipo de Photoshop son marcas registradas de Adobe Systems Incorporated.

AGRADECIMIENTOS

No es el autor principal (ni tan siquiera «la banda de los tres») el único responsable del libro que tiene entre sus manos, o del éxito del mismo. Cuando los autores reciben una felicitación por su trabajo, parte del aplauso *debe* ir dirigido a la gente que se encuentra «detrás del escenario». Los editores, el personal de producción e incluso los que conducen los camiones de distribución hasta las librerías juegan asímismo un papel para conseguir que este libro le sea de utilidad. Queremos dar a conocer al lector, de la mejor forma que podamos, los nombres y las contribuciones de los profesionales que, entre todos, le han hecho llegar la información de interés acerca de Photoshop que se encuentra en este libro.

Nos gustaría dar las gracias, desde el fondo de nuestra pluma, a:

- El editor Jordan Gold, que nos concedió el tiempo y la libertad creativa para contar una historia muy compleja de una manera bastante informal.
- La editora ejecutiva Beth Miller, cuyo apoyo y confianza en este libro hizo que fuera un placer el escribirlo. Gracias, Beth.
- La editora de desarrollo Jennifer Eberhardt, que se dio cuenta del alcance de este libro desde el principio y no regateó esfuerzos para satisfacer nuestras necesidades profesionales y, a veces, personales. No podíamos haber deseado un editor más cooperativo, ni un lector más entusiasta, para el libro que tiene entre sus manos.
- La editora de copia Gail Burlakoff. Gail ha estado editando los trabajos de Gary desde el libro sobre Photoshop 2.5, hace aproximadamente mil millones de años y un montón de actualizaciones, y ha llegado al punto donde es difícil decir dónde termina la escritura de Gary (normalmente con «¿Vale?» o «Estupendo, ¿verdad?») y dónde empieza la experta labor de edición de Gail. Gracias, Gail, por ser una amiga y por ver en un libro algo más que meras frases y párrafos.
- Los Bouton agradecen a Gary Kubicek, editor técnico y coautor, su extraordinario trabajo de edición y su clara visión del libro, en esos momentos en los que lo único que se te ocurre es «pulse Ctrl(z)+E para esconderse del mundo real durante un rato». Gracias también por posar para muchas de las imágenes de ejemplo del libro, como el individuo de «Aliens in Plaid» (el que no es el alienígena), independientemente de lo ridículas que pudieran parecer las instrucciones.
- Gracias especialmente a John Leddy, Christie Cameron y Peter Card, de Adobe Systems, por proporcionarnos información de primera mano acerca de Photoshop a medida que el trabajo de desarrollo progresaba. Gracias también por Illustrator, PageMaker y Adobe Dimensions, que se utilizaron para los añadidos de la última parte del libro y para los documentos PDF incluidos en el CD de acompañamiento.

- MCP Design and Production, por pasar la documentación a formato físico y por permitir a los autores contribuir a la apariencia final del libro.
- Adam Swetnam, especialista en software, por asegurarse de que la copia maestra del CD de acompañamiento había sido hecha correctamente, y de que los contenidos eran fácilmente accesibles tanto en plataformas Windows como Macintosh.
- Un reconocimiento para Charles Moir y Dave Matthewman de XARA, Ltd., por proporcionarnos acceso a las versiones preliminares de XARA 2, que se utilizaron para ilustrar y anotar muchas de las figuras de este libro.
- Ted Alspach de Extensis, por proporcionar, para nuestros lectores, versiones de demostración completamente funcionales de PageTools, PhotoFrame, Intellihance, Mask Pro y (la versión Macintosh de) VectorTools, incluidas en el CD de acompañamiento.
- Rose Ann Alspektor, de VALIS Group, por la copia de Flo' incluida en el CD adjunto.
- John Henderson, de Three-D Graphics, por permitirnos ofrecer una versión de trabajo de Texture Creator (para Mac y Windows) en el CD de acompañamiento.
- Nuestro proveedor de servicios Internet, Scott Brennan, presidente de Dreamscape On-Line PLC., por el ancho de banda y el servicio necesarios para transmitir a Indianapolis cantidades ingentes de información (¡hablamos de *algo más* que un disquete!) de forma inmediata. El éxito de Dreamscape en la Costa Este de los Estados Unidos se basa en el servicio personalizado, y Scott es otro profesional al que hemos tenido el placer de poder considerar un amigo.
- Mike Plunkett, por hacer de socorrista en la fotografía «The Gigantic» del Capítulo 5. Gracias, Mike... lo hiciste a la perfección, y sin necesidad de una orquesta sinfónica y coros.
- Gary Kubicek quiere dar las gracias a Muriel Buerkley, Tammy Austin y Daniel Lash por permitir el uso de las imágenes «Cheers», «Dad-son» y «Family», respectivamente. Vuestras fotografías me ayudaron a hacer el Capítulo 8 como yo quería.
- Gary Kubicek quiere dar también las gracias, especialmente, a su familia (Terri, Rachael, Bethany, «la abuela Mary» y «el tío Mark»), Jean Weisburg, Taffy McKeon, Mike Tarrenova, Amy Tewksbury, Jerry O'Dell, LaToya Pickett, Tim DeVolve y Bill Ehrhardt.
- Gracias a David Bouton, tan próximo a Gary y Barbara, por hacer el papel del Senador Dave en el Capítulo 7. Dave, ¡tu fotografía aparece en estos libros más que la *nuestra*! ¿Cuál es tu secreto? ¡Gracias, hermano!
- Gary y Barbara Bouton quieren dar las gracias a sus padres, Jack, Eileen, John y Wilma, por decorar el interior y el jardín de nuestra nueva casa mientras nosotros nos quedábamos hasta las tantas «con eso de Photoshop». De hecho, ¡cuidáis más de la casa de lo que *nosotros* lo hemos hecho! Siempre nos habéis dicho que lo que hacemos es importante, y es vuestra fe en nosotros lo que hace que os queramos todavía mucho más. ¡Gracias, mamá! ¡Gracias, papá!

ACERCA DE LOS AUTORES

Gary David Bouton es un autor y diseñador que comenzó a utilizar la computadora personal después de 20 años de dibujar sobre una mesa de dibujo convencional. Éste es el séptimo libro de Gary acerca de Adobe Photoshop; ha escrito otros seis libros acerca de gráficos por computadora para New Riders Publishing, además de colaborar en la elaboración de tres libros sobre Corel-DRAW. Estos títulos incluyen *Inside Extreme 3D 2*, *Photoshop Filters & Effects* y *CorelDRAW Experts Edition*. También ha escrito el libro *The Official Multimedia Publishing for Netscape*, para Netscape Press.

Gary ha ganado varios premios internacionales de autoedición y diseño y fue finalista del premio 1996 Macromedia People's Choice Awards. Colaborador de *CorelMagazine* y otras publicaciones, Gary es también moderador de la lista de discusión CorelXARA en i/us (http://www.i-us.com/xara.htm).

En su tiempo libre, Gary trabaja en un filtro plug-in que permitirá transformar sonetos en bailes populares.

Puede contactarse con Gary en:

Gary@TheBoutons.com.

Barbara Mancuso Bouton ha sido coautora de todas las ediciones de este libro, así como la editora de *New Rider's Official World Wide Web Yellow Pages*. Es también autora del libro *Official Netscape Power User's Toolkit*, de Netscape Press. Barbara es una profesional de la edición y de la producción de documentos electrónicos e Internet, y trabaja como consultora de sistemas para algunas de las más importantes compañías americanas.

En palabras de Barbara, «Photoshop 5 es una bocanada de aire fresco tanto para el diseñador profesional como para aquellos que comienzan a introducirse en el mundo de los gráficos por computadora. El énfasis de la Versión 5 se encuentra en las herramientas de diseño, de las cuales hay muchas nuevas y originales, pero al mismo tiempo el valor de Photoshop para los profesionales de la preimpresión y la producción sigue sin tener igual. El verdadero desafío a la hora de continuar nuestro anterior libro sobre Photoshop 4 con éste fue ¿por dónde empezamos? Seguramente, muchos de nuestros lectores estarán familiarizados con las funciones tradicionales de Photoshop, mientras que otros habrán comenzado a utilizar Photoshop por vez primera. Hemos trabajado mucho para integrar las nuevas funciones con las tradicionales, con el fin de presentar la globalidad de Photoshop 5 a usuarios de todos los niveles de experiencia. Queremos que el lector sea capaz de comenzar inmediatamente a trabajar (o a jugar) con esta nueva versión y este nuevo libro».

Puede contactarse con Barbara en:

Barbara@TheBoutons.com, o en bbouton@dreamscape.com.

Gary y Barbara mantienen su propio sitio Internet (http://www.TheBoutons.com) como almacén de referencias bibliográficas, artículos sobre gráficos por computadora y galería de arte de sus imágenes.

Gary Kubicek ha colaborado en la elaboración de cuatro libros sobre Photoshop para Macmillan y ha sido editor técnico de otros seis libros. Fotógrafo profesional durante más de veinte años, Gary pronto adoptó Photoshop y la «cámara oscura digital» como extensiones de la forma de expresión personal que para él es su trabajo fotográfico tradicional.

«Las limitaciones y fronteras de la fotografía convencionales me condujeron a la edición electrónica de imágenes», dice Gary. «Alguien que provenga del campo de la fotografía tradicional puede disfrutar como nunca con Photoshop 5».

Gary es también consultor sobre el tema de la edición electrónica de imágenes, posee un negocio de restauración de fotografías y ha sido instructor de Photoshop, PageMaker y Office97 para varios clientes.

Puede contactarse con Gary Kubicek en:

gary@kubicek.com.

La dirección de su sitio Web es http://www.aiusa.com/gary.

Contenido

II. TRUCOS BÁSICOS CON PHOTOSHOP

III. Trucos de nivel intermedio en Photoshop

IV. USOS AVANZADOS DE PHOTOSHOP

V. EDICIÓN Y MÁS ALLÁ

ADOBE PHOTOSHOP: LA MENOS COMÚN DE LAS PALABRAS COMUNES

Coca-Cola, Kleenex y Adobe Photoshop. Como marcas comerciales o registradas, todas ellas tienen algo en común: son marcas que han terminado por dar nombre a toda una categoría de productos. Fijémonos en Adobe Photoshop, dado que este libro trata sobre dicho programa. Hay dos grupos de personas que reconocen dicha marca: los que utilizan el programa y los que han oído hablar de él y del papel que juega en la edición avanzada de imágenes. Photoshop casi se ha convertido en un verbo, como en la frase «he photoshopeado la imagen».

Curiosamente, la gente que no utiliza computadoras pero ha oído hablar de Photoshop nunca llega a ver realmente los resultados del programa, porque los buenos trabajos de retoque con Photoshop son completamente invisibles. Lo que algunas veces llegan a percibir los que no son usuarios de Photoshop es que, aunque una imagen es completamente imposible (uno de los anuncios clásicos de Adobe presenta a un nadador nadando por una carretera), el espectador no puede detectar ningún rastro del trabajo de retoque de la imagen. El convertir en real una realidad que no puede serlo es una de las «marcas oficiosas» de Photoshop, y lo que convierte al programa en la menos común de las palabras comunes.

Aquéllos de nosotros que sí utilizamos Photoshop tendemos a dar por supuesto que no es posible obtener mejores resultados, ya sea a la hora de retocar una fotografía para restaurarla o a la de crear una composición fantástica creíble, que utilizando el programa de edición de imágenes más popular del mundo.

Este libro es un recorrido completo por la magia que el programa es capaz de generar. Los autores proporcionan pasos exhaustivos en cada capítulo para mostrarle cómo producir obras de la máxima calidad, fotorrealistas o no. Nuestro enfoque es directo y simple: creemos que toda imagen que llame realmente la atención debe comenzar con un concepto. El usuario selecciona entonces las herramientas para conseguir su objetivo y, a través de una serie de procedimientos, finaliza su trabajo. Puesto que creemos que hay unos plazos y una serie de acciones definidas que llevan al diseñador de comienzo a fin, encontrará que los ejemplos de este libro han sido creados con el mismo concepto (quizá, a veces, de forma algo humorística) y acciones que usted usaría en una composición de su propia cosecha. Nuestra intención es mostrarle una tarea, analizar qué es lo que se necesita hacer y proporcionar los pasos necesarios para completar la imagen. Estructurando el libro de esta manera, posibilitamos el que el lector aplique la «metodología» mostrada en él a multitud de encargos profesionales o personales. Por cierto..., a lo largo del camino le enseñaremos trucos, atajos o técnicas avanzadas que le serán de utilidad en el futuro para realizar trabajos especialmente complejos.

Un enfoque panorámico proporciona ayuda para toda clase de diseñadores

Photoshop 5 tiene una interfaz mejorada, con una disposición mucho más lógica que la de las versiones anteriores. El programa también tiene órdenes y paletas que pueden encontrarse en otros productos de Adobe, de forma que, por ejemplo, un usuario con experiencia en PageMaker o Illustrator puede comenzar a trabajar con Photoshop más rápidamente. Al mismo tiempo, Photoshop 5 contiene muchas funciones nuevas, en ocasiones ocultas.

Por tanto, los autores han decidido no dar por supuesto prácticamente *nada* a la hora de enseñar al lector este programa. Naturalmente, el lector debe estar familiarizado con el sistema operativo de su computadora; es necesario que sepa cómo guardar, copiar y mover un archivo, y estar familiarizado con el uso de un ratón o una tableta digitalizadora le permitirá comenzar a ser productivo con Photoshop 5 más rápidamente que si acaba de desembalar la computadora. Los autores han decidido «dar un paso atrás» a la hora de explicar Photoshop 5 para adaptarse mejor a aquellos usuarios que puedan no estar familiarizados con cosas tales como el suavizado, la interpolación, los canales alfa y otros términos del mundo de los gráficos por computadora.

En lo que respecta a la estructura del libro, en los primeros capítulos proporcionamos información sobre gráficos por computadora en general, después pasamos a describir cómo personalizar Photoshop y cómo se realizan selecciones y después integramos los conceptos aprendidos para concluir, en la última parte del libro, con la edición avanzada de imágenes. *Todo el mundo* es nuevo en Photoshop 5; es igualmente una aventura para el profesional y para el principiante, y no hemos querido dejarnos nada en los pasos de los ejemplos, las notas, el texto o el proceso de aprendizaje. No tome la actitud de «Bueno, bueno... ya conozco la herramienta Lazo, así que me saltaré esta sección». Puesto que hay nuevas funciones en el menú flotante de la herramienta Lazo, en la caja de herramientas, se estaría perdiendo información de interés si «se salta» un capítulo. Los autores hemos decidido no dar nada por supuesto; por tanto, como lector, debe hacer lo mismo.

Convirtamos el proceso de aprendizaje de Photoshop en una excursión, una aventura. Como en la mayoría de las aventuras, es necesario empaquetar unas cuantas cosas al empezar; cosas intangibles como una actitud positiva, un concepto, la familiaridad con el uso de la computadora y el deseo de aprender. Por último, pero no por ello menos importante, hace falta un mapa, de forma que no recorramos demasiadas carreteras secundarias, por muy interesantes que éstas puedan ser. Los autores le han proporcionado el mapa (este libro), el cual se describe en las secciones siguientes, al explicar la estructura que el libro adopta.

Empuje hacia abajo y gire: instrucciones para enfrentarse con este libro

La mayoría de los ejemplos descritos en el libro están documentados en un formato paso a paso. Si sigue esos pasos, la pantalla de su computadora debe ser exactamente igual a las figuras de este libro, salvo porque su pantalla está en color. Cada capítulo conduce a través de, al menos, una secuencia numerada de pasos, con explicaciones frecuentes al margen que explican por qué le pedimos que hiciera una cosa en concreto. Las figuras muestran el resultado de una acción y el texto explica cuál debe ser el aspecto del efecto.

La mayoría de las herramientas de Photoshop 5 tienen funciones diferentes, de mayor alcance, cuando se mantienen pulsadas las teclas Mayús, Alt o Ctrl (teclas Mayús, Opción y ⌘ para los usuarios de Macintosh) mientras que se pulsa con el ratón o se presionan otras teclas. Estas *teclas modificadoras* se muestran en los pasos con la notación Ctrl(⌘)+pulsar, Alt(Opción)+pulsar, Ctrl(⌘)+D, etcétera. Este libro es una documentación multiplataforma de Photoshop 5; en los pasos se muestran en primer lugar las teclas de órdenes de Windows, seguidas por sus equivalentes en Macintosh (encerradas entre paréntesis). Los usuarios de Unix también encontrarán los pasos fáciles de seguir; la principal diferencia entre plataformas en Photoshop 5 es el «aspecto» que cada sistema operativo presta a los elementos de interfaz.

Para mostrarle lo sencillo que es seguir el libro, he aquí cómo indicaríamos que se utilizara la orden Calar:

1. Pulse Ctrl(⌘)+Alt(Opción)+D (Selección, Calar) e introduzca el valor **5** en el campo que indica el número de píxeles. Pulse OK para aplicar el comando de calado.

¿Cuál es la traducción? Hay que mantener presionada la primera tecla mientras que se aprietan la segunda y tercera teclas (después se sueltan las tres para provocar la acción deseada), o bien puede acceder al comando de la forma «difícil» utilizando las órdenes de menú mostradas entre paréntesis. Los autores quieren acostumbrarle a familiarizarse con las teclas modificadoras en lugar de con las órdenes de menú, porque esta familiarización, enfatizada a todo lo largo del libro, le permitirá trabajar de manera más eficiente en Photoshop 5. Las teclas de función se denotan en el libro mediante F1, F2, F3, etcétera.

Si los pasos en una aplicación que está disponible tanto para Windows como para Macintosh son significativamente diferentes, explicamos en detalle los pasos empleados en el libro.

Como ya hemos mencionado, la propia interfaz de Photoshop es prácticamente idéntica en todas las plataformas. Las únicas diferencias reales radican en el «relleno» que el sistema operativo introduce: los elementos de pantalla que el sistema operativo de Macintosh y las diferentes versiones de Windows añaden a las ventanas, paletas y menús, así como el tipo de letra del sistema utilizado para mostrar los textos. En la Figura I.1 puede ver la presentación de Photoshop 5 en Windows NT, que es casi idéntica a la de Windows 95 y Windows 98.

Figura I.1 El «aspecto» de Photoshop 5 en Windows NT.

La Figura I.2 muestra el mismo documento de la Figura I.1, pero esta vez cargado en la versión de Photoshop 5 para PowerPC, con el sistema operativo System 8.

Si compara estas dos figuras, verá que, aunque existe una diferencia entre las dos interfaces, las *funciones* ofrecidas en las dos versiones de Photoshop son idénticas.

Las diferencias reales de funciones entre las versiones Windows y Macintosh de Photoshop 5 son:

Figura I.2 Photoshop 5 ejecutándose en un PPC con System 8.

- En Windows, en el modo de pantalla completa, sin la barra de menú ni la de título, se sigue teniendo acceso al menú, porque aparece un botón de menú flotante en la parte superior de la caja de herramientas.
- En Macintosh, puede plegarse la caja de herramientas en cualquier momento efectuando una doble pulsación en la pestaña de paleta, en la parte superior de la caja de herramientas. Si se vuelve a efectuar una doble pulsación, la paleta se despliega.
- Los campos Tamaño del documento y Porcentaje de zoom se localizan, en la versión Macintosh de Photoshop, en la parte inferior de la ventana de imagen activa. En Windows, ambos campos se encuentran en la línea de estado situada en la parte inferior de la pantalla, donde también se muestran las opciones para la herramienta actualmente seleccionada.
- En el momento de escribir estas líneas, el panel de control Adobe Gamma se carga automáticamente al instalar Photoshop 5 en Macintosh. Esta utilidad puede encontrarse en el menú de paneles de control de Apple. Sin embargo, el panel de control Adobe Gamma puede o no cargarse automáticamente durante la instalación en Windows 98 o Windows NT. Eche un vistazo a la carpeta (Photoshop 5), Goodies, Calibration si Adobe Gamma no se cargó en el Panel de control del sistema. La carpeta Calibration contiene instrucciones para instalar manualmente Adobe Gamma (consejo: instálelo; es la mejor utilidad existente para el ajuste global de gamma, y es gratis).

Las figuras del libro han sido capturadas en Windows NT; no hay espacio material para mostrar todas las versiones de interfaz Windows, UNIX y Macintosh. Insistimos en que, cuando hay una diferencia significativa en la forma de realizar alguna acción en una plataforma determinada, este libro detalla los pasos específicos que hay que utilizar.

Aviso para zurdos

Este libro está escrito de una forma algo «chauvinista», dando por sentado que el lector es diestro. La plataforma Macintosh utiliza un ratón de un solo botón, por lo que la mano que se utilice para pulsar con un cursor de pantalla es indiferente. En Windows, sin embargo, puede accederse al menú contextual de Photoshop 5 pulsando el botón secundario del ratón, y los pasos de los ejemplos del libro han sido escritos asumiendo que éste es el botón derecho del ratón. Si es zurdo y ha cambiado la definición de los botones primario y secundario del ratón, el término *pulsar el botón derecho del ratón* debe entenderse como *pulsar el botón secundario del ratón*. En Macintosh, la forma de acceder a esta función consiste en presionar la tecla Ctrl y pulsar con el ratón. Todas las funciones de las versiones Windows y Macintosh de Photoshop 5 son idénticas, pero el acceso a algunas de ellas no es exactamente igual.

Términos utilizados en el libro

El término *arrastrar*, en este libro, significa mantener apretado el botón primario del ratón y mover el cursor en la pantalla. Esta acción se emplea en Photoshop para crear un marco de selección y para tener acceso a las herramientas situadas en los menús flotantes de la caja de herramientas. En Macintosh, la acción de arrastrar se usa también para acceder a los *menús desplegables*; los usuarios de Windows no necesitan mantener apretado el botón primario del ratón para acceder a los menús flotantes y a las órdenes del menú principal.

Pasear significa mover el cursor en la pantalla sin pulsar ningún botón del ratón. Esta acción se emplea en Photoshop, principalmente, con las herramientas Pluma magnética y Lazo magnético, y también con la herramienta Cuentagotas cuando se quiere seleccionar una posición relativa en una imagen y el color situado bajo la herramienta (es necesario mostrar la paleta Info, F8, para determinar los valores leídos por la herramienta Cuentagotas).

Pulsar significa apretar y soltar una vez el botón primario del ratón, excepto cuando se añada explícitamente un modificador, como en «pulse la tecla Ctrl».

Efectuar una doble pulsación quiere decir presionar rápidamente dos veces el botón primario del ratón. Normalmente se utiliza una doble pulsación para realizar una función sin necesidad de pulsar el botón OK en una ventana de directorio. Además, cuando se efectúa una doble pulsación sobre una herramienta en la caja de herramientas de Photoshop, aparece la paleta de Opciones.

Mayús+pulsar significa que se debe mantener presionada la tecla Mayús mientras se pulsa con el botón primario del ratón.

Convenios usados en el libro

A lo largo del libro usamos diversos convenios para clarificar ciertas acciones realizadas con el teclado y para ayudarle a distinguir ciertos tipos de texto (por ejemplo, para diferenciar nuevos términos o textos que el usuario debe teclear). Estos convenios incluyen:

Texto especial

La información que el usuario debe teclear se muestra en **negrita**. Esta regla se aplica a letras, números y cadenas de texto, pero no a las teclas especiales, como Intro, Tab, Esc o Ctrl(⌘).

Los nuevos términos aparecen en *cursiva*. También se utilizan letras cursivas para enfatizar partes del texto, como «*No* desenchufe su computadora en este punto».

Utilización de abreviaturas para productos conocidos

Este libro sería aún más grande de lo que ya es si cada referencia a un programa de gráficos o a un fabricante incluyera el nombre completo del fabricante, el del producto y el número de versión. Por este motivo, verá que a veces nos referimos a Adobe Photoshop 5 simplemente con «Photoshop 5». De la misma forma nos referimos a Adobe Illustrator como, simplemente, «Illustrator» y utilizamos el «nombre habitual» para designar a otros productos.

Los editores y los autores reconocen que los nombres mencionados en este libro son marcas comerciales o están sujetos a copyright por parte de sus respectivos fabricantes; la utilización de abreviaturas para los diversos productos no pretende en modo alguno infringir los nombres comerciales de los mismos. Al referirnos a una aplicación, normalmente estamos haciendo referencia a la versión más actualizada de la misma, a menos que se indique explícitamente lo contrario.

Resumen del contenido

Los autores le recomiendan utilizar este libro como guía de referencia, pero también ha sido escrito como tutorial práctico en orden secuencial. Y esto quiere decir que la forma de sacar mayor provecho de la información del libro consiste en leer un poco cada vez, desde el primer capítulo hasta el último. Somos conscientes, sin embargo, de que no todo el mundo gusta de adquirir la información de esta manera, especialmente en un entorno gráfico integrado como Photoshop, donde un elemento de información conduce a menudo a una unidad de conocimiento aparentemente no relacionada. Por esta razón, la mayoría de los capítulos ofrecen series de pasos completos, autocontenidos, para cada tema o técnica específicos, con referencias frecuentes al material relacionado que otros capítulos contienen. Si comienza a leer el Capítulo 6, por ejemplo, aprenderá lo necesario sobre un área completa de la edición de imágenes, pero puede sacar mayor provecho de lo aprendido si también investiga el Capítulo 17.

El libro está dividido en cinco partes seguidas de un Apéndice con instrucciones especiales para la instalación de los componentes incluidos en el CD adjunto. La estructura del libro es la siguiente:

Parte I: Aprender a andar antes de correr

En el Capítulo 1, «Gráficos por computadora y términos relacionados», el lector podrá familiarizarse con el *por qué* las cosas funcionan como lo hacen en

Photoshop 5 y en otros programas. ¿Qué es un píxel y cómo podemos medir uno? ¿Qué es el suavizado y por qué puede beneficiar a nuestro trabajo en Photoshop? Éstas y otras muchas cuestiones se responden tanto para los nuevos usuarios como para aquellos usuarios expertos que nunca han tenido tiempo de profundizar en los temas de cálculo y geometría antes de comenzar con Photoshop. Una vez que se entienden los principios fundamentales, se puede hacer con Photoshop cualquier cosa que se desee.

El Capítulo 2, «Obtención de un catálogo de imágenes», muestra cómo obtener imágenes del mundo real en formato digital. Resulta divertido dibujar en Photoshop, pero es incluso más divertido retocar una fotografía de un familiar o mejorar una hermosa escena de una puesta de sol. Este capítulo cubre los conceptos básicos de la adquisición de imágenes digitales, desde los PhotoCD a las cámaras digitales.

El Capítulo 3, «Personalización de Photoshop 5», asume el hecho de que Adobe Systems no puede predecir las preferencias que cada usuario tiene a la hora de trabajar. Por ello, puede *personalizarse* Photoshop 5 investigando las opciones existentes de visualización del cursor, utilización del Portapapeles, disposición de las paletas, puntas de pincel personalizadas y corrección global de gamma, entre otras. El Capítulo 3 contiene todo lo que hace falta saber para hacer que Photoshop 5 sea tan cómodo como nuestro sofá favorito.

En el Capítulo 4, «Toma de contacto con Photoshop», los autores le invitan a experimentar con una imagen y, de paso, aprender acerca de las funciones tradicionales y nuevas de Photoshop. Como el título sugiere, en este capítulo trabajaremos sin habernos aún familiarizado del todo con las herramientas y opciones. Pero eso no tiene importancia; la imagen que utilizaremos no puede estropearse de forma permanente, porque está en el CD (un soporte de sólo lectura), y hemos precedido la exploración con la advertencia de que no existen formas correctas o incorrectas de experimentar. La investigación es el concepto clave de este capítulo, lo que quiere decir que lo que se busca es *divertirse*.

Parte II: Trucos básicos con Photoshop

El Capítulo 5, «Utilización de las nuevas funciones», está dedicado a descubrir y practicar las nuevas funciones disponibles en Photoshop. En él podrá aprender acerca del cuadro de diálogo mejorado de la herramienta Texto, la herramienta Pluma de forma libre, los Efectos de Capa y otras funciones. También podrá ver *para qué* son útiles estas herramientas mediante ejemplos paso a paso.

El Capítulo 6, «Selecciones, capas y trazados», es de obligada lectura, sea cual sea su nivel de experiencia. En Photoshop 5 pueden crearse selecciones de, al menos, cinco formas diferentes, y elegir el mejor método para una imagen específica puede constituir todo un desafío de diseño. Después de estudiar este capítulo, tendrá a su disposición más del 50 por ciento de la potencia ofrecida por Photoshop.

El Capítulo 7, «Retoque de una fotografía», destaca las herramientas y funciones que pueden utilizarse para cambiar drásticamente una imagen. ¿Alguna vez ha sentido la necesidad de eliminar sin dejar huella un dedo de la cara de alguien que está en una pose realmente horrible? Este capítulo es una introducción a los principios y técnicas del retoque imperceptible de imágenes. ¡No se lo pierda!

Parte III: Trucos de nivel intermedio en Photoshop

Al llegar a esta parte del libro, el lector ya conoce las herramientas básicas, así que es el momento de ir más allá y experimentar con los tipos de manipulaciones de imágenes que le podrían valer un premio en un concurso.

El Capítulo 8, «Restauración de fotografías de familia», echa un vistazo a tres fotografías realizadas hace muchos años. Todas ellas tienen algún tipo de problema, desde manchas de líquido a grietas en la emulsión fotográfica. Aprenda cómo tratar estas preciadas, aunque estropeadas, imágenes y devuélvalas su belleza original utilizando las técnicas descritas en el Capítulo 8.

En el Capítulo 9, «Creación de imágenes surrealistas», entramos en un mundo de la composición de imágenes distinto: el de las composiciones fotográficas surrealistas. Aprenda las técnicas que permiten que lo aparentemente imposible parezca una realidad cotidiana. Muestre a su audiencia que una imagen necesita, en ocasiones, ser examinada a diferentes niveles, sabiendo cómo retorcer la realidad de una forma convincente con las funciones ofrecidas por Photoshop.

El Capítulo 10, «Mezcla de medios», explora la utilización de soportes físicos como base para una creación digital. En este capítulo tomaremos un humilde dibujo hecho con lápiz y papel, lo pasaremos por el escáner, limpiaremos la imagen con Adobe Streamline y, finalmente, la embelleceremos con pintura y texturas muestreadas. Este capítulo contiene las más avanzadas técnicas de los dibujos animados tradicionales, así que ¡no se pierda la diversión!

El Capítulo 11, «Diferentes modos de color», va más allá de las típicas imágenes RGB para mostrarle los diversos modos de color y cómo hacer las mejores conversiones manuales entre unos modos y otros. ¿Necesita utilizar duotonos en un trabajo? ¿Necesita convertir de forma precisa una imagen RGB a escala de grises? ¿Qué le parecería utilizar una imagen en tonalidad sepia o con rotograbado? Vea en este capítulo cómo conseguir diferentes efectos utilizando distintos modos de color.

El Capítulo 12, «Creación de una fantasía fotorrealista», muestra cómo integrar imágenes sintéticas y fotografías para crear un anuncio extraterrestre de una película, con pistolas láser y horrendos marcianos, completamente acabado. El capítulo le permitirá también ganar experiencia con las herramientas de selección y con la función Máscara de capa de Photoshop.

En el Capítulo 13, «Creación de una imagen perfecta», se presentan algunas técnicas para realizar algo tan obvio y tan dramático al mismo tiempo que los resultados pueden considerarse como perfectos. Acostúmbrese a pensar en cómo «modificar imperceptiblemente» una imagen a medida que reemplaza un cielo aburrido en una fotografía, por lo demás hermosa, para conseguir la fotografía «perfecta».

Parte IV: Usos avanzados de Photoshop

El Capítulo 14 es una documentación fantástica e impactante sobre «Cómo hacer que las cosas parezcan pequeñas». Si alguna vez ha deseado reducir el tamaño de una persona (por ejemplo, su jefe) en una imagen, *no* se pierda los pasos de este capítulo. Las técnicas de selección avanzadas y la corrección de color son sólo dos de los puntos fundamentales de este divertido y fantástico capítulo.

El Capítulo 15, «Utilización de varias aplicaciones», contempla el hecho de que los diseñadores profesionales suelen poseer más de una aplicación. ¿Cómo combinar, por ejemplo, Illustrator y Photoshop para retocar una composición en la que el texto abunde? En este capítulo se muestran los secretos y los pasos necesarios para combinar aplicaciones con el fin de crear una composición en la que se reflejen las mejores funciones de cada una de las aplicaciones utilizadas.

El Capítulo 16, «Utilización creativa de los filtros», *no* es el típico repaso de todos los filtros de Photoshop (hay 92 de ellos en la versión 5). Entonces, ¿de qué trata este capítulo? En él aprenderemos a seleccionar la imagen adecuada para cada filtro, a aplicar de forma parcial un filtro a una imagen y, esencialmente, a situarnos *nosotros* (en lugar del filtro) en el asiento del conductor, a la hora de realizar una composición.

En el Capítulo 17, «Efectos especiales con Photoshop», aprenderá a quitarle a una persona sus ropas (*en una imagen*, ¿eh?), para crear un efecto de «hombre invisible». Además, verá cómo utilizar una cara (de un hombre que nos ha dado su autorización para utilizarla) para sustituir en una fotografía la de alguien que vamos a pretender que *no* nos dio tal autorización. Se pueden hacer cosas bastante curiosas cuando se coloca una cara en un cuerpo distinto, y este capítulo le anima a realizar tales experimentos.

Parte V: Edición y más allá

El Capítulo 18, «Obtención de la salida impresa», se centra en los métodos y técnicas para obtener las mejores copias impresas de las imágenes que nuestra pantalla muestra. El resultado de nuestro trabajo debe a menudo representarse fuera de la computadora, así que necesitaremos aprender acerca de la ganancia de punto, salida PostScript, filmadoras, separaciones de color y las opciones disponibles en Photoshop para generar una salida adecuada a nuestro trabajo creativo.

El Capítulo 19, «Creación de gráficos para la Web», muestra cómo puede utilizarse Photoshop para crear documentos en pantalla. Este capítulo explica cómo crear texturas en mosaico sin junturas, cómo hacer botones de navegación y el proceso conceptual que permite hacer que un sitio Web llame realmente la atención.

El Capítulo 20, «Diseño de animaciones», está dirigido a los diseñadores ambiciosos que quieran utilizar la funcionalidad de Acciones de Photoshop para editar cuadros de animaciones. En el CD adjunto se proporcionan unas aplicaciones auxiliares, denominadas *compiladores* de animación, así como una serie de cuadros de una animación con los que puede trabajarse en Photoshop. Siga los ejemplos y, antes de darse cuenta, habrá preparado una película AVI o QuickTime.

Parte VI: La parte trasera

¿No le molesta bastante llegar al final de un buen libro, sólo para encontrar que los autores no dicen nada de las investigaciones que realizaron para hacerlo? Cualquiera que trabaje con una computadora siente una curiosidad natural por saber dónde puede aprender más, dónde encontrar las mejores fuentes para otras herramientas y qué quieren decir ciertas cosas cuando se las lee fuera de contexto.

De esto es, precisamente, de lo que trata el CD adjunto. En el CD encontrará varios recursos útiles para continuar progresando con Photoshop mucho después de haber terminado de leer el libro:

- Archivos utilizados en los ejemplos del libro. Le recomendamos que estudie los ejemplos del libro usando estos archivos (cuidadosamente preparados por los autores), que ilustran procedimientos y efectos específicos. Los archivos, localizados en la carpeta EXAMPLES del CD adjunto, son independientes de la plataforma, y pueden emplearse en cualquier sistema Macintosh o Windows en el que se haya instalado Photoshop 5. Lamentamos decirle que el propio programa Photoshop 5 *no* está incluido en el CD adjunto; tendrá que añadir *algunos* de los ingredientes de la receta sobre cómo conseguir fama y fortuna a través de la creación de imágenes.
- El Glosario en línea. Este archivo Acrobat PDF contiene ejemplos a todo color, atajos, definiciones y otros elementos de información de relevancia para este libro, para Photoshop y para los gráficos por computadora en general. Le recomendamos que instale el Glosario en línea en su sistema y que ejecute Adobe Acrobat Reader 3 cuando necesite una explicación rápida de una técnica o elemento de interfaz durante su trabajo con Photoshop.
- Fuentes, texturas y escenas, en formatos Windows y Macintosh, y una fabulosa colección de recursos. Los autores han creado (en nuestra opinión) una colección bastante extensa de elementos necesarios frecuentemente en las páginas Web, publicaciones tradicionales y otros tipos de soportes. Examine la documentación y el acuerdo de licencia (FST-7.pdf) incluidos en la carpeta BOUTONS del CD adjunto; se trata de archivos y programas completamente originales y orientados a Photoshop.
- Los programas shareware, los programas de demostración y las utilidades incluidos en el CD son aplicaciones seleccionadas que los autores han utilizado y cuyo uso recomiendan. Hay algunas restricciones de uso para el shareware, y no debe confundir «shareware» con «programas de uso libre». Si encuentra en el CD adjunto algo que le resulte útil en su trabajo profesional, lea el archivo Read Me en la carpeta de la utilidad o archivo en cuestión y regístrese (pagando una pequeña cantidad de dinero) ante el creador del programa.
- En el Apéndice podrá encontrar instrucciones para instalar Acrobat Reader 3 para Macintosh y Windows y más información acerca de los contenidos del CD adjunto. Se perderá un montón de material útil y divertido del CD si no instala (o no tiene ya instalado) Acrobat Reader 3. Asegúrese de examinar esta carpeta del CD en primer lugar.

Gente como nosotros

El Capítulo 3 está pensado para ayudarle a preparar Photoshop 5 para su uso personal, por lo que creemos que es de rigor contarle lo que *los autores* utilizaron para preparar este libro y el CD. Nada fuera de lo común: utilizamos Photoshop 5, unas pocas aplicaciones externas y unos sistemas configurados con lo que pensamos que son unas especificaciones entre modestas y altas. Para las imágenes fotográficas, utilizamos la propia luz de la escena la mayoría de las veces, una cámara SLR de 35 mm y familiares y amigos como pacientes modelos. Los profesionales de la imagen pueden hacerse una idea de adonde pueden conducir estos ejemplos en su propio trabajo, mientras que los usuarios inexpertos no se sentirán intimidados por un compendio ultra-cuidado de imágenes. Los sistemas utilizados incluyen un Pentium II a 266 MHz con 256 MB de RAM, bajo Windows NT; máquinas Pentium 166 MHZ con 128 MB de RAM, con sistema operativo Windows NT y Windows 95, y un PowerMacintosh 8500 con 96 MB de memoria RAM de sistema, con sistema operativo System 8. Todas las computadoras tienen entre 200 y 500 MB de espacio libre en disco duro, utilizando discos duros de diferentes tamaños.

La edición digital de imágenes es algo tan mágico y maravilloso que es imposible refrenar al niño que todos llevamos dentro. Por esa razón, algunos de los ejemplos del libro son algo humorísticos y se dedican a retorcer un poco la realidad, de la misma forma en que aprenderá a retorcer algunos píxeles utilizando Photoshop. Queremos mostrarle parte de la diversión que nos ha proporcionado un producto muy serio, y esperamos despertar o avivar la llama de la creatividad también en el lector.

¿Tiene a mano su Coca-Cola, sus Kleenex y su Photoshop 5? Empecemos, pues...

PARTE

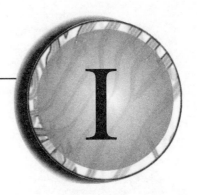

Aprender a andar antes de correr

CAPÍTULO 1

GRÁFICOS POR COMPUTADORA Y TÉRMINOS RELACIONADOS

Este capítulo no es un resumen, ni tampoco pretende ofender su inteligencia. No es en absoluto «el capítulo de los principiantes», ni tan siquiera un conjunto de ejemplos que explican algún principio subyacente a Photoshop.

¡Estupendo! Entonces, ¿qué es este capítulo? Hay muy pocos diseñadores profesionales que hayan cursado estudios para dominar los gráficos por computadora. La mayoría de nosotros, como los autores de este libro, hemos llegado a alcanzar un cierto nivel de destreza con Photoshop, PageMaker, Illustrator y otras aplicaciones mediante un proceso conocido como aprendizaje empírico. El aprendizaje empírico se manifiesta cuando nos encontramos en mitad de algún proceso, en el que no estamos seguros de cómo llegar al final, ni por nuestra experiencia pasada sabemos la respuesta, pero, de alguna forma, nos imaginamos intuitivamente la solución. El proceso de «prueba y error» es el motor del aprendizaje empírico.

Supongamos que no disponemos del tiempo necesario para ir aprendiendo por nosotros mismos hasta dominar Photoshop o el campo de los gráficos por computadora en general.

¿No sería interesante un capítulo que nos explicara aquellos conceptos fundamentales que pudieran evitar que malgastásemos nuestro tiempo? Ésta es precisamente la finalidad de este capítulo: un intento de responder, desde el principio, todas aquellas cuestiones que le surgirán a medida que continúe avanzando en la lectura de este libro.

¿Cuántos tipos de gráficos por computadora existen?

Básicamente, existen dos tipos distintos de gráficos por computadora:

- Los *gráficos vectoriales* no dependen de la resolución y se construyen a partir de ecuaciones paramétricas; tienen un contorno y un relleno y eventualmente deberán visualizarse como mapas de bits, bien en una pantalla o en una hoja impresa. El motivo por el que tienen que visualizarse se debe a que las ecuaciones no nos indican nada, a menos que podamos ver el resultado de estas ecuaciones. Podemos encontrar gráficos vectoriales en programas como CorelDRAW y Adobe Illustrator.
- Los *gráficos de mapas de bits*, también denominados *gráficos rasterizados*, son una «sábana» de píxeles que conforman una imagen reconocible. Los mapas de bits dependen de la resolución; cualquier imagen de mapa de bits contiene un número finito de píxeles. Podemos encontrar mapas de bits en programas como Adobe Photoshop o Paint Shop Pro.

En la Figura 1.1 puede ver un ejemplo de un pequeño gráfico de mapa de bits y una línea vectorial, definida por la sencilla ecuación matemática $y=x/2$.

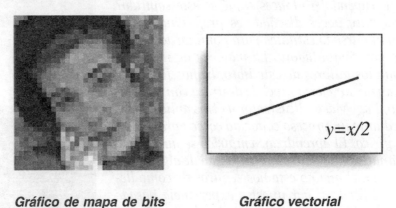

Gráfico de mapa de bits   **Gráfico vectorial**

Figura 1.1   Los mapas de bits y los gráficos vectoriales pertenecen a dos categorías distintas de gráficos por computadora.

A excepción de los trazados de Photoshop, que son guías vectoriales no imprimibles y de forma libre, todo lo que hagamos en Photoshop pertenecerá a la categoría de mapas de bits de los gráficos por computadora. Obviamente, en este capítulo nos centraremos en los mapas de bits: cómo se crean, de qué están formados, qué cantidad de color podemos agregarles, etc. Nuestro viaje comienza con los ladrillos de los gráficos de mapas de bits: los píxeles.

Píxeles

El *píxel*, abreviatura de *pic*ture *ele*ment (elemento de imagen), es la unidad más pequeña de los mapas de bits con la que tendrá que tratar. Un píxel tiene dos características distinguibles.

- Una posición relativa al resto de píxeles de un mapa de bits.
- Capacidad para almacenar color, que se mide en bits.

Con la excepción de determinados estándares de televisión, los píxeles tienen forma cuadrada. El tamaño de un píxel es completamente relativo. El preguntar el tamaño de un píxel es similar a preguntarnos el tamaño de un trozo de pizza, ya que dependerá de cuántos trozos compongan la pizza completa.

Resolución de la imagen

Con el fin de cuantificar mejor la ubicación de un píxel en un mapa de bits, a menudo mencionaremos la *resolución* de la imagen. Esta cantidad fraccional se suele expresar en *píxeles por pulgada* (pixels per inch). La resolución nos indica la cantidad de píxeles que hay en una pulgada y, si conocemos las dimensiones de la imagen, entonces podremos averiguar la cantidad de píxeles de la imagen. Por ejemplo, si una imagen mide una pulgada cuadrada y la resolución de la imagen es de 8 píxeles/pulgada, podremos deducir que existen 64 píxeles en toda la imagen. Si hubiera 16 píxeles/pulgada, una imagen del mismo tamaño tendría entonces 256 píxeles. Las resoluciones de 8 y 16 píxeles por pulgada no sirven para crear obras artísticas, ya que son demasiado bajas para nuestros ojos. En la Figura 1.2 puede ver la ampliación de una regla y cómo se disponen los píxeles para adecuarse a la resolución de la imagen. Observe que la imagen de la derecha, creada a 72 píxeles/pulgada (la resolución de los monitores) se visualiza perfectamente.

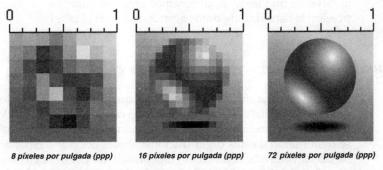

8 píxeles por pulgada (ppp)　　　16 píxeles por pulgada (ppp)　　　72 píxeles por pulgada (ppp)

Figura 1.2 La resolución de una imagen de mapa de bits se puede expresar como el número de píxeles por pulgada.

Para poder indicar a un compañero de trabajo o de una imprenta cómo es de grande un mapa de bits, deberemos describir tanto las dimensiones físicas como la resolución. Esto nos lleva a las tres maneras de describir el tamaño de una imagen de mapa de bits.

Nota:

Hemos decidido, quizá algo chauvinísticamente, escoger la unidad de medida estadounidense para definir las resoluciones, pero los píxeles por centímetro es una forma igual de legítima de medir la resolución.

¿Cuántos píxeles hay en una imagen?

En trabajos de reproducción de alta calidad, las imágenes tienen que ser grandes, pero, ¿cómo de grandes? Eso dependerá de la lineatura de la imprenta y también de las dimensiones físicas de la imagen. Por ejemplo, una imagen que mida 2 pulgadas de alto y 3 de ancho, impresa a 266 píxeles por pulgada, tendrá 532 píxeles de altura y 798 píxeles de ancho, con un total de 424.536 píxeles en toda la imagen. De momento, tenemos dos distintas expresiones para la imagen:

- La resolución y dimensiones
- El número total de píxeles de la imagen.

Photoshop nos indicará la resolución y el número de píxeles de una imagen, si mantenemos apretado Alt (Opción) y pulsamos en el campo Tamaños de archivo, en la barra de estado (Macintosh: en la parte inferior izquierda de la barra de desplazamiento de la ventana de imagen).

Existe un tercer método para describir el tamaño de una imagen y es el *tamaño del archivo guardado*, según se mida en KB ó MB. La única pega de este método es que el tamaño de archivo de una imagen depende de sus características de color. Por ejemplo, una imagen en escala de grises tendrá un tercio del tamaño de archivo de su imagen equivalente en color RGB, o una cuarta parte del tamaño de un archivo CMYK. De esta forma, al describir el tamaño de archivo de una imagen, deberemos tener en cuanta el segundo atributo de los píxeles: la cantidad de datos almacenados en el píxel.

Profundidad de color (característica de color)

Existen varias profundidades de color que utilizamos todos los días en las imágenes. Asociados a la profundidad de color se encuentran los nombres habituales correspondientes a la organización de estos datos de color: en Photoshop se denominan a estas organizaciones *modos de color* o *espacios de color*. No confunda características de color con el modo de color: la *profundi:ʲad de color* es la cantidad máxima de datos que puede almacenar un píxel, mientras que el *modo de color* expresa la cantidad máxima de datos de color que se pueden almacenar en un determinado formato de archivo. Puede considerar el modo de color como el contenedor en que colocamos nuestros píxeles. Por ejemplo, podemos guardar una cantidad muy pequeña de datos de color en un contenedor muy grande, pero no podremos almacenar una gran cantidad de datos de color en un contenedor muy pequeño.

La Figura 1.3 muestra un gráfico con los modos de color, a los cuales es muy fácil acceder desde Photoshop. En la columna de la derecha puede observar la profundidad de color de los píxeles de cada modo.

Vamos a examinar la profundidad de color desde el principio, comenzando por la cantidad de datos más pequeña que puede almacenar un píxel.

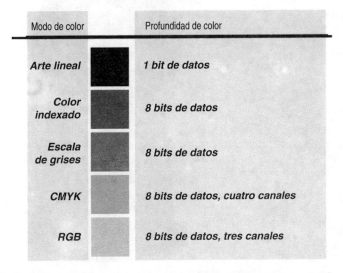

Modo de color	Profundidad de color
Arte lineal	1 bit de datos
Color indexado	8 bits de datos
Escala de grises	8 bits de datos
CMYK	8 bits de datos, cuatro canales
RGB	8 bits de datos, tres canales

Figura 1.3 Todos los modos de color tienen una profundidad de color específica.

Arte lineal

Quizá le suene el nombre de *arte lineal* por la configuración de los escáneres. Esta capacidad de color es exactamente de un bit por píxel. Otro nombre que también se le da al arte lineal es *mapa de bits*, (literalmente un mapa de píxeles, conteniendo cada uno de ellos un bit de información de color). Si reflexionamos un poco sobre esta definición, un único bit de información sólo puede indicar un estado activado o desactivado (por ejemplo, la corriente eléctrica está activada o no lo está). Esto quiere decir que existen dos posibles colores para una imagen de arte lineal: blanco (el píxel actual está activado) o negro (el píxel actual está desactivado).

Normalmente, el arte lineal lo suelen constituir diagramas, dibujos a lápiz y tinta, etc.

Sin embargo, Photoshop puede reducir *cualquier* imagen a arte lineal, permitiéndonos además determinar la forma en que se realizará la conversión. En la Figura 1.4 podemos ver la imagen fotográfica de una máquina de chicles, convertida en arte lineal. Aunque nuestros ojos tiendan a integrar visualmente los datos y así vislumbrar algunos sombreados de grises, sólo existen en la imagen zonas blancas y negras. La imagen fue reducida a arte lineal mediante un proceso denominado *tramado de difusión*, que es algo que veremos un poco más adelante en este capítulo.

Figura 1.4 Las imágenes en arte lineal, o modo de mapa de bits, tienen una capacidad de color de 1 bit por píxel (activado o desactivado).

Obviamente, en los gráficos por computadora existen más cosas que los mapas de bits de arte lineal. En la siguiente sección vamos a subir el siguiente peldaño de las capacidades de color de un píxel: las imágenes de color indexado.

Color indexado

Hace ya más de una década surgió la necesidad de poder enviar y recibir imágenes de alta calidad a través de las BBS (bulletin boards, listas de distribución de mensajes) y servicios en línea, como CompuServe y AOL (America On Line). Las imágenes de color indexado disponen de una profundidad de color máxima de 8 bits por píxel. Si tomamos el conmutador binario 2 («activado/desactivado») y lo elevamos a la octava potencia, obtendremos que el número máximo de colores de una imagen de color indexado es de 256.

Pero las imágenes de color indexado no son simplemente otro modo de color más. La estructura de estas imágenes es la siguiente:

- La cabecera del archivo de la imagen contiene una tabla de códigos.
- Los píxeles de la imagen tienen asignado un número de índice, que corresponde a un valor de color determinado en la tabla de códigos del archivo.

Esta configuración hace posible que el tamaño de archivo de una imagen de color indexado sea muy pequeño, ideal para transmitirlo en comunicaciones entre computadoras. Una descripción en lenguaje hablado del funcionamiento de las imágenes de color indexado podría ser algo similar a lo siguiente:

«Hola, soy una imagen de color indexado que Photoshop va a comenzar a descifrar. Photoshop consulta en la cabecera de mi archivo y observa que, por ejemplo, el registro del color #212 de la imagen es una mezcla de Rojo de valor 63 sobre una escala de brillo de 0 a 255, Verde igual a 189 y Azul igual a 177. El registro de color #212 es un verde mar pálido y en cualquier lugar de la imagen en que un píxel esté marcado con el número 212, Photoshop mostrará este color».

En la Figura 1.5 puede ver una imagen ampliada que está indexada. Los comentarios nos indican (y también a la aplicación que está leyendo la imagen) qué valores de color corresponden a cada uno de los números de registro de color.

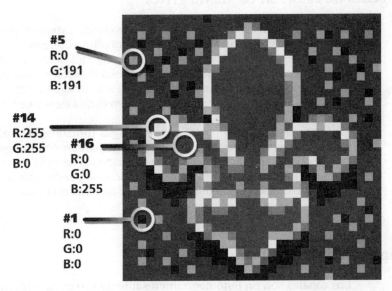

Figura I.5 La forma en que se disponen y decodifican los valores de color de una imagen de color indexado es similar a uno de esos pasatiempos de «pintar según el número».

Podrá apreciar el ahorro que supone una imagen indexada, ya que la aplicación no necesitará analizar ninguna compleja cadena de valores de color. La aplicación consultará el índice, consultará cómo se construye un determinado color y lo visualizará.

Los inconvenientes de las imágenes de color indexado son dos:

- Las herramientas de Photoshop no sirven de mucho al trabajar con una paleta limitada de 256 colores. Muchas herramientas, como la opacidad y los pinceles con una punta suavizada no funcionarán en absoluto en una imagen de color indexado, ya que, para que Photoshop realice ediciones sofisticadas y complejas, es necesaria una paleta de más de 256 colores.
- La mayoría de las imágenes que obtendremos del mundo real tendrán muchos más que 256 colores. Una imagen de color indexado es una buena representación aunque intrínsecamente imprecisa, de lo que podemos observar en el mundo.

La cabecera (tabla de códigos) del archivo de una imagen de 256 colores tiene por tanto un tamaño adecuado para una visualización rápida de la imagen de color indexada y para enviarla a través de Internet. Se comprobó que una tabla de códigos de más de 256 colores **presentaría** diversos problemas, ya que la cabecera del archivo tendría un tamaño mayor y disminuiría la velocidad. Debido a ello, se creó una forma distinta de organizar las imágenes, denominada *canal de color*. Vamos a comenzar a explorar las imágenes de canal de color, empezando por las más pequeñas de ellas, las imágenes en escala de grises.

Imágenes de canal en escala de grises

Las imágenes en escala de grises constituyen una categoría por sí mismas. Aunque únicamente puedan contener 256 niveles diferentes de brillo, no están organizadas de la misma forma que las imágenes de color indexado. Una imagen en escala de grises tiene un único canal de «color», denominado Negro, y todas las tonalidades que podemos ver en la imagen están representadas por 256 intensidades de negro. Una imagen en escala de grises tiene una profundidad de 8 bits/píxel.

Como usuario descubrirá que, salvo las funciones de aplicación de color, todas las herramientas de Photoshop funcionarán con imágenes en escala de grises igual a como lo hacen con otras imágenes de canal en color. Calado, suavizado, pinceles con punta suave; todo lo que pueda realizar con una imagen de canal en color, también lo podrá hacer con una imagen de canal en escala de grises.

Imágenes de canal en color

Los canales son un fenómeno interesante dentro de la estructura de las imágenes de alta calidad. En lugar de indexar valores de color específicos para visualizarlos, las imágenes de canal en color se dividen en «capas» separadas de brillo, correspondiendo cada una de ellas a un color primario. Por ejemplo, una imagen en color RGB contiene tres canales de color, cada uno de los cuales contiene a su vez hasta 256 niveles de brillo. Debido a que el color es aditivo, la mezcla de estos canales de color formará una imagen completa en color.

Debido a que cada canal de color en una imagen en color RGB puede contener hasta 2 elevado a la octava potencia de tonos diferentes y a que existen tres canales de color, a menudo nos referimos a las imágenes RGB como imágenes de 24 bits/píxel (2 elevado a la potencia de 24 son 16,7 millones de colores distintos).

Existen otros dos modos de color en Photoshop, que utilizan canales en su organización del color: tanto el modo LAB como el modo CMYK utilizan canales de brillo para conformar la imagen compuesta. En la Figura 1.6 puede ver el «bocadillo» de canales de color que forman la imagen compuesta de la flor.

Si desea comprobar la disposición de colores en Photoshop, siga estos pasos:

1. Abra la imagen Flower.tif en Photoshop.
2. Presione F7 para visualizar la paleta agrupada Capas y pulse la ficha Canales.
3. Pulse cada una de las miniaturas de los canales de color para ver las contribuciones que cada canal realiza a la imagen global.

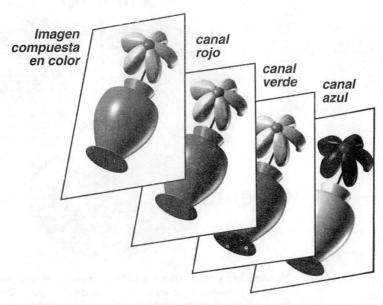

Figura 1.6 Las imágenes de canal en color utilizan la combinación del brillo de los canales para crear la imagen compuesta.

Tenga en cuenta que el color es aditivo. Esto significa, por ejemplo, que las flores doradas de la imagen son una combinación del brillo de los canales rojo y verde. El azul no influye en el color compuesto de la flor. Por consiguiente, podrá ver en color negro el área de la flor en el canal azul. Inversamente, al pulsar los canales de los colores rojo y verde, podrá ver que la misma zona se muestra en un tono muy claro, indicando contribución de color.

La Figura 1.7 pretende mostrarle cómo se mezclan los colores RGB primarios para forma el color compuesto. Observe que, cuando coinciden intensidades máximas de rojo, verde y azul, el color resultante es el blanco.

Modo de color CMYK

Cian, magenta, amarillo y negro son las tintas de impresión que se utilizan para generar las publicaciones de alta calidad. Photoshop nos permite previsualizar y convertir una imagen RGB al modo de color CMYK, aunque quizá observe una reducción en la calidad del color cuando realice esto. ¿Cuál es el motivo? Aunque el modo de color CMYK utilice cuatro canales, que contienen cada uno de ellos 256 niveles de brillo, el *espacio de color* del color CMYK no es tan grande como el del color RGB. Las tintas de imprenta no pueden capturar completamente todo aquello que podemos observar en el modo RGB. De esta forma, aunque dispongamos de una mayor capacidad de colores en el modo CMYK, visualmente no es tan completo como el RGB.

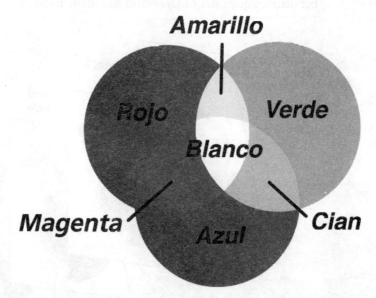

Figura 1.7 Nuestros ojos y nuestro monitor utilizan componentes rojo, verde y azul para formar todos los sombreados de los colores. El modo de color RGB se parece mucho a la forma en que nosotros visualizamos la luz, y es un modelo de color aditivo.

CMYK es un modo de color divertido, en cierta medida, para ser visualizado en un monitor. El modo de color CMYK está basado en pigmentos sustractivos; si mezclásemos todos los colores, obtendríamos negro. Sin embargo, los fósforos de un monitor emiten luz y son aditivos por naturaleza, de forma que, cuando Photoshop nos muestra una imagen en modo CMYK, sólo es una simulación de la apariencia que tendrá la imagen cuando se imprima en papel utilizando tintas. El negro siempre es una placa básica durante la impresión en CMYK; cian, magenta y amarillo no producen verdaderamente color negro, debido a la inconsistencia intrínseca de los pigmentos físicos. Por consiguiente, los «colores» a los que nos referimos cuando hablamos del modo CMYK son cian, magenta, amarillo y negro.

La Figura 1.8 muestra el modelo de color CMY y los colores resultantes cuando se solapan los colores primarios.

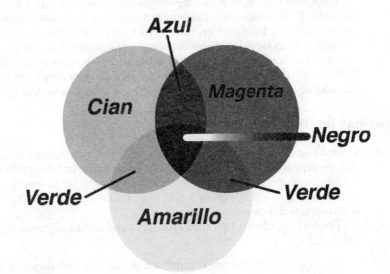

Figura 1.8   El modo de color CMYK es sustractivo. La adición de todos los colores primarios produce negro.

Color LAB

Photoshop ofrece otro espacio de color, el color LAB, que consiste también en una imagen de canal de color, aunque es completamente diferente del color RGB. El color LAB consta de tres canales, que contienen cada uno de ellos 256 tonalidades diferentes, pero los canales no están divididos en un orden «agradable para el usuario». El modo de color LAB consiste en un canal de Luminosidad y dos canales cromáticos, A y B. En el Capítulo 11, «Diferentes modos de color», podrá ver la utilidad del canal de luminosidad para convertir fácilmente imágenes de color al modo de escala de grises.

El color LAB es un espacio de color independiente del dispositivo. Teóricamente, los mismos colores que observe en su monitor se pueden expresar en modo LAB sobre una copia impresa o incluso en diseños de pantallas de serigrafía. El espacio de color del color LAB es ligeramente mayor que el del color RGB. Cuando Photoshop realiza conversiones entre RGB, CMYK y otros modos de color, utiliza el color LAB como fase intermedia, ya que el espacio del color LAB comprende todos los demás modos de color; no hay ninguna pérdida de color cuando se convierten colores a través del modo de color LAB.

Métodos de reducción de color

Si nos acercamos a una imagen GIF o a cualquier otra en color indexado, podrá observar una de estas dos cosas:

- Se ve a través de la imagen una trama sutil.
- La imagen muestra píxeles dispersos por toda la superficie.

Estos dos fenómenos visuales están motivados por un proceso denominado tramado. El *Tramado* es un método por el que se «simulan» aquellos colores que no se pueden visualizar en una paleta de color limitada; los píxeles vecinos tienden a mezclarse en nuestra mente para producir un color que verdaderamente no existe en la imagen. Si piensa incluir una imagen GIF en una página Web, continúe leyendo, de forma que pueda decidir por si mismo cuál es el método de reducción de color que mejor se adapta a su trabajo.

Tres formas de indexar una imagen

Cuando una imagen pasa de una capacidad de color alta a una capacidad inferior, se descartan algunos colores y se genera una paleta (tabla de índices) para la nueva imagen. Trataremos en secciones separadas la forma en que se llevará a cabo la reducción del color y el tipo de paleta que se creará . Primero veremos la reducción del color.

Photoshop ofrece tres métodos para reducir el número de colores de una imagen:

- Colores más próximos (también denominado *Ninguno* o *sin tramado*)
- Tramado por motivo
- Tramado por difusión

Sería interesante que realizara los siguientes pasos, ya que las figuras de este libro no pueden mostrarle lo que ocurre con el color cuando éste se reduce utilizando estos métodos. La Figura 1.9 es una imagen denominada Primitiv.tif, una imagen de 24-bits que puede encontrar en la carpeta Chap01 del CD que acompaña al libro. Cada uno de los objetos de esta imagen tiene un color distinto.

Figura 1.9 Los colores de esta imagen necesitan ser reducidos unos cuantos tonos. ¿Qué método producirá los resultados más agradables visualmente?

Realice estos pasos para ver cuál de los métodos de reducción de color que ofrece Photoshop produce la mejor imagen:

Reducción de color de una imagen

1. Abra Primitiv.tif de la carpeta Chap01 del CD del libro.
2. Seleccione Imagen, Modo y luego Color indexado.
3. En la lista desplegable Paleta, seleccione Uniforme. Aunque Adaptable suele ser el método de indexación preferido, una paleta Uniforme nos ayudará a exagerar el resultado del ejercicio.
4. Seleccione Ninguno en la lista desplegable Opciones de Tramado, como se muestra en la Figura 1.10.

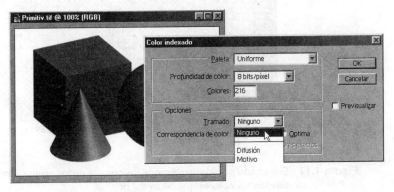

Figura 1.10 Al elegir Ninguno en Tramado, forzamos la indexación de la imagen a los colores más próximos: la correspondencia más cercana entre la nueva paleta y el espacio de color original de la imagen.

5. Los colores de la imagen se dispondrán a lo largo de bandas y no representan demasiado bien la imagen original, como se puede ver en la Figura 1.11.

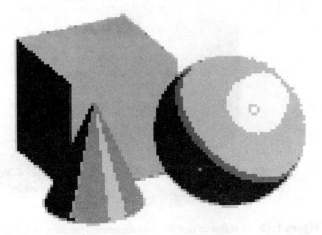

Figura 1.11 Las bandas pronunciadas son el resultado de reducir zonas de la imagen con sombreados suaves a los colores más próximos en una paleta indexada.

6. Seleccione Motivo en la lista desplegable y observe la imagen. Aunque el tramado por Motivo es un método de reducción de color más sofisticado que la ausencia de tramado, el motivo puede ser algo distrayente, ya que el ojo humano se concentra más en el motivo que en el contenido visual de la imagen, como podemos ver en la Figura 1.12.

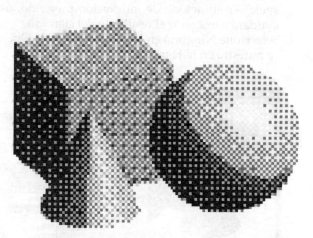

Figura 1.12 El tramado por Motivo dispone los colores de los píxeles formando motivos, que simulan los colores que faltan del original.

7. Seleccione Difusión en la lista desplegable. El tramado por Difusión, también denominado *difusión de error*, proporciona una versión de la imagen original suave, imprecisa, pero agradable a la vista. Como muestra la Figura 1.13, el tramado por difusión es claramente el método de reducción de color más estético para las imágenes de este tipo.

Figura 1.13 El tramado por difusión dispersa el «error» en la identificación del color a lo largo de la imagen, mostrando la imagen indexada como a través de un «cristal esmerilado».

8. A continuación veremos los distintos métodos de indexación que ofrece Photoshop. Si mantiene la imagen abierta en la aplicación, podrá irlos previsualizando.

Las distintas opciones de indexación

Con la excepción de la indexación Adaptable, que trataremos más adelante en esta sección, cada una de las opciones de indexación disponibles en Photoshop se convierte en un «ajuste forzado» de la imagen cuyos colores deseamos reducir. ¿Por qué? Pues debido a que las opciones de la paleta ya tienen colores predefinidos para la imagen y el proceso de reducción de color, simplemente intenta realizar el mejor ajuste entre los colores de la paleta disponibles y los colores originales de la imagen.

Paleta del sistema

Esta paleta es distinta para Windows y Macintosh. Cada sistema tiene su propia colección de 256 colores predefinidos, que utiliza para visualizar imágenes y elementos de la interfaz. Por lo general no debe emplear la paleta de su sistema si tiene pensado editar o imprimir sus imágenes en plataformas diferentes. Los Macintosh tienen problemas para leer la paleta de color de Windows y viceversa.

Web

Si está diseñando para la Web, esta opción de indexación le proporcionará el tramado menor. Tanto Netscape Navigator como MS-Internet Explorer han llegado a un acuerdo sobre los colores estándar de la paleta de la WWW y, si ajusta sus imágenes a esta paleta indexada de 216 colores, podrá asegurarse de que sus espectadores verán su diseño de la misma forma que como fue creado.

Uniforme

La paleta Uniforme asigna el mismo énfasis a todos los colores del espectro. Esto es estupendo si tenemos una imagen de confeti o de docenas de botes de pintura, pero supongamos que disponemos de la imagen de una tenue puesta de sol que queremos indexar. La imagen de la puesta de sol contendrá muchos colores dorados y anaranjados fuertes. Sin embargo, debido a que la paleta Uniforme resalta todos los colores por igual, seguramente habrá más tramado en la imagen a medida que el proceso de reducción de color intente visualizar todos los preciosos matices de la puesta de sol con un número muy limitado de dorados y naranjas distintos.

Adaptable

Como su nombre indica, una paleta de color adaptable no es una paleta fija. Cuando utilizamos una indexación adaptable, la paleta de color enfatizará las tonalidades dominantes de la imagen original. Por ejemplo, en una fotografía de un barco en un lago habrá una pequeña vela blanca y muchísimas tonalidades distintas de agua. La paleta Adaptable intentará almacenar tantos sombreados del agua como la paleta pueda guardar y no asignará ranuras de color a aquellos colores que no se encuentren en la imagen (rojo o púrpura, por ejemplo).

Si piensa convertir una imagen a color indexado, la mejor forma de proceder suele ser, por lo general, utilizar una paleta Adaptable y tramado por difusión. Dependiendo de la imagen, sus espectadores quizá nunca se den cuenta de que están observando sólo 256 colores, ¡o incluso menos!

Suavizado y remuestreo

Antes de que pueda comprender el suavizado (anti-aliasing), debe saber lo que la falta de suavizado (aliasing) supone en su trabajo. El aliasing es una presentación errónea de los datos visuales y es el resultado de representar una zona de la imagen sin disponer de la suficiente información visual. En la Figura 1.14 puede ver una nave espacial (la de arriba), cuyo contorno tiene bordes dentados (deberían ser curvos y con líneas diagonales suaves a lo largo de su contorno, pero en lugar de ello aparecen escalones). El *suavizado*, cuyo efecto puede ver aplicado a la misma nave espacial en la parte inferior de la Figura 1.14, es un método para representar de manera precisa los datos de la imagen. Este capítulo le mostrará tanto una definición operativa como los métodos con que podemos suavizar un trabajo.

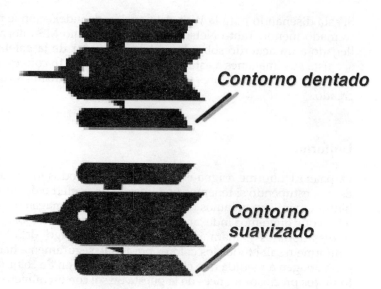

Contorno dentado

Contorno suavizado

Figura 1.14   Ejemplos de una figura sin suavizado y otra con suavizado.

Resolución de imagen y granulado

Un tablero de ajedrez que se extiende hacia el horizonte es el ejemplo que mejor muestra los efectos del suavizado y la carencia de suavizado. Para evitar que el usuario tenga que introducir datos y simplemente mostrar cómo trata una aplicación el tema del suavizado, vamos a considerar que el tablero de la escena está siendo representado en un programa de modelado; nosotros definimos la escena y la aplicación realiza el trabajo de representación. Los cuadrados que están más próximos al espectador son blancos o negros. No existe ninguna ambigüedad sobre el color de estos cuadrados grandes. Sin embargo, a medida que disminuyen en distancia hacia el horizonte, cada cuadrado se percibe a través de un número menor de fotorreceptores del ojo, hasta que el horizonte aparece como un tono sólido en lugar de colores alternativos. Nuestro ojo no puede distinguir nítidamente qué cuadrados son blancos y cuáles son negros, debido a que el *granulado* (el número de fotorreceptores de nuestros ojos) es una cantidad fija.

Cuando la escena de este tablero se represente en una aplicación informática en un formato de mapa de bits, la aplicación que realice la representación dispondrá de dos opciones para elegir: dejar que aparezca el fenómeno del aliasing en el horizonte, seleccionando para cada píxel el color blanco o negro, o suavizarlo, promediando el color de cada uno de los píxeles y creando así una zona de la imagen más similar a la forma en que el ojo humano vería la escena real.

En la Figura 1.15 puede ver una tablero de ajedrez que se extiende hasta el horizonte. Vamos a imaginarnos que el cuadrado de la anotación es un píxel aislado, cuyo tamaño no puede variar y que sólo puede ser de un color.

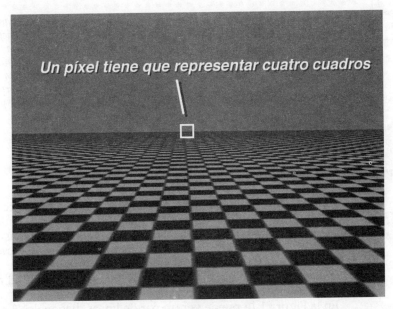

Figura 1.15 ¿Cómo puede un único píxel representar fielmente más de un color?

El contenido visual en esta zona de la imagen lo forma *más* de un color, ya que de la representación de un cierto número de cuadros blancos y negros próximos al horizonte puede estar encargado a un único píxel. Por lo tanto, ¿de qué color será el píxel? ¿Blanco o negro?. El tomar una decisión de este tipo implica tener *bordes dentados*, ya que, si coloreamos el píxel de blanco, eliminaremos los cuadros negros de esta zona. Para solventar la imposibilidad de rellenar un único píxel con más de un color, podemos suavizar la escena y entonces el píxel tendrá un color que será un sombreado de negro, ya que en realidad la zona del píxel deberá contener una mezcla de la información de muestreo, tanto blanca como negra.

En la mayoría de las aplicaciones gráficas podemos añadir suavizado a una escena en las siguientes tres ocasiones:

- Cuando damos una pincelada
- Cuando la aplicación da una pincelada por nosotros, por ejemplo en los programas de modelado o representación
- Cuando se añaden o se eliminan píxeles de una imagen. Esto se denomina *remuestreo*.

El suavizado es algo más que simplemente adecuar los colores cuando la información de la imagen es demasiado grande para que quepa en un único píxel. La siguiente sección muestra la forma en que las curvas y líneas diagonales (geometrías que no pueden ser visualizadas de forma realista en un monitor) pueden adquirir una apariencia más suave mediante este proceso.

Nota:

Supermuestreo *es un término utilizado en las aplicaciones de modelado para describir otro tipo de suavizado. El mecanismo del supermuestreo es el siguiente: el usuario define el tamaño específico de la escena que será representada. La aplicación representa la escena al doble del tamaño, manteniendo la imagen en memoria, y luego genera la imagen con el tamaño requerido, promediando las tonalidades de los píxeles de la imagen a partir de la imagen mayor en la memoria. Este proceso de supermuestreo puede hacer uso de más de una imagen en memoria; podemos especificar que se utilicen una imagen 8x, una imagen 4x y una 2x para promediar y calcular los colores finales de los píxeles.*

Suavizado y pinceladas

Las curvas y líneas diagonales son particularmente difíciles de representar con fidelidad en un monitor, ya que los monitores y las tramas de píxeles de las imágenes digitales no disponen de ningún mecanismo para visualizar otra cosa que no sea un patrón rectangular de elementos de imagen. Para que los contornos de estas formas geométricas tengan una apariencia suave, las aplicaciones utilizan el suavizado para situar píxeles de distinta opacidad a lo largo de las «áreas problemáticas» de las curvas y líneas diagonales.

En la Figura 1.16 puede ver un par de líneas diagonales. La de la izquierda tiene varios píxeles de distinta opacidad que «rellenan» los bordes abruptos, allí donde la línea no es perfectamente paralela a la cuadrícula de píxeles que conforma la imagen. A la derecha, puede ver la versión dentada (sin suavizado) de la línea diagonal, mostrando los bruscos y desagradables «escalones».

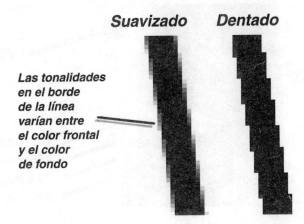

Las tonalidades
en el borde
de la línea
varían entre
el color frontal
y el color
de fondo

Figura 1.16. El suavizado realiza una transición entre los colores frontal y de fondo.

Una pregunta interesante en este instante sería: ¿cómo sabe la aplicación dónde ubicar los distintos píxeles suavizados? La respuesta se basa en promediar los tonos del área de la imagen e interpolar el sombreado correcto del píxel situado en el borde de la línea o de la curva. Enseguida vamos a ver los distintos métodos de interpolación. En la Figura 1.17 puede ver la imagen ampliada de una forma redondeada, con y sin suavizado. Cuando ampliamos la imagen, el contorno de la figura suavizada parece difuso, pero a una resolución de visualización de 1:1, la curva es nítida y suave.

Figura 1.17 El suavizado interpola (promedia) el color correcto para las formas redondeadas.

Si aumenta mucho una línea diagonal cuyos bordes estén suavizados, podrá observar el siguiente fenómeno: los píxeles del borde cada vez contienen menos cantidad del color de la línea y más del color de la imagen de fondo a medida que se alejan los píxeles de la línea. En la Figura 1.18 puede ver las indicaciones relativas al porcentaje de mezcla de los píxeles suavizados en el borde de una línea vertical.

La idea subyacente a la hora de suavizar una figura que hayamos creado consiste en realizar una transición suave entre el interior de la forma y su fondo.

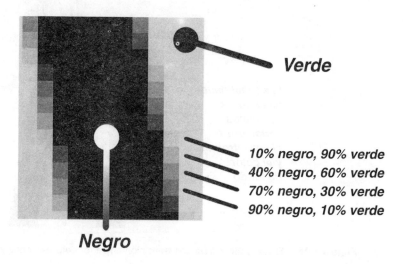

Verde

10% negro, 90% verde
40% negro, 60% verde
70% negro, 30% verde
90% negro, 10% verde

Negro

Figura I.18   El suavizado se lleva a cabo combinando los colores frontal y de fondo.

Además del suavizado existente en los programas de modelado y dibujo, hay un tercer tipo de suavizado que sucede cuando cambiamos el tamaño de una imagen de mapa de bits. Las aplicaciones no son lo suficientemente inteligentes para «conocer» de qué color crear los píxeles adicionales en nuestras obras, ni tampoco poseen la capacidad artística necesaria para saber cómo reasignar los colores cuando se eliminan píxeles de una imagen. En la siguiente sección vamos a estudiar la interpolación y veremos cómo el promedio de colores puede ayudar a que nuestras obras tengan una apariencia suave cuando las cambiamos de tamaño.

Interpolación y promedio

Supongamos que tenemos una bonita miniatura de un dibujo realizada con tan sólo nueve píxeles, tres píxeles en cada lado, y que decidimos que nuestra imagen tiene que tener un tamaño del doble del original (doble, tanto en altura como en anchura), es decir, seis píxeles en cada lado y 36 píxeles en total. Existen tres métodos mediante los que una aplicación puede «generar» los nuevos píxeles que irán en la imagen:

- Creando píxeles cuyo color se determina por vecindad a los píxeles originales.
- Muestreando los píxeles de alrededor, tanto en dirección horizontal como vertical, y creando un color promediado de la suma total para los nuevos píxeles.
- Muestreando píxeles en las direcciones horizontal, vertical y diagonal y utilizando un promedio compensado de los colores totales para cada nuevo píxel.

Adobe Photoshop denomina estos tres métodos de interpolación *Por vecindad*, *Bilineal* y *Bicúbica*. Otras aplicaciones pueden llamar a estos métodos de interpolación con otros nombres, pero éstos son los que utilizaremos en el libro.

Por vecindad

El cálculo de este método no es en realidad ninguna interpolación. El programa selecciona el mismo valor de color para los píxeles vecinos en una imagen agrandada que el color original del píxel. Por consiguiente, si el centro de nuestro hipotético dibujo de 3 × 3 píxeles es negro al 50 por ciento y alargamos la imagen un 200 por ciento mediante el método Por vecindad, el centro del dibujo contendrá cuatro píxeles que serán negros al 50 por ciento. No se llevará a cabo ningún suavizado al realizar los cálculos del método Por vecindad, ya que no se añade ningún promedio de color a la imagen (no hay nuevos colores de píxel). En la Figura 1.19 puede ver cómo se efectúan estos cálculos en un programa.

Por vecindad

Figura 1.19 El método Por vecindad utiliza en los nuevos píxeles el cálculo más simple para reasignar los elementos de imagen.

El método Por vecindad es perfecto si nuestra composición es rectangular y queremos agrandar la imagen en múltiplos de 2 (200%, 400%, etc.). Sin embargo, cuando trabajemos con imágenes grandes cuyo contenido visual sea orgánico o fotográfico y queramos agrandar o reducir la imagen al, por ejemplo, 148 por ciento de su tamaño original, será necesario emplear un método más sofisticado. La mayoría de las aplicaciones modernas de edición de imágenes ofrecen un método, denominado *interpolación bilineal*, que describiremos en la siguiente sección.

Interpolación bilineal

Un píxel de una imagen que se agrande utilizando un filtrado bilineal obtendrá su color final a partir de los píxeles superior, inferior, izquierdo y derecho, con

respecto a su posición original. Los valores de los colores de estos píxeles vecinos se suman, se dividen entre cuatro y se aplica el color resultante a los nuevos píxeles de la imagen. En la Figura 1.20 puede ver cómo la interpolación bilineal «busca» los nuevos datos de color en nuestra imagen de 3 × 3 píxeles.

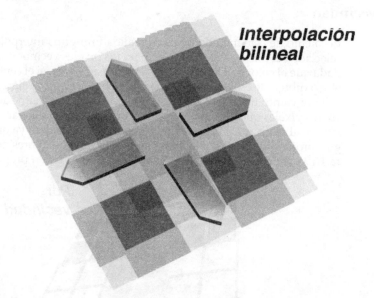

Interpolación bilineal

Figura 1.20   La interpolación bilineal crea los nuevos píxeles promediando el color de los
píxeles vecinos en sentido vertical y horizontal, en el área que se agranda.

La interpolación bilineal produce lo que hemos denominado píxeles suavizados dentro de la nueva imagen agrandada, ya que no es posible tener valores
enteros para los nuevos píxeles. Los nuevos píxeles resultantes deben representar *mezclas*, porcentajes de los píxeles vecinos, tanto desde el punto de vista
artístico como matemático.

Aunque la interpolación bilineal produzca píxeles bien suavizados, no es el
método de interpretación más sofisticado para modificar el tamaño de las imágenes. En la siguiente sección trataremos sobre *la interpolación bicúbica*, el método más avanzado para calcular el color de los píxeles.

Interpolación bicúbica

Si consideramos la asignación de píxeles por vecindad como una técnica de
muestreo monodimensional, entonces la interpolación bilineal debería ser una
función cuadrática, ya que consulta los datos de los píxeles en dos dimensiones.
La *interpolación bicúbica* va un paso más allá para calcular los nuevos píxeles: se
asigna un nuevo valor a un píxel basándose en información tomada en las direcciones horizontal, vertical y diagonal y luego se promedia su suma, dando preferencia a las tonalidades dominantes de la zona (un promedio *compensado*).

La interpolación bicúbica es el método para cambiar el tamaño de las imágenes que hace un uso más intensivo del procesador, ya que implica una gran

cantidad de cálculos. Asimismo, los resultados estéticos son también los más fidedignos con respecto a la imagen original. Siempre que cambiemos el tamaño de la imagen habrá una cierta pérdida de foco en ella, pero la interpolación bicúbica constituye el método más fiel de cualquiera de los existentes para crear los nuevos datos de la imagen, o para eliminar o reasignar colores de píxeles. La Figura 1.21 muestra cómo funciona la interpolación bicúbica.

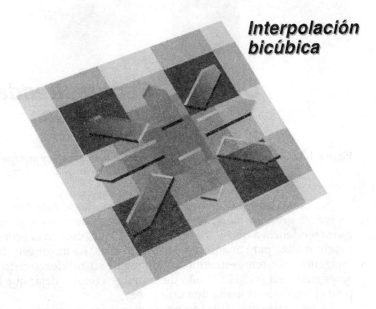

Interpolación bicúbica

Figura 1.21 La interpolación bicúbica es el método más adecuado, desde el punto de vista artístico, para cambiar el tamaño de una imagen.

Cambios progresivos y suavizado

Hay un problema si cambiamos el tamaño de una imagen, o de una zona de la misma, demasiadas veces; y este problema sólo está parcialmente relacionado con el suavizado. Las imágenes basadas en píxeles se construyen a partir de un número finito de posiciones y, siempre que cambiemos el número total de píxeles, también produciremos un cambio en la obra. Este tipo de cambio es progresivo, es decir, a medida que remuestreamos vamos agregando cambio sobre cambio y no existe ninguna forma de retornar a nuestro diseño original.

Nota:

• •

De los tres métodos para crear o eliminar píxeles al cambiar de tamaño una imagen, sólo se produce suavizado en las interpolaciones bilineal y bicúbica. Si su computadora dispone de la potencia suficiente y su aplicación le permite interpolar, seleccione el método bicúbico para obtener los mejores resultados y luego aplique algún filtrado ligero que acentúe los bordes, si fuera necesario.

• •

En la Figura 1.22 puede ver, a la izquierda, la imagen ampliada del diseño de una pequeña esfera. A la derecha se muestra la misma esfera, después de haberla cambiado de tamaño (remuestreada) dos veces. Parece una mancha desenfocada.

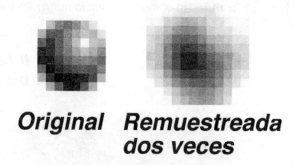

**Original   Remuestreada
dos veces**

Figura 1.22   Independientemente de la técnica que usemos, los múltiples remuestreos deterioran progresivamente la nitidez de una imagen.

No podrá apreciar una cantidad tan grande de deterioro cuando muestree imágenes grandes, pero, al variar el número de píxeles, siempre existirá una cierta tendencia a que el diseño se desenfoque, debido al promedio que la aplicación realiza para añadir o descartar píxeles. La mejor estrategia para que las imágenes que remuestreemos mantengan su nitidez consiste en conocer de antemano cuál será el tamaño de la imagen final y dejar que Photoshop interpole el área seleccionada una única vez.

Es necesario el suavizado para crear trabajos refinados, ya que los píxeles son rectangulares, pero el contenido de nuestras obras probablemente no lo sea. El suavizado también resuelve la imposibilidad de que un único píxel tenga más de un color, promediando los colores a una tonalidad compuesta. Por último, el suavizado reasigna de manera inteligente los colores de los píxeles de la imagen cuando la agrandamos o reducimos, de forma que no haya transiciones abruptas de color que produzcan *artefactos* en nuestra obra.

Resumen

Los modos de color, los píxeles, el suavizado, la reducción de color, las imágenes remuestreadas..., todos estos conceptos forman parte de nuestro trabajo diario en Photoshop, aunque rara vez meditemos sobre ello. Pero, cuando se encuentre con algún escollo creativo, será interesante saber por qué las cosas funcionan de la manera en que lo hacen (o no lo hacen). Esperamos que haya encontrado en este capítulo algunas respuestas a preguntas que es posible que hasta ahora nunca se hubiera planteado.

Photoshop resulta entretenido, aunque no lo es tanto si no dispone de algunas imágenes propias con las que trabajar. En el Capítulo 2, «Obtención de un catálogo de imágenes», podrá ver cómo introducir imágenes del mundo exterior dentro de su computadora.

Capítulo 2

Obtención de un catálogo de imágenes

Photoshop se utiliza sobre todo para mejorar o combinar imágenes ya existentes. La forma más obvia de obtener las imágenes con las que trabajar en Photoshop consiste en abrir un archivo ya existente o comprar imágenes en formato digital de alguna agencia suministradora, algún otro artista o un fotógrafo. Pero, ¿qué ocurre si los materiales originales con los que quiere trabajar no están todavía en formato digital? ¿Cómo podríamos «convertir» una cosa física, como una fotografía o un botón de nuestro traje favorito, en un conjunto de píxeles que constituyan un documento Photoshop? En este capítulo descubrirá que existen al menos cinco formas de trasladar las imágenes tomadas del mundo real a Photoshop.

- Si es un pintor experto, puede utilizar las herramientas de dibujo de Photoshop para crear una reproducción de un objeto físico. Este es quizás el método más básico de introducir una imagen en Photoshop, pero requiere una gran cantidad de tiempo y habilidad para generar resultados que sean tanto artísticamente agradables como fotorrealísticamente precisos.
- Puede utilizar un escáner plano común para digitalizar un dibujo, una fotografía o incluso objetos pequeños. Sobre esta opción trataremos ampliamente en este capítulo.
- También puede utilizar una cámara digital para tomar imágenes digitales. En este capítulo hablaremos también sobre este relativamente nuevo elemento tecnológico.
- Puede emplear un escáner de transparencia para digitalizar una diapositiva o el negativo de una diapositiva. Este método proporciona quizá las imágenes de mejor calidad para trabajar en Photoshop, pero no podrá digitalizar un dibujo utilizando un escáner de transparencia.
- Puede solicitar que le suministren las fotografías que haya tomado o encargado en un PhotoCD de Kodak. Éste es el procedimiento más habitual para obtener imágenes digitalizadas en blanco y negro o color a un bajo coste, por lo que prestaremos atención a los PhotoCD en este capítulo.

Dado que el elemento primordial de las imágenes pintadas en Photoshop es únicamente su propio talento artístico personal, en este capítulo trataremos sólo sobre los cuatro métodos de digitalización mecánica para trasladar imágenes a Photoshop. Esto simplifica el camino y casi cualquiera, puede permitirse incluso con un presupuesto modesto, el hardware necesario para «conectar» Photoshop al mundo real.

«Reglas» para adquirir una imagen

Independientemente de si utiliza un escáner, una cámara digital o un escáner de transparencia existe un conjunto común de indicaciones para adquirir una imagen que debe tener en cuenta antes de pulsar en el botón Escanear o de apretar el obturador:

La entrada debe ser aproximadamente igual que la salida

¿Qué significa esto? Simplemente quiere decir que no tiene ningún sentido escanear de más (muestrear más píxeles de los que posiblemente se puedan representar) para nuestro dispositivo de salida. Si no está seguro de cuáles serán las dimensiones y la resolución de salida, es recomendable que solicite a los que vayan a imprimir su archivo que le orienten, o que compruebe la documentación que acompaña a su impresora láser o de inyección de tinta, para ver recomendaciones sobre el tamaño con que debe tomar sus muestras. También puede consultar el Capítulo 18 para ver información adicional sobre los requerimientos de resolución de los dispositivos de salida más comunes.

Mientras tanto, consulte la siguiente tabla para tener una idea general de las configuraciones que debe utilizar con el fin de obtener buenos resultados en impresoras de distintas características. A los valores más altos en dpi (dots per inch, puntos por pulgada) de la columna uno corresponde una salida más refinada y con mejor apariencia desde las impresoras láser, tanto comunes como de alto coste, hasta las imprentas. Esta tabla también supone que estamos escaneando algo cuyas dimensiones físicas son de 4 × 6 pulgadas y que queremos sacar la imagen con una relación de tamaño 1:1. Una relación 1:1 indica que las dimensiones de la imagen impresa son las mismas que las del objeto que escaneamos.

Diversas resoluciones de entrada y salida

Resolución de la obra impresa (puntos por pulgada)	Líneas por pulgada del dispositivo de salida	Resolución de escaneo recomendada	Tamaño de archivo
300 ppp	45 lpp	90-100 muestras/pulgada	570 KB
600 ppp	95 lpp	170 muestras/pulgada	1,99 MB
1200 ppp	125 lpp	225 muestras/pulgada	3,48 MB
2450 ppp	133 lpp	266 muestras/pulgada	4,86 MB

Como puede ver, la relación de muestreo para la entrada tiene que ser bastante menor que la resolución de salida. El error más común que los usuarios cometen cuando escanean imágenes consiste en equiparar un píxel con un punto de tóner o tinta. Tal como indica la tabla, la resolución de escaneo tiene que ser aproximadamente dos veces la frecuencia de la *lineatura* utilizada para crear los trabajos comerciales impresos. La única excepción a esta regla de «por 2» es cuando el dispositivo de salida es una filmadora.

A diferencia de las impresoras y las imprentas, que utilizan lineaturas para imprimir imágenes con tramas de semitonos creadas a partir de puntos de tinta, las filmadoras generan imágenes de tonos continuos exponiendo la película a la luz. Consecuentemente, la cantidad total de información capturada por el escáner se mide por el tamaño del archivo guardado y es este tamaño lo que determina la calidad de salida de la filmadora de imágenes. Los autores hemos comprobado que es posible obtener diapositivas de 35mm de bastante calidad a partir de un archivo de imagen que tenga al menos un tamaño de 4 MB. Cuanto mayor sea el tamaño del archivo, mejor será la imagen que obtengamos. En filmadoras que generen grandes formatos, por ejemplo, transparencias de 4" × 5", sería muy recomendable que considerase escanear la imagen para obtener al menos un archivo de 14 MB.

La adquisición de imágenes destinadas a la Web u otra presentación en pantalla requiere bastantes menos recursos de nuestras computadoras, ya que la resolución del archivo de imagen generado sólo necesita ajustarse con la del monitor, que por lo general suele ser de 75 píxeles/pulgada. Un gráfico en modo RGB a pantalla completa que mida 640 píxeles por 480 píxeles y que tenga 72 píxeles/pulgada ocupará sólo 900 KB al guardarlo en disco. La misma imagen guardada en modo escala de grises ocuparía únicamente un tercio de su tamaño, es decir, 300 KB.

Cuando escanee, siempre debe hacerlo ajustándose a los requerimientos del dispositivo de salida seleccionado. Por ejemplo, si desea representar la imagen en una impresora o en una filmadora, y además utilizar la imagen en una página Web, escanee el material tres veces, una por cada dispositivo. Un único tamaño *nunca* vale para todo. Como suele decirse, al tomar una fotografía es necesario captarla bien con la propia cámara, lo que significa que sólo se debe fotografiar lo que se necesita. Similarmente, sólo debe escanear lo adecuado. Nunca confíe ni dependa del cambio de tamaño que realice Photoshop en la imagen, ya que las imágenes de mapa de bits siempre sufren cierta pérdida de enfoque al cambiarlas de tamaño que nunca podrá ser perfectamente restaurado, incluso aunque utilice los estupendos filtros de Photoshop para dar nitidez a los bordes.

Vamos a ver en primer lugar el elemento de hardware más común para introducir fotografías en Photoshop: el escáner plano.

Análisis del escáner plano

Hace tiempo, aunque sólo unos pocos años atrás, los escáneres planos sólo estaban al alcance de los usuarios más pudientes, ya que su precio solía ser bastante elevados. Estos escáneres eran lentos y ruidosos, ya que se requerían tres pasadas para muestrear una imagen RGB: una pasada por cada componente individual RGB (rojo, verde y azul). También eran extremadamente delicados. Si dábamos un golpe al escáner, sus cabezales podían desalinearse y nuestra imagen RGB adquirida tendría unos contornos tan marcados como las figuras de un tebeo.

Los tiempos, sin embargo, han cambiado. Ahora podemos comprar un escáner de color por no demasiado dinero y la calidad de estos aparatos es fabulosa, ya que contienen los mismos componentes electrónicos que los escáneres tan caros de hace una generación. Desde el punto de vista económico, la característica de todo el hardware de las computadoras es que los primeros usuarios son los que pagan la investigación y desarrollo de la tecnología y, si esperamos lo suficiente, el resto de usuarios pagaremos un precio significativamente inferior por una tecnología idéntica o incluso superior.

Principios de los escáneres de reflexión: escaneo de fotografías mediante un escáner plano

El consejo que le vamos a dar quizá le parezca tan sorprendente como estos nuevos escáneres. ¿El consejo? No escanee fotografías impresas. Debe utilizar un escáner plano sólo como último recurso, como por ejemplo cuando el cliente no dispone del negativo de alguna imagen.

El problema de los escáneres planos es que utilizan un método de *escaneo de reflexión* para muestrear las imágenes. Brevemente, los escáneres planos emplean un proceso en dos pasos para obtener las muestras. En primer lugar, dirigen un rayo de luz hacia nuestro elemento opaco y, a continuación, la «cámara» del escáner (una matriz de elementos sensores luminosos) graba el patrón y las características de la luz que haya rebotado (haya sido reflejada) desde nuestro objeto. La Figura 2.1 muestra la trayectoria de la luz dentro de un escáner plano de reflexión.

No es inmediatamente obvio el hecho de que los escáneres planos de reflexión produzcan una versión degradada de la imagen original. La degradación se debe a que la copia impresa que escaneamos no es la fuente original; *el negativo* que fue utilizado para crear la fotografía impresa es la verdadera fuente. Si comparamos la imagen digital creada por un escáner plano con una generada por un escáner de transparencia que escanea el auténtico negativo, descubrirá que este último método proporciona resultados mucho mejores.

El *Brillo* es la palabra clave. La fotografía escaneada de una flor brillante no puede aspirar a parecer tan brillante en pantalla como la misma fotografía vista en una diapositiva de 35mm. ¿Por qué? Pues debido a que los escáneres de reflexión pierden color en el proceso, ya que la luz necesita atravesar el doble de distancia hasta llegar al elemento digitalizador, dentro del aparato. Además, cuando escaneamos una copia impresa estamos una generación más allá de la foto original. Cuando permitimos que la luz pase *a través* de la imagen, se conserva el brillo, ya que estamos en realidad *dirigiendo* la luz (luz coloreada para ser más precisos) sobre un elemento fotosensible.

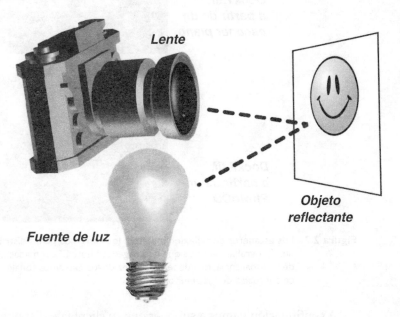

Lente

Objeto reflectante

Fuente de luz

Figura 2.1 La tecnología del escaneo por reflexión hace incidir la luz sobre la imagen y luego se hace pasar hasta el elemento digitalizador, dentro del escáner.

En la Figura 2.2 puede ver el resultado de escanear una imagen a partir de un negativo. La imagen superior fue cuidadosamente escaneada por un buen fotógrafo, mientras que la imagen inferior fue tomada de un PhotoCD (un PhotoCD se genera escaneando los negativos de una película y luego almacenando los archivos de las imágenes en un formato de archivo particular en un CD-ROM). Incluso aunque estas imágenes sean en blanco y negro, inmediatamente podrá apreciar la diferencia. Comparada con la imagen PhotoCD, la copia escaneada por reflexión muestra un bloqueo de los tonos oscuros y una sobresaturación de los blancos (las zonas delicadas próximas al blanco han sido destruidas). Quizá pueda parecerle que en la copia escaneada e incluso en la copia impresa del negativo de esta imagen hayan exagerado el contraste de la fotografía y, cuando se incrementa el contraste, el contenido y los detalles de la imagen se pierden.

Si quiere comprobar la diferencia cualitativa entre un escáner de reflexión y uno de trasparencia, abra (en Photoshop) las imágenes Dock1.tif y Dock2.pcd de la carpeta Chap02 del CD adjunto. Dock1 corresponde a un escáner plano y Dock2 es de un PhotoCD.

Dock1.tif, a partir de un escáner plano

Dock2.tif, a partir de un PhotoCD

Figura 2.2 Los escáneres de reflexión enfatizan los extremos de las distribuciones tonales en una fotografía, mientras que las imágenes PhotoCD, tomadas mediante un escáner de transparencia, mantienen la nitidez de los extremos tonales, así como un balance adecuado de los semitonos.

A continuación vamos a suponer que su cliente no dispone del negativo de Dock1.tif. Estará entonces obligado a trabajar con esta imagen en Photoshop. No se desespere. Con unos pocos retoques cosméticos podrá dar cierta vida a la imagen, como podrá comprobar a continuación.

Consejo:

La primera vez que abra una imagen PhotoCD en Photoshop, se le preguntará por una fuente (Source) y un destino (Destination). Pulse el botón Source y seleccione pcd4050e.icm (.pf), pulse Abrir y luego Destination y seleccione Adobe Monitor Settings.icm (Apple Standard), y pulse OK. Esta será la única vez que tendrá que especificar estas configuraciones cuando abra un archivo PhotoCD.

Ajuste del Tono, Balance y Foco de una imagen escaneada

1. Abra la imagen Dock1.tif de la carpeta Chap02 del CD adjunto. Puede también abrir Dock2.psd como referencia para su trabajo (ábrala con un tamaño de 512 por 768 píxeles).
2. Con Dock1.tif en primer plano, presione Ctrl($\mathcal{H}$)+L para visualizar el cuadro Niveles.
3. Arrastre el regulador de los medios tonos, hasta que el campo del medio de los Niveles de entrada muestre aproximadamente 1,19, como se observa en la Figura 2.3. Al hacer esto se «abrirá» o expandirá el rango de los medios tonos de la imagen. La mayor parte del contenido visual de la imagen está localizado en los medios tonos. En esencia, así estamos permitiendo que se muestre mayor cantidad del detalle de los medios tonos en la imagen, con lo cual podremos añadir posteriormente mayor color a la imagen global.

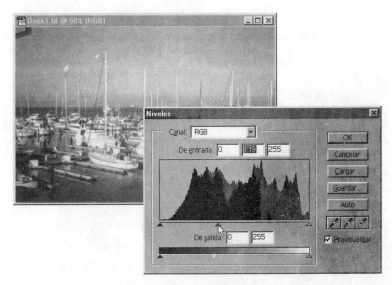

Figura 2.3 Los semitonos de una fotografía escaneada no están plenamente representados, ocultando el detalle de la imagen. La orden Niveles puede ayudarnos a redistribuir píxeles en la zona, lo que permite menor contraste y por tanto mayor cantidad de detalle.

4. Pulse Aceptar y luego presione Ctrl($\mathcal{H}$)+B para visualizar el cuadro de diálogo Equilibrio de color. La imagen Dock1 tiene un aspecto azulón poco agradable que debería ser eliminado.
5. Con la casilla semitonos seleccionada, arrastre el regulador Amarillo/ Azul hasta que el cuadro de la derecha de Niveles de color muestre -33, aproximadamente.
6. El color cian tampoco es deseable en la imagen. Arrastre el regulador Cian/Rojo hasta que el primer campo de Niveles de color muestre +18, como se puede ver en la Figura 2.4. Acaba de producir un tremendo cambio en la apariencia global de la fotografía escaneada; ahora es mucho más real. Pulse Aceptar para aplicar los cambios.

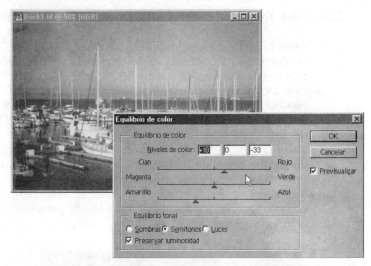

Figura 2.4 Los desplazamientos de color en los semitonos pueden alterar notablemente el aspecto y la impresión global de una imagen en color. Utilice los reguladores de la orden Equilibrio de color para eliminar los cambios de color predominantes no deseados.

7. Presione Ctrl(⌘)+U para visualizar el cuadro de diálogo Tono/saturación.
8. Arrastre el regulador Saturación hasta aproximadamente +23 y luego arrastre el regulador Luminosidad hasta +3, aproximadamente, como se muestra en la Figura 2.5. Hay una densidad alta en esta copia impresa y la iluminación de la imagen, de forma global, ayuda a dar un cierto detalle adicional a las zonas sombreadas. Observe que ahora puede ver los reflejos de ciertos mástiles. Pulse Aceptar para aplicar los cambios.

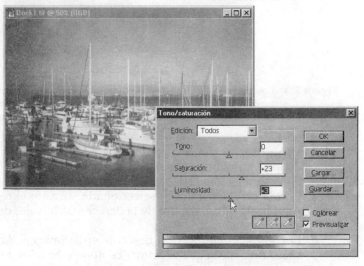

Figura 2.5 La saturación y la densidad tonal deben estar en equilibrio. Debido a que hemos aclarado los semitonos de la imagen mediante la orden Niveles, existe ahora más «espacio» en los píxeles de semitonos para añadir (saturar) color.

9. El enfoque de esta imagen es ciertamente pésimo, ya que el manipulador de la fotografía no enfocó adecuadamente el negativo sobre el papel fotográfico y también porque la imagen tampoco estaba completamente plana sobre la superficie del escáner (el cristal en que se apoyan las imágenes). Seleccione Filtro, Enfocar y luego elija Máscara de enfoque.

10. Arrastre el regulador Cantidad a 39%, teclee **0,9** en el campo de los píxeles y a continuación teclee **1** en el campo Umbral. Estas configuraciones son la receta secreta de los autores para elegantemente dar nitidez a las imágenes que tienen un tamaño de archivo inferior a 1,5 MB. En la Figura 2.6 puede ver la configuración correcta. Pulse Aceptar para aplicar el enfoque.

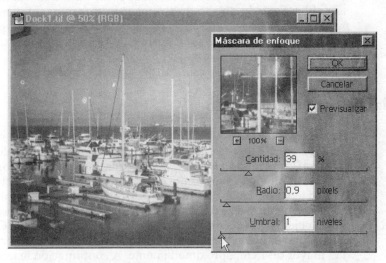

Figura 2.6 El filtro Máscara de enfoque proporciona una pequeña pero necesaria mejora del enfoque a la imagen, sin alterar demasiado el contenido de la imagen.

11. ¡Hemos concluido! La imagen escaneada tiene ahora mucho mejor aspecto, pero no tan bueno como la versión PhotoCD de la escena. Observe ambas imágenes en la pantalla. Hemos hecho todo lo posible para mejorar la imagen escaneada, salvo buscar el negativo y escanearlo. Puede guardar la imagen, o descartar los cambios realizados cerrándola sin guardar.

Obviamente, cada imagen será distinta, ya que cada fotografía tiene un contenido visual diferente. Por consiguiente, no considere por ahora los valores empleados en el ejemplo precedente como «la forma» de corregir una mala imagen escaneada. En lugar de ello, utilice los procedimientos y principios inherentes a cada orden y la secuencia de órdenes empleada.

Desgraciadamente, la información visual que no aparezca en una fotografía nunca se podrá adquirir mediante un escáner y, si comparamos Dock1 con

Dock2, podrá ver que los blancos de Dock1 están tan sobreexpuestos, que no existe ninguna información visual más que un blanco puro. Los nombres y números de los barcos se pueden distinguir en la versión PhotoCD, pero no en la imagen escaneada.

A pesar de todos los defectos que hemos ido mencionando hasta ahora sobre las copias escaneadas por reflexión, es importante tener en cuenta que hay otras cosas que podemos hacer y que sólo las podrá realizar con un escáner plano. Por ejemplo, el Capítulo 10, «Mezcla de medios», depende absolutamente del escaneado plano de un trabajo a lápiz y tinta, que puede ser mejorado mediante Photoshop. A nadie se le ocurriría fotografiar un dibujo y luego escanear la fotografía del dibujo para introducirlo en Photoshop.

También puede emplear un escáner plano para escanear objetos *tridimensionales*. El escaneado directo de objetos físicos es muy entretenido, innovador y puede proporcionarle unos resultados mucho mejores de los que a primera vista podría esperar. En la siguiente sección descubrirá cómo utilizar su escáner plano como una cámara digital.

Reglas del escaneado directo

El *escaneado directo*, como su propio nombre indica, consiste en escanear objetos situados en la superficie de captura de imágenes del aparato. Esencialmente, estaremos utilizando el escáner como una cara fotocopiadora en color, salvo que los resultados estarán mucho mejor enfocados y los objetos escaneados podrán tener distintas resoluciones (distintas relaciones de muestreo).

Obviamente, existe un límite práctico al tamaño global, peso y profundidad de los objetos que podemos escanear en un escáner plano. Generalmente, los objetos que situemos en el cristal del escáner no deberán tener una profundidad mayor de 1 cm, aproximadamente. A continuación le mostramos una breve lista de elementos que puede escanear; sólo al lector le compete decidir cuál será el tema del diseño que incluya la copia escaneada:

- Ceras (siempre que no aparezcan las vitolas de la marca; o mejor todavía, quite los papeles).
- Flores, hierba artificial, musgo.
- Azulejos realizados con algún material natural, como por ejemplo pizarra, mármol, granito. No utilice materiales sintéticos a los que se haya aplicado un motivo, ya que ese motivo ¡pertenece a la compañía que ha creado el azulejo!
- Botones (que utilizaremos en el siguiente ejemplo).
- Caramelo estándar, por ejemplo maíz caramelizado, pero nunca algo similar a un Chupa Chups, que tendrá un gráfico registrado en su envoltorio.
- Cereales genéricos, como arroz o trigo inflado. Sin embargo, no podrá utilizar productos de cereales manufacturados con formas distintivas registradas, como Lucky Charm.
- Esponjas. Las esponjas proporcionan texturas muy interesantes cuando se escanean a alta resolución.
- Plumas. En las tiendas de manualidades podrá encontrar un amplio surtido de plumas secas.

- Imágenes de distribución libre de libros de arte, como los producidos por Dover. En estos libros físicos, que puede encontrar en cualquier tienda de materiales artísticos, podrá encontrar letras capitulares ornamentales, bordes y otros diseños. Lo único que no podrá realizar con estas imágenes es escanearlas y luego vender las versiones electrónicas bajo su propio nombre. Sin embargo, resultará perfecto si utiliza una de estas imágenes como elemento dentro del diseño de alguna página.
- Pasta. Esto incluye lazos, espaguetis, tornillos, fideos, etc.

A continuación le mostramos una lista de objetos para los cuales o bien necesitará permiso del fabricante, o bien no podrá escanearlas de ningún modo.

- Billetes de su país.
- Comida y medicamentos con nombre registrado, como la Aspirina.
- Telas, papel de empapelar, envoltorios con motivos. Por ejemplo, no debería escanear una camiseta hawaiana, ya que probablemente el diseño esté protegido por derechos de copia o una marca registrada.
- Elementos artísticos con marca registrada, como tijeras, lápices, reglas y toda la diversa parafernalia del dibujo. Sin embargo, sí que puede escanear estos elementos y clonar cuidadosamente las zonas identificativas de la marca registrada, pero sólo si las *formas* de dichos objetos no tienen ninguna protección de patente, copyright o marca registrada. Por ejemplo, los bolígrafos Bic tienen un diseño registrado y no podremos escanear y utilizar una imagen de estos bolígrafos comercialmente sin el consentimiento del fabricante, incluso aunque no aparezca en la imagen la palabra «Bic».

No escanee ninguno de los elementos mencionados anteriormente sin leer primero todo este capítulo. Algunos de los objetos que hemos mencionado pueden dejar pelusas u otras partículas sobre el cristal del escáner que podrían estropear su equipo con el tiempo.
En este capítulo, un poco más adelante, le mostraremos una estrategia para escanear todo tipo de elementos sin ningún peligro.

La mejor indicación para adquirir directamente imágenes consiste en dejar a un lado todos aquellos elementos que puedan tener un diseño registrado o que lleven un logotipo registrado.

Deje que el diseño dirija el escaneado

Vamos a suponer que es el director artístico de una publicación y que necesita encontrar una imagen que acompañe un artículo sobre la historia de los botones, «Todo sobre los botones». El decidir poner una imagen sobre botones en la página parece una decisión natural, pero antes de que diseñe la página debería preguntarse:

- ¿Cuál es la mejor idea para un diseño?
- ¿Cuánta RAM y espacio para paginación en disco necesitaré? y ¿verdaderamente tengo que llenar una página de 8 1/2" por 11" con botones?

El tamaño de la imagen, medido en megabytes, es verdaderamente algo a considerar cuando creemos el diseño de una página. Habrá observado que no hay demasiados anuncios o artículos con fotografías o imágenes escaneadas a página completa, ya que un área de 8 1/2" por 11" con calidad de impresión comercial, que es de 266 píxeles por pulgada, ¡ocupará 18,9 MB! Pero espere, que todavía hay peores noticias. Las páginas sangradas (páginas con imágenes que llegan hasta el propio borde de la página) generalmente tienen que recortarse a partir de un papel de mayor tamaño. Esto se debe a que las páginas sangradas necesitan espacio para que las sujeciones de la imprenta sostengan la página a medida que pasa a través de las planchas de impresión. Esto también significa que la fotografía o la copia escaneada *tiene* que ocupar el tamaño completo de la página impresa antes de ser recortada (a un tamaño de recorte de 8 1/2" por 11" en este ejemplo). Si el responsable de la imprenta le dijera, por ejemplo, que la sangría va a 1/4" fuera del tamaño del recorte, entonces la imagen deberá ser escaneada a 9" por 11 1/2", o 21 MB de tamaño de archivo. Y, por si fuera poco, estos son los tamaño RGB, pero, cuando termine de editar su trabajo y convierta las imágenes a CMYK para imprimirlas, los archivos se incrementarán en otro 25 por ciento.

Photoshop necesita de tres a cinco veces el tamaño de la imagen en RAM del sistema y espacio en disco para funcionar adecuadamente y no cambiar datos en el disco. De forma que, para crear una página de botones, su sistema deberá tener al menos 64 MB de RAM y una cantidad igual o mayor de espacio en disco (para ver información sobre la configuración de memoria y del espacio en los discos de memora virtual consulte el Capítulo 3, «Personalización de Photoshop 5»). Si no dispone de la suficiente RAM para realizar la tarea, tiene tres opciones:

- Comprar más RAM. Una buena opción dentro del mercado tecnológico de hoy en día, ya que la RAM se puede adquirir por tan sólo 5 dólares por MB cuando esta obra se estaba escribiendo. De forma que, para añadir otros 32 MB a su sistema, sólo deberá desembolsar 160 dólares, menos que una cena barata y dos entradas a cualquier espectáculo de Broadway.
- Especifique tanto espacio en disco sin comprimir en su(s) disco(s) duro(s) como sea posible, para que Photoshop los utilice como discos de memoria virtual. De nuevo, consulte el Capítulo 3 para ver la configuración de los discos de memoria virtual y asignación de la memoria. Ésta no es una solución óptima para trabajar con grandes archivos, ya que la paginación a disco requiere mucho más tiempo que la paginación a la RAM.
- Vuelva a replantearse su diseño. ¿Es posible llegar al mismo resultado (obtener una asombrosa página con texto y gráficos) utilizando más «espacios blancos» en la página y menos imagen? ¿Se puede emplear una imagen menor de manera más efectiva que una grande? La respuesta es sí.

Vamos a examinar en primer lugar el diseño más ambicioso, teniendo en cuenta los requerimientos del escaneado, para que cualquier usuario con 24 MB de RAM o más pueda llevar a cabo el diseño de este ejercicio. En la Figura 2.7 puede ver el esbozo a página completa de los botones «de pared a pared» (la línea punteada de la imagen representa el área de recorte de la página). Este esbozo se encuentra también en la carpeta Chap02 del CD que viene con el libro con el nombre Buttons1.eps, en caso de que quiera visualizarlo en Illustrator, CorelXARA o CorelDRAW como un diseño vectorial editable. Vamos a importar el esbozo directamente en Photoshop para que le sirva de guía en el diseño final. No se preocupe; vamos a escanear con vistas a una salida por inyección de tinta, no a una impresora comercial, por lo que el archivo con que trabajaremos tendrá sólo unos 8MB.

Figura 2.7   Para este diseño tan colorista y ambicioso de la página necesitaremos escanear un área de botones de 9" por 11 1/2".

Podrá observar que los botones en el esbozo son mayores de 1:1. Esto significa que el área *física* que escaneará será menor de 9" por 11 1/2", pero la resolución multiplicada por las dimensiones físicas tendrá que seguir siendo de 9" por 11 1/2", lo cual significa que tenemos que explicarle cómo configurar la interfaz de su escáner para escanear a resoluciones mayores de 1:1.

Ésta es la forma de completar los requerimientos de diseño para una página de botones con sangría.

Creación de un diseño ambicioso de botones, escaneado directamente

1. Vaya a una mercería y compre una gran bolsa de botones variados. También puede pedir a su madre o cónyuge (si alguno de ellos estuvie-

ra cosiendo) un buen puñado de botones. Si le preguntan el motivo, dígales que «es algo muy técnico».

2. En Photoshop, cree una nueva imagen de 9" por 11 1/2" con una resolución de 170 píxeles/pulgada. Pulse Aceptar para generar el nuevo archivo.

3. Seleccione Imagen, Tamaño de imagen y luego despliegue los campos Anchura y Altura y seleccione píxeles.

4. La anchura debe ser 1530 y la altura 1955. Apunte estos números, por si acaso su escáner midiera en píxeles en lugar de en pulgadas.

5. Cubra la superficie de captura de imágenes del escáner con botones, hasta una pulgada aproximadamente del borde de la superficie del cristal. No necesitará cubrir toda la superficie, ya que recortaremos la imagen a una resolución mayor de 1:1.

6. Seleccione Importar en el menú Archivo. Escoja TWAIN_32, si utiliza Windows 95, Windows NT4 o posteriores. Si está empleado Macintosh, escoja Archivo, Importar y luego el tipo de adquisición Twain. La interfaz del escáner aparecerá en el área de trabajo de Photoshop.

7. Configure el escáner a color RGB, escaneado por reflexión y una resolución de escaneado de 170 píxeles/pulgada.

8. Arrastre un cuadrado de recorte sobre la imagen, observando las medidas en píxeles, hasta que el campo Anchura muestre 1530 y el campo Altura 1955. Hoy en día, todas las interfaces de los escáneres son distintas y dispondrá de funciones diferentes. En el escáner UMAX que empleamos los autores, el campo porcentaje debe ajustarse hasta conseguir la cantidad correcta de altura y anchura. En algunos escáneres, quizá pueda teclear la altura, anchura y resolución directamente en algún campo. La Figura 2.8 muestra una imagen de la interfaz de un escáner en concreto, así como una idea de la forma en que puede disponer los botones y la apariencia de la configuración del escáner para esta tarea.

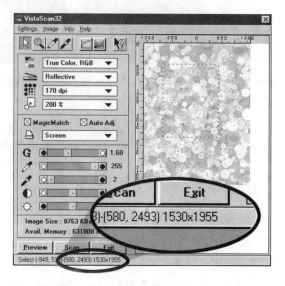

Figura 2.8 Ajuste la anchura y altura en pulgadas o píxeles y especifique la resolución que desea.

9. Pulse Escanear (o en Aceptar, o lo que haya que hacer para activar su escáner). En unos instantes la imagen escaneada aparecerá en Photoshop. Ahora puede cerrar ya la interfaz del escáner.

10. Guarde el archivo como Buttons1.tif en su disco duro. Mantenga el archivo abierto.

Edición de una imagen escaneada

De acuerdo con el diseño EPS mostrado en la Figura 2.7, hemos de eliminar un círculo en el centro de la página para crear un espacio en el que poner una copia del titular y la entradilla. A continuación le mostramos cómo disponer el esbozo sobre la imagen y finalizar la parte gráfica del diseño de la página:

Nota:

Si le gusta participar en esta aventura de escanear directamente pero no dispone de ningún escáner, puede utilizar el archivo Buttons1.jpg, que puede obtener en la dirección http://www.theboutons.com, para continuar con los pasos siguientes.

Edición de la imagen de los botones

1. Seleccione Archivo, Abrir y luego escoja el archivo Buttons1.eps de la carpeta Chap02 del CD adjunto.

2. En el cuadro de diálogo Rasterizando Generic EPS teclee **170** en el campo Resolución, seleccione Escala de grises (la escala de grises tarda menos en interpretarse que el color RGB) y pulse Aceptar a continuación, como se muestra en la Figura 2.9.

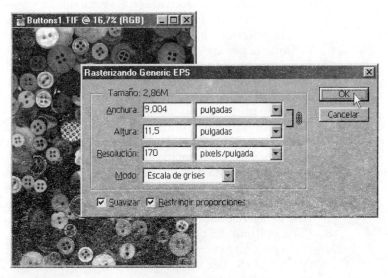

Figura 2.9 Cree una copia en mapa de bits del diseño vectorial para situarlo en la parte superior de la imagen.

3. Presione Ctrl(⌘)+A para Seleccionar todo y luego presione Ctrl(⌘)+C para copiar el diseño al Portapapeles.
4. Cierre el archivo Buttons1.eps sin guardarlo.
5. Presione Ctrl(⌘)+V para pegar el diseño como una nueva capa en la imagen Buttons1.tif, como se muestra en la Figura 2.10.

Figura 2.10   Copie el esbozo en una nueva capa en la imagen Buttons1.

6. Seleccione Edición, Purgar y luego Portapapeles. Esto eliminará la copia del esbozo almacenada en el Portapapeles y le devolverá recursos muy necesarios para Photoshop y su computadora.
7. Con la herramienta Marco rectangular, arrastre para seleccionar el área delimitada por las líneas punteadas del diseño.
8. Deseleccione el icono del ojo de la Capa 1 y pulse el título de la capa Fondo para que se convierta en la capa de edición actual.
9. Presione **D** (colores por defecto) y luego presione X para que el color actual de primer plano sea el blanco.
10. Seleccione Edición, Contornear. En el cuadro de diálogo Contornear escriba **3** en el campo de los píxeles y pulse Centro dentro del campo Posición, y luego Aceptar. Como puede ver en la Figura 2.11, acabamos de marcar la zona donde se efectuará el recorte en esta página, lo cual constituye un adecuado recordatorio para nuestro jefe o cualquiera que pueda observar esta copia de prueba de la página. Presione Ctrl(⌘)+D para deseleccionar el marco.
11. Pulse el icono del ojo, al lado del título de la Capa 1, y luego pulse su título para que la capa del esbozo sea la capa de edición actual. Presione Ctrl(⌘)+R para visualizar las reglas en la ventana de la imagen. No vamos a medir absolutamente nada, pero necesitaremos las reglas para arrastrar guías de ellas.

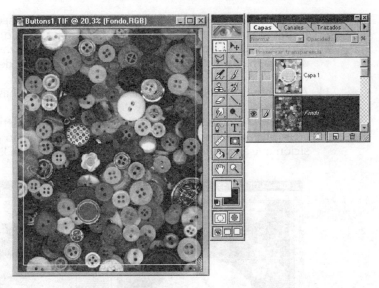

Figura 2.11 Cree una guía en la imagen que nos indique dónde se efectuará el recorte.

12. Arrastre una guía de la regla vertical, situándola de forma que toque la parte izquierda del círculo en la imagen y luego arrastre una guía horizontal a partir de la regla horizontal, de manera que toque la parte superior del círculo, como se muestra en la Figura 2.12. Si necesita ajustar la ubicación de las guías, presione **V** para cambiar a la herramienta Mover. La herramienta Mover es la única que nos permite ajustar las guías que ya hayan sido colocadas.

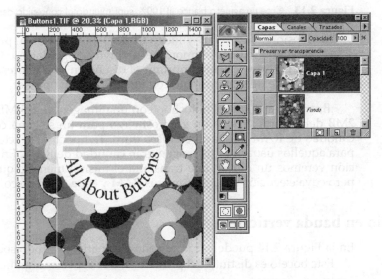

Figura 2.12 Marque los extremos superior e izquierdo del círculo, de manera que podamos crear un marco de selección.

13. Con la herramienta Marco elíptico mantenga presionada la tecla Mayús (esto hará que la herramienta se restrinja a un círculo) y luego arrastre, comenzando por el lugar en que ambas guías se cruzan, hacia abajo a la derecha, hasta que el marco toque la parte inferior derecha del círculo del esbozo.

14. Arrastre el título de la Capa 1 de la paleta Capas hasta el icono de la papelera.

15. Presione **D** (colores por defecto) y luego Suprimir (Retroceso). Acaba de crear una zona limpia en la imagen del mismo tamaño y en la misma posición que el círculo del boceto, como se puede ver en la Figura 2.13.

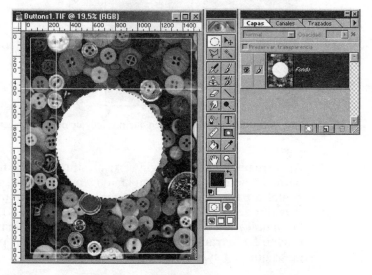

Figura 2.13 Cree un agujero blanco al 100%, suprimiendo el contenido del marco de selección.

16. Presione Ctrl(⌘)+D y luego Ctrl(⌘)+S. Si lo desea, puede cerrar ya la imagen. Podemos importar el archivo a PageMaker o Quark, para añadir el texto, y luego imprimir el diseño en una impresora de inyección de tinta de gran formato con una resolución óptima.

¡Bueno! Trabajar en Photoshop con una imagen de 8,5 MB, además de los 2MB del boceto, supone un gran esfuerzo para un sistema con una modesta cantidad de RAM y espacio en disco duro. Tampoco es exactamente un paseo para aquellos usuarios que tengan gran cantidad de RAM. En la siguiente sección veremos un diseño que transmita el mismo mensaje que el precedente, pero cuya ejecución requerirá menos RAM y espacio en disco.

Diseño en banda vertical

En la Figura 2.14 puede ver un diseño alternativo a «Todo sobre los botones». Este boceto es distinto del primero en dos aspectos significativos:

• La página es blanca y, por consiguiente, la imagen de los botones puede flotar sobre el fondo blanco de la página.

- La página no está sangrada, por lo que como diseñador no tendrá que crear un archivo enorme de 9″ por 11 1/2″.

Figura 2.14 El diseño requiere menos recursos del sistema, ya que utiliza un gráfico menor que el primer boceto.

Nota:

De nuevo, si no dispone de ningún escáner, puede obtener en la dirección http://www.theboutons.com *el archivo Buttons2.jpg, para utilizarlo en los siguientes pasos.*

Debido a que este diseño fue deliberadamente preparado para requerir una cantidad menor de imagen escaneada, vamos a suponer, en el siguiente conjunto de pasos, que este diseño va destinado a una revista impresa o folleto comercial. Las revistas se suelen imprimir con una resolución de 2540 puntos por pulgada y utilizan una lineatura de 133 líneas/pulgada, lo que significa que nuestra obra deberá tener al menos una resolución de 266 píxeles/pulgada.

A continuación le mostramos cómo modificar los requerimientos de resolución para el escaneado directo:

Importación de un boceto

1. Seleccione Archivo, Abrir y luego escoja el archivo Buttons2.eps de la carpeta Chap02 del CD adjunto.

2. En el cuadro Rasterizando Generic EPS, mostrado en la Figura 2.15, configure las unidades a Pulgadas, escoja el Modo Escala de grises y teclee
266 en el campo Resolución. Pulse Aceptar para generar el archivo en
formato de mapa de bits.

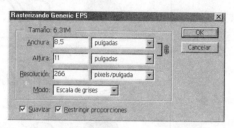

Figura 2.15 Especifique una resolución de 266 cuando importe un archivo que vaya a ser
impreso en una imprenta comercial de alta calidad.

3. En el menú flotante de la paleta Capas seleccione Acoplar imagen. A
continuación, con la herramienta Marco rectangular, arrastre un rectángulo de selección únicamente alrededor de los botones del diseño, como
se muestra en la Figura 2.16, dejando sólo un poco de espacio en blanco
fuera de los botones.

Figura 2.16 Recorte sólo la zona que necesitará para medir su trabajo de escaneado.

4. Seleccione Imagen, Recortar y luego guarde el archivo como Buttons2.psd,
el formato de archivo propio de Photoshop.
5. Amplíe la visualización de uno de los dibujos de los botones al 100% y
luego seleccione la herramienta Medición. Presione F8 para abrir la paleta Info, si es que no estuviera ya abierta.

6. Mantenga presionada la tecla Mayús y arrastre una línea a lo largo de la parte más ancha del botón, dejando sólo un poco de espacio en blanco en los lados izquierdo y derecho, como se muestra en la Figura 2.17. Como puede ver en la paleta Info, los botones tienen que ser escaneados con una anchura de unos 524 píxeles, a 266 píxeles/pulgada.

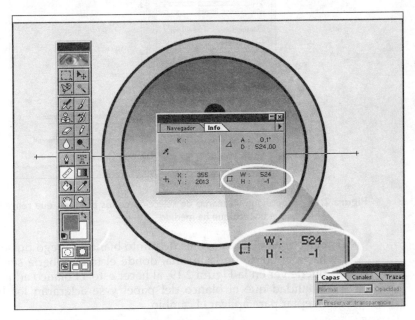

Figura 2.17 Mida la anchura de la imagen en píxeles.

7. Alinee cinco botones en la superficie de captura de imágenes de su escáner. Le sería de ayuda el que los botones estuvieran alineados verticalmente de la misma forma que en el boceto (quizá pueda servirle una regla física para hacer esto), pero la cantidad de espacio vertical entre los botones no es importante a la hora de escanear, ya que luego podrá aumentar o disminuir el espaciado en Photoshop.

8. Seleccione Archivo, Importar y luego TWAIN_32 (Macintosh: utilice el tipo de adquisición Twain). Se abrirá la interfaz del escáner.

9. Arrastre el cuadro de recorte alrededor de los botones y luego ajuste la escala y resolución, de forma que la anchura de los botones (más un poco de espacio en blanco) sea de aproximadamente 524, como se muestra en la Figura 2.18. Pulse Escanear (o Aceptar o lo que active su escáner).

   Es posible que el fondo de los botones no sea blanco al 100 por 100, ya que los botones tienen profundidad y quizá haya cierta coloración ambiental que se introduzca entre la tapa del escáner y la superficie de captura. Esto se puede corregir fácilmente.

10. Guarde el archivo como Buttons2.tif. Presione Ctrl(⌘)+L para visualizar el cuadro Niveles.

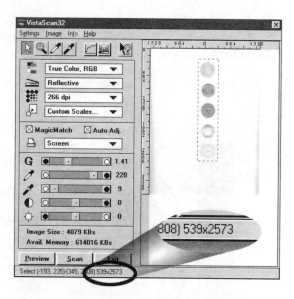

Figura 2.18   Especifique un marco de selección de los botones, que tenga la misma anchura que el boceto que ha medido.

11. Seleccione el cuentagotas de punto blanco y luego pulse en la imagen, hacia el borde de la misma, donde el tono debería ser blanco. Como puede ver en la Figura 2.19, al hacer esto, el blanco adquirirá la misma tonalidad que el blanco del papel y se aclararán los botones. Pulse Aceptar para aplicar el cambio.

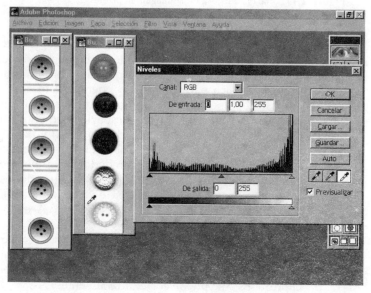

Figura 2.19   Especifique un nuevo punto blanco en la imagen, utilizando la herramienta Cuentagotas de punto blanco.

12. Pulse la barra de título de Buttons2.psd. Seleccione Imagen, Modo y luego color RGB.
13. Con la herramienta Marco rectangular, arrastre una selección alrededor del botón superior de Buttons2.tif y luego, mientras mantiene presionado Ctrl(⌘), arrastre dentro del marco de selección y suelte la selección sobre la ventana Buttons2.psd, como se muestra en la Figura 2.20.

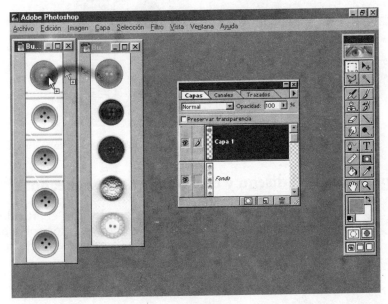

Figura 2.20 Mantenga presionada la tecla Ctrl(⌘) y arrastre la selección sobre la ventana Buttons2.psd para copiar la selección.

14. En la paleta Capas de Buttons2.psd, arrastre la Opacidad de esta nueva capa hasta aproximadamente el 50%. A continuación, con la herramienta Mover, arrastre la capa para que se alinee con la imagen del botón, que se encuentra en el diseño inferior. Después de alinear el botón, pulse 0 (cero) en su teclado para restaurar la opacidad de la imagen al 100%.
15. Seleccione Acoplar imagen del menú flotante de la paleta Capas para mantener el tamaño del archivo.
16. Repita los pasos 13-15 con el resto de las cuatro imágenes de los botones. Luego elimine cualquier resto del diseño que pudiera quedar en la imagen Buttons2.psd. Puede realizar esto seleccionando la herramienta Lazo y dibujando un contorno que encierre el área no deseada y pulsando luego Suprimir, como se muestra en la Figura 2.21.
17. Seleccione Archivo, Guardar como y almacene la imagen como Buttons2 Finalizado.tif, en formato de archivo TIFF. Ya puede cerrar las dos imágenes. También puede enviar Buttons2 Finalizado.tif a su departamento de Producción, junto con el boceto, de forma que ellos puedan añadir el texto.

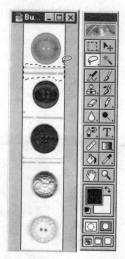

Figura 2.21 Elimine las zonas de la imagen que no quiera que aparezcan en la publicación.

Simplicidad en el diseño y economía en el escaneado

En la Figura 2.22 puede ver un tercer boceto para el artículo de los botones. Habrá observado que sólo se utiliza un enorme botón sobre blanco, y que forma parte de un símbolo de exclamación (la cabecera y el texto forman el palo).

Figura 2.22 Un buen uso del espacio en blanco y un gráfico potente pueden a veces capturar la atención mucho mejor que un gráfico que vaya de lado a lado.

Este diseño fuerte e imaginativo capturará la atención del espectador. Pero lo mejor de todo es que sólo necesitará escanear un único botón a un tamaño mucho mayor que el real.

Si no posee ningún escáner, puede obtener el archivo Buttons3.jpg en la dirección *http://www.theboutons.com* y puede emplear dicha imagen en los siguientes pasos.

A continuación le mostramos cómo medir y escanear la obra para el tercer diseño:

Medida y escaneado de un único elemento de diseño

1. Abra el archivo Buttons3.eps de la carpeta Chap02 del CD adjunto. En el cuadro de diálogo Rasterizando Generic EPS cambie las unidades a pulgadas, teclee **266** en el campo Resolución, especifique Escala de grises en la lista desplegable Modo y luego pulse Aceptar.

2. Cuando aparezca la imagen EPS en Photoshop, utilice la herramienta Marco rectangular para seleccionar con holgura el área que rodea al botón del diseño, como se muestra en la Figura 2.23 y luego ejecute la orden Imagen, Recortar.

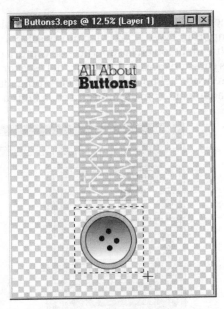

Figura 2.23 Mantenga sólo la parte del diseño de la página que haya que medir.

3. Con la herramienta Medición, arrastre a lo largo de la parte más ancha del botón, dejando únicamente un poco de espacio blanco a izquierda y derecha. Como puede ver en la Figura 2.24, necesitará escanear un botón (con un borde) para producir una imagen que tenga aproximadamente una anchura de 743 píxeles.

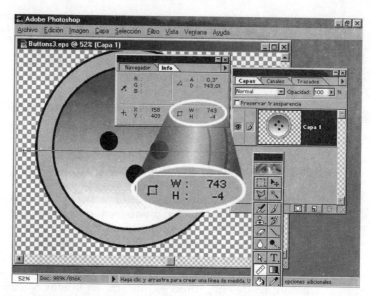

Figura 2.24 El tamaño final de la imagen para escanear el botón aislado es de 743 píxeles.

4. Cierre el archivo sin guardar los cambios y luego seleccione Archivo, Importar, TWAIN_32 (Macintosh: seleccione el tipo de adquisición Twain).

5. Sitúe un botón en la superficie de captura del escáner, cierre la tapa y utilice las características de la interfaz del escáner para crear un marco de selección alrededor del botón a 266 píxeles/pulgada y 743 píxeles de ancho, aproximadamente, como se muestra en la Figura 2.25. Pulse Escanear.

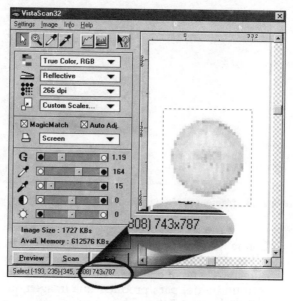

Figura 2.25 Deje un poco de espacio en blanco alrededor del botón que está escaneando.

6. Después de terminar el escaneado, cierre la interfaz del escáner y guarde la imagen como Buttons3.tif, en formato de archivo TIFF.
7. Utilice la misma técnica que empleó con la imagen Buttons2 y la orden Niveles para que el fondo del botón sea blanco al 100%.
8. Cierre el archivo y envíelo a Producción.

Como puede ver, colocar objetos de casa sobre un escáner no es ningún pasatiempo frívolo. Un escáner plano puede ser nuestra salvación cuando no dispongamos de tiempo para obtener una fotografía convencional, y la mayoría de las veces capturaremos mayor cantidad de detalle con un escáner que con una cámara.

Una advertencia antes de escanear todo lo que encuentre

Si no le gustan los puntos blancos en las fotografías (que son el resultado de no haber limpiado correctamente el negativo) que recibe de su laboratorio fotográfico, entonces *detestará* obtener copias escaneadas que contengan polvo, pelusas, pelos y otras partículas que aparecerán en sus hermosas imágenes. ¿Puede imaginarse contra quién deberían dirigirse los gritos por ver elementos de este tipo en sus obras? Efectivamente: contra usted mismo.

Los escáneres planos suelen tener una junta de plástico, que mantiene en posición la superficie de cristal a medida que el cabezal del escáner pasa a lo largo de la parte inferior del cristal. Se supone que la junta sujetará y protegerá al cristal frente a las vibraciones originadas por los componentes de la máquina, pero la junta *no es* hermética. Por consiguiente, si fuera a escanear, un ramo de flores, por ejemplo, el polen y la suciedad depositada en la superficie de captura quizá permanezca alojada en los bordes de la junta, incluso aunque hayamos eliminado todas las partículas después de escanear las flores. Y con el tiempo, estas partículas quizá se introducirán debajo de la junta y tendrá partículas *dentro* de su escáner, añadiendo puntos a todas sus obras futuras. Entonces ya no habrá nada que pueda hacer, excepto enviar el escáner a reparar.

Para solucionar este problema de contaminación y poder escanear libremente cualquier cosa que se le ocurra, los autores le recomendamos que tape toda la superficie de captura del escáner con una hoja de acetato, como se muestra en la Figura 2.26. El acetato también protegerá el cristal contra golpes y rayaduras.

En los últimos años los autores hemos escaneado prácticamente todo lo que hay en nuestra oficina y en nuestra nevera, incluso una chorreante rebanada de tomate, manteniendo el acetato sobre la placa del escáner. La copia escaneada es buena, el acetato se puede tirar y el escáner mantiene sus cualidades ópticas en perfecto estado.

Procure comprar el acetato más fino que encuentre en la tienda de papelería. Nosotros hemos utilizado hojas de acetato de 0,003" de un tamaño de 14" por 17". Recientemente hemos comprado un paquete de 25 hojas de acetato por unos 12 dólares. Asegúrese de comprar acetato liso y claro y no hojas de acetato que tengan un lado más áspero para fijar pinturas y ceras, ni tampoco, por motivos obvios, acetato coloreado.

Figura 2.26 Cubra con una hoja grande de acetato la superficie de escaneado para evitar que se introduzcan partículas en los elementos mecánicos del hardware.

Tenga un cuidado razonable con su escáner y proteja el cristal y el resto del escáner con una hoja de acetato cuando escanee objetos que puedan soltar polen, polvo o suciedad, o cualquier elemento que pueda rayar el cristal. Si siempre se acuerda de utilizar acetato, su escáner se lo agradecerá y podrá seguir, por muchos años, creando diseños divertidos e innovadores empleando imágenes directamente escaneadas.

Nota:

Las grabadoras PCD son una combinación de escáner de negativos y grabadora de archivos. Después de que cada negativo haya sido escaneado, la grabadora PCD (un elemento hardware extremadamente caro) almacena un único archivo PhotoCD por cada imagen. El formato de archivo PhotoCD es un formato comprimido propio, que Photoshop y muchas otras aplicaciones gráficas pueden interpretar.

PhotoCD de Kodak

Si no dispone de ningún escáner de negativos, o no quiere perder el tiempo en escanear todos sus negativos, existe una excelente alternativa. Puede llevar su película o negativos a un laboratorio fotográfico y preguntarles si le pueden transferir las imágenes a un PhotoCD Kodak. El laboratorio que lo procese utilizará una grabadora PCD exclusiva de Eastman Kodak para escanear sus negativos y almacenar las imágenes en un CD-ROM, que estará listo para que el reproductor de su computadora lo interprete. De esta manera, con tan sólo una cámara de 35mm, una unidad de CD-ROM y la decisión de procesarlo en

PhotoCD, podrá obtener archivos digitales de imagen de gran calidad a partir de sus fotografías. En el año 1998 es bastante difícil encontrar un laboratorio fotográfico en el mundo que no ofrezca el servicio de almacenamiento en PhotoCD.

En la siguiente sección veremos cómo realizar un PhotoCD y cómo cargar una imagen PhotoCD en Photoshop, y también examinaremos la calidad de las imágenes PhotoCD en comparación con otros métodos de introducción de imágenes, como los escáneres planos y los escáneres de negativos, utilizando un dispositivo CoolScan de Nikon.

Trabajo con imágenes PhotoCD

Quizá un laboratorio fotográfico pueda no disponer de una grabadora PhotoCD (PCD) en sus locales. Como hemos comentando anteriormente, el hardware PCD es extremadamente caro, por lo que no podemos esperar que la tienda de fotografías «del barrio» disponga de una máquina de este tipo. Generalmente, cuando un laboratorio fotográfico local ofrece el servicio PhotoCD, la película que les entreguemos se enviará a alguna planta de proceso mucho mayor que disponga de una grabadora PCD. Debido a que el proceso no se realizará en el propio comercio, quizá tenga que esperar 10-14 días para que el laboratorio le devuelva su PhotoCD concluido.

Desde su punto de vista, el pedir un PhotoCD es bastante simple, ya que sólo tendrá que llevar un rollo de película sin revelar o los negativos al laboratorio (las diapositivas tienen un coste mayor, debido al tiempo adicional requerido para su manipulación individual) y luego indicar al dependiente que desea sus imágenes en un PhotoCD. Si entrega un carrete no revelado, le tendrán que cobrar el coste adicional del proceso del revelado. Un PhotoCD puede contener cerca de 120 imágenes. Es una buena idea llevar varios rollos o varias tiras de negativos al laboratorio, ya que así podrá aprovechar más el espacio en el PhotoCD. También puede añadir imágenes a un PhotoCD parcialmente ocupado, pero esto disminuirá el espacio global del PhotoCD. También dispone de la opción de almacenar las imágenes en el PhotoCD en una secuencia específica, bien cuadro a cuadro, o rollo a rollo.

Cuando le devuelvan el PhotoCD en el laboratorio, todo lo que necesitará será introducir el CD en su reproductor de CD-ROM y ejecutar Photoshop. No hay nada especial a tener en cuenta con un PhotoCD. Físicamente es igual que si fuera cualquier otro CD que hubiera cargado. Lo que hace a los PhotoCD especiales es el formato de almacenamiento de las imágenes y la compresión, que es parte del formato.

Cada imagen en un PhotoCD de Kodak se almacena en un único archivo denominado *paquete de imágenes*. A partir de un único paquete de imágenes se pueden abrir los cinco tamaños siguientes (resoluciones) de la misma imagen:

- 72 KB (128 × 192 píxeles)
- 288 KB (256 × 384 píxeles)
- 1,13 MB (512 × 768 píxeles)
- 4,5 MB (1024 × 1536 píxeles)
- 18 MB (2048 × 3072 píxeles)

El archivo con el paquete de imágenes contiene en realidad únicamente el archivo de 4,5 MB. Un filtro de importación de la aplicación PhotoCD emplea un método exclusivo de interpolación, junto con información adicional que se encuentra en el paquete de imágenes, para generar el resto de tamaños a partir del archivo de 4,5 MB.

Debido a que los cinco distintos tamaños de imagen no se guardan en realidad en el archivo PCD, se efectúa una combinación de compresión/descompresión e interpolación cada vez que decidimos abrir una imagen en Photoshop de tamaño 72 KB, 2,88 KB, 1,13 MB ó 18 MB. Los autores le recomendamos que trabaje con imágenes de tamaño 4,5MB, siempre que sea práctico. Las imágenes de 4,5 MB tendrán el enfoque más nítido. ¿El motivo? Incluso aunque se emplee el mejor método de interpolación (cambio de tamaño), siempre se reducirá el enfoque de una imagen a medida que se añadan o se eliminen píxeles para crear una imagen con un tamaño nuevo.

La grabadora PCD imprimirá un *índice impreso* que se suministra con cada PhotoCD que se realiza. Este índice impreso, que se genera utilizando miniaturas muy pequeñas y numeradas de todas las imágenes almacenadas en un PhotoCD, no se debe perder, ya que, desde fuera, todos los PhotoCD son idénticos. Los números que se encuentran en el índice al lado de las miniaturas corresponden a los archivos de imagen del PhotoCD (la primera imagen en un PhotoCD es Img0001.pcd, la segunda Img0002.pcd, etc.). Debido a que las miniaturas son tan pequeñas (y como medida de precaución en caso de que pierda el índice impreso), quizá desee aprovechar las ventajas de la nueva función Hoja de contactos de Photoshop 5, descrita en el Capítulo 5, «Nuevas funciones», para crear su propia y más inteligible hoja de contacto digital.

Nota:

Guarde la hoja de los contactos cuando envíe el CD para que almacenen más imágenes. El laboratorio no necesita para nada estas hojas y las tirarán después de imprimir un nuevo contacto y actualizar el contenido del CD. Al menos así tendrá una copia de seguridad del índice de contenidos del CD, antes de la última carga de imágenes, si conserva el índice impreso y envía el PhotoCD y las nuevas imágenes.

De nuevo, no hay nada especial sobre el propio PhotoCD físico. Los archivos de imagen PhotoCD se pueden copiar del PhotoCD y almacenarlos en un disco duro, una unidad portátil, como los cartuchos zip o jazz, o incluso guardarlo en otro disco CD-ROM. De hecho, la carpeta Chap02 del CD adjunto contiene imágenes PCD con las que trabajaremos en el resto de esta sección. En los siguientes conjuntos de pasos cargará dos imágenes de distinto tamaño y utilizará las opciones del control Destination del filtro de importación PhotoCD para especificar el espacio de color en que se colocarán las imágenes. El primer conjunto de pasos le mostrará cómo cargar y visualizar una imagen PhotoCD.

Carga de una imagen PhotoCD

1. En Photoshop, seleccione Archivo, Abrir y luego elija Img0042.pcd de la carpeta Chap02 del CD adjunto.

2. En el cuadro de diálogo Kodak ICC Photo CD, pulse el botón Image Info. Aparecerá el cuadro de diálogo correspondiente que le informa de que el medio de soporte de la imagen original era un negativo en color. Esta es una información importante que se usará para definir un origen (Source) para abrir la imagen PhotoCD. Pulse OK para cerrar el cuadro de diálogo.

3. Pulse el botón Source y luego en la carpeta Color (Macintosh: Perfiles ColorSync), seleccione el archivo pcdcnycc.icm (Macintosh:pcdcnycc.pf), como se muestra en la Figura 2.27a. Como puede ver en la ventana de información, la descripción del modelo de dispositivo (DeviceModel-Desc) corresponde a un negativo en color y el espacio de color (que no se muestra en la ventana de Macintosh) es YCC, similar en rango y estructura al espacio de color LAB. Pulse el botón Abrir para volver al cuadro de diálogo Kodak ICC PhotoCD.

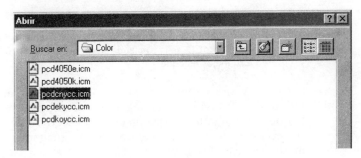

Figura 2.27a Seleccione un perfil de origen que se ajuste al medio que se usó originalmente para capturar la imagen.

4. Pulse el botón Destination y luego la carpeta Color (ColorSync Profiles), seleccione el archivo pslabpcs.icm (pslabpcs.pf), como se indica en la Figura 2.27b. De nuevo, puede ver en la ventana de información, que la imagen se abrirá en el modo LAB, que es un espacio de color más amplio que el modelo RGB y que se trata de la versión 2 y no del archivo versión 1 (pslabint). La diferencia entre estos dos perfiles es que pslabpcs parece generar colores ligeramente más brillantes con un poco más de contraste que la versión 1 del perfil LAB. Pulse Abrir.

Figura 2.27b Seleccione un perfil de destino cuyo espacio de color sea compatible con el perfil de origen.

5. Seleccione un tamaño de archivo para la imagen PhotoCD. Como se ha mencionado anteriormente, el archivo de 4.5 MB de los PhotoCD tiene el mejor enfoque, ya que todos los restantes tamaños son versiones interpoladas de dicho archivo de 4.5 MB. Seleccione en la lista desplegable la opción 1024x1536, como se indica en la Figura 2.28, y pulse OK.

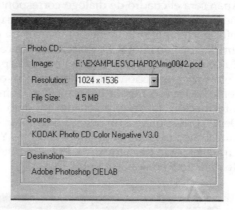

Figura 2.28. Aunque puede seleccionar cualquiera de los cinco tamaños disponibles para una imagen PhotoCD, se recomienda elegir la versión de 1024x1536 y 4,5 MB debido a su mejor enfoque.

6. ¡Ya está! Ahora ya tenemos la imagen de mejor calidad (enfoque más nítido) de este archivo. La imagen está actualmente en el modo LAB, por lo que mantenga la imagen abierta y enseguida veremos cómo realizar correcciones de gamma mientras que la imagen se encuentra en dicho modo (espacio de color).

Corrección de la gamma de una imagen adquirida de un PhotoCD

Aunque Kodak ha mejorado en los últimos años ofreciendo a los manipuladores de las grabadoras PCD datos adicionales de balance de color (*perfiles*), que pueden emplear para retocar las copias escaneadas que generan, un poco de historia puede añadir algo de luz a la cuestión de por qué muchas imágenes PhotoCD son más brillantes y más luminosos a como deberían ser. Kodak diseñó originalmente el PhotoCD como una tecnología de consumo. La idea consistía en que alquilásemos o comprásemos un reproductor especial PhotoCD que se conectaría a nuestro aparato de TV, introdujésemos el PhotoCD de nuestras vacaciones en el reproductor y llamásemos a todos nuestros amigos y familiares para que viesen en la TV una versión tecnológicamente más avanzada del temible espectáculo de las diapositivas familiares.

Desgraciadamente, la *gamma* de los equipos de televisión (la relación entre el brillo y el voltaje de salida) no es la misma que la de los monitores de las computadoras. Originalmente, la gamma configurada en todos los PhotoCD era de 2,2, la gamma de un tubo de televisión, pero la gamma de las computadoras Macintosh y Windows puede tener cualquier valor entre 2,0 y 1,8. Actualmente, la gamma de un PhotoCD recién producido depende de la configuración que especifique el manipulador de la grabadora PCD. Probablemente seguirá utilizando una gamma de 2,2, incluso aunque le hayamos indicado que emplee un perfil de gamma más adecuado para la computadora.

Afortunadamente existe una forma muy simple de corregir la gamma de las imágenes PhotoCD que queramos guardar como imágenes TIFF o PSD. Las imágenes PhotoCD se almacenan en un espacio de color propio, conocido como *YCC*. Un canal de brillo y dos canales de color conforman la gama de color YCC. El espacio de color CIELAB de Photoshop abarca el espacio de color YCC y los dos son bastante compatibles. Para disminuir la gamma (disminuir los semitonos) de una imagen PhotoCD sin alterar los colores de la imagen puede abrir la imagen PCD en el modo de color LAB.

A continuación le mostramos unos cortos y simples pasos que puede llevar a cabo para devolver a una imagen el rango de colores que el monitor de su computadora pueda visualizar.

Ajuste de la gamma mediante el modo de color LAB

1. Seleccione Archivo, Abrir y luego escoja la imagen Img0042 de la carpeta Chap02 del CD adjunto.
2. Seleccione la opción 512x768 en la lista desplegable Resolution (puede examinar también la calidad de la imagen más pequeña mientras está en este cuadro). Luego pulse el botón Destination.
3. En el cuadro de diálogo Abrir mostrado en la Figura 2.29, seleccione Adobe Photoshop CIELAB (pslabint.icm) como perfil de destino y luego pulse OK. No podrá observar ninguna diferencia entre la calidad de la imagen en modo LAB cuando lo compare con el color RGB, ya que LAB *contiene* (es mayor y lo incluye) al modo de color RGB.

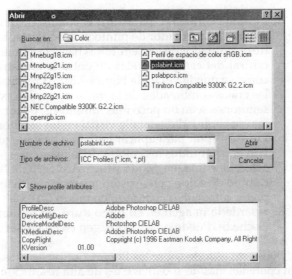

Figura 2.29 Seleccione el modo LAB como el modo de color en que queremos que esté la imagen cuando se abra en el área de trabajo de Photoshop.

4. ¡Hmmm! La imagen que acabamos de abrir del PhotoCD carece de cierta definición (contraste) visual y los semitonos parecen un poco pálidos. En la paleta Capas, pulse la ficha Canales y luego pulse el canal Luminosidad, como se muestra en la Figura 2.30. Éste es el canal que requiere ajustes.

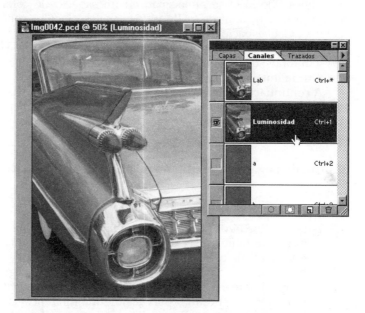

Figura 2.30 Pulse el canal que contiene únicamente la información de luminosidad de la fotografía.

5. Presione Ctrl(⌘)+L para abrir el cuadro de diálogo de la orden Niveles. Arrastre el regulador de punto negro hasta aproximadamente 35 y arrastre el regulador de los semitonos hacia la izquierda, de forma que el valor central del campo Niveles de entrada muestre 1,15 aproximadamente, como se puede ver en la Figura 2.31. Al realizar esto conseguiremos que las zonas sombreadas de la imagen sean un poco más densas y que los semitonos sean un poco más luminosos, de forma que podemos apreciar mayor cantidad de detalle visual en los semitonos.

6. Pulse Aceptar para aplicar los cambios y luego presione Ctrl(⌘)+* para volver a ver todos los colores de la imagen.

7. Seleccione Imagen, Modo y luego Color RGB. No podrá observar ningún cambio de color, pero existen muchas aplicaciones que no pueden interpretar un archivo guardado en modo LAB.

8. Guarde la imagen en su disco duro, en formato de archivo TIFF, como Coche.tif. Puede cerrar la imagen en cualquier instante.

Pues esto es todo sobre los PhotoCD. Son baratos y fáciles de obtener, pueden contener más de 100 imágenes de alta resolución (por lo que no ocuparán espacio en su disco duro) y podrá abrir las imágenes PCD en distintos tamaños y modos para sus tareas de edición.

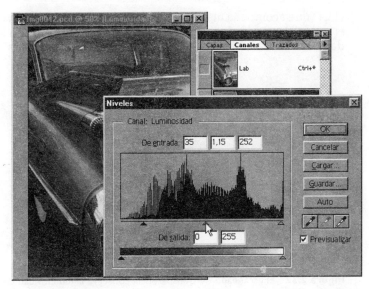

Figura 2.31 Trate al canal Luminosidad de una imagen en modo LAB como trataría una imagen en escala de grises. Si una imagen se ve bien en blanco y negro, se verá maravillosamente en color.

Vamos a dar un paso más allá en calidad y añadir al presupuesto de nuestro hardware la alternativa a los PhotoCD: los escáneres de transparencia, que veremos en la siguiente sección.

Escáneres de transparencia

A diferencia del método de escaneado de reflexión que emplean los escáneres planos, los escáneres de transparencia hacen uso del mismo primer paso que hay que dar para generar una imagen PhotoCD: escanear negativos. Se hace pasar la luz a través de un negativo o una diapositiva y se captura en una célula fotosensible, que almacena el color y todo el realismo y la luminosidad captados por el ojo humano. Los monitores son similares, en cierto sentido, a los escáneres de transparencia, ya que emiten luz. Por el contrario, cuando observamos una revista, nuestros ojos están realizando un escaneado de reflexión y la revista parece más pálida que si estuviéramos observando un archivo con la portada de la revista en nuestro monitor.

En la Figura 2.32 puede ver el principio básico subyacente al escaneado de transparencia. Una luz, situada detrás de la fuente, hace pasar los colores de la imagen a través de un sistema de lentes hasta un conjunto de dispositivos sensores que generan la información digital necesaria para almacenar un archivo en la computadora.

Debido a que los escáneres de transparencia, como un CoolScan de Nikon, son dispositivos caros, no mostraremos en esta sección ningún tutorial formal. Sin embargo, vamos a ver el proceso de escaneado de un negativo. Los resultados de este proceso, realizados con un Nikon CoolScan los puede encontrar en el CD que acompaña al libro, lo que le permitirá comparar con sus propios ojos el resultado generado por un escáner de de sobremesa con la imagen producida por CoolScan.

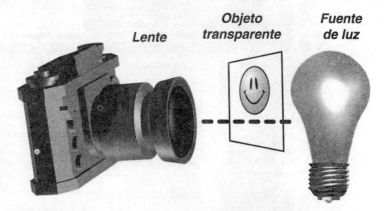

Lente   ***Objeto transparente***   ***Fuente de luz***

Figura 2.32   El escaneado de transparencia conserva la luminosidad de la imagen original.

Éste es el funcionamiento del Nikon CoolScan:

Escaneado de transparencia

1. Encienda el escáner de transparencia y reinicie su computadora. La mayoría de las computadoras requieren que los dispositivos estén conectados a ella durante el arranque. Además, el proceso de escaneado puede requerir grandes recursos de su sistema y es buena idea iniciarlo con el máximo de recursos disponibles.
2. Ejecute Photoshop.
3. Sitúe en el portanegativos la tira de los negativos que contenga la imagen que quiera escanear y cierre la tapa firmemente. Inserte el portanegativos en el escáner siguiendo las instrucciones del manual del aparato. La Figura 2.33 muestra los componentes de un escáner de transparencias.

Una parte extremadamente importante del proceso de escaneado de una película consiste en asegurarnos de que nuestros negativos están libres de polvo, pelos y marcas de dedos. Si existiera cualquier sustancia extraña en cualquiera de los lados del negativo, quedaría reflejada en la imagen. Definitivamente éste es uno de los casos en los que cuanto más, peor.

Es muy recomendable que invierta en comprar un par de guantes de manipulación de películas y que los lleve puestos antes incluso de pensar en sacar los negativos de sus fundas protectoras y de eliminar el polvo de ambos lados del rollo con algún spray limpiador de gas comprimido, como Dust-Off, de Falcon. Podrá encontrar los guantes y el spray limpiador en cualquier tienda de fotografía.

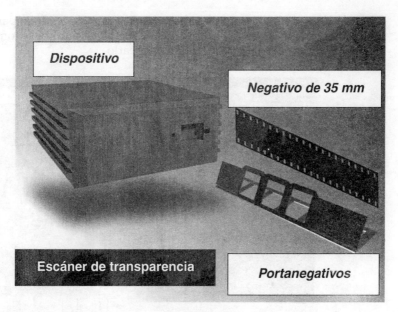

Figura 2.33 Sitúe la tira de película en el portanegativos, ajuste las sujeciones para encuadrar la imagen que desea y luego inserte el portanegativos en el dispositivo.

4. Desde el menú de Photoshop, seleccione Archivo, Importar, Seleccionar origen Twain TWAIN_32 (Macintosh: elija la opción correspondiente de selección Twain). En el cuadro de diálogo Seleccionar origen, escoja Nikon CoolScan (32) y luego pulse Seleccionar. Se cerrará el cuadro de diálogo Seleccionar origen.

5. Elija Archivo, Importar y luego TWAIN_32 (Macintosh: elija el tipo de adquisición Twain).

6. Aparecerá la interfaz TWAIN de Nikon CoolScan.

7. Para poder realizar una comparativa entre la tecnología PhotoCD y el escaneado de negativos realizado por nosotros mismos, hemos seleccionado 512×768 píxeles como tamaño del escaneado. Éste es exactamente el tamaño de la imagen PhotoCD «base 1». Elija Color Neg en la lista desplegable y luego pulse Preview, como se muestra en la Figura 2.34.

8. Pulse en Scan y luego cierre la interfaz TWAIN. La imagen sin nombre estará ahora en el área de trabajo de Photoshop y está girada 90°, ya que las imágenes de una tira de negativos se escanean con orientación horizontal (si escanea diapositivas de 35mm, podrá decidir la orientación).

9. Seleccione Archivo, Guardar como y luego guarde la imagen en el disco duro como Dock3.tif, en formato de archivo TIFF.

10. Si no dispone de ningún escáner de transparencia, abra la imagen Dock2.psd con una resolución de 512x768 píxeles de la carpeta Chap02 del CD adjunto y luego abra Dock3.tif en Photoshop. Compare la calidad de las imágenes. Ahora ya puede cerrarlas.

Habrá observado que el color es bastante más preciso con un escáner de transparencia, el enfoque es ligeramente más nítido y parece haber menor cantidad de «neblina» general en la imagen escaneada por transparencia. Además, no hay ninguna pelusilla en Dock3.tif, ya que los autores se tomaron su tiempo para limpiar el negativo antes de escanearlo.

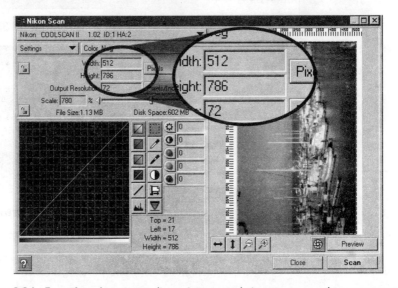

Figura 2.34 Especifique las mismas dimensiones para la imagen escaneada por transparencia que una de las imágenes del paquete de imágenes de PhotoCD.

Si es un fotógrafo profesional que revela sus propios carretes, puede que le interese ahorrar para comprarse un escáner de transparencia. ¡El trabajo fotográfico de calidad requiere algunos sacrificios!

La cámara digital

Las cámaras digitales sin carrete no son del todo nuevas, pero el número de fabricantes se ha incrementado exponencialmente en los dos últimos años. Y junto con nuevos fabricantes aparecen nuevos modelos y formas, cada una con distintas características y cada una con un precio diferente.

Las cámaras digitales poseen ventajas e inconvenientes. La mayor ventaja es la de la inmediatez. Por ejemplo, un fotógrafo de un periódico puede emplear una cámara digital para capturar una escena, transmitir las imágenes a través de un módem móvil y las imágenes estarán listas para colocarlas e imprimirlas antes incluso de que el fotógrafo vuelva a la redacción. Además, el fotógrafo no necesitará esperar a revelar las imágenes para verlas. Se pueden previsualizar en la pantalla LCD que la mayoría de las cámaras digitales llevan. Y también existe otra característica que beneficia a todos los que habitamos la Tierra y es que, al ser el proceso digital, no hay el más mínimo impacto ambiental en comparación al revelado con plata y productos químicos.

La mayor desventaja de las cámaras digitales es hoy en día la relación precio-prestaciones. Es muy difícil encontrar todas las características que deseamos y necesitamos en una única cámara digital y aquéllas que «tienen de todo» cuestan actualmente varios miles de dólares. En la siguiente sección vamos a explicar brevemente el funcionamiento de una cámara digital, haremos algunas recomendaciones sobre las características que debería tratar de encontrar y veremos también tres modelos: uno barato, otro de precio medio y un modelo de alto precio. Tenga en cuenta que, debido a que la información sobre precio, características y modelos específicos de las cámaras puede haber variado cuando lea este libro, debería consultar una guía general o un catálogo de las cámaras para ver cuáles son las existentes actualmente en el mercado. Resulta imposible ofrecer recomendaciones absolutas sobre las cámaras digitales, un área que, al igual que la tecnología informática, parece cambiar más deprisa que el tiempo que tardamos en pulsar un botón.

El proceso de una fotografía digital

En la Figura 22.35 podemos ver una ilustración de una de las cámara Olympus existentes en el mercado a principios de 1998, y que es quizá un modelo representativo de una cámara digital de precio medio.

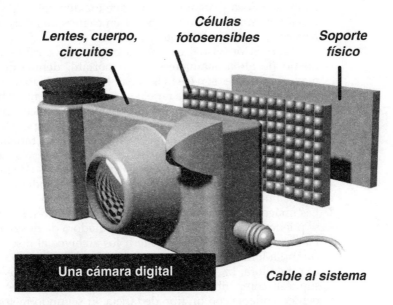

Figura 2.35 Desde las lentes hasta la superficie de captura de imágenes y el dispositivo de almacenamiento, la cámara digital toma y almacena las fotografías sin utilizar elementos químicos.

Probablemente encuentre un montón de cámaras digitales con formas extrañas en tiendas y catálogos de productos. Algunas serán similares a la clásica cámara «Brownie», otras parecerán libros encuadernados en rústica e incluso otras se asemejarán a toda suerte de armas de película de ciencia ficción. Existen varios motivos que dan cuenta de estas formas extrañas:

- El fabricante trata de conseguir la forma que mejor se adapte al sistema de visión. Algunas cámaras digitales utilizan el típico método del telémetro, otras emplean un visor de cristal líquido (LCD), que en realidad es un pequeño monitor, y las cámaras más caras ofrecen un visor reflex de una única lente (SLR, single lens reflex) utilizando las lentes de la cámara y un visor LCD.
- La película no corre a través de la cámara, de forma que la noción de rebobinado y arrastre para desplazar un medio físico son obsoletos. Por consiguiente, los ingenieros se pueden concentrar más en la apariencia estética, ergonomía y equilibrio de la cámara digital.

Básicamente, todas las cámaras digitales funcionan según el esquema mostrado en la Figura 2.35. Existe todo un proceso desde que las imágenes son capturadas por la lente hasta que se convierten en imágenes con las que podamos trabajar en Photoshop y es el siguiente.

1. El disparador electrónico se activa durante un breve periodo de tiempo y la luz pasa a través del sistema de lentes.
2. La lente enfoca y organiza la luz que incidirá sobre la superficie de formación de imágenes, que consiste en cientos de miles (y en las cámaras más caras, millones) de fotorreceptores.
3. La información visual capturada pasa y se guarda en una especie de medio de almacenamiento, fijo o pórtatil, dentro de la cámara. Los medios portátiles son los más versátiles y a menudo nos referimos a ellos genéricamente como una tarjeta «flash». Todavía no se ha adoptado ningún estándar definido para los medios de almacenamiento portátiles. Hoy en día, las cámaras digitales están diseñadas para ser utilizadas únicamente con uno de los tres formatos actuales de tarjeta «flash». Se pueden encontrar tarjetas «flash» en cualquiera de estos tres formatos, con capacidades que van de 2 MB hasta 40 MB. El tipo de tarjeta y la capacidad máxima de una determinada cámara dependerá del propio diseño de la cámara.
4. Las imágenes almacenadas en el medio de almacenamiento de la cámara se pueden descargar en nuestra computadora de dos maneras diferentes. La forma más rápida de transferir los archivos al disco duro de nuestra computadora consiste en conectar un lector interno o externo a nuestra computadora. La tarjeta lectora y la propia tarjeta «flash» deben ser por supuesto compatibles entre sí y, normalmente, las tarjetas lectoras sólo pueden entenderse con un tipo de tarjeta. El segundo método, más convencional, consiste en un «cordón umbilical», un cable que conecte la cámara con un puerto serie o paralelo del PC, a través del cual se transferirá la información desde la tarjeta «flash» al disco duro del sistema. Este método es más lento que un «volcado» directo desde la tarjeta. Los fabricantes de cámaras trabajan hoy en día en una variedad de otros métodos de transferencia para conseguir que el proceso sea o bien más rápido, más fácil de usar, o ambos. Algunos métodos sobre los que se trabaja son transferencias por infrarrojos o a través de la controladora de la disquetera.

Muchos factores influirán en su decisión de invertir en una cámara digital y en la siguiente sección veremos estos detalles.

¿Qué obtendrá con una cámara digital?

Las cámaras digitales de hoy en día son parecidas y a la vez diferentes de las cámaras tradicionales de película. Si se considera (o efectivamente lo es) un fotógrafo profesional, debería saber de antemano que va a manejar una cámara digital de una manera ligeramente distinta, a menos que decida adquirir uno de los modelos de gama alta. Éstas son unas de las características que debería considerar cuando reúna el suficiente dinero para la cámara digital.

Velocidad de la película

Tradicionalmente, la velocidad de la película (su número ISO) determina la profundidad de campo (puntos de diafragma [diafragma]) que podemos utilizar y la cantidad de luz necesaria para tomar una fotografía. Sorpresa; la cámara digital no utiliza carrete, por lo que las *equivalencias* ISO tienen que incorporarse en la propia cámara. En otras palabras, el acierto al tomar una imagen de interior dependerá en gran medida de la capacidad ISO de la cámara y de si necesita la ayuda de un flash para tomar la imagen.

En el extremo menos caro de las cámaras digitales, los autores hemos visto un ISO de tan sólo 100, equivalente a una película de 100 ISO de una cámara tradicional. Este ISO 100 indica que nuestras mejores imágenes las podremos tomar en el exterior en un día muy soleado sin necesidad de flash. En el extremo más caro del mercado de las cámaras digitales, algunas ofrecen un ISO flexible, que se puede configurar desde 200 hasta 1.600, siendo este límite superior más rápido que cualquier película disponible hoy en día.

Por lo general, si puede encontrar una cámara cuyo ISO sea de al menos 400, podrá tomar fotografías en interior sin necesidad de ningún flash.

El sistema de lentes

La óptica de casi todas las cámaras digitales produce imágenes buenas y nítidas, pero la verdadera diferencia entre el precio que pagamos por los distintos modelos radica en la flexibilidad del sistema de lentes.

La mayoría de modelos de las gamas media y baja ofrecen un sistema hiperfocal de óptica fija con control automático de la exposición. Un sistema de óptica fija quiere decir que la cámara es esencialmente de «apuntar y disparar». No podemos acercar la imagen, tampoco variar el enfoque de las lentes desde el plano frontal al plano medio y nuestras aventuras creativas con la cámara digital se verán obstaculizadas por la óptica fija. Sin embargo, no todos los usuarios de Photoshop serán fotógrafos profesionales y si sólo desea tomar una imagen de medio cuerpo de una persona, un paisaje o una fotografía de su grupo de amigos con un encuadre no muy exigente, un sistema de óptica fija será la solución más adecuada. Los sistemas de óptica fija tienen esencialmente un rango de foco desde unos 1,5 pies (0,5 metros) hasta el infinito y deberá situarse a una distancia mínima del sujeto para obtener una imagen enfocada.

A medida que suba en el precio encontrará cámaras con auto-foco y exposición automática, que le permitirán disponer de mayor flexibilidad para su trabajo. Estos sistemas de lentes son similares a las cámaras de 35mm y más de 300 dólares, tan populares entre los viajeros de hoy y que proporcionan un buen enfoque y distancias aceptables del sujeto.

Más caros son los objetivos zoom de 2× y 3× de las cámaras digitales. Éstos ofrecen un gran control creativo, ya que podrá configurar el encuadre (la distancia) a través de la lente. En las cámaras digitales de gama más alta (veremos una un poco más adelante en este capítulo), el sistema de lentes es idéntico al de una cámara de película SLR. Podrá enfocar automática o manualmente, dispondrá de opciones de zoom y macro, podrá intercambiar lentes y especificar el diafragma.

Tipos de compresión y tarjeta de almacenamiento

Si está planeando una excursión de día completo, sería conveniente que invirtiera en varias tarjetas adecuadas al modelo de su cámara digital. Al igual que con los carretes, da mucha rabia quedarse sin memoria en la cámara justo cuando aparece esa puesta de sol única en la vida.

La capacidad de la memoria implica dos compromisos: el tamaño de las imágenes que va a almacenar y el tipo de compresión que utilice la cámara, si es que usa compresión. El formato JPEG es un formato de compresión muy popular para las imágenes fotográficas y muchas cámaras digitales, tanto caras como baratas, le ofrecerán la compresión JPEG en tiempo real de su trabajo, para permitirle almacenar imágenes más grandes o mayor cantidad de ellas. Los autores no le recomendamos la compresión JPEG, especialmente con sus imágenes únicas e irrepetibles, ya que JPEG es una compresión *con pérdidas*, es decir, se promedia (se elimina) cierta información visual durante el proceso de compresión.

Los autores le recomendamos comprar una cámara que no ofrezca el subsistema JPEG (o una cuyas funciones JPEG se puedan desactivar), que encuentre un modelo de cámara con las características que anda buscando y que le permita la utilización de tarjetas de almacenamiento de alta capacidad.

Cantidad de muestras

Debido a que las cámaras digitales utilizan como medio de almacenamiento la memoria, existe otra limitación a la hora de considerar su adquisición. Algunas cámaras no demasiado caras toman imágenes de 640 por 480 píxeles y la tarjeta podrá almacenar un montón de ellas, pero una imagen de 640 por 480 sólo ocupará 900 KB. En un monitor a 640 por 480 podrá ver la imagen a pantalla completa, pero considere el tamaño a la hora de imprimirla. Por ejemplo, una impresora de chorro de tinta Epson Stylus Color puede imprimir unos 700 puntos por pulgada y procesar de forma óptima una imagen que tenga 150 píxeles por pulgada. Para evitarle hacer los cálculos, una imagen de 640 por 480 píxeles se imprimiría de forma correcta en una Epson a 4" por 3", ¡demasiado pequeña para decorar la pared!

El siguiente paso, tanto en precio como en calidad de imagen, son las cámaras que pueden tomar imágenes de 1024 por 768 píxeles, que es equivalente a un archivo de 2,2 MB, o aproximadamente una imagen de 5" por 7" impresa en una impresora de 700 dpi. Esta resolución sería adecuada para una postal que enviáramos a nuestros amigos, pero necesitaremos una cámara que pueda capturar al menos un archivo de 4,5 MB para llenar toda la página de una impresora de tinta, con una resolución adecuada, lo cual cuesta mucho más.

El consejo de los autores es que se compre la cámara con la mejor resolución que pueda permitirse, que invierta en varias tarjetas de almacenamiento y que pueda llevarse en sus viajes. El uso de diversas tarjetas de almacenamiento es mucho más práctico y seguro que cargar con un portátil a todos lados en una sesión fotográfica.

Tres rangos de cámaras

Como ya dijimos anteriormente, los libros duran más que las revistas o las últimas noticias obtenidas de la World Wide Web. Es inevitable, por tanto, que actualice la siguiente información, ya que los precios y la tecnología cambian muy rápidamente. Nuestra intención consiste en describirle en las siguientes tres secciones tres cámaras digitales, correspondientes a tres rangos de precios, que puede utilizar como guía comparativa para saber qué es lo que podrá permitirse a la hora de ir a la tienda. Sin duda, podrá adquirir cámaras más potentes y a precios más bajos que los descritos aquí. Tenga en cuenta que no le intentamos vender ninguna de estas cámaras, sino que fueron seleccionadas entre una multitud de cámaras fabricadas por grandes compañías, con un largo historial en la fabricación de cámaras tradicionales de alta calidad o de equipos electrónicos, ya que estos modelos pueden ser representativos de lo que hay disponible en el mercado de hoy en día.

Olympus D-500L (gama baja)

Este modelo asequible puede tomas imágenes de hasta 1024 por 768, u 850.000 píxeles, para producir un archivo de 2,2 MB. Esto es adecuado para copias impresas de 5" por 7" en una impresora de 600-750 dpi. Además, dispone de la opción de tomar imágenes con el tamaño menor de 640x480. La D-500L tiene un zoom de hasta 3x (equivalente a 35mm hasta 150mm) y una velocidad sensibilidad, equivalente a 180 ISO. Es una cámara con auto enfoque digital, modificable manualmente, foco centrado, una luminosidad f de 2,8 con una única lente y visor de tipo reflex. La cámara tiene compensación de la exposición de hasta más/menos 3 f (diafragmas). La Olympus dispone también de un bloqueo del foco. Se pueden tomar primeros planos desde 11,8 pulgadas hasta 2 pies. El enfoque estándar es de 1,97 pies hasta el infinito.

La D-500L trae una tarjeta de almacenamiento de 2MB que puede guardar de 3 a 25 imágenes. Existe un panel LCD posterior de 1,8" para visualizar hasta 9 imágenes de las almacenadas en la tarjeta «flash» y la cámara incluye la función de borrado individual o completo de las imágenes, además de protección antiborrado de imágenes individuales. La superficie de captura de imágenes es un CCD (Charged-Couple Device, dispositivo de acoplamiento de carga) de una única pasada, que evita la aparición de espectros y las imágenes se pueden descargar a través de un puerto serie, o uno paralelo de alta velocidad, a una computadora Macintosh o Windows. La D-500L es compatible TWAIN, incorpora un plug-in de Photoshop para Macintosh y tiene cuatro modos de flash para distintas condiciones de iluminación. La distancia del flash es de hasta 15,7 pies.

Olympus D-600L (gama media)

Esta cámara de precio medio incluye un visor tipo réflex (visión a través de la lente) y una lente zoom de hasta 3× (36-110mm). Su lente de vidrio de siete elementos, con una luminosidad de f2,8, dispone de macro (11,8" hasta 23,6"). El rango de enfoque estándar es desde 23,6" hasta infinito. La D-600L puede sacar imágenes de 1280 × 1024 o 640 × 512 píxeles. Esto significa que podremos obtener imágenes de 166 píxeles/pulgada con la calidad de una revista. La tarjeta SmartMedia de 4MB que se suministra con ella puede almacenar entre 4 y 50 imágenes, dependiendo del tamaño con que tome las fotografías y la compresión que especifique. También puede adquirir una tarjeta SmartMedia de 8MB. Dispone de la opción de calidad Standard (estándar), calidad High (alta) y Super high (muy alta) para determinar el tamaño y la compresión utilizados.

La D-600L trabaja a un ISO 100 e incluye un flash incorporado que funciona en cuatro modos, dependiendo de las condiciones de iluminación existentes. También dispone de medición de luz en spot o puntual, así como control de exposición de hasta más/menos 3f (diafragmas). La cámara dispone de una superficie de captura de imágenes CCD de 1,4 MegaPíxeles.

Existe un panel posterior LCD de 1,8", funciones de borrado y protección de imágenes para editar imágenes individuales y amplias funciones de borrado para liberar la tarjeta de memoria después de haber descargado las imágenes.

Las tarjetas de almacenamiento son fácilmente descargables a través de un cable serie, un adaptador PCMCIA, o mediante un adaptador de disquetera para Macintosh y Windows. La Olympus D-600L pesa 450 gramos.

Polaroid PDC-3000 (gama alta)

Una de las ventajas más características de esta cámara es que dispone de cuatro modos de compresión: sin compresión, compresión sin pérdidas 2:1, con pérdidas 5:1 y con pérdidas 10:1. La PDC-3000 viene con una lente de 38 mm, con una luminosidad de 2,8 (38 mm, f 2,8), con un enfoque desde 10" hasta infinito. También puede adquirir una lente de 600mm, f 2,8 con un rango de enfoque de 24" hasta infinito. Los equivalentes ISO de esta cámara son 25, 50 y 100. La apertura del escáner se controla mediante un microprocesador y tiene una velocidad que va de 1/25 hasta 1/500 de segundo. La apertura varía de f 2,8 a f 0,11. La cámara incluye control automático de la exposición, auto-enfoque electrónico y flash incorporado, que ilumina hasta 15 pies.

La Polaroid tiene su propio formato digital de archivo (se incluye software para almacenar e interpretar los formatos de archivo), denominado Polaroid Digital Negative (PDN). Dispondrá de la opción de abrir la imagen en su computadora a tamaño 1600 por 1200 píxeles en formato nativo o a 800 por 600 píxeles. El formato PDC es propio de la cámara y, aunque no es necesario guardarlo en este formato, Polaroid asegura que al almacenar en disco duro archivos con formato PDN se ahorrará espacio.

Los requerimientos de la Polaroid para los Macintosh son un PowerPC, System 7 o posterior, 16 MB de RAM recomendados y 20MB de espacio libre en disco. Para Windows, un Pentium o superior, una tarjeta SCSI, Win 95 o (o Windows NT), 32 MB de RAM recomendados y 20 MB de espacio libre en disco.

La Polaroid puede generar un archivo de 5,6 MB (1600 por 1200 píxeles) y, a menor resolución, archivos de 1,4 MB. Se suministra con una tarjeta de memoria de 20 MB, una interfaz SCSI II para Macintosh o Windows y un adaptador PCMCIA de tarjetas «flash».

Podrá tomar una imagen cada 4 segundos sin flash y cada 12 segundos con flash. La PDC-3000 pesa 2 libras y tiene un cuerpo de magnesio.

Podemos deducir que, por el precio de una cámara digital modesta, las imágenes resultantes serán adecuadas para copias impresas en borrador y por el tamaño de las imágenes obtenidas, el diseño Web será algo instantáneo. Si considera que la inmediatez de la fotografía digital es de interés primordial, cómprese una cámara de precio medio, pero, si desea imágenes digitales grandes y nítidas, cómprese una SLR tradicional de 35mm, consiga un escáner de transparencia y guárdese la diferencia. Para los fotógrafos más profesionales, cuyo empleo dependa de la precisión y rapidez, una cámara digital de altas prestaciones será la decisión más lógica. Las cámaras de precio *más alto* son esencialmente una lente de 35mm muy perfeccionada y un cuerpo que lleva incorporado el hardware de adquisición y almacenamiento de datos. Esto significa que podrá intercambiar las lentes, ajustar el ISO y los diafragma, cambiar el enfoque a manual o automático y la cámara se acoplará al equipo de iluminación que haya comprado, por lo que existe, en cierta medida, una compatiblidad con lo que ya posee.

Resumen

La adquisición digital supone al usuario de Photoshop la posibilidad de introducir el mundo real en su computadora para su posterior manipulación. Al igual que con todo, el compromiso que los diseñadores tendremos que valorar es el de la calidad frente al precio. Si no dispone de los negativos con que trabajar en su profesión, un escáner plano es obligatorio. También ha podido ver en este capítulo cómo llevar a cabo diseños creativos escaneando directamente con un escáner de reflexión. Si dispone de un presupuesto limitado y no tiene muchas prisas, la tecnología PhotoCD ofrece imágenes precisas, grandes y pequeñas, a un precio ridículo por imagen y los PhotoCD podrán contener una gran cantidad de las imágenes que saque en su profesión, sin tener que almacenarlas en su disco duro. Para los fotógrafos tradicionales más exigentes, un escáner de transparencia satisfará cualquier requisito. Podrá escanear transparencias a cualquier resolución y obtendrá imágenes de mejor calidad que los

PhotoCD y en menos tiempo. Si necesita tomar fotografías del mundo real en el acto para el diseño Web o por motivos personales, podrá adquirir una de los modelos menos caros de las cámaras digitales. En el extremo opuesto del espectro, las cámaras de alto nivel proporcionan calidad fotográfica total, en comparación con las cámaras convencionales de negativos, y estamos completamente convencidos de que si su profesión requiere una megacámara, es que probablemente trabaje para una gran empresa y ¡*ellos* deberían comprarle una!

En el Capítulo 3, «Personalización de Photoshop 5», volveremos a ver los menús, paletas y funciones del programa de edición de imágenes más popular del mundo. Si alguna vez se ha preguntado cómo trabajar más eficazmente en Photoshop y cómo calibrar su monitor, no vaya más lejos de la siguiente página. Veremos cómo convertir Photoshop en *su* Photoshop.

CAPÍTULO 3

PERSONALIZACIÓN DE PHOTOSHOP 5

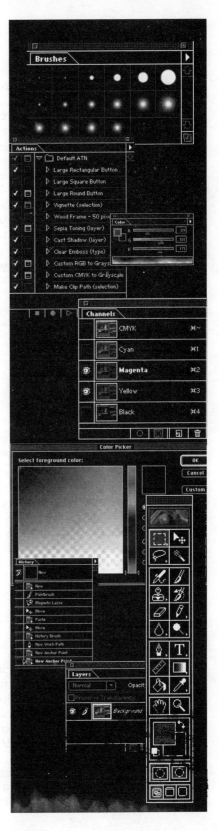

Una de las claves para conseguir que un producto tenga un gran éxito consiste en permitir su personalización. Por ejemplo, imagínese un coche sin asientos ajustables; nadie lo utilizaría para dar una vuelta de prueba. Adobe Systems tiene asumido que cada usuario de Photoshop piensa y trabaja de forma diferente y ha querido ayudar a todas las mentes creativas a convertir Photoshop en su propio entorno de edición de imágenes.

A lo largo del programa descubrirá numerosas opciones que podrá configurar según sus preferencias. Algunas de estas opciones se encuentran en las paletas y otras están ocultas en menús flotantes, aunque la mayoría de las configuraciones opcionales se pueden encontrar en el menú Preferencias. Nuestra primera parada en la personalización de Photoshop 5 será el cuadro de diálogo Preferencias.

Cuadro de diálogo Preferencias

Presione Ctrl(⌘)+K (Archivo, Preferencias) para visualizar el cuadro de diálogo Preferencias. Éste es el lugar por el que comenzar cuando decida convertir a Photoshop en su *propio* entorno de trabajo. Desde este cuadro de diálogo, mostrado en la Figura 3.1, podrá especificar la apariencia de los cursores, los colores que representarán las áreas de transparencia, el color y las divisiones de las líneas de la cuadrícula, la ubicación de los discos de memoria virtual, etc. Se puede acceder a cada conjunto de preferencias pulsando Ctrl(⌘)+1, 2, 3, etc., o bien puede recorrer secuencialmente la lista, a medida que vaya leyendo este capítulo. El primero de los menús es el conjunto de preferencias Generales.

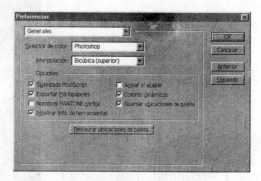

Figura 3.1   El cuadro de diálogo Preferencias es donde se encuentran la mayoría de las configuraciones globales.

Configuración de las preferencias generales

El cuadro de diálogo de preferencias Generales es donde podemos indicar la forma en que el portapapeles tratará la información, si deseamos usar reguladores de color, el tipo de selector de color que queremos emplear en Photoshop y el tipo de *interpolación* (reasignación de píxeles en una imagen) que se va a utilizar.

Selector de color

Si utiliza Windows, sencilla y llanamente, deberá utilizar el Selector de color de Photoshop. Con el Selector de color de Photoshop podrá seleccionar colores de todo el espectro, basándose en cuatro modelos cromáticos, y elegir entre varios sistemas de ajuste de color personalizados, como TRUMATCH y PANTONE. Por el contrario, el selector de color de Windows incluye únicamente colores básicos y sólo permite 16 colores personalizados, basados en dos modelos de color.

En Macintosh, System 8 dispone de seis selectores de color, entre ellos uno para la Web. En la Figura 3.2 puede ver el cuadro de diálogo y cuatro selectores de color. Aunque el selector de color del sistema Macintosh ofrece mayor nivel de selección, los autores le recomendamos que continúe con el Selector de color de Photoshop, por el simple motivo que en el Selector de color de Photoshop están disponibles PANTONE y otras especificaciones de ajuste de color electrónico, cosa que no ocurre con los selectores de color de Macintosh.

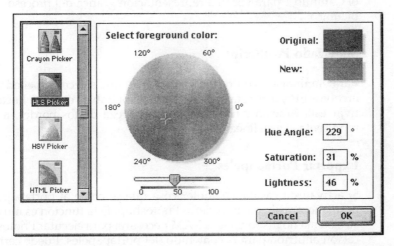

Figura 3.2 El usuario de Macintosh dispone de seis selectores de color, entre ellos uno para la Web.

Nota:

Cualquier cambio que realice en Preferencias se guardará únicamente cuando cierre Photoshop (salvo que el sistema se quede colgado). Estas configuraciones se almacenan en la carpeta Preferences, dentro de la carpeta System de Macintosh y en el archivo Adobe Photoshop 5 Prefs.psp, dentro del subdirectorio Adobe Photoshop Settings, en el directorio Photoshop de Windows. Si desea reestablecer todas las preferencias a sus valores predeterminados, puede eliminar su archivo de preferencias.

Además, si encuentra dificultades alguna vez al ejecutar Photoshop, probablemente éstas ocurran debido a que el archivo de preferencias esté corrupto. Elimine este archivo, reinicie Photoshop (sus preferencias se perderán) y luego vuelva a especificarlas.

Interpolación

Cuando modifique el número de píxeles de una imagen, utilizando las órdenes Tamaño de imagen o Transformar capa, Photoshop creará o eliminará píxeles en función del método de *interpolación* (interpretación) que haya especificado.

El método Por vecindad, como ya mencionamos en el Capítulo 1, «Gráficos por computadora y términos relacionados», es el que proporciona la peor calidad de las tres opciones. Este método da a las selecciones modificadas una apariencia dentada.

La interpolación Bilineal es un compromiso entre velocidad y calidad. Muchas aplicaciones utilizan interpolación bilineal cuando cambian el tamaño de las imágenes y, aunque el proceso es bueno, no es el método de reasignación de píxeles más preciso, ni el más agradable estéticamente.

La interpolación Bicúbica es el método de interpolación más preciso. Aunque sea la opción más lenta, las gradaciones tonales son muy suaves. Consulte el Capítulo 1 para ver una representación gráfica del proceso de interpolación bicúbico.

Suavizado PostScript

Para eliminar los contornos dentados de una selección pegada o reubicada de archivos EPS, deje esta opción marcada. Si trabaja con arte lineal, deberá desactivar esta función para mantener la dureza de los bordes, a medida que se representa el arte lineal.

Exportar Portapapeles

Si activa esta casilla, cualquier cosa que se copie al portapapeles del sistema permanecerá ahí cuando cierre Photoshop. Esta función es muy conveniente si su sistema no dispone de la RAM necesaria para ejecutar Photoshop y una aplicación anfitrión para el contenido del portapapeles. Puede cerrar Photoshop y liberar recursos del sistema y la imagen seguirá en el portapapeles, pudiendo posteriormente pegarla en PageMaker o QuarkXPress, por ejemplo.

Por otro lado, si desactiva Exportar Portapapeles, el contenido del portapapeles se eliminará cuando cierre Photoshop, liberando así recursos del sistema.

Nombres PANTONE cortos

Algunas aplicaciones, como Adobe PageMaker, no pueden leer los nombres PANTONE *largos*. Al marcar la opción Nombre PANTONE cortos podrá asegurarse de que los nombres de los colores PANTONE se ajustarán a los convenios de denominación de otras aplicaciones y podrá trabajar con los mismos colores especificados en Photoshop. Esta función es particularmente útil si está exportando Duotonos o archivos EPS que contengan una tinta plana PANTONE.

Mostrar info. de herramientas

Si la casilla Mostrar info. de herramientas está marcada, aparecerá una breve descripción cuando sitúe el cursor sobre una herramienta o paleta. En los elementos de la caja de herramientas podrá ver la abreviatura de teclado después del nombre. Esta función es especialmente útil para los nuevos usuarios de Photoshop.

Avisar al acabar

Photoshop puede reproducir un sonido cuando haya finalizado una tarea. Este pitido le será de ayuda si se encuentra alejado de su sistema durante la tarea. Si no le gustan los pitidos, Photoshop dispone de dos indicadores visuales del progreso de la tarea: el reloj de arena (Macintosh: el reloj de pulsera) y la barra de progreso, localizada en la barra de estado en Windows.

Colores dinámicos

Cuando esta casilla está marcada, los colores de los reguladores de la paleta Color variarán a medida que arrastre. Probablemente, sólo le interesará desactivar esta opción si desea introducir manualmente los valores de color y mejorar el rendimiento de Photoshop una cantidad imperceptible.

Guardar ubicaciones de paleta

Si la casilla Guardar ubicaciones de paleta no está marcada, Photoshop abrirá todas las paletas en sus posiciones predeterminadas. Si ha dividido una paleta agrupada, ha creado un grupo nuevo de paletas, ocultado o mostrado determinadas paletas y desea que Photoshop se abra con esa configuración, asegúrese de marcar esta casilla.

Restaurar ubicaciones de paleta

Al pulsar en este botón se llevará a cabo lo que su propio nombre indica: todas las paletas volverán a sus posiciones predeterminadas. Esto resulta útil si trabaja con una computadora que comparte con otros usuarios o si ha «perdido» algunas paletas. Este botón afecta únicamente a las ubicaciones de las paletas, no a las configuraciones que haya especificado en ellas.

Preferencias de Guardar archivos

La Figura 3.3 muestra las preferencias para guardar archivos en Macintosh. Los usuarios de PC han de tener en cuenta que este cuadro de diálogo sólo está disponible para los usuarios de Macintosh.

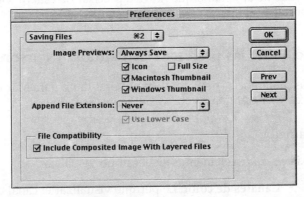

Figura 3.3 Cuadro de diálogo Preferencias de Guardar archivos en Macintosh.

Previsualización de imagen

Las previsualizaciones de las imágenes son las miniaturas que aparecen en el cuadro de diálogo Abrir o los iconos sobre el escritorio (Macintosh). Son muy útiles para identificar rápidamente un archivo con la vista. Las opciones son No guardar, Guardar siempre y Preguntar antes de guardar.

En Macintosh existen cuatro tipos de previsualización de imágenes entre los que elegir:

- **Icono.** Guardar un icono de previsualización de la imagen para el escritorio o carpeta del archivo.
- **Miniatura Macintosh.** Crea una miniatura para previsualizarla en el cuadro de diálogo Abrir en la plataforma Mac.
- **Miniatura Windows.** Marque esta casilla si la imagen se utilizará en distintas plataformas y quiere ver una previsualización en el cuadro de diálogo Abrir de Windows. Añadir una miniatura Windows también agregará unos 50KB al tamaño del archivo.
- **Tamaño completo.** Esta previsualización es para otras aplicaciones que abren imágenes de Photoshop para su colocación a 72 píxeles/pulgada. No está disponible como opción para los archivos EPS.

Extensión de archivo

En Mac, a esto se se le denomina Añadir extensión de archivo. Puede especificar que se añada la extensión de archivo de tres caracteres que denota el formato del archivo, lo cual es útil si utiliza el archivo en un sistema Windows.

En Windows puede indicar si las extensiones de archivo estarán en mayúsculas o minúsculas. Las extensiones en minúscula suelen ser más fáciles de interpretar.

Compatibilidad de archivo

Si marca la casilla Incluir imagen compuesta con archivos con capas, sus imágenes se podrán abrir en aplicaciones que sólo admitan archivos de Photoshop 2.5. Si sabe de antemano que no va a precisar de esta función, desactívela. En caso contrario, el tamaño del archivo siempre será mayor.

Configuración de las preferencias Pantalla y cursores

Las preferencias de Pantalla y cursores tanto para Mac como para PC son idénticas y las trataremos en las siguientes secciones.

Pantalla

Existen cuatro elementos en el campo Visualizar.

- **Canales de color.** Le permite visualizar el canal de color en su color respectivo, en lugar de en blanco y negro. La visualización en color requiere mayor cantidad de memoria, por lo que sólo debe marcarla si está verificando aspectos problemáticos (como saturación y cobertura) en imágenes en modo CMYK.

- **Usar paleta sistema.** A menos que su tarjeta de vídeo sólo sea capaz de representar 256 colores distintos como máximo, deje esta opción desactivada. La utilización de la paleta de sistema con una tarjeta de vídeo cuya memoria sea de 512 KB de RAM o menos (lo cual es casi imposible de encontrar en 1998) hará que la imagen visualizada en Photoshop utilice sólo los colores de la paleta del sistema y el resto de colores que el sistema de vídeo no pueda reproducir se mostrarán con tramado.

- **Usar tramado de difusión.** El tramado de difusión minimiza los patrones de tramado que verá en pantalla trabajando con una tarjeta de vídeo de 256 colores. Déjela sin marcar si su tarjeta admite más de 256 colores.

- **Animación de vídeo LUT.** Debería activar la casilla Animación de vídeo LUT (Lookup Tabla, tabla indexada). La única situación en que le interesaría desactivarla es si dispone de una tarjeta (necesariamente muy antigua) que no admita animación LUT. La animación LUT permite la visualización instantánea de cualquier cambio de color o contraste que realice en una imagen. Si no estuviera activada, no podría ver, por ejemplo, los cambios realizados con la orden Tono, hasta que pulsara Aceptar.

Cursores

Si es un usuario nuevo en Photoshop, u olvida fácilmente el tipo de herramienta que está utilizando, seleccione Estándar como recordatorio, ya que esta opción mostrará el símbolo de la herramienta (un pincel para la herramienta Pincel, etc.). Muchos usuarios de Photoshop prefieren la precisión de los cursores Preciso o Tamaño de pincel. Preciso le proporcionará un cursor en cruz y Tamaño de pincel mostrará un círculo que indicará el tamaño actual de cualquier herramienta de dibujo (¡independientemente del factor de zoom!). En la Figura 3.4 puede ver el cuadro de diálogo Pantalla y cursores.

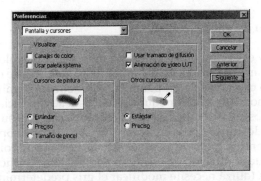

Figura 3.4 Desde Pantalla y cursores podrá determinar la apariencia del cursor del ratón.

Configuración de la Transparencia y gama

Transparencia se refiere a lo que observamos en la ventana de imagen de una imagen en capas en la que hemos eliminado parte del fondo. *Gama* se refiere al espacio de color con el que estamos trabajando. Si, por ejemplo, su imagen está en modo CMYK, quizá haya colores en la imagen que estarán «fuera de gama», es decir, se encontrarán fuera del rango de colores que pueden expresarse en dicho espacio de color.

Ajustes de transparencia

En el campo Ajustes de transparencia, mostrado en la Figura 3.5, podrá cambiar el color y tamaño de la cuadrícula de las zonas transparentes en una imagen que tenga capas. El tablero gris y blanco predeterminado es el más adecuado en la mayoría de diseños, a menos que vaya a editar una imagen que contenga gran cantidad de pequeñas zonas blancas y negras. Si está editando, por ejemplo, un mantel con cuadros grises y blancos, debería especificar otros colores para la cuadrícula de transparencia de Photoshop que contrasten con los colores de su imagen.

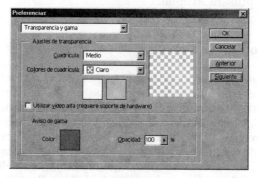

Figura 3.5 Cuadro de diálogo Transparencia y gama.

Aviso de gama

Gama es el rango de colores de un sistema de color que se puede visualizar o imprimir. El propósito del aviso de gama consiste en indicarle que un determinado color, visible en pantalla, no puede imprimirse en el modelo CMYK, ya que no existe el color equivalente. Esta advertencia es muy útil si planea sustituir los colores fuera de gama por otro color de su elección. En caso contrario, cuando convierta la imagen a CMYK, Photoshop pondrá los colores que se encuentren fuera de gama dentro de la gama de colores y es posible que la elección de Photoshop no sea de su agrado. Para verificar si existen colores fuera de gama (quizá necesite modificar el gris predeterminado a un color que contraste con los colores de su imagen), seleccione Vista, Avisar sobre gama. Para que estas áreas vuelvan a la gama, puede emplear la herramienta Esponja en el modo Desaturar; aplíquela sobre las zonas resaltadas que se encuentran fuera de gama hasta que desaparezca el color de aviso correspondiente de todas las zonas.

Configuración de las Unidades y reglas

Las preferencias de Unidades y reglas le permiten modificar la unidad de medida de la regla y especificar la anchura de las columnas y de la medianil.

Reglas

Existen seis unidades disponibles de medida: píxeles, pulgadas, cm, puntos, picas y porcentaje. Puede hacer que se visualicen las reglas a lo largo de los bordes de una ventana de imagen presionando Ctrl(⌘)+R o seleccionando Vista, Mostrar reglas. Las reglas aparecerán a lo largo de las partes superior e izquierda de la ventana de imagen. Para que aparezca el cuadro de diálogo de preferencias Unidades y reglas, mostrado en la Figura 3.6, directamente en el área de trabajo, pulse dos veces en cualquier lugar de las reglas. Si selecciona en una imagen Mostrar reglas, todas las imágenes subsiguientes que abra también contendrán reglas, hasta que vuelva a especificar Ocultar reglas.

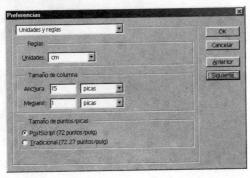

Figura 3.6 Unidades y reglas ofrece seis unidades de medida para las reglas.

Tamaño de columna

El Tamaño de columna es una función que los usuarios de Photoshop suelen utilizar bastante poco, a menos que trabaje para una editorial que requiera que el tamaño de las imágenes se ajuste a las columnas. Como ejemplo de cuándo utilizaríamos la opción Tamaño de columna, supongamos que su editor quiere una imagen que tenga una anchura de dos columnas, cada una de 12 picas de ancho y con una medianil de 3 picas. Para ello bastaría con introducir estos valores en el cuadro de diálogo. Ahora supongamos que la imagen que está preparando para enviar se tiene que ajustar a estas dimensiones. Para conseguirlo, en el cuadro de diálogo Tamaño de lienzo seleccione Columnas del cuadro desplegable Anchura e introduzca **2**. Pulse Aceptar y la imagen se ajustará a las especificaciones de su editor.

Tamaño de puntos/picas

Si trabaja con puntos y picas e imprime en un dispositivo PostScript o uno tradicional, necesitará especificar el tipo de dispositivo de salida que va a emplear. Los autores le recomendamos que marque la casilla PostScript, que indica que hay 72 puntos por pulgada, ya que cada vez son menos las imprentas comerciales que emplean composiciones físicas y las unidades de especificación físicas tradicionales (72,27 puntos por pulgada).

Configuración de las guías y cuadrícula

Podemos usar las guías y la cuadrícula como ayuda para colocar elementos en la imagen. La Figura 3.7 muestra cuatro guías y una cuadrícula situadas sobre una imagen. La Figura 3.8 muestra el cuadro de diálogo.

Figura 3.7 La cuadrícula y las guías le ayudarán a situar objetos en sus ubicaciones precisas.

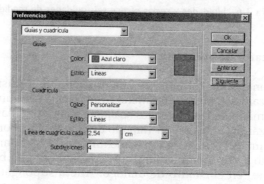

Figura 3.8 El color y estilo de las guías y cuadrícula se especifican en este cuadro de preferencias.

Guías

Las *Guías* son líneas que arrastramos desde las reglas sobre la ventana del documento. Las guías nunca formarán parte de la imagen, ni se imprimirán con ella. Podrá mover, eliminar y bloquear las guías desde el menú Vista. También puede asignar cualquier color a las guías y elegir entre líneas continuas o discontinuas.

La ubicación de las guías y su visibilidad son específicas de cada imagen. Si sitúa una guía vertical a 2», esa guía no aparecerá en la siguiente imagen que abra.

Cuadrícula

La cuadrícula descansa sobre la imagen y será muy útil cuando requiera precisión a la hora de trabajar con elementos múltiples. Puede seleccionar cualquier color para la cuadrícula, así como indicar que se muestre como Líneas, Líneas discontinuas o Puntos. En los campos Línea de cuadrícula cada y Subdivisiones puede determinar la frecuencia de las líneas en la cuadrícula. Puede mostrar u ocultar la cuadrícula desde el menú Vista. Al igual que ocurre con las Reglas, si selecciona Mostrar cuadrícula en una imagen, todas las imágenes subsiguientes que abra también tendrán la cuadrícula hasta que seleccione Vista, Ocultar cuadrícula, cuyo atajo de teclado es Ctrl(⌘)+. (punto). Aunque esta opción no se encuentre en el cuadro de diálogo, también puede seleccionar Ajustar con la cuadrícula (una forma rápida de alinear objetos entre capas) presionando Mayús+Ctrl(⌘)+ en cualquier instante, mientras trabaja con Photoshop.

Configuración de los Plugins y discos de memoria virtual

Las opciones de Plugins y discos de memoria virtual le permiten especificar la ubicación de estos elementos, como se muestra en la Figura 3.9.

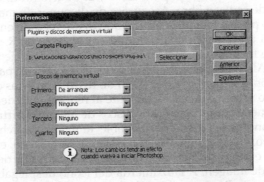

Figura 3.9 Photoshop 5 le permite especificar cuatro ubicaciones para los discos de memoria virtual.

Plugins

Los plugins son filtros desarrollados por Adobe y otros fabricantes que funcionan dentro del entorno de Photoshop. Por defecto, la mayoría de los filtros plugin de terceras fuentes se instalan en la carpeta Plugins de Photoshop (también se encuentran aquí todos los filtros nativos). Si prefiere tener una carpeta que contenga sus plugins en cualquier otro lugar de su disco duro, puede pulsar Seleccionar para indicar a Photoshop dónde localizar esa carpeta. Los autores le recomendamos que conserve la ubicación predeterminada de la carpeta Plugins de Photoshop. Si mueve los filtros de terceras fuentes, deberá también mover todos los plugins propios de Photoshop (lo cual no tiene mucho sentido, a menos que disponga de muy poco espacio en el disco duro). Photoshop no puede cargar los filtros plugin desde dos ubicaciones distintas en una misma sesión.

Discos de memoria virtual

Cuando sobrepasa la memoria RAM disponible en su computadora, Photoshop continuará escribiendo en el *disco de memoria virtual*, que es una ubicación temporal definida en su(s) disco(s) duro(s). Esta prestación le permite continuar trabajando en Photoshop sin que su máquina se vea afectada, aunque obviamente habrá una disminución del rendimiento. La velocidad de la RAM es mayor que la velocidad del disco duro (la RAM es mucho más rápida en lectura y escritura).

Una nueva característica de Photoshop 5 es la opción de asignar cuatro ubicaciones para los discos de memoria virtual (uno de los motivos por los que Adobe ha diseñado esta opción es por la cantidad de memoria que requiere la paleta Historia). Cuando sobrepase la RAM disponible en una sesión de Photoshop, la información se almacenará en el primer disco de memoria virtual. Cuando el primer disco esté lleno, Photoshop continuará escribiendo en el segundo disco de memoria virtual y así sucesivamente. Es deseable asignar el disco que tenga la mayor cantidad de espacio (¡sin comprimir y defragmentado!) en el campo Primero. Continúe hasta el cuarto disco, si su sistema dispone de un tercer y cuarto disco duro, asignando al Primero el disco que contenga la mayor cantidad de espacio libre y al Cuarto (último) el disco con menor cantidad de espacio libre. Asegúrese de disponer de mayor cantidad de espacio en disco para la memoria virtual que RAM, medida en megabytes. Photoshop utilizará únicamente una cantidad equivalente de RAM a la que tenga asignada como memoria virtual en los discos duros. Por ejemplo, si dispone de 128 MB de RAM, pero sólo de 30 MB de espacio en disco para la memoria virtual, Photoshop sólo hará uso de 30 MB de RAM y, en estas condiciones, estará perjudicando severa e innecesariamente al rendimiento de Photoshop.

Puede comprobar si sus discos de memoria virtual están siendo empleados pulsando en el menú desplegable Tamaños de archivo, ubicado en la barra de estado, y seleccionando Eficiencia. En Macintosh, el campo Tamaños de archivo se encuentra en la parte inferior de la barra de desplazamiento de cada ventana de imagen. A la izquierda del icono desplegable se encuentra un porcentaje que indica la cantidad de RAM que Photoshop está utilizando. 100% indica que Photoshop hace uso exclusivo de la RAM para realizar las operaciones. Cualquier valor por debajo de 100% indicará que Photoshop está empleando los discos de memoria virtual.

Memoria y caché de imagen

Una configuración adecuada de la memoria es algo obligatorio para un rendimiento óptimo de Photoshop. La Figura 3.10 muestra la versión de Windows del cuadro de preferencias Memoria y caché de imagen.

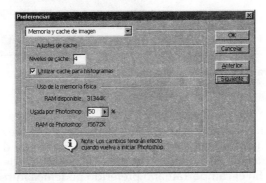

Figura 3.10   Cuadro de diálogo de Windows Memoria y caché de imagen.

Ajustes de caché

Photoshop utiliza la caché de imagen para acelerar el refresco de la pantalla durante la edición. La caché de imagen mantiene varias copias del documento en memoria para actualizar la pantalla rápidamente cuando se realizan operaciones como aplicar ajustes de color o transformaciones de capas. Una configuración de Niveles de caché de 2 ó 3 es adecuada para archivos por debajo de 10 MB y 4 es bueno para imágenes de alrededor de 10 MB. El valor máximo es 8 y debería probar este valor si trabaja con archivos mayores de 10 MB. Tenga en cuenta que, cuanto más alto sea el valor de la caché, antes se agotarán los recursos de su sistema.

Es preferible no marcar la opción Utilizar caché para histogramas para obtener histogramas completos y consecuentes. Cuando está activada, la relación del zoom y cualquier histograma previo de la sesión actual influirán en el histograma.

Uso de la memoria física

La cantidad que introduzca en Uso de la memoria física afectará mucho más al rendimiento de Photoshop que los discos de memoria virtual y la caché de imagen. Macintosh y Windows disponen de métodos diferentes para especificar la utilización de memoria.

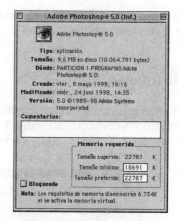

Figura 3.11 Para especificar la cantidad de RAM asignada a Photoshop en Macintosh, utilice la paleta Info del programa.

En Macintosh, pulse el icono Photoshop y luego seleccione Archivo, Obtener Info del menú Apple para ver el cuadro de diálogo Info, mostrado en la Figura 3.11. El Tamaño sugerido es la cantidad de RAM que requiere Photoshop. En el campo Tamaño preferido podemos introducir la cantidad específica de RAM dedicada a Photoshop. ¿Qué cantidad deberá asignar a Photoshop? Para saber la respuesta, siga estos pasos:

Definición de la memoria de Photoshop en Macintosh

1. Abra todas las aplicaciones que vaya a utilizar al mismo tiempo que Photoshop. Tenga en cuenta que cuantas más abra, menor cantidad de RAM habrá disponible para Photoshop.
2. Seleccione Acerca de en el menú Apple.
3. Observe el valor en Bloque más largo sin usar. Ésta es la cantidad de memoria actualmente disponible. No podrá asignar más del 90 por ciento de este valor a Photoshop. Haga un simple cálculo y continúe con el paso 4.
4. Con Photoshop cerrado, pulse una vez sobre el icono Photoshop. Presione Cmd+I para que aparezca el cuadro Info e introduzca la cantidad del paso 3 en el campo Tamaño preferido.
5. Cierre la ventana Info.

En la plataforma Windows, puede introducir la cantidad de RAM que desea dedicar a Photoshop en el campo Uso de la memoria física. El valor predeterminado de 50 por ciento representa un buen equilibrio entre afectar a su sistema por acaparar todos los recursos para Photoshop y no alcanzar los suficientes. Durante las sesiones de Photoshop, si el campo Eficiencia (descrito en la sección Discos de memoria virtual rara vez o ninguna baja de 100 por ciento, podrá disminuir el porcentaje definido en Uso de memoria física.

Nota:

● ●

Incluso aunque piense que nunca tendrá una aplicación en ejecución que no sea Photoshop, nunca podrá asignar el 100 por ciento en Uso de la memoria física en Windows 98, 95 ó NT. El sistema operativo Windows no permite que una aplicación acapare todos los recursos del sistema. Aunque podamos escribir 100 por ciento en este cuadro, en realidad sólo se asignará a Photoshop alrededor del 85 por ciento de la memoria.

● ●

El factor gamma

¿Qué es gamma? Técnicamente, *gamma* es una medida de la relación no lineal entre el brillo y el voltaje de salida. ¡Estupendo!, pero ¿qué es la gamma? En un tono más mundano, gamma es el contraste de los medios tonos de las imágenes, tal y como se visualizan en su monitor. Para poner en práctica esta sucinta definición operativa, si incrementara la gamma (el regulador central de la orden Niveles), su imagen parecería más iluminada, aunque este efecto estaría limitado únicamente a los valores tonales medios de la imagen.

Photoshop 5 introduce el Panel de control y el asistente Adobe Gamma tanto en los paneles de control de Macintosh como en el de Windows. La interfaz ha variado desde las versiones previas de Photoshop para Windows y ahora disponemos de un asistente que nos ayudará durante el proceso de configuración de la gamma, como puede observar en la Figura 3.12. El Panel de control Adobe se puede encontrar en la carpeta Panel de control del escritorio de Windows 98, 95 y NT; en Macintosh, seleccione el menú Apple, Paneles de control y luego Adobe Gamma.

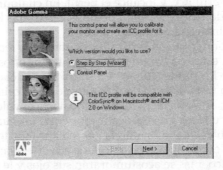

Figura 3.12 Puede ajustar la configuración de su monitor y la gamma en el Panel de control Adobe Gamma.

Antes de que comience a leer acerca del proceso de calibración de la gamma, limpie la pantalla de su monitor con un paño húmedo. Cualquier mota de polvo o suciedad que se encuentre sobre su pantalla dificultará la visión.

Ahora que ya dispone de una visualización nítida de su monitor, consulte la Figura 3.13 durante la siguiente explicación sobre la calibración.

Cuando realice el verdadero proceso de calibración, asegúrese de que la iluminación ambiental (la iluminación que rodea a su computadora) sea la iluminación habitual con la que trabajará. Por ejemplo, no debería utilizar una configuración de calibración realizada con una luz tenue si normalmente trabaja en un entorno más luminoso.

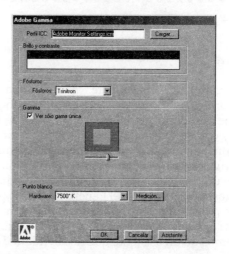

Figura 3.13 Las configuraciones del monitor y la gamma se introducen en el cuadro de diálogo Adobe Gamma.

Si desea emplear un perfil específico de color, pulse el botón Cargar en el campo Perfil ICC y localice el perfil. En cualquier otro caso, use el perfil predeterminado Adobe Monitor Settings.icm (todas las configuraciones que especifique se almacenarán en este perfil).

La configuración de Brillo y contraste se realiza ajustando los elementos de pantalla este cuadro de diálogo, utilizando los reguladores (o botones) de su monitor. En primer lugar, necesitará ajustar el contraste de su monitor al valor más alto (ésta es la parte más simple de la calibración de la gamma). A continuación, aumente el nivel de brillo hasta el valor máximo y disminúyalo hasta que los cuadros grises (localizados entre los cuadros negros) sean lo más oscuros posibles, manteniendo la zona blanca (justo debajo de los cuadros grises y negros) lo más blanca posible. Una advertencia: cuanto más tiempo mire el cuadro blanco, más se acostumbrarán sus ojos y le será más difícil determinar si la configuración del blanco sigue siendo tan brillante como debería ser. Realice este paso en unos cuantos segundos y no dude en volver a configurar el brillo a su valor más alto y comenzar de nuevo.

Los fósforos que producen la luz roja, verde y azul de la imagen de su monitor pueden variar según el fabricante. Compruebe la documentación que se suministra con su monitor y seleccione los fósforos adecuados del menú desplegable Fósforos. Si no está seguro de cuáles son los empleados por su monitor, debería usar Trinitron, ya que los tubos Trinitron y sus equivalentes se usan en la mayoría de los monitores de hoy en día.

El ajuste del regulador Gamma es igual de sutil que trabajar con el campo Brillo y contraste, ya que nuestros ojos se acostumbrarán rápidamente, dificultando la observación de la configuración correcta. Desplace el regulador hacia atrás y hacia adelante, hasta que el cuadro central se funda con el fondo. Obviamente, un color sólido nunca se «fundirá» con un patrón de franjas, pero lo que estamos buscando es el punto en que el cuadro es lo menos visible en relación al fondo. Quizá le sea de ayuda para evaluar el ajuste el mirar de reojo al cuadrado. Puede desactivar la casilla Ver sólo gama única y ajustar individualmente cada uno de los colores RGB. Una gama de 1,8 es el valor predeterminado ya que, en muchos monitores, este valor proporciona la visualización más precisa de la mayoría de imágenes que cargará en Photoshop para su edición. Por supuesto que, si el monitor no se ve correctamente, deberá cambiar el valor de 1,8 y utilizar aquél que sus ojos le indiquen que es el correcto ajustando los controles de gamma.

Si sabe que la configuración de Hardware es incorrecta, pulse Medición, en el campo Punto blanco. Aparecerá un cuadro de advertencia con indicaciones; asegúrese de leer y comprender las indicaciones antes de pulsar OK para continuar. En el siguiente paso la pantalla se pondrá negra, mostrando tres cuadros grises. En pocos segundos debería pulsar en el cuadrado que contenga el gris más neutro. De nuevo, cuanto más tiempo mire a la pantalla, más se acostumbrarán sus ojos, dificultando una elección objetiva.

Optimización de las paletas

Antes de discutir las opciones de cada una de las paletas individuales, debemos mencionar la personalización de los grupos de paletas. Es posible sacar una paleta de su grupo y combinar paletas de distintos grupos para crear uno común. Por ejemplo, las paletas Navegador, Info y Opciones están reunidas por defecto en un grupo. Si utiliza regularmente las herramientas de dibujo, podrá ahorrarse espacio en el área de trabajo combinando las paletas Pinceles y Opciones y ocultando el resto. Los autores le recomendamos que combine las paletas Pinceles y Opciones, como verá a lo largo de las ilustraciones de este libro.

Cada paleta incluye el icono de un menú flotante, localizado justo debajo del icono Cerrar (X) en Windows y debajo del cuadro Zoom en Macintosh. El menú flotante incluye opciones específicas para esa paleta.

Algunas paletas (por ejemplo, Capas) tienen iconos en la parte inferior, que corresponden a prestaciones adicionales relativas a esa paleta. Cuando, a lo largo de este libro, le indiquemos que cree una nueva capa, la forma más rápida de llevarlo a cabo será pulsando el icono Crear capa nueva (puede averiguar fácilmente el significado de los iconos si activa Mostrar info. de herramientas y sitúa su cursor sobre un icono). También puede seleccionar las órdenes equivalentes desde el menú flotante.

Paleta Info

Si pulsa una única vez sobre los iconos de cuentagotas de esta paleta podrá ver un menú desplegable con un conjunto de modos entre los que elegir, como muestra la Figura 3.14 (esta figura fue retocada con propósitos ilustrativos; evidentemente no podrá tener nunca dos cursores sobre la misma pantalla). Si pulsa sobre el símbolo más (+), podrá ver un menú con las unidades de medida de las coordenadas del cursor.

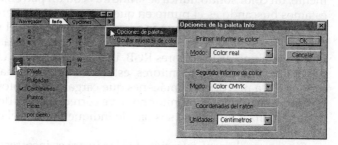

Figura 3.14 La paleta Info proporciona opciones para las lecturas de color, posición del cursor, la distancia especificada y otras estadísticas interesantes utilizando la herramienta Medición.

El Primer informe de color y el Segundo informe de color de las opciones de la paleta Info configuran los modos de los valores de la parte superior izquierda y superior derecha de la paleta Info, respectivamente. Existen ocho opciones en cada uno de los campos Modo. Cinco de los modos se detallan en el Capítulo 1, y los otros tres los describiremos a continuación:

- **Color verdadero.** Muestra los valores del lugar en que se encuentra el puntero en el modo de color actual de la imagen.
- **Tinta total.** Muestra el porcentaje total de todas las tintas CMYK, basándose en los valores configurados en el cuadro de diálogo Ajustar separación.
- **Opacidad**. Muestra la opacidad de la *capa* actual (salvo del fondo) en el lugar en que esté situado el puntero.

La paleta Info mide los colores como un densitómetro (un dispositivo que mide la densidad óptica de una fotografía o un negativo, por ejemplo), y proporciona medidas de una selección, del grado de una capa rotada, la posición exacta del cursor, el resultado de la herramienta Medición y muchos más. Si su trabajo requiere una gran cantidad de medidas de precisión, hará un exhaustivo de esta paleta. Para visualizar rápidamente esta paleta en pantalla, presione F8.

Familiarización con las opciones de la paleta Opciones

En la paleta Opciones puede personalizar la utilización de todas las herramientas de la caja de herramientas, excepto Mano, Medición y Texto. La Figura 3.15 muestra el menú desplegable (Restaurar herramienta y Restaurar todas), común a todas las herramientas. Utilice Restaurar herramienta para restaurar únicamente los pinceles y opciones predeterminadas de la herramienta actual. Utilice Restaurar todas para configurar todas las herramientas y sus opciones con sus valores predeterminados.

Figura 3.15 Todas las herramientas disponen de las mismas opciones: Restaurar herramienta y Restaurar todas.

Vamos a ver algunas opciones de las herramientas:

Opciones de Tampón

La opción Todas las capas debería mejor llamarse Todas las capas *visibles*. Cuando la casilla Todas las capas está marcada, como en la Figura 3.15, la herramienta Tampón clonará a partir de todas las capas de la imagen (mostradas en la paleta capas), muestreando en primer lugar la capa superior. Cuando Todas las capas está desactivada, la herramienta Tampón muestreará únicamente la capa activa. Ésta es una característica útil, especialmente cuando existen demasiadas capas en su imagen

Cuando la casilla Alineado está marcada, el punto de muestreo seguirá a la herramienta Tampón en las sucesivas pinceladas . Después de la primera pincelada, si desplaza el cursor 2 pulgadas hacia la derecha, el punto de muestreo también se moverá 2 pulgadas hacia el mismo lado. Cuando esta casilla no está activada, Tampón muestreará a partir del área original, hasta que defina un nuevo área de muestreo.

Opciones de Mover

Cuando desplaza el contenido de una capa, la palabra que mejor describe el refresco del dibujo en pantalla es espasmódico. Para minimizar este efecto, puede marcar Duplicación de píxeles, según se muestra en la Figura 3.16. Sin embargo, con el fin de conseguir que este movimiento sea más suave, el contenido de la capa dejará de tener una apariencia nítida durante el desplazamiento.

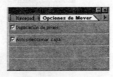

Figura 3.16 Las opciones de Mover, disponibles cuando la herramienta Mover se encuentra activa, son Duplicación de píxeles y Autoseleccionar capa.

Autoseleccionar capa es una nueva función que nos permite pulsar sobre el contenido de una capa y desplazarla, independientemente de la capa que se encuentre activa. En las versiones anteriores de Photoshop teníamos que activar la capa antes de poder emplear la herramienta Mover.

Opciones de la paleta Pinceles

Todas las herramientas de dibujo (desde la tercera a la sexta fila en la caja de herramientas) disponen de las mismas opciones en el menú flotante en la paleta Pinceles (*no* Opciones), como se muestra en la Figura 3.17, y cualquier cambio que realice en este menú afectará a los pinceles de todas las herramientas de dibujo.

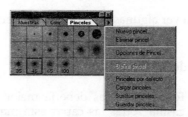

Figura 3.17 Opciones del menú desplegable de la paleta Pinceles.

- Nuevo pincel nos permite diseñar una nueva punta de pincel utilizando el cuadro de diálogo Nuevo pincel, mostrado en la Figura 3.18. El diámetro puede ser tan pequeño como un píxel o tan grande como 999 píxeles. El rango de la Dureza varía desde 0% (la más suave) hasta 100% (la más dura). El *Espaciado* es la distancia entre las distintas marcas del pincel en una pincelada. Por ejemplo, un lápiz con un espaciado del 100% colocará una marca cada vez que el pincel se desplace el 100% del diámetro actual de la punta del lápiz. Este efecto y otras configuraciones del Espaciado se muestran en la Figura 3.18. Si desea disponer del espaciado más suave, desactive la casilla a la izquierda del Espaciado. El último elemento del cuadro de diálogo Nuevo pincel le permite definir el tamaño y ángulo de un pincel (como en el ejemplo de la parte inferior de la Figura 3.19). Puede arrastrar los puntos del cuadro de previsualización izquierdo para aplanar el círculo, o también pulsar y arrastrar dentro del cuadro para rotar el pincel. También puede introducir manualmente el Ángulo y la Redondez. En el cuadro situado en la esquina inferior derecha de este cuadro de diálogo se muestra una previsualización del nuevo pincel.

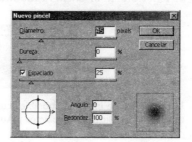

Figura 3.18 En el cuadro de diálogo Nuevo pincel puede configurar un nueva punta para la paleta Pinceles.

- La opción Eliminar pincel suprimirá el pincel actualmente seleccionado.

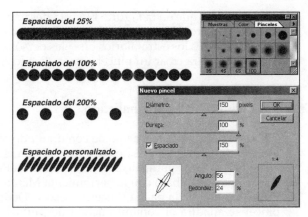

Figura 3.19 El espaciado, la forma y ángulo del pincel se determinan en el cuadro de diálogo Nuevo pincel.

El cuadro de diálogo Opciones de pincel es idéntico al cuadro Nuevo pincel, siempre que el pincel activo sea circular. En caso contrario, aparecerá un pequeño cuadro con las opciones Espaciado y Suavizar. También puede acceder directamente a las opciones de los pinceles, pulsando uno de ellos con el botón derecho.

- Pinceles reemplazará por defecto los pinceles actuales por los predeterminados de la aplicación.
- Cargar pinceles le permite cargar desde el disco un conjunto personalizado de pinceles. En la carpeta Pinceles de Photoshop podrá encontrar tres conjuntos de pinceles: Assorted, Drop Shadows y Square. La Figura 3.20 muestra la paleta Pinceles, con los tres conjuntos de pinceles cargados.

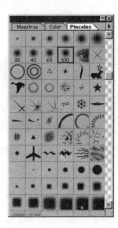

Figura 3.20 Vista parcial de los conjuntos de pinceles Assorted, Drop Shadows y Square, cargados en la paleta Pinceles.

- Sustituir pinceles nos permite reemplazar el conjunto actual de pinceles cargados por otro conjunto prediseñado.

- Definir pincel, que en la Figura 3.16 está desactivada, es una opción interesante que probablemente utilizará. Esta opción es la que se empleó para crear todos los estrafalarios pinceles personalizados mostrados en la Figura 3.20. Para crear un pincel personalizado siga estos pasos:

Creación de un pincel personalizado

1. Cree una nueva imagen pequeña con un fondo blanco; por ejemplo, una imagen de 1» por 1» a 72 píxeles/pulgada en el modo Escala de grises.
2. Haga un pequeño garabato con la herramienta Pincel.
3. Seleccione el garabato con la herramienta Marco rectangular.
4. Pulse el menú de la paleta Pinceles y escoja Definir pincel. La marca del pincel se añadirá al conjunto actual de puntas de pincel al final de la paleta y lo podrá utilizar siempre que desee. La única modificación adicional que podrá realizar en los pinceles personalizados es el Espaciado, que lo puede cambiar desde el cuadro de diálogo Opciones de pincel, que aparece al pulsar dos veces el pincel personalizado.

Opciones de la paleta Historia

Opciones de historia, mostrada en la Figura 3.21, se encuentra en la parte inferior del menú flotante de la paleta Historia. En el campo Estados máximos en historia puede introducir cualquier valor entre 1 y 100. Es decir, ¡Photoshop dispone de 100 niveles para deshacer acciones! Si introduce 14, la paleta Historia recordará las *últimas* 14 ediciones que haya realizado en su imagen. Cuanto mayor sea el número que introduzca, más acciones podrá deshacer en sus sesiones de edición. Tenga en cuenta también que un número elevado requerirá mayor cantidad de memoria del sistema que un número bajo.

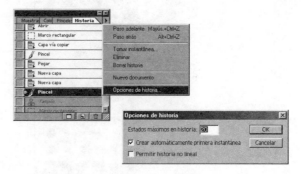

Figura 3.21 Photoshop 5 dispone de una función nueva que permite deshacer hasta 100 operaciones de edición.

Para activar la herramienta Pincel de historia, es necesario que exista una instantánea. Photoshop puede tomar instantáneas de su imagen desde el mismo momento en que se abre si marca la casilla Crear automáticamente primera instantánea. En caso contrario tendrá que pulsar el icono Crear instantánea nueva, en la parte inferior de la paleta Historia.

Consejo:

Si ha especificado Permitir historia no lineal, puede eliminar ediciones no esenciales arrastrándolas hasta el icono de la papelera. Por ejemplo, supongamos que ha especificado 14 como número de Estados máximos en historia y está aproximándose al número 14. Antes de realizar una operación de edición, desplácese por la lista Historia. ¿Encuentra en la lista algún Marco rectangular o varias Deseleccionar? Elimínelos. No los necesitará en su trabajo y conseguirá unos cuantos estados adicionales.

Los historiales lineales y no lineales producen efectos distintos en la paleta Historia cuando eliminamos un nivel del historial. Por ejemplo, supongamos que tiene 14 ediciones en la paleta Historia y arrastra la edición número siete sobre el icono Eliminar el estado actual. La opción Permitir historia no lineal le permitirá suprimir únicamente el séptimo nivel del historial, mientras que si la historia es lineal no sólo suprimirá la séptima edición, sino también todas las anteriores (de la primera a la sexta).

Opciones de la paleta Acciones

Se accede a ellas desde el menú flotante de la paleta Acciones, en el modo de visualización de lista, y nos permite editar el nombre, tecla de función asignada y color de las acciones existentes, como puede observar en la Figura 3.22. Si utiliza regularmente una determinada acción, quizá debería asignarla una tecla de función y ahorrarse el tiempo de desplazarse a lo largo de la paleta Acciones.

Figura 3.22 En Opciones de acción podrá editar las propiedades de una determinada acción de la paleta.

El cuadro Opciones de ejecución, mostrado en la Figura 3.23, determina el modo de ejecución de una determinada acción. Acelerado ejecutará la acción desde el principio al final. Paso a paso irá marcando las acciones en la paleta a medida que vayan ocurriendo. El campo Detener durante irá resaltando cada acción, igual que Paso a paso, y añadirá además una pausa entre cada paso. La longitud de la pausa puede ser cualquier valor entre 1 y 60 segundos.

Figura 3.23 La forma en que una acción se ejecutará se configura en el cuadro de diálogo Opciones de ejecución.

Opciones de la paleta Capas, Canales y Trazados

En las opciones de las tres paletas Capas, Canales y Trazados podemos especificar el Tamaño de la miniatura. El problema es la memoria, ya que, cuanto mayor sea la miniatura, más cantidad de memoria hará falta. Los autores todavía recordamos cuando la RAM costaba 65 dólares por MB y por tanto no podíamos disponer de mucha memoria en nuestras computadoras. Cuando intentábamos guardar una imagen especialmente grande, aparecía un mensaje de error indicando que faltaba memoria y memoria virtual. Los autores seleccionábamos Ninguna en Tamaño de la miniatura, y liberábamos justo la suficiente memoria para finalizar la operación.

Opciones de canal

Al cuadro de diálogo Opciones de canal, mostrado en la Figura 3.24, se accede desde el menú flotante de la paleta Canales (únicamente cuando la vista actual es un canal) o pulsando dos veces el título de un canal.

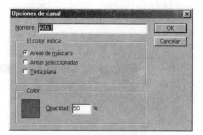

Figura 3.24 Utilice las Opciones de canal para ver una selección guardada en blanco o negro.

Consejo:

Existen algunas acciones que podemos realizar, grabándolas desde la paleta de Acciones, y que pueden requerir la intervención del usuario. Por ejemplo, suponga que desea efectuar una operación de calado por lotes en un montón de imágenes, pero quiere que cada imagen tenga un radio de calado diferente. Antes de ejecutar la acción, marque el icono que se encuentra a la derecha de la casilla de verificación (a la izquierda del título de la acción). Ahora, cada vez que ejecute la acción, ésta se detendrá y mostrará, en este ejemplo, el cuadro de diálogo Calar y esperará a que introduzca un valor.

Además, si quiere eliminar un determinado paso de una acción programada, desactive la casilla de verificación, a la izquierda del paso, antes de ejecutarla. Por ejemplo, si ha definido un desplazamiento del Tono/saturación como parte de una acción, pero quiere hacer uso de la acción sin modificar estos valores, desactive esta casilla. Cuando se ejecute, la acción se saltará este paso.

En el cuadro de diálogo Opciones de canal puede renombrar el canal con una definición más específica que Alfa x. El campo El color indica le permite determinar si el área seleccionada aparecerá en blanco (Áreas de máscara) o negro (Áreas seleccionadas). Los autores preferimos Áreas seleccionadas, ya que es más natural ignorar el blanco y fijarnos en el negro (como en esta página).

Tinta plana (color producido al imprimir una única tinta) se emplea cuando trabajamos en modo CMYK. El selector de color en la parte inferior de esta paleta se utiliza para especificar el color de la tinta. Generalmente se utilizan tintas planas junto con planchas de color para enfatizar visualmente una determinada área. Por ejemplo, supongamos que el envoltorio de un detergente esta realizado con los cuatro colores del proceso CMYK, salvo una parte de dicho envoltorio que pone «¡¡¡NUEVO!!!». El cliente probablemente querrá que el letrero se imprima en un color plano fluorescente. Para ello, cree el letrero «¡¡¡NUEVO!!!» sobre una capa, pintando únicamente donde deban aparecer las zonas coloreadas. Luego presione Ctrl(⌘), pulse la capa para cargarla como una selección, guárdela como canal alfa y especifique en el cuadro de Opciones de canal que este canal alfa se utilizará como una tinta plana. Después, cuando elimine la capa y convierta la imagen RGB a CMYK e imprima las separaciones, aparecerá una quinta placa (la placa de la tinta plana).

Opciones de Máscara rápida (caja de herramientas)

Para acceder al cuadro de diálogo Opciones de máscara rápida, mostrado en la Figura 3.25, debe pulsar dos veces los botones Editar en modo estándar o Editar en modo máscara rápida, situados en la caja de herramientas.

El campo El color indica le permite especificar si un área seleccionada en modo Máscara rápida estará sin color (Áreas de máscara) o contendrá color (Áreas seleccionadas). Puede especificar el color y la opacidad de la máscara rápida en el campo Color. Esta función del Color es indispensable cuando, por ejemplo, estemos utilizando la máscara rápida sobre la fotografía de un camión de bomberos. El color rojo predeterminado sería casi imposible de distinguir. Pulsando la ranura del color podremos cambiar el color de la máscara rápida por un color que contraste más con el rojo, como el cian.

Los autores le recomendamos que con la Máscara rápida, al igual que con las Opciones de canal, marque el botón Áreas seleccionadas (no Áreas de máscara) en El color indica. Es mucho más fácil quitar y añadir a una pequeña área seleccionada en una imagen que realizar operaciones de edición masivas sobre las áreas no seleccionadas. La opción El color indica: Áreas seleccionadas, la emplearemos varias veces a lo largo de este libro.

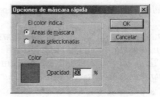

Figura 3.25   En Opciones de máscara rápida puede especificar que el color de la máscara rápida indique las zonas enmascaradas o las seleccionadas.

Preferencias de trabajo personales

Photoshop es muy versátil y proporciona al menos dos formas de llevar a cabo
cualquier tarea básica. Para desplazarnos desde la capa Fondo a la Capa 1, por
ejemplo, puede pulsar la Capa 1 de la paleta Capas o puede seleccionar la
herramienta Mover, pulsar con el botón derecho del ratón en cualquier punto
de la pantalla donde ambas capas se superpongan y seleccionar la Capa 1 en el
menú contextual. Descubrir su propio estilo de trabajo en la interfaz de Photoshop le llevará un cierto tiempo y, para que le sirva de ayuda en sus comienzos,
vamos a ver dos estilos.

Aquellos usuarios que utilicen preferentemente el ratón tendrán que dar un
montón de pulsaciones y dobles pulsaciones y, siempre que necesiten una
herramienta distinta o tengan que abrir algún cuadro de diálogo de ajustes de
color, tendrán que pulsar una vez, dos veces o incluso tres. Estas personas
hacen uso sólo de una mano, lo cual es estupendo, pero ralentiza el trabajo.

El usuario que utilice el teclado y el ratón sacará provecho de todos los
métodos abreviados del teclado de Photoshop. Las prestaciones del teclado son
las siguientes:

- Los métodos abreviados para acceder a los elementos de la caja de herra-
  mientas
- La barra espaciadora para cambiar a la herramienta Mano
- Las teclas numéricas para configurar la opacidad de las capas o pinceles
- Ctrl(⌘) o Alt(Opción)+Barra espaciadora para la herramienta Zoom.

Con estos atajos, puede utilizar ambas manos para acelerar los procesos de
edición.

Resumen

Este capítulo le ha mostrado las muchas opciones y preferencias que Photoshop
ofrece. Cuanto más a gusto vaya sintiéndose en Photoshop, más cosas querrá personalizar del entorno y su estilo de trabajo se convertirá en *su propio* estilo. Ahora
que ya conoce cómo conseguir que Photoshop sea más de su agrado, ajuste su
asiento de conductor para sentirse más cómodo durante sus viajes digitales.

En el siguiente capítulo irá a su primera excursión con Photoshop y editará
una imagen. Descubrirá que Photoshop es al mismo tiempo potente y divertido.

CAPÍTULO 4

TOMA DE CONTACTO CON PHOTOSHOP

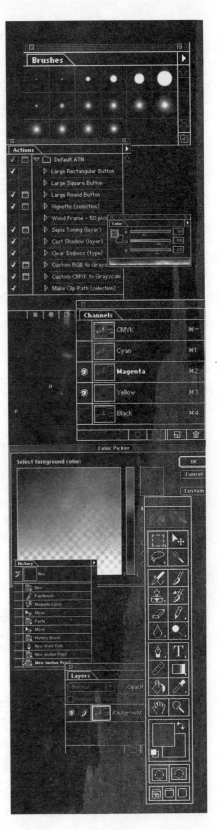

¿Recuerda cuando tenía 14 años y su padre le dejaba sacar el coche del garaje? La vuelta era muy corta, pero estimulante. Seguro que no tenía ni idea de lo que estaba haciendo, pero se estaba recreando en el instante, en la experiencia.

Este capítulo representa otro tipo de «vuelta de prueba». En este caso va a comprobar muchas de las funciones de Photoshop, pero sin preocuparse de si está haciéndolo bien o mal. El vehículo que utilizaremos en este capítulo es la imagen Eye-Open.tif, mostrada en la Figura 4.1

¿Qué hay de incorrecto en esta imagen que pudiera corregirse? No hay suficiente mantequilla, sólo hay un especiero, el café no tiene un azucarillo, la hora del reloj está mal (¿entiende ahora cuál es el proceso creativo en este caso?). Deberá editar diversas áreas de la imagen y, a través de experiencia, familiarizarse con las herramientas de Photoshop.

Figura 4.1   Hay un montón de elementos en esta imagen que pueden conseguir que su motor creativo se ponga en marcha.

La herramienta Lazo magnético y las selecciones flotantes

Lazo magnético es una nueva herramienta de Photoshop 5. Esta herramienta «guiará» su cursor a lo largo de los bordes de contraste de color en una imagen, permitiéndole realizar rápidamente selecciones de elementos. Cuando tenga algo seleccionado, será muy fácil hacer una copia y desplazarlo por la imagen. Esto es precisamente lo que hará con la mantequilla de la imagen.

Edición de la mantequilla

El éxito que tenga al añadir más mantequilla a la barra tiene que ver con el hecho de que la mantequilla tiene una forma definida y que existe muy poca textura que haya que editar o alinear. Esencialmente, el incrementar el tamaño de la mantequilla es tan simple como extender su extremo izquierdo en, aproximadamente, una pulgada.

A continuación le mostramos cómo utilizar la herramienta Lazo magnético, junto con algunas teclas de modificadores de Photoshop, para añadir más mantequilla a la mesa.

Creación de una selección flotante

1. Abra la imagen Eye-Open.tif de la carpeta Chap04 del CD que acompaña al libro.

2. Presione Ctrl(⌘) y la tecla del símbolo de suma hasta que la imagen esté a una resolución de visualización del 300%.
3. Maximice la ventana. En Windows, pulse el botón Maximizar/Restaurar, situado en la ventana de la imagen; en Macintosh, utilice el cuadro de cambio de tamaño.
4. Mantenga presionada la Barra espaciadora para cambiar a la herramienta Mano y desplace el contenido de la ventana, hasta que la mantequilla quede centrada en la pantalla.
5. Mantenga pulsada la herramienta Lazo, en la caja de herramientas, para que aparezca el menú flotante de herramientas, y seleccione la herramienta Lazo magnético.
6. Pulse el borde superior izquierdo de la mantequilla, suelte el cursor y luego «paséelo» a lo largo del borde, hacia la derecha del primer punto en que pulsó. Como puede ver en la Figura 4.2, la herramienta Lazo magnético «sabe» dónde se haya el borde cromático y lo sigue.

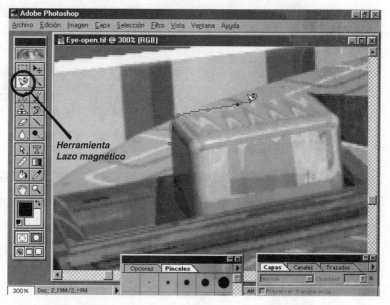

Figura 4.2 La herramienta Lazo magnético reconoce los bordes cromáticos en una imagen y se acopla a ellos.

7. «Corte una rebanada» de, aproximadamente, la mitad de la barra de mantequilla, creando una selección como la mostrada en la Figura 4.3. Pulse una vez en el punto de inicio de la selección para cerrarla.
8. Sitúe el cursor dentro del marco de selección. Mantenga presionadas las teclas Ctrl()+Alt(Opción) y luego arrastre el contenido de la selección hacia la izquierda, según se muestra en la Figura 4.4.
9. Cuando haya desplazado la selección y parezca estar alineada con el resto de la mantequilla, presione Ctrl()+D para deseleccionar la selección flotante. La selección se convertirá ahora en parte permanente de la imagen.

10. Presione Ctrl(⌘)+Mayús+S (Archivo, Guardar como) y guarde la imagen como Eye-Open.tif, en formato de archivo TIFF en su disco duro. Mantenga la imagen abierta.

Figura 4.3   Con la herramienta Lazo magnético trace una selección que englobe la mitad de la mantequilla. Ésta será la selección que copiará para ampliar la mantequilla.

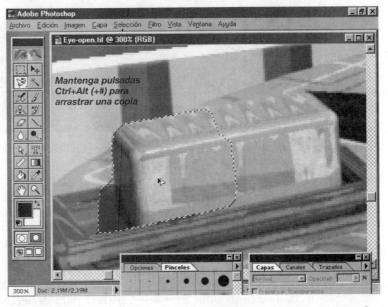

Figura 4.4   Manteniendo presionadas Ctrl(⌘)+Alt(Opción) se creará una copia flotante del contenido del marco de selección.

Como puede ver en la Figura 4.5, todo parece ser normal en la imagen en lo que respecta a la mantequilla, salvo que ahora hay mayor cantidad. Continuará modificando la mesa de desayuno en la siguiente sección.

Figura 4.5 Parece mantequilla, pero no lo es. ¡Es una edición con Photoshop!

La orden Capa vía copiar

Una de las características más potentes de Photoshop 5 es su posibilidad de aislar en capas independientes determinadas áreas seleccionadas de la imagen. Estas áreas se pueden luego manipular independientemente del resto de la imagen y, sólo después de que haya finalizado la composición, podrá decidir unir el contenido de la capa con la imagen de fondo.

Copia del especiero

Habrá observado que quien puso la mesa no era un anfitrión muy cuidadoso; sólo hay un especiero y no podemos averiguar si es de sal o de pimienta. Vamos a corregir en breve este descuido, copiando el especiero y luego utilizando una nueva función de Photoshop que nos permitirá etiquetar ambos recipientes.

Ésta es la forma de duplicar el especiero de la mesa:

Duplicación de un objeto mediante la orden Capa vía copiar

1. Presione Ctrl(⌘) y la tecla del símbolo de resta para disminuir la resolución de visualización de la escena al 200%.

2. Mantenga presionada la Barra espaciadora para cambiar a la herramienta Mano y luego desplace la vista hasta que el especiero quede centrado en la imagen.
3. Con la herramienta Lazo magnético, esboce el contorno de un marco alrededor de él. Sólo será visible el lado derecho del especiero en la imagen finalizada, por lo que no es necesario que ponga mucho cuidado al seleccionar el borde izquierdo.
4. Pulse con el botón derecho (Macintosh: mantenga presionada la tecla Ctrl y pulse) y luego elija Capa vía copiar en el menú contextual, como se muestra en la Figura 4.6. Esto pondrá una copia del especiero en una capa propia, por encima del fondo.

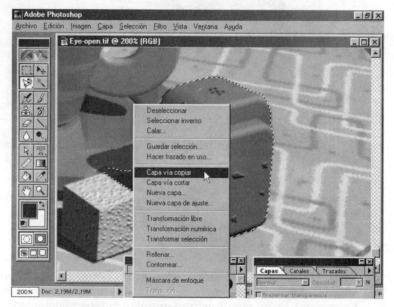

Figura 4.6 La orden Capa vía copiar realiza una copia de la selección y la sitúa en una nueva capa independiente de la imagen.

5. Con la herramienta Mover, arrastre el especiero copiado hacia la derecha del original, de forma que ambos se solapen ligeramente. La Figura 4.7 muestra el posicionamiento adecuado.
6. Oculte la Capa 1, pulsando el icono del ojo, a la izquierda de su título en la paleta Capas. Si la paleta Capas no está en pantalla, presione F7. A continuación, pulse la capa Fondo para que ésta sea la capa de edición actual.
7. Con la herramienta Lazo magnético, esboce una selección alrededor de la mitad derecha del especiero original, como se observa en la Figura 4.8.
8. Pulse el título de la Capa 1, pulse el cuadro donde estaba anteriormente el icono del ojo (para restaurar su visibilidad) y luego presione 5 en el teclado numérico. Esto reducirá la opacidad del contenido de la capa al 50 por ciento. Ahora ya puede ver claramente las zonas de los especieros que se solapan.

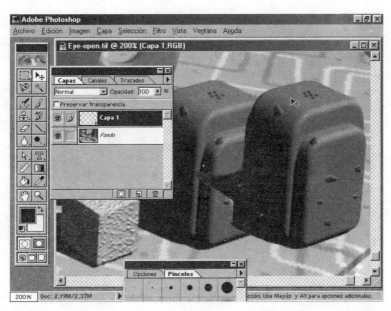

Figura 4.7 El contenido de una capa se puede desplazar a cualquier lugar, sin alterar otras partes de la imagen.

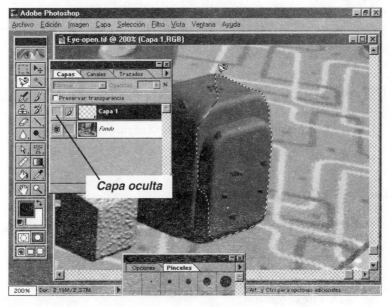

Figura 4.8 Seleccione la mitad derecha del especiero. Emplearemos esta selección para eliminar la mitad izquierda del especiero oculto.

9. Presione Suprimir (Retroceso) para eliminar la zona solapada del especiero copiado en la Capa 1, como se muestra en la Figura 4.9.

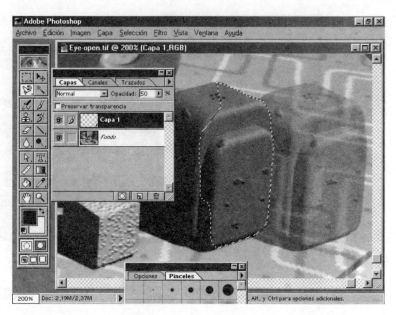

Figura 4.9 Elimine la zona del especiero copiado que se encuentra dentro del marco de selección.

10. Presione Ctrl(⌘)+D para deseleccionar el marco. Presione 0 en el teclado numérico para restaurar el contenido de la Capa 1 al 100% de opacidad.
11. Pulse el botón del menú flotante de la paleta Capas y seleccione Acoplar imagen.
12. Presione Ctrl(⌘)+S. Mantenga el archivo abierto.

Una de las cosas más irritantes del mundo consiste en ir a una cena y ver dos especieros idénticos, es decir, sin etiquetar. En la siguiente sección vamos a etiquetar los especieros, utilizando otra nueva función de Photoshop 5: Efectos de capa.

Utilización de los Efectos de capa

Photoshop 5 incluye los cinco efectos siguientes, que puede aplicar a cualquier cosa que pinte o copie en una capa de efectos.

- Sombra paralela
- Sombra interior
- Luz exterior
- Luz interior
- Inglete y relieve

Las etiquetas deberían tener una apariencia como si estuvieran grabadas, que es el efecto opuesto al efecto Inglete y relieve. No hay problema. Basta con invertir el ángulo del efecto para obtener un grabado instantáneo.

Ésta es la forma de utilizar los Efectos de capa para etiquetar el salero y el pimentero.

Utilización de los efectos Inglete y relieve

1. En la paleta Capas, pulse el icono Crear capa nueva. Ésta será la capa de Efectos.
2. Pulse con el botón derecho (Macintosh: presione Ctrl y pulse) el título de la Capa 1 y luego elija Efectos del menú contextual.
3. Seleccione Inglete y relieve en la lista desplegable y marque la casilla Aplicar para activar las opciones del efecto.

Habrá podido observar que la fuente de luz que incide sobre los especieros está en la parte superior derecha. Para conseguir grabar los especieros, el ángulo del efecto debe apuntar hacia la parte inferior izquierda...

4. Pulse y mantenga presionada la flecha derecha del campo Ángulo. Desplace la línea en la ventana hacia la parte inferior izquierda (aproximadamente a las 7 en punto), como se muestra en la Figura 4.10.

Figura 4.10 Sitúe el ángulo a 180°, en dirección opuesta a la fuente de luz de la imagen.

5. Pulse Aceptar para convertir esta capa en una capa de Efectos.
6. Presione D y luego X, para que el color frontal actual sea el blanco.
7. Seleccione la herramienta Aerógrafo, elija el tercer pincel de la izquierda, en la fila superior de la paleta Pinceles, y dibuje la letra P en el especiero de la izquierda, como se muestra en la Figura 4.11. ¡Sorpresa! Está dibujando en 3D.

Figura 4.11 Todo lo que dibuje en la capa de Efectos parecerá que está en relieve.

8. Dibuje una *S* en el otro especiero, como en la Figura 4.12.
9. Seleccione Acoplar imagen en el menú flotante de la paleta Capas, presione Ctrl(⌘)+S y mantenga el archivo abierto.

Figura 4.12 Etiquetando el salero y pimentero eliminaremos el riesgo de equivocarnos al condimentar la comida.

La letra dentro del círculo de una capa indica que es una capa de Efectos. Puede eliminar elementos de la capa, aplicar pintura o pegar en ella una imagen; todos los objetos utilizarán el efecto que haya elegido para la capa.

Cambio de la hora

Nuestra próxima parada en esta imagen de prueba es el reloj de la pared. ¿No sería mejor tomar este desayuno un poco más tarde? Para cambiar la manecilla del reloj deberá eliminarla y dibujar una nueva. Afortunadamente, las manecillas no son nada complicadas; son simples triángulos negros, muy fáciles de regenerar.

Ésta es la forma de pasar de las 9 y 10 a las 11 y 10:

Cambio de la hora del reloj con la máscara rápida

1. Presione Ctrl(⌘) y el símbolo de suma para aumentar la visualización de Eye-Open.tif al 300%. Mantenga presionada la Barra espaciadora y desplace la vista de la imagen hasta que pueda ver el reloj.
2. Con la herramienta Lazo, mantenga presionada la tecla Alt(Opción) y dibuje un triángulo alrededor de la manecilla de las horas. Al presionar Alt(Opción) cambiará la herramienta Lazo a la herramienta Lazo poligonal, como puede ver en la Figura 4.13.

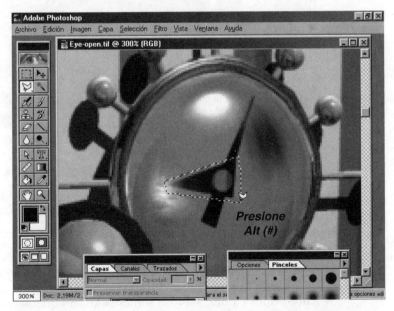

Figura 4.13 Dibuje un marco de selección que encierre la manecilla horaria del reloj.

3. Pulse dos veces el icono de Modo máscara rápida, situado en la parte inferior de la caja de herramientas. En el cuadro de diálogo Opciones de máscara rápida, asegúrese de que está marcada la opción El color indica: Áreas seleccionadas y pulse Aceptar para cerrar el cuadro de Opciones.

Ahora estará en el modo de Máscara rápida y el marco de selección que creó se mostrará como una superposición de color sobre la imagen.

Nota:

Aunque este ejemplo no lo requiera, puede cambiar el efecto de una capa en cualquier instante. Por ejemplo, puede convertir una capa Inglete y relieve en una capa Sombra paralela simplemente pulsando con el botón derecho (Macintosh: manteniendo apretado Ctrl y pulsando) el título de la capa de Efectos en la paleta Capas, y luego seleccionando Efectos. A continuación, deshabilite el efecto actual desactivando la casilla Aplicar y seleccione un efecto distinto que aplicar.

4. En la selección no debe estar incluida la caperuza que sujeta las manecillas al mecanismo del reloj. Con el blanco como color frontal, utilice la herramienta Aerógrafo para dibujar sobre la caperuza, como se muestra en la Figura 4.14. El blanco elimina la Máscara rápida, mientras que el negro aplicará la máscara.

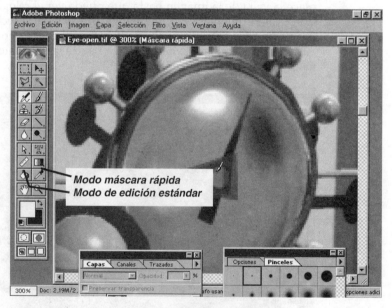

Figura 4.14 Elimine la caperuza de la selección en modo máscara rápida pintándola con blanco.

5. Seleccione la herramienta Aerógrafo, pulse el icono del Modo de edición estándar (a la izquierda del icono del Modo máscara rápida), presione Alt(Opción) y pulse sobre el sombreado azul que se encuentra próximo a la manecilla de las horas del reloj. Esto muestreará el color azul para utilizarlo con la herramienta Aerógrafo.

6. Pinte con cuidado dentro del marco de selección, hasta que desaparezca la manecilla horaria. La Figura 4.15 muestra el reloj en esta etapa del proceso. No se preocupe por el extremo contrario de la manecilla, ya que, posteriormente, pintará una nueva manecilla que cubrirá esta zona.

Figura 4.15 Pinte la manecilla horaria para que adquiera el mismo color que la esfera del reloj.

7. Con la herramienta Lazo, mantenga presionada la tecla Alt(Opción) y cree una forma triangular que apunte hacia las 11 del reloj, como se observa en la Figura 4.16.

Figura 4.16 Cree el nuevo contorno de la manecilla en la esfera del reloj.

8. Pulse el icono del Modo máscara rápida. El marco de selección se coloreará.
9. Con la herramienta Pincel y el blanco seleccionado como color frontal, dibuje sobre la caperuza, en el centro del reloj, para eliminarla de la selección, como se puede ver en la Figura 4.17.

Figura 4.17 Elimine la caperuza de la zona de máscara rápida.

10. Pulse el icono del Modo de edición estándar y presione a continuación · Suprimir (Retroceso). Como podrá ver en la Figura 4.18, la selección se cubrirá con el color de fondo (negro).
11. Presione Ctrl(⌘) +D para deseleccionar el marco de selección y presione Ctrl(⌘)+S. Mantenga el archivo abierto.

La máscara rápida es simplemente una representación visual distinta, que Photoshop muestra en una imagen para indicar una zona seleccionada, o una zona enmascarada. Los marcos de selección y las zonas de máscara rápida coloreadas son completamente intercambiables. Afortunadamente, los pasos anteriores nos han enseñado las ventajas de trabajar con Máscara rápida en lugar de eliminar un círculo de un marco de selección activo.

Vamos a desplazarnos hacia la taza de café y los terrones de azúcar que hay sobre la mesa. ¿Qué podríamos hacer para modificar creativamente esta parte de la escena?

Modo Máscara de capa

El modo Máscara de capa de Photoshop permite al diseñador «eliminar» partes de una imagen en una capa pero sin que esta eliminación sea permanente.

En cualquier instante podrá restaurar las zonas ocultas y continuar trabajando sobre el contenido de una capa, hasta que esté verdaderamente satisfecho con una determinada disposición de los elementos.

Figura 4.18 Al eliminar el contenido, la selección se rellenará con el color de fondo.

Copia y enmascaramiento de un terrón de azúcar

La función Máscara de capa es ideal para la siguiente tarea: verter un terrón de azúcar en la taza de café, ya que, obviamente, sólo una parte del terrón deberá ser visible. Vamos a copiar uno de los terrones de azúcar en una nueva capa y luego pondremos en marcha la función de la Máscara de capa.

Añadir azúcar al café

1. Presione Ctrl(⌘) y el símbolo de la resta para disminuir la resolución de visualización de la imagen al 200%.
2. Mantenga presionada la Barra espaciadora y desplace la vista en la imagen hasta que observe los terrones de azúcar.
3. Seleccione la herramienta Lazo poligonal en el menú flotante de la herramienta Lazo en la caja de herramientas.
4. Pulse (sin arrastrar) alrededor de las seis esquinas del terrón de la derecha, como se muestra en la Figura 4.19. Cuando haya cerrado el trazado, en el punto de inicio, la selección se convertirá en un marco de selección.

Figura 4.19 Para selecciones en ángulo recto, la herramienta Lazo poligonal es la opción ideal.

5. Pulse con el botón derecho (Macintosh: mantenga presionada Ctrl y pulse) y seleccione Capa vía copiar en el menú contextual.
6. Con la herramienta Desplazar arrastre el terrón de azúcar hacia arriba, hasta el centro del borde superior de la taza de café.
7. En la paleta Capas, pulse el icono Añadir máscara de capa, mostrado en la Figura 4.20.

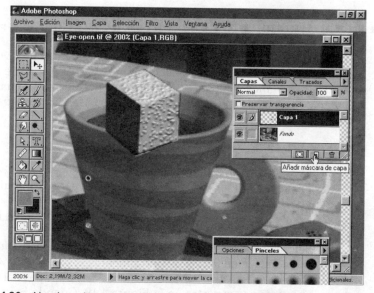

Figura 4.20 Al pulsar el icono Añadir máscara de capa, cambiaremos al modo Máscara de capa. Ahora puede ocultar zonas de la capa aplicando negro y restaurar las áreas ocultas, aplicando blanco.

8. Presione D (colores por defecto), seleccione la herramienta Aerógrafo y después elija el cuarto pincel por la izquierda de la fila superior de la paleta Pinceles.

9. Pinte sobre la parte inferior del terrón de azúcar, como se muestra en la Figura 4.21. Como podrá observar, el color negro frontal oculta las zonas sobre las que pinta. Si pinta demasiado el terrón, presione X para alternar los colores frontal y de fondo y vuelva a pintar sobre la zona que desee restaurar.

Figura 4.21 Haga que el terrón de azúcar parezca como si flotara en el café.

Observe en la Figura 4.21 que la paleta Capas tiene una miniatura adicional a la derecha de la miniatura de la imagen en el título de la Capa 1. Ésta es la miniatura de la Máscara de capa y es una previsualización de las zonas de la imagen que hayamos enmascarado (pintado).

10. Cuando tenga el azucarillo parcialmente sumergido, será el momento de eliminar las zonas que ocultó en la Capa 1. Pulse la miniatura de la Máscara de capa, en la paleta Capas, y arrástrela sobre el icono de la papelera, en la parte inferior de la paleta. Aparecerá un cuadro de advertencia.

11. «Aplicar» significa «eliminar todas las áreas que están ocultas»; «Eliminar» significa «restaurar todas las zonas que he ocultado y no realizar ningún cambio» y «Cancelar» indica «olvida que he arrastrado la miniatura a la papelera y continuemos editando». Pulse Aplicar. Las zonas que ha ocultado desaparecerán.

12. Seleccione Acoplar imagen en el menú flotante de la paleta Capas. Presione Ctrl(⌘)+S y mantenga el archivo abierto.

Cómo calentar el café

Existe un truco muy simple que puede emplear en Photoshop para conseguir que una pincelada vaya disolviéndose hasta desaparecer. Ésta es la opción Transición, que se encuentra en la paleta Opciones de todas las herramientas de dibujo. En los pasos siguientes va a añadir un poco de humo a la taza de café, pintando con la herramienta Aerógrafo con la opción Transición activada.

Adición de un poco de humo con la opción Transición

1. Pulse dos veces la herramienta Mano. Esto reducirá la resolución de visualización de la imagen, de forma que quepa por completo en pantalla.
2. Presione X para que el color frontal sea el blanco.
3. Seleccione la herramienta Aerógrafo. En la paleta Pinceles, elija la punta de 65 píxeles.
4. En la paleta Opciones, introduzca el valor **25** en el campo Transición. Este valor es una aproximación, que funciona en este ejemplo (el cálculo de las distancias exactas para la opción Transición con un determinado tamaño de pincel requiere paciencia y muchas matemáticas).
5. Comenzando por el borde de la taza de café, esboce una línea sinuosa hacia arriba, hasta que la opción Transición haya convertido el color en transparente, como se observa en la Figura 4.22.
6. Presione Ctrl(⌘)+S y mantenga el archivo abierto.

Figura 4.22   Cree un vaho semitransparente utilizando la herramienta Aerógrafo a presión parcial y con la opción Transición.

Grupos de recorte

Hasta ahora hemos estado viendo la forma en que las capas muestran los contenidos con opacidad parcial, como invisibles (con la Máscara de capa) y como elementos ordinarios, que podemos desplazar alrededor utilizando la herramienta Mover. Pero existe otra propiedad por descubrir denominada *grupos de recorte*. Imagínese que ha recortado una plantilla con forma de estrella en una hoja grande de papel negro. Lo que se encuentre detrás de la estrella se mostrará como el contenido de la estrella. Imagínese ahora que no existe el papel negro, sino únicamente la estrella y su relleno, que será lo que haya detrás suyo. Esto es lo que hace un grupo de recorte. La capa base es la «plantilla» y lo que se coloca por encima de la placa base es el relleno de la figura de la plantilla.

En la siguiente sección vamos a emplear un grupo de recorte para colorear la cafetera de esta imagen.

Revestimiento de la cafetera

Si pensaba que la escena no podía ser más horrorosa en su estilo años 50, se llevará una sorpresa. Vamos a sustituir la parte inferior dorada de la cafetera por un motivo con burbujas moradas y color crema. Los grupos de recorte son la solución para modificar la cafetera y la mejor forma de comprender toda su potencia es mediante un ejemplo.

Grupos de recorte y cafeteras

1. Pulse dos veces la herramienta Zoom para incrementar la resolución de visualización al 100%. Cambie el tamaño de la ventana de la imagen, si fuera necesario, y desplace la imagen hasta que la cafetera se encuentre en el centro de la pantalla.
2. Con la herramienta Lazo magnético, cree una selección ajustada alrededor de la base dorada de la cafetera, como se muestra en la Figura 4.23.

Figura 4.23   Deje que la herramienta Lazo magnético se guíe alrededor del borde coloreado de la base de la cafetera.

3. Pulse con el botón derecho (Macintosh: presione Ctrl y pulse) y seleccione Capa vía copiar en el menú contextual, como se ve en la Figura 4.24.

Figura 4.24 Copie la selección a una nueva capa.

4. Abra la imagen Clown.tif de la carpeta Chap04 del CD que acompaña al libro.
5. Con la herramienta Mover, arrastre el contenido de Clown.tif sobre Eye-Open.tif, como se observa en la Figura 4.25. Puede cerrar ya si lo desea la figura Clown.tif.

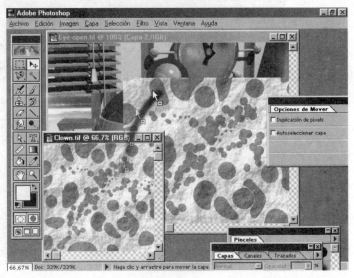

Figura 4.25 Arrastre el contenido de una ventana de imagen sobre otra, para crear una nueva capa en la imagen de destino.

6. Arrastre la textura, de forma que cubra la base de la cafetera.
7. En la paleta Capas, presione Alt(Opción) y pulse entre los títulos de las capas Capa 1 y Capa 2. Su cursor cambiará a la forma mostrada en la Figura 4.26 y la base de la cafetera en la Capa 1 será ahora una plantilla, a través de la cual podrá ver la textura copiada.

Figura 4.26 Un grupo de recorte ocultará todo, salvo el contenido de la capa base.

8. Presione Ctrl(⌘)+S y mantenga el archivo abierto.

Un grupo de recorte es una herramienta de visualización maravillosa por tres motivos:

- Podemos cambiar la forma de la capa base en cualquier instante.
- También podemos modificar el contenido de las capas situadas por encima de la capa base.
- Podemos ocultar la capa base y, por tanto, todo el grupo de recorte, desactivando el icono del ojo, situado al lado del título de la capa base.

Esto significa que, si desea volver a ver una cafetera con una base dorada brillante, no tiene más que pulsar en el icono del ojo de la Capa 1; todo volverá a la normalidad.

Sin embargo, suponga que lo «normal» no le agrada y quiere que esta textura sea un poco más realista. Vamos a finalizar esta vuelta de prueba en las siguientes secciones con nuevas herramientas y técnicas.

Sombreado de la cafetera

Básicamente, lo que le falta a la textura de la cafetera es un sombreado. El acabado del dorado original tenía un poco de sombra a la izquierda y un reflejo luminoso en la parte derecha. Estas dos propiedades de sombreado conseguían que la base de la cafetera pareciese tridimensional y redondeada. Por el contrario, la textura que hemos colocado parece plana, ya que... efectivamente, es plana; no hay ninguna variación tonal a lo largo de la superficie de la base de la cafetera.

Ésta es la forma de resolver el problema:

Adición de dimensión a una superficie

1. Pulse y mantenga presionado el grupo de herramientas de tonalidad en la caja de herramientas. En el menú desplegable seleccione la herramienta Subexponer (el icono de mano cerrada).
2. En la paleta Opciones de tono, seleccione la opción Luces y deje el campo Exposición con su valor predeterminado de 50. Ahora, únicamente las zonas de brillos (luces) se harán más oscuras cuando arrastre con la herramienta Subexponer sobre la imagen. Este funcionamiento es adecuado, porque la textura es muy luminosa.
3. Seleccione una punta de pincel de 100 píxeles en la paleta Pinceles y pinte sobre el lado izquierdo de la textura formando arcos. En la Figura 4.27, tres o cuatro pinceladas han conseguido que la zona sea significativamente más oscura que el original.

Figura 4.27   Añada dimensión a la textura de la cafetera; oscurezca el lado izquierdo utilizando la herramienta Subexponer.

4. Seleccione la herramienta Aerógrafo, elija la punta de 65 píxeles en la paleta Pinceles y, en la paleta Opciones, escriba **0** en el campo Transición (las pinceladas ya no se irán desvaneciendo).

5. Dibuje un arco una o dos veces a lo largo del lado derecho de la textura. No pasa nada si las pinceladas del Aerógrafo eliminan parte de la textura, como en la Figura 4.28; los reflejos de los objetos reales tienden a eliminar el detalle de la superficie.

Figura 4.28 Utilice la herramienta Aerógrafo con un color frontal blanco para simular las zonas de brillos en la base con textura de la cafetera.

6. ¡Hemos terminado! Nuestra toma de contacto ha sido un éxito. Guarde la imagen en su disco duro como Toma de contacto.psd, en el formato de archivo PSD, propio de Photoshop. Ya puede cerrar la imagen en cualquier instante.

Debido a que los pasos anteriores requerían que mantuviera las capas en la imagen, debe guardarla en formato PSD de Photoshop, el único formato que conserva las capas, en lugar de acoplar la imagen y guardarla en TIF, PICT o cualquier otro formato de archivo común. Utilizando este formato, podrá volver a la imagen y continuar mejorándola. Probablemente no le gustará desayunar en esta mesa, pero desde luego es un lugar muy interesante de visitar y editar, ¿no?

En la Figura 4.29 puede ver la imagen finalizada. Ha cambiado algo, ¿eh?

Resumen

Simple y llanamente, es muy divertido jugar con imágenes, especialmente cuando no hay ninguna meta de diseño en mente, como en este capítulo. Sin embargo, seguro que ha estado intrigado todo este rato sobre el funcionamiento de alguna herramienta y se diría, «Estupendo, seguro que podré usar la técnica X en el diseño Y cuando vuelva a la oficina».

Figura 4.29 Nuestra primera excursión ha finalizado y ya está preparado para viajar por las autopistas que conducen hacia las técnicas avanzadas de Photoshop.

Este capítulo ha sido una recopilación de algunas de las características más potentes de Photoshop. A medida que avance con este libro, irá construyendo nuevos conocimientos sobre lo que ya sabe. No pierda su espíritu investigador. Si hace lo que le dicta el instinto, avanzará por el camino correcto en este juego de la edición digital.

PARTE

Trucos básicos con Photoshop

CAPÍTULO 5

UTILIZACIÓN DE LAS NUEVAS PRESTACIONES

Photoshop 5 es un lugar paradisíaco para todos aquéllos que somos diseñadores por vocación. Hay tanto nuevas prestaciones, como mejoras sobre las ya existentes. Parece como si en la versión 5 se hubieran cumplido todos los deseos de la comunidad gráfica, y en este capítulo le guiaremos a través de algunas de las funciones más productivas y excitantes.

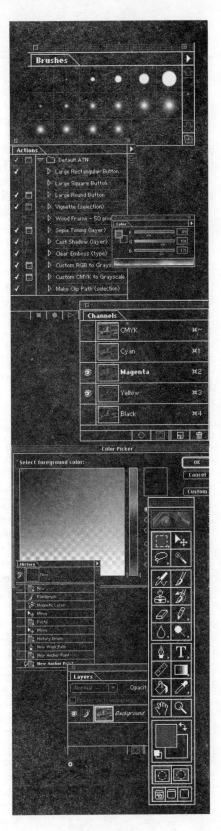

Utilización de la herramienta Texto

Ha habido cambios significativos en la herramienta Texto, entre los que destaca la posibilidad de previsualizar el texto en una imagen antes de decidir aplicarlo. Han desaparecido las opciones vertical y horizontal del cuadro de diálogo de la herramienta Texto y ahora disponemos de herramientas de Texto horizontal y vertical y herramientas de máscara de texto, situadas en la caja de herramientas de Photoshop. Ahora, además de la opción *Kern auto* (espaciado entre caracteres automático), los usuarios disponemos de un parámetro para regular el *tracking* (lo ajustado que será el kern) y de la posibilidad de desplazar la Línea de base, en caso de que deseemos crear efectos «carnavalescos» o simplemente necesitemos mover algún carácter hacia arriba o abajo, por usar alguna fuente creada deficientemente.

Este capítulo incluye varios ejemplos que le mostrarán cómo aprovechar la potencia de la herramienta Texto utilizando distintos tipos de composiciones gráficas. Para ser un poco perversos, vamos a comenzar con la herramienta Texto vertical.

Utilización de la herramienta Texto vertical y de su cuadro de diálogo

Suponga que la tarea que tiene entre manos es el diseño de la portada de «Jardinería mensual», una publicación ficticia (al menos eso esperamos). La parte gráfica ya está diseñada; Garden.psd se encuentra en la carpeta Chap05 del CD adjunto. Hay suficiente espacio, como verá enseguida, para poder ser creativo en la utilización de texto. El concepto consiste en separar (gráficamente) la palabra «Jardinería» de la palabra «mensual». «Jardinería» se aplicaría verticalmente como texto, utilizando una fuente en negrita y con un pequeño interletraje, mientras que «mensual» se colocaría horizontalmente a lo largo de la parte superior de la portada, más brillante y espaciada y en un color más claro que la palabra «Jardinería».

Vamos a comenzar por crear el texto «Jardinería» y modificaremos el tamaño del espaciado y de la fuente interactivamente:

Introducción de texto vertical

1. Abra la imagen Garden.psd de la carpeta Chap05 del CD adjunto. Teclee **33,3** en el campo de Porcentaje de zoom y pulse Intro. Sitúe el documento hacia el lado superior izquierdo del área de trabajo, de forma que, cuando visualice el cuadro de diálogo de la herramienta Texto, pueda ver la zona de destino del texto.
2. Arrastre el icono de la herramienta Texto, en la caja de herramientas, y seleccione la herramienta Texto vertical, que es el icono de la «T» con una flecha hacia abajo al lado suyo.
3. Pulse un punto de inserción en la esquina superior izquierda de la imagen Garden.psd. Aparecerá el cuadro de diálogo Texto. Arrastre el cua-

dro de diálogo por su barra de título, de forma que pueda ver la parte izquierda de la imagen Garden.psd.

4. Pulse el icono Alinear arriba, que es el icono de alineación de más a la izquierda en el cuadro de diálogo.

5. Marque la casilla Encajar en la ventana.

6. Seleccione una fuente en negrita de la lista desplegable Fuente. En este ejemplo utilizaremos Eras Black, pero puede escoger Olive Antique Black, Futura o Helvética Black.

7. Pulse con el cursor en el campo de texto y escriba **JARDINERÍA**. Seleccione toda la palabra, arrastrando de arriba a abajo, y luego introduzca **75** en el campo Tamaño, seleccionando puntos como unidad de medida en la lista desplegable.

8. Pulse las letras que aparecerán en la ventana Garden.psd hasta que estén verticalmente centradas en la zona azul, como se muestra en la Figura 5.1. Hmmm. El texto parece un poco endeble, ya que el tracking está muy poco ajustado y el tamaño de la fuente no es todo lo grande que podría ser.

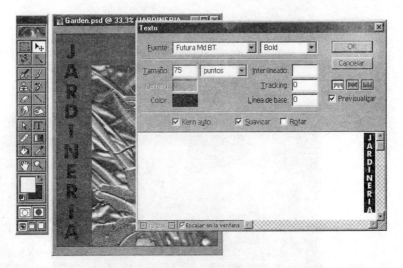

Figura 5.1 Arrastre en la imagen, fuera del cuadro de diálogo, para colocar el texto.

9. Con el texto seleccionado en el campo de texto, teclee **95** en el campo Tamaño y luego teclee **-85** en el campo Tracking. Como puede ver en la Figura 5.2, el texto se hace más gráfico dentro de la composición y es visualmente más impactante.

Los números recomendados en el paso 9 funcionan muy bien para Eras Black, pero si emplea otra fuente, quizá no sean lo suficientemente grandes o no tengan un espaciado tan corto como deberían tener. Por tanto, no siga estos números al pie de la letra (¿qué me dice del juego de palabras?); utilice su propia vista para determinar el Tamaño y Tracking adecuados.

10. Pulse la muestra de color para abrir el Selector de color. Seleccione un sombreado azul claro, como el de la Figura 5.3. Luego, pulse Aceptar para volver al cuadro de diálogo de la herramienta Texto.

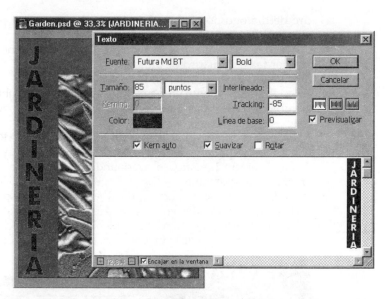

Figura 5.2 Juegue con los valores del Tamaño y del Tracking para que la fuente que haya seleccionado sea más grande y tenga un espaciado más ajustado.

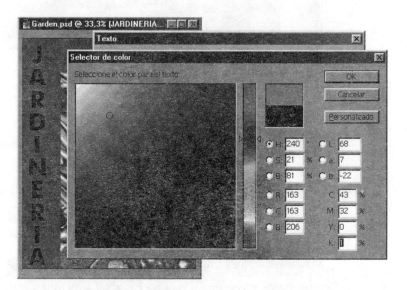

Figura 5.3 Seleccione un color que sea de la misma tonalidad, pero más claro, que la zona azul de la portada de la revista.

11. Pulse Aceptar para salir del cuadro de diálogo de la herramienta Texto.
12. Presione Mayús+Ctrl(⌘)+S (Archivo, Guardar como) y guarde la imagen en su disco duro como Garden.psd, en el formato de archivo propio de Photoshop. Mantenga el archivo abierto.

Como habrá podido ver en este ejemplo, el trabajo con texto en Photoshop 5 es ahora muy similar a trabajar con texto en alguna aplicación de dibujo vectorial, como Illustrator. Lo único que hay que averiguar es cuántos puntos de alto deberá tener la línea; si ésta se saliese de la página, simplemente bastaría con reducir el tamaño en puntos o disminuir el tracking.

Utilización de la herramienta Texto horizontal

A diferencia de las versiones anteriores de Photoshop, en la versión 5 el texto es editable hasta que decidamos representarlo en formato de mapa de bits. Para comprobar esto, vamos a cometer deliberadamente un error ortográfico en los siguientes pasos para luego corregirlo.

Ésta el la forma en que utilizaríamos la herramienta Texto para finalizar el diseño de la cubierta:

Familiarización con las opciones de la herramienta Texto

1. Arrastre sobre la herramienta Texto vertical para mostrar el menú desplegable de la herramienta Texto en la caja de herramientas y luego seleccione la herramienta Texto (normal, no vertical).
2. Pulse un punto de inserción a la derecha de la letra «J» de «JARDINERÍA». Aparecerá el cuadro de diálogo de la herramienta Texto.
3. Seleccione Times New Roman PS de la lista Fuente (o Times New Roman, o Palatino en Macintosh, si no tiene instalado Adobe Type Manager).
4. Teclee «**Mansual**» en el campo de texto y luego selecciónelo.
5. Teclee **90** en el campo Tamaño y luego escriba **500** en el campo Tracking. Pulse la muestra de color y elija el blanco en el Selector de color. Pulse Aceptar para volver al cuadro de diálogo Texto.
6. Arrastre el texto en la ventana de imagen hasta que esté centrado, como se muestra en la Figura 5.4.
7. Pulse Aceptar para aplicar el texto. Podrá observar que cada elemento de texto se encuentra en su propia capa en la paleta Capas. La «T» del título de cada capa indica que se trata de un texto editable.
8. Pulse dos veces la capa del título «Mansual», como se muestra en la Figura 5.5. Al hacer esto se visualizará el cuadro de diálogo Texto, mostrando el texto introducido en esta capa en el campo de texto.
9. Seleccione la letra *a* y teclee **e**, tal como se muestra en la Figura 5.6.
10. Ahora puede acoplar la imagen, seleccionando Acoplar imagen en el menú flotante de la paleta Capas. El texto ya no se podrá editar, pero podrá guardar el archivo en diversos formatos de mapa de bits. También puede pulsar Ctrl(⌘)+S y disponer de una copia de su trabajo, cuyo texto pueda modificar por «Flores de la semana» o cualquier otro titular de revista dentro de algunas semanas o meses, manteniendo el formato de archivo PSD. Puede cerrar ya el archivo en cualquier instante.

La corrección de errores tipográficos es sólo una de las posibilidades disponibles con las nuevas funcionalidades de la herramienta Texto. Vamos a ver ahora cómo mezclar fuentes en una única frase.

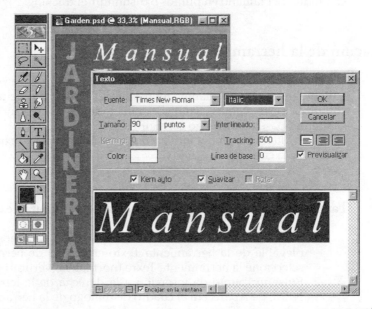

Figura 5.4 Cree un contrapunto visual al estilo y tamaño de la palabra «JARDINERÍA», utilizando texto horizontal en la portada de la revista.

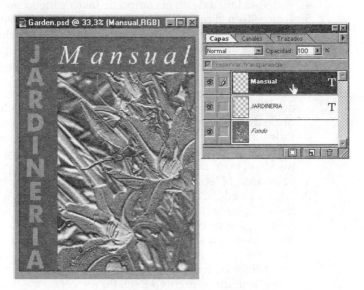

Figura 5.5 Se pueden realizar correcciones en el texto editable simplemente pulsando dos veces en el título de su capa.

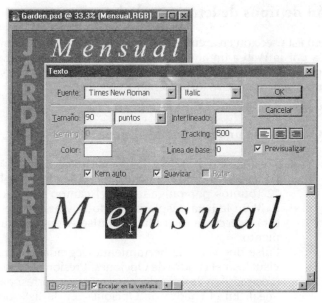

Figura 5.6 Seleccione el carácter incorrecto y escriba el adecuado.

Folks y Beacon: instalación de nuevas fuentes

De momento, cierre Photoshop y cualquier otra aplicación que tenga en ejecución. Va a añadir dos nuevas fuentes a su sistema para utilizarlas en un diseño.

«Folks» es un tipo de letra extremadamente ornamental, creada por los autores y que, si se utiliza como tipo, es abrumadora. Sin embargo, como *letra capitular inicial* (la primera letra de una palabra), Folks anima cualquier frase o eslogan. «Beacon» está basada en una fuente de libre distribución anónima con la que los autores tropezamos hace algunos años en una BBS. Esta fuente complementa a la Folks y es muy decorativa, aunque menos ornamental que Folks. Estas dos fuentes son «Charityware» (adquiribles mediante una obra de caridad), como se explica en el documento FST-7.pdf de la carpeta BOUTONS del CD que acompaña al libro.

Para cargar estas fuentes en Windows, si tiene instalado AdobeType Manager, ejecútelo, seleccione la ficha Fuentes y utilice los controles de directorio para indicar la ruta Boutons\Fonts del CD que acompaña al libro. Si no utiliza ATM, pulse dos veces el Panel de control de Win95. Pulse dos veces la carpeta Fuentes y luego escoja Archivo / Instalar nueva fuente. En el cuadro de directorio, seleccione el directorio Boutons\Fonts del CD, presione Ctrl y pulse Folks y Beacon TT y luego pulse Aceptar. Cierre la carpeta Fuentes y reinicie Photoshop.

Para cargar las fuentes Folks y Beacon de Tipo 1 o TrueType en Macintosh, abra la ventana Boutons\Fonts del CD del libro, abra la carpeta Carpeta del sistema / Fonts y arrastre las fuentes sobre esta carpeta. Recuerde que no debe tener ninguna aplicación en ejecución cuando instale las fuentes.

Utilización de tipos de letra mezclados

En esta sección crearemos una sencilla imagen de «Buena suerte» para enviarla por la Web a un amigo al que van a entrevistar para un trabajo muy bien pagado. Ahora que ya tiene instaladas Folks y Beacon, vamos a comenzar con un diseño llamativo, ornamental y elegante:

Creación de una imagen de «Buena suerte»

1. Presione Ctrl(⌘)+N y, en el cuadro de diálogo Nuevo, escriba **5** (pulgadas) en el campo Anchura, **3** (pulgadas) en el campo Altura, teclee **72** (puntos por pulgada) en el campo Resolución, seleccione Color RGB en la lista desplegable Modo y asegúrese de que en Contenido está seleccionado el Blanco. Pulse Aceptar para crear el nuevo documento.
2. Pulse dos veces la herramienta Degradado para seleccionarla y para visualizar el cuadro de Opciones. Presione Mayús+G hasta que el icono mostrado en la caja de herramientas corresponda al del Degradado lineal. En el cuadro de Opciones, en la lista desplegable Degradado seleccione Espectro.
3. Arrastre horizontalmente dentro de la nueva ventana de imagen.
4. Pulse la herramienta Texto y pulse un punto de inserción hacia la parte superior izquierda de la imagen. Aparecerá el cuadro de diálogo Texto. Desplácelo, de forma que pueda ver la ventana del documento.
5. Pulse con el cursor en el campo de texto y luego escriba **BUENA**. Seleccione la palabra.
6. Elija la fuente Folks de la lista Fuente, teclee **75** en el campo Tamaño y seleccione el blanco en el Selector de color, pulsando primero la ranura Color. Su pantalla deberá ser similar a la mostrada en la Figura 5.7.
7. Presione Intro y escriba a continuación **Suerte**. Seleccione toda la frase y pulse el botón de alineación centrada en el cuadro de diálogo. Escriba **75** en el campo Interlineado. Este valor es muy ajustado; sólo funcionará bien cuando utilice una fuente grande. Su pantalla deberá asemejarse a la de la Figura 5.8.
8. Seleccione las letras «UENA» de «BUENA» y luego escoja Beacon de la lista Fuente. Reduzca el Tamaño de la fuente a 65 puntos. Su pantalla deberá parecerse ahora a la Figura 5.9.
9. Seleccione las letras «uerte» de «Suerte» y escoja la fuente Beacon, con un tamaño de 65 puntos.
10. Pulse Aceptar para aplicar el texto a una nueva capa de la imagen, como se muestra en la Figura 5.10.
11. No necesita guardar el archivo, ya que no es un ejemplo «demasiado artístico» y puede continuar usándolo en la siguiente sección, en la que vamos a seguir explorando la herramienta Texto. Mantenga, por tanto, el documento abierto.

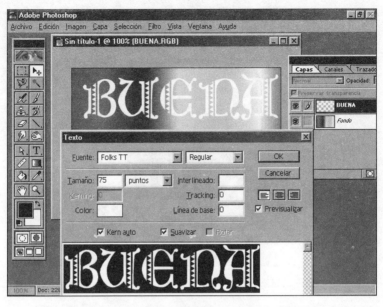

Figura 5.7 Utilice Folks a 75 puntos para comenzar el mensaje de texto en la imagen.

Figura 5.8 Para centrar una frase, primero debe seleccionarla.

La herramienta Máscara de texto de Photoshop

1. Seleccione Acoplar imagen en el menú flotante de la paleta Capas.
2. Presione D (colores por defecto), pulse Alt(Opt)+Suprimir (Retroceso) y luego presione Ctrl(⌘)+D. Su documento estará ahora completamente negro, sin ninguna capa de texto.

Figura 5.9 Seleccione y modifique la fuente utilizada en el cuadro de diálogo Texto.

Figura 5.10 En el cuadro de diálogo Texto podrá mezclar y ajustar fuentes, tamaños e incluso el interlineado de caracteres individuales.

3. Arrastre el icono de la herramienta Texto y seleccione la herramienta Máscara de texto (una letra «T» con contorno punteado).
4. Pulse un punto de inserción hacia la parte superior derecha de la ventana de la imagen. Aparecerá el cuadro de diálogo de la herramienta Texto.
5. Con el fin de practicar, vuelva a introducir el texto Buena Suerte, como se muestra en la Figura 5.11.

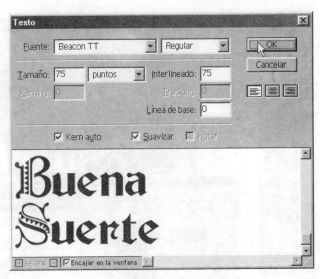

Figura 5.11   Introduzca de nuevo el texto y pulse Aceptar para crear un marco de selección con el texto que ha introducido.

6. Sitúe su cursor dentro de alguna de las líneas de selección y arrastre la selección para centrarla en la ventana de imagen, como se muestra en la Figura 5.12.

Figura 5.12   Puede mover una selección, pero no su contenido subyacente, pulsando y arrastrando la selección.

7. Seleccione la herramienta Degradado lineal y luego, en la ventana de imagen, arrastre en línea recta de arriba hacia abajo, como se muestra en la Figura 5.13.

Figura 5.13 La herramienta Máscara de texto produce una selección flotante. Cuando aplique la herramienta Degradado lineal sólo coloreará las regiones seleccionadas de la composición.

8. Presione Ctrl($\mathcal{H}$)+D. El texto es parte de la capa Fondo y no podremos editarlo. Si conoce a algún amigo que necesite buena suerte, guarde esta composición como buenasuerte.jpg en formato JPEG en su disco duro y envíesela por correo. En caso contrario, cierre el archivo en cualquier instante sin guardarlo.

Vamos a cambiar de la tipografía a la caligrafía, al tiempo que aprendemos sobre la nueva herramienta Pluma de forma libre.

La herramienta Pluma de forma libre de Photoshop

En el Capítulo 6, «Selecciones, trazados y capas» veremos una explicación más detallada y práctica de la herramienta básica Pluma. Por el momento, los autores hemos decidido poner a la herramienta Pluma de forma libre en su propia categoría, ya que no es en absoluto una herramienta de tipo Pluma, sino una herramienta muy flexible para delinear trazados vectoriales que, posteriormente, podremos manipular utilizando otras herramientas Pluma.

Independientemente de si utiliza un ratón o una tableta digitalizadora, nuestra siguiente tarea tendrá como objetivo atraer a aquellos diseñadores que anden buscando una «apariencia acuosa» para sus ilustraciones. En la siguiente sección dibujará la palabra «Agua» y le dará una apariencia líquida sobre una superficie de mármol que le suministraremos.

Utilización de la herramienta Pluma de forma libre en un diseño

Una de las mejores características de las herramientas Pluma es que no estaremos restringidos a ningún marco de selección hasta que hayamos refinado los segmentos del trazado y cargado el o los trazados como una selección. A diferencia del funcionamiento de la herramienta Pluma (pulsar, arrastrar y colocar el segmento del trazado), la herramienta Pluma de forma libre pone al alcance de nuestros dedos una total libertad. La herramienta Pluma de forma libre es «inteligente», en el sentido de que *automáticamente* creará puntos de anclaje a medida que dibujemos giros y curvas. Luego, podremos modificar (o no) estos puntos de anclaje, mediante las herramientas Convertir punto de ancla y Selección directa.

En el ejemplo siguiente, va a dibujar a mano alzada con la herramienta Pluma de forma libre la palabra «Wet» (mojado en inglés). Después, modificará ligeramente su dibujo y lo cargará como una selección. Finalmente utilizaremos una de las nuevas capas de efectos y un poco de pintura para que las letras parezcan como si en realidad estuvieran húmedas.

Ésta es la manera de trabajar con la herramienta Pluma de forma libre:

Escritura con la herramienta Pluma de forma libre

1. Abra la imagen Stone.tif de la carpeta Chap05 del CD que acompaña al libro. Escriba **70** en el campo Porcentaje de zoom y presione Intro.
2. Arrastre en la caja de herramientas la herramienta Pluma y seleccione Pluma de forma libre (la pluma que tiene una línea ondulada).
3. Dibuje el contorno de la letra *W*, como se muestra en la Figura 5.14. Genere este carácter como aparece en la ilustración, hacia la parte inferior izquierda de la ventana de la imagen, ya que quedan todavía dos letras más por crear. Asegúrese de cerrar el trazado, arrastrando hasta unirlo con el primer punto de anclaje.
4. Dibuje la letra *e* después de la W y no olvide crear un subtrazado para el «interior» de la *e*. A continuación dibuje la letra *t*, a la derecha de la *e*, como se muestra en la Figura 5.15.

Si tiene la misma maña que nosotros, la palabra «Wet» no estará centrada dentro del documento Stone.tif. Para corregirlo, siga estos pasos:

5. Arrastre el icono de la herramienta Pluma de forma libre en la caja de herramientas y elija la herramienta Selección directa, que tiene un icono de flecha blanca.
6. Mantenga apretadas las teclas Mayús+Alt(Opt) y pulse en cada uno de los subtrazados de «Wet» para seleccionar todo el trazado. Luego, desplace la selección para que esté centrada en la imagen Stone, como se puede ver en la Figura 5.16.
7. En la paleta Trazados, pulse el icono Cargar el trazado como selección, en la parte inferior de la paleta, y pulse una zona vacía de la paleta para ocultar el Trazado en uso. Pulse con el botón derecho (Macintosh: presione Ctrl y pulse) y seleccione Capa vía copiar del menú contextual, tal como puede ver en la Figura 5.17.

Figura 5.14 Cree una versión del contorno de la letra «W». No intente ser tan preciso como un escribano; deje que la letra fluya como un líquido.

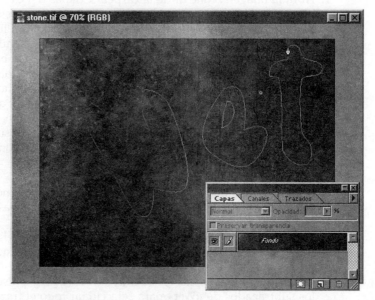

Figura 5.15 Cada una de las letras que dibuje será un subtrazado del trazado actual, que aparece como «Trazado en uso» en la paleta Trazados.

8. Presione Mayús+Ctrl(⌘)+S y guarde el archivo en su disco duro como Wet.psd, en el formato de archivo nativo de Photoshop. Mantenga el archivo abierto.

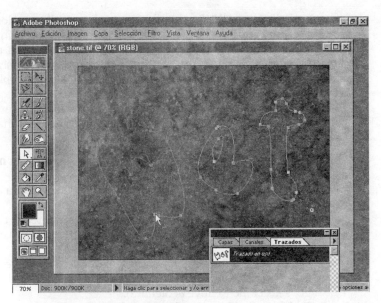

Figura 5.16 Mantenga presionado Alt(Opt) para seleccionar todo un subtrazado y presione Mayús para añadir a la selección actual.

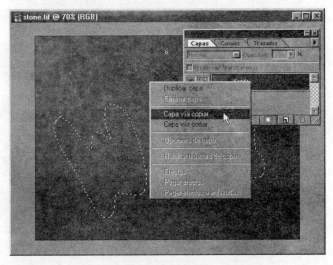

Figura 5.17 Copie en una nueva capa la imagen de la piedra que se encuentra dentro del marco de selección.

Nuestra próxima meta consistirá en explorar la orden Efectos de capa.

Cómo dar un relieve acolchado a la nueva capa

Otra nueva característica de Photoshop 5 es la opción Efectos de capa. Cualquier cosa que coloque en una capa puede tener un sombreado interior, luz interior o un efecto de Relieve acolchado, como el que vamos a aplicar en los pasos siguientes. Todas las órdenes de Capa, Efectos se aplican a los bordes en que se unen los elementos opacos con el fondo transparente de la capa. Además, cualquier cosa que situemos en una capa de Efectos utilizará las propiedades asignadas a esa capa. Una capa de Efectos de tipo Sombra paralela, por ejemplo, colocará una sombra debajo de cualquier cosa que peguemos o dibujemos en esa capa.

Ésta es la forma de conseguir que los caracteres de la nueva capa parezcan salir hacia fuera de la imagen, como si de un líquido derramado se tratase.

Adición de un relieve acolchado a los elementos de la nueva capa

1. Pulse en el título de la Capa 1 en la paleta Capas, para asegurarse de que ésta es la capa de edición actual.
2. Sitúe la imagen Wet.psd en la parte superior derecha del área de trabajo, de forma que pueda ver parte de la imagen, así como el cuadro de diálogo Efectos.
3. Seleccione Capa, Efectos y luego elija Inglete y relieve del menú.
4. En la lista desplegable Estilo, hacia la parte inferior del cuadro de diálogo, seleccione Relieve acolchado.
5. Teclee **14** en el campo Profundidad y luego pulse el botón desplegable Desenfocar para que aparezca un regulador.
6. Arrastre el regulador hasta aproximadamente 29, como se muestra en la Figura 15.18 y pulse en Aceptar para aplicar el Efecto de la capa.

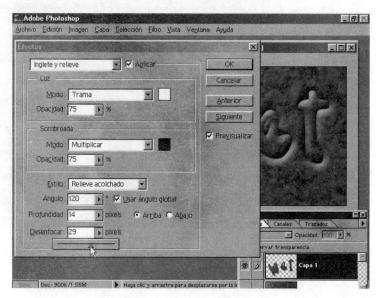

Figura 5.18 Genere un conjunto de letras abultadas en la nueva capa, aplicando una cantidad moderada de Profundidad y Desenfoque a la nueva capa.

7. Pulse el icono Crear capa nueva, en la parte inferior de la paleta Capas. Ésta será la capa de edición actual y, por defecto, tendrá el nombre de Capa 2.

8. Seleccione la herramienta Pincel, presione D y luego X para hacer que el color frontal actual sea el blanco. Reduzca la visualización de la imagen Wet.psd al 50% y luego, en la paleta Pinceles, seleccione la segunda punta de la derecha de la segunda fila.

9. En la paleta Opciones, especifique una Opacidad del 65% para la herramienta Pincel.

10. Dé unas pinceladas aisladas dentro del texto «Wet» en las zonas en que haya brillos, como se muestra en la Figura 15.19. Los objetos húmedos muestran a menudo brillos *especulares* (reflexiones directas), que es lo que estamos intentando simular aquí.

11. Presione Ctrl(⌘)+S. Puede cerrar la imagen en cualquier instante.

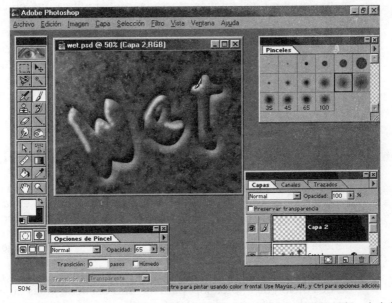

Figura 5.19 Añada reflejos especulares a las zonas iluminadas de la imagen utilizando la herramienta Pincel.

Las capas nos proporcionan la libertad creativa de rehacer y deshacer los cambios que hayamos hecho en una composición (a menos que hayamos interpretado la capa), pero existe otra forma adicional de trabajar con elementos, creando variaciones según nuestra inspiración (o la de nuestro cliente). La siguiente sección examinará los usos prácticos de la nueva lista de Historia de Photoshop.

Nota:

Los reguladores están ocultos en Photoshop 5. Siempre que vea un botón a la derecha de un campo de introducción de texto, pulse ese botón para que aparezca un regulador, mediante el cual podrá modificar los valores en lugar de tener que teclearlos.

Lista de Historia de Photoshop 5

En lugar de ofrecer varios niveles de «deshacer» mediante menús, Photoshop 5 ha ido un paso más allá con la lista de Historia. La lista de Historia guardará todo lo que vaya haciendo en una imagen y podrá volver a un estado previo de la misma simplemente pulsando uno de los títulos que aparecerán en la paleta Historia. Abra ahora la paleta Historia para personalizarla de cara a los ejemplos que siguen (seleccione Ventana, Mostrar historia).

Pulse el menú desplegable de la paleta Historia y seleccione Opciones de historia. En el campo Estados máximos en historia es recomendable que deje el valor predeterminado de 20. Esto le permitirá deshacer 20 pasos, que será más que de sobra para el ejemplo de esta sección. Deje la casilla Crear automáticamente primera instantánea marcada, que significa que en cualquier instante podrá siempre volver a la imagen original.

Finalmente, marque la casilla Permitir historia no lineal. Cuando está seleccionada, podrá eliminar repetidamente ediciones superfluas (como deselecciones) y mantener el historial de la imagen con menos de 20 ediciones. Pulse Aceptar para cerrar el cuadro de diálogo de Opciones.

En la siguiente sección verá cómo presentar a un cliente diversas variaciones del cartel de una película, utilizando la paleta Historia.

Cómo almacenar y refinar mejoras mediante la paleta Historia

Suponga que está trabajando con una imagen de una película de acción que trata sobre un diminuto transatlántico que ha naufragado y en la que los pasajeros son salvados por un socorrista con una red limpiahojas. Suponga también que su cliente está mirando por encima de su hombro a medida que trabaja y que tiene la molesta manía de querer ver variaciones de una imagen en una fracción de segundo.

En los siguientes pasos utilizará la paleta Historia, junto con las herramientas de edición de Photoshop, para mostrar al cliente unas guías de carrete en la imagen de dos formas distintas. Gigantic.tif será la imagen a la que añadirá un borde dentado, como el de las películas, y otro con forma de estrellas, para dirigir la atención hacia la imagen.

Utilización de la paleta Historia para realizar ediciones múltiples

1. Abra la imagen Gigantic.tif de la carpeta Chap05 del CD que acompaña al libro. Teclee **50** en el campo Porcentaje de zoom y presione Intro. Agrande la ventana de imagen, de forma que pueda ver parte del fondo, como se observa en la Figura 5.20. El color actual de fondo debe ser el negro.
2. Seleccione Ventana, Mostrar historia (o presione F9 si la paleta Historia está agrupada con la paleta Acciones, como recomendábamos en el capítulo 3).
3. Seleccione Imagen, Tamaño de lienzo y teclee **1000** (píxeles) en el campo Anchura y **600** en el campo Altura y luego presione Aceptar. Podrá

observar que aparece Tamaño de lienzo detrás de Abrir en la paleta Historia. Arrastre el borde de la ventana de imagen para agrandarla, con el fin de ver la imagen en su totalidad.

Figura 5.20 Abra la imagen Gigantic.tif y agrande la ventana de imagen.

4. Con la herramienta Marco rectangular, arrastre un pequeño rectángulo que tenga la forma y tamaño de una guía de carrete en la parte superior izquierda de la imagen y luego presione Alt(Opt)+Suprimir (Retroceso), como se muestra en la Figura 5.21.
5. Presione Ctrl(⌘)+D para deseleccionar el marco y arrastre un marco alrededor del agujero blanco que contenga algo del fondo negro.
6. Seleccione Edición, Definir motivo y luego presione Ctrl(⌘)+D para deseleccionar el marco.
7. Cree un marco de selección alrededor de toda la parte izquierda negra de la imagen, dejando un poco de espacio entre la selección y el cuadro de la imagen.
8. Pulse con el botón derecho (Macintosh: Presione Ctrl y pulse) y luego elija Rellenar en el menú contextual. Seleccione Motivo de la lista desplegable Usar y pulse Aceptar. Como puede ver en la Figura 5.22, el espaciado entre los agujeros de las guías es demasiado amplio (su cliente será el primero en indicárselo). No pasa nada; la lista de Historia se encargará de solventarlo.
9. Arrastre el regulador de la paleta Historia hasta Marco rectangular, como muestra la Figura 5.23. El relleno ha desaparecido de la imagen.
10. Con la herramienta Marco rectangular, cree una selección más estrecha que la que generó en el paso 5 y elija Edición, Definir motivo.

Figura 5.21   De momento lleva utilizadas 4 de las 20 ediciones de la lista de Historia.

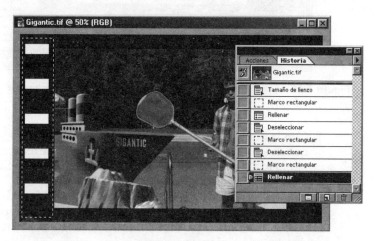

Figura 5.22   Todo lo que ha estado realizando en la imagen ha quedado almacenado en la lista de Historia. Esto significa que podrá deshacer aquellos errores que hubiera cometido.

11. Con la herramienta Marco rectangular, arrastre una selección a lo largo del borde izquierdo de la imagen, como hizo en el paso 7.

12. Pulse con el botón derecho (Macintosh: Presione Ctrl y pulse) y seleccione Rellenar en el menú contextual. Seleccione Motivo en la lista desplegable Usar y pulse en Aceptar. Esta vez parece ser un éxito, como muestra la Figura 5.24.

13. Mantenga apretadas Ctrl(z) y Alt(Opt), sitúe su cursor dentro de la selección y arrástrelo hacia el lado derecho de la imagen, como se muestra en la Figura 5.25. Esto duplicará los agujeros y contará como un movimiento en la paleta Historia.

Figura 5.23 Deshaga una edición arrastrando el regulador del historial hasta una edición anterior.

Figura 5.24 El segundo intento de espaciar los agujeros, utilizando la orden Definir motivo, es todo un éxito.

Presione Ctrl(⌘)+D para deseleccionar el marco.

15. Ejecute la orden Archivo, Guardar como y guarde la imagen en su disco duro, en formato de archivo TIFF, como Gigantic.tif. Mantenga la imagen abierta.

Habrá observado que siempre que mantenga el archivo abierto, la lista de Historia contendrá todas las acciones que haya realizado desde que lo abrió. Si por casualidad cierra el archivo y luego lo vuelve a abrir, en la paleta Historia no aparecerá ninguna de las operaciones de edición anteriores.

Figura 5.25 Duplique los elementos que necesite presionando Ctrl()+Alt(Opt) y arrastrando dentro de la selección.

Instantáneas y variaciones

Supongamos por el momento que su cliente está satisfecho con el diseño. La primera cosa que querrá hacer será una instantánea del estado actual de la imagen. Al hacerlo, siempre podrá retornar a este estado desde la paleta Historia. Bueno, seamos más realistas y supongamos que el cliente ha cambiado de parecer. Le gusta el diseño, pero considera que podría estar mejor con algunas estrellas a lo largo de los bordes, en lugar de los agujeros de la película, lo que nos encamina a los siguientes pasos:

Toma de instantáneas y continuación del historial de la imagen

1. Pulse el icono Crear instantánea nueva de la paleta Historia, como se puede ver en la Figura 5.26. Aparecerá una miniatura con el título Instantánea 1 en la parte superior de la lista de Historia, que es el lugar en que nos encontramos dentro del historial de la imagen.
2. Pulse el título Tamaño de lienzo de la paleta Historia. Al hacerlo, retornaremos al estado en que estaba la imagen antes de crear los agujeros rectangulares en el borde.
3. Con la herramienta Texto, pulse en la parte superior derecha de la imagen, en la que al principio creó el primer agujero. Aparecerá el cuadro de diálogo Texto.
4. Presione Mayús y teclee **H** en el campo de texto. Seleccione el texto y luego elija la fuente Zapf Dingbats de la lista Fuente. Aparecerá una estrella en el campo Texto. Teclee **65** en el campo Tamaño (puntos) y reubique la estrella dentro de Gigantic.tif, si fuera necesario, para que quede según se muestra en la Figura 5.27.
5. Seleccione Capa, Texto, Interpretar capa en el menú principal, según puede verse en la Figura 5.28. Ya no podrá editar más el texto.

Figura 5.26 La creación de la instantánea de una imagen conservará todas las ediciones que haya realizado hasta llevar a la imagen a su estado actual.

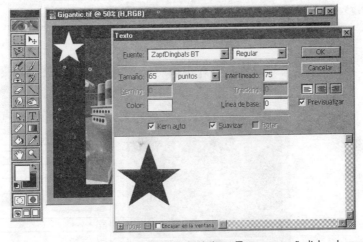

Figura 5.27 Teclee una estrella en el cuadro de diálogo Texto para añadirla a la composición.

6. Pulse el botón del menú flotante de la paleta Capas y seleccione Acoplar imagen.

7. Se está acercando demasiado al número máximo de 20 pasos que puede mantener la lista Historia. Vamos a eliminar los innecesarios. Pulse cualquier título Deseleccionar y arrástrelo hasta el icono de la papelera, como muestra la Figura 5.29. Deje un título Deseleccionar en la paleta Historia, ya que, si no, aparecería un marco de selección en la imagen. Igualmente, no necesita todos los títulos Marco rectangular; arrástrelos también hasta la papelera.

8. Cree un marco de selección rectangular alrededor de la estrella, con un poco de espacio negro alrededor suyo y elija Edición, Definir motivo. Presione Ctrl(⌘)+D para deseleccionar el marco.

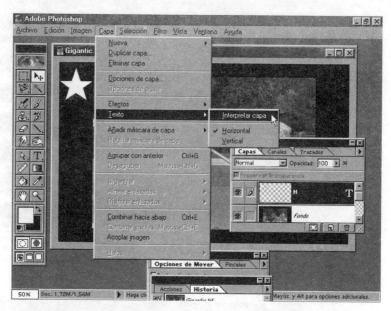

Figura 5.28   Convierta un símbolo editable en un conjunto de píxeles sobre la nueva capa.

Figura 5.29   Reduzca el número de acciones de edición que aparecen en el historial, arrastrándolas hasta el icono de la papelera.

9. Con la herramienta Marco rectangular, arrastre primeramente una selección alrededor del borde izquierdo de la imagen y luego mantenga presionado Mayús y arrastre un marco de selección sobre la parte derecha de la imagen. Ambos marcos deben estar en negro; consulte la Figura 5.30 para ver su ubicación.

Figura 5.30 Rellene el marco de selección con el motivo que ha definido.

10. Pulse con el botón derecho (Macintosh: presione Ctrl y pulse) y luego elija Rellenar en el menú contextual. Elija Motivo, en la lista desplegable Usar, y pulse Aceptar. Su imagen deberá asemejarse ahora a la Figura 5.30.

11. Presione Ctrl(⌘)+D y luego Ctrl(⌘)+S. Mantenga la imagen abierta.

¡Formidable! Ha pasado de agujeros rectangulares a estrellas sin duplicar la imagen y sin depender de varias capas. Bueno, en la siguiente sección llegaremos al final con una petición insólita de nuestro cliente.

Utilización del Pincel de historia

La herramienta Pincel de historia es una herramienta de deshacer de tipo local. Con ella podrá retroceder a cualquier estado de edición anterior. Supongamos ahora que nuestro creativo cliente desea tanto agujeros *como* estrellas en la imagen: estrellas en la parte izquierda y agujeros rectangulares en la derecha. Es un concepto de diseño muy pobre, pero la oportunidad perfecta para ver el funcionamiento de la herramienta Pincel de historia.

Ésta es la forma de hacer que parte de la imagen vuelva a la instantánea que tomó anteriormente en este ejemplo:

Deshacer localmente con la herramienta Pincel de historia

1. Pulse el título inferior de la lista Historia. Esto hará que el estado activo de la imagen sea la versión que contiene las estrellas a lo largo de los extremos.

2. Desplácese en la lista de Historia hasta el título Instantánea 1. No pulse sobre él, sino en la columna situada a la izquierda del título, para que

aparezca la herramienta Pincel de historia. Cualquier edición que realice ahora con esta herramienta hará que la imagen retorne al estado de la instantánea.

3. Pulse la herramienta Pincel de historia, en la caja de herramientas, y seleccione la punta de más a la derecha de la fila superior de la paleta Pinceles.

4. Dé varias pinceladas sobre la parte derecha de la imagen, como se muestra en la Figura 5.31. Continúe pintando hasta que todos los rectángulos vuelvan a aparecer en el lado derecho de la imagen.

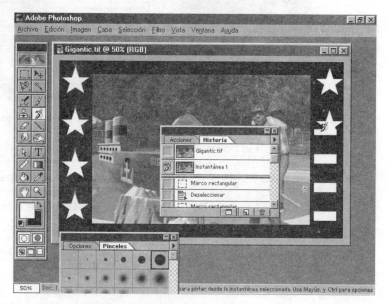

Figura 5.31   La herramienta Pincel de historia hará que un área de la imagen vuelva al estado que haya seleccionado, pulsando a la izquierda del título de la paleta.

5. Seleccione Archivo, Guardar. Puede cerrar la imagen cuando desee, pero tenga en cuenta que si lo hace y luego vuelve a abrirla, la paleta Historia estará vacía.

En la Figura 5.32 puede ver la imagen final. Ha sido realizada mediante cinco ediciones importantes, pero la hemos generado sin tener que utilizar capas y en tiempo real, para satisfacer a nuestro cliente.

Las nuevas funciones no se limitan a las paletas y las órdenes. En la siguiente sección practicaremos con la nueva herramienta Lazo magnético.

Exploración de las herramientas magnéticas

La herramienta Lazo magnético y su hermana, la herramienta Pluma magnética, están diseñadas para ahorrarnos tiempo al seleccionar elementos de una imagen. Es muy posible que, si existen distintos objetos en una imagen, estos tengan colores diferentes. La herramienta Lazo magnético localiza el borde de variación de color en una imagen y crea un borde de selección que se ajusta bastante fielmente al contorno cromático de la imagen.

Figura 5.32 Cada imagen tiene una historia y, a diferencia de los tiempos que vivimos, siempre podrá retroceder a cualquier instante de la Historia de Photoshop 5.

Existen tres controles para las herramientas magnéticas en la paleta Opciones:

- **Anchura de lazo/pluma.** Esta opción determina la sensibilidad de la herramienta a los cambios de color a medida que guiamos (a la herramienta) a lo largo de un recorrido. Si dispone de una imagen de hojarasca que contenga distintas tonalidades de verde, por ejemplo, debería incrementar la Anchura al máximo (40) para crear un borde preciso.
- **Lineatura.** Esta configuración determina lo compleja que será la selección (cuántos puntos de anclaje se insertarán automáticamente a medida que nuestro cursor cambie de dirección a lo largo del recorrido). Ésta es una función nueva para la herramienta Lazo, que históricamente nunca ha colocado ningún punto de anclaje al que pudiéramos retornar para delimitar una selección. Cuando vea que la herramienta Lazo magnético se sale del trazado, retroceda un poco en la selección y pulse un punto de anclaje y así podrá continuar definiendo el borde cromático de un elemento de la imagen.
- **Contraste borde.** Esta opción determina lo diferentes que han de ser los colores vecinos en una imagen, para que las herramientas magnéticas se sientan atraídos hacia ellos. Si tiene una imagen con muchas transiciones abruptas de color, puede especificar un valor muy alto. Si los colores de la imagen son parecidos, disminuya el pocentaje de Contraste de borde.

Utilizaremos la herramienta Lazo magnético en la siguiente sección, ya que produce selecciones precisas mucho más fácilmente que la herramienta Pluma magnética, que tiende a redondear las esquinas y simplifica los trazados alrededor de la figura en cuestión.

Utilización de selecciones magnéticas en nuestro trabajo de edición

¿No tienen las bocas de incendio un color muy aburrido? Ya sabemos que es muy importante que estos surtidores tengan un color muy llamativo para que los bomberos puedan rápidamente localizarlas en caso de emergencia, pero siempre se utilizan los mismos colores primarios: ¡qué falta de inspiración!

En el siguiente ejemplo utilizará la herramienta Lazo magnético para definir el borde de la parte superior de una boca de incendios y luego empleará una capa de ajuste para modificar el color de la selección dentro de la imagen.

Ésta es la manera de ornamentar un poco nuestro barrio y además descubrir lo fácil que resulta seleccionar colores definidos claramente al utilizar la herramienta Lazo magnético:

Utilización de la herramienta Lazo magnético

1. Abra la imagen Hydrant.tif de la carpeta Chap05 del CD adjunto. Pulse dos veces sobre la herramienta Zoom para cambiar la visualización de la imagen al 100% (1:1). Maximice la ventana de imagen y desplácese hasta que vea claramente la parte superior de la boca de incendio.
2. Seleccione la herramienta Lazo magnético en el icono desplegable de la herramienta Lazo. Es el icono que tiene un imán con forma de herradura.
3. En la paleta Opciones, teclee **10** en el campo Anchura de lazo (no es necesaria mucha sensibilidad), teclee **50** en el campo Lineatura (para que no aparezcan automáticamente demasiados puntos de anclaje en la imagen) y escriba **10** en el campo Contraste borde (no hace falta que la herramienta busque demasiado en la imagen los bordes cromáticos).
4. Pulse en la parte superior de la boca de incendios para comenzar el marco de selección. Vamos a seleccionar sólo la parte superior de la boca.
5. Arrastre, pero *sin pulsar* el botón del ratón (esto se denomina «pasear» el cursor) para guiar al cursor a lo largo del borde superior del objeto, desplazándose en el sentido horario. Cuando parezca que el cursor se introduce en zonas del fondo no deseadas, retroceda hasta el último punto de ancla insertado automáticamente y pulse. Luego suelte el botón y continúe guiando la selección a lo largo del borde de la boca de incendios, como se muestra en la Figura 5.33.
6. Trabaje en el sentido horario a lo largo de la parte superior del objeto. Cuando llegue al primer punto en que pulsó, aparecerá un pequeño círculo en la parte inferior derecha del cursor indicándole que éste es el punto para cerrar la selección. Pulse en el punto de inicio y, en unos instantes, aparecerá un marco de selección, como se muestra en la Figura 5.34. La selección no es perfectamente precisa, pero es lo suficientemente buena para nuestros propósitos de demostración. En el siguiente capítulo aprenderá cómo refinar selecciones.
7. Pulse el botón del menú flotante en la paleta Capas, y luego elija la opción Nueva capa de ajuste. Aparecerá el cuadro de diálogo Nueva capa de ajuste.

Figura 5.33 Pulse sobre un punto de anclaje cuando la selección se salga de su camino y luego suelte el botón del ratón y continúe «paseando» a lo largo del borde de la parte superior de la boca de incendios.

Figura 5.34 El marco de selección quizá no sea todo lo preciso que desearíamos, pero en selecciones no precisas no hay nada que pueda superar a su rapidez.

8. Seleccione Tono/saturación en la lista desplegable Tipo, como se muestra en la Figura 5.35, y luego pulse Aceptar.

9. Aparecerá el cuadro de diálogo Tono/saturación y desaparecerá el marco de selección en la imagen. De todas formas el área sigue estando seleccionada en la imagen; la capa de ajuste va a modificar esta zona seleccio-

nada, mediante la máscara introducida en la nueva capa. Arrastre el regulador Tono hasta -57, como se muestra en la Figura 5.36. La parte superior de la boca de incendios debería tener ahora un magenta brillante.

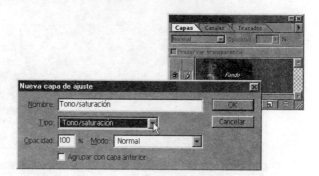

Figura 5.35 Se puede utilizar una capa de ajuste para cambiar el color o tono de la capa del fondo sin crear un cambio permanente en el documento.

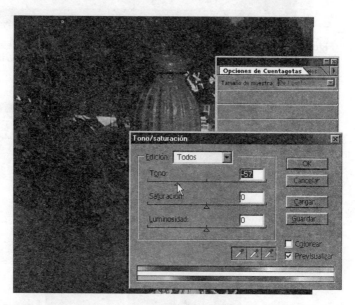

Figura 5.36 Cuando emplee capas de ajuste, sólo estará variando zonas enmascaradas de una capa. No ha modificado la imagen base en absoluto.

10. Pulse Aceptar para aplicar la capa de ajuste. Si lo desea, puede usar color blanco de primer plano y la herramienta pincel para convertir otras zonas rojas de la boca de incendios en magenta. En caso contrario, cierre este archivo sin guardarlo. Acaba de ver el funcionamiento de dos nuevas prestaciones de Photoshop 5.

Parece que hay muchas tareas que se han automatizado en esta nueva versión de Photoshop, ¿no? La verdad es que Photoshop 5 es por ahora la versión más simple para los principiantes y hay tantas automatizaciones que incluso en el menú Archivo se encuentra una opción Automatizar. Vamos a ver la nueva función de Hoja de contactos en la siguiente sección.

Una hoja de contactos para explorar rápidamente

Hoy en día los discos duros son más baratos que nunca y, si se parece a nosotros, tendrá múltiples versiones de la misma imagen guardadas en el disco duro, ya que ahora tanto el lujo como el espacio son accesibles. Los autores tenemos una carpeta entera llena de pequeñas imágenes de 300 por 200 píxeles guardadas en formato JPEG, que enviamos a otros usuarios a través de la Web para que comprueben si desean la versión a tamaño completo de la imagen.

Aunque haya disponibles muchos navegadores para Macintosh y Windows que permiten ver archivos individuales, ¿no sería muy interesante el poder visualizar un conjunto completo de imágenes de una sola vez? Esto es precisamente lo que hace la orden Hoja de contacto, con la que podrá practicar en la siguiente sección.

Creación de su propia hoja de contactos

La carpeta Boutons del CD adjunto contiene un conjunto excelente de fuentes, texturas y escenas a tamaño completo. Aunque hayamos creado un documento Acrobat en la raíz de la carpeta, que contiene un resumen manejable con las miniaturas del contenido de la carpeta, quizá prefiera crearse su *propia* hoja de contactos en Photoshop con, por ejemplo, las primeras 30 texturas de la carpeta Boutons/Textures.

Resulta un poco estúpido describir mediante una serie de pasos algo que Photoshop realiza de forma automática, porque el término «automático» sugiere que no hay nada que el usuario deba hacer. De todas formas, examinaremos el proceso de creación de una hoja de contactos en Photoshop para mostrarle las opciones disponibles y el resultado que se genera.

Producción de una hoja de contacto

1. Seleccione Archivo, Automatizar y luego Hoja de contactos.
2. En el cuadro de diálogo Hoja de contactos, especifique la Anchura y Altura de la hoja de contactos (un buen tamaño podría ser de 8 por 10 pulgadas, ya que ésta suele ser la superficie de impresión en la mayoría de impresoras de tinta sobre papel de 8 1/2 por 11 pulgadas). Posteriormente podrá imprimir una copia en color de su hoja de contactos para enseñarla a otras personas.
3. Seleccione como Resolución de la hoja de contactos 72 píxeles/pulgada y elija el Modo de Color RGB. Esto producirá un archivo que tendrá un tamaño de 1,19 MB. La mayoría de las impresoras de inyección de hoy en día pueden representar fielmente imágenes de más de 300 píxeles/pulgada, pero esto incrementaría sustancialmente el tamaño del archivo y

aquí sólo estamos practicando, no batiendo records. 72 píxeles/pulgada es la resolución del monitor y le dará una buena idea de la apariencia que tendrá la hoja de contactos.

4. Marque la casilla Colocar primero a lo largo. En el hemisferio occidental tendemos a leer de izquierda a derecha y, dado que Photoshop no añade ninguna anotación debajo de las imágenes de la hoja de contactos, una colocación alfabética de izquierda a derecha y de arriba a abajo le resultará lo más útil cuando intente localizar una determinada imagen.

5. En el área Composición, deje las Columnas con su valor predeterminado de 5 y las Filas a 6. Estos valores generarán una hoja de contacto con 30 imágenes, todas ellas de un tamaño visible.

6. Pulse el botón Seleccionar, dentro del área Directorio de origen, como se muestra en la Figura 5.37.

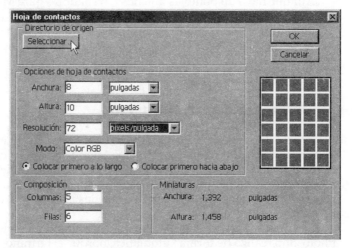

Figura 5.37 Seleccione la carpeta que contenga las imágenes con las que quiere que Photoshop genere una hoja de contactos.

7. En el cuadro Buscar carpeta, desplácese a la carpeta Boutons\Textures del CD y pulse Aceptar (Seleccionar), según se muestra en la Figura 5.38.

8. ¡Siéntese y admire el resultado! Photoshop cambiará automáticamente el tamaño y colocará miniaturas de las imágenes, dispuestas elegantemente en filas y columnas.

9. Photoshop construirá tantas hojas de contactos como sean necesarias para catalogar la carpeta que haya indicado. Supongamos que está satisfecho con una hoja de 30 imágenes de la carpeta Boutons\Textures. Cuando esté colocada la última de las imágenes, presione Esc. Se detendrá el proceso de la hoja de contactos y tendrá la hoja en una única capa dentro del archivo de imagen, como se puede ver en la Figura 5.39.

10. Seleccione Acoplar imagen en el menú flotante de la paleta Capas y guarde el archivo en su disco duro como Mi hoja de contactos.tif, en formato de archivo TIFF. Ahora puede imprimir la hoja o cerrar el archivo en cualquier instante.

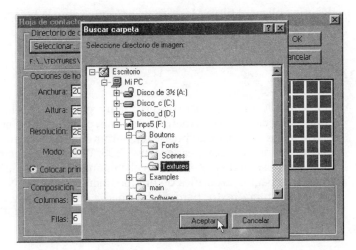

Figura 5.38 Seleccione un directorio en el que la orden Hoja de contactos pueda encontrar las imágenes que desea catalogar.

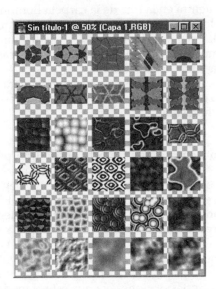

Figura 5.39 Una hoja de contactos está compuesta de versiones miniaturizadas de las imágenes que Photoshop haya encontrado en un directorio determinado.

Cuando se acopla una capa, el fondo siempre será blanco. Esto es estupendo, ya que a nadie le interesar que su impresora de inyección o de otro tipo imprima un fondo con un color sólido, cuando lo verdaderamente importante es el contenido artístico y no el vaciar los cartuchos de tinta.

Dado que Photoshop no hace otra cosa que cambiar el tamaño de las imágenes que encuentre en una carpeta especificada, es posible que su hoja de contactos no sea todo lo definida que le gustaría. Antes de cerrar el archivo, quizá debería aplicar el filtro Máscara de enfoque sobre la hoja una vez, para obtener un conjunto de imágenes más nítido.

De PDF a PSD

El formato Adobe Acrobat conserva la integridad y fiabilidad de los documentos al 100% cuando se visualizan en otras plataformas y sistemas. Los mismos documentos Acrobat que puede encontrar en el CD adjunto se pueden visualizar utilizando Acrobat Reader para DOS, Windows, Macintosh y UNIX. Pero, ¿qué ocurre si no dispone de todo el conjunto de herramientas Acrobat y desea editar una página específica de un documento Acrobat? No podrá editar el texto como si fuera texto, pero podrá añadir anotaciones y crear texto gráfico, e incluso sustituir elementos, si hace uso del nuevo filtro PDF multipágina a PSD.

Creación de un archivo TIFF a partir de una página PDF

La página 14 del documento FST-7.pdf de los autores es verdaderamente bonita (se encuentra en la raíz de la carpeta Boutons del CD adjunto). Contiene una buena colección de texturas miniaturizadas que, cuando se pulsan en Acrobat Reader 3, lanzarán Photoshop y visualizarán la textura a tamaño completo. Pero, vamos a suponer que *desea* las miniaturas y no tiene ningún interés en las texturas a tamaño completo.

En los siguientes pasos verá cómo generar un mapa de bits que contenga una copia de la página 14 del documento FST-7.pdf única y exclusivamente utilizando Photoshop.

Creación de un mapa de bits desde una página Acrobat

1. Seleccione Archivo, Automatizar y luego PDF multipágina a PSD.
2. En el cuadro de diálogo Convertir PDF multipágina a PSD, pulse Seleccionar en el campo PDF de origen, y luego elija el archivo FST-7.pdf de la carpeta Boutons del CD que acompaña al libro.
3. En el campo Rango de páginas, teclee **14** en ambos campos Desde y Hasta.
4. Deje las Opciones de salida con su valor predeterminado de 72 píxeles/pulgada, con la opción Suavizar y el Modo Color RGB. Necesitará dejar estas opciones, ya que éste el modo de color y la resolución con las que fue creado el documento. Puede especificar una Resolución más elevada, pero todo lo que hará Photoshop es *interpolar* (promediar) los datos visuales a un tamaño mayor, con lo que perderá enfoque en la imagen.
5. Acepte el nombre predeterminado de FST-7, pulse el botón Seleccionar del campo Destino y especifique en el cuadro de directorios la ubicación del archivo el disco duro.
6. Pulse Aceptar (Seleccionar). Photoshop creará una copia en mapa de bits de la página 14, la mostrará brevemente en pantalla y luego la cerrará y la guardará como FST-70014.psd en el lugar que haya especificado el cuadro de diálogo.

7. Ejecute la orden Archivo, Abrir y luego abra la imagen FST-70014.psd.
8. Seleccione Acoplar imagen en el menú flotante de la paleta Capas y guarde el archivo en su disco duro como Pagina14.tif, en formato de archivo TIFF. Ahora, cualquier persona con una computadora que tenga un navegador de casi cualquier tipo podrá ver esta página, mostrada en la Figura 5.40, sin la ayuda de Acrobat Reader 3. También puede recortar y editar el archivo, utilizando cualquiera de las características de Photoshop.

Figura 5.40   Mediante la orden PDF multipágina a PSD podrá convertir una página PDF en una obra artística que pueda editarse en Photoshop.

La automatización no es el único aspecto con el que Photoshop ha conseguido convencer a muchos usuarios. Vamos a ver en la siguiente sección dónde encontrar los asistentes de Photoshop, que convierten las tareas de diseño Web en algo inmediato.

El botón Adobe Online no es una función nueva, pero quizá le interese conocer que, si pulsa la imagen de la parte superior de la caja de herramientas de Photoshop, podrá conectarse a la sede Photoshop de Adobe en la Web, si tiene una conexión abierta.

En esta parte de la sede de Adobe podrá encontrar las últimas novedades y actualizaciones de Photoshop.

Los asistentes Redimensionar imagen y Exportar imagen transparente

Si el lector es un usuario de Photoshop experimentado, quizá no encuentre ningún uso a los «asistentes» incluidos en el menú Ayuda de la versión 5. Sin embargo, redimensionar una imagen y exportar imágenes con un fondo transparente para la Web parecen ser dos de las tareas que mayor demanda tienen entre los usuarios. Si no está seguro de cómo de grande debería ser una imagen para imprimirla o publicarla, abra la imagen en Photoshop, seleccione Ayuda, Redimensionar imagen y continúe a través de los menús (cuadros de diálogo de tipo cuestionario), hasta obtener una copia de la imagen original en el área de trabajo. Su utilización es muy simple y verdaderamente el asistente para Redimensionar imagen no requiere que lo sigamos tratando en este libro.

Sin embargo, si desea generar una imagen GIF 89a ó PNG que tenga un fondo transparente, sí que habrá opciones que quizá resulten algo confusas. En la siguiente sección trataremos el asistente para Exportar imagen transparente y le mostraremos cómo crear gráficos comerciales sorprendentes para la Web.

Exportación al formato GIF89a

Cuando la gente habla de GIF89a se refieren a uno de los diversos formatos GIF que CompuServe introdujo en la comunidad «informática» por red hace unos años. GIF 89a, simplemente, dispone de una propiedad característica que, hasta hace poco, nadie había descubierto: el formato 89a puede contener un color de máscara que hará que desaparezca cualquier color que especifiquemos dentro de la imagen, creando un efecto de transparencia.

La tarea de esta sección consistirá en exportar el gráfico Head.psd al formato GIF 89a para un cliente.

Ésta es la forma de tomar una pequeña imagen de la carpeta Chap05 del CD que acompaña al libro y convertirla en un GIF transparente:

Utilización del ayudante GIF89a para crear un GIF transparente

1. Abra la imagen Head.psd de la carpeta Chap05 del CD.
2. Seleccione Ayuda, Exportar imagen transparente.
3. En el primero de los cuadros de diálogo marque la opción La imagen está en un fondo transparente y luego pulse Siguiente, como se muestra en la Figura 5.41.
4. En el siguiente cuadro de diálogo, que le preguntará para qué se usará la imagen, pulse la opción En línea y luego en Siguiente.
5. En el siguiente cuadro de diálogo, que le preguntará por el formato que desea utilizar, pulse GIF y luego el botón Siguiente.
6. Este nuevo cuadro le indicará que el formato GIF sólo admite 8 bits por píxel (256 colores) y que en el siguiente paso se reducirán los colores de la copia de su imagen. Pulse Siguiente.
7. En el cuadro de diálogo Color indexado, seleccione Exacta en la lista desplegable Paleta. Head.psd contiene únicamente 170 colores, por lo que el campo Opciones está deshabilitado. Si tiene alguna imagen con más de 256 colores, el campo Opciones estará activo y deberá especificar Tramado por Difusión, Correspondencia de color Óptima y marcar la casilla Preservar colores exactos. Pulse OK después de rellenar este cuadro de diálogo.
8. Seleccione la ubicación del archivo de imagen, llámelo head.gif y pulse Guardar. Seleccione el tipo de archivo (normal o entrelazado) en el siguiente cuadro de diálogo y pulse OK (*véase* la Figura 5.42).

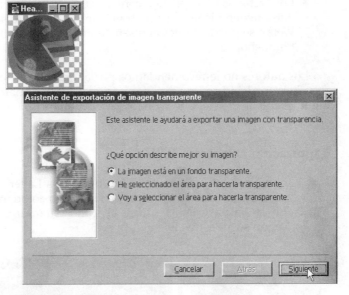

Figura 5.41 Si necesita exportar una imagen GIF transparente, siempre es mejor crear el diseño en una capa transparente.

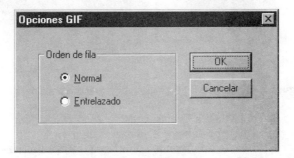

Figura 5.42 Seleccione el tipo de archivo deseado.

9. Pulse Terminar en el último cuadro de diálogo. El asistente le habrá dejado en el área de trabajo una imagen, que podrá cerrar sin tener que guardarla. Mantenga la imagen Head.psd abierta.

Exportación al formato PNG

El formato de imagen PNG es todavía un poco vanguardista. No todos los navegadores Web admiten este formato, pero tiene las siguientes dos ventajas sobre el formato GIF89a:

• Un archivo PNG utiliza compresión sin pérdidas, de forma que no estamos limitados a 256 colores a la hora de trabajar.

• Los archivos PNG pueden contener una selección en un canal alfa, por lo que pueden visualizar una transparencia cuando se utilizan en páginas Web y se puede mover el diseño a una capa, cuando lo esté editando en Photoshop.

Los autores no le recomendamos por ahora las imágenes en formato PNG para la Web, debido a la escasa aceptación de este formato. Sin embargo, por si algún cliente le insiste, éstos son los pasos requeridos:

Exportación al formato PNG

1. Presione Ctrl(⌘) y pulse el título de capa Layer 1, en la paleta Capas, para cargar las zonas opacas de Head.psd como un marco de selección.
2. En la paleta Canales, pulse el icono Guardar selección como canal, según se muestra en la Figura 5.43.

Figura 5.43 Guarde la información de la transparencia de la imagen Head.psd en un canal alfa.

3. En la paleta Capas, pulse el icono Crear capa nueva y luego arrastre el título por debajo de la capa Layer 1.
4. Pulse la muestra de color frontal y defina para el plano frontal un negro al 50 por ciento (R:128, G:128, B:128). Pulse Aceptar para volver al área de trabajo.
5. Presione Ctrl(⌘)+A y luego, con la Capa 1 activa, presione Alt(Opt)+ Supr (Retroceso) para rellenar la capa con el color antes definido, según se muestra en la Figura 5.44.
6. Presione Ctrl(⌘)+D para deseleccionar el marco y luego elija Acoplar imagen en el menú flotante de la paleta Capas.
7. Presione Ctrl(⌘) y pulse el título del canal Alfa, en la paleta Canales, para cargar la selección. A continuación seleccione Ayuda, Exportar imagen transparente.
8. En el primer cuadro de diálogo marque la opción He seleccionado el área para hacerla transparente y pulse Siguiente.
9. En el siguiente cuadro, pulse la opción En línea y luego el botón Siguiente.
10. En el siguiente cuadro de diálogo, pulse el botón PNG y luego Siguiente.

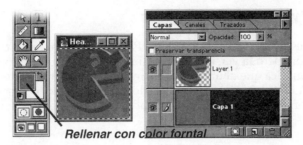

Rellenar con color forntal

Figura 5.44 Añada a una nueva capa de la imagen el color de fondo que se utilizará en la página Web.

11. En el cuadro de diálogo Guardar como, escriba como nombre del archivo head.png, seleccione una ubicación en su disco duro para la imagen y luego pulse Guardar.
12. En el cuadro Opciones PNG acepte los valores predeterminados, pulsando OK.
13. Pulse el botón Terminar en el último cuadro de diálogo y cierre la imagen que habrá dejado el asistente en el área de trabajo, sin guardarla.

Como puede ver en la Figura 5.45, el gráfico de la cabeza se mezcla suavemente con el color de fondo definido para la página.

Figura 5.45 Las imágenes transparentes de la Web permiten al diseñador de la página disponer de mayor libertad que con aquéllas que tienen un color de fondo sólido.

Ya que estamos tratando sobre la Web en esta sección, vamos a ver un lugar interesante nuevo y cómo proteger nuestras obras artísticas en Photoshop 5.

Copyright y URL de una imagen

Desde hace varias versiones, Photoshop incluye un cuadro Obtener información, pero la versión 5 es la primera que trae un campo Copyright y URL. Esto significa que al utilizar esta función nueva, protegerá su propiedad intelectual en la Web hasta un cierto grado, así como proporcionar un vínculo a una sede. Vamos ver para qué es adecuado el campo Copyright y URL.

Información de un usuario de Photoshop para otro usuario de Photoshop

Debido a que Photoshop es una aplicación muy extendida, hay muchas posibilidades de que un archivo JPEG que haya puesto en una página Web sea descargado y visualizado por otro usuario de Photoshop. Photoshop 5 dispone de una estupenda «tarjeta de visita» para las imágenes guardadas en los formatos de archivo JPEG, PSD nativo de Photoshop y TIFF.

Ésta es la forma de marcar sus imágenes con información sobre el copyright y proporcionar un vínculo a una página html de la Web (su propia página o la de otra persona).

Añadir un Copyright y una URL

1. Abra cualquier imagen pequeña en Photoshop. La imagen no debe tener capas.
2. Seleccione Archivo, Obtener información.
3. Presione Ctrl(⌘)+6 para saltar a la sección Copyright y URL.
4. Marque la casilla Marcar como copyright y escriba en el campo Nota de copyright **Copyright 1998 (su nombre)**, o algo similar.
5. En el campo URL de la imagen, escriba la URL a la que desea que los usuarios puedan acceder desde Photoshop cuando lean este cuadro de diálogo. La Figura 5.46 muestra un escueto, aunque muy típico, contenido para cada uno de estos campos.
6. Guarde la imagen en formato JPEG, TIFF o PSD. Puede cerrar la imagen en cualquier instante.

Nota:

El cuadro de diálogo Copyright y URL proporciona una protección muy pobre contra la piratería de imágenes en la Web. El aviso de copyright no aparecerá en otras aplicaciones que no sean Photoshop; otros usuarios de Photoshop podrán modificar sus advertencias y el mero hecho de guardar la imagen en otra aplicación que no sea Photoshop eliminará el mensaje de copyright y la URL incrustados en el archivo.

La próxima vez que algún usuario abra el archivo, aparecerá un símbolo de copyright antes del nombre del archivo en la barra de título, y si se elige Archivo, Obtener información, Copyright y URL y luego se pulsa el botón Ir a URL, se lanzará el navegador Web del usuario y se activará la conexión a Internet (si es que la computadora está conectada a la Web):

Figura 5.46 En el cuadro de diálogo Copyright y URL introduzca un aviso de copyright y una dirección de la Web a la que otras personas puedan encaminarse.

Más protección para sus imágenes

Si está interesado en proteger de manera efectiva sus imágenes, vaya a Filtro, Digimarc, en el menú de Photoshop. Este filtro es una versión de prueba del método de «marcado al ruido» de Digimarc, que incrusta de forma permanente información del usuario dentro de una imagen y resiste a cualquier vandalismo que se haga sobre el archivo, como recortar o eliminar información, o cualquier otro método con el que se pretenda apropiarse de un archivo. Las cuotas de registro anual son bastante razonables y, si pulsa Filtro, Digimarc, Incrustar marca de agua y después pulsa Personalizar y luego Registro, se conectará a la sede de Digimarc en la Web y podrá convertirse en cliente de la tecnología antipiratería.

Una lista mejorada de Acciones

Los usuarios de Photoshop 4 estaban encantados con que finalmente Photoshop pudiera grabar órdenes del menú y ejecutarlas por lotes sobre un directorio completo de imágenes. Esta función se muestra en el Capítulo 20, «Diseño de animaciones», pero hay todavía más buenas noticias sobre la paleta Acciones en la versión 5. Ahora puede crear un marco de selección en una imagen y la paleta Acciones almacenará esto como un paso, que podrá ser repetido posteriormente en otras imágenes. Cuando utilice las herramientas Lazo, Marco rectangular o Marco elíptico como parte de un procedimiento, Photoshop replicará la selección en relación a la esquina superior izquierda de cualquier otro documento para generar una selección de la misma forma y tamaño.

Creación de una acción para generar estrellas suavizadas

Bueno, supongamos que necesita varias figuras con forma de estrella, caladas y rellenas con una textura. La forma más simple de realizar esto de manera uniforme es programar la paleta Acciones para que efectúe esta tarea. Bastará con realizar los pasos una vez y la paleta Acciones los repetirá.

Ésta es la forma de configurar la paleta Acciones para crear la forma de una estrella con bordes suavizados en cualquier imagen que tenga al menos el mismo tamaño que la imagen que utilice durante la programación de la paleta:

Creación de una acción para estrellas suavizadas

1. Presione F9 para mostrar la paleta Acciones, si no se encuentra actualmente en el área de trabajo.
2. Abra cualquier imagen que tenga en su disco duro, siempre y cuando sea de al menos 300 píxeles de ancho por 300 de alto. En este ejemplo emplearemos una de las texturas de la carpeta Boutons\Textures del CD adjunto.
3. Pulse el icono Crear acción nueva, en la parte inferior de la paleta Acciones (el que tiene una página doblada).
4. En el cuadro de diálogo Acción nueva, escriba **Estrella** en el campo Nombre, como se muestra en la Figura 5.47, y luego pulse Grabación. Ahora, todo lo que haga en la imagen, excluidas la aplicación de pintura y utilización de trazados, quedará grabado.

Figura 5.47 Asigne un nombre a la acción que va a crear y luego pulse Grabación para comenzar el proceso.

5. Con la herramienta Lazo dibuje una forma de estrella en la imagen, como se observa en la Figura 5.48. La precisión no es importante; simplemente pretendemos mostrarle la forma de proceder.

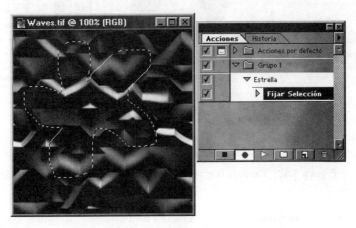

Figura 5.48 Esboce la figura de una estrella en la ventana de la imagen.

6. Pulse con el botón derecho (Macintosh: presione Ctrl y pulse) y luego elija Calar del menú contextual.
7. En el cuadro de diálogo Calar selección teclee **5** en el campo de los píxeles y luego pulse Aceptar, como se muestra en la Figura 5.49.

Figura 5.49 Suavice el borde de la selección aplicando un calado de 5 píxeles.

8. Presione D (colores por defecto) y luego pulse Mayús+F7 para invertir la selección.
9. Pulse Suprimir (Retroceso) y luego presione Ctrl(⌘)+D para deseleccionar el marco.
10. Pulse el botón Detener ejecución/grabación en la paleta Acciones, como se muestra en la Figura 5.50.
11. La grabación de la acción personalizada ha terminado.

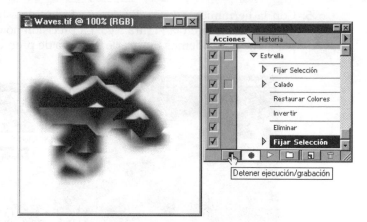

Figura 5.50 Detenga la grabación de la acción Estrella después de deseleccionar el marco.

Vamos a aplicar esta acción a una imagen diferente. Cargue Bonbon.tif de la carpeta Boutons\Textures del CD del libro.

12. Pulse el título de Estrella, en la paleta Acciones, y luego pulse Ejecutar selección actual, como se muestra en la Figura 5.51.

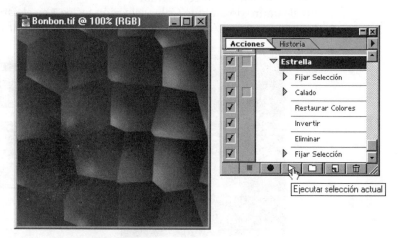

Figura 5.51 Ahora está realizando las mismas ediciones que generó en su anterior imagen, pero aplicadas a otra distinta.

13. Deje que la paleta Acciones se ejecute sin interrupción (no toque la paleta, ni ninguna otra orden con el cursor). La paleta Acciones se detendrá automáticamente cuando la última de las acciones de Estrella haya finalizado, como se muestra en la Figura 5.52.
14. Cierre el archivo sin guardarlo.

Figura 5.52   ¡La acción Estrella ha sido un éxito! Ha creado la misma figura de una estrella difumi-
nada, en la misma ubicación en relación a la parte superior izquierda del documento.

Consejo:

Para eliminar una subacción de una lista de órdenes, desactive la casilla que está más a la izquier-
da del título de la acción antes de lanzarla.

Si desea detener un proceso, como por ejemplo la orden Calar, y especificar un número dis-
tinto en el campo de los píxeles, pulse el cuadro que está a la derecha de la casilla de activación.
Esto mostrará un icono con la miniatura de un menú y, cada vez que la acción llegue a esta par-
te de las modificaciones, se le pedirá (mediante un cuadro de diálogo) que introduzca un valor
diferente. No todas las órdenes disponen de cuadros de diálogo, por lo que no todas las subaccio-
nes de una acción personalizada ofrecerán la casilla de menú.

Quizá le interese agregar una orden Tamaño de lienzo a la acción Estrella o
a otras acciones que haya creado, si quiere que las imágenes modificadas tengan el mismo tamaño. Como puede ver, si necesita varias imágenes enmarca-
das con la misma forma y el mismo tamaño, no hay nada más simple para conseguirlo que utilizar la paleta Acciones.

Alineación de capas enlazadas

Photoshop 5 ha ido un paso más allá de las órdenes Guías y Cuadrícula para
ofrecernos la orden Alinear enlazadas. Supongamos que dispone de un cierto
número de pequeños elementos en distintas capas que quiere alinear a la
izquierda antes de acoplar las capas. Ningún problema; la orden Alinear enlazadas le ahorrará mucho tiempo en un único paso.

Utilización de la orden Alinear enlazadas

En Photoshop, las zonas opacas de las capas que están enlazadas se pueden
desplazar en conjunto, utilizando la orden Mover. Ésta es una gran ventaja

sobre el tener que desplazar los distintos elementos la misma cantidad y en la misma dirección. El siguiente paso lógico de las funciones de Photoshop sería una orden que alineara elementos de distintas capas con relación a sus respectivas partes superior, inferior, izquierda o derecha, etc., como ya pueden hacer PageMaker e Illustrator.

En los siguientes pasos vamos a decir adiós a este capítulo de funciones nuevas con un simple gráfico cuyas capas necesitan alinearse. Ésta es la forma de alinear elementos de diversas capas, utilizando la nueva orden Alinear enlazadas:

Alineación de capas enlazadas

1. Abra la imagen Goodbye.psd de la carpeta Chap05 del CD que acompaña al libro. Pulse dos veces la herramienta Zoom para cambiar la resolución de visualización de la imagen al 100% y luego agrande la ventana, de forma que pueda ver la imagen en su totalidad.
2. Presione F7, si la paleta Capas no estuviera en pantalla.
3. Pulse en la casilla cercana al título de la capa «Good-», como se muestra en la Figura 5.53. La capa «Good-» está ahora enlazada con la capa resaltada, activa, «Bye».

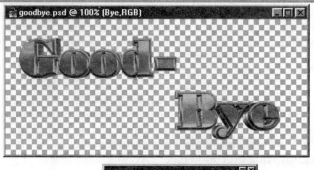

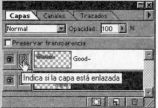

Figura 5.53 Enlace la capa «Good-» con la capa «Bye», pulsando la casilla de enlace.

4. Seleccione Capa, Alinear enlazada y luego elija Superior, como se muestra en la Figura 5.54. El contenido de la capa enlazada se alineará con la parte superior del contenido de la capa actualmente seleccionada.
5. Como puede ver en la Figura 5.55, las letras «Good-» se han desplazado hacia abajo para alinearse con la parte superior de las letras «Bye». Puede cerrar el archivo en cualquier instante sin guardarlo.

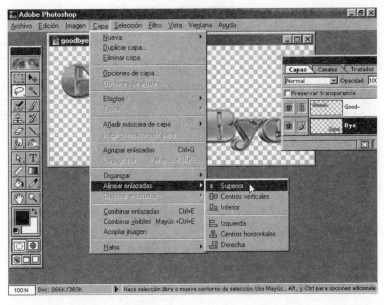

Figura 5.54 Cuando alinee capas, las capas enlazadas siempre se desplazarán hacia la posición seleccionada, en relación a la capa actualmente activa.

Figura 5.55 La orden Capas alinear enlazada permite realizar una alineación superior, central o inferior de las capas que haya enlazado.

La orden Alinear enlazadas funciona con más de dos capas. Por ejemplo, quizá tenga cinco o seis botones que quiera alinear a la izquierda cuando esté diseñando el gráfico de una página Web. Todo lo que necesitará hacer es pulsar en la casilla de enlace de todas las capas inactivas y utilizar la orden Alinear enlazadas.

Resumen

Aunque Photoshop es una aplicación muy potente en las fases de producción y preimpresión, hay un lado de creatividad en el programa, que siempre se hace más y más rico con cada nueva versión. Además de las herramientas y funciones tradicionales, que son características de Photoshop, en este capítulo hemos visto muchas funciones nuevas y, a lo largo del libro, podrá ver otros usos de éstas y otras características. Photoshop es claramente algo más que un editor de mapas de bits; es excelente a la hora de llevar sus diseños a la práctica y ahora es más fácil que nunca utilizarlo de manera efectiva.

Al menos un 50 por ciento de las funciones que utilizará como diseñador en Photoshop dependerán de la creación de selecciones mediante trazados, herramientas de marco y canales alfa. En el siguiente capítulo, «Selecciones, capas y trazados», el diseñador experimentado podrá refrescar sus conocimientos y el principiante podrá practicar con algunas tareas introductorias.

CAPÍTULO 6

SELECCIONES, CAPAS Y TRAZADOS

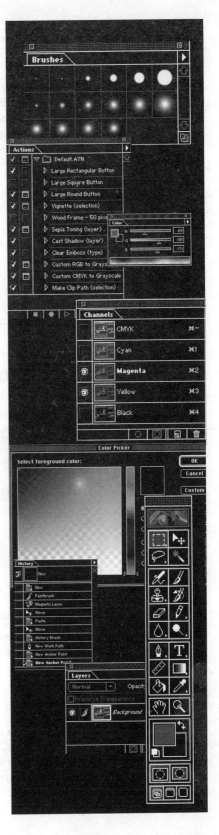

Si le preguntáramos a los usuarios experimentados de Photoshop cuál es la propiedad distintiva de Photoshop que le proporciona la mayor potencia creativa, la respuesta sería «las selecciones». Entonces, ¿por qué se introducen también en el capítulo las capas y los trazados?

Simplemente, porque las capas son donde se encuentran las cosas que se seleccionan y los trazados son una forma de definir una selección precisa. También los canales forman parte de la exposición de este capítulo, ya que es en los canales donde se pueden almacenar los perfiles de las selecciones que cuidadosamente realiza el usuario. En Photoshop se pueden seleccionar las áreas de imagen de, al menos, cinco formas diferentes.

- Mediante las herramientas de selección como Lazo.
- Con la herramienta Varita mágica.
- En el modo Máscara rápida.
- Con las selecciones basadas en trazados.
- Cargando los contenidos de una capa o un canal como una selección.

La imagen de los iconos

Para ayudarle a concentrarse en las tareas prácticas, hemos preparado una imagen para el lector cuidadosa, concienzuda y científicamente (de acuerdo, estamos exagerando un poco). El archivo icons.tif contiene diversas formas, que se muestran en la Figura 6.1, cada una de las cuales requiere una técnica de selección diferente. El objetivo de este capítulo es seleccionar y manipular objetos, nada más; esto quiere decir que no hay ningún examen de «paso de grado» por el que tenga que preocuparse, ni ninguna pieza del diseño que precise un esfuerzo excesivo.

Figura 6.1 La imagen icons.tif contiene muchas formas y cada una requiere una técnica de selección diferente.

Echar el lazo a una estrella

En la imagen icons.tif, el objeto más sencillo de seleccionar es el de forma de estrella; su contorno está formado únicamente por líneas rectas. Por tanto, la mejor opción entre las herramientas de selección es la herramienta Lazo poligonal, una de las variantes de la herramienta Lazo. En la siguiente serie de pasos, aprenderá un atajo para acceder a la herramienta y verá como funciona.

Es necesario que lea este capítulo si desea realizar tareas complejas como las del Capítulo 11. Sin cierta habilidad en las técnicas de selección, sus aventuras en Photoshop no serán recompensadas.

Uso de la herramienta Lazo poligonal para seleccionar una forma sencilla

1. Abra la imagen icons.tif que se encuentra en la carpeta Chap06 del CD adjunto.
2. Teclee **200** en el área de Porcentaje del zoom y presione Intro. Modifique el tamaño de la ventana de imagen para maximizar la vista y luego desplace la imagen hasta situar la estrella en el centro de la escena.
3. Seleccione la herramienta Lazo, presione Alt(Opción) y luego pulse los puntos situados a lo largo del borde de la estrella. Trabaje en el sentido de las agujas del reloj; cuando alcance el primer punto, libere la tecla Alt (Opción). Aparece un marco de selección alrededor de la forma estrella, como se muestra en la Figura 6.2. En su modo de selección normal, la herramienta Lazo se utiliza arrastrándola alrededor de las áreas y no es excesivamente precisa. Pero cuando se presiona Alt(Opción), la herramienta conmuta a la herramienta Lazo poligonal y las selecciones se hacen pulsando sobre puntos y no arrastrando; de este modo, las líneas del marco se crean automáticamente entre los puntos sobre los que se ha pulsado.

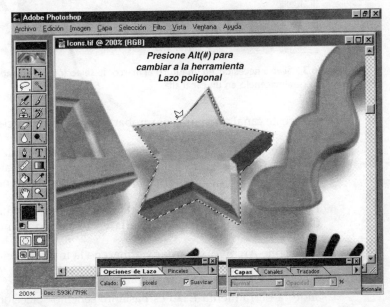

Figura 6.2 Presione Alt(Opción) y luego pulse sobre los puntos alrededor del contorno de la estrella.

Sería una lástima que accidentalmente deseleccionara el trabajo hecho hasta el momento, por lo que ahora debería guardar la selección creada en un canal alfa...

4. Presione F7 para visualizar la paleta Canales, si todavía no se encuentra en el área de trabajo. Pulse la pestaña Canales en la paleta agrupada y luego pulse el icono Guardar la selección como canal, que se encuentra en la parte inferior de la paleta, como muestra la Figura 6.3. Ahora la selección se guarda como una forma en un canal denominado Alfa 1. La selección podrá cargarse de nuevo en cualquier instante.

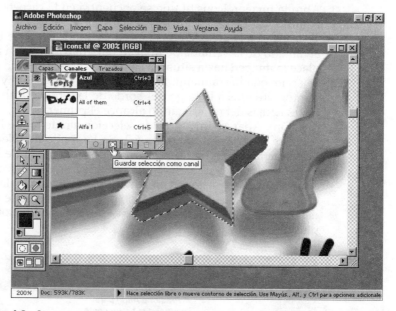

Figura 6.3 Si va a necesitar en un futuro el marco de selección tan cuidadosamente diseñado, almacénelo en un canal alfa.

Veamos este canal alfa para comprobar si el autor está diciendo la verdad...

5. Presione Ctrl(⌘)+D para deseleccionar el marco de la imagen. Ahora presione Ctrl(⌘) y pulse el título Alfa1 en la paleta Canales. Observará que la selección guardada reaparece como un marco en la imagen. Un buen truco, ¿verdad?
6. Pulse dos veces el título Alfa 1 para acceder al cuadro de diálogo Opciones de canal. Teclee **Estrella** en el campo nombre; por último, pulse OK.
7. Seleccione Archivo, Guardar y almacene la imagen como icons.tif en su disco duro. Deje abierta la imagen.

Usando la herramienta Lazo es bastante sencillo seleccionar una estrella. ¿Qué le parece si intentamos un desafío mayor? ¿Cómo seleccionaría algo que tiene un agujero en el centro? ¡Continúe leyendo!

La herramienta Lazo y los modos de Lazo poligonal

Puede utilizar las teclas modificadoras para cambiar la función de las herramientas de pintura y selección de Photoshop. Ya lo hemos hecho una vez; presionando Alt(Opción) se cambia de la herramienta Lazo a la herramienta Lazo poligonal. En la siguiente misión, vamos a usar la herramienta Lazo poligonal y una de sus funciones ampliadas, que realiza una sustracción de una selección existente. Básicamente, no es posible equivocarse cuando se añade o se sustrae de una selección si recuerda qué es los que hacen los modificadores de teclado:

- Mantener presionada la tecla Mayús, cuando se usan la mayor parte de las herramientas de selección de Photoshop, añade áreas de imagen a la selección activa existente.
- Por el contrario, mantener presionada la tecla Alt(Opción) junto con la mayor parte de las herramientas de selección sustrae áreas de una selección activa existente en la imagen.

Vamos a utilizar la herramienta Lazo poligonal para crear una selección precisa alrededor de la forma cuadrada situada en la parte izquierda de la imagen icons.tif.

Nota:

Puede haber observado que en la imagen icons.tif hay un canal alfa adicional llamado «All of them». Este canal lo creó el autor para que el lector pueda experimentar independientemente con todas las formas de la imagen, antes de adquirir las adecuadas habilidades en las tareas de selección. Basta con presionar Ctrl() y pulsar el nombre del canal para cargar los marcos de selección, como hemos hecho con la estrella.

Sustracción de una selección

1. Mueva la imagen mediante las barras de desplazamiento hasta situarse sobre el cuadrado dorado de icons.tif, que se encuentra en la parte izquierda.
2. Arrastre el botón de la herramienta Lazo en la caja de herramientas para que aparezca el menú flotante y seleccione el Lazo poligonal.
3. Pulse en las esquinas exteriores de la forma, como se muestra la Figura 6.4. Cuando alcance el primer punto en que pulsó, pulse de nuevo para cerrar el marco de selección.

Ahora hay que eliminar el agujero de la selección que acaba de crear...

4. Presione y mantenga presionada Alt(Opción) y luego pulse en las esquinas interiores de la forma cuadrada, como se muestra en la Figura 6.5. Libere la tecla Alt(Opción) y verá que el agujero se ha eliminado nítidamente de la selección original.

Figura 6.4 La herramienta Lazo poligonal crea bordes rectos entre los puntos sobre los que se pulsa.

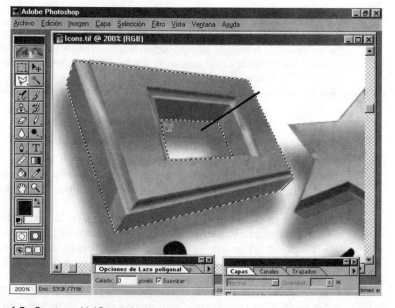

Figura 6.5 Presione Alt(Opción) en conjunción con la herramienta Lazo poligonal para eliminar áreas de la selección actual.

Existe en Photoshop otra forma de eliminar un área de una selección, y dicho método implica el uso del modo Máscara rápida. Vamos a probarlo...

5. Mantenga presionada la tecla Mayús mientras que usa la herramienta Lazo para realizar un círculo alrededor del agujero interior de la forma, como se muestra en la Figura 6.6. Esta acción añade el área nuevo a la selección, eliminando el marco del agujero creado anteriormente dentro del marco exterior.

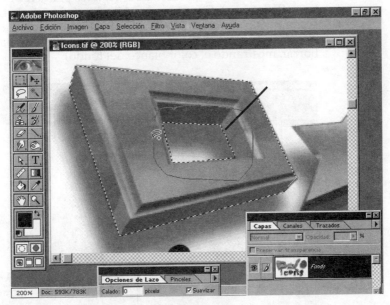

Figura 6.6 ¿Quiere eliminar el agujero? Presione Mayús y luego marque el área con el Lazo.

6. Pulse dos veces el botón modo Máscara rápida, que se encuentra por debajo a la derecha de las casillas de selección de color de la barra de herramientas, para acceder al cuadro de diálogo Opciones de máscara rápida. Cuando utilice este modo, se aplica un color superpuesto a las áreas.

7. Marque la casilla El color indica Áreas seleccionadas y luego pulse la muestra de Color para acceder al Selector de color, como se indica en la Figura 6.7.

Figura 6.7 El cuadro de diálogo Opciones de máscara rápida permite decidir si el color que se superpone designa a las áreas de máscara (protegidas) o a las áreas seleccionadas.

8. Seleccione un color azul oscuro en el Selector de color y luego pulse OK para salir. Esto hará que el color que se superpone sea bastante

obvio en la imagen. Pulse OK para salir del cuadro de diálogo Opciones de máscara rápida. Todavía debería estar en el modo Máscara rápida.

9. Con la herramienta Lazo poligonal, pulse para crear una serie de puntos alrededor del agujero en el rectángulo de máscara y ciérrelo para hacer un marco de selección. Presione D (colores por defecto) y luego presione Supr (Retroceso). Esto borra la Máscara rápida encerrada por el marco, como puede ver en la Figura 6.8. El color negro añade Máscara rápida, mientras que aplicar el blanco la elimina (como acabamos de hacer al borrar, mostrando el color blanco del fondo).

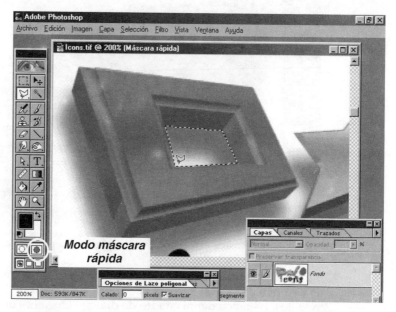

Figura 6.8 Elimine el color superpuesto al interior del agujero presionando Supr (Retroceso).

10. Pulse el icono Editar en modo estándar, que se muestra en la Figura 6.9. El color superpuesto desaparece y se reemplaza por líneas de marco que envuelven las áreas previamente cubiertas con el color de la máscara rápida.

11. Guarde la selección en un canal alfa pulsando el icono Guardar selección como canal de la paleta Canales. Pulse dos veces el título del canal y renómbrelo como **cuadrado**. Pulse OK para salir del cuadro de diálogo Opciones de canal.

12. Presione Ctrl(⌘)+S y mantenga el archivo abierto.

Después de haber jugado con dos formas sencillas y de bordes rectos, es el momento de hacer algo un poco más ambicioso. En la sección siguiente, abordaremos la forma circular de la imagen icons.tif.

Modo de edición estándar

Figura 6.9 El modo Máscara rápida muestra las áreas seleccionadas mediante un color superpuesto, mientras que el modo de edición estándar rodea las áreas seleccionadas
con líneas de marco.

Consejo:

*Aunque la imagen Icons es sólo una imagen de prueba, debe ser consciente de que cuando se guar-
dan los canales alfa en una imagen, se necesita más memoria (RAM) para trabajar con ella y el
tamaño del archivo también aumenta. Debería adquirir la costumbre de eliminar los canales alfa
cuando ya no los necesite, arrastrando el correspondiente canal al icono de la papelera que se
encuentra en la paleta Canales.*

Definición de una selección con Máscara rápida

Acabamos de ver la convertibilidad de marcos de selección a Máscara rápida y
a la inversa, pero ¿sabe que puede pintar Máscara rápida en una imagen para
definir áreas nuevos de selección? Esta es una estupenda función para las formas cuyos bordes no sean líneas rectas, como es el caso del objeto circular de la
composición de figuras anterior.

En los pasos siguientes utilizaremos la herramienta Pincel junto con el modo
Máscara rápida para seleccionar de forma precisa el círculo.

Pintado de una selección con Máscara rápida

1. Presione Ctrl(⌘)+ la tecla más para aumentar la resolución de la vista
   icons.tif al 300%. En general, cuando se trabaja con formas pequeñas,
   una resolución de 200 a 400% es lo más adecuado. Desplace la imagen
   hasta situarse sobre el círculo.

2. Seleccione la herramienta Pincel y luego presione F5 si la paleta Pinceles no se encuentra en la pantalla.

3. Pulse la fila superior sobre el elemento de la cuarta columna de la paleta Pinceles.

4. Pulse el icono Modo de máscara rápida. Presione D (colores por defecto).

5. De un par de pinceladas de prueba en el interior del círculo para ver el tamaño del pincel.

6. Comience a pintar a lo largo del borde interior del círculo, como se muestra en la Figura 6.10. No pierda tiempo pintando la parte interior del círculo; simplemente marque el borde interior.

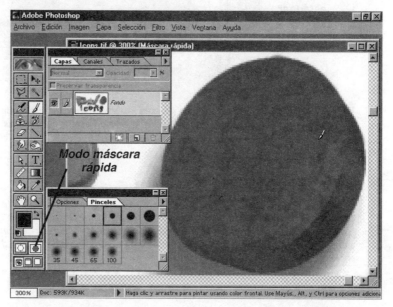

Figura 6.10 Definición del borde interior del círculo aplicando Máscara rápida.

7. Seleccione la herramienta Lazo y luego mientras presiona Alt(Opción), pulse para crear una forma que defina el interior del círculo. Se superpondrá a las áreas donde ha pintado la máscara rápida, como puede ver en la Figura 6.11.

8. Presione Alt(Opción)+Supr (Retroceso) y luego presione Ctrl(⌘)+D para deseleccionar el marco. Esta función aplica el color frontal negro, lo que completa de forma efectiva la tarea de definición de la máscara.

9. Pulse el botón Editar en modo estándar, después en la paleta Canales y pulse el icono Guardar selección como canal. Pulse dos veces el título del canal recién creado, denomínelo **círculo** y pulse OK para cerrar el cuadro de diálogo Opciones de canal. Más adelante en el capítulo volveremos sobre esta forma, por lo que debe almacenar su trabajo de selección.

10. Presione Ctrl(⌘)+S para almacenar el archivo y manténgalo abierto.

Figura 6.11 Definición del interior del círculo usando la herramienta Lazo en el modo Lazo poligonal.

Nota:

No se puede almacenar una selección cuando se trabaja en el modo Máscara rápida. Para guardar la selección hay que tener un marco de selección activo.

Según se trabaja en Photoshop con formas más complejas, se debe cambiar de herramienta. En la siguiente sección diseñaremos un marco de selección alrededor del serpentín, un objeto con forma completamente libre. Uno de los mejores métodos para crear una selección alrededor de un objeto con forma libre y orgánica es crear un trazado alrededor del objeto con la herramienta Pluma. Vamos a examinar los componentes de un trazado y la forma en que los trazados funcionan en Photoshop.

Uso de trazados para crear selecciones

Si está familiarizado con Adobe Illustrator, Macromedia Freehand o CorelXARA, lo estará con los trazados y la forma de diseñarlos. Será fácil en este caso aplicar sus conocimientos sobre trazados vectoriales a las secciones que siguen. Pero si es nuevo en el tema de gráficos vectoriales, tendrá que familiarizarse por sí mismo con la forma en que trabaja la familia de herramientas Pluma de Photoshop, ya que son potentes herramientas que hacen que la selección de contornos complejos sea un juego de niños. Consulte el Capítulo 5 para ver todas las herramientas del nuevo grupo Pluma.

¿Qué es un trazado?

En Photoshop, un trazado es una guía no imprimible que crea el usuario. Un trazado puede tener cualquier forma y puede contener subtrazados, que son trazados cerrados dentro de otros trazados, como el trazado interno de una corona (el agujero).

Los componentes básicos de un trazado son los puntos de anclaje y los segmentos. En Photoshop, los segmentos del trazado se dibujan automáticamente entre los puntos de anclaje, y éstos pueden ser angulosos o suavizados, en lo que se refiere a la forma en que los segmentos los unen.

Para modificar la forma de un segmento del trazado durante la creación del mismo o en cualquier momento posterior, utilice las distintas herramientas Pluma para ajustar las líneas y puntos de dirección que salen de los puntos de ancla. Para cambiar la dirección de un segmento del trazado hay que arrastrar un punto de dirección, mientras que para cambiar la forma global de un trazado hay que mover uno o dos puntos de anclaje.

Nota:

Trabajar con vectores es una de las dos posibilidades de los gráficos por computadora. El tipo de gráficos que Photoshop genera se denomina gráficos de mapas de bits. Cuando se trabaja con vectores se depende de algoritmos matemáticos para definir formas en el espacio que son independientes de la resolución, mientras que los mapas de bits son una malla, o patrón ,de píxeles. Consulte el Capítulo 1 para obtener más información sobre los mapas de bits y los gráficos vectoriales.

En la Figura 6.12 puede ver un trazado abierto en el que se indican cada uno de sus componentes. De aquí en adelante haremos referencia a los componentes por su nombre, por lo que éste es un buen momento para familiarizarse con ellos.

Existen siete herramientas en el menú flotante de la herramienta Pluma. Debería familiarizarse con al menos tres de ellas con el fin de poder construir la mayor parte de los trazados. Vamos a usar dos de estas herramientas, Pluma y Selección directa, para construir un contorno alrededor de la forma serpentín del archivo Icons.tif.

- **La herramienta Pluma.** Se usa para crear, mediante una pulsación, los puntos de anclaje y arrastrar los segmentos de trazado con el fin de modificar su forma.
- **La herramienta Selección directa.** Se usa para recolocar los puntos de anclaje y cambiar la pendiente de los segmentos de trazado, manipulando los puntos de dirección.
- **La herramienta Convertir punto.** Modifica la forma en que un segmento del trazado atraviesa un punto de anclaje. Cuando se arrastra un punto de dirección asociado con un punto de anclaje se obtiene una transición suave a través del anclaje; cuando se pulsa sobre un anclaje suavizada se convierte en un anclaje de esquina y el trazado asociado forma un ángulo cuando pasa a través del ancla.

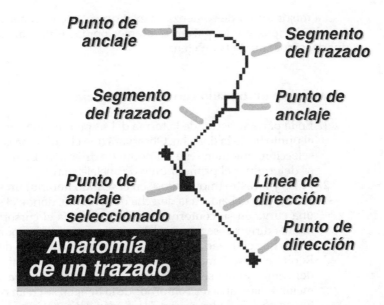

Figura 6.12 En Photoshop, un trazado está formado por anclajes, segmentos de trazado, líneas de dirección y puntos de dirección.

Puesto que el serpentín está formado únicamente por líneas suaves, no tendremos que utilizar en el siguiente ejemplo la herramientas Punto de conversión. La Figura 6.13 muestra una referencia práctica sobre cómo trabajan las herramientas de pintura básicas en Photoshop.

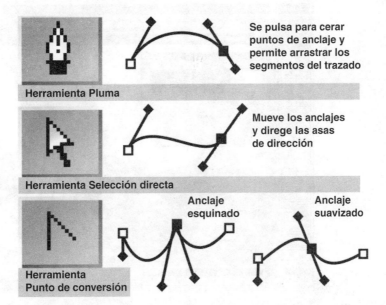

Figura 6.13 En el menú flotante de la herramienta Pluma hay tres herramientas básicas de dibujo y manipulación para los trazados.

La mejor forma de comenzar a experimentar con la herramienta Pluma es por el principio, por lo que empezaremos por crear un trazado cerrado alrededor del serpentín de la imagen.

Creación de un trazado cerrado y complejo

1. En la parte superior de la forma del serpentín, pulse y, sin soltar, arrastre el punto hacia la derecha. Observará que el cursor pasa a ser un cursor de selección, que mantiene un punto de dirección. Lo que se está haciendo es determinar el primer punto de anclaje suave.
2. Pulse y arrastre (moviéndose en el sentido horario) un segundo punto de anclaje por debajo y a la derecha del primero, donde el serpentín muestra una curva en su contorno. No libere todavía el cursor; en lugar de ello, intente dirigir el segmento del trazado entre los dos puntos de anclaje, de modo que el trazado se ajuste a la curva del contorno del serpentín.
3. Repita el paso 2 moviéndose hacia abajo y a la izquierda hacia un área del contorno del serpentín en el que haya una curva. Los trazados que mejor se ajustan a los contornos de la imagen se crean colocando los puntos de anclaje en los *puntos de inflexión* del contorno (las áreas que muestran un giro más abrupto) como se ilustra en la Figura 6.14.

Las posibilidades de que el trazado sea perfecto son pocas, ya que éste puede superponerse al contorno de la forma; este problema puede corregirse haciendo lo siguiente:

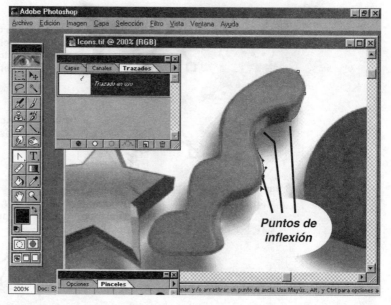

Figura 6.14 Pulse y arrastre los puntos de anclaje en los puntos de inflexión de la forma serpentín.

4. Presione y mantenga presionado Ctrl(⌘) para cambiar de la herramienta Pluma a la herramienta Selección directa.
5. Pulse un anclaje para ver las líneas y puntos de dirección.
6. Arrastre un punto de dirección para aproximar el segmento del trazado asociado al contorno de la forma, como se muestra en la Figura 6.15.

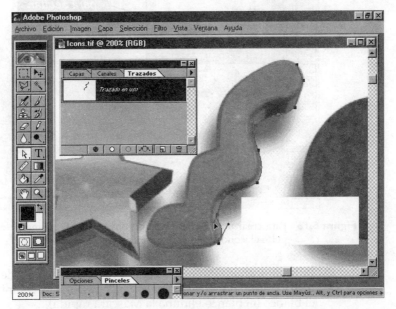

Figura 6.15   Mantener presionada la tecla Ctrl(⌘) hace que se cambie de la herramienta Pluma a la herramienta Selección directa, que puede emplearse para desplazar los puntos de anclaje y ajustar los puntos de dirección con el fin de modificar la pendiente de los segmentos del trazado.

7. Libere Ctrl(⌘) y continúe con el trazado.
8. Cuando haya alcanzado la parte superior del serpentín, en el primer punto de anclaje, pulse una vez para cerrar el trazado.

No se preocupe si el trazado no es perfecto ya que, en primer lugar, este es un capítulo para practicar; en segundo lugar, aprenderá enseguida a editar el contorno que ha creado con el trazado...

9. Si la paleta Trazados no está en pantalla, presione F7 y luego pulse la pestaña Trazados.
10. Pulse dos veces el título Trazado en uso en la paleta Trazados, teclee en el campo de nombre **Mi trazado** y pulse OK para cerrar el cuadro de diálogo. Cuando se da nombre a un trazado, éste pasa a ser permanente, mientras que se puede sobreescribir accidentalmente un trazado en uso creando nuevos trazados.
11. Pulse el icono Carga el trazado como selección, que se encuentra en la parte inferior de la paleta y luego pulse en una zona vacía de la paleta, de modo que el marco de selección, no el trazado, sea visible (*véase* la Figura 6.16).

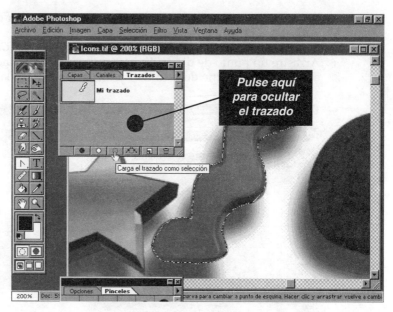

Figura 6.16 Para crear un marco de selección basado en la geometría del trazado definido, pulse el icono Carga el trazado como selección.

12. Pulse el icono del modo Máscara rápida de la caja de herramientas y luego presione D y, a continuación, X para que el color frontal actual sea el blanco (el blanco elimina la Máscara rápida).

13. Con la herramienta Pincel y el cuarto pincel empezando por la izquierda de la fila superior de la paleta Pinceles, elimine con cuidado las áreas de máscara rápida que no deberían estar en la selección, como se muestra en la Figura 6.17.

14. Cuando haya terminado la edición, pulse el botón de Edición estándar para que la máscara rápida se convierta en un marco de selección.

Nota:

● ●

Para borrar un trazado almacenado, puede arrastrar su nombre al icono Papelera de la paleta Trazados o presionar dos veces la barra espaciadora. La primera pulsación de la barra espaciadora elimina el último segmento del trazado creado y la segunda el resto del trazado.

● ●

15. Elija una herramienta de selección (el Lazo es adecuado) y pulse con el botón derecho (Macintosh: presione Ctrl y pulse) dentro del marco de selección. En el menú contextual, seleccione la opción Capa vía copiar, como se indica en la Figura 6.18, con lo que ahora nuestra explicación tiene que pasar de los trazados a las capas.

16. Mantenga abierto el archivo; nos esperan más cosas divertidas.

Antes de pasar a ver el proceso de manipulación de las capas vamos a hablar un poco sobre ellas.

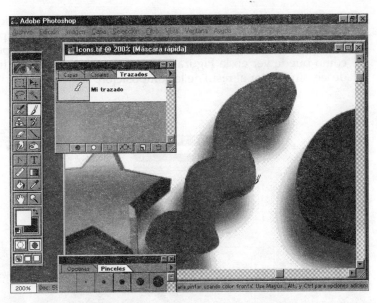

Figura 6.17 Refine la selección definida usando la Máscara rápida y la herramienta Pincel.

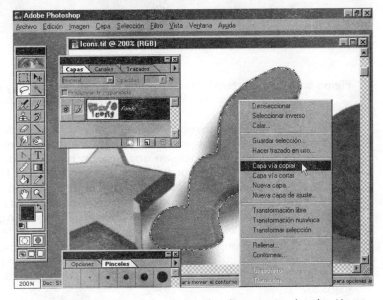

Figura 6.18 Puede copiar o cortar los contenidos de un marco de selección en una nueva capa usando las órdenes del menú contextual.

Pormenores sobre las capas

Si está familiarizado con los temas de animación, podrá entender las capas de forma muy intuitiva. En el proceso de animación, los dibujantes pintan sobre hojas de acetato y luego fotografían el acetato y sus contenidos contra un fondo. Esto es similar a la copia que acabamos de hacer del serpentín en una nueva capa en la imagen Icons.tif. La copia del serpentín no pertenece al fondo, como puede ver en la Figura 6.19, ya que puede moverla libremente cuando desee, sin afectar al resto de la composición.

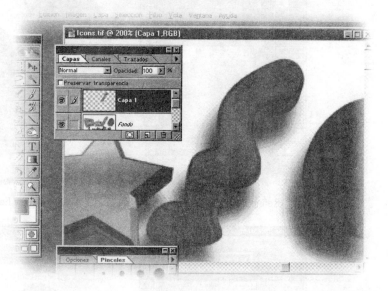

Figura 6.19 La forma serpentín está ahora en su propia capa, Capa 1, y puede moverse independientemente de los restantes elementos de la composición.

Sólo cuando esté satisfecho de la posición y apariencia de un elemento sobre una capa querrá agrupar la imagen y convertir los contenidos de la capa en parte del fondo. Las capas son una función particular de Photoshop y las imágenes con capas sólo se pueden almacenar en el formato PSD de Photoshop (que es por lo que no le hemos pedido que guarde la imagen en los pasos anteriores). Para que una composición pueda almacenarse en los formatos de archivo más comunes, como TIFF, Targa, BMP y PICT, debe agrupar las imágenes definidas en capas.

En el siguiente conjunto de pasos, vamos a realizar algunos trabajos imaginativos de edición con la copia del serpentín. Haremos que parezca que atraviesa la forma rectangular dorada situada en la parte izquierda del archivo Icons.tif.

¿Preparado para la aventura con la edición de capas? ¡Vamos allá!

Creación de una composición multicapa usando las selecciones flotantes

1. Pulse dos veces la herramienta Zoom para que la vista de la imagen Icons.tif esté al 100%(1:1).

2. En la paleta Capas, pulse el título Capa 1 para asegurarse de que es la capa de edición actual.

3. Seleccione la herramienta Mover y arrastre en la ventana hasta que la copia del serpentín se sitúe exactamente encima del rectángulo dorado, como en la Figura 6.20.

Figura 6.20 La herramienta Mover es la única herramienta que puede utilizarse para mover los contenidos de una capa sin tener que seleccionarlos.

Para que el serpentín atravesara el agujero del rectángulo dorado debería ser más largo. No hay ningún problema: dividiremos el serpentín en dos y recolocaremos la parte inferior...

4. Aumente la imagen hasta tener una resolución de visualización del 200% (para trabajar con mayor precisión) y luego seleccione la herramienta Lazo.

5. Haga un marco de selección alrededor de la parte inferior del serpentín, como se muestra en la Figura 6.21.

6. Presione y mantenga presionado Ctrl(⌘) y luego arrastre dentro de la selección, moviendo hacia abajo los contenidos de la misma ligeramente hacia la izquierda, como se indica en la Figura 6.22. Lo que ha creado es una selección *flotante*, que no pertenecerá a la capa hasta que la deseleccione. Ahora puede liberar Ctrl(⌘) y arrastrar la pieza simplemente manteniendo el cursor dentro del marco de selección flotante.

7. Pulse fuera del marco de selección después de haber colocado la selección flotante y de nuevo será parte de la capa.

8. En la paleta Capas, establezca un valor de opacidad para la capa de, aproximadamente, el 50%. Ahora verá claramente qué partes del serpentín hay que borrar.

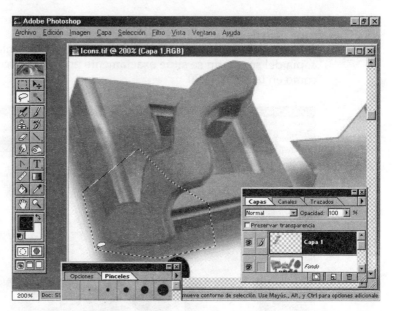

Figura 6.21 Puede hacer marcos de selección alrededor de las áreas opacas de una capa y luego mover los contenidos de las selecciones.

Figura 6.22 El presionar Ctrl(⌘) y arrastrar dentro de una selección de marco en una capa hace que los contenidos de la selección se conviertan en una selección flotante.

9. Pulse el icono Máscara de capa de la paleta Capas. Al igual que el modo Máscara rápida, el modo Máscara de capa oculta aquellas áreas de una capa sobre las que se pinte (o rellene) de negro y revela las áreas ocultas cuando se pinta o rellena de blanco.

10. Con la herramienta Lazo poligonal, encierre la parte superior de las áreas del serpentín que deberían eliminarse, como se muestra en la Figura 6.23.

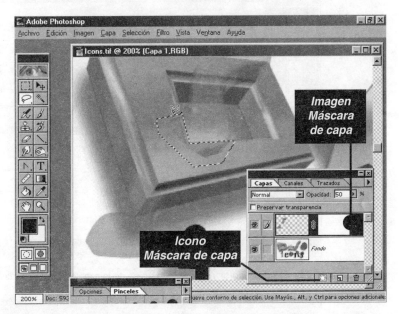

Figura 6.23 Cree una selección de marco alrededor del área del serpentín que debería eliminarse.

11. Presione D (colores por defecto) y luego Alt(Opción)+Supr(Retroceso) para rellenar el marco con el color frontal (y ocultar la porción no deseada del serpentín). Presione Ctrl(⌘)+D para deseleccionar ahora el marco.
12. Seleccione la herramienta Pincel (para variar), elija la tercera punta de pincel más pequeña en la fila superior de la paleta Pinceles y pinte la parte inferior del serpentín donde se solapa con el rectángulo dorado. La Figura 6.24 indica dónde pintar.
13. Aumente la resolución de visualización al 100%, arrastre el regulador de opacidad al 100% en la paleta Capas y eche un vistazo a su trabajo de edición. Debería ser similar al de la Figura 6.25.
14. Ahora es el momento de hacer permanentes los cambios temporales realizados en la capa. Cuando se *aplica* una máscara de capa, se *borran* las áreas que se han ocultado en la capa. Pulse la miniatura de máscara de capa de la paleta Capas y luego arrástrela al icono de la papelera; aparecerá un cuadro de diálogo.

En el cuadro de diálogo se ofrecen tres opciones. *Aplicar* significa que las áreas ocultas de la capa se borrarán. *Descartar* indica que todas las áreas que haya ocultado reaparecerán (se restaura todo) y todo su trabajo no habrá valido para nada. Y *Cancelar* indica lo que el lector puede suponer: volver a su trabajo sin realizar ningún cambio sobre la capa.

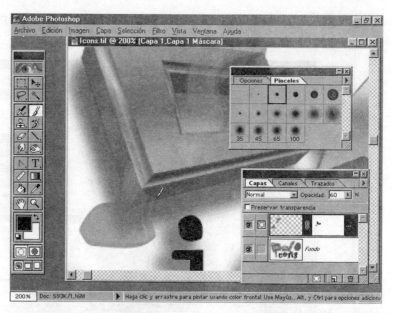

Figura 6.24 El aplicar color negro oculta áreas de la capa en el modo Máscara de capa.

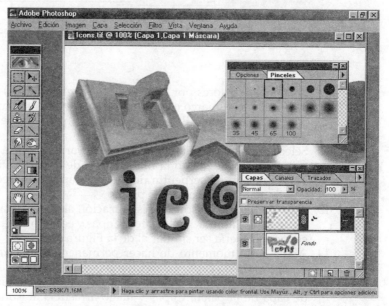

Figura 6.25 Uso de la función Máscara de capa para crear una ilusión óptica que parece completamente real.

15. Pulse Aplicar. Hemos terminado de editar la capa y es el momento de fusionar la capa con la imagen de fondo. Pulse el botón de menú flotante de la paleta Capas y seleccione la opción Combinar visibles, como se muestra en la Figura 6.26.

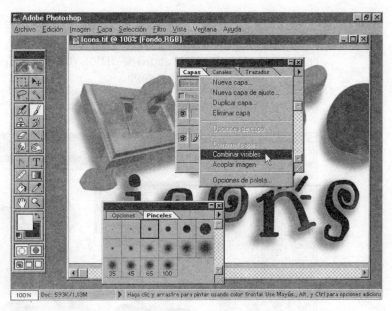

Figura 6.26 Las capas se pueden crear y volver a componer.

La opción Combinar visibles fusiona en una imagen todas las capas que son *actualmente visibles* (las que muestran el icono del ojo junto a sus títulos). Las capas que no son visibles (no tienen el icono del ojo) no se ven afectadas y pueden hacerse visibles y editarse en cualquier instante.

16. Presione Ctrl($\mathcal{H}$)+S y mantenga abierto el archivo.

En la sección anterior se han visto muy brevemente las selecciones flotantes, por lo que ahora es el momento de explorarlas un poco más y ver qué posibilidades creativas ofrecen.

Sustracción de una selección flotante

Como se ha mencionado anteriormente, una selección flotante no pertenece a una capa ni a un fondo de una imagen. Simplemente es una entidad flotante que, eventualmente, puede mezclarse con una capa para poder guardar el archivo. Pero mientras una selección flotante revolotea pueden hacerse algunas cosas interesantes con ella, como se expone en los pasos siguientes.

Eliminación de partes de una selección flotante

1. En la paleta Canales, presione Ctrl($\mathcal{H}$) y pulse el canal Círculo. Esto carga el marco de selección previamente definido alrededor de la forma circular.
2. Elija una herramienta de selección, pulse el botón derecho (Macintosh: presione Ctrl y pulse) y luego seleccione en el menú contextual la opción

Capa vía copiar. Aparece una nueva capa en la imagen, que recibe el nombre de Capa1 en la paleta Capas.

3. Para mantener el orden, pulse dos veces el título Capa 1, teclee **Círculo** en el campo Nombre del cuadro de diálogo Opciones de capa y pulse OK para cerrarlo y renombrar la capa.

4. Con la herramienta Marco rectangular, arrastre alrededor de la forma circular de la capa, como se muestra en la Figura 6.27.

Figura 6.27 Creación de un marco de selección alrededor del área opaca en la capa Círculo.

5. Presione y mantenga presionada la tecla Ctrl(⌘) y arrastre dentro del marco de selección. Ahora el círculo es una selección flotante, como puede ver en la Figura 6.28.

6. Presione Ctrl(⌘)+tecla más para aumentar la resolución de visualización de la imagen hasta el 200 por ciento.

7. Presione y mantenga presionada la tecla Alt(Opción) y luego, con la herramienta Lazo, elimine áreas de la selección flotante. Como puede ver en la Figura 6.29, las áreas que se eliminan simplemente se desvanecen, no se ocultan ni enmascaran. Ahora que hemos visto el poder de borrado de las selecciones flotantes, no borre accidentalmente partes de selecciones flotantes que desee guardar, o tendrá que visitar la paleta Historia.

8. Arrastre la capa Círculo al icono de la papelera en la paleta Capas. Lo único que quedará es el contorno del marco de la selección flotante. Presione Ctrl(⌘)+D para deseleccionar el marco, luego presione Ctrl()+S y mantenga abierto el archivo.

Como es lógico, el eliminar porciones de una selección flotante tiene usos limitados pero, en este capítulo es importante cubrir todas las características de las selecciones, ya que es el lector, el diseñador, quien inventa las posible aplicaciones.

Figura 6.28 Presionando Ctrl(⌘)la forma se desprende de la capa y se convierte en una selección flotante.

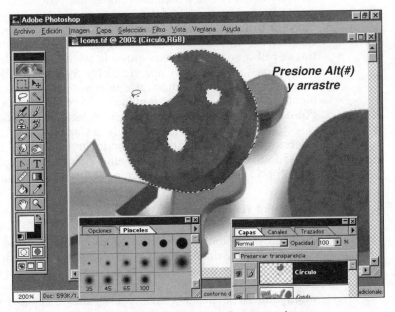

Figura 6.29 Las áreas sustraídas de las selecciones flotantes se borran.

No es necesario tener un objeto en una capa para crear una selección flotante. Puede obtener una selección flotante con una copia de un elemento de la capa Fondo seleccionándolo y presionando después Ctrl()+Alt(Opción) y arrastrando dentro del marco.

Trabajo con grupos de recorte

Existe todavía un tipo más de máscara denominado *grupo de recorte,* que se puede aplicar a las formas de una composición en Photoshop. Un grupo de recorte funciona cuando se tienen dos capas en una imagen. La capa inferior es la «plantilla (cliché)» y todas las capas enlazadas por encima del patrón pueden verse a través del patrón. Sin embargo, esto es más sencillo de ver en el contexto de un ejemplo que lo explique, por lo que vamos a ver cómo podemos recolorear el texto «icons» de la imagen usando un grupo de recorte.

Selección de la base para un grupo de recorte

1. Pulse dos veces la herramienta Varita mágica para seleccionarla y visualizar su paleta de Opciones.
2. En la paleta Opciones, teclee **1** en el campo Tolerancia y marque la casilla Suavizado. Ahora podrá seleccionar las letras de la imagen sin seleccionar la sombra que hay detrás del texto.
3. Pulse el primer carácter y luego presione Mayús y pulse los restantes caracteres, como se muestra en la Figura 6.30. Presionando Mayús mientras se pulsa, se añaden elementos a la selección actual.
4. Seleccione Capa, Nueva, Capa vía cortar en el menú principal. Hacemos esto simplemente para mostrarle dónde se encuentra esta orden en el menú, ya que ahora ya está familiarizado con el menú contextual.
5. Pulse el icono Crear capa nueva de la paleta Capas. Ahora debería tener el texto en la Capa 1 y encima de ella la Capa 2 vacía.
6. Seleccione la herramienta Degradado lineal y en la lista desplegable Degradado de la paleta Opciones elija Violeta, naranja; luego arrastre de arriba hacia abajo en la Capa 2, como se indica en la Figura 6.31.

¿Puede ahora ver el texto? No, ¿verdad? Veamos...

7. Presione y mantenga presionado Alt(Opción) y pulse entre los títulos Capa 1 y Capa 2 de la paleta Capas. ¡Sorpresa! Ahora la Capa 2 está «en el interior» de las áreas de texto opaco de la Capa 1. Ha creado un grupo de recorte. Un recordatorio visual sencillo de esto es que la capa base está subrayada en la paleta Capas y las capas afectadas situadas encima muestran sus imágenes desplazadas hacia la derecha en la paleta Capas, como se muestra en la Figura 6.32.

Figura 6.30 Presionando la tecla Mayús se pueden definir selecciones múltiples.

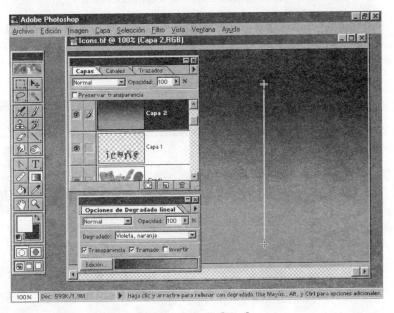

Figura 6.31 Añada un degradado para rellenar la Capa 2.

Puede añadir cualquier cosa que desee en la capa base o en las capas por encima de ella. Esto quiere decir que puede desplazar el texto usando la herramienta Mover, si lo desea, y el relleno de la Capa 2 cambiará para reflejar su nueva posición relativa. También puede volver a colorear las capas situadas encima de la capa base de la siguiente forma:

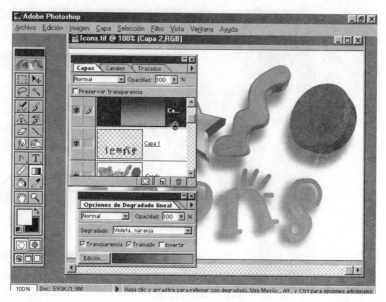

Figura 6.32 La capa base de un grupo de recorte es el cliché y las capas por encima de ella son el relleno dentro de la composición.

8. En la paleta Opciones, seleccione en la lista desplegable Degradado la opción Espectro y luego arrastre verticalmente en la Capa 2. Observe que el relleno para el texto cambia (aunque en la Figura 6.33 en blanco y negro no puede apreciarse).

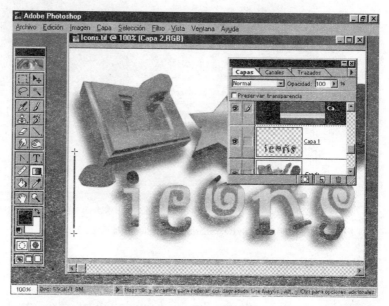

Figura 6.33 Cualquier cosa que aplique o añada a un grupo de recorte se ve « a través de» las áreas opacas de la capa base.

9. Guarde el archivo en su disco duro como Icons.psd en el formato nativo de Photoshop. Ahora puede cerrar la imagen cuando desee.

Para *eliminar* el grupo de recorte, simplemente presione Alt(Opción) y pulse entre los títulos de la paleta Capas.

Resumen

Las habilidades que se han presentado en este capítulo deben refinarse dedicando tiempo, pero el lector podrá, posiblemente, ver recompensado su trabajo con selecciones, capas y trazados. Photoshop ofrece muchos métodos de selección y muy pronto el usuario adquirirá su propio estilo de trabajo.

Ahora que hemos degustado el trabajo con selecciones en una imagen de prueba, vamos a pasar al Capítulo 7 «Retoque de una fotografía», en el que combinaremos algunas de las cosas aprendidas hasta aquí para retocar una imagen.

CAPÍTULO 7

RETOQUE DE UNA FOTOGRAFÍA

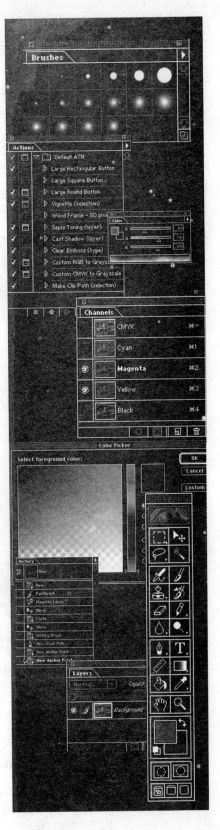

Normalmente la fotografía «perfecta» no estará esperándole. Por ejemplo, supongamos que un senador está visitando la ciudad y el lector tiene exactamente 30 segundos para hacerle una fotografía antes de que una multitud de periodistas y contribuyentes entre en la escena, por lo que, frenéticamente, toma unas instantáneas y descubre después que la mejor foto que tiene del senador es una en la que se está tocando la mejilla con el dedo. Es una realidad que no siempre se tiene tiempo para que alguien pose adecuadamente.

¿Qué hacer? ¿Llamarle y decirle que vuelva y pose de nuevo? No; con toda probabilidad, esto no será posible. Su segunda mejor opción consiste en usar Photoshop para corregir la imagen y es de este tema de lo que este capítulo se ocupa: el retoque significativo de una imagen.

Valoración del daño de la composición

Echemos un vistazo a la fotografía con la que tenemos que trabajar. En la Figura 7.1 puede ver que el senador Dave está vestido adecuadamente, que la expresión de su cara es buena y que hay dos áreas de la imagen que es necesario retocar:

- Debe eliminarse el dedo de la mejilla.
- La mano izquierda no debería aparecer.

Figura 7.1 Las fotografías realizadas sin planificación a menudo llevan a imágenes con una composición torpe e inesperada.

La parte más difícil de este retoque será eliminar el dedo colocado sobre la mejilla del senador. Lo que reemplace al dedo deberá adaptarse al tono y textura de la cara de Dave. En primer lugar, trabajaremos sobre este área; de ello nos encargamos en la sección siguiente.

Uso de la herramienta Pluma y las selecciones flotantes

Puesto que la silueta de la mejilla del senador Dave es suave y está bien definida, la herramienta Pluma es la adecuada para crear un borde en este área. Después de haber rodeado el área del dedo con un trazado, hay que decidir cómo restaurar dicho área.

Afortunadamente, la iluminación se difunde por la imagen sin crear ninguna sombra demasiado oscura. Esto quiere decir que el rostro de Dave está uniformemente iluminado, de modo que se puede copiar y voltear un área de la mejilla derecha, que servirá para reemplazar parte de su mejilla izquierda. En los pasos que siguen, definiremos el trazado, crearemos una copia flotante de la mejilla derecha, voltearemos la selección flotante, crearemos un marco a partir del trazado y luego utilizaremos la orden Pegar dentro para reemplazar el área que contiene el dedo. Cuando se usa dicha orden, se crea una nueva capa en la imagen; ya que estaremos en el modo Máscara de capa, podremos recolocar y cambiar el tono del área pegada hasta que sea el adecuado.

A continuación veremos cómo usar una selección flotante para reemplazar el área del rostro de Dave que contiene el dedo:

Reemplazamiento de áreas con selecciones flotantes

1. Abra la imagen Dave.tif contenida en la carpeta Chap07 del CD adjunto.
2. Haga zoom hasta tener una resolución de visualización de la imagen del 200% y recorra la ventana para situar el dedo que molesta en el centro de la pantalla.
3. Con la herramienta Pluma, trace cuidadosamente el contorno de la mejilla, atravesando el dedo y luego cierre el trazado, de modo que encierre también la punta del dedo así como la hendidura que Dave está haciendo en su mejilla, como se muestra en la Figura 7.2.

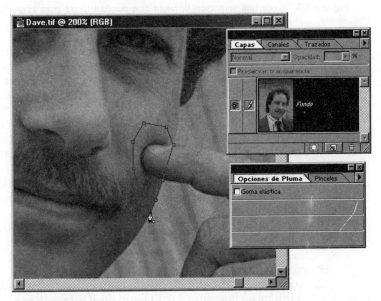

Figura 7.2 El borde de la mejilla es el área más importante en cuanto a la precisión del trazado.

4. Pulse un área vacía de la paleta Trazados para ocultar el trazado en uso.

5. Con la herramienta Lazo, arrastre hasta definir un área de selección alrededor de la mejilla y luego presione Ctrl(⌘)+Alt(Opción); arrastre dentro de la selección de modo que el área sea ahora una copia, una selección flotante del área definida. La Figura 7.3 muestra la forma y posición del marco de selección.

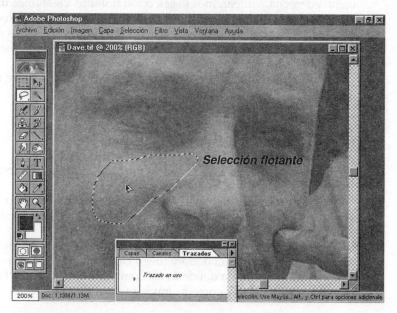

Figura 7.3 Cree una selección flotante que pueda utilizar para reemplazar áreas dentro del trazado que ha dibujado.

6. Seleccione Edición, Transformar y luego Voltear horizontal. Ahora la selección de la mejilla derecha de Dave puede utilizarse para reemplazar la mejilla izquierda, como se muestra en la Figura 7.4.

7. Seleccione Edición, Cortar. Ahora la selección flotante se encuentra en el portapapeles.

8. En la paleta Trazados, seleccione el título Trazado en uso y pulse el icono Carga el trazado como selección, que se encuentra en la parte inferior de la paleta. Pulse en un área vacía de la misma para ocultar el trazado.

9. Seleccione en la barra de menú Edición, Pegar dentro. Como puede ver en la Figura 7.5, ahora lo que estaba en el portapapeles se pega en su propia capa, aplicándosele una máscara.

10. Con la herramienta Mover, arrastre los contenidos de la Capa 1 hasta colocarlos de modo que haya una buena continuidad entre la carne y la mejilla izquierda de Dave.

11. Presione Ctrl()+L para acceder a la orden Niveles.

12. Arrastre el regulador de medio tono hasta aproximadamente 86, como se indica en la Figura 7.6. El truco aquí está en hacer que los contenidos

de la Capa 1 sean coherentes en cuanto a tono con las áreas circundantes originales. No se preocupe porque la selección tenga bordes marcados, más adelante los suavizaremos. Ahora concéntrese sólo en ajustar los tonos de piel de las dos capas.

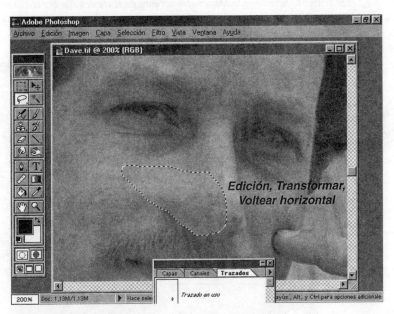

Figura 7.4 Voltee horizontalmente la selección flotante.

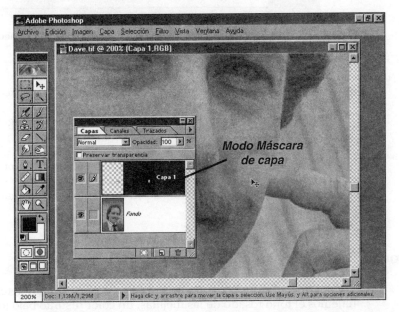

Figura 7.5 Los contenidos de la nueva capa proceden del portapapeles. La forma de la Máscara de capa se define a partir de la selección de marco que se ha cargado.

A diferencia de las versiones anteriores de Photoshop, el cursor de la herramienta Mover debe estar sobre los contenidos de la capa para desplazar el elemento. Independientemente de qué capa esté activa, la herramienta Mover sólo actuará en el elemento sobre el que se encuentre.

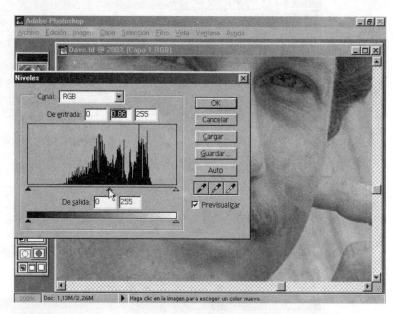

Figura 7.6 Disminuya el brillo en los medios tonos de la selección usando el correspondiente regulador de la orden Niveles.

13. Pulse OK para aplicar el cambio y luego seleccione Acoplar imagen en el menú flotante de la paleta Capas.
14. Seleccione Archivo, Guardar como y almacene la imagen como Dave.tif en su disco duro. Mantenga la imagen abierta.

Pegar una copia de la mejilla opuesta del senador realmente ha permitido avanzar bastante en la restauración de la parte izquierda de su rostro. Ahora, no obstante, es necesario eliminar de su mejilla los bordes marcados causados por la selección.

Retoque con la herramienta Tampón

El color de la piel varía dependiendo de su posición en un determinado rostro. Tenemos el tono rosado de las mejillas, un color distinto bajo los ojos y, ocasionalmente, alguna sombra en cualquier posición estropea la apariencia de la piel. La selección que acabamos de crear en la imagen limita con áreas correspondientes a los tres tipos de piel. Para eliminar el borde marcado de la selección, deberemos trabajar en zonas muy próximas al mismo con el fin de muestrear las áreas con la herramienta Tampón. Cuando las muestras clonadas se apliquen, la variación en los tonos de la piel no será muy destacable y habremos conseguido el objetivo usando sólo unas pocas pinceladas adecuadamente dispuestas.

A continuación veremos cómo eliminar el borde de la selección del rostro de Dave:

Uso de la herramienta Tampón con opacidad parcial

1. Seleccione la herramienta Tampón y presione 5 en el teclado numérico. Esto reduce la potencia de clonación de la herramienta a un 50% de opacidad. En la paleta Pinceles, seleccione la segunda punta de pincel empezando por la izquierda en la segunda fila.
2. Presione Alt(Opción) y pulse en un punto por encima de la selección de bordes marcados, aproximadamente a medio centímetro del borde, para definir el punto de muestreo para la herramienta Tampón.
3. Dé unos pequeños toques en el borde de la selección, como se muestra en la Figura 7.7. Para cubrir el borde será necesario más de un toque, ya que la herramienta está trabajando con una opacidad parcial. Lo que se intenta hacer es clonar lo necesario para cubrir el borde de la selección, pero sin reemplazar el área anteriormente pegada. No se desea eliminar la textura de la piel.

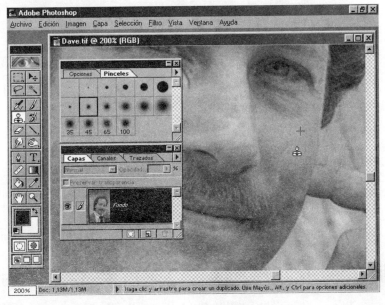

Figura 7.7 Cuando realice clonaciones en el borde mantenga próximos el punto de origen y el punto de destino para la herramienta Tampón.

4. Cuando el borde superior sea invisible, presione Alt(Opción) y pulse para definir otro punto de muestreo situado a la izquierda, en el exterior del borde de la selección, y luego, con cuidado, clone la textura de la piel para ocultar el borde. Vuelva a muestrear frecuentemente el punto de origen para la herramienta y así evitar que la mejilla de Dave sea excesivamente uniforme. La textura y color de la piel nunca son uniformes a lo largo de áreas grandes, y a veces pequeñas, del cuerpo.

5. Cuando haya terminado con el borde izquierdo, presione Alt(Opción) y pulse para definir un punto de muestreo en la sombra que Dave tiene en la posición de las cinco en punto; luego, aplique uno o dos toques en el borde inferior de la selección, como se muestra en la Figura 7.8.

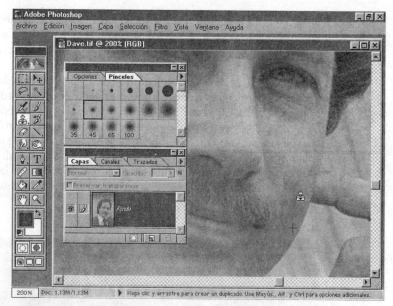

Figura 7.8 Combine la sombra de Dave en la posición de las cinco en punto con el borde marcado de la selección.

6. Presione 0 (cero) para definir una opacidad del 100% en la herramienta Tampón. Presione Ctrl(⌘)+S y deje abierto el archivo.

Cuando haya realizado estas operaciones tan divertidas, el senador Dave ya no tendrá el dedo sobre su mejilla; sin embargo, parecerá que tiene un dedo *detrás* de la mejilla. En la sección siguiente, comenzaremos el proceso de clonación sobre la mano de Dave con la imagen de fondo, una tarea bastante fácil si se mantiene el punto de origen alineado con el motivo del hormigón del fondo.

Modificación de un trazado para hacer una nueva selección

El trazado creado alrededor de la mejilla de Dave servirá para otro propósito después de efectuar en él algunas modificaciones. El segmento del trazado sobre el borde de la mejilla permanecerá donde está, pero los demás lados deberían quedar ahora fuera de la cara, con el fin de incluir el resto del dedo de Dave. Utilizaremos este trazado modificado para crear un marco de selección, sobre el que se clonará para eliminar el dedo.

A continuación veremos cómo cambiar el trazado y seleccionar un área de destino para la clonación dentro del área descrita por el trazado:

Clonación en el lado opuesto del trazado original

1. Pulse y mantenga presionada la herramienta Pluma para acceder a su menú flotante y seleccione la herramienta Selección directa (la flecha con punta blanca). Pulse el título Trazado en uso, en la paleta Trazados, para hacerlo visible.
2. Con la excepción del segmento del trazado sobre el borde de la mejilla de Dave, desplace los puntos de anclaje, uno por uno, hacia la parte exterior de la cara para encerrar el dedo, como se muestra en la Figura 7.9.

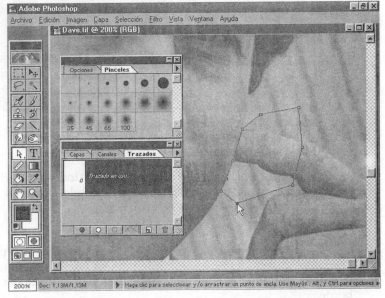

Figura 7.9 Arrastre los puntos de anclaje para modificar la forma del trazado y encerrar la siguiente área de la imagen que se va a retocar.

3. Aumente la resolución de visualización al 100%, pulse el icono Carga el trazado como selección, que se encuentra en la parte inferior de la paleta Trazados y, a continuación, pulse en un espacio vacío de la misma para ocultar el trazado.
4. En la paleta Pinceles, seleccione el segundo pincel comenzando por la derecha en la segunda fila. Presione Alt(Opción) y pulse con la herramienta Tampón una de las líneas diagonales de hormigón del fondo; luego pinte el motivo en el área del dedo de Dave, comenzando las pincela-

das donde ésta se alinea con el motivo de hormigón, como se muestra en la Figura 7.10. Puede que tenga que definir un nuevo punto de muestreo según rellene el marco de selección (quizá no disponga de la longitud suficiente del motivo de hormigón para alcanzar la parte superior izquierda de la imagen).

Figura 7.10 Cuide de que el área que se muestrea sea coherente con el motivo del área donde se va a clonar.

5. Cuando haya realizado la clonación en todo el interior del marco de selección, presione Ctrl(⌘)+D para deseleccionar el marco. Presione Ctrl(⌘)+S y deje abierto el archivo.

Ahora observará en la imagen que la mano de Dave tapa parte del hombro. Por tanto, deberá definirse un borde para su hombro de la misma forma que definimos el borde de la mejilla y habrá también que retocar ambos lados del borde.

Creación de un trazado para definir el hombro

Dado que la mano de Dave queda sobre su hombro, es imposible saber dónde está el borde de la chaqueta. No obstante, si examina su hombro derecho, puede ver que hay una pendiente definida. En los siguientes pasos crearemos un borde con una pendiente para el hombro y luego encerraremos la parte de la mano que queda por delante del fondo de hormigón.

A continuación veremos cómo usar de nuevo la herramienta Pluma.

Uso de la herramienta Pluma para crear un trazado

1. Arrastre el lado derecho de la ventana de imagen fuera del campo de visión, de modo que pueda ver parte del fondo de la imagen. Vamos a crear un segmento del trazado que se ajuste con este borde.
2. Con la herramienta Pluma, comience a definir un trazado directamente sobre el hombro de Dave, a la izquierda de su mano.
3. Pulse y arrastre hacia el centro del hombro para crear un segundo anclaje y dirigir el arco del trazado ligeramente hacia abajo, dando la inclinación del hombro.
4. Pulse para definir un anclaje en el borde de la imagen y luego otro anclaje en el borde a la altura, aproximadamente, del dedo índice de Dave; cierre el trazado abarcando la mano. La Figura 7.11 muestra la forma y localización del trazado.

Figura 7.11 Defina el borde del hombro y complete el trazado para abarcar la mano de Dave.

5. En la paleta Trazados, pulse el icono Carga el trazado como selección y, a continuación, pulse una zona vacía de la paleta para ocultar el trazado.
6. Con la herramienta Tampón, presione Alt(Opción) y pulse para muestrear uno de los pliegues del hormigón; luego, aplique toques dentro del marco para reemplazar la mano de Dave con el fondo de hormigón. Asegúrese de que el primer toque se hace en una de las protuberancias del hormigón. Puede necesitar definir un nuevo punto de muestreo una o dos veces con el fin de conservar la continuidad del motivo en diagonal del hormigón, como se muestra en la Figura 7.12.
7. Presione Ctrl(⌘)+D para deseleccionar el marco. Presione Ctrl(⌘)+S y mantenga abierto el archivo.

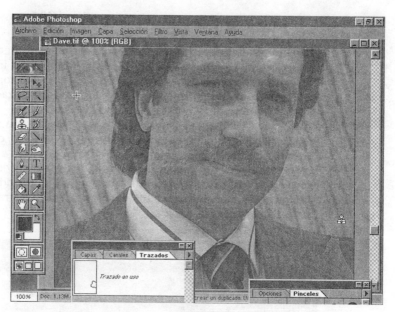

Figura 7.12 Alinee el punto de muestreo con el punto de destino; ambos cursores deberían comenzar sobre las protuberancias del hormigón.

Ahora es el momento de alargar hacia abajo el trazado en uso para abarcar el resto de la mano.

Clonación de un motivo

Utilizar la herramienta Tampón para eliminar el resto de la mano del senador no será tan sencillo como puede parecer. Realmente, bastará con clonar el tejido pero, dado que el tejido es jaspeado, es necesario seleccionar cuidadosamente el punto de origen para la herramienta Tampón.

Comenzaremos la modificación de la chaqueta moviendo los anclajes del trazado en uso, para encerrar lo que queda de la mano de Dave.

Remiendo invisible

1. Pulse el título Trazado en uso de la paleta Trazados para hacerlo visible.
2. Active la herramienta Selección directa y luego arrastre hacia abajo todos los puntos de ancla, excepto aquellos que definen el hombro. Colóquelos de modo que enmarquen la mano de Dave, ajustando el contorno alrededor de la mano, como se muestra en la Figura 7.13.
3. Aumente la resolución de visualización hasta el 200%, pulse el icono Carga el trazado como selección, que se encuentra en la parte inferior de la paleta Trazados, y luego pulse en un espacio vacío de la misma para ocultar el trazado.

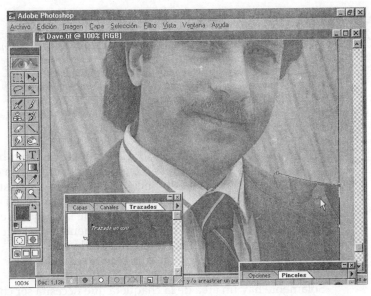

Figura 7.13 Mueva los puntos de anclaje superiores hacia la parte inferior de la imagen, de modo que se ajusten al área de la mano que queda.

4. Con la herramienta Tampón, presione Alt(Opción) y pulse un área de la chaqueta de Dave. Comience la clonación en la mano sobre los tonos similares de la tela, como se muestra en la Figura 7.14. Efectúe pequeños toques y vuelva a tomar una muestra cuando se desplace a un área en la que ya se ha haya hecho la clonación. Lea la siguiente nota sobre una nueva y posiblemente frustrante función de la herramienta Tampón.

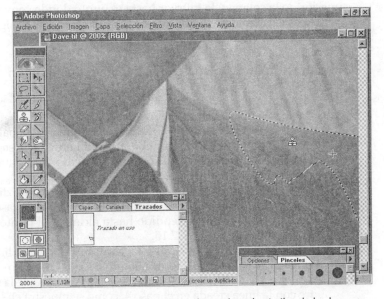

Figura 7.14 Realice la clonación sobre áreas de sombreado similar de la chaqueta.

Nota:

Photoshop no permite realizar la clonación utilizando muestras de áreas que ya han sido clonadas empleando una misma pasada continua de la herramienta Tampón. Si se da cuenta de que está restaurando áreas en lugar de clonando sobre ellas, presione Ctrl(⌘)+Z para Deshacer y luego tome una muestra diferente dentro del área clonada presionando Alt(Opción) y pulsando. Con ello podrá utilizar este área como muestra.

5. Debido a la luz que incide sobre la chaqueta de Dave, hay una zona estrecha de color más oscuro a la izquierda del área en la que hemos estado trabajando. Presione Alt(Opción) y pulse una muestra de dicho color más oscuro y luego pinte en las áreas de la mano de Dave.
   Observará que una parte de la solapa de la chaqueta estaba cubierta por los dedos de Dave. No es excepcionalmente difícil retocar este área, aunque requiere una técnica diferente, por lo que...
6. Presione Ctrl(⌘)+S y mantenga abierto el archivo.

Solamente hay un área de la chaqueta que necesita ser corregida para completar la imagen. En la sección siguiente, veremos cómo usar la herramienta Tampón para restaurar la solapa de Dave.   •

El truco está en extender lo que se tiene disponible

Observará que muchas áreas de la solapa de Dave no se han retocado; dichas áreas convergen en la esquina de la solapa, que estaba oculta por los nudillos de Dave. Aquí tenemos un concepto revolucionario: ¿por qué no clonar la línea superior de la solapa y la inferior hasta el punto donde convergen?
Esto es exactamente lo que vamos a hacer en los pasos siguientes:

Restauración de la solapa con la herramienta Tampón

1. Amplíe la resolución de visualización hasta el 300% y centre en la pantalla el área de la solapa.
2. Seleccione la herramienta Tampón y después, en la paleta Pinceles, elija el segundo pincel empezando por la izquierda de la segunda fila.
3. Presione Alt(Opción) y pulse el punto medio horizontal del borde superior de la solapa.
4. Comience extendiendo la línea de la solapa pintando directamente sobre el borde y eliminando los nudillos de Dave. Deténgase cuando la línea de la solapa se haya extendido hasta alcanzar el punto adecuado, como se muestra en la Figura 7.15.
5. Presione Alt(Opción) y pulse la parte inferior de la línea diagonal más corta de la solapa, que apunta según las dos en punto.
6. Aplique pinceladas hacia arriba, hasta que la línea de la solapa se encuentre con la línea creada en el paso 4, como se muestra en la Figura 7.16.

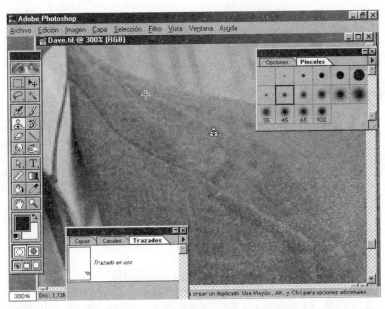

Figura 7.15 Extienda el borde de la solapa hasta alcanzar el punto de terminación de la misma.

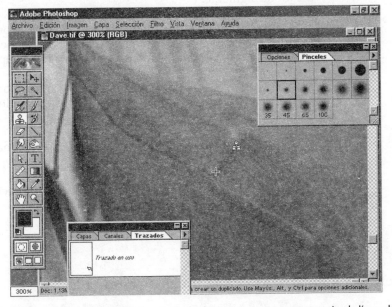

Figura 7.16 Concluya la línea de la solapa en el mismo punto en que termina la línea clonado anteriormente.

7. Tendrá que aplicar un toque o dos de tela clonada para eliminar por completo los tonos de color carne de este área.

8. ¡Hemos terminado! Presione Ctrl(⌘)+S y mantenga el archivo abierto.

Lo que hemos conseguido con la imagen del senador Dave es casi un milagro. Pero todavía se pueden hacer dos cosas para que el aspecto de la composición sea aún mejor y su trabajo de edición llame la atención.

Recorte de la imagen

Ampliemos nuestra relación con el senador ficticio. Supongamos que él quiere que se haga algo más con su imagen: desea que se componga con ella un póster para la campaña. Una de las primeras cosas que hay que hacer es recortar la imagen, ya que hay demasiados detalles de fondo y el recortar parte del hombro izquierdo de la escena hace que haya menos trabajo de retoque de Photoshop en la imagen terminada.

Veamos ahora cómo recortar la imagen, de modo que la cara del senador juegue el papel predominante en la composición de la imagen.

Recorte de una imagen para resaltarla

1. Establezca la resolución de visualización de la imagen en el 50%. Con la herramienta Marco rectangular arrastre para definir un rectángulo alrededor de la imagen. Los cuatro lados del rectángulo deberían colocarse del modo siguiente:

   - El lado izquierdo, aproximadamente a 1,25 cm del pelo de Dave.
   - El lado superior, aproximadamente a 1,25 cm del pelo. Esto hace que Dave parezca más alto, dado que en la imagen no aparece el techo de hormigón.
   - El lado derecho, aproximadamente a 1,25 cm del borde derecho de la imagen. Esto permite que la parte izquierda del pelo de Dave se conserve en la imagen y recorta parte del trabajo de restauración que hemos hecho.
   - El lado inferior se debe situar ligeramente por encima de la parte inferior del nudo de la corbata.

   La Figura 7.17 muestra la posición del cuadro de recorte que debería dibujar.
2. Seleccione Imagen, Recortar.
3. Presione Ctrl(⌘)+S y deje abierto el archivo.

«Atención compartida» en la imagen terminada

Colocar textos bien marcados en recuadros ubicados en la parte superior e inferior de la imagen cumplirá dos cometidos:

- Clarificará a todo el mundo quién es el hombre de la fotografía.
- Proporcionará otro elemento para distraer al observador del trabajo de retoque realizado.

Figura 7.17 Recorte de modo que el foco de atención de la imagen sea el rostro del senador.

La adición de texto alrededor de la imagen retocada es un truco barato pero muy efectivo. En la Figura 7.18 puede ver la imagen original y la imagen terminada con el texto. ¿Quién diría que se trata de la misma foto?

Para añadir el texto a la imagen terminada no necesita seguir unos determinados pasos; en lugar de ello, puede usar las siguientes normas:

- Asigne el blanco como color de fondo por defecto y aumente el Tamaño de lienzo de la imagen por arriba y por abajo para añadir espacio para los bloques de texto.
- Seleccione una única familia de fuentes. El autor ha utilizado el tipo Helvética con diferentes grosores para crear las letras.
- Si no dispone de los grosores adecuados para la fuente, utilice una aplicación de dibujo vectorial como Illustrator, para crear texto mas grueso o más fino, y luego impórtelo a Photoshop.
- Use colores patrióticos para el texto. En Estados Unidos serían el rojo y el azul y, en este caso, también podría incluir unos separadores con pequeñas estrellas entre las líneas de texto, para transmitir el mensaje de que se trata de un póster de campaña electoral.

Figura 7.18   De una foto a un póster. Ahora todos los elementos están bien colocados y tienen las proporciones adecuadas para ser presentados como un póster profesional para la campaña.

Resumen

Fundamentalmente, este capítulo ha tratado de enseñarle a no dejarse intimidar por la aparente dificultad del problema y a ver los métodos creativos en que se pueden usar las técnicas de Photoshop para realizar la cirugía estética a una imagen. Estas mismas técnicas pueden emplearse para eliminar a una persona de una imagen de un grupo, eliminar un puro de la boca de alguien o cualquier otra cosa que desee. Todo el secreto radica en el arte de definir las selecciones y saber dónde situar el punto de origen para la clonación.

En el Capítulo 8 «Restauración de fotografías de familia» iremos un paso más allá en el tema del retoque fotográfico y aprenderemos a restaurar una foto de familia que, aparentemente, es imposible de reparar.

PARTE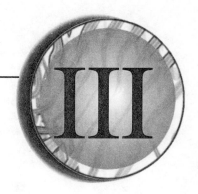

Trucos de nivel intermedio en Photoshop

CAPÍTULO 8

RESTAURACIÓN DE FOTOGRAFÍAS DE FAMILIA

«Pero no parece él» exclamó el cliente cuando miró fijamente la restauración de la foto pintada a mano de su abuelo. «¡Y sus ojos no parecen iguales!» El artista intenta explicar lo difícil qué es retocar perfectamente las fotografías usando pintura. El cliente respondió: «¡Y ésta es la única copia que tengo!»

Esto ocurría en la época en que un retocador de fotos realmente pintaba sobre la fotografía estropeada. El retocador de fotos tradicional no era sólo un artista, sino también un mago que tenía que conservar el aspecto realista de una fotografía cuando aplicaba la pintura. Afortunadamente, con las herramientas actuales para la manipulación de píxeles, se pueden reparar preciosas fotos con relativa facilidad y en un grado mucho mayor que con el retoque tradicional.

En este capítulo aprenderemos a restaurar este tipo de fotografías. En la Figura 8.1 se muestran tres imágenes, cada una de las cuales tiene un problema habitual de las fotografías antiguas: contraste y color desvanecidos, grietas en la emulsión y una mancha producida por un líquido. No se desaliente por la cantidad de problemas de restauración, ya que Photoshop tiene la capacidad de hacer la tarea de reparación muy rápidamente. Pero antes de comenzar con el primer proyecto, vamos a examinar algunos de los defectos comunes que se encuentran en las fotografías antiguas.

Figura 8.1 Fotografías antiguas con problemas habituales que repararemos en este capítulo.

Problemas de las fotografías antiguas

A diferencia de las fotografías actuales, que tienen una superficie suave y plana y un rango tonal completo, las fotografías de hace unas décadas están desvaídas y muchas tienen una superficie texturada o pintada a mano. Cada fotografía tiene una imperfección distinta, que tendremos que corregir. Cuando se inician las aventuras de restauración, resultan de gran valor la planificación y los conocimientos previos.

Digitalización de una foto alabeada

Una forma popular de presentar una foto era pegarla en un apoyo duro. Desgraciadamente, el material que constituía el apoyo con el tiempo se alabeada y comenzaba a quebrarse, lo que hace muy difícil el escaneado de la fotografía.

Si la foto no puede colocarse aplanada contra el cristal del escáner, el resultado puede ser una copia escaneada de mala calidad con, por ejemplo, partes de la misma desenfocadas. Los escáneres baratos pueden dejar un halo azulado allí donde el material no toca el cristal y pueden distorsionar la imagen. Dependiendo del estado del material sobre el que esté montada la fotografía, se podrá aplicar determinada presión para aplanar la imagen. ¡Pero, tenga cuidado! Romper la foto antigua no es nuestra finalidad.

Un método seguro para trasladar una foto alabeada a la computadora es hacer que un laboratorio fotográfico de calidad genere un negativo de ella para luego escanear el negativo o hacer que el laboratorio almacene la imagen en un PhotoCD. El autor recomienda el método de almacenar la película en PhotoCD, que es mucho más inteligente. Los escáneres de transparencia son más baratos que nunca y por un precio no excesivo se puede adquirir uno de buena calidad.

Escaneado de la foto arrugada

Una foto arrugada es mucho fácil de escanear que una foto alabeada. Un escáner decente no tendrá ningún problema para conseguir valores tonales adecuados en las zonas con pequeñas arrugas y sus proximidades. Aunque a menudo tendrá que colocar algún peso sobre la tapa del escáner para ayudar a aplanar la imagen de forma homogénea sobre la superficie. ¡En dicho caso, este libro se podría usar para algo más que como guía de referencia!

Si las arrugas son significativas y el papel fotográfico es flexible, existe una posibilidad de que los elementos de la foto no se alineen correctamente entre sí. Por ejemplo, una copia escaneada de un retrato con una arruga importante mostraría una boca o una nariz que no estarían alineadas a ambos lados de la arruga. Se debe colocar cuidadosamente la imagen en el plato del escáner (superficie de escaneado) y luego, gradualmente, aplicar presión antes de escanear, de lo contrario, se obtendrá una imagen distorsionada en la copia escaneada.

Escaneado en color de la foto en blanco y negro

La mayor parte de las fotografías en blanco y negro adquieren algo de color, normalmente un tinte sepia o amarillento. Independientemente de lo sutil que sea este tinte, se perderá si la imagen se escanea en modo B y N. Su mejor apuesta es escanear en modo RGB y luego decidir qué hacer con el color, mantenerlo o convertirlo a escala de grises (esta es una elección estrictamente personal). Algunas personas prefieren mantener dicho aspecto «envejecido», ya que da encanto a la foto. Los tintes sepia son especialmente populares (consulte el Capítulo 11 «Diferentes modos de color»).

Por otro lado, algunas fotos adquieren un tinte de color menos atractivo, como verde o magenta. Si este es el caso, debería considerar convertir la imagen escaneada a escala de grises (consulte el Capítulo 11) o eliminar el tinte con la orden Curvas, como se hace en el primer ejemplo de restauración de este capítulo.

Conocer las características del soporte de salida

Escanee una fotografía antigua y genere una copia mediante una impresora de color, una copiadora láser de color, una filmadora de película, una impresora por sublimación (impresora fotográfica de alta calidad) y cualquier otro dispositivo de salida al que tenga acceso (consulte el Capítulo 18 «Impresión de sus imágenes» para conocer más detalles sobre la impresión de su imagen). Luego compare cada una de las copias con el original con una buena luz (por ejemplo, al sol) y observe o, mejor todavía, escriba las diferencias.

¿Se ajusta la resolución a la salida impresa?

Puede llegar a obtener la resolución adecuada de escaneado mediante el método de prueba y error. Una señal obvia de que necesita rellenar con más píxeles sus imágenes es el tamaño de los píxeles en la salida. Si puede ver los píxeles a simple vista, quiere decir que no ha muestreado suficientemente la imagen con el escáner. En la Figura 8.2 puede ver la diferencia de calidad entre una foto escaneada a sólo 36 ppp (píxeles por pulgada) y la misma foto escaneada a 200 ppp.

Figura 8.2 La imagen de la derecha tiene una mejor resolución debido a su alto número de píxeles.

Cuando una foto se escanea con una resolución baja, se pierden detalles. Por otro lado, si a su computadora le cuesta realizar cada operación de edición que aplique a la imagen, eso quiere decir que habrá demasiados píxeles en la imagen. Por ejemplo, si obtiene el resultado en una impresora por sublimación de color para obtener una copia de 5 × 7 pulgadas, bastará con utilizar un archivo de 5 Mb. No es necesario trabajar con un archivo de 40 Mb para realizar la copia (ni soportar las largas esperas consiguientes). Los archivos de imagen más grandes que lo necesario únicamente ralentizan el proceso de impresión y hay mucha información acerca de la imagen que la impresora ignora y que nunca llega a imprimirse.

¿Se ajusta el color?

Algo que deberá considerar cuando compare la impresión original y la copia será la *saturación del color* (la intensidad de color). ¿Necesita reducir o incrementar la saturación del color? ¿Tiene que modificar el tinte del color (quizás añadiendo un poco de magenta para eliminar el verde)? ¿Necesita desplazar el color en la imagen completa o simplemente es necesario corregir un color concreto?

Después de realizar todas las correcciones de color y tonales que se le ocurran, es posible que la foto tenga todavía un problema de color. Tenga en cuenta el hecho de que las fotos antiguas son más sensibles que las nuevas a los cambios de color que se apliquen. Comprobará que un pequeño cambio puede tener un gran efecto. La misma corrección de color aplicada a una foto tomada ayer y a una hecha hace décadas tendrá mucho más efecto en la foto más antigua. Esta incoherencia se debe a la pérdida de color y contraste de la foto antigua.

¿Cómo se reproducen los detalles?

Eche una mirada de cerca a los detalles de la fotografía original. Por ejemplo, un detalle, como un granulado, puede no aparecer en la imagen reproducida o, por el contrario, el granulado puede haberse amplificado. La textura puede parecer excesivamente exagerada y arruinar una reproducción cuando se imprime una imagen escaneada y retocada. Observe las áreas de la copia final donde haya usado la herramienta Tampón en su trabajo de retoque. ¿Los bordes del pincel se muestran borrosos o muy marcados? Algunas veces lo que no se ve en el monitor se muestra en la copia impresa.

Ahora que conocemos mejor algunos de los problemas relacionados con la adquisición e impresión de las fotografías antiguas, es el momento de pasar a nuestro primer proyecto.

Restauración de la fotografía desvaída

El tiempo hace desvanecer cualquier cosa, desde las cuentas bancarias hasta el color del pelo, y las fotografías no son una excepción. Hace años no se disponía de papel fotográfico de archivo y de materiales de almacenamiento libres de ácidos, por lo que las fotografías se desvanecían y quebraban muy rápidamente. Actualmente, con Photoshop, es posible devolver la mayor parte de su condición original a una fotografía.

Capas de ajuste y la orden Curvas

El menú Imagen, Ajustar contiene órdenes que se usarán de forma habitual en la mayor parte de los ajustes tonales y que también se encuentran en la función Capa de ajuste, como se muestra en la Figura 8.3. Debería comenzar a familiarizarse con las capas de ajuste y considerar su uso de forma regular. ¿Por qué? Si aplica una corrección con Curvas y Tono/saturación, por ejemplo, podrá volver a ella más tarde y aplicar ajustes individuales o borrar por completo un determinado efecto. También se puede desactivar la visibilidad de la capa de

Una capa de ajuste es similar a un filtro de corrección de color colocado sobre el objetivo de una cámara, aunque es más versátil. Puede experimentar con los ajustes de color y tono en su imagen sin modificar de forma permanente la imagen o las capas situadas por debajo de la capa de ajuste.

ajuste, así como borrar partes de la capa para ver la imagen sin la corrección específica que se haya realizado.

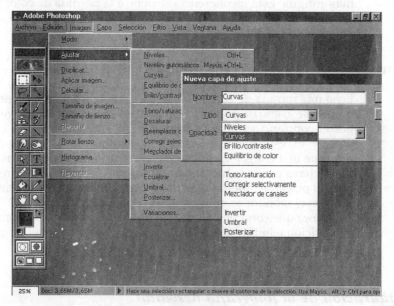

Figura 8.3 Una capa de ajuste ofrece la mayor parte de las órdenes del menú Imagen, Ajustar, pero es más versátil que cualquier orden individual.

La orden mas precisa y potente de corrección tonal es la orden Curvas. Es más sólida que la orden similar Niveles, que proporciona ajustes sólo en tres rangos (luces, sombras y medios tonos). Curvas proporciona la capacidad de ajustar cualquier punto a lo largo de la escala tonal de 0 a 255 y mantener constantes hasta otros 15 valores. La Figura 8.4 muestra, en el cuadro de diálogo Curvas, dónde se sitúan los tonos sobre la línea diagonal. También presenta una vista de la gráfica más precisa y que es la preferida por el autor, con 10 secciones en lugar de con 4, que es el valor predeterminado. Para cambiar el número de divisiones, mantenga presionado Alt(Opción) y pulse en cualquier lugar dentro de la gráfica.

En el siguiente conjunto de pasos vamos a utilizar capas de ajuste y la orden Curvas, para restaurar el color y alegría de una fotografía de aniversario desvaída.

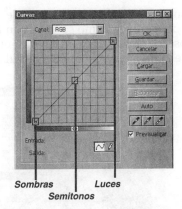

Figura 8.4 El cuadro de diálogo Curvas y las posiciones predeterminadas de los valores de brillo.

Uso de una capa de ajuste Curvas para restaurar el color y el contraste

1. Abra cheers.tif, que se encuentra en la carpeta Chap08 del CD adjunto. Teclee **33,33** en el campo Porcentaje de zoom y luego presione Intro. Observe el tono verdoso de la imagen. Fíjese también en que no hay ningún tono blanco o negro puro. Arrastre la barra de título de la imagen para colocar ésta en la parte superior izquierda de la zona de trabajo. El cuadro de diálogo Curvas es bastante grande y así, cuando se muestre, no tapará su vista de la imagen.

2. En la paleta Capas, presione la tecla Ctrl() y pulse el icono Crear nueva capa. Aparece el cuadro de diálogo Nueva capa de ajuste.

3. En el campo Tipo, pulse el botón del menú desplegable y seleccione Curvas de la lista. Pulse OK para acceder al cuadro de diálogo Curvas.

4. Arrastre el cuadro de diálogo Curvas hacia abajo y a la derecha, para ver lo máximo posible de la imagen cheers.tif.

5. Pulse el cuentagotas blanco (el situado más a la derecha) y luego el objeto triangular colocado en el centro de la parte inferior de la imagen, como se indica en la Figura 8.5. Esto da lugar a que se cree una nueva referencia para el blanco.

6. Pulse el cuentagotas negro y luego la pequeña área negra del borde izquierdo de la foto, justo debajo del codo del hombre, como se muestra en la Figura 8.5. Así se crea una nueva referencia de negro en la imagen.

7. En el campo Canal, seleccione Verde en el menú desplegable. Cualquier ajuste que haga ahora añadirá verde o magenta.

8. Coloque el cursor en el punto medio de la diagonal y luego pulse y arrastre ligeramente hacia abajo y a la derecha para añadir magenta en los valores medios de la imagen. El valor Entrada debería ser aproximadamente 161 y el valor Salida más o menos 123. Estos valores pueden introducirse en los respectivos campos.

9. Todavía existe algo de verde en las zonas iluminadas de la imagen. Mientras esté abierto el cuadro de diálogo Curvas, pulse y mantenga

presionado el ratón sobre el área de sombras situada en el dorso de la mano de la mujer, como se indica en la Figura 8.6. En la gráfica de Curvas observe que aparece un círculo sobre la línea. Ese es el valor tonal del área de la imagen en la que se ha pulsado.

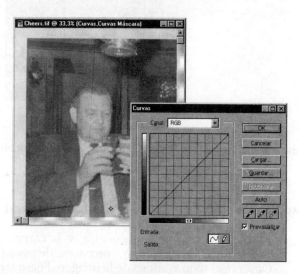

Figura 8.5 Cree nuevas referencias del blanco y el negro usando las herramientas Cuentagotas del cuadro de diálogo Curvas.

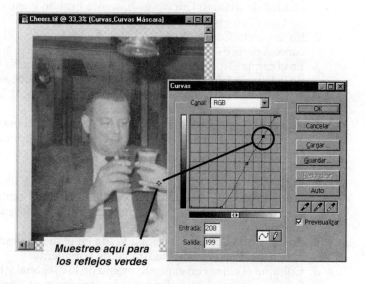

Muestree aquí para los reflejos verdes

Figura 8.6 Muestree el valor tonal para la mano y arrastre dicha área de la curva hasta obtener los valores de Entrada y Salida mostrados.

10. Pulse el punto de la gráfica Curvas donde se muestra el círculo. Arrastre ligeramente hacia abajo y a la derecha hasta que desaparezca los

reflejos verdes o hasta que en los campos Entrada y Salida lea, aproximadamente, los valores 208 y 199, como se indica en la Figura 8.6. Pulse OK para aplicar los cambios.

11. Pulse el icono que indica la visibilidad de capa (el icono del ojo), situado a la izquierda de la capa Curvas en la paleta Capas, para desactivar el efecto de la Capa de ajuste y observar el significativo cambio en la imagen. Pulse de nuevo el icono de visibilidad de la capa de ajuste Curvas.

12. La imagen cheers.tif muestra un color azulado. Esto es bastante fácil de corregir con una capa de ajuste (pulse dos veces el título Curvas de la paleta Capas para acceder al cuadro de diálogo Curvas).

13. En el menú desplegable Canal seleccione Azul. Pulse el punto medio de la línea diagonal para crear un punto de anclaje y luego arrastre ligeramente hacia abajo y a la derecha. El valor en el campo Entrada debería ser aproximadamente 140 y el de Salida 127. Pulse OK.

14. Presione Mayús+Ctrl(⌘)+S (Archivo, Guardar como) y almacene la imagen como Anniversary.psd en su disco duro. Deje abierta la imagen.

Acabamos de eliminar el tono verdoso amarillento y restaurado el contraste de una fotografía hecha hace 30 años. Ahora la foto muestra lo que dice el título: una instantánea de la celebración de un aniversario (exactamente las bodas de plata). Para reforzar esta escena sentimental, cambiaremos parte del fondo para que distraiga menos y eliminaremos la persona que se encuentra a la derecha. Para ello, lo mejor es usar la herramienta Tampón en una nueva capa.

Borrado de una persona

La herramienta Tampón será una de las funciones de Photoshop que más utilice si realiza muchas restauraciones de fotos. Por tanto, debería comenzar a familiarizarse con ella (un buen sitio es el Capítulo 7 «Retoque de una fotografía»). En Anniversary.psd clonaremos el panel de madera situado a la izquierda de la mujer para eliminar a la persona situada al fondo. Para proporcionar más flexibilidad, la nueva sección de la pared se clonará en una capa separada.

Clonación de una pared con la herramienta Tampón

1. Pulse el título Curvas en la paleta Capas para que sea la capa actual, si todavía no lo es, y luego pulse el icono Crear capa nueva, que se encuentra en la parte inferior de la paleta. De este modo se crea una nueva capa denominada Capa 1, que se sitúa encima de la capa Curvas.

2. Presione Z (Herramienta Zoom) y pulse dos veces sobre la persona del fondo.

3. Presione S (Herramienta Tampón) y, en la paleta Pinceles, seleccione el pincel más a la derecha de la segunda fila.

4. En la paleta Opciones, marque la casilla Todas las capas. Esto permitirá clonar partes de la capa fondo sobre la capa actual, Capa 1.

5. Presione Alt(Opción) y pulse en el área de la pared indicada en la Figura 8.7; a continuación, pulse y arrastre a la derecha de la cabeza de la mujer. Clone tanta zona de la pared como pueda e incluya algunas áreas que no pertenezcan a la pared.

Figura 8.7 Tome muestras del área de la pared de la izquierda y clónelas sobre la persona del fondo.

6. Presione Alt(Opción) y pulse en el centro de la parte inferior del marco de la ventana; después haga directamente la clonación en la parte derecha, completando así esta sección. Efectúe unos toques similares en la sección vertical del marco de la ventana, como se muestra en la Figura 8.8.

Figura 8.8 Utilice las áreas existentes de la ventana para crear las áreas que faltan.

7. Continúe clonando sobre la persona del fondo reutilizando las áreas de la pared. Cuando se acerque al borde de la imagen, tendrá que clonar sobre el borde blanco.

8. Seleccione la herramienta Marco rectangular y arrastre para crear una selección rectangular en el borde blanco que incluya las áreas sobre las que haya realizado una clonación, como se muestra en la Figura 8.9. Presione la tecla Supr (Retroceso) para eliminar dicha área de la pared sobrante.

Figura 8.9 Cree una selección rectangular en el borde blanco alrededor de las áreas clonadas.

9. Presione Ctrl(⌘)+D para deseleccionar el marco.
10. En la barra de menú, seleccione Capa, Acoplar imagen. Pulse dos veces la herramienta Zoom para ver la imagen completa con una resolución de visualización del 100%.
11. Presione Ctrl(⌘)+S para guardar la imagen. Abra la figura cheers.tif original contenida en el CD-ROM adjunto. Coloque ambas imágenes una junto a otra, como en la Figura 8.10 y observe la diferencia conseguida en la fotografía de época. Cuando desee, puede cerrar las dos imágenes.

Figura 8.10 Compare «el antes y el después» de la restauración y dese una palmadita en la espalda.

Con sólo tres funciones de Photoshop (Capas de ajuste, Curvas y la herramienta Tampón) se ha mejorado muchísimo la imagen del aniversario. Ahora vamos a realizar la segunda restauración, la de Family.tif. Se trata de un retrato de estudio que tiene marcas y manchas de lápiz y cientos de pequeñas grietas por toda la imagen. Las grietas son muy fáciles de reparar y, puesto que ya está familiarizado con la herramienta Tampón, ¡comencemos por ellas!

Reparación de la fotografía agrietada

Como hemos mencionado anteriormente, antes de muestrear la imagen de origen debería conocer las características del soporte de salida. Esto es especialmente importante cuando se trata de restauraciones de fotos, ya que lo que parece una insignificante mancha puede convertirse en la impresión final en un borrón inaceptable. La imagen Family.tif es un ejemplo perfecto de ello. Las rascaduras y manchas son más pronunciadas en una impresora de color por sublimación que en el original. Una razón de esto es que las fotografías antiguas tienen una textura en la que las imperfecciones menores tienden a disimularse. Pero cuando dichas fotos se reproducen en el papel fotográfico actual, dicha textura no existe y lo que era insignificante pasa ser significativo.

En este retrato de familia, eliminaremos rápida y fácilmente las grietas con el filtro de Photoshop Polvo y rascaduras y después borraremos cualquier imperfección que quede con la herramienta Tampón.

Uso del filtro Polvo y rascaduras para eliminar las manchas

Cuando se encuentre con una foto que contenga cientos de motas de polvo o rascaduras, tiene dos opciones:

- Perder un mes con la herramienta Tampón.
- Usar el filtro Polvo y rascaduras.

El filtro Polvo y rascaduras elimina, o reduce enormemente, el «ruido» del polvo y las rascaduras. El cuadro de diálogo Polvo y rascaduras ofrece dos controles: el regulador Radio y el regulador Umbral. El primero controla el radio en que el filtro buscará ruido (píxeles aleatorios) dentro de un área seleccionada de imagen. Cuando mayor sea el valor, más se desdibujará la imagen , por lo que debe usar el valor más pequeño que elimine el ruido. El regulador Umbral determina la cantidad de diferencia tonal entre los píxeles a los que afecte el filtro.

A pesar de que la técnica fotográfica cuando se tomó esta foto era muy primitiva, Family.tif muestra un interesante efecto: las caras están enfocadas y las restantes áreas se han suavizado. Trabajaremos con este efecto y determinaremos cuál es la mejor forma de aplicar el filtro Polvo y rascaduras.

Aplicación selectiva del filtro Polvo y rascaduras

1. Abra la imagen Family.tif de la carpeta Chap08 del CD adjunto.
2. Presione M (herramienta Marco) y luego, comenzando por la esquina inferior derecha, pulse y arrastre una selección que encierre sólo el retra-

to, como se indica en la Figura 8.11. Los fotos de esta época tenían bordes irregulares y parecen más actuales si se recorta un borde limpio.

Figura 8.11 Arrastre para crear un marco rectangular que incluya sólo la fotografía.

3. En la barra de menú, seleccione Imagen, Recortar.
4. Teclee **50** en el campo de Porcentaje de zoom, y presione F una vez para cambiar la vista al modo de pantalla entera con barra de menú.
5. Seleccione la herramienta Lazo y arrastre un marco alrededor del rostro del hombre. Mantenga presionada la tecla Mayús y arrastre para crear un marco alrededor de los otros dos rostros (como se muestra en la Figura 8.12).

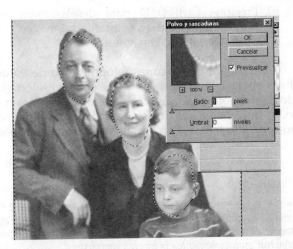

Figura 8.12 Aplique el mejor compromiso entre eliminar las rascaduras y mantener la definición de la imagen.

6. Presione Ctrl(⌘)+Mayús+I para invertir la selección. Debido a que el filtro Polvo y rascaduras tiende a suavizar la imagen, debe excluir los rostros de este efecto.
7. Presione Ctrl(⌘)+Alt(Opción)+D para acceder al cuadro de diálogo Calar selección. Introduzca **10** en el campo Radio de calado y pulse OK.

Esto suavizará los bordes de la selección evitando la aparición de bordes marcados en la imagen cuando se aplique el filtro.

8. Seleccione Filtro, Ruido, Polvo y rascaduras. Como se muestra en la Figura 8.12, introduzca 1 en el campo Radio y deje el valor de Umbral en 0. Pulse OK.

9. Pulse Filtro, Ruido, Añadir ruido, introduzca **4** en el campo Cantidad, marque la casilla Gaussiana y deje sin marcar la casilla Monocromático, como se indica en la Figura 8.13. Esto vuelve a crear de forma efectiva el granulado que se ha difuminado en el paso anterior. Pulse OK.

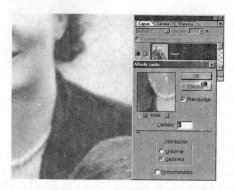

Figura 8.13   Utilice el cuadro de diálogo Añadir ruido con los valores indicados para volver a crear el granulado.

10. Presione Ctrl(⌘)+D para deseleccionar el marco; luego presione Mayús+Ctrl(Cmd)+S y guarde la imagen como Family.tif en su disco duro. Deje la imagen abierta.

Comprobará que algunas fotografías se desenfocan después de aplicar el filtro Polvo y rascaduras, por lo que debe ser selectivo al tratar el ruido no deseado de una fotografía. Esta fotografía era ideal para corregirla usando este filtro, ya que el área a la que se ha aplicado ya estaba desenfocada. Inspeccionemos esta foto más de cerca en busca de imperfecciones, antes de continuar.

Nota:

● ●

Como en los procesadores de textos las teclas Inicio, Fin, AvPág y RePág se pueden usar para navegar en un documento de Photoshop. Esta función es especialmente útil cuando se desea «registrar minuciosamente» la imagen completa.

- *Inicio le sitúa en la esquina superior izquierda.*
- *Fin le sitúa en la esquina inferior izquierda.*
- *Presionando varias veces la tecla RePág se situará en la parte superior de la ventana de imagen.*
- *Presionando varias veces la tecla AvPág se situará en la parte inferior de la ventana de imagen.*

Estas teclas son atajos prácticos cuando el espacio de trabajo está demasiado lleno para utilizar la paleta Navegador.

● ●

La inspección final

Como con todas las restauraciones, es conveniente echar una última mirada a la imagen para comprobar que no se ha olvidado nada. En el siguiente ejercicio utilizaremos una técnica paso a paso para explorar la imagen Family.tif. Observará que quedan algunas rascaduras y unas pocas marcas de pincel y manchas que se pueden eliminar rápidamente con la herramienta Tampón.

Uso de la herramienta Tampón para los últimos retoques

1. Con la vista actual de Family.tif a una resolución del 200%, presione S (herramienta Tampón) y seleccione el segundo pincel de la segunda fila en la paleta Pinceles.
2. Presione la tecla tabulador para ocultar todas las paletas y la caja de herramientas. Presione la tecla Inicio para situarse en el área superior izquierda de la imagen.
3. Presione Alt(Opción) y pulse cerca de una de las tres manchas para muestrear dicho área y luego clone sobre el punto no deseado, como en la Figura 8.14. Luego elimine también las otras dos áreas manchadas.
4. Presione la tecla RePág una vez y continúe clonando cualquier grieta o marca. Cuando llegue a la parte inferior de la imagen, presione la barra espaciadora para activar la herramienta Mano y arrastre la imagen hacia la izquierda un ancho de pantalla. Luego utilice la tecla RePág para seguir desplazándose por la foto.

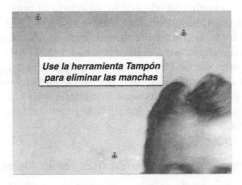

Figura 8.14 Elimine los tres puntos de la parte superior izquierda de la imagen.

5. Cuando llegue a la parte inferior derecha de la imagen, observará tres líneas debidas a un lápiz que atraviesan las manos del niño. Seleccione puntos de muestreo muy próximos a la zona dañada. Puede tener que usar el siguiente pincel más pequeño en determinadas áreas.
6. Presione Ctrl(⌘)+0 para acceder a un vista de pantalla completa y luego presione Ctrl(⌘)+S para guardar los cambios. Presione la tecla tabulador para restaurar las paletas en el espacio de trabajo. Ahora ya puede cerrar la imagen.

Con sólo dos operaciones, ha restaurado más de cien grietas y múltiples manchas. Photoshop es una herramienta extremadamente potente y lo más importante es lo rápidamente que se puede trabajar.

Habrá observado que hemos dejado el color y el contraste como en la imagen Family.tif. De nuevo, esto es una preferencia personal. Puede experimentar con la orden Curvas y decidir si aplicar cualquier corrección. Asegúrese de utilizar las capas de ajuste, ya que nunca alteran la imagen original y se pueden modificar o descartar en cualquier instante.

En el siguiente proyecto repararemos una fotografía muy antigua que está seriamente manchada por un líquido.

Eliminación de una mancha en una fotografía

El autor siempre recordará el día en que su esposa encontró en el húmedo sótano una imagen de ella cuando era un bebé. La disgustó bastante el ver que la foto estaba manchada de moho y, desgraciadamente, esto ocurrió en una época anterior a Photoshop. Es posible que el lector tenga una o más fotos preciadas que necesitan de la potencia de Photoshop para eliminar manchas.

Como con cualquier cosa que necesita reparación, el primer paso es examinar el objeto; encontrar exactamente qué es lo que es incorrecto en la imagen y luego conseguir las herramientas necesarias para el trabajo.

Valoración del daño

Cuando el coche pierde aceite, se acude al mecánico, el cual determina que el coche necesita una pieza de repuesto y le sugiere dos opciones: reemplazar la pieza o instalar un motor nuevo. Ambas soluciones darán el mismo resultado pero, ¿cuál deberíamos elegir?

La potencia de Photoshop le permite alcanzar los mismos resultados usando más de un método. Siempre se debería intentar encontrar el método más rápido y fácil para conseguir la meta creativa. En el siguiente ejercicio examinaremos la imagen dad-son.tif y determinaremos el mejor camino a seguir para repararla.

Determinación del método más rápido de reparación

1. Abra la imagen dad-son.tif contenida en la carpeta Chap08 del CD adjunto. Observe que la mancha cubre la mitad de la foto, por lo que no es algo que simplemente se pueda recortar. Aunque se pueden eliminar las áreas del borde ondulado y el gran espacio de la zona superior de la imagen.

2. Presione M (herramienta Marco rectangular) y arrastre para crear una selección alrededor de las dos personas, como se muestra en la Figura 8.15 (esta figura ha sido editada para indicar dónde crear el marco). Seleccione Imagen, Recortar en la barra de menú. Acabamos de reducir el área manchada a casi la mitad y hemos creado un importante centro de interés sobre el tema principal, eliminando los elementos extraños.

Figura 8.15 Seleccione con la herramienta Marco el área principal de la fotografía.

3. En la paleta Canales pulse el canal Azul. En este canal la mancha se muestra muy oscura, ya que la imagen es predominantemente amarilla y el azul sólo hace una pequeña contribución al color compuesto de la imagen. El azul en la estrella de color es el color opuesto al amarillo. A diferencia de la imagen de nuestro ejemplo, otras las manchas se localizan exclusivamente en un canal; en dichos casos, es muy fácil reducir o eliminar dichas manchas usando la orden Curvas para iluminar el área.

4. Seleccione el canal Verde y luego el Rojo y observe que el área manchada también es oscura. Puesto que la mancha no está limitada a un único canal, habrá que buscar otro método para reparar este área. Pulse el canal RGB para volver a la vista compuesta.

A partir de este punto, puede proceder de una de las formas siguientes:

* Trabajar con los colores RGB (es decir, reemplazar el motor en la analogía de la pérdida de aceite).
* Eliminar los colores pasando al modelo de escala de grises y trabajando con un solo canal. Esta opción acelera las cosas y evita que nos dediquemos a maldecir a nuestra computadora.

En este caso, vamos a proceder de acuerdo con la segunda opción.

5. En la barra de menú, seleccione Imagen, Modo, Color Lab. Pulse el canal denominado Luminosidad en la paleta Canales. A continuación, seleccione Imagen, Modo, Escala de grises y pulse OK en el cuadro de confirmación. Este es el método más preciso de pasar una imagen de color a escala de grises; este tema se cubre detalladamente en el Capítulo 11, «Diferentes modos de color».

6. Almacene la imagen como Dad-N-son.tif en su disco duro y mantenga abierto el archivo.

Acabamos de determinar cuáles eran las áreas menos importantes de la fotografía y las hemos recortado. También hemos descubierto que la decoloración afecta a todos los canales de color. Al recortar y convertir la imagen a un sólo canal, nos hemos ahorrado horas en la operación de devolver esta foto a su condición original. El trabajo que queda por hacer implica ajustar los valores tonales del área manchada de modo que sean similares a la parte no afectada por la mancha.

Eliminación de la mancha

Hemos reducido la imagen exclusivamente a los valores de gris. Este procedimiento es adecuado en los trabajos de restauración en los que el color no se ve afectado (siempre se puede crear de nuevo un tinte «a la antigua moda» después de haber terminado, si así se desea). Unos pocos ajustes en la curva tonal del área manchada permitirán borrarla prácticamente, y eso es lo que se va a hacer en los pasos siguientes.

Ajuste de la curva tonal para borrar la mancha

1. Arrastre el documento al lado izquierdo de la pantalla y haga que el tamaño de la ventana de imagen sea ligeramente mayor que el de la imagen en sí. Necesitará ver la imagen completa mientras que trabaja en el cuadro de diálogo.
2. Presione L (herramienta Lazo) y cree un marco que encierre la mancha completa. Asegúrese de que sigue la línea que cruza la valla y el brazo del hombre, como se muestra en la Figura 8.16.

Figura 8.16 Con la herramienta Lazo marque cuidadosamente la forma de la mancha.

3. Presione Ctrl(⌘)+H para ocultar el marco. Es mucho más fácil ver el efecto de una corrección cuando el marco no es visible.
4. Presione Ctrl(⌘)+M para acceder al cuadro de diálogo Curvas. Coloque el cuadro de diálogo en la parte derecha si no puede ver la imagen.

5. Pulse una vez en el interior del cuadro que contiene las dos flechas, debajo de la gráfica, para modificar la dirección de los ajustes realizados en la curva. La curva de escala de grises por omisión funciona en dirección contraria al modo RGB con el que ha trabajado antes. Si la gráfica se dispone de la misma forma es más fácil comprender la curva.

6. Pulse en el punto medio de la línea diagonal y arrástrela ligeramente hacia arriba y a la izquierda hasta que en el campo Entrada se lea aproximadamente el valor 114 y en Salida el valor 139. Esto aumenta significativamente la iluminación de los medios tonos haciéndolos más similares a los del resto de las zonas de la imagen.

7. Ahora trabajemos las luces de la imagen. Pulse en otro punto intermedio entre el primer punto y la parte superior derecha de la línea curva. Arrastre este punto hacia arriba y a la izquierda hasta que las luces de la mancha se ajusten al resto de la imagen (Entrada será aproximadamente 174 y Salida 219). Consulte la Figura 8.17 para ver la localización del punto intermedio.

8. Ahora las sombras tienen que ser más oscuras. Pulse en un punto entre la parte inferior izquierda de la curva y el primer punto que utilizó. La gráfica deberá ser similar a la mostrada en la Figura 8.17.

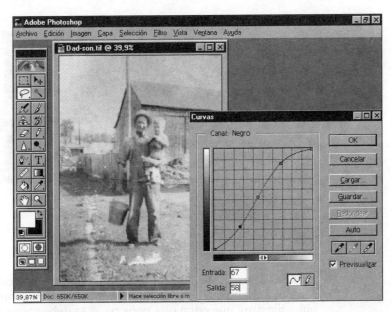

Figura 8.17 Configure el cuadro de diálogo Curvas como se indica y la mancha prácticamente desaparecerá.

9. Pulse en OK para aplicar las correcciones. Presione Ctrl(⌘)+D para deseleccionar la selección oculta.

10. Presione Ctrl(⌘)+S para almacenar los cambios y deje abierta la imagen.

La conversión a escala de grises de la imagen y la aplicación de algunas correcciones tonales rápidas y efectivas devuelven la imagen a un estado muy próximo al original. Para completar esta restauración, combinaremos los bordes de la sección antes manchada con el área que la rodea y reemplazaremos cualquier elemento que falte.

Aplicación de los toques finales con la herramienta Tampón

1. Presione Ctrl(⌘)+Barra espaciadora y pulse dos veces en el área superior izquierda de la imagen para aumentar la resolución hasta el 100%. Arrastre el borde derecho de la ventana de imagen para incluir al niño en la vista.
2. Presione S (herramienta Tampón) y seleccione el tercer pincel de la segunda fila en la paleta Pinceles.
3. Seleccione con su ojo de diseñador el área en la que tomar las muestras presionando Alt(Opción) y pulsando, siempre que combine bien con el borde de la mancha. Clone para eliminar la línea que forma el borde del área manchada y elimine la mancha blanca de la valla. Fíjese en la Figura 8.18 para ver las localizaciones de las áreas que contienen los desperfectos más obvios.

Figura 8.18 Clone para eliminar la línea y la pequeña área blanca.

4. Presione la tecla AvPág y continúe con el proceso de clonación. Proceda con cuidado cuando use la herramienta Tampón sobre el hombre y el niño. Siempre que edite una persona, ésta debe parecer real, por lo que todas las líneas de las ropas o la piel deben estar alineadas. En el mundo hay muchas vallas y árboles torcidos, pero no muchas personas retorcidas (¡bueno, ya me entiende!).
5. Elija el segundo pincel de la derecha en la segunda fila de la paleta Pinceles y clone la hierba sobre el área dañada justo debajo de los pies del hombre. Tome numerosas muestras alrededor del área blanca cuando trabaje en ella.
6. Presione la tecla Fin para desplazar la vista a la parte inferior derecha de la imagen y continúe usando la herramienta Tampón para eliminar la

línea creada en el borde de la mancha. Repare también el área dañada en la hierba. La Figura 8.19 muestra visualmente este paso.

Figura 8.19 Reparación final de la línea creada a partir de la mancha y eliminación del área dañada en la hierba.

7. Presione Ctrl(⌘)+0 para volver a la vista de imagen completa y después Ctrl(⌘)+S para almacenar los cambios. Puede cerrar la imagen cuando desee.

Consejo:

Cuando use la herramienta Tampón para reparar un área grande, evite la creación de un patrón; de lo contrario, terminará obteniendo un cartel que dice «El intento para arreglar este área fue un fracaso». La forma más sencilla de evitar el aspecto de patrón es muestrear en muchas áreas a intervalos regulares mientras se realiza el trabajo.

Figura 8.20 ¿Una mancha? ¡Sin problemas! ¡La eliminaremos con Photoshop!

Resumen

Ahora ya dispone de más conocimientos de cómo restaurar fotografías que están desvaídas, tienen grietas y se han manchado con un líquido. Éste es un buen momento para examinar su colección de fotos y hacer algo de magia con Photoshop.

El aprendizaje de Photoshop no se limita a alterar imágenes existentes. Realmente, Photoshop es también la herramienta que le ayudará a hacer realidad esa imagen que reside sólo en su mente; una de las afirmaciones más frecuentes respecto de Photoshop es «no hay más límites que los de su imaginación». Pasemos al siguiente capítulo, en el que crearemos una escena surrealista y echaremos un vistazo a las ideas que preceden al diseño.

CAPÍTULO 9

CREACIÓN DE IMÁGENES SURREALISTAS

Una de las imágenes más populares que muchos de los usuarios nuevos crean es una en la que las cabezas de dos personas (o más) se intercambian. Este tipo de manipulación garantiza una fuerte reacción en el observador por dos razones: el observador conoce el aspecto real de las personas y los objetos se han alterado generando una situación imposible.

René Magritte, uno de los grandes pintores surrealistas, pintaba regularmente objetos cotidianos y los colocaba de forma que se trastocara el orden racional. Este método incluía la yuxtaposición de los objetos habituales (por ejemplo, una locomotora surgiendo de una chimenea), la manipulación de la escala de los objetos (rellenar una habitación con una gran manzana) y colocar los objetos en lugares incongruentes (un chaparrón no de agua sino de hombres vestidos con sombrero de hongo y largos abrigos).

Por su parte, el surrealista M.C. Escher, jugaba a menudo con la perspectiva en sus obras. Uno de sus más famosos bosquejos a lápiz y tinta muestra una habitación con maniquíes andando por el techo, por las paredes y por el suelo. La estructura de la habitación es normal desde la perspectiva de cada maniquí, «arriba» es arriba y «abajo» es abajo. ¡Son los espectadores y no los maniquíes quienes están desorientados!.

La creación de una realidad con una configuración imposible requiere imaginación, pero puede ser fácil representar el concepto teniendo Photoshop como herramienta. En este capítulo compondremos una imagen de un parque con un objeto muy habitual: un edificio. Sin embargo, la perspectiva del edificio no es la misma que la de la imagen del parque: las perspectivas de ambas imágenes son perpendiculares entre sí. El resultado es surrealista y la trayectoria que hay que seguir para obtener la pieza terminada pasa a través de conceptos y técnicas que podrá usar con sus propias imágenes. Pero antes de comenzar a trabajar en el cometido de este capítulo, veamos cómo se concibió esta imagen.

Fotografías de catálogo y la imagen de este capítulo

Si Magritte necesitaba un tren, lo pintaba. Si el lector necesita un tren para utilizarlo con Photoshop, generalmente tendrá que fotografiarlo y luego trasladarlo a Photoshop, un proceso que puede llevarle tiempo. Se puede acelerar el trabajo si se dispone de un catálogo de fotografías propias. De esta forma, si se necesita un objeto en particular, ya se tiene.

El Capítulo 2, «Obtención de un catálogo de imágenes», muestra varias formas de incorporar las imágenes en la computadora. Cuando haya acumulado cientos o miles de imágenes, necesitará organizarlas de alguna manera. El autor utiliza ImageAXS de Digital Arts and Sciences. En la Figura 9.1 puede ver

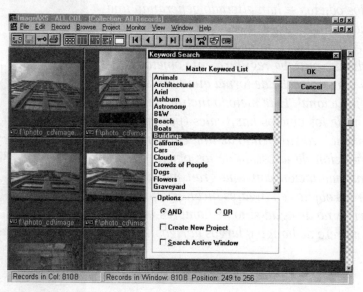

Figura 9.1 Si utiliza un programa de base de datos, como ImageAXS, podrá rápidamente localizar los elementos usando palabras clave.

que cuando se selecciona, por ejemplo, la palabra clave *Buildings* (edificios), ImageAXS consulta la base de datos actual y recupera todas las imágenes que contienen dicha palabra clave.

La mitad de las ideas del autor han surgido mientras exploraba su base de datos de fotografías. La imagen de este capítulo, The Park, que se muestra en la Figura 9.2, en la que dos personas están sentadas en un banco, parece tener un surrealismo potencial. Aquí se ven dos personas relajadas sentadas en un banco del parque, mirando la orilla del agua. Todos conocemos el efecto que produce que una persona mire hacia arriba: todo el mundo mira también en la misma dirección. Por tanto, aquí tenemos la oportunidad de colocar algo en la zona del agua a la que el observador mirará y algo fuera de lo normal quedará bastante bien. Es el momento de volver a ImageAXS.

Figura 9.2 Una pareja sentada en un banco del parque constituye la primera imagen de la tarea de este capítulo.

Después de explorar cientos de imágenes para encontrar un elemento que fuera bien con el parque, vemos que una instantánea de un edificio puede valer. El ángulo de la cámara hace que el edificio parezca casi plano y horizontal, como una carretera, como puede ver en la Figura 9.3. Parte del nombre del edificio aparece en la parte inferior de la foto, ideal para que parezca que la pareja está leyendo las palabras.

Figura 9.3 Un edificio de una ciudad con marcadas líneas visuales es el segundo elemento de la imagen The Park.

Ahora que hemos hablado sobre las imágenes almacenadas en bases de datos y que hemos dado las razones por las que se eligieron estas dos imágenes, pasemos a combinarlas.

Composición de dos imágenes para crear una imagen surrealista

En sus aventuras con la edición de imágenes, puede que tenga una idea que le parezca perfecta, pero el producto acabado puede distar bastante de la perfección. Una forma de ver si la idea tiene potencial es crear un tosco bosquejo de la imagen. Invierta unos pocos minutos en montarlas juntas sin prestar atención a los detalles y decida si merece la pena invertir tiempo en la idea.

Uso de la Opacidad de capa para visualizar una composición

La función de ajuste de la opacidad de capa no sólo permite que un elemento sea transparente en la imagen final. El reducir la opacidad es extremadamente útil para colocar un elemento con respecto a los restantes contenidos de la capa, y además permite visualizar qué aspecto tendrán dos o más capas después de combinadas.

En el caso de la imagen de este capítulo, comprobar si las dos imágenes combinarán bien para crear una imagen surrealista es un proceso muy rápido. El siguiente conjunto de pasos sirve para realizar un rápido y tosco bosquejo reduciendo la opacidad de una capa.

Realización de un bosquejo tosco usando la opacidad de capa

1. Abra las imágenes building.tif y thepark.tif que se encuentran en la carpeta Chap09 del CD adjunto.
2. Siendo thepark.tif la imagen frontal actual, teclee **25** en el cuadro Porcentaje del zoom, que se encuentra en la parte izquierda de la barra de estado (Macintosh: en la parte inferior izquierda de la ventana del documento). Presione Intro para establecer la resolución de visualización de thepark.tif al 25%. Ajuste el tamaño de la ventana del documento para que se adapte alrededor de la imagen.
3. Pulse la barra de título de la imagen building.tif para que pase a ser el documento activo, y establezca la resolución de la vista también en el 25%, usando el mismo procedimiento que en el paso 2.
4. Arrastre las dos imágenes, de modo que thepark.tif se sitúe en la parte superior de la pantalla y building.tif en la parte inferior.
5. Con la imagen building.tif activa, presione la tecla Mayús y arrastre la capa Fondo de la paleta Capas al interior de la imagen thepark.tif, como se muestra en la Figura 9.4. Esto hace que se cree una copia de la imagen del edificio en una nueva capa de thepark.tif. Mantener presionada la tecla Mayús fuerza a que la capa se centre en la imagen de destino.

Habrá observado que no se ha usado ninguna herramienta especifica para arrastrar el título de esta capa. En Photoshop 5, cualquier herramienta puede estar activa cuando se arrastra el título de una capa a otro documento.

6. Pulse dos veces el título de la capa Fondo que se encuentra en la paleta Capas y luego pulse OK en el cuadro de diálogo Hacer capa. Ahora la capa Fondo puede editarse como una capa estándar.

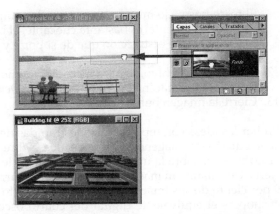

Figura 9.4 Presione la tecla Mayús para centrar la capa en la imagen de destino.

7. Pulse y arrastre el título Capa 1 por debajo del título Capa 0. Ahora debería ver de nuevo la imagen del parque.
8. Pulse el título Capa 0 para que sea la capa activa y así editarla. Presione V (herramienta Mover) y luego teclee 5 para reducir la opacidad de capa al 50%.
9. Pulse el título Capa 1. Teclee **50** en el cuadro Porcentaje del zoom y presione Intro.
10. Presione la tecla tabulador para ocultar todas las paletas.
    Ahora que puede ver la imagen compuesta, observe que las letras del edificio se encuentran sobre el área de la hierba. Después de mover la capa del edificio de modo que el texto quede sobre el agua, puede hacerse una idea mejor del impacto visual de la imagen.
11. Con la herramienta Desplazar, arrastre la capa del edificio hacia arriba y ligeramente hacia la izquierda hasta que las letras «TT» queden centradas entre los bancos y justo encima del paseo, como se muestra en la Figura 9.5.

Figure 9.5 Arrastre la capa del edificio hacia arriba hasta que las letras «TT» se encuentren en el área del agua.

El tosco bosquejo muestra tres cosas: la composición de estas dos imágenes, visualmente, es bastante chocante, el banco de la derecha es más un elemento de distracción que de soporte y el edificio está ligeramente inclinado.

12. Seleccione Archivo, Guardar como, nombre la imagen como The Park.PSD y almacénela en su disco duro. Deje abierto el documento.
13. Cierre la imagen building.tif.

Probar las ideas con representaciones rápidas debería ser parte de sus técnicas de edición de imágenes. El ver las ideas sobre la pantalla le proporciona más información sobre la imagen y puede darle ideas para crear otras imágenes. Jerry Uelsmann, un maestro de la fotografía surrealista, dice que él obtiene el 99 por ciento de sus imágenes finales en el cuarto oscuro, no con la cámara. Photoshop es el equivalente digital del cuarto oscuro y dedicar tiempo a la experimentación puede verse altamente recompensado.

Ahora que el experimento con The Park ha demostrado que es una imagen potencialmente válida, trabajaremos con los elementos de The Park.psd para completar la composición. El primer paso es eliminar las áreas del agua y el cielo de la Capa 0 usando una máscara de capa.

Uso de múltiples herramientas para aplicar una máscara de capa

Una Máscara de capa es lo que su nombre indica: para cualquier capa, excepto la capa de fondo, se puede pintar una máscara y ocultar parcial o totalmente los contenidos de dicha capa. Puede modificar su contenido en cualquier instante antes de aplicar o descartar la máscara.

El mejor método para aplicar un relleno a una máscara de capa depende de la imagen con la que se esté trabajando. Algunas veces es mejor rellenar un área seleccionada; en otras ocasiones, la herramienta Lápiz será la que proporcione el mejor efecto de máscara. La velocidad y la precisión es su meta, y cada situación determinará el uso de cierta herramienta en lugar de otra para aplicar la máscara de capa. En la imagen del parque, usaremos un atajo de relleno, la herramienta Lápiz y la herramienta Pincel, para borrar el agua, el cielo y la tierra de la Capa 0.

Cómo pintar en una máscara de capa

1. Presione la tecla tabulador para mostrar las paletas. Pulse dos veces el título Capa 0 y, en el campo Nombre del cuadro de diálogo Opciones de capa teclee **Pareja**. Pulse OK.
2. Presione **0** (cero) en el teclado para hacer que la opacidad de la capa Pareja sea del 100%.
3. Pulse el icono Añadir máscara de capa, localizado en la parte inferior de la paleta Capas. A la derecha de la miniatura de la capa Pareja aparece una miniatura de máscara de capa.
4. Teclee **25** en el cuadro Porcentaje del zoom y presione Intro.
5. Active la herramienta Marco rectangular y seleccione, de forma aproximada, los dos tercios superiores de la imagen, sin incluir la cabeza de las personas, como se indica en la Figura 9.6.

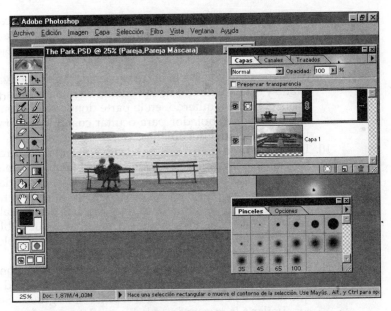

Figura 9.6 Seleccione toda el área situada por encima de la cabeza del hombre.

6. Con el negro como color frontal, presione Alt(Opción)+ Supr (Retroceso) para rellenar el área seleccionada con el color negro en la máscara de capa, como se muestra en la Figura 9.7.

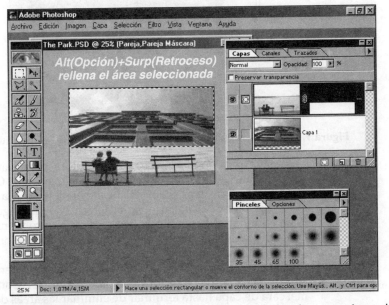

Figura 9.7 Rellenar un área seleccionada es una forma rápida de aplicar una máscara de capa a un área grande.

7. Presione Ctrl(⌘)+D para deseleccionar el área que acaba de rellenar.

8. Seleccione la herramienta Lápiz y pulse la punta de anchura 35 píxeles de la paleta Pinceles. Teclee 200 en el cuadro Porcentaje del zoom y presione Intro.

9. Mantenga presionada la barra espaciadora para activar la herramienta Mano y arrastre dentro de la ventana de imagen para desplazar la vista hasta el borde izquierdo, en la parte donde se encuentra la mujer. Presione la tecla Tabulador para ocultar cualquier paleta que pueda obstruir la visión del documento.

10. Use el Lápiz en el área del agua para aplicar la máscara. Sólo podrá pintar en las áreas grandes ya que el pincel tiene un tamaño considerable. No aplique el Lápiz al borde de ningún área colindante con el agua, como el paseo o el banco. La herramienta Lápiz tiene un borde muy duro y daría lugar a una línea muy tosca. Si accidentalmente pinta fuera de la zona de agua, presione X para hacer que el blanco sea el color frontal y luego pinte el área que necesite restablecer (o presione Ctrl(⌘)+Z para deshacer la última edición).

11. Presione F5 para mostrar la paleta Pinceles y seleccione el tercer pincel de la derecha en la fila superior. Aplique la máscara de capa a las áreas que no haya podido cubrir con el pincel más grueso. Su imagen debería ser similar a la mostrada en la Figura 9.8.

Figura 9.8 Use el Lápiz para pintar máscara de capa en la mayor parte del área de agua.

12. Mantenga presionada la barra espaciadora para cambiar a la herramienta Mano y arrastre la imagen hacia la izquierda. Continúe aplicando la máscara de capa (como ha hecho en el paso 7) a las restantes áreas de agua hasta alcanzar el lado derecho de la imagen. Recuerde que debe eliminar el banco de la derecha, ya que constituye más una distracción que un soporte visual. Elimine sólo las secciones del banco que se encuentran en el agua.

13. Presione B (herramienta Pincel) y seleccione el tercer pincel de la izquierda en la fila superior de la paleta Pinceles. Continúe añadiendo máscara de capa hasta terminar de eliminar las áreas de agua. Cambie a la herramienta Mano (presionando la barra espaciadora) para desplazar la vista de la imagen.

Si está familiarizado con la herramienta Varita mágica, estará preguntándose por qué no se utiliza para seleccionar las áreas de agua. El autor estuvo experimentando con varias tolerancias de dicha herramienta y comprobó que ninguna configuración funcionaba correctamente. Los reflejos del sol sobre los bancos y los brazos de las personas están demasiado próximos a los valores tonales del agua.

Figura 9.9 Tómese tiempo para eliminar los restantes pixeles del área del agua.

14. Defina una resolución de visualización del 50%. Su imagen debería ser similar a la mostrada en la Figura 9.10.

Figura 9.10 Después de utilizar las tres herramientas para aplicar máscara de capa, su imagen debería ser similar a ésta.

15. Presione el tabulador para mostrar las paletas y luego arrastre la imagen de la máscara de capa Pareja al icono Papelera, que se encuentra en la parte inferior de la paleta Capas. Pulse el botón Aplicar del cuadro de

diálogo de confirmación. Presione Ctrl(⌘)+S para guardar los cambios y deje abierto el documento.

Ahora que hemos eliminado el agua, el cielo y las áreas de tierra es el momento de terminar la edición de esta capa. El banco situado a la derecha, o más exactamente, la mitad del banco que se encuentra a la derecha debe eliminarse y no hay ninguna herramienta mejor que el Tampón para realizar este trabajo.

Consejo:

En el banco en el que está sentada la pareja y a lo largo de la acera hay muchas líneas rectas. Aprovéchese de una de las funciones de la herramienta Pincel para que haga el trabajo en su lugar. Esto puede conseguirse así: pulse una vez al principio de la línea y luego presione la tecla Mayús y pulse en el extremo final de la línea. La herramienta Pincel aplicará máscara de capa a la línea recta definida entre los puntos sobre los que se ha pulsado.

También tenga en cuenta que los bordes de la máscara de capa pueden determinar el éxito o el fracaso de la imagen. No deje ningún signo que indique «esta imagen ha sido manipulada», como los que pueden verse en la Figura 9.9. Con mucho cuidado, aplique el Pincel de modo que el borde del área de máscara no contenga ningún pixel del área ocupada por el agua (use una punta de pincel muy pequeña). Este tipo de detalles son tediosos, aunque muy importantes para que la imagen terminada sea satisfactoria.

Eliminación del banco con la herramienta Tampón

Cuando se trabaja editando imágenes fotorrealistas, se obtienen más ventajas con la herramienta Tampón que con cualquier otra herramienta. Posiblemente, debido a que no existe ninguna herramienta artística tradicional similar a ella o porque parece muy sencilla de utilizar, la herramienta Tampón es la más famosa herramienta de pintura de Photoshop. Al igual que todas las herramientas de dibujo, tanto reales como virtuales, deben practicarse y comprenderse las funciones de esta herramienta para poder usarla correctamente.

En el siguiente conjunto de pasos eliminaremos las zonas del banco que sobran, pero sólo después de hacer una tontería intencionada, a través de la cual veremos un mal uso de la herramienta Tampón.

Usos correcto e incorrecto del Tampón

1. Teclee **200** en el cuadro Porcentaje de zoom, presione Intro y luego la tecla Fin para desplazar la vista a la parte inferior derecha de la imagen The Park. Encuadre la imagen de modo que los elementos que restan del banco queden centrados y arrastre para agrandar la ventana del documento de modo que pueda ver el banco completo.
2. Marque la casilla Preservar transparencia en la paleta Capas para la capa Pareja. Mientras esté clonando sobre partes del banco muy próximas al borde del contenido de la capa (por encima del paseo), la función Preservar transparencia evitará salpicar el edificio.

3. Seleccione la herramienta Tampón de la caja de herramientas. Presione el tabulador para ocultar todas las paletas, presione F5 para mostrar sólo la paleta Pinceles y arrástrela a la esquina superior derecha de la pantalla.
4. En la paleta Pinceles, seleccione el pincel situado más a la derecha en la fila superior.
5. Presione Alt(Opción) y pulse directamente un área de hierba situada debajo de la pata derecha del banco para definir el punto de muestreo. Pulse en la parte inferior de la pata izquierda y arrastre hacia la izquierda para clonar sobre la sombra del banco. Efectúe esta operación con un único trazo.

Observe el patrón de las sombras de hierba que ha creado con esa sola pincelada del Tampón. La Figura 9.11 muestra los patrones en relación al lugar donde se fijó el punto de muestreo. Hay dos razones por las que se ha creado el patrón: la punta del pincel es demasiado dura y el punto de muestreo estaba demasiado próximo al lugar donde se ha dado la pincelada.

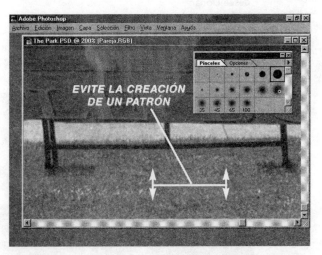

Figura 9.11 Evite crear un patrón en áreas que no deberían seguir ninguno.

6. Presione Ctrl(⌘)+Z para deshacer la última edición.
7. Veamos ahora la técnica correcta. Seleccione la segunda punta de pincel de la segunda fila en la paleta Pinceles. Presione Alt(Opción) y pulse cualquier área situada debajo de la mitad izquierda del banco y arrastre hacia la izquierda comenzado del mismo modo que en el paso 5, pero parando ahora a un tercio de la distancia, aproximadamente, como se indica en la Figura 9.12.
8. Pulse otro punto de muestra en el extremo derecho de la hierba y continúe el movimiento sólo hasta un tercio más de la distancia aproximadamente.
9. Pulse un punto de muestreo más en cualquier lugar a la derecha y termine de clonar sobre la sombra.

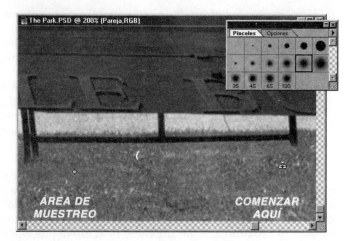

Figura 9.12 Use una punta de pincel más blanda y muestree en un área alejada de donde desee clonar.

10. Seleccione el segundo pincel de la izquierda en la segunda fila y, usando la misma técnica empleada en los pasos 7 y 8, elimine la barra horizontal del banco. Su imagen deberá tener un aspecto similar al de la Figura 9.13.

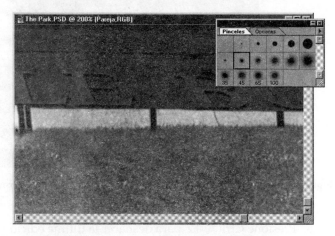

Figura 9.13 Cambie los tamaños de punta de pincel y los puntos de muestreo para eliminar el banco de la zona de la hierba.

11. Use la misma punta de pincel para clonar sobre las patas del banco. Sea cuidadoso, de modo que consiga un borde coherente con la hierba.
12. Teclee **50** en el cuadro de Porcentaje de zoom y luego presione Intro. Presione Ctrl(⌘)+S para guardar los cambios y deje abierta la imagen.

Ahora que hemos eliminado de forma satisfactoria el banco, es el momento de editar la capa que contiene el edificio. Utilizaremos las órdenes Transformar capa para hacer que el edificio parezca más «natural» en su posición actual.

Utilización de las guías y rotación de una capa

Si está familiarizado con los programas de autoedición, como PageMaker y Quark, entonces será consciente de la utilidad de las guías. Cuando en Photoshop 4 se añadieron las guías, muchas personas se preguntaron ¿quién necesita guías en un programa de edición de imágenes? Probablemente, ahora la mayor parte de dichas personas se preguntaran cómo es posible trabajar sin guías.

En la imagen The Park, el edificio está rotado ligeramente en el sentido horario. Esto se debe a que el fotógrafo (el autor) perdió el equilibrio mientras miraba a través de la cámara. Los edificios inclinados no son ningún problema para la potencia de Photoshop. En los siguientes pasos utilizaremos las guías para ayudar a nivelar el edifico de forma rápida.

Uso de las guías para posicionar una capa

1. Presione F7 para visualizar la paleta Capas y pulse dos veces el título Capa 1. Teclee **Edificio** en el campo Nombre y pulse OK.
2. Presione el tabulador para ocultar todas las paletas actualmente visibles.
3. Presione una vez F para cambiar la vista al modo de pantalla entera con barra de menú.
4. Presione Ctrl(⌘)+R para visualizar las reglas y luego presione V (herramienta Mover). Pulse y arrastre una guía desde la regla horizontal y bájela hasta la esquina izquierda superior del edificio, como se muestra en la Figura 9.14.

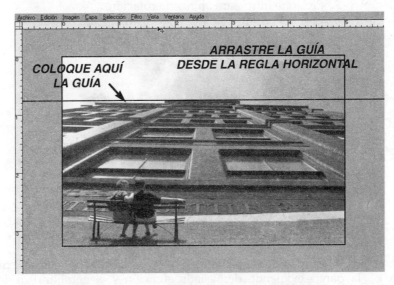

Figura 9.14 Arrastre una guía desde la regla horizontal y colóquela en la parte superior del edificio.

5. En la barra de menú, seleccione Edición, Trasformar, Rotar.
6. Coloque el cursor en cualquier lugar fuera del área de la imagen, pulse y arrastre en el sentido antihorario hasta que la parte superior del edificio quede paralela a la guía, como se muestra en la Figura 9.15.

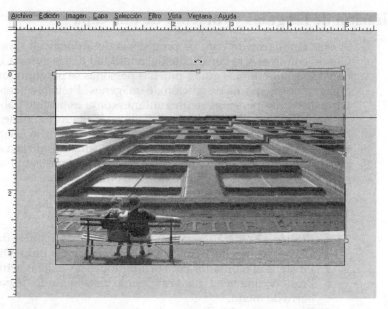

Figura 9.15 Rote la capa Edificio de modo que la parte superior del edificio sea paralela a la guía.

7. Presione Intro para aplicar la rotación.
8. Con la herramienta Mover, arrastre la guía de nuevo hasta la regla. Presione Ctrl(⌘)+; (punto y coma) para ocultar la guía.
9. Guarde los cambios. Presione Ctrl(⌘)+S y deje abierta la imagen.

Nota:

Cualquier herramienta puede arrastrar una guía desde las reglas, pero sólo la herramienta Mover permite recolocarla.

En una imagen surrealista, como The Park, un edificio torcido no estaría fuera de lugar. Pero alinearlo es una decisión artística que se ha tomado para que no abrume la imagen con sus efectos. En las decisiones de tipo estético no hay aciertos o errores, sólo toques personales.

El edificio es, visualmente, un elemento muy potente, que predomina sobre la pareja exigiendo demasiada atención y el equilibrio de la imagen recae demasiado sobre el mismo. Si la imagen fuera real y se pudiera ver The Park desde cualquier lateral, el edificio parecería inclinarse con un ángulo de aproximadamente 30 grados. Visualmente, la imagen sería más sorprendente y la composición sería más equilibrada si el edificio estuviera tumbado o paralelo al suelo. El efecto que se utilizará para hacer que el edificio parezca tan plano como una carretera desierta es la orden Distorsionar capa.

Distorsión de un objeto para conseguir un efecto de perspectiva

La orden Distorsionar localizada en el menú Edición, Transformar, rodea la capa activa con seis anclajes. Cada uno de los anclajes de esquina puede moverse independientemente de las restantes, permitiendo dar diferentes formas a la capa. Por el contrario, cuando se mueve un anclaje de esquina con la orden Perspectiva, otros tres anclajes se mueven al compás del que se está moviendo.

Antes de pasar al ejemplo siguiente, en el que distorsionaremos la capa Edificio, observe la Figura 9.16 para ver algunos ejemplos de lo que puede hacer la orden Distorsionar en una capa.

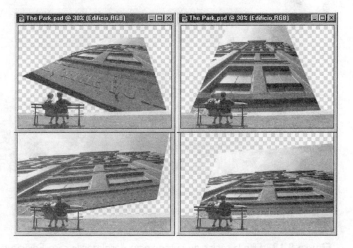

Figura 9.16   «Distorsionar» es un nombre apropiado para esta orden.

Modificación de la forma de una capa con la orden Distorsionar

1. Con la imagen The Park abierta y la capa Edificio activa, presione Ctrl()+T (Transformación libre). Ahora una caja de contorno con seis anclajes rodea la capa.
2. Coloque el cursor dentro del área de la caja y pulse con el botón derecho (Macintosh: presionar Ctrl y pulsar). En el menú Transformar que aparece seleccione Distorsionar, como se muestra en la Figura 9.17.

Figura 9.17   El menú contextual de Transformación libre.

3. Pulse y arrastre el anclaje superior central hasta aproximadamente medio camino hacia la parte inferior de la imagen. El edificio comienza a «encogerse» aunque parece que está situado en posición horizontal de forma convincente.

4. Use la tecla de cursor derecho para colocar la capa si la rotación realizada en el conjunto de pasos anterior desplazó el borde de los contenidos de la capa a la ventana de imagen.

5. Use la tecla de cursor arriba para colocar la capa Edificio hasta que el área negra del edificio aparezca a la izquierda del paseo. Fíjese en la Figura 9.18 para posicionar la capa.

Figura 9.18 Use la teclas de cursor para desplazar la capa Edificio (un pixel por pulsación de teclado).

La razón de mostrar este área negra es una decisión de carácter artístico con el fin de crear una mayor separación visual entre el edificio y la acera.

6. Pulse dos veces en el interior de la caja de contorno para aplicar la transformación.

7. Presione Ctrl(⌘)+S para guardar los cambios y deje abierta la imagen.

En sólo unos pocos ejercicios hemos pasado de una composición tranquila a una imagen que desafía a nuestra percepción de la realidad. Ya sólo queda la edición de un área: el cielo.

Hay muchas formas distintas de completar el área del cielo y el determinar el método «correcto» es una decisión artística. Se puede crear un cielo nuevo usando la herramienta Degradado, se puede importar un cielo de otra fotografía o se puede crear un cielo en un programa como Painter e importarlo. Cualquier método será válido, aunque cuando sólo es el edificio lo que da el surrealismo a la imagen, el cielo no debería distorsionarse y debería adaptarse a las condiciones de iluminación de la pareja en la capa Pareja. El nuevo cielo debería presentar las características ya existentes en la imagen The Park: es un día luminoso, como denotan las sombras arrojadas por la pareja y el cielo es ligeramente calinoso, como se muestra en la mitad izquierda del edificio. A menos que el lector sea extremadamente ambicioso o disponga ya de un cielo «perfecto», el cielo ideal es el que ya tenemos: sólo es necesario alargarlo un poco

Manipulación del área del cielo

Quizás se le haya ocurrido otra alternativa para perfeccionar el cielo: recortar la imagen. Ciertamente ésta es una opción, pero sería muy útil aprender a aumentar la extensión de un cielo soleado (especialmente si el lector es meteorólogo).

Con la misma orden utilizada para disminuir la altura del edificio (Transformar capa), se puede expandir el cielo. Aunque en esta ocasión es necesario que seleccione el cielo de modo que no se modifique el edificio. Veamos cómo hacerlo.

Expansión del área del cielo con la orden Transformar capa

1. Presione W (herramienta Varita mágica) y luego Intro para acceder a la paleta Opciones de Varita mágica.
2. Teclee **29** en el campo Tolerancia.
3. Pulse en la mitad derecha del área del cielo.
4. Mantenga presionada la tecla Mayús y pulse en el centro del área del cielo. La tecla Mayús añade un área seleccionada a la selección actual.
5. Mantenga presionada la tecla Mayús y pulse en la mitad izquierda del cielo.

Dependiendo de dónde se haya pulsado exactamente, pueden quedar algunas áreas que no se hayan seleccionado todavía. Continúe con el método Mayús+pulsar sobre las áreas no seleccionadas para añadirlas a la selección actual hasta que el cielo completo se encuentre en el interior del marco. La tolerancia de la Varita mágica podría aumentarse para ahorrar operaciones Mayús+pulsar pero, mediante el método de prueba y error, el autor ha comprobado que valores mayores hacen que la selección se solape con el edificio.

6. Presione Ctrl(⌘)+Mayús+J. Esta combinación de teclas corta el área seleccionada de la capa actual y pega sus contenidos en una nueva capa.
7. Presione F7 para visualizar la paleta Capas. Pulse y arrastre la Capa 1 debajo de la capa Edificio. La paleta Capas debería ser parecida a la mostrada en la Figura 9.19 (pero con iconos de imagen más pequeños). Presione de nuevo F7 para ocultar la paleta.
8. Presione Ctrl(⌘)+T para activar la orden Transformar capa.
9. Arrastre el anclaje superior central hasta la parte superior de la imagen. Arrastre el anclaje inferior central hacia abajo en línea recta, lo suficiente como para cubrir con el cielo las áreas visibles transparentes.
10. Arrastre de nuevo el anclaje central superior hacia arriba para alargar el cielo hasta cualquier área transparente creada en el paso anterior, como muestra la Figura 9.20.

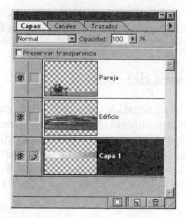

Figura 9.19 Desplace la nueva capa, que contiene el área del cielo, debajo de la capa Edificio.

Figura 9.20 Alargamiento del área del cielo para rellenar la sección que se encuentra encima del edificio.

11. Presione Intro para aplicar la transformación.
12. Presione Ctrl(⌘)+S para guardar su trabajo y deje abierta la imagen The Park.

Cualquiera de las ordenes de Transformar capa tienen su precio: pérdida de calidad. Hay que comentar que la perdida de calidad de imagen depende de la resolución de la misma, del objeto que se esté transformando y de la cantidad de veces que se aplique el efecto. Si se aumenta la resolución de visualización a aproximadamente un 300% para ver el lado derecho del cielo, pueden verse las «señales del alargamiento». El área del cielo se ha manipulado dos veces y además esta no es una imagen de alta resolución. Pero es satisfactoria, ya que el contenido visual del cielo es vago comparado con el resto de la composición.

No obstante, estaría bien hacer un poco de cirugía plástica sobre las señales del alargamiento, sólo para el caso de que alguien amplifique el área del cielo.

En el siguiente conjunto de pasos finalizaremos la imagen The Park eliminado los efectos no deseados de las transformaciones de capa y haremos que el cielo sea más interesante.

Restauración y mejora del cielo

1. Presione dos veces F para volver al Modo de pantalla estándar.
2. Seleccione Ventana, Mostrar barra de estado (en Macintosh, la línea de estado se encuentra en la parte inferior de la imagen). Escriba **300** en el cuadro de Porcentaje de zoom y presione Intro.
3. Presione la tecla Fin y luego RePág las veces necesarias para ver el área superior derecha de la imagen.
4. Seleccione Filtro, Desenfocar, Desenfoque gaussiano.
5. Arrastre el regulador Radio totalmente a la izquierda, como se muestra en la Figura 9.21. Esta es la configuración mínima: un buen lugar por el que empezar cuando se está determinando la mejor configuración. Arrastre lentamente el regulador hacia la derecha y párese, aproximadamente, cada 0.5 píxeles y observe el efecto del filtro Desenfoque gaussiano. Deje de aumentar el valor Radio cuando desaparezcan las manchas de las transformaciones (aproximadamente 2.6 píxeles), como se muestra en la Figura 9.22.

Figura 9.21 Comience con el valor mínimo para el parámetro Radio en el filtro Desenfoque gaussiano.

Figura 9.22 Use el valor más pequeño de Radio que permita desenfocar por completo las manchas.

6. Pulse OK para aplicar el Desenfoque gaussiano.
7. Presione Ctrl(⌘)+0 (cero) para desplazar la vista y ajustarla en la pantalla.
8. Presione Ctrl(⌘)+U para acceder al cuadro de diálogo Tono/saturación. Arrastre el cuadro a la parte inferior de la pantalla para poder ver el área del cielo.
9. Arrastre el regulador Saturación a +40. Este parámetro aumenta la saturación del azul del cielo para igualarlo con la saturación del verde en el área de la hierba, lo que visualmente equilibra las dos áreas. Pulse OK.
10. Seleccione Capa, Acoplar imagen para combinar las tres capas en la capa Fondo. La imagen obtenida debería ser similar a la mostrada en la Figura 9.23.
11. Presione Ctrl(⌘)+S para guardar los cambios. Ahora puede cerrar la imagen cuando desee.

Figura 9.23 Photoshop tiene herramientas más que suficientes para ayudarle a crear escenas surrealistas.

Utilizar muchos efectos especiales o muchos objetos imponentes no es un requisito previo para conseguir una imagen surrealista satisfactoria. Miës van der Rohe, el famoso arquitecto, dice «Menos es más». Aunque Photoshop pone más herramientas a su disposición que otros programas de imágenes, no pierda el concepto de su imagen en un mar de efectos.

En el caso de que su experiencia profesional sea en un campo distinto al de la fotografía, Photoshop también le será útil en sus necesidades de edición de imágenes. En el siguiente capítulo aprenderemos cómo trasladar a Photoshop un trabajo artístico en soporte físico y aplicaremos herramientas digitales para expresar lo mejor de los dos tipos de soporte.

Capítulo 10

Mezcla de medios

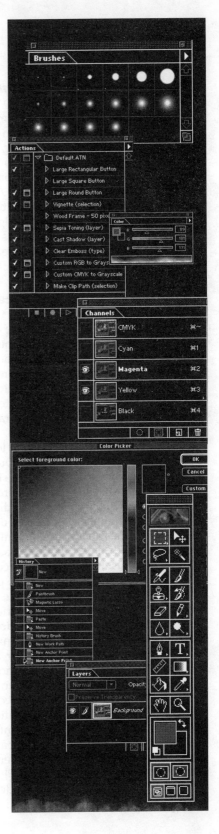

Aunque muchos profesionales expertos dependen de Photoshop para corregir el color de la
pre-impresión y retocar imágenes fotográficas,
Photoshop tiene también un lado creativo únicamente limitado por la imaginación de los
usuarios y la capacidad de trasladar a la aplicación materiales originales que no sean imágenes
digitales.

En este capítulo experimentaremos con la
transformación de un formato artístico tradicional: un dibujo animado hecho a tinta, para ver
cómo pueden incorporarse a una composición
de Photoshop diferentes tipos de elementos digitales.

Creación de un dibujo animado digital

Artistas procedentes de muy diversas disciplinas tradicionales ven en Photoshop la pasarela a la expresión creativa a través de nuevos soportes: la Web, las películas creadas con Director, los títulos interactivos y la autoedición, por nombrar algunos de ellos. El autor, después de consultar múltiples listas de discusión, ha comprobado que una pregunta planteada frecuentemente es: ¿cómo crear un dibujo animado digital? Actualmente, muchos libros de comic se han convertido en artículos de lujo de alta calidad y sus creadores han tenido que empezar a utilizar los equivalentes digitales del tablero Bristol, los pinceles, lápices y tintas indelebles. Las secciones siguientes describen un sencillo camino de transición para pasar de la mesa de dibujo física a Photoshop y realizar dibujos animados.

Escaneado de un dibujo creado con tinta

Independientemente de lo bueno que pueda ser un tablero de digitalización, nuestra experiencia es que no hay nada que estéticamente se pueda comparar con una imagen escaneada de un dibujo animado hecho a mano o de otro tipo de dibujo lineal. La expresión de las líneas, la forma en que la tinta entra en el papel y otras características que el artista controla directamente pueden digitalizarse satisfactoriamente para dar una calidad más humana al dibujo.

Por tanto, la aventura de trasladar un dibujo animado físico comienza con el escaneado del mismo.

Como se ha dicho a lo largo del libro, debería tenerse en cuenta el soporte de salida final de un dibujo antes de colocar el primer píxel en una ventana de documento. El muestreo digital, la fase de adquisición, requiere que exista una cantidad suficiente de área física en una hoja de papel para poder trabajar con dicha hoja en su estado digital. Si se toman pocas muestras se obtendrá un diseño digital antiestético y duro, que no podrá ser manipulado por Photoshop de forma satisfactoria, mientras que tomar demasiadas muestras del dibujo puede crear un archivo innecesariamente grande, con el que no se podrá trabajar en un sistema con pocos recursos.

Como regla general, puede considerar que si el dibujo que desea escanear ocupa aproximadamente la mitad de una hoja de 21,6 cm por 27,9 cm, digamos 15 cm por 10 cm, debería hacer el escaneado a una escala de 1:1 a 150 píxeles/pulgada, en el modo escala de grises. Este modo es el más aconsejable, dado que los dibujos animados no deberían estar coloreados, puesto que es para lo que se va a usar Photoshop. Una imagen de estas características dará lugar a un archivo de unos 600 KB si su escáner mide las imágenes en tamaños de archivo en lugar de en dimensiones.

En la Figura 10.1 puede ver la interfaz de TWAIN para el escáner de sobremesa UMAX S-12 del autor, con un ejemplo de dibujo en la ventana de previsualización. Si tiene configurado su sistema para usar un escáner, vamos a repasar algunos de los parámetros que tendrá que utilizar para realizar su trabajo. Si está trabajando en Windows 95 o NT, puede utilizar los controladores TWAIN de 32 bits de Photoshop. En cualquier caso, la orden de Photoshop para activar la interfaz del escáner es Archivo, Importar. Las opciones propias de su escáner las encontrará en este menú.

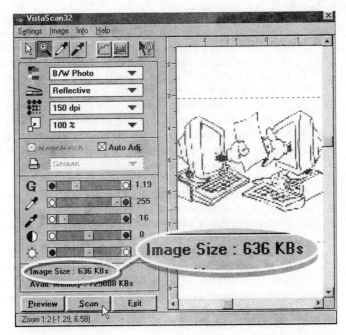

Figura 10.1 La interfaz TWAIN para el escáner de sobremesa UMAX S-12. Unos 600 KB es un buen tamaño de archivo para un dibujo que ocupe la mitad de una hoja.

Aunque en este capítulo se va a trabajar con un dibujo específico, puede utilizar los pasos siguientes con sus propios trabajos artísticos en futuras aventuras con el escáner.

Escaneado de un dibujo en Photoshop

1. Asegúrese de que su trabajo artístico sólo contiene líneas hechas con tinta. Si hizo el primer bosquejo a lápiz para esbozar el dibujo, use un borrador para eliminar las marcas de lápiz. El escáner sólo debería «ver» las marcas de tinta.
2. Asegúrese de que el papel está perfectamente alineado con la superficie de imagen del escáner (la bandeja). Photoshop no ofrece ningún método sencillo para eliminar arrugas de una imagen escaneada torcida.
3. En Photoshop, con el escáner encendido y configurado correctamente, seleccione Archivo, Importar y luego Seleccionar origen TWAIN_32 (o Seleccionar origen TWAIN, si su sistema no soporta el escaneado a 32 bits). En Macintosh, seleccione Archivo, Importar y luego Seleccionar Twain.
4. Aparece una lista de todos los orígenes TWAIN instalados en la máquina. Elija el que corresponda a su escáner y luego pulse Seleccionar.
5. Elija Archivo, Importar, TWAIN_32 (o TWAIN). En Macintosh, seleccione Archivo, Importar y luego Adquirir Twain. A continuación aparece la interfaz de TWAIN para su escáner como un cuadro de diálogo de Photoshop.

Dependiendo del fabricante, en la interfaz se usan diferentes términos que generalmente significan lo mismo. Los siguientes son los parámetros del escáner que el autor ha utilizado y se han incluido comentarios entre paréntesis que corresponden a términos equivalentes.

6. Pulse la vista preliminar, cuando exista; algunos escáner ofrecen la vista preliminar de forma automática.

7. Arrastre el cuadro de recorte de la vista preliminar para encerrar únicamente el dibujo. No tiene ningún sentido escanear el espacio vacío.

8. Seleccione el modo de color en la lista desplegable de la interfaz. En la Figura 10.1 el modo de color se indica como B/W Photo. Realmente se trata del modo escala de grises y, probablemente, su escáner también le ofrecerá esta opción.

9. Seleccione el tipo de dibujo, si esta opción está disponible. Los diseños opacos se consideran diseños reflexivos, mientras que las diapositivas, transparencias y otros materiales transparentes se denominan diseños transparentes.

10. Establezca la escala de la imagen adquirida al 100% y luego, como resolución del escáner, seleccione 150 píxeles por pulgada (algunas veces se llama muestras/pulgada o puntos/pulgada)

11. Si existen controles de color y contraste, debería ajustarlos antes de proceder al escaneado.

12. Pulse Scan (u OK). Después de unos instantes, la interfaz de TWAIN será reemplazada por la imagen que ha escaneado en Photoshop. Algunas interfaces TWAIN deben cerrarse manualmente después de la sesión de escaneado; cierre la interfaz y habrá terminado.

13. Guarde la imagen como Xchange1.tif en su disco duro con el formato de archivo TIFF y mantenga la imagen abierta.

La Figura 10.2 muestra la imagen escaneada del dibujo. Observe que, debido a que no se borraron cuidadosamente todas las marcas de lápiz, la imagen no debería usarse sin aplicarle algún tipo de filtrado. Se ha hecho deliberadamente este escaneado defectuoso para mostrarle dos métodos diferentes de preparación de un dibujo para colorearse con Photoshop.

Preparación de una imagen escaneada limpia para colorearla

Antes de exponer un método para limpiar una imagen escaneada con marcas de lápiz, supongamos que se han seguido los pasos anteriores y que ahora se dispone de una imagen limpia con la que trabajar. La imagen Clean.tif se encuentra en la carpeta Chap10 del CD adjunto, y los siguientes pasos indican cómo hacer que las zonas interiores del dibujo sean transparentes (ideal para colorear) en lugar de blancas.

Uso de canales para separar los tonos

1. Abra la imagen Clean.tif que se encuentra en la carpeta Chap10 del CD adjunto.

Figura 10.2   En Photoshop es casi imposible eliminar las marcas de lápiz. Intente borrarlas a mano completamente antes de proceder con el escaneado.

2. Presione F7 si la paleta Canales no se encuentra en la pantalla.
3. En la paleta Canales, arrastre el título del canal Negro al icono Crear canal nuevo, situado en la parte inferior de la paleta. Se crea así una copia del canal Negro en la imagen, como se muestra en la Figura 10.3.

Figura 10.3   Cree un canal alfa que contenga la misma información visual que el canal Negro.

4. En la paleta Capas, pulse dos veces el título Fondo para visualizar el cuadro de diálogo Hacer capa. Acepte el nombre predeterminado de Capa 0 y pulse OK para cerrar el cuadro. Ahora Fondo es una capa de la imagen.

5. Presione Ctrl(⌘)+A y luego Supr (Retroceso). Presione Ctrl(⌘)+D para deseleccionar el marco. Ahora toda la Capa 0 es transparente.

6. En la paleta Canales, presione Ctrl(⌘) y pulse el título Copia Negro para cargar las áreas coloreadas como un marco de selección.

7. Presione D (colores por defecto) y luego Alt(Opción)+Supr (Retroceso) para rellenar el marco de selección con el negro frontal, como se muestra en la Figura 10.4. Presione Ctrl(⌘)+D para deseleccionar el marco en la imagen.

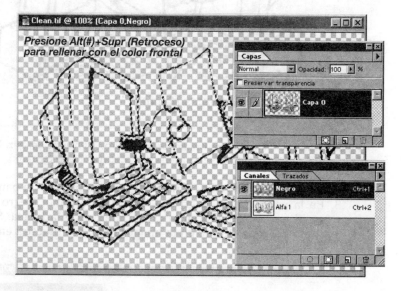

Figura 10.4 Rellene el marco de selección de la Capa 0 con el color frontal.

8. Ahora puede añadir capas a la imagen para aplicar colores u otros elementos. Guarde la imagen como Xchange1.psd en su disco duro.

Como se ha dicho anteriormente, una imagen escaneada no limpia de un dibujo animado puede filtrarse usando otro producto Adobe llamado Streamline. Streamline convierte la información del mapa de bits en datos vectoriales en formato EPS (Encapsulated PostScript). En el proceso, las sombras de gris (como las marcas de lápiz) se eliminan y lo que queda es una imagen vectorial que Photoshop puede importar como un mapa de bits de cualquier tamaño.

Preparación del diseño para Streamline

En el CD adjunto se ha incluido el archivo Xchange.eps. Éste se creó tomando un dibujo escaneado «sucio», autotrazándolo en formato vectorial y luego haciendo algunos cambios menores para ajustar el grosor de las líneas y preparar las áreas blancas que debería contener la imagen final.

Si dispone de Streamline, existe una técnica artística que permite asegurarse de que la aplicación trace formas vacías (formas no rellenas). En la Figura

10.5 puede ver dos dibujos sencillos. La pelota superior está hecha con líneas cerradas mientras que la de la parte inferior tiene interrupciones a lo largo de las líneas. Streamline trata estas imágenes de dos formas por completo diferentes. Con las formas cerradas, Streamline superpone progresivamente formas cerradas de colores alternantes para reconstruir el mapa de bits. Con el dibujo de líneas interrumpidas, Streamline crea trazados cerrados dejando el «interior» del diseño vacío. Este método de la línea interrumpida parecerá algo extraño al diseñador tradicional, pero cuando lo practique un poco, la recompensa será que tendrá que preocuparse mucho menos del archivo EPS resultante.

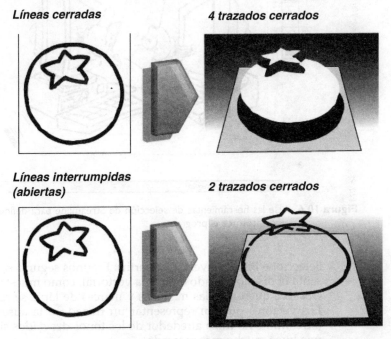

Figura 10.5 Si crea interrupciones en el contorno de su diseño, Streamline generará muy pocos trazados y también producirá formas rellenas con transparencias, que más tarde podrá rellenar en Photoshop.

Si dispone de Streamline y desea comprobar su capacidad de trazado siga estos pasos para limpiar y convertir la imagen Xchange1.tif:

Uso de Adobe Streamline para limpiar un diseño

1. Abra Streamline, seleccione File (Archivo), Open (Abrir) y luego abra la imagen XChange1.tif, que se encuentra en la carpeta Chap10 del CD adjunto.
2. Con la herramienta de selección Rectangular arrastre para crear un marco alrededor del diseño. Luego presione Ctrl(⌘), seleccione la herramienta Lazo y haga un marco de selección alrededor de las marcas del

borde inferior del papel, mostradas en la Figura 10.6, donde el artista probó sus lápices. Las marcas no se incluirán en el proceso de conversión.

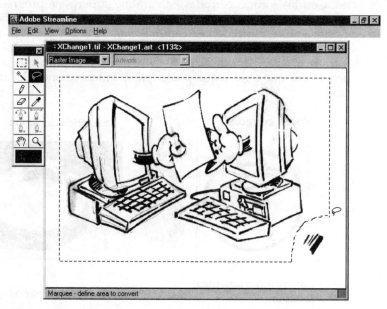

Figura 10.6 Use las herramientas de selección de Streamline para definir el área que desea que autotrace el programa.

3. Seleccione File, Convert (Convertir). En unos segundos, Streamline presenta el diseño trazado en forma vectorial, como muestra la Figura 10.7. Observe que todas las manchas y marcas de lápiz se han desvanecido. Los vectores pueden representar un trazado o la ausencia de trazado (Streamline no traza alrededor de los tonos desvaídos situados cerca de una línea mucho más marcada).
4. Seleccione File, Save Art y luego elija Illustrator EPS en la lista desplegable Tipo en el cuadro de diálogo Save As (Guardar como). Nombre el archivo como Xchange.eps y guárdelo en el disco duro. Ahora puede cerrar Streamline en cualquier instante.

Una vez realizado este proceso con un programa adicional, el dibujo se puede escalar en Photoshop a cualquier tamaño sin perder contenido visual. Los vectores son independientes de la resolución (hasta que haga una copia del mapa de bits a partir del dibujo).

Aunque Streamline supone un gasto y es necesario realizar unas cuantas operaciones con él para convertir y limpiar un dibujo, merece la pena la inversión si tiene muchos dibujos lineales que desee mejorar en Photoshop. En la siguiente sección importaremos la imagen Xchange.eps a Photoshop y trabajaremos en el relleno de los espacios vacíos de la ilustración.

Figura 10.7 Streamline convierte las líneas muy marcadas de una imagen escaneada en líneas y curvas vectoriales.

Importación de un archivo EPS

Photoshop llama rasterización al proceso de conversión de datos vectoriales a formato de mapa de bits. Esto se hace sin la intervención del usuario, excepto en lo que se refiere a la especificación del tamaño al que se presentará el mapa de bits correspondiente al diseño vectorial. En el siguiente conjunto de pasos importaremos el archivo Xchange.eps, especificando un tamaño de trabajo adecuado para la imagen y luego veremos cómo se tiñen de blanco ciertas áreas, mientras que otras quedan transparentes.

A continuación vamos a ver cómo pasar a Photoshop el dibujo.

Importación de datos vectoriales

1. En Photoshop, seleccione Archivo, Abrir y luego elija la imagen Xchange.eps que se encuentra en la carpeta Chap10 del CD adjunto.
2. En el cuadro de diálogo Rasterizando Generic EPS, escriba **325** en el campo Altura (el campo Anchura cambia de acuerdo con él), como unidad de medida especifique píxeles, elija una Resolución de 72 píxeles/pulgada y opte por el modo Color RGB, como se indica en la Figura 10.8. Pulse OK para iniciar el proceso de conversión.

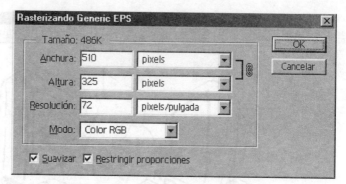

Figure 10.8 510 por 325 es un tamaño adecuado para trabajar con el dibujo, incluso en un monitor con una resolución de 640x480.

Como puede ver en la Figura 10.9, algunas de las áreas de la imagen están rellenas con blanco, mientras que otras son transparentes. Esto se debe a que para crear el dibujo se han usado algunas líneas cerradas y muchas líneas abiertas.

Figura 10.9 Dependiendo de la forma en que se haya construido el diseño, la ilustración contendrá líneas negras y algunas zonas rellenas de blanco.

3. Seleccione Imagen, Tamaño de lienzo y teclee en el campo Anchura 7.5, y en el campo anexo elija pulgadas. En el campo Altura especifique 5 pulgadas, y después pulse OK. Los archivos EPS importados se recortan apurando al elemento opaco más próximo de la imagen y este recorte es excesivo para poder trabajar con comodidad.

4. Guarde la imagen como **XChange.psd**, que es el formato de archivo nativo de Photoshop, en su disco duro y mantenga abierta la imagen.

Ahora que dispone de una buena copia de trabajo del dibujo es el momento de comenzar a rellenar los espacios vacíos de la imagen.

Nota:

Si tiene un dibujo que necesita ser retocado después de haberlo convertido con Streamline, considere si le interesa invertir en adquirir Adobe Illustrator. Illustrator permite abrir la imagen EPS, modificar los trazados, crear trazados compuestos (de forma que el interior de los objetos sea transparente) y realizar otras tareas. Después, puede importarse el archivo Ilustrator a Photoshop exactamente de la misma forma que un archivo EPS Streamline.

Selección y coloreado en una capa independiente

Resulta evidente que si se puede ver la cuadrícula de transparencia en una parte significativa de la imagen, se puede también añadir a la composición una capa reservada para colorear. De esta forma, no hay posibilidad de alterar ninguna línea del diseño original, siendo el proceso muy similar al de la animación tradicional, en el que las capas de acetato se apilaban y coloreaban.

A continuación vamos a ver cómo iniciar el procedimiento de dar vida a la imagen, comenzando con una capa nueva y una de las manos del dibujo:

Coloreado en una capa independiente

1. En la paleta Capas, pulse el icono Crear capa nueva y luego arrastre el título de la capa por debajo de la Capa 1 (el diseño).
2. Pulse dos veces el título Capa 2 y dele el nombre **Relleno.** Pulse OK para cerrar el cuadro de diálogo Opciones de capa.
3. Amplifique la resolución de visualización de la imagen hasta el 200% y luego recórrala hasta que la mano situada a la izquierda en la imagen quede centrada en la pantalla.
4. Con la herramienta Lazo poligonal pulse para crear una serie de puntos situados en el centro de la línea que define la mano, como se muestra en la Figura 10.10. Cierre la selección pulsando en el punto en que inició el marco.
5. Presione D y luego X. Seleccione la herramienta Aerógrafo y después la punta de 35 píxeles en la paleta Pinceles para cubrir fácilmente el área seleccionada con unos pocos toques
6. De pinceladas dentro del marco de selección hasta que el área quede cubierta con el color frontal blanco y luego pulse en la ranura del color frontal para acceder al Selector de color.
7. Elija un color violeta pálido; una buena opción son los valores H: 254, S:22 y B: 94. Pulse OK para cerrar el Selector de color.

Figura 10.10 Cree un marco de selección que después se rellenará con el color frontal.

8. Pulse (pero no arrastre) una o dos veces sobre la palma de la mano y el dedo pulgar como se muestra en la Figura 10.11. De este modo se añade un sutil sombreado a la mano, que le da una apariencia más tridimensional.

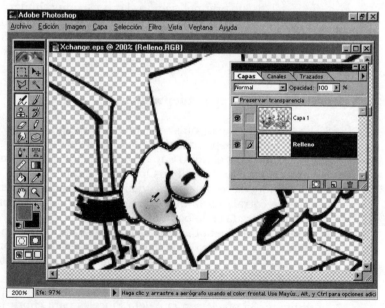

Figura 10.11 Con el Aerógrafo se añade un ligero sombreado a las áreas de la mano que deberían estar en zona de sombra.

9. Repita los pasos 4 a 8 para rellenar y sombrear la mano situada en la parte derecha de la imagen.
10. Presione Ctrl()+S y mantenga abierto el archivo.

El pulgar de la mano izquierda que hemos coloreado en los pasos anteriores debería arrojar una sombra sobre la hoja que está sujetando. Para añadir esa sombra se debe cambiar de capa y aplicar el color en modo Multiplicar para no afectar a las líneas negras de dicha capa. A continuación vamos a ver cómo crear el efecto de esta sombra:

Aplicación de color en modo Multiplicar

1. Pulse el título Capa 1 para hacer que sea la capa de edición actual.
2. Arrastre con la herramienta Lazo para crear una muesca triangular por debajo del pulgar de la mano (*véase* la Figura 10.12 para definir la forma y su posición).
3. Pulse la ranura del color frontal y defina un tono gris neutro, medio. Pulse OK para salir del Selector de color.
4. Pulse dos veces la herramienta Aerógrafo para seleccionarla y visualizar su paleta Opciones.
5. Seleccione en la lista desplegable el modo Multiplicar y luego arrastre el regulador Presión hasta 20 aproximadamente.
6. Efectúe uno o dos toques dentro de la selección. Como puede ver en la Figura 10.12 la sombra no interfiere con las líneas contenidas en la capa. El modo Multiplicar sólo incrementa la densidad de las áreas; no difumina ni altera las líneas existentes.

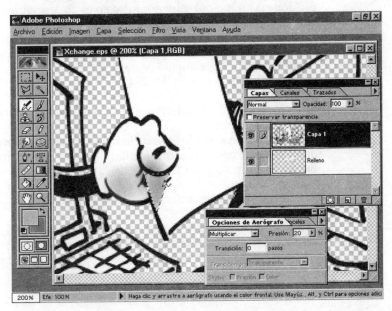

Figura 10.12 El modo Multiplicar con un valor bajo de Presión es la clave para colorear la capa que contiene el diseño.

7. Presione Ctrl(⌘)+D para deseleccionar el marco. Presione Ctrl()+S y mantenga abierto el archivo.

Dado que las manos, de dibujos animados o no, tienen carácter y, puesto que estas manos en concreto son el centro de interés de la composición, en la sección siguiente se aborda una técnica para añadir sombras sobre sombras y destacar la redondez de las mismas.

Sombreado con la herramienta Pincel

Lo que estamos creando en este capítulo es un dibujo que va más allá de la elaboración de dibujos animados «normales». El sombreado que se le aplica es suave y realista y contrasta perfectamente con los contornos toscos de las formas. Sin embargo, en algún momento tendremos que unificar el sombreado con el contorno tosco de las formas y esto se consigue muy bien sombreando con la herramienta Pincel. Utilizaremos un color similar al del sombreado hecho con el aerógrafo en las manos, pero el borde duro que la herramienta Pincel deja recordará a la audiencia la dureza de los contornos del dibujo.

A continuación vamos a ver cómo añadir unos pocos toques a la composición para proporcionar la redondez a las manos e integrar visualmente la composición.

Aplicación de una sombra con la herramienta pincel

1. En la paleta Capas, pulse el título Relleno. Con la herramienta Pincel, presione Alt(Opción) y luego pulse en el área sombreada de cualquiera de las manos. Esto hace que se cambie a la herramienta Cuentagotas y se tome una muestra del violeta pálido como color frontal.
2. Pulse la ranura del color frontal y luego arrastre el círculo que está en el campo de color ligeramente hacia abajo y a la derecha. Un color adecuado para el sombreado es H: 254, S:29 y B: 87. Pulse OK para salir del Selector de color.
3. En la paleta Pinceles, seleccione la tercera punta de pincel de la izquierda en la fila superior.
4. Realice en el área sombreada de la mano izquierda una pincelada curvada y enérgica, con una forma similar a la de la curva inferior de la mano. Repita el proceso para la mano de la derecha, como se muestra en la Figura 10.13.
5. Presione Ctrl()+S y mantenga abierto el archivo.

Ahora es el momento de colorear el monitor, el teclado y la computadora. Afortunadamente, como todos sabemos, las computadoras personales son de un tono beige, por lo que no tenemos que ser demasiado creativos en la selección de colores para esta sección.

Aplicación de efectos de iluminación auténticos

Debería haber una fuente de iluminación sugerente en la composición. Supongamos, por ejemplo, que la luz se encuentra directamente enfrente de la escena. Esto quiere decir que la luz decaerá en la parte posterior de la misma y que las caras anteriores de los equipos tendrán un tono algo más brillante que las caras que quedan en la parte posterior de la escena.

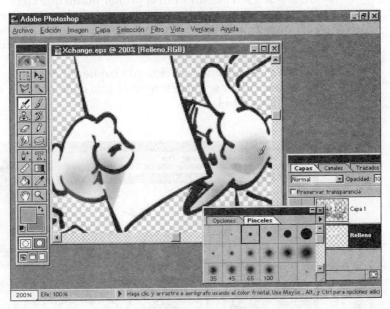

Figura 10.13 Dibuje una única pincelada en las áreas sombreadas para dar profundidad a la sombra y hacer que el color de la composición tenga un tono más acorde con el de un dibujo animado.

Para conseguir de forma rápida un efecto de disminución gradual de la luz sobre los monitores y el resto de los equipos, utilizaremos la herramienta Degradado lineal en combinación con dos sombras de beige ligeramente diferentes. Dado que los dibujos animados son claramente una parodia de la vida real, no existe ninguna necesidad de realizar un sombreado de precisión en el dibujo. Es más importante mantener el «desplazamiento» de los colores en las superficies de las formas y romper la calidad estática de la composición en la imagen, haciendo que el observador mire a donde los colores le atraen.

A continuación vamos a ver cómo sombrear el monitor situado en la parte izquierda de la escena:

Aplicación de sombreado con la herramienta Degradado lineal

1. Pulse la ranura del color frontal situada en la caja de herramientas. En el Selector de color, seleccione un beige luminoso; H:31, S:13 y B: 99% son valores adecuados. Pulse OK para cerrar el Selector de color.
2. Pulse la ranura del color de fondo. En el Selector de color, seleccione un beige que sea ligeramente más oscuro que el seleccionado en el paso 1, por ejemplo H:34, S:19 y B: 83%. Pulse OK para cerrar el Selector de color.

3. Con la herramienta Lazo poligonal, pulse para crear una serie de puntos alrededor del monitor situado a la izquierda (*véase* la Figura 10.14). Cierre la selección pulsando en el primer punto que creó.

4. Pulse dos veces la herramienta Degradado lineal, que se encuentra en la caja de herramientas, para visualizar su paleta Opciones. Asegúrese de que el estilo de degradado es Color frontal a color de fondo (selecciónelo en la lista desplegable).

5. Arrastre comenzando en el borde izquierdo del monitor y luego libere cuando el cursor se encuentre en el área de la pantalla, como se muestra en la Figura 10.14.

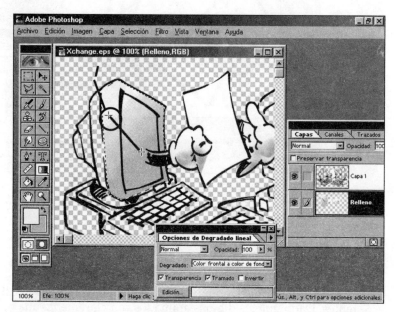

Figura 10.14   Añada al monitor una disminución gradual de luz, arrastrando la herramienta Degradado lineal dentro del marco de selección.

6. Seleccione las demás áreas del monitor, una cada vez, y aplique el mismo movimiento de arrastre de izquierda a derecha con la herramienta Degradado lineal dentro de cada selección. Cuando haya completado una selección, presione Ctrl(⌘)+D para deseleccionar el marco.

7. Cuando el monitor tenga un aspecto similar al mostrado en la Figura 10.15, presione Ctrl(⌘)+S y mantenga abierto el archivo.

Hasta el momento, hemos usado color y unas pocas herramientas de aplicación de pintura de Photoshop, pero esto en sí mismo no constituye una composición con «mezcla de medios». En la siguiente sección rellenaremos la pantalla del monitor del dibujo con lo que se espera encontrar en ella típicamente: una aplicación en ejecución.

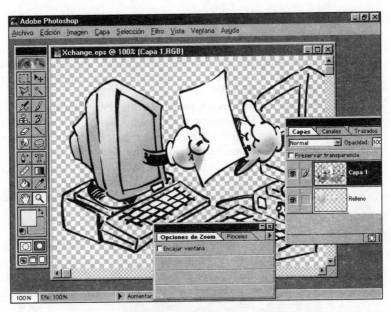

Figura 10.15 Mantenga el «movimiento» del sombreado dentro de las formas estáticas usando la herramienta Degradado lineal.

Uso de capturas de pantalla en la escena

Se puede usar cualquier captura de pantalla que se desee en la composición, aunque nosotros proporcionamos dos posibles ejemplos en el CD adjunto: XL.tif y Word.tif. El autor optó por capturar estas pantallas porque están muy llenas; colocadas en los monitores del dibujo, cuyo tamaño es pequeño, hacen suponer que hay una aplicación en ellos sin realmente dibujarla (lo que malograría el punto de atención de la escena). Piense en las capturas de pantalla como en los accesorios y no como en las bases de la composición.

En los siguientes pasos añadiremos la imagen Word.tif al monitor de la parte izquierda de la escena y luego usaremos el modo Distorsionar de Transformación libre, para hacer que la imagen se ajuste al ángulo de la pantalla del monitor.

Nota:

• •

Si desea usar capturas de pantallas propias, el proceso es bastante sencillo:

- *En Macintosh: Prepare lo que desee que aparezca en pantalla y presione +Crtrl+Mayús+3. Esto hace que lo que se está en la pantalla se envíe al portapapeles; después puede pegar la imagen en un documento de Photoshop para guardarla como un archivo TIFF o PICT.*
- *En Windows: Presione Impr Pant para enviar una copia de la pantalla al portapapeles. Abra en Photoshop un documento nuevo, pegue la imagen y guárdela como un archivo TIFF o BMP.*

Uso del modo Distorsionar para corregir la perspectiva

1. Abra la imagen Word.tif que se encuentra en la carpeta Chap10 del CD adjunto. Esta imagen, que se ha capturado con una resolución de vídeo de 640x480, es demasiado grande para trabajar cómodamente con ella en el dibujo animado.
2. Seleccione Imagen, Tamaño de imagen y escriba **300** en el campo Anchura del área Dimensiones en píxeles; luego pulse OK. El resultado normal es que la imagen se desenfoque un poco, aunque después de aplicar la transformación Distorsionar volveremos a enfocarla.
3. Con la herramienta Desplazar, arrastre la imagen Word dentro de la imagen Xchange.psd, como se muestra en la Figura 10.16. Así se añade una nueva capa, Capa 2, a la imagen Xchange. Ahora puede cerrar en cualquier momento la imagen Word.tif.

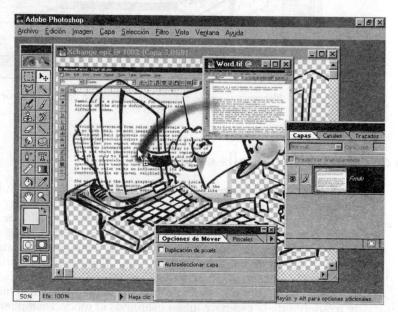

Figura 10.16 Arrastre la imagen Word.tif al interior de la imagen XChange con la herramienta Mover para obtener una copia de ella en una capa independiente.

4. En la paleta Capas, arrastre el título Capa 2 por debajo del título Capa 1, si no se encuentra ya así.
5. Presione Ctrl()+T para visualizar la caja de contorno de Transformación libre alrededor del elemento de la captura de pantalla y, a continuación, pulse el botón derecho del ratón (Macintosh: Ctrl+pulsar) y seleccione Distorsionar en el menú contextual.
6. Arrastre cada una de las esquinas de la caja de contorno de la imagen Word para ajustarlas a las esquinas de la pantalla, como se muestra en la Figura 10.17. Cuando la imagen esté correctamente colocada, pulse dos veces dentro de la imagen para terminar la edición (o presione Intro).
7. Presione Ctrl(⌘)+S y mantenga el archivo abierto.

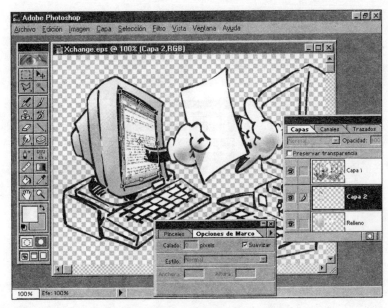

Figura 10.17 Ajuste las esquinas de la caja de contorno de Distorsionar en la Transformación libre a las esquinas de la pantalla del monitor.

El monitor situado en la parte derecha no se ha coloreado. Utilizaremos los mismos beiges para él, por lo que es necesario almacenar ahora dichos colores en la paleta Muestras. Luego utilizaremos otros colores para sombrear la pantalla del monitor.

A continuación se especifica un conjunto de pasos que indican cómo almacenar los colores beiges en la paleta Muestras.

Almacenamiento de un color en la paleta Muestras

1. Presione F6 si la paleta Color/Muestras no se encuentra actualmente en pantalla.
2. Pasee el cursor por el espacio vacío situado a la derecha de la última ranura de la paleta Muestras. El cursor cambiará al icono bote de pintura.
3. Pulse en el espacio vacío para añadir el color de fondo actual, como se muestra en la Figura 10.18.
4. Presione X para intercambiar los colores frontal/de fondo y repita los pasos 2 y 3 para añadir el segundo color beige a la paleta Muestras.

Los colores que se añaden a la paleta Muestras pueden cargarse como colores frontal y de fondo en la caja de herramientas, en cualquier instante, pulsando la ranura de la paleta Muestras. Los colores que añada a esta paleta se mantendrán entre una sesión y otra de Photoshop hasta que seleccione la orden Muestras por defecto, que es la que se encuentra en primer lugar en el menú flotante de la paleta Muestras.

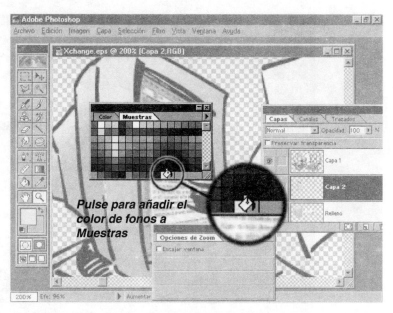

Figura 10.18 Guarde los colores que ha definido en la paleta Muestras.

Ahora, si lo desea, puede comenzar a definir otros colores para la caja de herramientas.

Adición de un tinte al monitor

Los siguientes procedimientos caen dentro de la «psicología del dibujo animado» de las técnicas de coloreado. Los monitores no tienen una apariencia verdosa. De hecho, si su monitor muestra dicha apariencia, es el momento de hacerse con un monitor nuevo. Sin embargo, en el ámbito de los dibujos animados, una apariencia verdosa del monitor le hará destacar en la composición y nosotros aceptamos esto porque las televisiones a través de los años, han mostrado colores que van desde el verde hasta el azul.

A continuación vamos a ver cómo añadir un tinte a la pantalla del monitor.

Cambio de los colores

1. Pulse la ranura del color frontal en la caja de herramientas; después, en el Selector de color, elija el blanco. Pulse OK para cerrar el Selector de color.

2. Pulse la ranura del color de fondo que se encuentra en la caja de herramientas y luego seleccione un verde azulado pálido en el Selector de color. H: 164, S: 60% y B: 85% son valores adecuados. Pulse OK para cerrar el Selector de color.

3. Pulse dos veces el título Capa 2 en la paleta Capas para acceder al cuadro de diálogo Opciones de capa, y especifique el nombre **Tubos** para la

capa. Pulse OK para confirmar el cambio de nombre. En esta escena vamos a trabajar con varias capas y lo mejor es etiquetar cada una de ellas, facilitando así su localización más adelante.

4. Presione Ctrl(⌘) y pulse el título de la capa Tubos. Esto carga las áreas opacas en la capa, la pantalla de Word, como un marco de selección. Ahora puede pintar en el interior de la selección.

5. Seleccione la herramienta Degradado radial de la caja de herramientas y, en la paleta Opciones, asegúrese de que el estilo de Degradado seleccionado en la lista desplegable es Color frontal a color de fondo. Seleccione Multiplicar como modo de pintura.

6. Arrastre en diagonal desde la parte izquierda superior hasta la parte derecha inferior de la selección, como se muestra en la Figura 10.19. De este modo se añade un tono verdoso a la pantalla del monitor con un reflejo de blanco en el punto donde se comenzó a arrastrar. Presione Ctrl(⌘)+D para deseleccionar el marco.

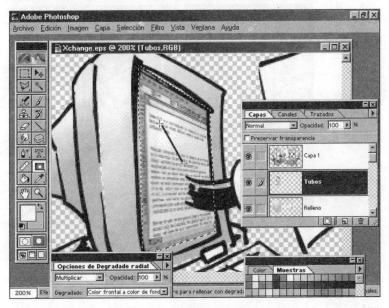

Figura 10.19 El modo Multiplicar sólo oscurece las áreas con colores densos. Los colores como el blanco (color frontal) no tienen ningún efecto en la imagen subyacente.

7. Presione Ctrl(⌘)+S y deje el archivo abierto.

Desde nuestro punto de vista, el monitor debería arrojar una sombra sobre la pantalla, porque ésta queda ligeramente dentro del soporte frontal de los monitores. En este dibujo animado exagerado, la pantalla debe quedar bastante dentro del soporte frontal.

A continuación vamos a ver cómo añadir un sombreado a la pantalla para dar la iluminación correcta a la escena.

Sombreado con la herramienta Pincel

1. Con la herramienta Lazo poligonal cree una «L» invertida que enmarque los bordes interiores izquierdo y superior de la pantalla del monitor (*véase* en la Figura 10.20 la forma y posición correctas).
2. Presione X para que el azul verdoso sea el color frontal actual.
3. Seleccione la herramienta Pincel y elija la punta de pincel de 35 píxeles en la paleta Pinceles, y en la paleta Opciones seleccione el modo de pintura Multiplicar.
4. Realice uno o dos trazos en el interior del marco de selección, como se muestra en la Figura 10.20. Presione Ctrl(⌘)+H para ocultar el marco de selección, si la visión del mismo interfiere con su trabajo.

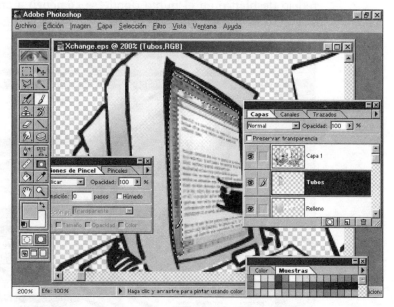

Figura 10.20   Pulse en el interior del marco de selección para crear una sombra sutil en la pantalla del monitor.

5. Presione Ctrl(⌘)+D para deseleccionar el marco y luego presione Ctrl(⌘)+S; mantenga abierto el archivo.

Creación de un brillo difuminado

Observará que, aunque el brazo del dibujo es prácticamente negro (por lo que cubre los colores de la capa que hay debajo de él), se dibujó sobre el brazo un brillo, que consiste en un espacio de transparencia. Vamos a añadir blanco a una parte del brillo del brazo, para permitir así que éste se desvanezca suavemente cuando entra en el monitor.

A continuación vamos a realizar un pequeño retoque en el dibujo:

Adición de un brillo

1. Con la herramienta Lazo poligonal, cree una selección alrededor del área de brillo del brazo.
2. Presione X de modo que el color blanco sea el color frontal actual.
3. Seleccione la herramienta Aerógrafo. En la paleta Opciones, seleccione el modo de pintura Normal y una Presión de aproximadamente el 70%.
4. En la paleta Pinceles, seleccione la punta de 35 píxeles.
5. Pulse sin arrastrar una o dos veces en la parte derecha de la selección, como se muestra en la Figura 10.21. Ahora parece que el brillo se desvanece en la pantalla del monitor y la ilusión se ha completado.
6. Presione Ctrl(⌘)+S y mantenga abierto el archivo.

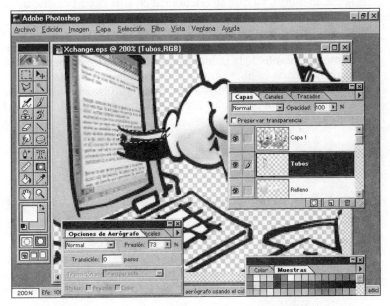

Figura 10.21 Desvanecimiento del brazo al entrar en la pantalla del monitor, aplicando el color blanco sólo en el lado derecho del marco de selección.

Antes de continuar, queremos hacer notar que hay bastantes elementos en la ilustración que permiten que el lector haga un estudio por su cuenta de ellos. Resumiendo, hemos adquirido las habilidades siguientes:

- Cómo sombrear áreas usando la herramienta Aerógrafo
- Cómo añadir sombras usando el modo Multiplicar con una opacidad parcial en la capa de dibujo.
- Cómo usar la herramienta Degradado lineal para sombrear la carcasa de la computadora.
- Cómo añadir una pantalla de monitor a la composición.
- Cómo almacenar los colores que se necesitarán más tarde en la paleta Muestras.
- Cómo sombrear la pantalla.

Ahora es un buen momento para completar la computadora de la derecha usando estas mismas técnicas. Sea imaginativo y creativo, añada sombras donde piense que deban estar y use la imagen XL.tif que se encuentra en la carpeta Chap10 del CD adjunto, para añadir una pantalla al segundo equipo.

Uso de la máscara de capa para eliminar áreas indeseadas

Cuando haya terminado de retocar la pantalla de la derecha, verá que existe un problema que tiene que resolverse. A diferencia de la mano de la izquierda, la de la derecha está colocada más dentro de la pantalla, lo que significa que la pantalla del monitor que contiene la hoja de cálculo de Excel se superpondrá sobre la mano, ya que se encuentra en una capa por encima del sombreado de la misma.

Lo primero que hay que hacer para resolver el problema es distorsionar la pantalla de este monitor y luego seleccionar la orden Combinar hacia abajo en el menú flotante de la paleta Capas. Esto coloca ambas pantallas del monitor en la misma capa (y hace que se identifiquen con mayor facilidad más tarde).

A continuación vamos a ver cómo emplear la función Máscara de capa de Photoshop para borrar las áreas de la hoja de cálculo de Excel que no deberían rellenar la mano.

Edición con la Máscara de capa

1. Pulse el título de la capa Tubos en la paleta Capas, para que sea la capa de edición actual.
2. Pulse el icono Modo de máscara de capa que se encuentra en la parte inferior de la paleta. En el título Tubos, aparece una segunda imagen miniatura resaltada, lo que significa que se va a pintar una máscara sin aplicar color a la capa. Automáticamente las ranuras de color de la caja de herramientas cambian al negro para el color frontal y al blanco para el fondo
3. Seleccione la herramienta Pincel y el modo de pintura Normal en su paleta de Opciones. Elija la tercera punta de la fila superior en la paleta Pinceles.
4. Pinte las áreas de la pantalla que se superponen a la mano y el brazo, como se ilustra en la Figura 10.22.
5. Cuando haya terminado, pulse la miniatura de máscara de capa de la paleta Capas y arrástrela al icono de la papelera. En el cuadro de diálogo de advertencia emergente pulse Aplicar para borrar las áreas que haya ocultado con el Pincel.
6. Presione Ctrl()+S y mantenga abierto el archivo.

Si su composición es similar a la de la Figura 10.23, está en el buen camino y puede continuar dando vida a esta imagen.

La siguiente tarea es crear un suelo, lo que es bastante fácil de conseguir empleando una imagen de catálogo de un suelo que se pueda disponer como un mosaico sin junturas.

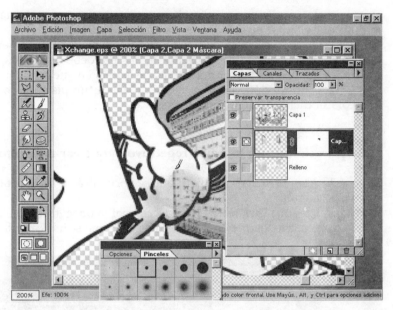

Figura 10.22 Con el modo Máscara de capa se ocultan las áreas que no deben aparecer en la imagen final.

Figura 10.23 Ahora todo tiene un buen aspecto y las dimensiones adecuadas, pero nos falta el suelo y un fondo ¿verdad?

Uso de motivos sin junturas para crear una perspectiva

En el Capítulo 17, «Efectos especiales con Photoshop», aprenderemos a crear una textura en mosaico sin junturas que pueda emplearse para rellenar un área de cualquier dimensión. Por ahora, utilizaremos un patrón de suelo sin junturas que el autor ha creado para la escena del dibujo.

Dado que esta escena tiene profundidad, añadir simplemente un patrón de suelo de madera no es suficiente: la madera debe tener perspectiva: debe ser más grande en la parte «delantera» de la imagen que en el fondo.

A continuación vamos a ver cómo añadir un piso a la imagen y vamos a colocar dicho elemento en perspectiva.

Aplicación de un mosaico repetitivo para crear un efecto dimensional

1. Abra la imagen Plank.tif que se encuentra en la carpeta Chap10 del CD adjunto.
2. Presione Ctrl($\mathcal{H}$)+A para seleccionar la imagen completa.
3. Seleccione Edición, Definir motivo, como se indica en la Figura 10.24.

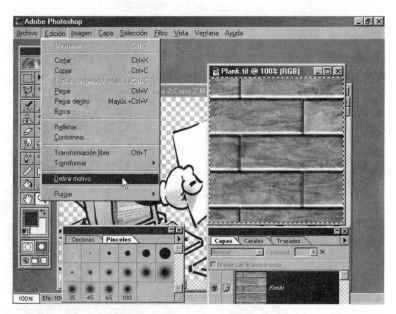

Figura 10.24 Definición de un motivo en mosaico sin junturas para usarlo como elemento de suelo en la escena.

4. Cierre la imagen Plank.tif sin guardarla.
5. Pulse la capa Relleno, en la paleta Capas, y luego en el icono Crear capa nueva. Arrastre el título de la nueva capa hasta situarlo debajo de la capa Relleno.
6. Seleccione Edición, Rellenar y luego en la lista desplegable Usar, elija Motivo; por último, pulse OK. Ahora su imagen debería ser similar a la mostrada en la Figura 10.25.
7. Presione Ctrl($\mathcal{H}$)+T y luego pulse el botón derecho del ratón (Macintosh: presionar Ctrl y pulsar) y elija Distorsionar en el menú contextual.

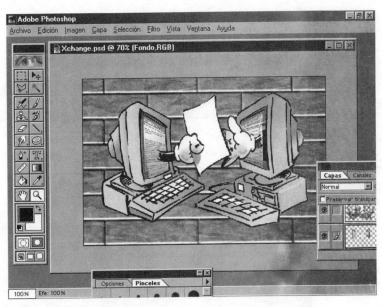

Figura 10.25 Rellene una capa nueva con la textura de tablas de madera.

8. Arrastre los bordes de la ventana de imagen para agrandarla, de modo que tenga suficiente espacio para arrastrar el par de asas inferiores de la caja de contorno de la distorsión.
9. Arrastre las dos asas superiores hacia abajo en línea recta (una cada vez) hasta que sitúen aproximadamente en el centro vertical de la imagen.
10. Arrastre las asas inferiores, una cada vez, para separarlas del centro de la imagen, de modo que la pantalla sea similar a la mostrada en la Figura 10.26.
11. Pulse dos veces en el interior de la caja de contorno para terminar la distorsión.
12. Presione Ctrl($\mathcal{H}$)+S y deje el archivo abierto.

Es necesario añadir un último elemento a la composición y éste es, además, el más sencillo. En la sección siguiente crearemos una pared de fondo.

Resaltar el centro de atención del diseño

Como se ha mencionado anteriormente, algunas de las composiciones más satisfactorias guían el ojo del observador de un lugar a otro de la composición. ¡Esto es lo que realmente anima un diseño! Esta composición parece decir «Aquí hay un documento y dos computadoras que lo comparten». Observe que, en la composición, la hoja de papel es realmente lo primero que se ve cuando se mira; luego, los ojos pasan a ver las manos y después las computadoras.

Ahora vamos a resaltar la hoja de papel como la pieza «principal», añadiendo un relleno degradado que sea más brillante en el centro de la imagen y tienda al negro en los bordes. Esto asegurará que los observadores sigan en un orden lógico el interés visual del diseño.

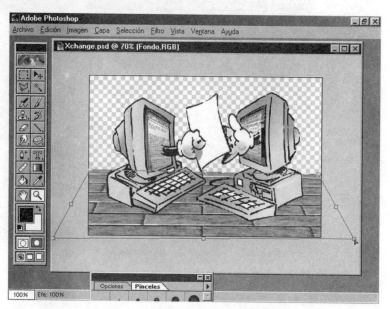

Figura 10.26 Cree una forma en perspectiva para el suelo, usando las asas de la caja de contorno de la orden Distorsionar.

Resaltar un punto de interés

1. Pulse dos veces en la Capa 2 (la capa del suelo de madera) en la paleta Capas y asígnela el nombre **Fondo** en el cuadro de diálogo Opciones de capa. Pulse OK para cerrar el cuadro y modificar el nombre de la capa.
2. Pulse el icono Crear capa nueva y luego arrastre el título de la capa a la parte inferior de la paleta. Esta será la capa con que trabajaremos a partir de aquí.
3. Pulse la ranura del color frontal situada en la caja de herramientas y luego defina un color mostaza apagado en el Selector de color, como por ejemplo H: 47, S: 100% y B: 98%. Pulse OK para salir del Selector de color.
4. Pulse la ranura del color de fondo. En el Selector de color defina el negro. Pulse OK para salir del Selector de color.
5. Seleccione la herramienta Degradado radial en la caja de herramientas, asegúrese de que en la paleta Opciones se ha establecido la opción Color frontal a color de fondo y que el modo de pintura es Normal.
6. Arrastre desde el centro de la hoja de papel ligeramente hacia la parte superior de la imagen, como se muestra en la Figura 10.27.
7. ¡Hemos terminado! Presione Ctrl(⌘)+S; ahora puede cerrar la imagen cuando desee.

Figura 10.27 Creación de un efecto de «ráfaga» para dirigir la atención del observador al centro de la imagen.

Resumen

Hemos seguido el proceso a través del cual es posible pasar un diseño artístico físico a un soporte digital y realizar conversiones adicionales a diferentes tipos de soportes digitales. También hemos aprendido cómo se pueden manipular estos datos para conseguir un dibujo que exprese lo mejor de los diferentes medios mezclados. Aunque la imagen empleada en este capítulo es poco seria y divertida en cuanto a su contenido, el lector puede seleccionar cualquier tema y expresar sus ideas gráficas empleando herramientas tanto del mundo digital como del tradicional.

En el Capítulo 11, «Diferentes modos de color», echaremos un vistazo a los diferentes modos de color en los que se puede trabajar y ofreceremos algunos consejos y técnicas para conseguir imágenes lo más interesantes posible, independientemente de la cantidad de colores que contenga la imagen.

C A P Í T U L O   1 1

DIFERENTES MODOS DE COLOR

El mundo es en color. Vemos el mundo en colores, pero no siempre está dentro del presupuesto imprimir en color, ni tampoco la impresión en color es siempre apropiada. Las buenas noticias son que hay muchas alternativas a la impresión en color; algunas veces la impresión limitada en color puede ajustar la factura y hay gran cantidad de cosas creativas que se pueden hacer con imágenes en escala de grises e imágenes en otros modos.

Este capítulo explora el uso de los modos de color distintos al RGB; el color indexado, los duotonos y las imágenes en escala de grises filtradas de forma creativa pueden expresar lo que su imaginación desee crear. En este capítulo abordaremos la mejor forma de convertir imágenes en color a otros espacios (modos) de color, cómo entintar a mano una imagen en blanco y negro de modo que parezca que está en color y cómo conseguir aspectos «de época» en una imagen usando las funciones de Photoshop.

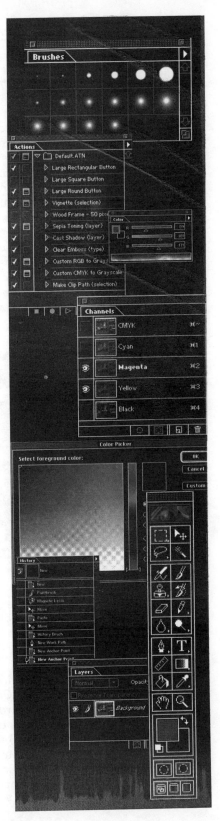

Creación de la mejor imagen en escala de grises

El menú de Photoshop Imagen, Modo hace que sea muy sencillo convertir una imagen de un espacio de color a otro. Sin embargo, a menudo la conversión directa entre modos de color hace que se pierda información sobre la imagen original. Esto es lógico porque, por ejemplo, en una imagen en escala de grises hay menos información que en una imagen en color RGB. Hacer una reducción de color es un arte y el usuario es el responsable de decir a Photoshop exactamente qué información visual debe descartarse cuando se convierte entre modos de color.

Los espacios de color, cuando se usan en una computadora, deben considerarse como un grupo de círculos concéntricos en el que cada modo de color incluye a otro modo más restringido. En la Figura 1.1 puede ver los modos de color más habituales con los que trabajará en Photoshop. Observe que el modo de color LAB es un *superconjunto* (incluye a todos los demás) en lo que respecta a la capacidad de color.

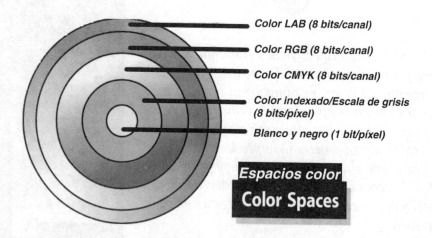

Color LAB (8 bits/canal)

Color RGB (8 bits/canal)

Color CMYK (8 bits/canal)

Color indexado/Escala de grisis (8 bits/píxel)

Blanco y negro (1 bit/píxel)

Espacios color
Color Spaces

Figura 11.1 Los modos de color más amplios incluyen a los menos amplios. Cuando es necesario pasar de un espacio de color mayor a otro menor, debe efectuarse una reducción (pérdida) de color.

El modelo de color LAB (también llamado CIELAB) lo creó como un estándar de especificación de color internacional la Commission Internationale d'Eclairage, CIE, (Comisión Internacional de Iluminación). En lugar de usar los colores rojo, verde y azul como el modelo de color RGB, o el tono, la saturación y luminosidad de los modelos HSB (Hue, Saturation, Brightness), el modelo de color LAB se construye en base a las cualidades de luminancia y crominancia. En una imagen LAB, el canal L contiene toda la información sobre la luminancia de la imagen, el canal A almacena la información acerca de los tonos verde a magenta y el canal B contiene la información del azul al amarillo.

El color LAB tiene un interés especial para los diseñadores, ya que aísla de forma efectiva la información acerca de los tonos (el canal de luminancia) de la información de color, a diferencia de la estructura de otros modos de color.

En la siguiente sección convertiremos la imagen Cameo.tif en una representación precisa en escala de grises.

Del modelo de color RGB a Escala de grises

Las imágenes suaves con sutiles colores pastel no invitan por sí mismas a convertirlas a escala de grises, ya que es demasiada la información de luminancia que cae en las mismas zonas. El truco para tener éxito en la conversión de color a escala de grises está en seleccionar una imagen que tenga marcados elementos geométricos. La imagen Cameo.tif que utilizaremos en esta sección es adecuada, ya que existe un contraste apropiado entre la cara de la modelo, el fondo, la blusa y el sombrero. En la Figura 11.2 (y en las páginas de color del libro) puede ver la imagen Cameo.tif.

Figura 11.2 Cameo.tif es una buena candidata para la conversión a escala de grises, por la marcada definición de los elementos geométricos y de los distintos tonos.

Para los diseñadores, una de las ventajas del modelo LAB (comparado con el modelo RGB) es que es independiente del dispositivo. Por ejemplo, los mismos valores de las componentes de color en LAB se pueden usar para describir el color de impresión como la radiación de luz coloreada emitida por un monitor. Siempre ha existido la necesidad de poder especificar el color de forma que pueda ser utilizado por todos los tipos de dispositivos. El modelo de color LAB es una forma de especificar de manera precisa el color a cualquiera para usarlo con cualquier clase de dispositivo de salida o dispositivo de presentación o material. Su uso es parecido al de las muestras de color PANTONE, ampliamente aceptadas, que especifican de forma exacta el color de tinta que debe usar una imprenta.

La conversión directa de color a escala de grises por medio de la orden Modo de Photoshop no es la forma de hacer este trabajo en la mayor parte de las imágenes. La razón de ello es que los colores y sus contrapartidas en escala de grises tienen *pesos:* ciertos colores producen sombras de gris diferentes de las que se esperan cuando se hace una conversión a escala de grises sin un paso intermedio. Una buena analogía es la de una fotocopiadora en blanco y negro. ¿Ha comprobado que en una copia de una imagen de un cielo, los azules no se reproducen en absoluto en escala de grises? ¿Y cómo, en el otro lado del espectro, los rojos tienden a generar fotocopias negras? De nuevo, esto se debe a que los tonos de color influyen sobre sus contrapartidas en escala de grises en función del peso, y de forma no homogénea.

La forma de obtener la mejor imagen en escala de grises es aislar y extraer sólo la luminosidad, la calidad de la luz, de la imagen y dejar que los aspectos de color desaparezcan. Esto parece un procedimiento complejo pero, afortunadamente, tenemos computadoras y Photoshop.

A continuación vamos a ver cómo crear la mejor versión en escala de grises de la imagen Cameo.tif:

Conversión de color a escala de grises mediante LAB

1. Abra la imagen Cameo.tif que se encuentra en la carpeta Chap11 del CD adjunto.
2. Presione F7 en caso de que la paleta Canales no se encuentre en la pantalla.
3. Seleccione Imagen, Modo, Color Lab. No observará diferencia de color en la imagen, puesto que este modo de color incluye al modo de color RGB.
4. Pulse el canal Luminosidad de la paleta Canales, como se muestra en la Figura 11.3. Este canal representa el contenido visual de la imagen Cameo.tif sin color.
5. Seleccione Imagen, Modo, Escala de grises. Un cuadro de diálogo de advertencia le pregunta si desea eliminar los demás canales. Hágalo y pulse OK.
6. Guarde la imagen en escala de grises en su disco duro como Cameo.tif. Deje abierto el archivo.

Figura 11.3 El canal Luminosidad en el modelo de color Lab representa la información tonal de la imagen sin influencias del color. Las cualidades cromáticas de la imagen quedan aisladas en los canales a y b.

Si tiene alguna duda sobre la superioridad de recurrir al modo de color LAB sobre una conversión directa de color a escala de grises, compare las dos imágenes de la Figura 11.4. La imagen de la izquierda se ha convertido a escala de grises seleccionando el canal Luminosidad de LAB. Para la de la derecha, simplemente se ha seleccionado Imagen, Modo, Escala de grises. Como puede ver, la imagen de la derecha es más apagada y oscura que la imagen convertida a través del modo LAB.

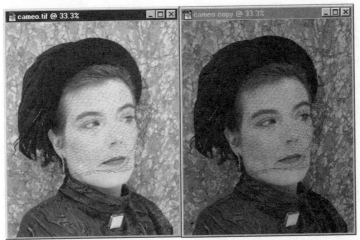

Canal luminosidad   *Conversión directa de color*
                                   a escala de grises

Figura 11.4 El canal Luminosidad es más representativo del contenido visual de la imagen que la imagen de color convertida a escala de grises.

Ahora que tenemos una copia en escala de grises de Cameo.tif es el momento de ser creativo. El presupuesto de impresión no permite hacer una impresión a todo color, pero ¿qué tal el realizar un duotono de la imagen?

Duotonos: Planchas de color complementario

Los costes de impresión en blanco y negro son significativamente menores cuando el diseño se crea o edita en el modo escala de grises. Sin embargo, a veces, en el presupuesto se dispone de una cantidad de más y, aunque el dinero no alcance para un proceso de impresión en color, sí se puede emplear para crear una imagen Duotono del trabajo.

En Photoshop, el Duotono se considera un modo de color, como lo son los modos Escala de grises, RGB y los demás modelos. Dado que el Duotono es realmente una especificación de impresión y no un modo de color con el que trabajar directamente en Photoshop, el monitor RGB puede no mostrar una imagen en este modo con absoluta fidelidad en comparación con el resultado impreso.

En la impresión comercial existe un determinado «vacío» en la reproducción de la luminosidad de una imagen digital en el papel. Dado que existe una limitación respecto a cuánto puede cubrir una sola aplicación de pigmento en una pasada, puede que no sea posible apreciar las ricas variaciones tonales en una impresión de su trabajo en escala de grises. La triste realidad en la impresión digital es que una única pasada de negro no puede simular adecuadamente 256 sombras de negro.

Una de las soluciones creativas que la industria de la impresión comercial descubrió es que la aplicación de una segunda tinta coloreada en la impresión en blanco y negro acentúa los tonos que pueden ser difícil de reconocer con la primera pasada de la tinta negra. El resultado de este proceso se denomina Duotono. El efecto es un sutil tintado de la imagen para rellenar áreas de la misma. No espere obtener una impresión posterizada o un tono sepia con el proceso de impresión por duotono, sin embargo, existen para ello otros procesos completamente diferentes (que se ven más adelante en este libro), que son mucho menos sutiles que el duotono.

A continuación se enumeran los pasos que hay que seguir para crear una versión Duotono de la imagen en escala de grises Cameo:

Realización de su propio duotono

1. Seleccione Imagen, Modo, Duotono para acceder al cuadro de diálogo Duotono. No se deje intimidar por los pasos que siguen; todo quedará en su sitio y obtendremos rápidamente un bello Duotono sepia y negro.
2. Seleccione Duotono de la lista desplegable. Debajo de Tinta 1 (Negro) aparecerá Tinta 2 con un cuadro de color en blanco.
3. Pulse el cuadro de color, como se indica en la Figura 11.5. Se visualiza entonces el cuadro de diálogo Colores personalizados para la Tinta 2, en el que puede seleccionar tintas de muchas colecciones diferentes de especificación de color.

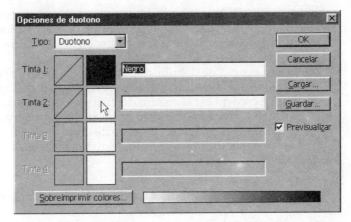

Figura 11.5 El cuadro de color para la Tinta 2 le lleva a las distintas especificaciones de tinta que se pueden usar.

4. Por ejemplo, supongamos que nuestra imagen duotono se imprimirá en un papel no satinado (uncoated). Seleccione PANTONE Uncoated en la lista desplegable Catálogo.

5. Para el segundo color del duotono seleccionaremos un marrón cálido. Puede pulsar la banda de color, como se muestra en la Figura 11.6, o teclear el número de color que desee. Sólo debe usar el método del teclado si su cliente le facilita el número de tinta. En este ejemplo, teclee 126 en el teclado para acceder al PANTONE color 126, el marrón que deseamos.

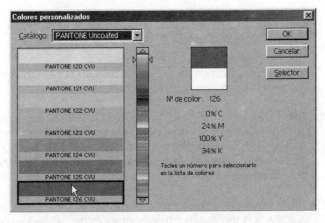

Figure 11.6 En el cuadro de diálogo Colores personalizados puede elegir una tinta entre diversas colecciones de estándares de color.

6. Pulse OK para confirmar la Tinta 2 elegida y volver al cuadro de diálogo Duotono.

Ahora se necesitan curvas de distribución opuestas para la aplicación de las dos tintas o, de lo contrario, se obtendrá un borrón en lugar de un bonito duotono. La curva de distribución muestra la cantidad de tinta en función de la luminosidad de la imagen. Para ver marrones en los medios tonos de la imagen Cameo.tif debe rebajar la Tinta 1, el negro, en el área de los medios tonos.

7. Pulse la curva de distribución (la línea diagonal del cuadro) situada a la izquierda de la ranura de color en el cuadro de diálogo Opciones de duotono. Accederá así al cuadro de diálogo Curva de duotono.
8. Pulse en el centro de la curva y arrastre hacia abajo y a la izquierda, como se muestra en la Figura 11.7. Esto disminuye algo de la aplicación de tinta en los medios tonos de la imagen; tinta que se añadirá con el PANTONE 126.

Reduzca los medios tonos de la plancha de negro

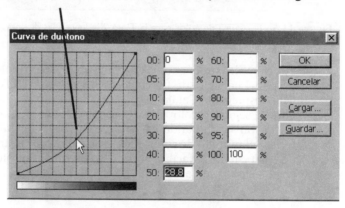

Figura 11.7   Cree un espacio en los medios tonos de la plancha de impresión de la Tinta 1, que se rellenará con el color de la segunda tinta.

Cree un espacio en los medios tonos de la plancha de impresión de la Tinta 1, que se rellenará con el color de la segunda tinta.

9. Pulse OK y luego en la curva de distribución para el color PANTONE.
10. Arrastre el punto medio de la curva hacia arriba y a la izquierda, como se indica en la Figura 11.8. Lo que se ha hecho es especificar que los medios tonos de la fotografía se muestren fundamentalmente en tonos marrones. Pulse OK para volver al cuadro de diálogo Opciones de duotono.
11. Como puede ver en la Figura 11.9, las curvas para las tintas negra y PANTONE se complementan entre sí. Se obtendrán así tonos tanto negros como marrones en las áreas de brillos y sombras de la imagen, pero las regiones de medios tonos, regiones que contienen mucha información visual en las fotos, serán predominantemente marrones.
12. Pulse OK en el cuadro de diálogo Opciones de duotono para volver a la imagen y el espacio de trabajo. Como puede ver en la pantalla, con la mezcla del segundo color, la imagen Cameo tiene un aspecto más rico que la imagen en escala de grises. De nuevo, no se trata de una imagen

en el tono sepia característico de las fotografías antiguas, pero se imprimirá con claridad e interés visual en un papel no satinado.

Aumente los medios tonos de la plancha de color

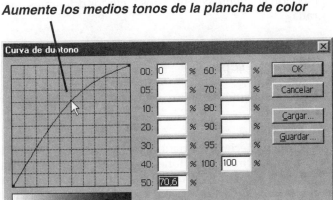

Figura 11.8 Cree una curva de distribución para la segunda tinta que se muestre de forma predominante en los medios tonos.

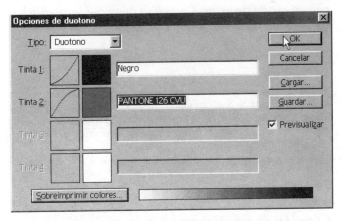

Figura 11.9 Las curvas para las tintas se complementan. Los marrones predominarán en los medios tonos, mientras que los brillos y las sombras contendrán una combinación de negro y marrón.

13. Guarde el archivo como Cameo.eps en el formato EPS de Photoshop. Elija TIFF (8 bits/píxel) como opción de Previsualización. Esto permite recolocar el archivo EPS con una precisión mayor que si tuviéramos una imagen de previsualización de 1 bit/píxel. Seleccione la codificación ASCII, ya que es el formato más portátil para imágenes EPS; las máquinas UNIX, Windows y Macintosh pueden leer los datos codificados en ASCII. El formato EPS permite guardar el archivo en formato Duotono para ser colocado en un documento para autoedición o imprimirse directamente desde Photoshop. Puede cerrar el archivo cuando desee.

Supongamos por un momento que no estamos imprimiendo la imagen Cameo, sino que deseamos incluirla en una página Web. En ese caso, lo más probable es que queramos que el efecto sepia sea mucho más pronunciado. En la sección siguiente veremos dos métodos diferentes para «envejecer» una fotografía.

Creación del efecto sepia

Tradicionalmente, las fotos color sepia se han conseguido de las formas siguientes:

- El envejecimiento natural de la foto hace que la emulsión se desvanezca, transformando los tonos negros en un color marrón.
- Se puede comprar un compuesto químico, denominado virador sepia, en una tienda de fotografía y usarlo para reemplazar el negro de la foto con marrones cálidos.

Photoshop también es muy bueno reemplazando colores. En los siguientes pocos pasos veremos cómo crear una imagen en tono sepia a partir de la imagen en escala de grises Cameo.tif que anteriormente ha almacenado en su disco duro.

Consejo:

Si le gusta el aspecto de la imagen Duotono pero no tiene intención de enviarla a una imprenta, puede imprimir una copia en una impresora de tinta. Copie el archivo y luego seleccione Imagen, Modo, Color RGB. El archivo será una imagen en mapa de bits estándar que contendrá los mismos colores que la imagen duotono y puede imprimirse desde Photoshop y muchas otras aplicaciones de gráficos.

Creación de una imagen en tono sepia para una salida impresa

1. Abra la imagen Cameo.tif que ha guardado en su disco duro.
2. Seleccione Imagen, Modo, color RGB.
3. Presione Ctrl(⌘)+U para mostrar la orden Tono/saturación.
4. Marque la casilla de verificación Colorear y luego arrastre el regulador Tono hasta aproximadamente 40 grados, que es el segmento del espectro de color donde se encuentra el marrón. Deje el regulador Saturación con su valor predeterminado de 25, como se muestra en la Figura 11.10, y pulse OK.
5. Guarde la imagen como Sepia1.tif en su disco duro. Ahora puede cerrar cuando desee el archivo y comprobar en las páginas de color del libro los resultados.

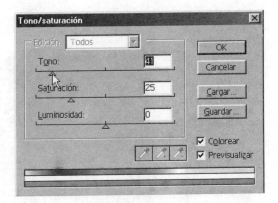

Figura 11.10 La función Colorear de la orden Tono/saturación crea una versión de un sólo tono de una imagen, teñida con cualquier tono que el usuario especifique.

Nota:

Photoshop 5 se suministra con un número de duotonos, tritonos (una tinta negra y dos de color) y cuadritonos (una pasada en negro y tres en color). Si quiere usar estos valores predeterminados en lugar de crear los suyos propios, pulse el botón Cargar del cuadro de diálogo Opciones de duotono y luego busque en su disco duro el directorio Photoshop\Duotonos\Duotone.

Supongamos que el trabajo no está destinado a ser imprimido, sino que va a ser un bonito gráfico en una página Web. Supongamos también que desea guardar la imagen en formato GIF 89a.

El formato de archivo GIF 89a está limitado a 256 colores distintos. Casualmente, las imágenes en escala de grises también están limitadas a 256 luminosidades posibles. Si desea crear una imagen en tono sepia para ser utilizada en la Web, siga estos pasos:

Creación de una imagen en tono sepia para la web

1. Abra la imagen Cameo.tif guardada en su disco duro.
2. Seleccione Imagen, Modo, Color indexado. Luego seleccione Imagen, Modo, Tabla de colores para que aparezca el cuadro de diálogo Tabla de color de la imagen.
3. Arrastre el cursor en diagonal, comenzando en la ranura de color de la esquina superior izquierda hasta la que se encuentra en la parte inferior derecha para resaltar todas las ranuras de color, como se muestra en la Figura 11.11.
4. En el Selector de color, elija un color marrón. En la Figura 11.12 se indican los parámetros del color recomendado. Pulse OK.
5. De nuevo aparece el Selector de color con la frase «Seleccione el último color» en la parte superior de la paleta. Elija un color crema pálido; los valores indicados en la Figura 11.13 son adecuados. Pulse OK para volver al cuadro de diálogo Tabla de color.

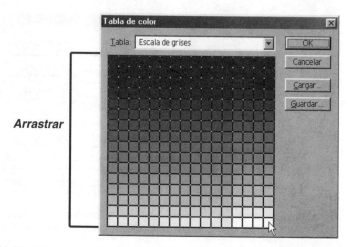

Figura 11.11 Seleccione todas las ranuras de color arrastrando en diagonal.

Figura 11.12 Seleccione el primer color en el espectro para colorear la imagen.

6. Pulse OK para reasignar las sombras en la imagen. Como puede ver en la Figura 11.14, la paleta Canales muestra un único canal denominado Indexado, lo que quiere decir que la imagen se puede exportar como un archivo GIF sin reducción de color. El formato de la imagen GIF es Color indexado.

7. Seleccione Archivo, Exportar, Exportar GIF89a.

8. Pulse OK para aceptar los parámetros predeterminados del cuadro de diálogo Opciones de Exportar GIF89a y, a continuación, guarde la imagen en su disco duro como Cameo.gif. Ahora dispone de una copia de la imagen que se puede emplear en una página HTML y que puede visualizar cualquiera que arrastre el archivo de imagen hasta Netscape Navigator o MS-Internet Explorer.

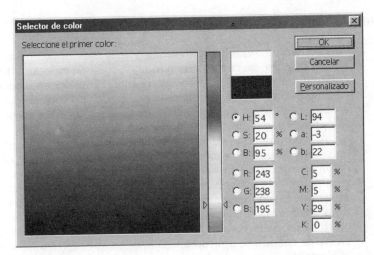

Figura 11.13 Seleccione el último color en el espectro para recolorear la imagen en escala de grises.

Figura 11.14 Se puede crear una agradable versión en tono sepia de la imagen en escala de grises, cambiando el espectro de color en el modo Color indexado.

9. Seleccione Archivo, Volver y pulse el botón Volver del cuadro de diálogo de advertencia. De nuevo aparece la imagen en escala de grises Cameo.tif. Deje abierta la imagen.

El aspecto de la imagen en tono sepia es bonito, pero se supone que su presupuesto está limitado al blanco y negro. En la siguiente sección veremos cómo mejorar las imágenes en escala de grises.

Filtrado de las imágenes en escala de grises

Tan excitantes como las fotografías e imágenes en color son las fotografías en blanco y negro, las cuales tienen todavía su lugar en el ámbito de los medios de comunicación. Puede ser necesario generar trabajos en blanco y negro cuando se preparan boletines, panfletos o materiales promocionales. Las impresiones en blanco y negro pueden ser interesantes tanto por cuestiones de purismo fotográfico como por temas económicos.

Al ojo humano le atrae más subliminalmente una imagen en color que una en escala de grises, a menudo por razones equivocadas. Al ojo le atraen los colores saturados y pasteles brillantes y pasa por alto, a menudo, una composición pobre si la imagen es en color. Cuando se mira una imagen en escala de grises que no contiene ninguna información distrayente en color, se está forzado a analizar la imagen exclusivamente a partir de su contenido visual. Los efectos especiales con los que trabajaremos en este capítulo son especialmente efectivos cuando se aplican a una imagen que sólo contiene detalle visual, sin el elemento distrayente de color.

Ejemplo de filtrado de imagen en escala de grises

Los filtros de Photoshop funcionan como mejoras artísticas de las imágenes en escala de grises por las razones siguientes:

- Es casi imposible desplazar el centro de atención de una foto en color añadiendo un efecto especial. Fundamentalmente, el ojo se dirige a un área de color interesante y registra el efecto como una cuestión secundaria.
- Combinar un efecto especial en una imagen en escala de grises es más fácil que combinarlo en una imagen en color. Dado que no hay tonos, no hay que preocuparse por la adaptación de los valores de tono y saturación entre áreas de la imagen especiales y no especiales.

En los pasos siguientes usaremos el filtro Tiza y carboncillo de Photoshop sobre un área seleccionada de la imagen Cameo.tif. El área filtrada tendrá una transición suave hacia las áreas originales de la imagen y la composición entera parecerá un diseño artístico detallado, en el que destacará la cara de la modelo.

A continuación vamos a ver cómo hacer que la imagen sea más impresionante visualmente a la vez que se mantiene el espíritu de la foto:

Aplicación selectiva de un filtro

1. Con la herramienta Lazo, arrastre en la imagen Cameo.tif para crear un marco de selección alrededor de la cara de la modelo, como se muestra en la Figura 11.15. Haga una selección «relajada», no defina el marco demasiado ajustado a la cara, ya que vamos a calar la selección enseguida.
2. Pulse el botón derecho del ratón (Macintosh: presione Ctrl y pulse) y seleccione Calar en el menú contextual. Introduzca 16 en el campo que indica los píxeles y pulse OK para aplicar el calado.

Figura 11.15 Cree un marco de selección, no muy ajustado, alrededor de la cara de la modelo con la herramienta Lazo.

3. Presione Mayús+F7. Esto invierte el marco de selección, de modo que todo excepto la cara de la modelo queda seleccionado.
4. Seleccione Filtro, Bosquejar, Tiza y carboncillo.
5. Arrastre el regulador Área de carboncillo hasta 4 (menos carboncillo en el efecto de filtrado), arrastre el regulador Área de tiza a 8 (más tiza en el efecto de filtrado) y deje el valor predeterminado de 1 para Presión de trazo, como se muestra en la Figura 11.16. Ahora vamos a aplicar más efecto Tiza que efecto Carboncillo para conseguir un aspecto suave. Pulse OK para aplicar el filtro.

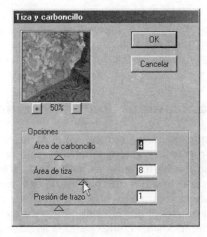

Figura 11.16 Resalte el efecto suave de la tiza incrementando su valor en el filtro Tiza y carboncillo.

6. Presione Ctrl(⌘)+D para deseleccionar el marco. Su imagen debería ser similar a la mostrada en la Figura 11.17. Guarde la imagen en el disco como Sketch.tif.

Figura 11.17 Al calar la selección se ha creado una transición gradual en la imagen entre las áreas originales y las filtradas.

Hemos creado una imagen en escala de grises que es más interesante que la original gracias a la aplicación selectiva de un filtro. Seamos ahora un poco más ambiciosos y veamos si podemos recrear un efecto de rotograbado.

Un homenaje a las reproducciones fotográficas tradicionales

Antes de que existieran la fotolitografía y el tramado de imágenes, las fotografías se reproducían a mano sobre planchas de imprenta. Este método, denominado rotograbado, tenía un aspecto muy característico, ya que se usaban en la ejecución de la imagen muchas líneas horizontales interrumpidas y cruzadas.

Photoshop se suministra con 20 motivos en formato Adobe Illustrator que pueden escalarse a cualquier tamaño y utilizarse como motivos repetitivos en una imagen, todos los cuales pueden ayudar a crear un efecto de rotograbado. ¿Qué ocurre cuando se sustrae un motivo de una imagen de tono continuo? ¡Se obtiene una imagen que se parece muchísimo a un rotograbado tradicional!

A continuación vamos a ver cómo hacer que parezca que la imagen Cameo.tif fue reproducida hace unas cuantas generaciones:

Creación de una litografía de época

1. Abra la imagen Cameo.tif de su disco duro.
2. Presione y mantenga presionado Alt(Opción) y pulse el cuadro Tamaño del documento que se encuentra en la línea de estado (Macintosh: en la esquina inferior izquierda de la ventana de imagen). El cuadro Tamaño del documento le informa de que la imagen tiene una anchura de, aproximadamente, 30 cm con una resolución de 72 píxeles/pulgada. Esto quiere decir que el motivo que apliquemos a la imagen debería repetirse más de cuatro veces aproximadamente, y nos da una idea de con qué dimensiones debería convertirse (rasterizarse) el motivo de Illustrator a formato de mapa de bits.
3. Seleccione Archivo, Abrir y luego Waves.ai de la carpeta Photoshop5\Patterns, que se encuentra en su disco duro. Photoshop 5 se suministra con éste y otros archivos. A continuación aparece el cuadro de diálogo Rasterizando Genérico EPS.
4. Teclee **3** en el campo Anchura (pulgadas); el campo altura se escala automáticamente. Teclee **72** en el campo Resolución y seleccione Escala de grises en la lista desplegable Modo, como se indica en la Figura 11.18. Ahora pulse OK para crear una versión de mapa de bits del archivo de Illustrator en el espacio de trabajo. El motivo podrá disponerse en mosaico cuatro veces según el ancho de la imagen.

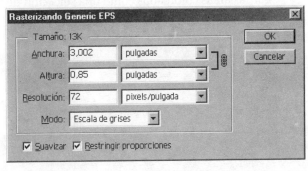

Figura 11.18 Especifique un tamaño para el archivo de Illustrator que permita disponerlo en mosaico unas cuantas veces en el imagen.

5. Pulse OK. Después de un momento, la imagen Waves.ai se mostrara en el espacio de trabajo.
6. Presione Ctrl(⌘)+A para seleccionar el motivo y luego emplee Definir motivo, como se muestra en la Figura 11.19.
7. Cierre la imagen Waves.ai sin salvarla; después, en la paleta Canales, pulse el icono Crear canal nuevo. Aparece Alfa 1 como título debajo del canal Negro en la lista de la paleta Canales. Pulse dos veces el título del canal Alfa 1 y, en el área El color indica, marque Áreas seleccionadas; luego pulse OK.

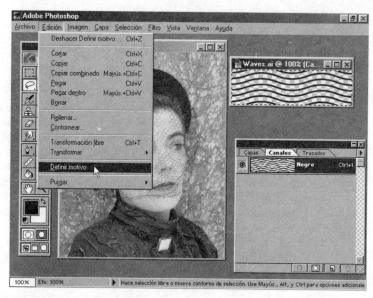

Figura 11.19 Definición de un motivo que se aplicará a un canal alfa en la imagen Cameo.tif.

8. Seleccione Edición, Rellenar y luego Motivo en la lista desplegable Usar, por último, pulse OK. El motivo Waves rellenará el canal alfa.

9. Presione Ctrl(⌘) y, en la paleta Canales, pulse el título Alfa 1 para cargar las áreas coloreadas como una selección de marco, como se muestra en la Figura 11.20.

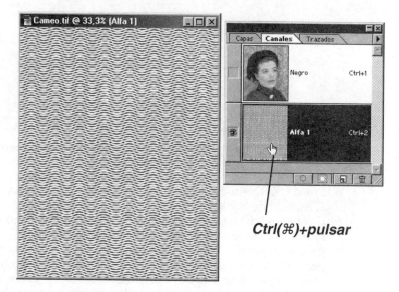

Figura 11.20 Presione Ctrl(⌘) y pulse el título del canal para cargar los contenidos del canal como una selección.

10. Presione Ctrl(⌘)+1 para volver a la vista en escala de grises de la imagen dentro de la ventana, como se muestra en la Figura 11.21.

Figura 11.21 Las áreas seleccionadas de la imagen se difuminarán para producir un aspecto de rotograbado.

11. Coloque la imagen Cameo.tif en la esquina superior izquierda del espacio de trabajo. En el siguiente paso accederemos al cuadro de diálogo Niveles y es deseable tener una vista clara de la imagen y del cuadro de diálogo.

12. Presione Ctrl(⌘)+L. Arrastre el regulador del centro hacia la izquierda hasta que el campo del centro de los Niveles de entrada muestre aproximadamente el valor 2,8. Luego arrastre el regulador de Niveles de salida negro hacia la derecha, hasta que el campo de la izquierda muestre un valor de aproximadamente 90. Como puede ver en la Figura 11.22, el motivo se mezcla con la imagen, las áreas seleccionadas de la imagen se resaltan y se pierden algunos detalles.

13. Pulse OK para aplicar los cambios tonales. Presione Ctrl(⌘)+D para deseleccionar el marco y arrastre el título Alfa 1 de la paleta Canales al icono de la papelera (hemos terminado de trabajar con él).

14. Guarde la imagen como Gravure.tif en su disco duro y mantenga la imagen abierta durante un momento.

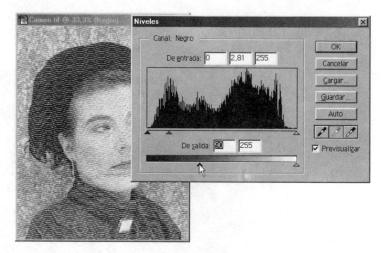

Figura 11.22 Iluminando sólo las áreas seleccionadas de la imagen se le da un aspecto de rotograbado.

Consejo:

Presione Ctrl(⌘)+H para ocultar las líneas de marco. De este modo, el marco no se elimina, simplemente se oculta el «desfile de hormigas» en la imagen, de forma que el usuario pueda concentrarse en la edición.

Si desea añadir ahora un efecto de enmarcado a la imagen, para reforzar la idea de que se trata de una foto de época, los pasos que hay que dar son bastante sencillos:

Añadir un marco al rotograbado

1. Con la herramienta Marco elíptico, arrastre para formar un óvalo alrededor de la cara, el sombrero y parte de la blusa de la modelo.
2. Pulse el botón derecho (Macintosh: presione Ctrl y pulse) y seleccione Calar en el menú contextual. Teclee **16** en el campo que especifica los píxeles y pulse OK para aplicar el calado.
3. Presione Ctrl(⌘)+Mayús+I (que es lo mismo que Mayús+F7) para invertir el marco de selección.
4. La Figura 11.23 muestra lo que ocurre cuando se presiona D (colores por defecto) y luego se pulsa Supr (Retroceso). Ahora presione Ctrl(⌘)+D y obtendrá una bonita imagen del camafeo.
5. Guarde la imagen. Puede cerrarla cuando desee.

Hasta aquí hemos visto cómo convertir una imagen en color en una imagen en escala de grises, una imagen duotono, una imagen con tono sepia y una con estilo de rotograbado. Ahora es el turno de las tablas de colores y veremos cómo colorear una imagen en escala de grises.

Figure 11.23 Calado y borrado de las áreas externas al óvalo producen un efecto suave de enmarcado.

Extracción de los colores de una imagen

Antes de que existiera la fotografía en color, una práctica habitual de los retocadores de fotos era contratar artistas de talento para que aplicaran acuarelas a las imágenes en escala de grises con el fin de que parecieran más naturales. La costumbre se fue perdiendo, pero no necesariamente el encanto de una imagen teñida a mano, especialmente cuando se usa Photoshop.

El mejor sitio donde conseguir una colección de tonos de piel naturales y otros colores es en una fotografía en color real. Photoshop proporciona una forma fácil y rápida de muestrear automáticamente los colores de una imagen. Muestreando y almacenando una cantidad de colores distintos de una imagen RGB, es posible aplicar los colores almacenados a una imagen que sólo tenga valores de escala de grises, realizando por consiguiente el equivalente digital del teñido manual de una imagen.

Teóricamente, la paleta Muestras de Photoshop puede almacenar un número infinito de muestras de color, limitado únicamente por los recursos del sistema.

Cuando se desea muestrear sólo unos pocos colores de una imagen, se pueden «seleccionar a mano» muestreando una foto o ilustración y luego añadirlos a las ranuras de color predeterminadas de Photoshop. Esto se hace con la herramienta Cuentagotas, tomando muestras en la imagen y añadiéndolas al final de la paleta Muestras. Evidentemente, este método puede ser muy pesado. Sin embargo, si desea obtener una gran cantidad de muestras de diversos colores, no desespere: en la sección siguiente se expone cómo cargar automáticamente colores desde una imagen.

Nota:

Los 122 colores predeterminados de la paleta Muestras son sólo una de las distintas colecciones que se pueden visualizar. Se pueden cargar los sistemas PANTONE, TRUMATCH y otros sistemas de color digitales pulsando el menú flotante de la paleta Muestras y seleccionando Reemplazar muestras. Si accede con el cuadro de diálogo Cargar a la carpeta Photoshop\Paletas de su disco duro, verá las distintas paletas entre las que puede elegir.

A continuación vamos a ver el proceso para almacenar una colección de colores en la paleta Muestras, de modo que se puedan reutilizar en otras imágenes:

Cómo guardar una paleta indexada personalizada

1. Abra la imagen Cameo.tif de la carpeta Chap11, en el CD adjunto.
2. Presione F6 si la paleta Muestras no está actualmente en pantalla. Después pulse en la pestaña Muestras.
3. Seleccione Imagen, Modo, Color indexado. La Figura 11.24 muestra el cuadro de diálogo que aparece. Seleccione la paleta Adaptable y deje el resto de los parámetros con sus valores predeterminados; pulse OK.

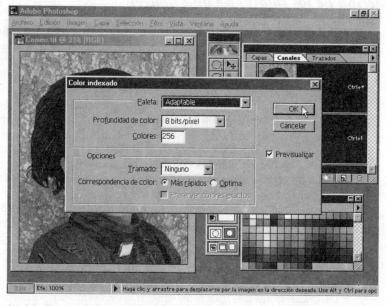

Figura 11.24 El método de la paleta Adaptable de color indexado favorece a los colores más comunes de la imagen.

«Intercambio de información» (*arriba*). En el Capítulo 10, «Mezcla de medios», verá cómo se digitaliza un gráfico hecho con lápiz y tinta: se traslada a Photoshop para dibujar otros elementos fotográficos y digitales y se le da una capa o dos de pintura. **«Aquavox»** (*abajo*). En el Capítulo 20, «Diseño de animaciones», se echa un vistazo al proceso de animación en el que puede integrarse Photoshop. Se usa el programa Flo' para crear imágenes estáticas que luego son procesadas por lotes en Photoshop. Por último, se usan compiladores de animación para Windows y Macintosh con el fin de crear películas digitales QuickTime y AVI.

«Vaya parque»

No siempre conseguirá tomar la imagen «perfecta», pero usando Photoshop 5 con las imágenes almacenadas adecuadas, podrá crear la imagen perfecta. En el Capítulo 13, «Creación de una imagen perfecta», podrá seguir los pasos necesarios para convertir la foto apagada de la esquina izquierda en la fotografía inferior, tan atractiva.

«Padre e hijo»

Como se muestra en el Capítulo 8, «Restauración de fotografías de familia», la fotografía de arriba se muestra tan manchada que no parece posible la reparación. Sin embargo, usando las órdenes de tono y color de Photoshop aprenderá cómo hacer que esta imagen tome vida y el aspecto de la foto de abajo.

«El camafeo»

En el Capítulo 11, «Diferentes modos de color», la imagen en color de la esquina superior izquierda se transforma en un Duotono (*en el centro a la derecha*) y en una imagen de estilo rotograbado (*abajo*). Vea cómo puede cambiarse el modelo de color RGB en una imagen para reflejar otras cualidades visuales y aprenda a generar la mejor imagen en escala de grises a partir de una fotografía en color.

«Una mano grande para una chica pequeña»

Esta imagen es por naturaleza increíble, pero fotográficamente precisa. En el Capítulo 14, «Hacer que las cosas parezcan pequeñas», adquirirá experiencia práctica usando técnicas y trucos del negocio de la edición digital para crear esta imagen. Después podrá hacer pequeña *cualquier cosa*, ¡excepto su reputación como grafista!

«Despertar»

Esta imagen fue creada usando Macromedia Extreme 3D y Caligari trueSpace. Las texturas de las superficies se pintaron con Fractal Design Painter y la imagen se retocó un poco usando Photoshop y CorelXARA2. La composición se montó en Photoshop 5. En el Capítulo 4, «Toma de contacto con Photoshop», practicará creando cambios importantes en la imagen con las funciones nuevas y tradicionales de Photoshop.

«Café tropical»

Algunas veces, una imagen no se puede corregir usando sólo las herramientas de Photoshop. Cuando se encuentre en este caso, acuda al Capítulo 15, «Utilización de varias aplicaciones»; en este capítulo, se ha usado una aplicación de dibujo vectorial para crear de nuevo la etiqueta del bote y luego se ha trasladado el diseño a Photoshop como un mapa de bits. Trabajando con distintas aplicaciones *¡cualquier cosa* es posible!

En el Capítulo 7, «Retoque de una fotografía», hemos seguido los pasos necesarios para retocar el dedo que el senador Dave apoyaba en su mejilla, al igual que la mano que reposaba en su chaqueta, y luego hemos añadido por encima y por debajo de la fotografía unos carteles para distraer al observador del trabajo manual realizado.

ALIENS IN PLAID

La película no existe pero los pasos para retocar la imagen son muy ¡reales! En el Capítulo 12, «Creación de una fantasía fotorrealista», se combina un modelo de un alienígena con un fondo fotográfico y se coloca una pistola láser tipo Hollywood en las manos del hombre de negro que, originalmente, fue fotografiado sosteniendo una pistola de agua. Vea con sus ojos cómo unirlos en una escena de fantasía fotorrealista.

«El chico de bronce»

En el Capítulo 17, «Efectos especiales con Photoshop» aprenderá, a despojar a unas ropas de su persona, lo que resulta verdaderamente original ya que en la vida real, normalmente, suele hacerse al contrario. Descubra los secretos sobre cómo definir de forma precisa selecciones, cómo retocar y otras técnicas avanzadas.

«Aniversario»

La imagen de aspecto apagado colocada en la esquina superior es un reto de restauración, pero se puede recuperar el momento y dar vida a la fotografía, usando las órdenes y herramientas de Photoshop. Las técnicas se describen en el Capítulo 8 «Restauración de fotografías de familia». Como puede ver en la fotografía inferior, usando Photoshop se puede incluso eliminar al camarero del fondo.

«Flamencos»

Originalmente, esta fotografía se tomó sin el consentimiento del caballero que aparece. ¿Qué hacer cuando se necesita usar una imagen pero no se tiene el permiso del modelo? ¡Se reemplaza la cara! En el Capítulo 17, «Efectos especiales con Photoshop», aprenderá a dar un aspecto diferente a una persona. Adquirirá conocimientos sobre el trabajo con capas y usará la orden Tono/saturación para modificar significativamente una imagen.

«Escritorio»

Después de leer el Capítulo 16, «Utilización creativa de los filtros», sabrá elegir el filtro adecuado para aplicarlo a la imagen adecuada. Aprenderá a cambiar el énfasis visual en una imagen, sabrá cómo hacer divertida una imagen aburrida y cómo filtrar parte de una imagen para generar un trabajo creativo e innovador.

«El parque»

En el Capítulo 9, «Creación de imágenes surrealistas», descubrirá los secretos de la composición que los profesionales usan para construir imágenes que llaman la atención mientras que se divierten jugando con la realidad. Haga que los observadores miren tanto a la imagen que ha diseñado como dentro de la misma usando Photoshop y un poco de trabajo conceptual que invite a la reflexión.

The common button has a long, time-honored tradition of keeping two pieces of garment together. More elegant than a zipper, the button (from the French "bouton") comes in thousands of different styles today, any one bound to complement a shirt, a coat, or other apparel.

Buttons can be of any shape or size as long as the button hole corresponds. Round, oval, triangular, (Con't. on page 87)

All About Buttons

«Botones»

Este diseño no requirió una cámara para ser compuesto. En lugar de ello, los botones se escanearon directamente usando un escáner plano de sobremesa. En el Capítulo 2, «Almacén de imágenes», aprenderá los diferentes métodos de obtención (PhotoCD y cámara digital) de escenas del mundo real en formato digitalizado.

«Glosario»

Si le parece que esta *página* está abarrotada, ¡espere a ver el CD adjunto! El editor y los autores han almacenado en dicho CD escenas en alta resolución, 200 texturas de mosaicos sin junturas, demostraciones de nuevas y excitantes aplicaciones, un glosario en línea de más de 250 páginas y muchas más cosas.

Observará que la paleta Muestras ha cambiado para reflejar los colores de la imagen en Color indexada. La paleta presenta sólo 122 de los 256 colores a los que se ha reducido la imagen. Para mostrar el resto de los colores en la paleta, haga lo siguiente:

4. Seleccione Imagen, Modo y Tabla de colores para acceder al cuadro de diálogo Tabla de color, en el que puede ver los 256 colores indexados que ha definido.
5. Pulse Guardar y nombre el archivo como Cameo.act (los usuarios de Macintosh no precisan la extensión de archivo «act»), y luego guarde la paleta de color en el directorio Paletas de Photoshop en el disco duro, como ilustra la Figura 11.25.

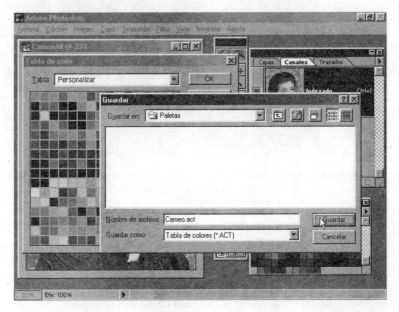

Figura 11.25 Guarde la Tabla de colores en la carpeta Paletas. Luego podrá cargarla en su paleta Muestras.

6. Pulse el menú flotante de la paleta Muestras y seleccione Cargar muestras. Seleccione la carpeta Paletas en el cuadro de directorios, elija Cameo.act y pulse Cargar (Abrir).
7. Expanda la paleta Muestras para ver todos los colores.
8. Cierre Cameo.tif sin guardarla y luego cargue la versión en escala de grises de Cameo.tif almacenada en su disco duro.
9. Seleccione Imagen, Modo y luego Color RGB. La información visual de la imagen no cambia, pero ahora se puede añadir color.
10. En la paleta Capas, pulse el icono Crear capa nueva. Aparece entonces el título Capa 1 en la paleta, que es la capa de edición actual.
11. Seleccione Color en la lista desplegable de modos de la paleta Capas.
12. Seleccione la herramienta Pincel y la punta de 65 píxeles de la paleta Pinceles; en la paleta Muestras, elija un tono color carne y comience a

pintar, como se muestra en la Figura 11.26. El modo Color trata los colores que se aplican a la Capa 1 como un tinte semitransparente.

Figura 11.26 El modo Color sólo registra el tono y saturación del color frontal, en combinación con los valores de luminosidad subyacentes, para presentar el color compuesto en la imagen.

13. ¡Ya está! Puede rellenar las áreas que desee de la imagen; mejor aún, puede tomar una imagen suya en escala de grises y aplicarle los colores de la paleta Muestras. La paleta Cameo.act contiene algunos de los mejores tonos de piel que pueden utilizarse en el teñido de una imagen en escala de grises de un pariente o amigo.

Este capítulo se ha centrado en los distintos modos de color y cuál es la forma de conseguir la mejor apariencia con un espacio de color limitado, usando extensivamente una imagen de una modelo para ilustrar las diferentes técnicas. En la siguiente sección aprenderemos un truco que se puede usar con imágenes monocromas y en color, el cual se usará para estilizar una imagen real y hacerla así más atractiva.

Consejo:

• •

Si tiene intención de invertir mucho tiempo en teñir fotografías a mano, puede aumentar la saturación en la capa de tinte para hacer los colores menos sutiles. Para ello, presione Ctrl(z)+U y luego aumente la Saturación moviendo el regulador hasta el valor máximo en la orden Tono/saturación.

• •

Creación de un efecto de relieve usando la información de un canal de color

En primer lugar, la razón para usar una imagen de flores en el siguiente conjunto de pasos es que la técnica que vamos a aprender resulta muy poco grata cuando se aplica a la imagen de una persona. El efecto que se busca aquí es el aspecto de relieve 3D en color. Para conseguirlo, copiaremos y desenfocaremos un canal en la imagen para usarlo con la función Canal de textura del filtro Efectos de iluminación. Este procedimiento puede utilizarse en cualquier imagen natural de la que disponga; cuanto más sencilla sea la composición, mejor será el efecto que se consiga.

A continuación vamos a ver cómo crear un aspecto de relieve 3D:

Creación de un efecto de relieve por medio de canales

1. Abra la imagen IMG0083.psd que se encuentra en la carpeta Chap11 del CD adjunto.
2. En la paleta Canales, arrastre el canal Verde al icono Crear canal nuevo, como muestra la Figura 11.27. De este modo se crea un canal alfa que es copia del canal Verde y pasa a ser el canal de edición actual.

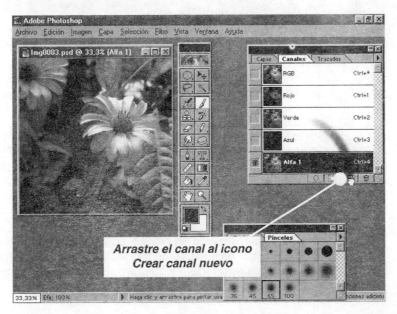

Figura 11.27   Copie el canal Verde arrastrando el título hasta el icono Crear canal nuevo.

3. Seleccione Filtro, Desenfocar, Desenfoque gaussiano.

Desenfocando el canal Alfa 1, los relieves de la imagen se hacen más pronunciados cuando se aplica el filtro Efectos de iluminación.

4. Arrastre el regulador a aproximadamente 2,3 en el cuadro de diálogo Desenfoque gaussiano, como se muestra en la Figura 11.28; luego pulse OK para aplicar el filtro. Pulse el canal RGB con el fin de activarlo para edición.

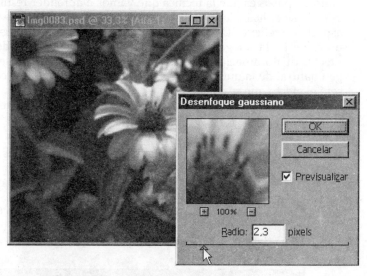

Figura 11.28   «Menos es más» cuando se desenfoca el canal alfa. Aplique una cantidad sutil de desenfoque para conseguir el mejor efecto en el filtro Efectos de iluminación.

5. Seleccione Filtro, Interpretar y luego Efectos de iluminación.
6. En la lista desplegable Tipo de luz elija Direccional y luego arrastre el punto de origen de la luz en la imagen de previsualización hasta que la exposición de la misma sea aproximadamente la de la imagen que se encuentra en el espacio de trabajo.
7. En la lista desplegable Canal de textura seleccione Alfa 1 y luego arrastre el regulador Altura hasta 28. Cuando el cuadro de diálogo sea como el mostrado en la Figura 11.29, pulse OK para aplicar el filtro.
8. Guarde su trabajo como Emboss.tif en su disco duro. Cierre la imagen cuando desee.

Como se ha mencionado anteriormente, esta técnica de relieve se puede usar sobre cualquier imagen en color o en blanco y negro. En la Figura 11.30 puede ver la imagen terminada. Se ha estilizado, pero hay que admitir que el contenido visual es reconocible y que hay algo innatamente interesante en una imagen «estampada» como ésta.

Resumen

Como era de esperar, este capítulo ha demostrado que, independientemente del modo de color en el que se trabaje, siempre hay alguna operación artística que se puede hacer para realzar el producto terminado. Ya trabaje en color o en blanco y negro, este capítulo proporciona una pequeña muestra de las posibilidades creativas disponibles cuando se sabe cómo trabajar con (y aprovechar la potencia de) las capacidades de Photoshop para presentar los datos de la imagen en modos diferentes.

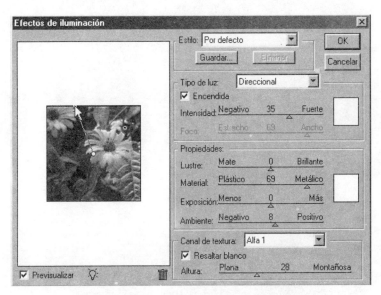

Figura 11.29 El canal Alfa 1 añade un relieve suave, pero pronunciado, a la imagen.

Figura 11.30 Explore las distintas formas en que puede usar las funciones de Photoshop para añadir interés a la imagen sin eliminar contenido visual.

Nuestra siguiente parada serán los efectos especiales. En el Capítulo 12, «Creación de una fantasía fotorrealista», veremos cómo algunos elementos fotográficos y otros sintéticos pueden combinarse para crear una fantasía visual.

CAPÍTULO 12

CREACIÓN DE UNA FANTASÍA FOTORREALISTA

Si piensa en los último éxitos de taquilla, las películas de ciencia ficción se llevan la palma y también son aquéllas que tienen los más altos presupuestos para efectos especiales. El autor también ha tenido la idea de crear una extravagancia de ciencia ficción. La historia trataba sobre alienígenas que habitaban en la tierra y se mezclaban en sociedad, pero con un pequeño fallo: vestían con trajes de cuadros que parecían más apropiados para una reunión familiar que para pasear por la Quinta Avenida.

El título pensado por el autor de la película era «Alien in Plaid» (alienígenas con traje de cuadros) pero, desgraciadamente, Hollywood reflejó la idea con la película Men in Black antes de que el autor tuviera la oportunidad para hacer más que unos pocos bosquejos de producción. No obstante, las buenas noticias son que ahora el autor tiene tiempo para mostrarle los pasos necesarios para crear un cartel para la película de ciencia ficción. A continuación vamos a ver cómo combinar los alienígenas con los hombres de traje negro, añadir armas de otro mundo y combinar de forma convincente toda la ficción con la realidad fotográfica.

¿Qué elementos son necesarios para la composición?

En la Figura 12.1 puede ver el cartel terminado para la película «Aliens in Plaid». El primer paso para crear el cartel es ver qué elementos fotográficos y digitales son necesarios: un alienígena, una pistola láser, una fotografía de un hombre con traje y una ciudad del espacio.

Figura 12.1 La composición es una combinación de elementos fotográficos y elementos generados por computadora.

No se preocupe; todos los elementos necesarios para crear este cartel se encuentran en el CD adjunto. Pero, por si posee una aplicación de modelado, veremos rápidamente los pasos que hay que dar para construir el alienígena y también la pistola láser que el actor sostiene.

Ajuste del tamaño de la imagen fotográfica

Para los lectores que no estén familiarizados con las aplicaciones de modelado, vamos a dar una breve explicación sobre lo que hacen. Los objetos se diseñan según un modelo alámbrico tridimensional cuya superficie se cubre posteriormente con los materiales que elija el usuario. Mientras que los modelos están en su forma alámbrica son independientes de la resolución (sus dimensiones pueden ser cualesquiera). Pero, para que los modelos definidos mediante superficies se puedan usar en programas 2D como Photoshop, el programa de modelado tiene que representar los modelos en formato de mapa de bits, que es por supuesto un formato bidimensional y dependiente de la resolución (contiene un número finito de píxeles).

El tamaño en el que deberían representarse los archivos de mapas de bits del alienígena y la pistola láser depende de lo grandes que se desee que sean estas imágenes cuando se combinen con la foto del actor. La forma más rápida de conocer las dimensiones de la imagen básica (la foto del actor) es abrirla, presionar Alt(Opción) y mantener pulsado el botón del ratón sobre el cuadro Tamaño del documento, situado en la línea de estado de Photoshop (Macintosh: en la parte inferior de la ventana de imagen). En la Figura 12.2 puede ver que la primera imagen con la que trabajaremos en este capítulo (Gary-K.tif) tiene 1036 píxeles de altura. Esto quiere decir que si pretende modelar un alienígena de altura humana para el cartel, debería definir 1036 píxeles como altura de representación para el alienígena. Observe también en la Figura 12.2 que queda algo de espacio entre la cabeza del actor y el borde superior de la ventana de imagen. Si va a modelar al alienígena, tendrá que añadir también un espacio similar al de la imagen representada, para hacer que el alienígena y el hombre sean del mismo tamaño.

Mantenga presionado Alt(Opción) aquí

Figura 12.2 El cuadro Tamaño de documento de Photoshop le informa rápidamente sobre las dimensiones, el modo de color y la resolución de la imagen actual.

A continuación facilitamos la receta para crear un alienígena vestido con un traje de cuadros realmente feo. Use la aplicación Fractal Design Poser para crear un torso con múltiples brazos, exporte el cuerpo como un archivo 3D Metafile a Macromedia Extreme 3D u otro programa de modelado y luego reemplace la cabeza humana con otra un poco más adecuada para el cartel de ciencia ficción. En la Figura 12.3 puede ver el aspecto del alienígena en Extreme 3D; la caja de contorno es la ventana de representación para el modelo y, como puede ver, tiene 1036 píxeles de altura, al igual que la imagen Gary-K.tif que enseguida vamos a usar.

Cabeza modelada en E3D

1036 píxeles de altura

Cuerpo de Poser 2

Figura 12.3 Escale la representación de la imagen, creada con el programa de modelado, a la misma altura que la fotografía que se va a usar.

Otra práctica propiedad de la mayor parte de los programas de modelado es que generan un canal alfa en la imagen representada, por lo que resulta muy sencillo seleccionar una esfera, un cilindro o un alienígena situados en primer plano. En la Figura 12.4 puede ver el documento Photoshop que se ha usado en este capítulo para actuar como fondo del actor. Henry Shtunq, nuestro alienígena con traje de cuadros, está en una capa distinta del fondo de la ciudad, de modo que se puede desplazar o corregir el color del alienígena o de la ciudad fácilmente.

Figura 12.4 Mantener composiciones con múltiples elementos como documentos multicapa hace que recolocar y editar los elementos seleccionados sea mucho más fácil.

Muchos de los detalles en la imagen Gary-K.tif son adecuados para la composición: el traje del servicio secreto, las sombras frías y la actitud del actor contribuyen a crear un buen contraste con el alienígena tonto con traje de cuadros.

Sin embargo, la pistola de agua que sostiene tiene que reemplazarse. De nuevo, se usa una aplicación de modelado para crear un arma de ciencia ficción apropiada, pero el tamaño al que la pistola láser modelada tiene que representarse no es fácil de conocer.

En el corto ejercicio que aparece a continuación utilizaremos una nueva función de Photoshop 5, la herramienta Medición, para ver cuales son las dimensiones ideales para reemplazar el arma del actor.

Nota:

Un elemento clave para hacer que una composición fantástica sea creíble es mantener una iluminación coherente de los elementos. Observará, al empezar a trabajar con las imágenes de este capítulo, que todo está iluminado desde un punto situado arriba a la derecha. Cuando se añaden diseños por computadora a imágenes fotográficas, lo primero que hay que ver es dónde se encuentra la iluminación de la foto (ya que no se puede cambiar) y después iluminar las escenas generadas por computadora de modo que se ajusten a la foto.

Medida del espacio de imagen con la nueva herramienta Medición

1. Abra la imagen Gary-K.tif que se encuentra en la carpeta Chap12 del CD adjunto. Teclee **50** en el campo Porcentaje de zoom y presione Intro para así tener una vista cómoda y poder medir el espacio que es necesario reemplazar con la pistola láser. Separe los bordes de la ventana de imagen, si fuera necesario.
2. Presione F8 para mostrar la paleta Info. Pulse el signo más a la izquierda del campo de coordenadas XY de la paleta y seleccione Píxels en el menú flotante.
3. Presione U (herramienta Medición) y arrastre para definir una línea horizontal desde detrás de la pistola de agua hasta casi el borde derecho de la imagen, como se muestra en la Figura 12.5. Realmente, la pistola láser sustituta puede ser más grande que la pistola de agua que el actor sostiene. Como puede ver, la nueva pistola puede tener, aproximadamente, 312 píxeles de anchura, una vez encuadrada en una ventana de imagen.
4. Traslade este valor a un programa de modelado: cree una pistola láser con el mismo ángulo que tiene la pistola de agua y represéntela con, aproximadamente, 312 píxeles de anchura. En la Figura 12.6 puede ver la pistola láser usada en el capítulo. Observe que la anchura de la ventana de representación es de 360 píxeles, algo más de los 312 medidos en el paso 3. Los píxeles adicionales simplemente «rellenan» el modelo, ya que el autor no confía excesivamente en los recortes (accidentalmente se puede recortar un área que era necesaria).
5. Deje abierta la imagen Gary-K.tif. Enseguida vamos a editarla. Puede cerrar su programa de modelado cuando desee después de haber representado la pistola.

Para trasladar el actor a la imagen Shtunq.psd, tendrá que trazar cuidadosamente su silueta antes de copiar la imagen. Afortunadamente el fondo de nubes de la imagen Gary-K contiene colores que no se encuentran sobre el actor, por los que las herramientas nuevas de selección de Photoshop 5 pueden hacer rápidamente este trabajo.

Figura 12.5   Para medir el espacio del que se dispone, pulse con la herramienta Medición en el punto de la imagen donde desee comenzar a medir y luego arrastre hasta el punto donde quiera terminar de medir.

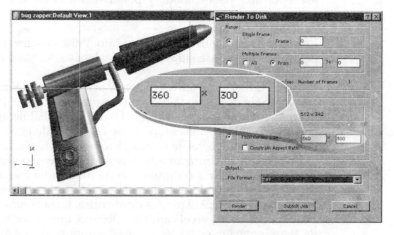

Figura 12.6   Añada algo de espacio vacío alrededor del modelo que ha medido en Photoshop.

Selección de siluetas

Si echa una detenida mirada al contorno del actor en la imagen Gary-K.tif, observará que en algunas áreas hay un claro contraste, por ejemplo, entre la chaqueta y el cielo circundante. En otras áreas, particularmente donde hay altas luces (en el pelo y la camisa) no hay una definición clara entre el perfil y las áreas exteriores al mismo. Esto significa que se debe utilizar una *combinación* de técnicas y herramientas diferentes para aislar al actor, situado en el plano frontal, del cielo de fondo.

Uso de la herramienta Lazo magnético

Aunque la pistola de agua no se usa en la composición final, la mantendremos en la imagen durante un rato para practicar con una de las nuevas herramientas de selección de Photoshop.

La herramienta Lazo magnético es ideal para separar al actor del cielo de fondo. Vamos a borrar el cielo para dejar sólo al actor en la imagen. En el siguiente conjunto de pasos, usaremos la herramienta Lazo magnético para eliminar las áreas del cielo cuyos bordes están claramente definidos.

Eliminación de áreas de una capa usando la herramienta Lazo magnético

1. En la paleta Capas, pulse dos veces el título de la capa Fondo (presione F7 si la paleta no se encuentra en pantalla) para acceder al cuadro de diálogo Hacer capa.
2. Teclee **Gary K.** en el campo Nombre y pulse OK. Ahora las áreas que se borren en la imagen se harán transparentes y no adoptarán el color de fondo actual
3. Arrastre el botón de la herramienta Lazo y luego seleccione el Lazo magnético. Pulse dos veces esta herramienta para visualizar su paleta de Opciones.
4. Pulse dos veces en el campo Anchura de lazo para resaltar el número y luego introduzca el valor **5**. Este parámetro establece un valor de tolerancia para la herramienta. Las áreas que se encuentren a cinco píxeles de donde arrastre con la herramienta serán analizadas para determinar si existe un borde con contraste en la imagen, al que se ajustará el trazado que se esté dibujando. Esta estrecha tolerancia producirá bordes limpios.
5. Pulse dos veces el cuadro Lineatura y luego teclee **20**. La lineatura determina cuán a menudo se insertan automáticamente puntos de control a lo largo del trazado que se dibuja. En las versiones anteriores de Photoshop había que pulsar para insertar un punto de esquina a lo largo del trazado de selección.
6. Pulse dos veces el campo Contraste borde y introduzca un valor de **10**. Este es un valor bastante limitativo; los píxeles deben mostrar sólo un 10 por ciento de diferencia de color para que la herramienta Lazo magnético «vea» un borde en la imagen.
7. Presione varias veces Ctrl(⌘)+ la tecla más (+) hasta que en el cuadro Porcentaje de zoom se lea 200%. Maximice la imagen en el espacio de trabajo (Windows: use los botones Maximizar/Restaurar; Macintosh: use la casilla Tamaño, situada en la esquina inferior derecha de la ventana de imagen).

8. Presione y mantenga presionada la barra espaciadora para cambiar a la herramienta Mano y luego arrastre su vista por la ventana hasta que visualice la pistola de agua y la corbata del actor.

9. Pulse en un punto inicial sobre el borde de la pistola de agua, libere el botón del ratón y luego arrastre el cursor a lo largo del borde de la pistola hasta alcanzar la chaqueta del actor. Siga el contorno de la pistola y no pulse cuando se desplace, simplemente pasee el cursor para marcar los bordes en la imagen.

10. Cuando alcance la parte superior de la poción visible de la chaqueta del actor, desplace el cursor alrededor de un trozo grande de cielo y luego cierre el trazado de selección volviendo al primer punto en que pulsó. Observará que el cursor se presentará como un círculo, lo que indica que va a proceder a cerrar la selección. Pulse una vez y espere a que aparezca el marco de selección.

11. Presione Supr (Retroceso) y la cuadrícula de transparencia de Photoshop reemplazará la vista del área del cielo que se ha borrado, como se muestra en la Figura 12.7. Presione Ctrl($\mathcal{H}$)+D para deseleccionar el marco.

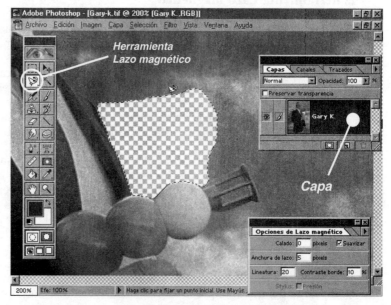

Figura 12.7 Guíe la herramienta Lazo magnético a lo largo del borde del actor, complete la selección fuera del actor y luego presione Supr (Retroceso).

12. Presione Ctrl($\mathcal{H}$)+Mayús+S y guarde la imagen como Gary.psd en formato Photoshop. Mantenga abierta la imagen en Photoshop.

La herramienta Lazo magnético se puede usar para gran parte (no todo) del trabajo de selección que nos espera. En ciertas áreas del actor los colores son muy parecidos a los del cielo. Para trabajar rápidamente y con precisión, puede usar la herramienta Lazo magnético en combinación con la máscara rápida de Photoshop; esta última permitirá editar la selección hecha mediante la herramienta Lazo magnético.

Uso de una combinación de técnicas de edición

Si en la imagen del actor ha quedado algún borde, evidentemente se verá al pegar la imagen en el documento Shtunq.psd y el aspecto de la fantasía de la imagen terminada se estropeará. Como se ha mencionado anteriormente, la herramienta Lazo magnético se puede usar de forma efectiva en las áreas con un alto contraste de color, pero falla en su propósito en las áreas con un bajo contraste de color, como el cuello blanco de la camisa. Sin embargo, si además de la herramienta Lazo magnético usamos el modo Máscara rápida, podremos crear una selección mucho más refinada. Como vamos a ver a continuación, el modo Máscara rápida permite editar un color superpuesto con cualquier herramienta de pintura o selección de Photoshop.

Uso del modo máscara rápida para enmascarar áreas con bajo contraste de color

1. Presione dos veces Ctrl(⌘)+la tecla más (+) para aumentar la resolución de visualización hasta el 400%.
2. Mantenga presionada la barra espaciadora y arrastre el cursor por la ventana del documento hasta que pueda ver claramente el cuello de la camisa del actor y el nudo de su corbata.
3. Seleccione la herramienta Lazo magnético, pulse en el punto en que el cuello de la camisa se encuentra con el nudo de la corbata, y luego mueva el cursor hacia arriba a lo largo del borde del cuello. Cuando esté definiendo este borde no importa si se desplaza más allá del cuello de la camisa e incluye parte del cuello del actor.
4. Desplace el cursor a una zona externa al actor para incluir algo del cielo de fondo y luego cierre la selección pulsando una vez en el punto de inicio de la misma.
5. Pulse dos veces el icono Modo máscara rápida de la caja de herramientas. En el área El color indica del cuadro de diálogo Opciones, marque la casilla Áreas seleccionadas y luego pulse la ranura Color. En el Selector de color, seleccione un azul oscuro, pulse OK para salir del Selector de color y, de nuevo, pulse el botón OK para salir del cuadro de diálogo Opciones. Ahora el área que ha definido con la herramienta Lazo magnético tiene un tinte azul oscuro.
6. Presione D y luego X para que el color frontal actual sea blanco.
7. Seleccione la herramienta Pincel y, en la paleta Pinceles, elija la segunda punta más pequeña de la fila superior.
8. Dibuje con el pincel dentro del cuello de la camisa donde haya tinta azul de máscara rápida. El color blanco frontal elimina la máscara rápida, mientras que el negro la aplica (*véase* la Figura 12.8).
9. Cuando haya refinado el borde de la selección de modo que el cuello de la camisa del actor y su cuello queden por completo fuera de la máscara

rápida, pulse el icono Editar en modo estándar, situado a la izquierda del icono Editar en modo Máscara rápida en la caja de herramientas. De nuevo la máscara se convierte en una selección de marco.

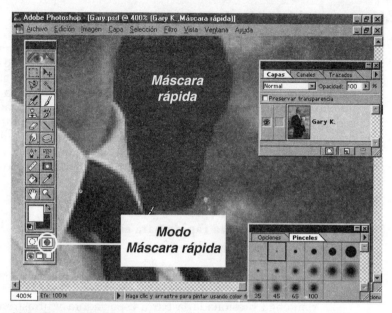

Figura 12.8 Elimine cuidadosamente las áreas de máscara rápida de las áreas de la imagen que desee guardar.

10. Presione Supr (Retroceso) y luego Ctrl(⌘)+D para deseleccionar el marco de selección.
11. Presione Ctrl(⌘)+S y deje abierto el archivo.

Ahora es el momento de que haga un estudio por su cuenta sobre este trabajo. Se ha desplazado de un área de la imagen a otra sin editar áreas situadas entre ellas. Dedique un instante a eliminar las áreas del cielo que se encuentran entre el brazo izquierdo del actor y el cuello de la camisa; el hombro del actor se puede definir de forma clara usando los parámetros actuales de la herramienta Lazo magnético. Después de esto, recorra la ventana del documento hacia arriba y elimine el cielo que bordea el lado izquierdo de la cara del actor. Deténgase cuando llegue a las gafas de sol.

Uso de trazados para definir bordes duros

Estamos trabajando en sentido antihorario alrededor de la silueta del actor. La siguiente parada después de haber eliminado el entorno del lado izquierdo de la cara del actor son las gafas de sol. La herramienta Lazo magnético no es adecuada para definir el borde de las mismas, ya que el canto de las gafas está definido mediante muy pocos píxeles como para que esta herramienta «encuentre» un borde de color.

Si ha leído y trabajado los ejemplos del Capítulo 6 «Selecciones, capas y trazados» o si es un usuario experimentado de Photoshop, ahora puede experimentar el uso de la herramienta Pluma para definir el borde de las gafas de sol. A continuación vamos a ver cómo dibujar el borde y eliminar las áreas del cielo que las rodean.

Uso de la herramienta Pluma para seleccionar trazados estrechos

1. En la caja de herramientas seleccione la herramienta Pluma y pulse en el punto en el que las gafas de sol tocan la mejilla del actor.
2. Pulse en un punto situado unos 2 centímetros hacia arriba, en el borde de las gafas, y arrastre hacia arriba y hacia el actor para hacer que el segmento del trazado entre los dos puntos de anclaje se adapte al borde de las gafas.
3. Repita el paso 2. El tercer punto de anclaje que defina debería situarse a la mitad de la distancia sobre el borde de las gafas, siguiendo hacia arriba.
4. Pulse en el punto situado más a la derecha en la parte superior de la gafas, y luego pulse dos veces más para definir la esquina de la gafa.
5. Pulse y luego arrastre en el punto en el que las gafas se encuentran con la línea del pelo del actor. Cuando haya terminado de definir el borde, pulse en unos cuantos puntos para incluir el cielo y cierre el trazado en el punto de origen, como se muestra en la Figura 12.9

Herramienta Pluma

Figura 12.9 Defina el borde de las gafas de sol usando la herramienta Pluma.

6. Si ha cometido cualquier error al lo largo del borde del trazado, presione y mantenga presionado Ctrl(⌘) para cambiar de la herramienta Pluma a la herramienta Selección directa y vuelva a colocar cualquiera de

los puntos de anclaje. Si cualquiera de los segmentos del trazado invade parte de las gafas, presione Ctrl(⌘), pulse en un punto de anclaje para ver las asas de dirección para el trazado y luego curve el segmento ajustando el asa de dirección.

7. Presione F7 si la paleta Capas agrupada no está en pantalla y sitúese en la pestaña Trazados.

8. Pulse el icono Carga el trazado como selección y después en un área vacía de la paleta para ocultar el trazado. Ahora debería ver sólo el marco de selección.

9. Presione Supr (Retroceso) y, a continuación Ctrl(⌘)+D para eliminar el marco de selección. Arrastre el título Trazado en uso de la paleta Trazados al icono de la papelera.

10. Presione Ctrl(⌘)+S y mantenga abierto el archivo.

La siguiente sección expone una técnica de selección manual para eliminar las áreas del cielo que rodean el pelo del actor.

Creación de selecciones complejas en el modo Máscara de capa

Photoshop 5 ofrece una serie de salvaguardas frente a los errores de edición, siendo la lista Historia una de ellas. El modo Máscara de capa, descrito en capítulos anteriores, es un estado de borrado para una imagen; dicho estado puede deshacerse y rehacerse infinitas veces hasta estar satisfecho con las selecciones que se han ocultado. Sólo cuando se pulsa el botón Aplicar, la máscara de capa elimina áreas de la imagen.

La máscara de capa, usada en combinación con la herramienta Pincel con una punta de pequeño tamaño, es ideal para utilizarla alrededor del pelo del actor. En una fotografía, el pelo se difumina en los bordes, especialmente cuando la foto se hace en exteriores y hay brisa con lo que algunos cabellos se vuelan. Le recomendamos que sea extremadamente cuidadoso y dedique tiempo a seleccionar el pelo del actor. No se moleste con los cabellos sueltos simplemente defina una máscara sobre ellos. Al final del capítulo pintaremos cabellos para evitar el infame «peinado de tipo casco» que se ve frecuentemente en los anuncios chapuceros donde se muestra una pareja en una playa.

• •

Es importante recordar que mientras que un trazado es visible, presionar la tecla Supr (Retroceso) afecta al trazado y no al marco de selección hecho a partir del trazado. Por consiguiente, si no oculta el trazado antes de presionar Supr (Retroceso), borrará el propio trazado y no los contenidos del marco de selección.

• •

Los siguientes pasos muestran la función Máscara de capa y una forma de personalizar la cuadrícula de transparencia para obtener una mejor vista de lo que se está editando:

Uso de la Máscara de capa para crear selecciones complejas

1. Mantenga presionada la barra espaciadora y arrastre hacia abajo en la ventana de imagen hasta que tenga una buena vista de la sien izquierda del actor.

2. En la paleta Capas, pulse el icono Añadir máscara de capa. Ahora la imagen se encuentra en modo Máscara de capa.

3. Presione D (colores por defecto) y luego, con la herramienta Pincel, realice unas pinceladas a lo largo del borde exterior del pelo del actor, como se muestra en la Figura 12.10. Puesto que está usando una punta de pincel pequeña, tendrá que dar varias pinceladas por fuera del borde del pelo para crear un trazado ancho que pueda seleccionarse más adelante con una herramienta de selección menos precisa.

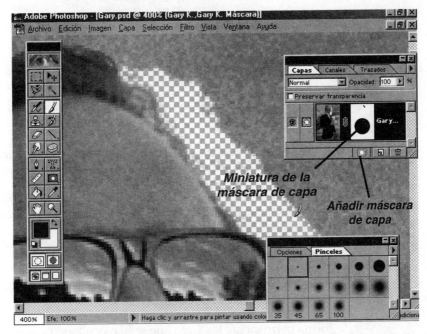

Figura 12.10 Utilice un pincel de punta suave y pequeña para borrar alrededor de los bordes del pelo.

Habrá observado un problema que es necesario resolver. Por defecto, la cuadrícula de transparencia de Photoshop es un tablero de ajedrez de cuadros blancos y gris claro. En este caso, ambos colores están demasiado próximos a los tonos del pelo del actor como para poder realizar una edición precisa alrededor de los bordes. Vamos a cambiar el color de la cuadrícula de transparencia a un único color oscuro, que contraste con el pelo del actor.

4. Presione Ctrl(⌘)+K para acceder al cuadro Preferencias de Photoshop y luego presione Ctrl(⌘)+4 para pasar a las preferencias Transparencia y gama.

5. Pulse la ranura blanca y, en el Selector de color, seleccione un azul oscuro. Pulse OK para salir del Selector de color.
6. Pulse la ranura de color gris y, en el Selector de color, seleccione un color azul oscuro. Pulse OK para salir del cuadro de diálogo (*véase* la Figura 12.11).

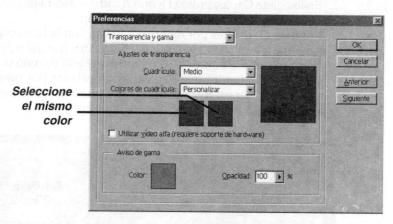

Figura 12.11 Defina una cuadrícula de transparencia con un único color oscuro para poder ver mejor los bordes del pelo del actor.

7. Pulse OK en el cuadro Preferencias para volver al documento. Ahora, cualquier área de transparencia será azul, facilitando así la visualización de los contornos.
8. Continúe pintando a lo largo del borde exterior del pelo, ajustando la vista mediante el uso de la barra espaciadora y desplazando el documento (*véase* la Figura 12.12).
9. Cuando haya completado la máscara y haya llegado al lado derecho del cuello de la camisa del actor, es el momento de terminar con la edición. Pulse la miniatura de la máscara de capa y arrástrela al icono de la papelera, situado en la parte inferior derecha de la paleta Capas. Aparecerá un cuadro de advertencia.
10. Pulse el botón Aplicar de dicho cuadro de advertencia para eliminar de forma permanente las áreas que se han ocultado mientras que se trabajaba en el modo máscara de capa. Ahora la imagen ya no está en dicho modo.
11. Presione Ctrl(z)+S y mantenga abierto el archivo.

Hemos aprendido cuatro técnicas para aislar al actor en la imagen:

• Con la herramienta Lazo magnético a lo largo de las áreas con un fuerte contraste de color
• Con la herramienta Lazo magnético en combinación con la máscara rápida cuando las áreas no tienen el suficiente contraste para que la herramienta seleccione de forma precisa.
• Con la herramienta Pluma, para definir trazados que son demasiado estrechos para la herramienta Lazo magnético.

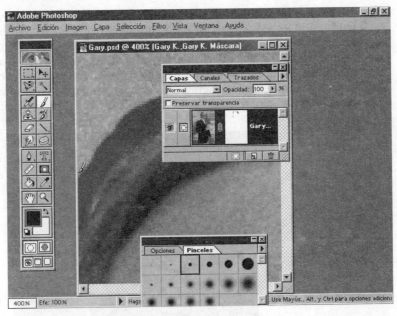

Figura 12.12 La cuadrícula de transparencia de color continuo permite editar de forma precisa alrededor del pelo del actor.

- Con la función Máscara de capa y una punta de pincel pequeña, para eliminar los bordes difusos del pelo.

En la Figura 12.13 puede ver el proceso para eliminar el cielo que hay alrededor del hombro derecho del actor con la herramienta Lazo magnético.

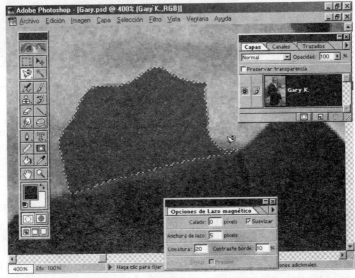

Figura 12.13 Utilice la herramienta Lazo magnético para eliminar las áreas que presentan un fuerte contraste.

El resto de la imagen presenta un buen contraste, por lo que se puede usar la herramienta Lazo magnético para eliminar fácilmente los bordes exteriores restantes de la imagen. Cuando haya completado el contorno del trazado que separa al actor del cielo, use la herramienta Lazo normal (no el magnético) para incluir áreas del cielo y luego presione Supr (Retroceso) para borrarlas. Cuando haya terminado, debería tener una imagen similar a la mostrada en la Figura 12.14: el actor solo, rodeado por una cuadrícula de transparencia azul oscuro.

Figura 12.14 Se ha eliminado de forma satisfactoria el entorno que rodeaba al actor.

Ya hemos terminado con el actor. Habrá observado que, cuando se hizo la fotografía, el actor decidió que los pantalones no eran importantes (el autor prometió que iba a ser una foto de cintura para arriba). Desgraciadamente, esta decisión nos deja dos opciones:

- Recortar la imagen por encima de la cintura, lo que recortaría parte de la mano izquierda y no es una buena opción, o
- Pintar algo sobre el pantalón que se adapte al traje.

En la sección siguiente, usaremos la segunda opción e incluiremos un par de pantalones formales encima de los cortos hawaianos del actor. Seleccionemos la herramienta Pluma de forma libre y comencemos a trabajar.

Pintar sobre elementos que no se ajustan a la nueva imagen

Uno de los factores que hace que el retoque de la foto de esta imagen sea una tarea fácil es que el actor está vestido con un traje oscuro. Esto significa que hay muy pocos detalles en la parte inferior de su chaqueta y que los pantalones formales se pueden «falsificar» con un poco de color frontal sólido.

Pintado de una selección de imagen

Lo primero que hay que hacer antes de dar una pincelada sobre la imagen es definir el color que se va a usar, lo que se hace fácilmente con la herramienta Cuentagotas. En la Figura 12.15 puede ver que el autor ha pulsado en la parte inferior de la chaqueta y la paleta Info indica que el color es casi negro total.

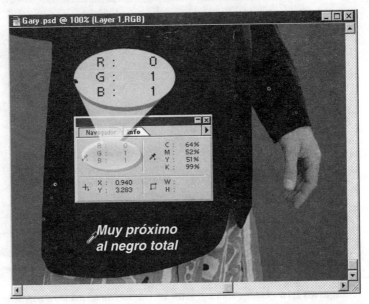

Figura 12.15 Muestree un color frontal de la chaqueta, que será el que se emplee para pintar los pantalones.

Ahora haga con la imagen en pantalla lo que a continuación se explica, de modo que pueda definir la forma de los pantalones y realizar el trabajo de edición necesario para reemplazar los dibujos hawaianos.

Uso de la herramienta Pluma de forma libre para crear un trazado

1. Presione tres veces Ctrl($\mathcal{H}$)+ la tecla menos (-) para obtener una resolución de visualización del 100% de la imagen Gary.psd.
2. Mantenga presionada la barra espaciadora y arrastre hacia arriba en la ventana de imagen para poder ver los pantalones cortos del actor.

3. Arrastre sobre la herramienta Pluma situada en la caja de herramientas para ver el menú flotante de herramientas y seleccione la herramienta Pluma de forma libre.

Esta herramienta se diferencia de la herramienta Pluma en que puede crear trazados arrastrando y no pulsando sobre los'puntos de ancla.

4. Cree un trazado cerrado como el mostrado en la Figura 12.16. La parte delantera de los pantalones debería ser bastante recta y más estrecha que los anchos pantalones hawaianos. La parte trasera de los pantalones debería quedar por dentro del faldón de la chaqueta. No importa que el trazado invada la chaqueta, ya que el color global de la chaqueta es prácticamente idéntico al color frontal que se ha definido.

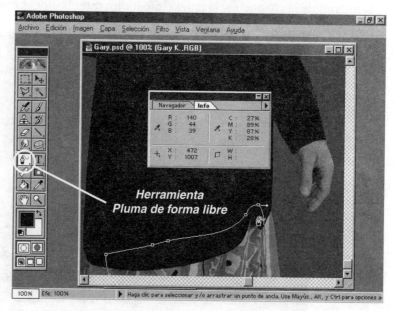

Figura 12.16 Dibuje sobre el actor un trazado de forma libre que defina la silueta de los pantalones que luego pintaremos.

5. En la paleta Trazados, pulse el icono Carga el trazado como selección y luego pulse un área vacía de la paleta para ocultar el trazado.
6. Seleccione la herramienta Aerógrafo y luego pinte en el interior del marco de selección.
7. Presione Mayús+F7 para invertir la selección. De este modo, el área ya pintada estará protegida frente a cambios y las áreas exteriores, como lo que queda de los pantalones hawaianos, podrán editarse.
8. Pulse dos veces la herramienta Borrador para seleccionarla y visualizar su paleta Opciones. Seleccione en la lista desplegable la opción Pincel. En la paleta Pinceles, elija la segunda punta de la derecha en la fila superior.

9. Borre con cuidado las áreas en las que todavía haya partes de los pantalones hawaianos, como se muestra en la Figura 12.17. Presione Ctrl(⌘)+D cuando haya terminado.
10. Presione Ctrl(⌘)+S y deje abierto el archivo.

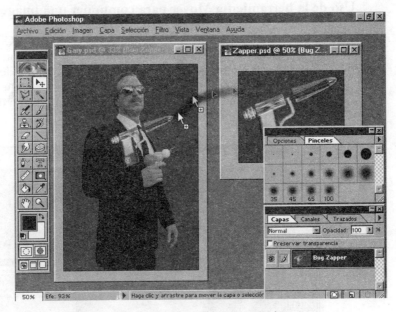

Figura 12.17   Borrado de las áreas de los pantalones cortos hawaianos.

Bien, ya tenemos un hombre serio con traje negro que sostiene una pistola de agua; por tanto, es necesario que editemos la imagen de nuevo.

Edición de un accesorio

No es necesario borrar la pistola de agua entera de la imagen Gary.psd. Sólo los áreas que sobresalgan de la pistola láser modelada tienen que borrarse o clonarse con muestras tomadas de la chaqueta y la camisa del actor. En la siguiente sección, añadiremos el contenido de Zapper.psd (o una imagen de su propio diseño) a la del actor.

El problema de la cobertura

La opción de la pistola de agua para el actor fue una idea pobre; si el autor hubiera hecho una planificación cuidadosa, habría recomendado que el actor blandiera una pistola de agua más lisa y brillante. Las esferas de esta pistola de agua no quedan cubiertas por la brillante y elegante pistola láser modelada. Además, las esferas ocultan parte de la chaqueta del actor. Si piensa que esto fue deliberado, ¡ha acertado! ¡Si todo hubiera sido perfecto no podríamos exponer el ejemplo que sigue!

A continuación vamos a ver cómo copiar la pistola láser en la imagen Gary.psd y luego comenzaremos el procedimiento de edición:

Uso de la herramienta Mover para componer una imagen

1. Abra la imagen Zapper.psd de la carpeta Chap12 del CD adjunto o abra la imagen de la pistola que haya creado en la aplicación de modelado.
2. Con la herramienta Mover, arrastre desde la ventana de la imagen Zapper a la ventana de la imagen Gary-psd, como se muestra en la Figura 12.18. Esto genera una copia de la pistola en la imagen de Gary sobre su propia capa.

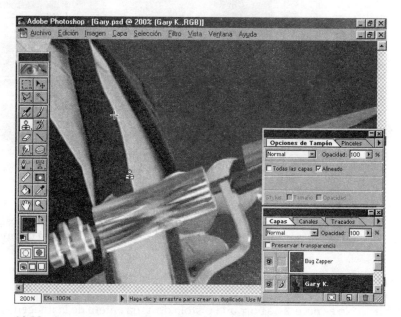

Figura 12.18 Arrastre y coloque la pistola en la imagen Gary.psd.

3. Aumente la resolución de visualización de la imagen Gary.psd hasta el 200%, cierre la imagen Zapper.psd sin guardarla y luego, con la herramienta Mover, posicione la capa Bug Zapper en la imagen, de modo que la pistola láser se sitúe directamente encima de la pistola de agua.
4. Pulse el título Gary K. de la paleta Capas para que sea la capa actual de edición.
5. Seleccione la herramienta Tampón. En la paleta Pinceles, elija el tercer pincel de la izquierda en la fila superior.
6. Presione Alt(Opción) y pulse para obtener una muestra de un punto de la corbata del actor que esté alejado, como se muestra en la Figura 12.19; luego comience a dar pinceladas en la capa Gary K. hacia abajo, hasta el punto en el que la esfera roja de la pistola de agua oscurece la visión de

la corbata. Continúe con esta herramienta hasta que haya rellenado la esfera roja con el motivo de la corbata.

Figura 12.19   Elimine parte de la pistola de agua copiando sobre ella una muestra tomada de la corbata.

7. Presione Alt(Opción) y pulse en un punto de muestreo por encima de la pistola, donde la chaqueta del actor arroja una sombra sobre su camisa.
8. Arrastre la herramienta hacia abajo para cubrir la esfera naranja. Asegúrese de alinear el punto clonado y el punto de muestra de modo que el borde de la chaqueta que está copiando quede recto.
9. Presione Ctrl(⌘)+S y mantenga abierto el archivo.

Ahora es el momento de ajustar la pistola a la mano del actor (en lugar de dejarla por encima de la misma). Para ello, usaremos de nuevo el modo Máscara de capa.

Enmascaramiento de las áreas no deseadas

La mano del actor debe cubrir la culata de la pistola láser, lo que significa que hay que borrar parte de la capa Bug Zapper. Sin embargo, esta tarea no es tan sencilla como parece; exactamente, ¿dónde hay que borrar, teniendo en cuenta que no se puede ver claramente la mano del actor? El truco para realizar satisfactoriamente la siguiente tarea de edición es usar las capacidades de ocultación y exposición del modo Máscara de capa. Recuerde: el blanco restaura las áreas ocultas y el negro oculta áreas de la capa.

A continuación vamos a ver cómo colocar la pistola en la mano del actor.

Borrado y exposición con la máscara de capa

1. Mantenga presionada la barra espaciadora y arrastre hacia arriba en la ventana de imagen, de modo que pueda ver claramente la pistola láser.
2. Seleccione la herramienta Pincel y, en la paleta Pinceles, elija la punta del centro de la fila superior.
3. Pulse el título Bug Zapper de la paleta Capas para que sea la capa de edición actual. Luego pulse el icono Añadir máscara de capa de la paleta.
4. Presione D (colores por defecto) y comience a pintar en el mango de la pistola láser, como se muestra en la Figura 12.20. Es correcto ocultar algo más del mango que lo necesario, para que se vea la mano del actor. Mientras pueda ver el borde de la mano, puede restaurar las áreas de la pistola que aparezcan en la imagen terminada.

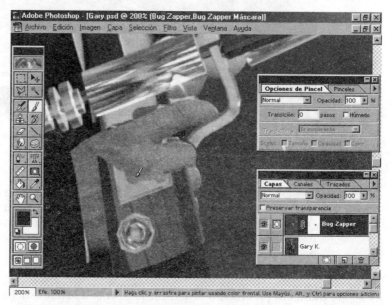

Figura 12.20 La aplicación del color frontal negro oculta áreas de la capa mientras que ésta se encuentra en modo Máscara de capa.

5. Cuando se haya eliminado todo el mango de la pistola de la mano del actor, presione X (intercambio de los colores frontal/de fondo) y elija el segundo pincel por la izquierda de la fila superior, en la paleta Pinceles.
6. Pinte con cuidado alrededor del borde exterior de la mano. Como puede ver en la Figura 12.21, la aplicación de blanco restaura áreas de la pistola que se ocultaron tras el color frontal negro.
7. Presione Ctrl(z)+S y mantenga abierto el archivo.

Ahora que se ve bien la forma en que la pistola láser se ajusta a la mano del actor, es el momento de volver a la capa Gary K. de la imagen y eliminar lo que queda de la pistola de agua.

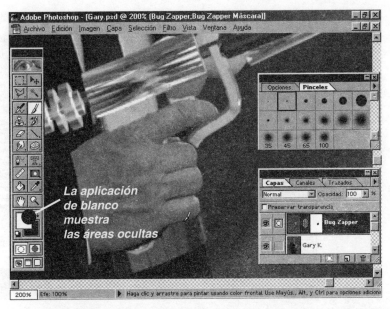

Figura 12.21 Restaure con cuidado las áreas de la pistola que desee que se vean en la capa Máscara de capa.

Definición de una selección

En determinadas zonas de la pistola de agua, que se encuentra en la capa Gary K, hay que clonar muestras tomadas de la chaqueta, mientras que otras áreas simplemente hay que borrarlas. Es más importante definir estas áreas de forma precisa que las técnicas que se utilizarán. Estableciendo apropiadamente las selecciones, será imposible que nadie detecte que el actor está sosteniendo otra cosa que esta superpistola.

A continuación vamos a concluir el trabajo de edición en la imagen Gary.psd:

Edición en las nuevas áreas de selección

1. Pulse el título de capa Gary K. de la paleta Capas para que sea la capa de edición actual.
2. Seleccione la herramienta Pluma y cree un trazado similar al mostrado en la Figura 12.22. Siga la curva del dedo, incluya bastante espacio para trabajar en el borde exterior y luego cierre el trazado dentro del área de la camisa.
3. Pulse el icono Carga el trazado como selección de la paleta Trazados, y luego pulse un área vacío de la paleta para ocultar el trazado.
4. Seleccione la herramienta Tampón, elija la segunda punta de la izquierda en la fila superior en la paleta Pinceles. Presione Alt(Opción) y pulse un punto de muestreo situado en el borde exterior de la chaqueta.

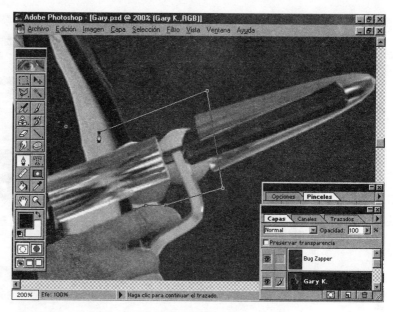

Figura 12.22 Use la herramienta Pluma para definir el área que se va a editar.

5. Arrastre hacia abajo en la imagen para copiarlo sobre la esfera naranja de la pistola de agua que queda entre la pistola láser y el dedo con el que dispara el actor (*véase* la Figura 12.23).

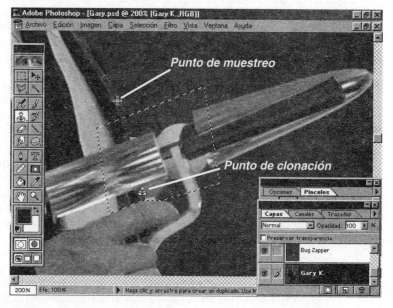

Figura 12.23 Copie el área de la chaqueta en el área de la pistola de agua.

6. Presione Ctrl(⌘)+D para deseleccionar el marco de selección y luego elija la herramienta Pluma.
7. Dibuje un trazado que encierre las partes visibles de la pistola de agua, como muestra la Figura 12.24.

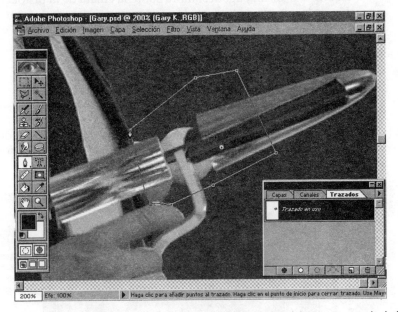

Figura 12.24 Pulse y arrastre para crear un trazado alrededor del área que queda de la pistola de agua.

8. Pulse el icono Carga el trazado como selección de la paleta Trazados y pulse un área vacío de la paleta para ocultar el trazado.
9. Presione Supr (Retroceso) y luego Ctrl(⌘)+D para deseleccionar el marco de selección.
10. Presione Ctrl(⌘)+S y mantenga el archivo abierto.

Falta un pequeño detalle en la imagen Gary.psd, que se verá en la siguiente sección. Para que parezca que la pistola está realmente en la mano del actor, es necesaria una sombra sobre el mango de la pistola. Vamos a corregir esto usando herramientas con las que ya está familiarizado.

Uso de la opacidad parcial en el pintado

Para que las sombras de las imágenes sean totalmente convincentes, es necesario que cumplan las dos cosas siguientes:

- La sombra tiene que tener una opacidad parcial dado que, en el mundo real, casi nunca oscurecen totalmente las superficies. Hay demasiada luz ambiental como para arrojar una sombra cien por cien opaca.

- La sombra debe tener aproximadamente la misma forma que el objeto que la arroja.

Si echamos un vistazo a la imagen Gary K., veremos que el dedo meñique debería arrojar una ligera sombra sobre la culata de la pistola láser (la iluminación de la imagen procede de la parte superior derecha). A continuación vamos a ver, en los pasos que siguen, lo que se necesita para crear el efecto de sombra:

Creación de una sombra

1. Seleccione la herramienta Lazo magnético y luego pulse en un punto de la punta del dedo meñique del actor.
2. Desplace el cursor a lo largo del borde inferior del dedo meñique, suba por la mano y cierre el trazado con una simple pulsación en el punto de inicio, como se muestra en la Figura 12.25.

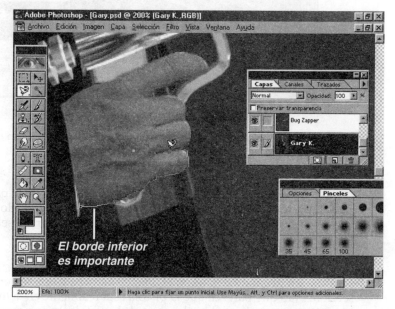

Figura 12.25 Cree un recorrido que simule el dedo meñique del actor a lo largo del borde inferior.

3. Pulse en el interior del marco de selección y luego arrastre hacia abajo y a la derecha aproximadamente 1 cm de pantalla. De este modo, se mueve el marco, no el contenido del mismo.
4. Seleccione la herramienta Pincel y, a continuación, en su paleta Opciones, arrastre el regulador Opacidad hasta aproximadamente el 30%.
5. Seleccione una punta grande en la paleta Pinceles y luego efectúe una o dos pinceladas en el interior del marco de selección, como se muestra en la Figura 12.26. No dé más de dos pinceladas ya que, de lo contrario, el área de selección se volverá opaca, estropeando el efecto.

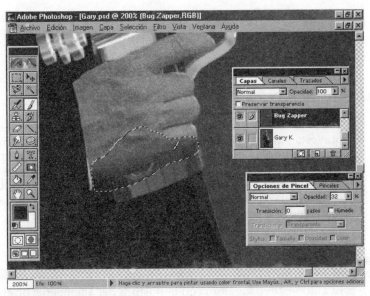

Figura 12.26 Rellene el marco de selección con el color frontal y opacidad parcial para crear la sombra.

6. Presione Ctrl(⌘)+D para deseleccionar el marco.
7. Pulse en el botón flotante de la paleta Capas y luego seleccione de la lista la opción Combinar hacia abajo. (*véase* la Figura 12.27).

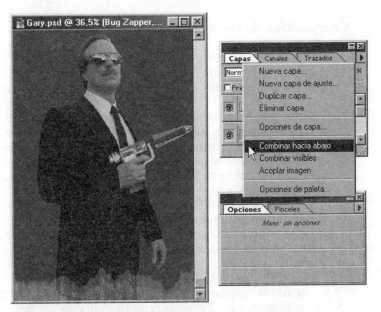

Figura 12.27 Combine la capa Bug Zapper con la capa Gary K. para obtener una composición integrada.

8. Presione Ctrl(⌘)+S y deje abierto el archivo.

La parte más difícil de esta composición, la parte realista, ahora está terminada. En la sección siguiente, combinaremos en la composición al actor con el
alienígena.

Creación de una composición de fantasía

Todos los diseños bien compuestos están formados por un elemento de fondo
que está subordinado a los elementos de primer plano. Sin embargo, en este
trabajo observaremos que la capa City de la imagen Shtunq.psd es demasiado
atractiva y no permite al actor y al alienígena dominar la escena. En una imagen fantástica, esto se puede corregir ajustando el tono y la saturación de la
escena de la ciudad. La ciudad seguirá pareciendo la fotografía de una ciudad,
pero tendrá un toque de abstracción.

Copia del actor y colocación en la escena

El autor estuvo jugando con la postura del alienígena; originalmente, deseaba
que uno de sus tres brazos rodeara al actor, pero el brazo izquierdo está situado demasiado alto para ello. Está mal situado incluso para que se coloque encima del hombro del actor. Esto no es problema; eliminaremos el brazo de la escena después de copiar y posicionar al actor en la escena Shtunq.psd.
A continuación vamos a ver cómo componer la escena:

Composición de la escena

1. Abra la imagen Shtunq.psd de la carpeta Chap12 del CD adjunto (o use
   su propia imagen).
2. En la paleta Capas, pulse la capa Henry Shtunq para que sea la capa
   actual.
3. Pulse la barra de título de la imagen Gary.psd, teclee **25** en el cuadro Porcentaje de zoom y luego presione Intro. Adapte el tamaño de la ventana
   de imagen para ocultar el fondo de la imagen Gary.psd y así poder ver
   claramente ambas imágenes en el espacio de trabajo.
4. Con la herramienta Mover, arrastre la imagen Gary.psd hasta la imagen
   Shtunq.psd, como se muestra en la Figura 12.28.
5. Coloque al actor de modo que quede delante del alienígena, cubriendo
   únicamente el hombro izquierdo del mismo.
6. Pulse el título de capa Henry Shtunq en la paleta Capas y luego, con la
   herramienta Lazo, arrastre para definir un marco alrededor del brazo
   izquierdo del alienígena.
7. Presione Supr (Retroceso) y luego Ctrl(⌘)+D para deseleccionar el marco.
8. Guarde la composición como Shtunq.psd en su disco duro. Deje la imagen abierta. Ahora puede cerrar cuando desee la imagen Gary.psd.

El centro de interés de esta composición debería estar en las caras del actor
y el alienígena, teniendo una importancia secundaria la pistola láser. En este

momento, la composición parece una fiesta visual debido a la relevancia de la capa City. A continuación vamos a corregir esto.

Figura 12.28 Copie el actor en la imagen Shtunq arrastrando y colocando con la herramienta Mover.

Cómo quitar importancia a un fondo

Como se ha mencionado anteriormente, podemos estilizar el fondo de la composición para resaltar mejor la atracción principal, sin eliminar las cualidades fotográficas de la ciudad. Después de ejecutar estos pasos tendremos una armoniosa combinación del fondo y el primer plano.

Estilizado de una vista de una ciudad

1. En la paleta Capas, pulse el título de la capa City.
2. Presione Ctrl(z)+U para acceder al cuadro de diálogo Tono/saturación.
3. Arrastre el regulador Saturación hasta el valor **100**, como se muestra en la Figura 12.29. Esto hace que se elimine todo el color de la capa City.
4. Pulse OK para aplicar el efecto.
5. En la paleta Capas, pulse el icono Crear nueva capa. Esta nueva capa, llamada Capa 1, se situará encima de la capa City.
6. Pulse dos veces el título Capa 1 de la paleta Capas. En el cuadro Opciones de capa, teclee **Multiplicar** en el campo Nombre y seleccione Multiplicar en la lista desplegable Modo. Pulse OK para salir del cuadro de diálogo.

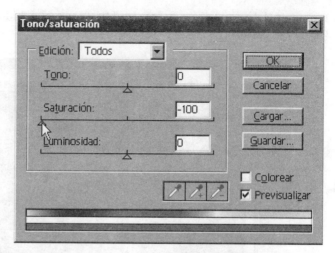

Figura 12.29   Disminuir la saturación en una imagen la reduce a escala de grises.

7. Pulse la ranura de color de fondo que se encuentra en la caja de herramientas y luego, empleando el círculo en el campo color y el regulador de tono, seleccione un color crema pálido. Pulse OK para salir del Selector de color.

8. Seleccione la herramienta Degradado lineal en la caja de herramientas. En la paleta Opciones elija Color frontal a color de fondo en la lista desplegable.

9. Mantenga presionada la tecla Mayús (restringe la aplicación de la herramienta a incrementos de 45°) y luego arrastre desde la parte superior de la imagen hacia abajo, como se indica en la Figura 12.30. Puesto que la capa está en modo Multiplicar, el color frontal negro cubre muchos detalles visuales de la parte superior de la imagen; a medida que el relleno hace la transición al color crema pálido de la parte inferior, podemos ver más detalles de la capa City subyacente.

10. Presione Ctrl(⌘)+S y deje el archivo abierto.

Ahora la composición tiene un aspecto más dramático, con una buena combinación de fantasía y realidad en la escena. En la sección siguiente prestaremos atención a los detalles finales.

Refinado de la fantasía

Sería una deshonra decir que esto está terminado, especialmente porque, probablemente, todavía quede algún halo alrededor del actor. El fondo oscuro hará que se vea cualquier parte del fondo de cielo que rodeaba al actor que no se haya borrado bien. También, el añadir algunos cabellos sueltos le daría un toque adecuado y creíble. Por último, el cartel de la película necesita un título (y el autor necesita una oportunidad para enseñar las nuevas funciones de la herramienta Texto).

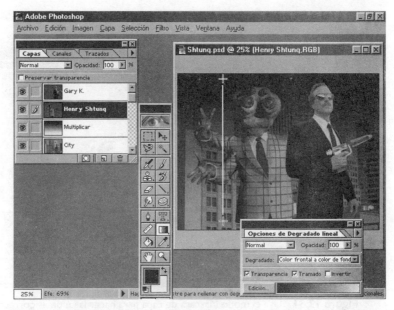

Figura 12.30 Cree un relleno con degradado lineal para disminuir los detalles de la ciudad en la parte superior de la composición.

La máscara de capa y el contorno del pelo

De todas las áreas que rodean al actor, el lugar donde más probablemente encontrará un halo es alrededor del borde del pelo. El pelo, incluso en imágenes de alta resolución, sólo tiene uno dos píxeles de grosor e incluso el trabajo de aplicación de máscara más cuidadoso no podrá evitar el dejar un píxel o dos de fondo. Es por esto que siempre es una buena idea aplicar una máscara a una imagen para separarla del fondo, desplazar los elementos a un nuevo fondo y luego comprobar de nuevo la formación del halo.

A continuación vamos a ver cómo hacer que el actor se integre adecuadamente con su nuevo entorno:

Eliminación del halo

1. Amplifique la imagen Shtunq hasta tener una vista con una resolución del 200% y recorra la vista para ver la parte superior de la cabeza del actor. Pulse la capa Gary K. en la paleta Capas.
2. Pulse el icono Añadir máscara de capa, situado en la parte inferior de la paleta Capas.
3. Seleccione la herramienta Pincel y elija la segunda punta por la izquierda de la fila superior. En la paleta Opciones, pulse dos veces el campo Opacidad y teclee 100.
4. Trace con cuidado una serie de pinceladas sobre cualquier área a lo largo del borde del pelo que parezca azul cielo, como se muestra en la Figura 12.31.

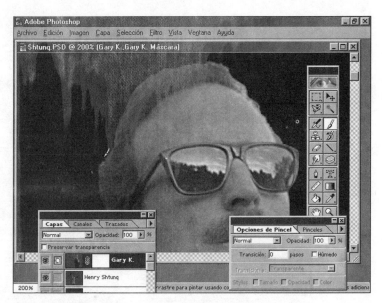

Figura 12.31   Use el modo Máscara de capa para hacer las últimas correcciones de detalle en la composición.

5. Cuando examine la silueta completa del actor y esté seguro de haber eliminado todos los halos, pulse en la miniatura de máscara de capa de la paleta Capas y arrástrela al icono de la papelera. Cuando aparezca el cuadro de diálogo, pulse el botón Aplicar para que los cambios sean permanentes.

6. Presione Ctrl(⌘)+S y deje abierto el archivo.

Aunque el cielo se ha eliminado por completo de los bordes del perfil del actor, también se han eliminado algunos de los matices que dan a una fotografía su aspecto fotográfico. Un borde duro alrededor del traje y las gafas de sol del actor es creíble pero ¿un pelo de bordes duros? En la siguiente sección pintaremos cabellos sueltos para dar un aspecto más natural a la composición.

Acabado del pelo del actor

Los siguientes pasos pertenecen a la categoría «menos es más» del retoque de imágenes. Se desea restablecer algunos de los cabellos que se han borrado de la imagen a la vez que se dejan sin modificar otras áreas. Los cabellos tienden a desordenarse de forma no homogénea cuando hay algo de brisa.

A continuación vamos a ver cómo dar un aspecto perfectamente natural al pelo del actor.

Adición de cabellos sueltos

1. Seleccione la herramienta Pincel y luego, en la paleta Pinceles, elija la punta más pequeña.

2. Presione Alt(Opción) y pulse en un área de pelo próxima a donde piense pintar. De este modo se cambia a la herramienta Cuentagotas y se muestrea un color frontal para pintar.

3. Dé una rápida pincelada que comience y termine en el borde del pelo del actor, como puede ver en la Figura 12.32; se debe pintar un arco.

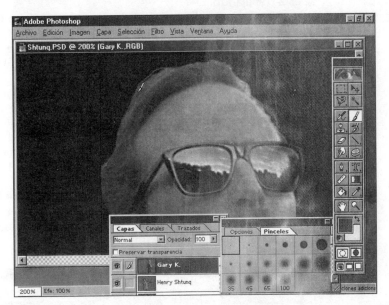

Figura 12.32 Cree arcos de color que comiencen y terminen en el borde del pelo del actor.

4. Repita los pasos 2 y 3 unas cinco veces en diferentes localizaciones alrededor del pelo del actor.

5. Es posible que uno o dos de los mechones contrasten demasiado respecto al resto del pelo. En dicho caso, seleccione la herramienta Desenfocar; en la paleta Pinceles, elija la punta más pequeña y pinte una o dos veces sobre el mechón de pelo.

6. Presione Ctrl(⌘)+S y deje abierto el archivo.

Adaptación del tamaño y adición de texto

En Photoshop 5 la herramienta Texto ha mejorado enormemente. Ahora se puede ver el texto en la imagen antes de abandonar el cuadro de diálogo de la herramienta Texto y se puede salir de dicho cuadro para colocar el texto antes de pulsar el botón OK.

A continuación vamos a ver cómo terminar el cartel con un título divertido:

Adición de texto a la imagen

1. Teclee **25** en el cuadro de Porcentaje de zoom y luego presione Intro. Ajuste manualmente el tamaño de los bordes de la ventana hasta que la

imagen Shtunq.psd ocupe el menor espacio posible, pudiendo al mismo tiempo visualizar la imagen completa.

2. Coloque la imagen en la esquina superior izquierda del espacio de trabajo. El cuadro de diálogo de la herramienta Texto es grande y tenemos que ver claramente tanto el cuadro de diálogo como la imagen en la que se está trabajando.

3. Seleccione la herramienta Texto y luego pulse en el punto de inserción de la imagen. Así se accede al cuadro de diálogo Texto.

4. Seleccione un tipo de fuente futurista de la lista desplegable Fuente. El autor ha usado una fuente de libre distribución, Steel Wood, pero el lector puede usar en este ejemplo Stop, Avant Garde o Futura.

5. En el campo Tamaño teclee **125**. ¿Cómo saber de antemano el tamaño de la letra? No hay manera; esta parte del trabajo se hace mediante el método de prueba y error. El tamaño de la fuente depende del tipo de fuente específico que use, ya que las fuentes se crean con diferentes tamaños relativos y la diferencia se hace más obvia con los tamaños grandes.

6. Pulse la ranura Color y, en el Selector de color, elija el blanco. Pulse OK para salir del Selector de color.

7. Teclee **ALIENS IN PLAID** en el campo de texto. Pulse la casilla de verificación Encajar en la ventana, de modo que pueda ver la frase completa y resáltela si fuera necesario (*véase* la Figura 12.33). Inmediatamente aparece el texto en la ventana de imagen.

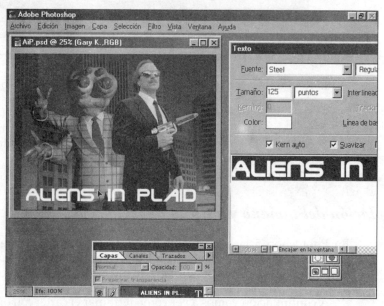

Figura 12.33 El texto aparece en la imagen antes de salir del cuadro de diálogo de la herramienta Texto.

8. Marque la frase completa en el cuadro de texto y arrástrela en la imagen para centrarla. Si el tamaño es demasiado grande, especifique en el cuadro de diálogo Texto un valor más pequeño.

9. Cuando el texto aparezca ajustado en la imagen, pulse el botón OK del cuadro de diálogo para terminar con la adición de texto.
10. Presione Ctrl(⌘)+Alt(Opción)+S para guardar una copia del trabajo realizado. Elija el directorio en que desea guardar la copia y después el formato TIFF en la lista desplegable Guardar como. Los usuarios de Windows también pueden marcar la opción Usar extensión en minúsculas para que sea más fácil leer el nombre del archivo en una ventana de carpeta. Pulse Guardar. Ahora dispone de una copia de su trabajo almacenada en el disco duro y puede compartirla con personas que no usen Photoshop.
11. Presione Ctrl(⌘)+S para guardar por última vez su trabajo. Puede cerrar la imagen cuando desee; ¡hemos terminado!

Esta composición de fantasía ha sido un reto de principio a fin, pero lo hemos salvado con éxito, ya que se ha seguido una «receta» para su creación (*véase* la Figura 12.34). Con las técnicas que ahora conoce puede crear una composición que contenga un alienígena o un elefante; el resultado será satisfactorio ya que ahora sabe cómo acoplar distintos elementos.

Figura 12.34 Composición final de la fantasía.

Resumen

Los siguientes cuatros elementos clave dan vida a una composición de fantasía:

- Énfasis adecuado de los elementos de primer plano y de fondo.
- Selección precisa alrededor de los elementos que se combinan en la composición.

- Unos pocos elementos de fantasía.
- Unos pocos elementos fotográficos.

Si perfecciona su talento personal creando selecciones precisas, el resto del trabajo saldrá fácilmente. Sea creativo con los pasos que ha aprendido en este capítulo y comience haciendo variaciones sobre el tema de esta composición.

Ahora que hemos creado nuestra primera imagen fotorrealista de fantasía, es el momento de pasar a crear la imagen perfecta. ¿Cuál es la imagen «perfecta»? ¿Está en el ojo del observador? ¿Puede conseguirse la perfección mediante el retoque? Las respuestas a estas cuestiones, y más cosas, se abordarán en el capítulo siguiente.

CAPÍTULO 13

CREACIÓN DE UNA IMAGEN «PERFECTA»

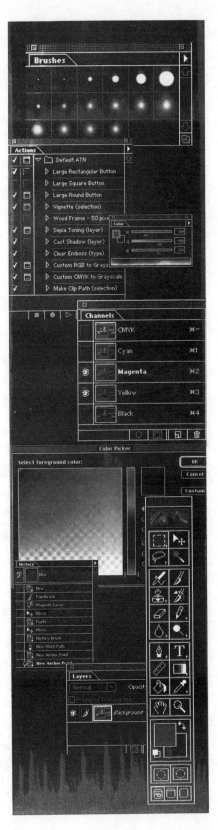

A menudo, cuando se habla de una «imagen perfecta», se está haciendo referencia a que todos los elementos estén proporcionados, los colores estimulen la vista y que dicha imagen provoque cierto estado emocional. Desgraciadamente, a menos que lleve una cámara colgada de su cuello las 24 horas del día y disponga de una película interminable, la imagen «perfecta» se le escapará. El sol podría esconderse detrás de una nube, un extraño podría pasar por delante de la cámara y un millón de cosas más podrían ocurrir en el momento de tomar la fotografía.

Uno de los problemas más comunes con las imágenes es el cielo: un cielo encapotado y calinoso puede estropear una imagen, aunque su composición sea ganadora de un premio. En casos como estos, se puede recurrir a Photoshop para convertir una imagen aburrida en otra extremadamente atractiva efectuando algunos retoques en el cielo.

La imagen «Park Blah»

La imagen Parkblah.psd, que se encuentra en la carpeta Chap13 del CD adjunto, tiene un montón de buenas cualidades. Como puede ver en la Figura 13.1, se trata de un mirador encantador en el borde de un pequeño estanque, en el que se alinean graciosamente unos sauces llorones.

Figura 13.1 Una imagen «perfecta» es una combinación inspirada de color y composición.

Sin embargo, nunca sabremos que Parkblah.psd fue tomada un día de verano cálido y ventoso. El cielo deja frío al observador, porque es una capa continua de un clásico azul. Independientemente de la imagen que se use para reemplazar el cielo, lo primero que hay que hacer es definir de forma precisa el área que ocupa, lo que no es difícil debido a la uniformidad de su tono.

Uso de la orden Gama de colores para seleccionar el cielo

La orden Gama de colores es similar a la herramienta Varita mágica. Selecciona áreas determinadas, pero lo hace en función de la similaridad del color a través de las áreas seleccionadas de la imagen. El primer problema ahora es el color de otros elementos de la imagen, como la cúpula del mirador, que se ve afectado por el color del cielo. Los objetos siempre reflejan el color de la luz que incide sobre ellos. En este caso, el azul del cielo incide sobre el borde de los árboles y sobre el mirador. Normalmente, sería difícil seleccionar sólo el cielo en una imagen como ésta, ya que el color del cielo es parte de la coloración de los demás elementos de la escena: el mirador, las rocas, la barandilla y el agua. ¿Cuál es la solución? Pues crear una selección aplicando Máscara rápida sólo sobre la parte superior de la imagen y permitiendo después que la orden Gama de colores haga su trabajo dentro de la selección.

En los pasos siguientes vamos a aislar el cielo de los colores de la imagen que son de tono similar. Después utilizaremos la orden Gama de colores para definir las áreas alrededor de los árboles. Por último, guardaremos la selección creada en un canal, en el que la depuraremos.

A continuación vamos a definir el área del cielo en la imagen Parkblah.psd.

Uso de las herramientas de selección y trazado y del modo Máscara rápida

1. Abra la imagen Parkblah.psd contenida en la carpeta Chap13 del CD adjunto. Teclee **50** en el campo Porcentaje de zoom y luego presione Intro. Arrastre el borde de la ventana de imagen para poder hacer una selección de lado a lado dentro del documento.

2. Pulse dos veces el icono Modo máscara rápida, situado en la parte inferior de la caja de herramientas. En el área El color indica, marque la casilla Áreas seleccionadas y luego pulse OK para volver al espacio de trabajo. Ahora tenemos la imagen en modo máscara rápida y las áreas sobre las que se aplique la máscara serán las áreas seleccionadas.

3. Con la herramienta Marco rectangular, arrastre para definir un marco alrededor del cielo de la imagen, comenzando por el borde superior y terminando un poco por debajo de las copas de los árboles. Presione D (colores por defecto) y luego Alt(Opción)+Supr (Retroceso), como se muestra en la Figura 13.2, para rellenar el marco de selección con la Máscara rápida.

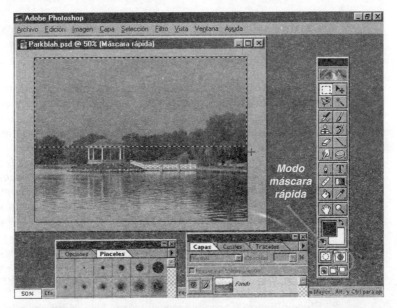

Figura 13.2 Rellene la selección con el color frontal para aplicar encima el «tinte» de la máscara rápida. Tan pronto como se aplique el tinte se convertirá en un marco de selección.

4. Arrastre para crear un rectángulo alrededor del farol que se encuentra en la parte derecha de la imagen y presione Supr, como se muestra en la Figura 13.3. La luz del farol tiene un color demasiado parecido al del cielo y no debe seleccionarse cuando se use la orden Rango de color.

Figura 13.3 Elimine el tinte de la máscara rápida de los elementos cuyo color es similar al del cielo.

5. La cúpula del mirador también tiene un color muy próximo al del cielo. Teclee **300** en el campo Porcentaje de zoom y luego presione Intro. Recorra la ventana de imagen para tener una buena vista de la cúpula del mirador.

6. Con la herramienta Pluma, pulse para definir un punto de anclaje en la parte izquierda de la cúpula donde se encuentra con los árboles. Luego pulse y arrastre para crear un segundo punto de anclaje un poco más a la derecha, sobre el borde de la cúpula, y, por último, defina un tercer punto donde la cúpula se encuentra con los árboles en la parte derecha de la imagen. Es posible que los segmentos no queden perfectamente alineados con el borde de la cúpula; si es así, mantenga presionado Ctrl(⌘) para cambiar a la herramienta Selección directa y mueva los anclajes o ajuste los puntos de dirección asociados con los puntos de anclaje, de modo que los segmentos del trazado se alineen con el borde de la cúpula, como se muestra en la Figura 13.4.

7. Después de haber excluido los árboles con el trazado, pulse más abajo respeto del último punto de la derecha, a continuación, defina un punto a la izquierda y, por último, pulse en el primer punto de anclaje para cerrar el trazado.

8. Pulse el icono Carga el trazado como selección, situado en la parte inferior de la paleta Trazados, y luego pulse en un espacio vacío de la paleta para ocultar el Trazado en uso.

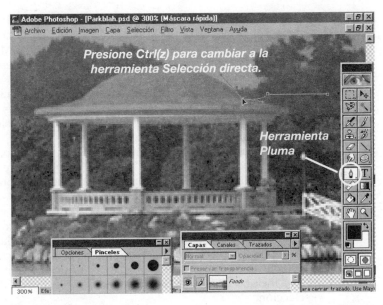

Figura 13.4 Cree un borde preciso en la cúpula del mirador usando las herramientas Pluma y Selección directa.

9. Presione Supr (Retroceso). Como puede ver en la Figura 13.5, la cúpula del mirador ahora no está cubierta por el tinte de la máscara rápida; por tanto, no será parte del marco de selección que se ha definido.

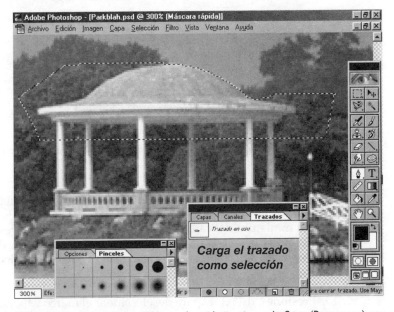

Figura 13.5 Elimine la máscara rápida no deseada presionando Supr (Retroceso) con el marco de selección cargado.

10. Presione Ctrl(⌘)+D para deseleccionar el marco. En la paleta Trazados, pulse dos veces el título Trazado en uso y, en el cuadro de diálogo Guardar trazado, nombre el trazado como **Cúpula**. Más tarde vamos a utilizar este trazado y no queremos que accidentalmente lo borre. Pulse OK para volver a la imagen.

11. Pulse el icono Edición en modo estándar, situado a la izquierda del icono Máscara rápida. De este modo todas las áreas a las que se ha aplicado la máscara rápida se convierten en un marco de selección.

12. Elija Selección, Gama de colores.

13. En el cuadro de diálogo Gama de colores, pulse con la herramienta Cuentagotas en el cielo de la imagen Parkblah.psd y luego arrastre el regulador Tolerancia hasta, aproximadamente, 133 con el fin de obtener una selección del cielo y la copa de los árboles, como se muestra en la Figura 13.6. No se preocupe por que la cúpula del mirador aparezca dentro de la selección (las áreas blancas en el cuadro de previsualización de Gama de colores). Este es un caso en el que la vista preliminar no es por completo precisa. El marco de selección activo en la imagen no incluye la cúpula, lo que quiere decir que la orden Gama de colores no la incluirá en la selección final que se cree. Pulse OK para realizar la selección.

Figura 13.6 Arrastre el regulador Tolerancia hacia la derecha hasta que el cielo sea blanco y las copas de los árboles negras.

14. En la paleta Canales, pulse el icono Guardar la selección como canal.

Si en la miniatura del canal Alfa 1 el cielo es blanco y el resto de la imagen negra, presione Ctrl(⌘)+D para deseleccionar el marco, pulse dos veces el título Alfa 1; en el área El color indica, marque la casilla Áreas seleccionadas y pulse OK.

15. Presione Ctrl(⌘)+D para deseleccionar el marco y luego guarde la composición como Parkwow.psd, el formato de archivo nativo de Photoshop, en su disco duro. Mantenga abierta la imagen.

Ahora es el momento de hacer un poco de trabajo de limpieza en el canal Alfa 1, lo cual no merece que incluyamos un conjunto de pasos detallados. Pulse el canal Alfa 1 para desplazar su vista al mismo, pulse dos veces la herramienta Zoom para pasar a una resolución de visualización del 100% (1:1). A continuación, con la herramienta Borrador configurada como Pincel y usando la punta situada en el extremo derecho de la fila superior, borre parte de las áreas negras situadas debajo de las copas de los árboles, como se muestra en la Figura 13.7. La orden Gama de colores es buena, aunque no perfecta, en la detección de bordes de color.

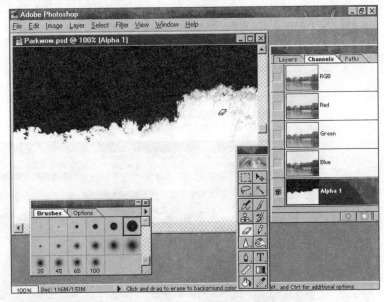

Figura 13.7 Borre las áreas negras y grises próximas al borde de la selección de la copa de los árboles, en el canal alfa.

Ahora que tenemos una selección precisa del cielo, es el momento de reemplazarlo en la composición.

Añadir un cielo nuevo a la imagen

Los autores tienen el honor de vivir en una zona de los Estados Unidos en la que hay más cielos nubosos que en ninguna otra ciudad. Sí, aquí hay más nubes y llueve más que en Seattle. En Nueva York tenemos un cielo azul de Pascuas a Ramos; normalmente, hay nubes y calina un día sí y otro también. Como consecuencia estamos acostumbrados a tener las más fantásticas nubes y puestas de sol que se puedan imaginar. Tenemos muchas imágenes de estas nubes y tenemos el placer de compartir algunas de ellas con los lectores, por lo que se han incluido en el CD adjunto en la carpeta Boutons/Scenes.

Hemos seleccionado de nuestros archivos una puesta de sol especialmente impactante, Skydark.psd, que utilizaremos en los pasos siguientes para reemplazar el cielo monocromático y calinoso de Parkwow.psd. La coloración global de Skydark no se adapta bien a Parkwow.psd pero, en los pasos siguientes utilizaremos la orden Equilibrio de color de Photoshop para conseguir una adaptación armoniosa entre las dos imágenes. El siguiente conjunto de pasos detalla cómo integrar Skydark en el área de cielo de Parkwow, manteniendo el delicado contorno de las copas de los árboles, sin que aparezcan bordes marcados (lo cual es una tarea bastante complicada).

Reemplazar el cielo usando capas y selecciones guardadas

1. Abra la imagen Skydark.psd contenida en la carpeta Chap13 del CD adjunto. Apártela, para poder ver la imagen Parkwow.psd y asegúrese de que tiene a la vista la paleta Capas.
2. Con la imagen Skydark.psd situada en primer plano en el espacio de trabajo, arrastre su título desde la paleta Capas hasta la imagen Parkwow, como se muestra en la Figura 13.8. De este modo se obtiene una copia de Skydark en una nueva capa de la imagen Parkwow.

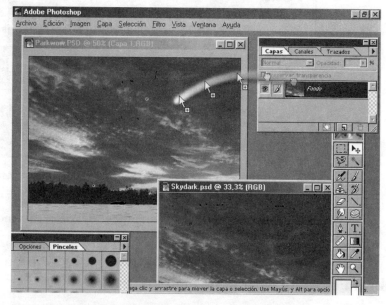

Figura 13.8 Para copiar una capa en una ventana de imagen diferente puede arrastrar su título desde la paleta Capas a la ventana.

3. En el teclado normal, presione **5** para reducir la opacidad de la capa actual, la capa Skydark, al 50%. Ahora se pueden ver ambas capas.
4. Con la herramienta Mover, arrastre la capa hasta que las copas de los árboles de la imagen Skydark se encuentren por debajo del área del cielo en la capa Fondo (la imagen Parkwow) como se muestra en la Figura 13.9.
5. Presione 0 (cero) en el teclado para restaurar la opacidad de la capa superior al 100%.

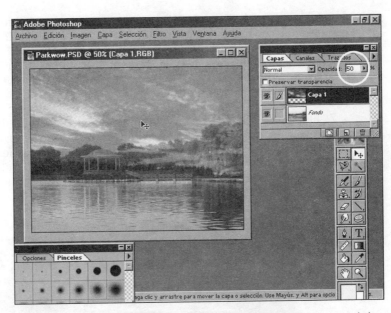

Figura 13.9 Arrastre la capa parcialmente opaca de modo que la mayor parte de la puesta de sol pueda verse en el área del cielo de la capa Fondo.

6. En la paleta Canales, presione Ctrl(⌘) y pulse en el título Alfa 1 para cargar los contenidos del canal como un marco de selección, como se indica en la Figura 13.10.

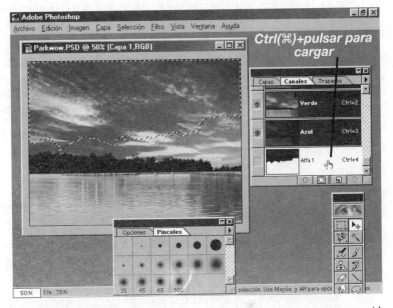

Figura 13.10 Presione Ctrl(⌘) y pulse el título del canal alfa para cargar sus contenidos como una selección.

Estará esperando a que le pidamos que invierta la selección en el siguiente paso para que el área seleccionada pase a ser la parte inferior de Skydark (la parte de la imagen que no se necesita). En un paso posterior, le indicaremos que invierta la selección, pero ahora es el momento de modificar la selección para evitar los espantosos contornos que comúnmente se ven en los trabajos de Photoshop hechos por aficionados.

7. Elija Selección, Modificar, Expandir. En el cuadro de diálogo Expandir selección, que se muestra en la Figura 13.11, teclee **2** píxeles en el campo Expansión y luego pulse en OK. Lo que estamos haciendo es expandir ligeramente la selección guardada para que el nuevo cielo elimine el halo azul que bordea las copas de los árboles en la capa Fondo.

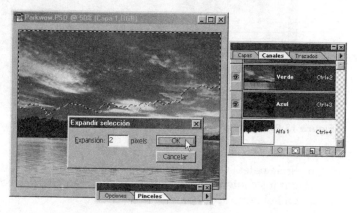

Figura 13.11 Amplíe la selección que ha guardado para que el área del nuevo cielo se superponga ligeramente sobre las copas de los árboles en la capa Fondo.

8. Presione Ctrl(⌘)+Alt(Opción)+D (Selección, Calar). En el cuadro de diálogo Calar selección, teclee **1** píxel en el campo Radio de calado, como se muestra en la Figura 13.12 y pulse OK. De este modo se suaviza el borde de la selección, permitiendo a Photoshop crear una transición natural entre la selección contenida en la capa y la imagen de fondo.

Figura 13.12 Calado del borde de la selección con un radio de un píxel, para suavizar la transición entre el nuevo cielo y las copas de los árboles.

9. Presione Mayús+F7 para invertir la selección y luego presione Supr (Retroceso) para así generar una imagen como la mostrada en la Figura 13.13. Presione Ctrl(⌘)+D para deseleccionar el marco.

Dado que se ha calado el borde completo de la selección, también se ha calado el borde de la cúpula del mirador. Ahora parece que el cielo se ha comido parte de la cúpula. Para restaurar el borde duro de la línea de la cúpula, hay que borrar los píxeles de Skydark que se superponen sobre la misma. Este problema puede corregirse fácilmente con los dos pasos siguientes y usando el trazado que hemos guardado al principio del capitulo.

Figura 13.13 Borrado del área de la imagen del cielo contenida en la Capa 1 que no se desea incluir en la composición.

10. Aumente la resolución de visualización hasta aproximadamente el 200% sobre la cúpula del mirador. En la paleta Trazados, pulse el trazado Cúpula y luego el icono Carga el trazado como selección. Pulse en una zona vacía de la paleta Trazados para ocultar el trazado.

11. Presione Supr. Como se muestra en la Figura 13.14, ahora la cúpula del mirador muestra un borde duro contra el cielo. Presione Ctrl(⌘)+D para deseleccionar el marco.

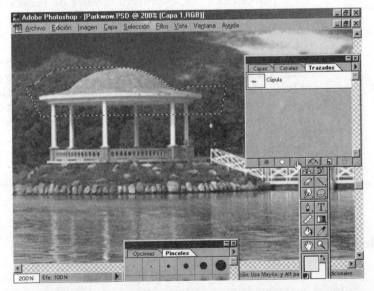

Figura 13.14 Aumente el contraste en el borde calado alrededor de la cúpula cargando el trazado guardado y borrando el área de la imagen Skydark que se superpone a la cúpula.

12. Presione Ctrl(⌘)+S y mantenga abierto el archivo.

Ahora la mayor parte de las copas de los árboles, aunque no todas, parecen estar perfectamente integradas con el cielo que se encuentra en la Capa 1. En la siguiente sección veremos cómo corregir algunas de las copas de los árboles.

Uso de la herramienta Enfoque

Algunas veces las soluciones generan a su vez otros problemas. Aunque la expansión y el calado del cielo de la Capa 1 se han ocupado de los píxeles azules calinosos del borde de los árboles en la capa Fondo, con el calado de la selección se ha introducido algo de borrosidad.

De nuevo la mayor parte de los árboles se combinan bastante bien con el nuevo cielo. Su misión en los pasos siguientes es enfocar el borde de las copas de los árboles más desenfocadas en la imagen.

Añadir contraste a una parte de una imagen

1. Aumente la resolución de visualización al 200% y maximice la ventana de imagen.
2. Arrastre en el menú flotante de las herramientas de edición de la caja de herramientas y seleccione la herramienta Enfoque. Aunque en las figuras del libro no se muestra, puede presionar Bloq Mayús para cambiar el cursor de la herramienta Enfoque a un cursor de precisión.
3. En la paleta Pinceles, elija la punta más a la derecha de la segunda fila y, en la paleta Opciones, establezca el valor de Presión en 20 y marque la casilla de verificación Todas las capas. Ahora la herramienta Enfoque enfocará «entre capas» usando las fuentes de imagen de las capas Fondo y Capa 1.
4. Aproximadamente 8 centímetros a la derecha de la cúpula, las copas de los árboles parecen un poco borrosas. Realice una o dos pinceladas sobre el borde de los árboles en ese área, como se indica en la Figura 13.15. No aplique la herramienta Enfoque más que dos veces en el mismo área o de lo contrario comenzará a parecer que hubieran quedado pelusas en el negativo de la imagen.
5. Presione Ctrl(⌘)+S y mantenga abierto el archivo.

Ahora es el momento de hacer una corrección de color, la cual se va a aplicar tanto a la imagen de fondo como a la capa Skydark.

Uso de la orden Equilibrio de color

En esta composición el cielo resulta demasiado frío para integrarse con el mirador, el lago y los árboles. Es necesario hacer más cálida la capa desplazando los tonos azules hacia el amarillo y los verdes hacia el magenta. Se sorprenderá de la cantidad de color que aparecerá, especialmente naranja, sobre la capa después de hacer unos sencillos ajustes.

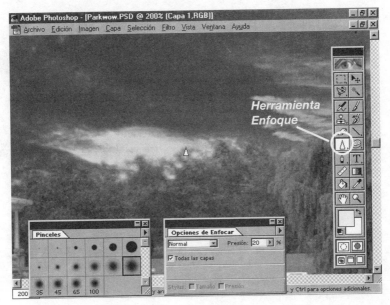

Figura 13.15   Aplique la herramienta Enfoque sobre aquéllas áreas de la imagen en las que los bordes de las copas de los árboles parezcan borrosos.

A continuación vamos a ver cómo usar en la capa del cielo la función Equilibrio de color:

Corrección del tono del color

1. Presione Ctrl(⌘)+B (Imagen, Ajustar, Equilibrio de color).
2. Con el botón Semitonos seleccionado, arrastre el regulador Amarillo/Azul hasta aproximadamente -19.
3. Arrastre el regulador Magenta/Verde hasta aproximadamente -8, como se muestra en la Figura 13.16. Ahora se ha aumentado mucho la calidez de la capa y deberían aparecer muchos detalles de las nubes.
4. En el cuadro de diálogo Equilibrio de color marque el botón Sombras y utilice sus ojos de artista para ver si desplazar los reguladores contribuye a prestar una sensación de calidez global a la imagen del cielo. El autor no ha hecho ningún retoque en lo referente a las Sombras, pero es una opción personal y artística.
5. Pulse el botón Luces y experimente con los reguladores. De nuevo, el autor no ha encontrado necesario ajustar el color de las luces de la imagen.
6. Pulse OK para aplicar los cambios.

Debe observar que ahora, aunque los colores del cielo son gloriosos, al compararlos con el follaje de la imagen, el cielo domina y hace que los árboles parezcan desvaídos. A continuación vamos a ver cómo corregir el color frío de la capa Fondo.

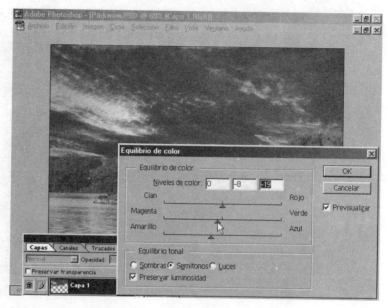

Figura 13.16   Elimine parte del verde y del azul de la imagen del cielo y verá cómo se hace más cálida.

7. Pulse el título de la capa Fondo, en la paleta Capas, para que sea la capa de edición actual.
8. Presione Ctrl(⌘)+B y luego arrastre el cuadro de diálogo Equilibrio de color hacia fuera, de modo que pueda ver los árboles.
9. Con el botón Semitonos seleccionado, arrastre el regulador Amarillo/Azul hasta aproximadamente +18 y luego el regulador Cián/Rojo hasta aproximadamente +5, como se muestra en la Figura 13.17. Aunque puede experimentar con las Luces y las Sombras en este cuadro de diálogo, el autor piensa que las correcciones en los semitonos son suficientes para incrementar la tonalidad verde, la densidad y la calidez de la imagen de fondo.
10. Presione Ctrl(⌘)+S y mantenga abierto el archivo.

¿Puede ver que ahora parece que hay algo falso en esta imagen? No se trata del color, sino de que el puente y el mirador se reflejan en el lago, pero no así el cielo. En la siguiente sección, seleccionaremos el agua del lago para prepararla para la mejora de la puesta de sol.

Uso de la máscara rápida para crear un reflejo realista

Al editar el agua en la imagen Parkwow nos enfrentamos con un pequeño dilema. Colocaremos una copia invertida de Skydark.psd sobre el agua, pero no queremos que esta imagen predomine sobre o cubra totalmente el agua. El objetivo es colocar el reflejo del cielo sobre el agua y poder seguir viendo las olas del agua, así como los reflejos naturales existentes de los árboles, el mirador y el puente.

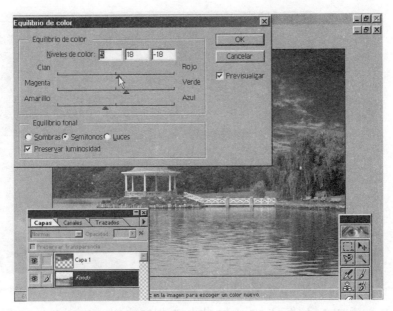

Figura 13.17 Añada algo de calidez y algo de verde a los semitonos de la capa Fondo para integrar mejor esta parte de la imagen con la puesta de sol nubosa.

Vayamos por orden. Primero hay que definir un contorno tosco del lago, para lo cual usaremos la herramienta Pincel en el modo Máscara rápida.

Definición de un área mediante máscara rápida

1. Amplíe la resolución de visualización al 200% para ver el área del lago.
2. Seleccione la herramienta Pincel, presione D (colores por defecto) y luego, en la paleta Pinceles, elija la segunda punta de pincel de la derecha en la fila superior.
3. Pulse el icono Modo Máscara rápida de la caja de herramientas.
4. Comenzando por la parte derecha de la imagen, dé pinceladas a lo largo del borde del lago, como se muestra en la Figura 13.18. Si ha cometido un error y ha aplicado máscara en la orilla, presione X y pinte sobre el área; después, presione de nuevo X para que el color frontal sea el negro.
5. Mantenga presionada la barra espaciadora para cambiar a la herramienta Mano y luego arrastre hacia la derecha dentro de la ventana, para ver la parte de la imagen que todavía no tiene máscara.
6. Continúe pintando a lo largo del borde del lago hasta alcanzar el borde izquierdo de la imagen. Observe en la Figura 13.19 que hay una pequeña área cóncava del lago a la que no se ha aplicado la máscara. Esto es lógi-

co, ya que la punta del pincel es demasiado grande para pintar en ese área y además es tan estrecha que no mostrará un reflejo del cielo en la composición terminada.

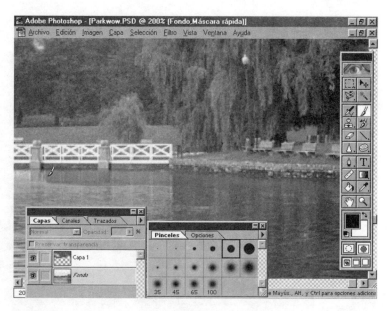

Figura 13.18 Dé pinceladas a lo largo del borde interior del lago para aplicar la máscara rápida.

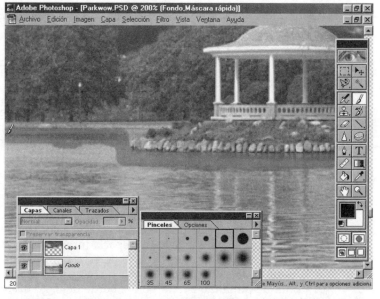

Figura 13.19 Dé pinceladas a lo largo del borde interior del área del lago e ignore la somera curva en la parte izquierda de la imagen.

7. En el borde izquierdo de la imagen, dé una pincelada recta hacia abajo hasta alcanzar la parte inferior de la imagen. Luego, pinte hacia la derecha hasta obtener una selección ancha de máscara rápida a lo largo del borde inferior de la imagen.

8. En la parte inferior derecha, pinte con cuidado a lo largo del borde de la imagen hasta llegar al punto inicial de su trabajo con la máscara rápida.

9. Pulse dos veces la herramienta Mano para ajustar la vista de la imagen, de modo que pueda verla completa.

10. Con la herramienta Lazo, mantenga presionado Alt(Opción) y luego pulse dentro de la Máscara rápida, creando un trazado que vaya a lo largo del centro de la Máscara rápida, como se muestra en la Figura 13.20.

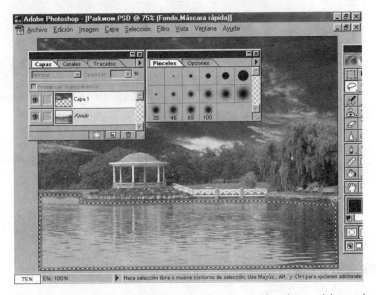

Figure 13.20 Cree un marco de selección cuyos bordes queden dentro del trazado de Máscara rápida que ha creado.

11. Presione Alt(Opción)+Supr (Retroceso) y luego presione Ctrl(⌘)+D para deseleccionar el marco.

12. Pulse el botón Edición en modo estándar de la caja de herramientas (a la izquierda del botón Máscara rápida) y luego, en la paleta Canales, pulse el icono Guardar selección como canal, como se indica en la Figura 13.21.

13. Presione Ctrl(⌘)+D y después Ctrl(⌘)+S; mantenga abierto el archivo.

Nuestra próxima parada en este trabajo de edición consiste en añadir un magnífico reflejo de cielo en el lago sin tapar los reflejos existentes.

Rotación, copiado y colocación del cielo

Es el momento de volver a utilizar Skydark.psd, pero esta vez vamos a voltear la imagen para que se muestre como un reflejo en el lago.

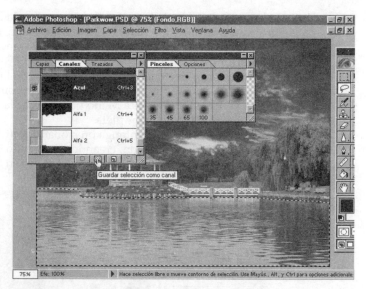

Figura 13.21 Guarde la máscara rápida y la selección de Lazo que ha creado en un canal alfa nuevo.

A continuación vamos a ver cómo añadir un reflejo sobre el agua:

Añadir un reflejo del cielo

1. Abra la imagen Skydark.psd de la carpeta Chap13 contenida en el CD adjunto.
2. Seleccione Imagen, Rotar lienzo, Voltear vertical, como se muestra en la Figura 13.22.

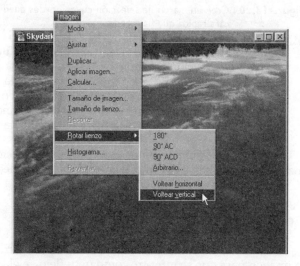

Figura 13.22 Voltee la imagen hacia abajo para obtener un reflejo de la imagen.

3. Reduzca el tamaño de la ventana de Skydark.psd y coloque la paleta Capas y la imagen Parkwow.psd de modo que se vean claramente.

4. Con Skydark.psd como imagen de primer plano en el espacio de trabajo, arrastre el título Fondo de la paleta Capas hasta la imagen Parkwow.psd, como muestra la Figura 13.23.

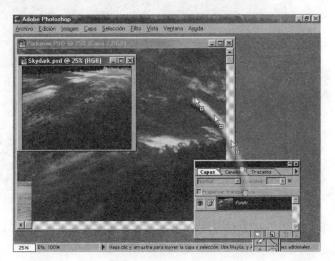

Figura 13.23 Copie la imagen volteada en la ventana de imagen Parkwow.psd arrastrando su título al interior de la ventana.

5. Cierre Skydark.psd sin guardarla.

6. Escriba **5** en el teclado para reducir la opacidad de la nueva capa de Parkwow.psd al 50%.

7. Con la herramienta Desplazar, mueva la imagen de modo que las copas de los árboles (boca abajo) en la capa queden por encima del contorno del lago, como se muestra en la Figura 13.24.

8. Presione 0 (cero) para restaurar la opacidad de la Capa 2 al 100%. Presione Ctrl(⌘)+S y mantenga abierto el archivo.

Ahora es el momento (a primera hora de la tarde, por el aspecto de la imagen) de integrar el reflejo con el resto de la composición.

Selección de alfa y aplicación de Máscara rápida al lago

Ahora borraremos la parte de la Capa 2 que oscurece al resto de la imagen y también disminuiremos su opacidad, de modo que parte de la capa Fondo pueda verse a través suyo (haciendo que el lago parezca un lago y no un espejo). A continuación vamos a ver cómo editar la Capa 2 de la composición.

Composición del reflejo sobre el lago

1. Pulse dos veces la herramienta Mano para ampliar la vista de la imagen y así poder verla completa en la pantalla.

Figura 13.24 Arrastre los contenidos de la Capa2 hacia arriba hasta que las copas de los árboles queden fuera del borde del lago.

2. En la paleta Canales, presione Ctrl(⌘) y pulse el título Alfa 2 para cargar la selección que ha creado del lago.
3. Presione Ctrl(⌘)+Mayús+I (o Mayús+F7, es el mismo atajo de teclado) para invertir el marco de selección y luego presione Supr. Como puede ver en la Figura 13.25, ahora el mirador, el puente, los árboles y el cielo son visibles y el lago es como un espejo un tanto surrealista.

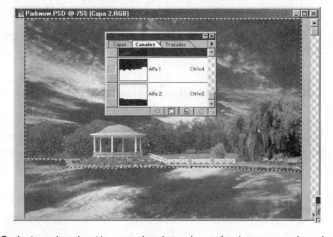

Figura 13.25 Invierta la selección cargada y luego borre las áreas que cubren los árboles, el cielo y el mirador.

4. Presione Ctrl($\mathcal{H}$)+D y luego, en la paleta Capas, arrastre el regulador Opacidad hasta aproximadamente el 60%, como se muestra en la Figura 13.26. Ahora, ¡vemos el lago!

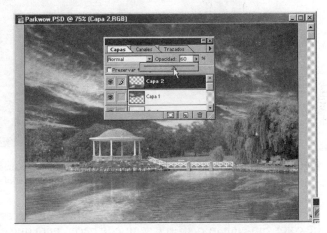

Figura 13.26 Disminuya la Opacidad de la capa para que se vea algo del fondo del lago a través suyo.

Ahora los efectos del reflejo de la Capa 2 están bastante bien, pero ¿qué ocurre si se disminuye el reflejo artificial a una opacidad del 0% cerca de la costa, para permitir que el reflejo real del mirador y el puente se vea a través suyo? Esto puede conseguirse fácilmente usando la función Máscara de capa en combinación con la herramienta Degradado lineal.

5. Pulse el icono Añadir máscara de capa situado en la parte inferior de la paleta Capas. Ahora la Capa 2 se encuentra en el Modo máscara de capa.
6. Pulse dos veces la herramienta Degradado lineal de la caja de herramientas para seleccionar la herramienta y acceder a su paleta Opciones.
7. Seleccione Color frontal a color de fondo en la lista desplegable Degradado de la paleta.
8. Pulse y arrastre la herramienta Degradado hacia abajo desde un poco por debajo del borde superior del lago hasta, aproximadamente, medio centímetro por encima de la parte inferior de la imagen, como se muestra en la Figura 13.27. Si presiona Mayús mientras arrastra, la herramienta Degradado lineal se restringe a incrementos de 45 grados, uno de los cuales es la dirección que apunta exactamente hacia abajo.
9. Si le gusta resultado, pulse la miniatura de máscara de capa de la Capa 2 en la paleta Capas, y luego arrástrela al icono de la papelera. Aparecerá un cuadro de advertencia; pulse Aplicar para hacer permanentes los cambios de esta capa. Si desea probar de nuevo o experimentar con un tipo de degradado diferente, presione Ctrl($\mathcal{H}$)+Z para eliminar el degradado aplicado y vuelva al paso 8.
10. Presione Ctrl($\mathcal{H}$)+S para mantener el archivo abierto.

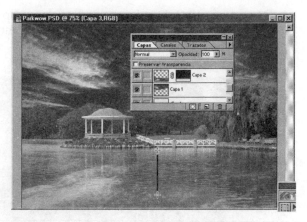

Figura 13.27 Arrastre hacia abajo en la imagen para llenar de máscara de capa la parte superior y exponer por completo la capa en la parte inferior.

En opinión del autor, el reflejo de la Capa 2 no necesita ninguna corrección de color. Sin embargo, lo que se puede hacer, para que el agua tenga un aspecto más cálido, es cambiar el equilibrio de color del lago en la capa fondo. Hemos guardado una selección del lago en el canal alfa; por tanto, ¿por qué no?

Cómo calentar las aguas: Cambio del color en una escena con lago

Aunque es libre de utilizar la orden Equilibrio de color en la forma que desee en los pasos que siguen, el autor puede decirle ahora qué colores necesita resaltar para dar al lago un aspecto más tropical. Añadiendo algo de cián y verde al área seleccionada del lago de la capa Fondo, conseguirá que el agua sea más atrayente y también neutralizará parte del color frío de la Capa 2.

Corrección del color del lago

1. Pulse el título de la capa Fondo en la paleta Capas para que sea la capa de edición actual.
2. En la paleta Canales, presione Ctrl($\mathcal{H}$) y pulse el título Alfa 2 para cargar las áreas coloreadas como un marco de selección.
3. Presione Ctrl($\mathcal{H}$)+B y, con el botón Semitonos seleccionado, arrastre el regulador Magenta/Verde hasta aproximadamente +30. Arrastre el regulador Cián/Rojo a aproximadamente -18, como se muestra en la Figura 13.28.
4. Presione Ctrl($\mathcal{H}$)+D. Presione Ctrl($\mathcal{H}$)+S; mantenga abierto el archivo.

¡Casi hemos terminado! Aunque hayamos realizado correcciones de color en los componentes individuales de la imagen, es el momento de hacer un cambio de color global en la imagen con el fin de dar a todos los componentes individuales y a sus colores un esquema de color común, armonioso y creíble.

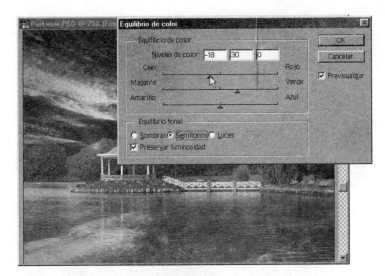

Figura 13.28 El cián y el verde harán que las aguas por debajo de la Capa 2 (la capa del reflejo) parezcan más cálidas y atrayentes.

Uso de la orden Variaciones para corregir el color

La orden Variaciones es como una colección de geles coloreados a través de los cuales se puede ver cómo quedaría una imagen si se usará un color específico para teñir la imagen. Se ha hecho hincapié a lo largo del libro en que es en los tonos medios de una fotografía donde se localiza la mayor parte de la información visual, y esta imagen compuesta no es una excepción. En los siguiente pasos vamos a teñir, muy ligeramente, los semitonos de una versión acoplada de Parkwow.psd para quitarle contraste y hacer que la calidez de la imagen sea un poco más real (los árboles son un poco demasiado verdes para las condiciones de iluminación de una puesta de sol).

Vamos a virar los colores de la imagen un poco hacia el magenta, consiguiendo así disminuir el verde.

Corrección de color de la imagen completa

1. Opcional. Si desea experimentar con las capas individuales de esta imagen en un futuro colocando distintas imágenes de cielos, por ejemplo, o haciendo distintas correcciones de color, seleccione Imagen, Duplicar, acepte el nombre de archivo predeterminado en el cuadro de diálogo Duplicar imagen pulsando OK y luego cierre la imagen Parkwow.psd.
2. En la paleta Capas, seleccione Acoplar imagen en el menú flotante.
3. Guarde la imagen como Parkwow.tif en formato TIFF.
4. Seleccione Imagen, Ajustar, Variaciones.

Las siete imágenes que aparecen en el campo principal del cuadro Variaciones están ordenadas según la «estrella de color». Cada variación tiene su color opuesto frente a él. Como puede ver, el magenta es el color opuesto al verde y nosotros sólo queremos disminuir un poco el verde en la imagen global, por lo que...

5. Pulse el botón Semitonos y arrastre el regulador hasta Fina y luego pulse la miniatura Más magenta del cuadro de diálogo, como se muestra en la Figura 13.29. Lo que esta figura no muestra (dado que está en blanco y negro) son las miniaturas Pico actual y Original, situadas en la parte superior del cuadro de diálogo. Verá en pantalla que Pico actual es más realista en cuanto a color; por tanto, pulse OK para aplicar el cambio de color.

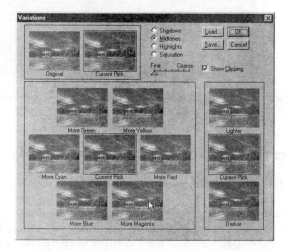

Figura 13.29   Elimine un poco de verde y reemplácelo con el magenta en los semitonos para que el aspecto de la imagen sea más real.

6. Presione Ctrl(⌘)+S. Eche una mirada a su trabajo: abra la imagen Parkblah.psd del CD adjunto y compárela con Parkwow.tif. ¿Impresionante trabajo, verdad? Ahora puede cerrar las imágenes cuando desee.

En este capítulo se ha desplazado el color de un área de una manera y luego el de otro área por otro método y, finalmente, se ha incorporado un tono magenta a la imagen completa. ¿No implica esto una redundancia? ¿No se podrían haber ahorrado unos cuantos pasos en la corrección de color? La respuesta es no, por que los cambios que se han hecho son cambios progresivos, cambios que se aplican sobre otros cambios. Las modificaciones de color no se podrían haber hecho en un paso, ni tampoco se podría restaurar el estado original aplicando más cambios. La única forma de volver a los colores originales o a cualquiera de las etapas de color intermedias es usar la opción Permitir historia no lineal de la paleta Historia.

En la Figura 13.30 (y en las páginas en color del libro) puede ver la imagen terminada. Ahora es una «imagen perfecta» ¿verdad?

Figura 13.30 Cuando a una imagen le falta algo, Photoshop y los recursos adecuados dan lugar a una imagen perfecta.

Resumen

El autor ha utilizado en diversas ocasiones en el capítulo el término «perfecta» entre comillas para

- Importunar a los muy capaces y diligentes editores de copias de este libro y...
- Destacar que la palabra perfecto sólo se puede usar en este mundo en un sentido relativo.

¿Puede la imagen Parkblah.psd llegar a ser «perfecta» usando una imagen distinta a Skydark.psd? Por supuesto que sí; puede fotografiar cantidad de cielos que sean un contrapunto visual para los elementos encantadores de Parkblah.psd. El truco para crear la imagen perfecta está en darse cuenta de lo que se quiere comunicar visualmente, suministrando los elementos que faltan en la fotografía que se quiere hacer perfecta y usando las técnicas descritas en este capítulo para disfrazar su obra. La edición de Parkwow.tif no debería ser detectada por la audiencia, sólo deberían admirar la belleza que el lector ha ayudado a crear en la composición.

En el Capítulo 14, «Cómo hacer que las cosas parezcan pequeñas», utilizaremos las habilidades indetectables de dibujo adquiridas en este capítulo y aplicaremos nuestras capacidades para hacer una escena «perfectamente» creíble de un hombre sosteniendo a una chica de 40 centímetros sentada en la palma de su mano.

PARTE

IV

Usos avanzados de Photoshop

CAPÍTULO 14

CÓMO HACER QUE LAS COSAS PAREZCAN PEQUEÑAS

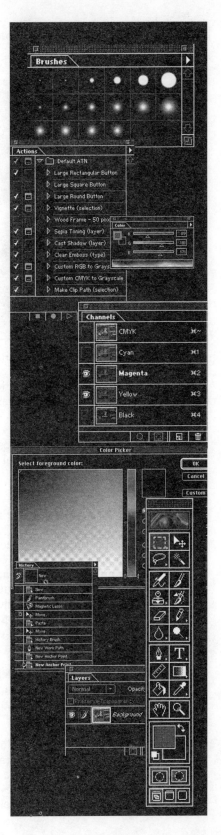

¡Rápido! De las opciones enumeradas a continuación, ¿cuál de ellas es la más adecuada para responder a la siguiente pregunta?: «¿Por qué se querría hacer una persona que midiera 40 centímetros de estatura?».

- *La disponibilidad mundial de comida se vería incrementada.*
- *Se podrían meter en un coche pequeño unas 150 personas, reduciendo así el trafico y la polución.*
- *Existe algo intrínsecamente divertido en una imagen de una persona con un tamaño normal sosteniendo a otra de tamaño reducido en la palma de su mano.*

Las tres respuestas son correctas, pero seguramente ya habrá adivinado que la última es a la que va dirigida nuestra pregunta. En este capítulo aprenderemos a crear la imagen mostrada en la Figura 14.1.

Figura 14.1 ¡Sujétame, apriétame, pero no me tires!

Imagine las oportunidades de diseño que se tienen después de aprender la habilidad de reducir a las personas. Dibujar a Blancanieves y los siete enanitos sería un juego de niños.

Pero antes de poner en marcha su cámara para obtener las fotografías para esta ilusión, examinemos qué debería hacer para *preparar* las condiciones fotográficas, de modo que el tiempo que se invierta en la edición en Photoshop sea sólo el necesario.

Escala, ángulo de cámara e iluminación

En la Figura 14.2 puede ver las imágenes que utilizaremos en este capítulo para generar a la chica con un tamaño que quepa en la palma de la mano del hombre. Observe que ambas imágenes se presentan en Photoshop con una resolución del 33% y que a simple vista parece que el contenido de la imagen tinygal.tif (la chica) se ajustará correctamente a la imagen bighand.tif.

Cuando haga sus fotografías, tenga en cuenta el tamaño de campo a través del objetivo. Realizar el escalado en Photoshop de una persona minúscula *después* de haber tomado la fotografía no tiene sentido cuando:

- Es más sencillo alejar a la persona cuando se la está fotografiando.
- Al modificar el tamaño de la persona que se va a reducir en la imagen compuesta, se degradará la calidad de la imagen, la cual en la mayoría de las ocasiones necesitará ser enfocada.

Debe ver a través del objetivo los elementos con el tamaño adecuado. La persona grande ocupará la mayor parte del cuadro y la foto de la persona pequeña deberá tomarla a distancia. Esta es la forma en que se han tomado las imágenes de ejemplo de este capítulo; además, el fondo de la imagen tinygal.tif se recortó para reducir el tamaño de archivo.

Figura 14.2 Planifique sus fotografías de modo que ambos elementos se escalen correctamente con una tamaño 1:1.

El escalado sólo es uno de los factores que hay que tener en cuenta. El ángulo de la cámara es igualmente importante. Observará que tanto tinygal.tif como bighand.tif se han tomado estando las personas perpendiculares al plano de visión de la cámara. Es un fallo natural tomar todas las imágenes desde la altura natural del fotógrafo de pie. Para la imagen tinygal.tif, el autor tuvo que ponerse de rodillas para que la posición de la mujer respecto de la cámara fuera plana. Si el autor hubiera estado de pie, el ángulo de la cámara habría capturado la coronilla de su cabeza y, cuando las dos imágenes se hubieran compuesto, el resultado habría sido algo extraño.

Por ultimo, adaptar la iluminación entre las dos imágenes es fundamental para mantener la credibilidad visual cuando éstas se mezclen. El autor tiene que confesar que la buena iluminación de tinygal.tif se adapta bien, aunque no de forma perfecta a la imagen, bighand.tif. Observará que la cara de la mujer está iluminada brillantemente, ya que el entorno que la rodea no la ensombrece, aunque en la imagen bighand.tif no hay nada con una iluminación brillante por una razón muy sencilla: durante la sesión fotográfica comenzaron a aparecer las nubes cuando se tomaba la imagen bighand.tif. Generalmente, cuando se toman dos fotografías que se van a componer, debe intentarse hacerlas un día nublado o en un día que no haya una sola nube en el cielo. Deben tomarse en un intervalo de tiempo pequeño y asegurarse de que el sol u otra fuente de iluminación está colocada en el mismo lugar, iluminando ambas imágenes desde la misma dirección.

Consejo:

Cuando planee componer imágenes, utilice siempre la misma línea de horizonte, incluso aunque tenga que cambiar su propia altura para tomar la foto.

Realmente, la iluminación brillante de tinygal.tif es muy adecuada para la composición de este capítulo, ya que atrae la atención sobre la chica diminuta, situada contra el mar de hojas del fondo y el hombre grande iluminado uniformemente. La cara brillante es un elemento de contrapunto que ayuda a dirigir los ojos del observador a la escena y ayuda a equilibrar la composición. El autor no recomienda que cometa este «afortunado» error en su propio trabajo aunque, como verá, ayuda a mantener la ilusión de una mujer diminuta en la palma de la mano de un hombre grande.

Separación de la mujer del fondo

Obviamente, la chica diminuta tiene que separarse de lo que la rodea para poder colocarla en la imagen bighand.tif. Para ello, abriremos el archivo tinygal.tif y trabajaremos en él pero, antes de continuar, echemos un vistazo a las herramientas que vamos a utilizar en Photoshop.

El contorno de la chica diminuta tiene diversos grados de enfoque. Su blusa está claramente definida contra el fondo. El borde de los pantalones está menos claramente definido, ya que son unos vaqueros de algodón desgastados. El contorno de sus brazos tampoco está bien definido, ya que la piel absorbe la luz ambiental de los alrededores y tiende a mezclarse con las áreas del fondo cuando se hace una fotografía.

Por tanto, nuestro orden de actuación será usar varias herramientas de selección para aislar a la chica del fondo.

Configuración de la imagen como una capa y uso de las opciones de transparencia

La forma mas fácil de separar a la chica del fondo es convertir la imagen en una imagen de una única capa, de modo que las áreas que se eliminen alrededor de ella sean transparentes. Además, deberemos tener en cuenta que la cuadrícula de transparencia (el tablero de ajedrez que se visualiza cuando existe transparencia en una imagen) es inadecuada para el trabajo de edición: muchas de las áreas tienen un tono similar al de la cuadrícula de transparencia blanca y gris, pero esto no representa un problema, porque vamos a personalizarla en los pasos siguientes.

Comenzaremos esta composición surrealista configurando la imagen tinygal.tif para su edición:

Edición de capas y de la cuadrícula de transparencia

1. Abra la imagen tinygal.tif que se encuentra en la carpeta Chap14 del CD adjunto. Por el momento el tamaño de visualización no es importante.
2. Presione F7 para acceder a la paleta Capas y pulse dos veces el título «Fondo».

3. En el cuadro de dialogo Hacer capa, simplemente pulse OK. Ahora el Fondo es una capa con transparencia. Guarde el archivo en su disco duro como tinygal.psd, en el formato de archivo nativo de Photoshop, como se muestra en la Figura 14.3.

Figura 14.3 Conversión del archivo de imagen TIFF en un archivo de capa.

4. Presione Ctrl(⌘)+K y luego Ctrl(⌘)+4 para acceder al cuadro de diálogo Transparencia y gama.
5. Pulse la ranura de color blanca y luego, en el Selector de color, seleccione H:282, S:38% y B:100%. Pulse OK para volver al cuadro de dialogo Preferencias.
6. Pulse la ranura de color gris y después, en el Selector de color, seleccione H:282, S:38% y B:100%. Pulse OK para volver al cuadro de dialogo Preferencias, que debería ser similar al mostrado en la Figura 14.4.
7. Pulse OK para volver al espacio de trabajo y mantenga abierto el archivo.

La razón por la que hemos elegido un tono medio de un color púrpura sólido para la cuadrícula de transparencia en estos pasos es porque dicho color no se encuentra en la imagen tinygal.psd, facilitando así el poder ver el borde que crearemos alrededor de la chica.

Nota:

Las figuras de este capítulo pueden parecer un poco extrañas cuando muestre la información de transparencia. Aunque el color recomendado es adecuado en este caso, se reproduce malamente en un libro en blanco y negro. Por tanto, cuando en las siguientes figuras vea áreas de color muy claro, piense que se trata del color de la cuadrícula de transparencia. No se deje confundir por la claridad aparente con que la cuadrícula se presenta en el libro.

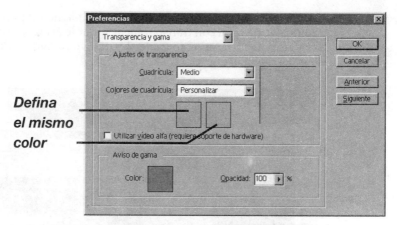

Defina
el mismo
color

Figura 14.4 Defina un color sólido para la cuadrícula de transparencia.

Inicio de la realización de la silueta

Vamos a ver qué estrategia usaremos para eliminar todas las áreas de la imagen que no contienen a la chica. En primer lugar, trabajaremos en sentido horario alrededor de la silueta de la chica comenzando por el lado derecho de su pelo. Aunque el contorno del pelo está muy bien definido en esta imagen (afortunadamente no hacia aire cuando se tomó la foto), usaremos una punta de pincel pequeña y ampliaremos la resolución de visualización al 400% para hacer esta tarea. La «vereda» que se va a crear alrededor del contorno del pelo de la chica será un borde estrecho, que agrandaremos más adelante con la herramienta Lazo poligonal.

Trabajaremos en el modo Máscara de capa para crear el contorno alrededor de la chica. Si comete cualquier error, presione X para que el color frontal actual pase a ser el blanco y luego pinte sobre el error para restaurar ese área de la imagen. ¿Todo listo para comenzar?

Aplicación de la máscara de capa a lo largo del borde del pelo

1. Teclee 400 en el cuadro Porcentaje de zoom y luego presione Intro.
2. Presione la barra espaciadora para cambiar a la herramienta Mano y luego arrastre en la ventana de imagen hasta visualizar el pelo de la chica en la parte derecha de la imagen.
2. Presione B (herramienta Pincel) y, en la paleta Pinceles, elija la segunda punta de pincel de la izquierda en la fila superior.
4. En la paleta Capas, pulse el icono Añadir máscara de capa, situado en la parte inferior de la paleta.
5. Presione D (colores por defecto). Dibuje alrededor de su pelo, comenzando por la coronilla, siguiendo la curva hacia abajo, hasta que su imagen sea similar a la mostrada en la Figura 14.5.

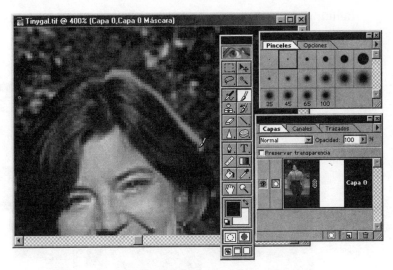

Figura 14.5 Aplique el color negro para «borrar» el borde exterior del pelo de la chica en la transparencia.

6. Si fuera necesario, presione la barra espaciadora para desplazar la vista hacia abajo y seguir pintando.
7. Continúe dando pinceladas hasta alcanzar la oreja de la chica.
8. Seleccione la herramienta Lazo poligonal y pulse dentro de la transparencia (la zona púrpura que se ve), desplazándose desde la oreja hasta la parte superior de la cabeza. A continuación pulse en puntos alejados del pelo de la chica para encerrar un área grande de la imagen de fondo no deseada.
9. Cierre la selección poligonal pulsando en el primer punto que creó, próximo a la oreja, como se muestra en la Figura 14.6.
10. Presione Alt(Opción)+Supr (Retroceso) y, a continuación, Ctrl($\mathcal{H}$)+D para deseleccionar el marco.
11. Presione B (herramienta Pincel) y luego pinte alrededor del borde de la oreja. Deje de pintar cuando llegue a la zona superior del cuello de la chica.
12. Repita los pasos 8 a 10 para ocultar más zonas del fondo. En este momento debería guardar el archivo, pero dejándolo abierto.

Ahora vamos a pasar a las áreas de la imagen que están claramente definidas (la blusa de la chica). En ellas vamos a utilizar otra estrategia de edición; usaremos la herramienta Pluma para definir las selecciones.

Uso de la herramienta Pluma para seleccionar el borde de una blusa

Si no está familiarizado con la herramienta Pluma, la herramienta Selección directa y las herramientas Convertir punto, le recomendamos que ponga en esta página del libro una señal y vuelva al Capítulo 6 «Selecciones, trazados y capas». Los pasos siguientes no exigen una gran habilidad, pero habrá que definir un trazado que siga de forma precisa el borde del cuello y la manga de la chica.

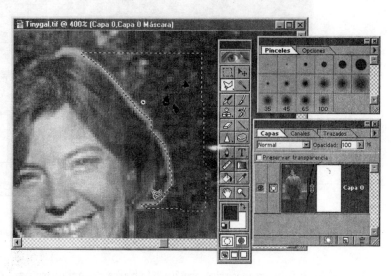

Figura 14.6 Delimite una parte sustancial de la imagen que no se usará en la composición

A continuación vamos a ver cómo manipular las selecciones de los bordes de las áreas bien definidas en las fotos:

Creación de un trazado sobre el borde de la blusa

1. Seleccione la herramienta Pluma de la caja de herramientas y luego presione el tabulador para quitar las paletas y la caja de herramientas de la pantalla.
2. Mantenga presionada la barra espaciadora y arrastre en la ventana de imagen, de modo que tenga una buena vista de la manga y el cuello de la camisa de la chica.
3. Pulse para crear un punto de anclaje en el borde del cuello, adentrándose un poco en donde se encuentra la transparencia definida en el conjunto de pasos anterior.
4. Pulse y arrastre para crear un segundo punto de anclaje sobre el cuello, arrastrando el asa de dirección del segundo anclaje para ajustar el segmento del trazado, de modo que se adapte al borde del cuello. En este ejemplo puede utilizar tantos anclajes y segmentos de trazado cortos como desee. Debe esforzarse en obtener una selección precisa, y los pliegues y dobleces de la ropa necesitarán muchos anclajes y segmentos de trazado.
5. Continúe hacia abajo hasta llegar al borde inferior de la pantalla.
6. Pulse para crear un punto de anclaje en el extremo derecho de la pantalla y luego otro en línea recta hacia arriba, de modo que quede horizontalmente un poco por encima del primer punto de anclaje.

7. Cierre el trazado pulsando en el primer punto de anclaje, como se muestra en la Figura 14.7.

Figura 14.7 Cree una selección precisa en el lado izquierdo y luego incluya áreas situadas a su derecha para eliminarlas.

8. Presione F7 para visualizar la paleta agrupada Capas. Pulse la pestaña Trazados.
9. Pulse el icono Carga el trazado como selección y luego en una zona vacía de la paleta para ocultar el trazado.
10. Presione Alt(Opción)+Supr (Retroceso). Así se borra otra parte del fondo y se consigue definir mas silueta, como muestra la Figura 14.8.

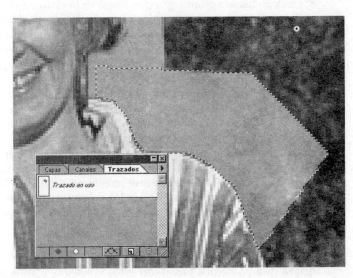

Figura 14.8 Rellene el área de selección con el color frontal para ocultarla.

11. Presione Ctrl(⌘)+D para deseleccionar el marco, presione Ctrl(⌘)+S y mantenga abierto el archivo.

¡Todavía tenemos seleccionada la herramienta Pluma! Ahora presione el tabulador para visualizar la caja de herramientas, ya que en la sección siguiente habrá que utilizar más de una de las herramientas del grupo de herramientas Pluma para definir la zona interior delimitada por el brazo de la chica.

Uso de las herramientas Pluma y Convertir punto

Cuando se dibuja con la herramienta Pluma, sólo produce anclajes suaves lo que significa que los segmentos del trazado que pasan a través del ancla tienen continuidad; el ángulo no varía de forma abrupta. Esto presenta un reto en los pasos que se van a ver a continuación, debido a que el área en la que vamos a trabajar, el interior del brazo colocado en la parte derecha de la imagen, tiene zonas cóncavas cuyos puntos de anclaje definen una nueva dirección para los segmentos del trazado. No hay por qué preocuparse, ya que disponemos de la herramienta Convertir punto, con la que se puede cambiar el ángulo del anclaje a través del cual pasa el segmento del trazado.

Aunque los pasos en este capítulo no incluyen las instrucciones explícitas para conseguir la mejor vista en su trabajo de edición, le proporcionamos algunos consejos:

- Para realizar esta tarea debe ampliar la resolución de visualización al 400%. Para desplazarse más fácilmente en el sentido horario alrededor de la imagen en pantalla, presione F8 para visualizar la paleta Navegador y arrastre en la ventana de previsualización después de haber terminado con la edición de una sección.
- Las paletas se apilan y pueden impedir la visión de la ventana de imagen. Si va a trabajar, por ejemplo, con la herramienta Pluma durante un rato, no hay ninguna razón para que las paletas o la caja de herramientas permanezcan en pantalla. Presione la tecla tabulador para ocultar todas las paletas y la caja de herramientas. Presione el tabulador otra vez para restaurarlas.
- Maximice la vista de la imagen en la ventana de archivo. Los usuarios de Windows deben pulsar el icono Maximizar/Restaurar de la barra de título y los usuarios de Macintosh deben arrastrar el cuadro Tamaño para rellenar la pantalla con la imagen.
- Los cursores de los iconos estándar le indican la herramienta con la que se está trabajando aunque, ocasionalmente, su tamaño puede interferir con la visión de la imagen que se está editando. En estos casos, presione la tecla Mayús para cambiar de los cursores estándar a los de precisión, y *no teclee* nada hasta que haya presionado de nuevo Mayús, O PUEDE TENER UNA SORPRESA.

Las figuras también ilustran estos consejos.

Ahora que ya hemos facilitado estos consejos, vamos a abordar el interior del área del brazo:

Uso de una combinación de herramientas vectoriales para crear una selección

1. Presione la barra espaciadora y luego arrastre en la ventana hasta que quede centrada en pantalla la zona interior definida entre el brazo y la pierna de la chica.

2. Con la herramienta Pluma, pulse para crear un punto de anclaje donde la mano de la chica se encuentra con su pierna. Este trazado vamos a construirlo en sentido antihorario.

3. Pulse y arrastre para crear un segundo punto de anclaje donde se curva el contorno del brazo. Arrastre el asa de dirección que se encuentra bajo el cursor para dirigir el segmento del trazado entre el primer y segundo punto de anclaje, de modo que el segmento se alinee con el borde de la parte interior del brazo de la chica.

4. Continúe pulsando y arrastrando para crear nuevos puntos de anclaje, desplazándose en sentido contrario a las agujas del reloj y, eventualmente, hacia abajo, siguiendo el borde del pantalón, después de haber dibujado los segmentos correspondientes a la manga y la blusa.

5. Cuando aparezca en el borde de la pierna del pantalón una inclinación esquinada, pulse y arrastre para crear un punto de anclaje y luego pare.

6. Seleccione la herramienta Convertir punto en el menú flotante de la herramienta Pluma, situada en la caja de herramientas.

7. Arrastre hacia arriba sobre el asa de dirección inferior y luego libere el cursor. Lo que se ha hecho es redefinir la propiedad del punto de anclaje. A continuación puede dibujarse el siguiente segmento del trazado formando un ángulo discontinuo respecto del precedente, como ilustra la Figura 14.9.

Figura 14.9 Cree un punto de anclaje con un cambio de ángulo agudo usando la herramienta Convertir punto.

8. Vuelva a elegir la herramienta Pluma en el menú flotante y pulse el punto de anclaje editado en el paso 7; después defina otro punto de anclaje situado a lo largo del borde de la pierna del pantalón de la chica. Si el punto de anclaje editado desvía el segmento del trazado, presione Ctrl(⌘) para cambiar a la herramienta Selección directa, pulse el anclaje para ver las asas de dirección y luego pulse en el asa de dirección inferior para orientar el segmento del trazado, de forma que se ajuste al borde de la pernera del pantalón.

9. Pulse el último punto de anclaje que estableció y pulse y arrastre para crear otro anclaje por debajo del punto anterior.

10. Cierre el trazado, pulsando una vez el primer punto de anclaje que se creó. En esta situación, si hay algún anclaje mal colocado, use la herramienta Selección directa para desplazarlo. Si hay algún segmento del trazado que no está situado directamente sobre el borde del área de selección, pulse el punto de anclaje con la herramienta Selección directa para visualizar las asas de dirección y poder arrastrar un asa para alinear el segmento con el borde de la selección.

11. En la paleta Trazados, pulse el icono Carga el trazado como selección, situado en la parte inferior y después pulse en una zona vacía de la paleta para ocultar el trazado.

12. Presione Alt(Opción)+Supr (Retroceso); el área será reemplazada con la transparencia, como se muestra en la Figura 14.10.

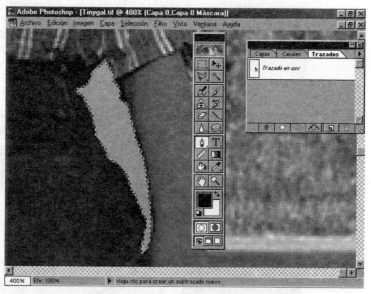

Figura 14.10 Defina una selección a partir del trazado que ha creado y elimine el área.

13. Presione Ctrl(⌘)+D para deseleccionar el marco. Presione Ctrl(⌘)+S y mantenga abierto el archivo.

Ahora hay que enmascarar el borde exterior del brazo de la chica. Para ello volveremos a utilizar la herramienta Pincel.

Más ajustes en la imagen

Como se ha mencionado anteriormente, la piel humana no siempre proporciona un borde limpio contra un fondo cuando se fotografía. A menudo, cuando hay mucha luz ambiental que incide en la piel y sobre el vello de la piel, tiende a desenfocarse el borde de un brazo, una pierna o un torso.

En los pasos siguientes pintaremos en el borde del brazo de la chica hacia abajo hasta llegar a la mano. La mano en sí va a requerir una técnica distinta de enmascaramiento, por lo que ahora vamos a concentrarnos en la primera tarea:

Enmascaramiento del borde del brazo

1. Seleccione la herramienta Pincel y luego, con cuidado, pinte una línea a lo largo del contorno exterior del brazo, como se muestra en la Figura 14.11. Puede pintar hacia abajo a lo largo del borde hasta alcanzar el dedo meñique de la chica y pararse ahí.
2. Presione Ctrl(⌘)+S y deje abierto el archivo.

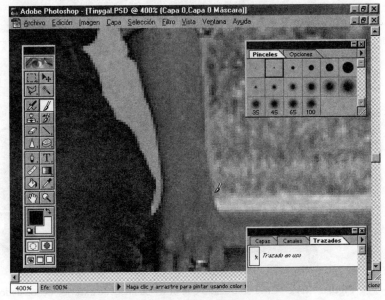

Figura 14.11 Use la herramienta Pincel para crear un borde suave a lo largo de la piel del brazo de la chica.

Uso en las manos de la herramienta Pluma

Si hablamos de lo que es definir una selección precisa en esta imagen, las manos son quizá la parte mas complicada. Son relativamente pequeñas (están formadas por unos pocos píxeles) y hay que crear zonas cóncavas y convexas a lo largo del contorno de la mano.

A continuación vamos a ver cómo definir el borde de la mano izquierda de la chica:

Realización de una selección alrededor de la mano

1. Teclee **500** en el cuadro de Porcentaje de zoom y presione Intro.
2. Con la herramienta Pluma, pulse para crear un punto de anclaje aproximadamente a un centímetro por debajo del dedo índice de la chica, entre el dedo índice y la pierna. Trabaje en el sentido contrario a las agujas del reloj para definir el trazado.
3. Pulse (no arrastre) para crear un punto de anclaje a la derecha del primero, aproximadamente, a 2,5 centímetros a la derecha del dedo meñique.
4. Pulse para definir un tercer punto de anclaje dentro de la capa de transparencia que ha creado con la herramienta Pincel en el ejemplo anterior. Fíjese en la Figura 14.12 para ver la posición de los puntos.

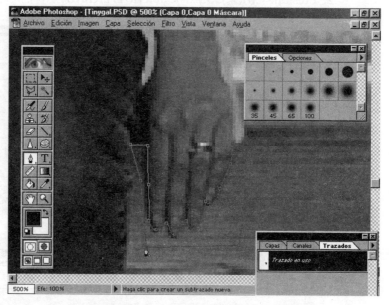

Figura 14.12 Cree un trazado que describa el borde exterior de los dedos y que incluya también áreas del fondo no deseadas.

5. Pulse y arrastre hacia abajo sobre el borde del dedo meñique. Utilice tantos puntos de anclaje como necesite hasta llegar a la punta de la uña.
6. A medida que vaya dibujando el trazado alrededor de la mano de la chica, necesitará crear anclajes esquinados con cambios de dirección. En lugar de detenerse para pasar a la herramienta Convertir punto en cada una de las áreas cóncavas del contorno de los dedos, simplemente pulse y arrastre los anclajes y vuelva más tarde sobre dichos puntos. Presione Alt(Opción) para pulsar un anclaje que tenga una dirección incorrec-

ta (esto hace que se cambie a la herramienta Convertir punto), pulse y mantenga presionado el botón sobre el asa de dirección que se visualice y luego oriente el segmento del trazado asociado con el punto de anclaje, de modo que caiga directamente sobre el borde de los dedos.

7. Cuando alcance la parte superior del dedo índice, pulse un punto y luego vuelva a pulsar (no arrastre) otro punto situado en el borde de los pantalones. Pulse un punto situado por debajo del anclaje anterior y luego cierre el trazado pulsando en el primer punto que creó. La Figura 14.12 muestra la posición y la forma del trazado.

8. En la paleta Trazados, pulse el icono Carga el trazado como selección y, a continuación, pulse en una zona vacía de la paleta para ocultar el trazado.

9. Presione Alt(Opción)+Supr (Retroceso). Presione Ctrl(⌘)+D para deseleccionar el marco.

10. Presione Ctrl(⌘)+S y mantenga abierto el archivo.

Consejo:

Si le es cómodo memorizar los modificadores del teclado, no necesita tener en pantalla la caja de herramientas para acceder a las herramientas Pluma, Selección directa y Convertir punto. Teniendo la herramienta Pluma seleccionada, puede hacer lo siguiente:

- *Presionar Ctrl(⌘) para cambiar a la herramienta Selección directa.*
- *Presionar Alt(Opción) para cambiar a la herramienta Convertir punto.*

Comprobará que recordar estos atajos de teclado ayudan a trabajar mas rápido, ya que no es necesario seleccionar constantemente las distintas herramientas.

Ahora es el momento de que haga por su cuenta algún ejercicio. Con la herramienta Lazo poligonal, pulse las regiones transparentes que se ven, cree un marco de selección que encierre el fondo pero no a la chica y luego presione Alt(Opción)+Supr (Retroceso) para eliminar áreas grandes del fondo. Recuerde que después siempre debe presionar Ctrl(⌘)+D, ya que un marco de selección activo puede desplazarse accidentalmente y, por tanto, se pueden borrar áreas que no se deseaban eliminar.

Edición de los pantalones y los zapatos

Observará que los pulgares de la chica quedan ocultos por la valla sobre la que está sentada. Esto no representa un problema, ya que no es necesario tener estas áreas para trabajar en la composición final; las áreas que faltan parecerán estar ocultas por la mano de la imagen bighand.tif.

A continuación vamos a ocuparnos de los pantalones y los zapatos. Para ello utilizaremos la herramienta Pincel con el mismo tamaño de punta que hemos usado hasta el momento:

Enmascaramiento de áreas con bordes suaves con la herramienta Pincel

1. Con la herramienta Pincel, comience a pintar sobre las áreas que hay entre el muslo y la mano.
2. Pinte un borde hacia abajo contorneando la pierna del pantalón. Tómese su tiempo para realizar esta tarea. Como puede ver en la Figura 14.13, el fondo y los pantalones toman el mismo tono según se baja por la fotografía.

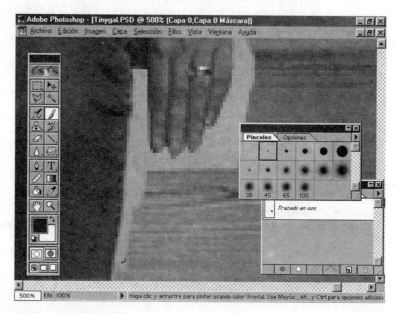

Figura 14.13 Pinte con cuidado para aplicar la máscara a lo largo del borde exterior de la pernera del pantalón.

3. Mantenga presionada la barra espaciadora para cambiar a la herramienta Mano y luego arrastre hacia arriba para abarcar mas área del pantalón a la que se va a aplicar la máscara. Libere la barra espaciadora.
4. Aumente la resolución de visualización hasta el 400% y dé pinceladas similares a las mostradas en la Figura 14.14. No intente pintar sobre el triángulo formado por el ángulo de los zapatos. Dado que la herramienta Pincel usa suavizado alrededor de los bordes, no se puede estar seguro de que la máscara se aplique por completo sobre áreas grandes usando un pincel pequeño.
5. Con la herramienta Lazo poligonal, pulse para crear una serie de puntos alrededor del triángulo de fondo y luego presione Alt(Opción)+Supr (Retroceso), como se muestra en la Figura 14.15.
6. Con la herramienta Pincel, aplique máscara al área de la pierna de la chica hasta sus rodillas. Ahora, puesto que el borde donde se juntan sus rodillas forma un ángulo cóncavo, tiene que introducirse un poco más de lo conveniente en el área de la rodilla que desea enmascarar; presione X

para hacer que el color frontal sea el blanco y luego restaure las áreas que desee conservar de la imagen. No olvide presionar X cuando haya terminado para que de nuevo el negro sea el color frontal actual.

7. Presione Ctrl(⌘)+S y mantenga abierto el archivo.

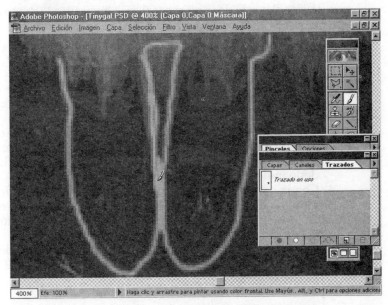

Figura 14.14 Dé una pincelada de anchura constante para definir los bordes de los zapatos.

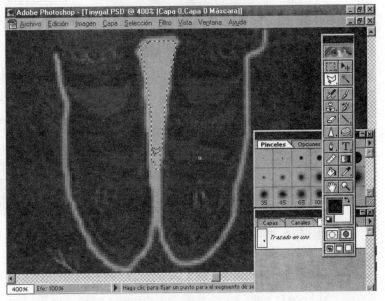

Figura 14.15 Use la herramienta Lazo poligonal para eliminar áreas grandes del fondo.

Aplicación de máscara alrededor de los pantalones y de la otra mano

El lado izquierdo de la imagen precisa mucho trabajo de enmascaramiento. Antes de comenzar a usar la herramienta Pluma para llevar a cabo selecciones precisas en el área de la mano, debe emplear primero la herramienta Pincel para definir el borde de la pierna y el área que rodea la mano de la chica.

Continuación del borde de la máscara

1. Mantenga presionada la barra espaciadora y arrastre hacia arriba a la derecha, de modo que pueda ver la pernera del pantalón y la mano derecha de la chica.
2. Con la herramienta Pincel, continúe siguiendo el borde del pantalón hasta que alcance el área donde éste se encuentra con la mano.
3. Dé pinceladas hacia abajo, aproximadamente a medio centímetro del dedo índice de la chica y párese.
4. Con la herramienta Lazo poligonal, haga un trazado dentro de la transparencia. Cuando llegue al área de la mano, aléjese de ella y encierre las áreas de fondo no deseadas. Cierre el marco de selección en el punto en el que comenzó.
5. Presione Alt(Opción)+Supr (Retroceso) para aplicar la máscara a este área, como se muestra en la Figura 14.16. Presione Ctrl(⌘)+D para deseleccionar el marco.

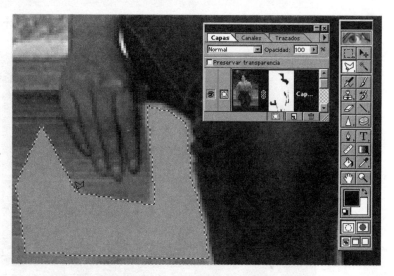

Figura 14.16 Aplique máscara a zonas grandes de la imagen utilizando las herramientas Pincel y Lazo poligonal para definir la selección.

6. Presione Ctrl(⌘)+S y mantenga abierto el archivo.

Merece la pena comentar que, durante todo este tiempo, la imagen está (y ha estado) en modo Máscara de capa y cualquier cosa que haya hecho y de la que luego se arrepienta puede restaurarse. Para ello, basta con hacer que el color frontal actual sea el blanco y pintar sobre las áreas que desee restaurar. Todavía no se ha borrado nada de la imagen de forma permanente.

Aplicación de máscara alrededor de la otra mano

En esta sección no se detalla ninguna serie de pasos para aplicar máscara alrededor de la otra mano de la chica. La técnica utilizada es idéntica a la empleada para aplicar la máscara alrededor de la primera mano. En la Figura 14.17 puede ver que la herramienta Pluma se ha usado para definir los bordes de los dedos y se ha definido un amplio perímetro exterior para abarcar parte del fondo.

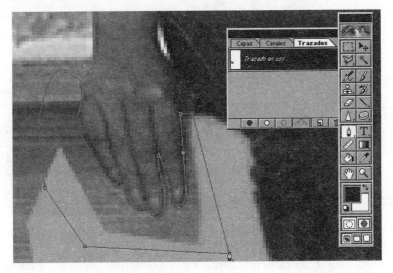

Figura 14.17   Cree un borde alrededor de los dedos, usando las herramientas Pluma y sus asociadas, e incluya en el trazado una zona grande del fondo.

Después de cerrar el trazado, pulse el icono Carga el trazado como selección de la paleta Trazados, oculte el trazado pulsando en un espacio vacío de la paleta y luego presione Alt(Opción)+Supr (Retroceso). Asegúrese de deseleccionar el marco cuando haya terminado esta operación.

Borrado alrededor de la parte externa del brazo

De nuevo los pasos siguientes le serán muy familiares. Se tiene que aplicar máscara al borde exterior del brazo de la chica, lo que presenta otra oportunidad perfecta para definir el borde del brazo y eliminar áreas no deseadas del fondo.

A continuación vamos a ver cómo aplicar máscara alrededor del área que va desde la mano hasta la manga de la blusa:

¡Más enmascaramiento todavía!

1. Mantenga presionada la barra espaciadora y luego arrastre hacia abajo en la ventana de imagen, de modo que tenga una vista adecuada del brazo derecho de la chica y de parte de la máscara que ha aplicado alrededor de su mano.
2. Con la herramienta Pincel trace a lo largo del borde exterior del brazo, comenzando en un área enmascarada y desplazándose hacia arriba hasta la manga de la blusa, como se muestra en la Figura 14.18.

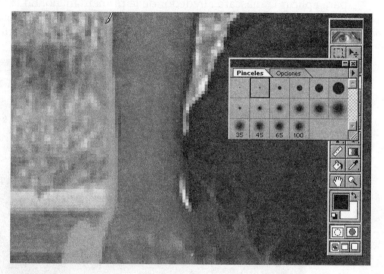

Figura 14.18 Continúe hasta la manga de la blusa el borde de enmascaramiento que ha creado.

3. Con la herramienta Lazo poligonal, pulse los puntos interiores de la transparencia que ha creado en el paso 2 y luego cierre el marco de selección encerrando un área grande del fondo.
4. Presione Alt(Opción)+Supr (Retroceso) y luego presione Ctrl(⌘)+D para deseleccionar el marco.
5. Presione Ctrl(⌘)+S y mantenga abierto el archivo.

Dos herramientas, una selección

En los pasos que siguen, eliminaremos el área situada entre la muñeca de la chica y sus pantalones. La zona es bastante pequeña y para marcarla puede utilizar la herramienta Lazo para crear una selección libre. También hay que seleccionar y enmascarar la zona interior del brazo de la chica (el área que forma con la cintura). Para esto, utilizaremos la herramienta Pluma exactamente como lo hemos hecho anteriormente con el área «interior» opuesta en la imagen.

No debería sorprendernos que, al tener los seres humanos simetría bilateral, aparezcan las mismas áreas en las fotografías dispuestas en forma de espejo, lo que requiere naturalmente las mismas formas de selección.

Comencemos con el pequeño área que hay que borrar al lado de la muñeca de la chica y luego pasaremos a áreas más grandes:

Consejo:

La mayoría de las herramientas de Photoshop, incluyendo el Lazo poligonal, encuadran automáticamente la ventana de imagen cuando se arrastra el cursor fuera del borde de la misma. Esto puede desorientar inicialmente pero permite abarcar, en este trabajo, áreas mayores del fondo superfluo que lo que cabe en la imagen.

Si pierde el punto original en el que pulsó con la herramienta Lazo poligonal, pulse dos veces en cualquier lugar de la imagen y la selección se cerrará. Luego puede acercar la imagen para asegurarse de que la selección no incluye nada que desee conservar.

Uso de las herramientas Lazo y Pluma para definir áreas

1. Teclee **600** en el cuadro Porcentaje de zoom y luego presione Intro.
2. Recorra la ventana de modo que pueda ver la muñeca de la chica.
3. Arrastre el icono de la herramienta Lazo y luego seleccione la herramienta Lazo (normal).
4. Cree un marco de selección que encierre el área del fondo que se desea enmascarar, como se muestra en la Figura 14.19. Si no le queda perfecto en el primer intento, presione Ctrl(⌘)+D para deseleccionar el marco e inténtelo de nuevo.

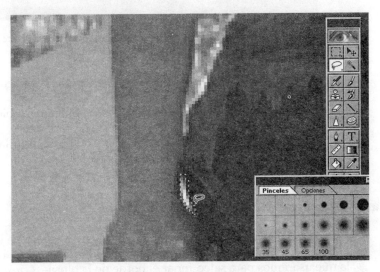

Figura 14.19 Use la herramienta Lazo en su modo libre para seleccionar el área que hay que enmascarar.

5. Presione Alt(Opción)+Supr (Retroceso) y luego presione Ctrl(⌘)+D.
6. Disminuya la resolución de visualización al 400%. Desplace la imagen para poder ver la zona interior al brazo de la chica.

7. Con la herramienta Pluma, pulse y arrastre para crear anclajes que caigan sobre el borde de la parte interna del brazo y en la parte externa del pantalón. Use las herramientas Selección directa y Convertir punto cuando sea necesario incrementar la precisión del trazado a lo largo del borde de de este área de la imagen.

8. Pulse el icono Carga el trazado como selección, como se muestra en la Figura 14.20.

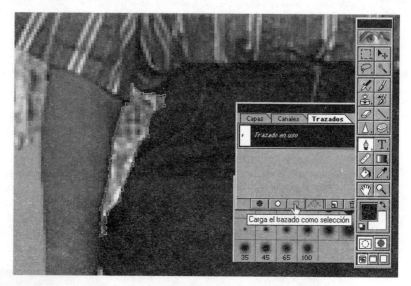

Figura 14.20 Convierta el marco que ha creado en un marco de selección.

9. Pulse en un área vacía de la paleta Trazados para ocultar el trazado en uso y luego presione Alt(Opción)+Supr (Retroceso).
10. Presione Ctrl(⌘)+D y luego Ctrl(⌘)+S. Mantenga abierto el archivo.

¡Ya estamos terminando! Únicamente queda por definir la manga, el cuello de la camisa y el otro lado del pelo de la chica.

Herramientas conocidas, técnicas idénticas

Esta sección, al igual que una de las anteriores, no especifica los pasos que hay que realizar. Ya conoce bien la herramienta Pluma gracias a los ejercicios. Será la que usaremos para seleccionar el borde de la blusa.

Como puede ver en la Figura 14.21, el borde de la blusa se ha definido usando la herramienta Pluma y el área que encierra el trazado contiene más zona del fondo que se desea eliminar

Cree un trazado similar al mostrado en la figura, pulse en el botón Carga el trazado como selección y luego presione Alt(Opción)+Supr (Retroceso). Presione Ctrl(⌘)+D para deseleccionar la selección de marco.

Uso de la herramienta Pincel para terminar el enmascaramiento

Puede haber observado que en ciertas áreas de la imagen tinygal.psd se obtienen resultados equivalentes ya se use la herramienta Pincel o la herramienta Pluma para definir una selección. Esto se debe a que la chica diminuta está compuesta por una cantidad relativamente pequeña de píxeles y en las zonas alargadas, como los pantalones y la blusa, no se pueden cometer errores importantes en la tarea de enmascaramiento.

Figura 14.21 Un borde claramente definido sugiere el uso de la herramienta Pluma.

En el conjunto de pasos que sigue completaremos los trabajos de enmascaramiento en sentido horario, finalizando en el punto inicial: la parte superior del pelo de la chica. A continuación vamos a ver cómo acabar la tarea de contorneado:

Uso de la herramienta Pincel para enmascarar otras áreas

1. Mantenga presionada la barra espaciadora y arrastre hacia abajo y a la derecha, de modo que pueda ver la parte superior de la manga, el hombro y parte del pelo.
2. Con la herramienta Pincel, tómese el tiempo necesario y dé pinceladas continuas que marquen el borde exterior de la blusa, en primer lugar, luego del hombro y por último del cuello de la camisa.
3. Continúe hacia arriba a lo largo del borde del pelo hasta salirse de la ventana de imagen, como se muestra en la Figura 14.22.
4. Mantenga presionada la barra espaciadora y arrastre hacia abajo para poder ver la parte superior de la cabeza. Complete el enmascaramiento llegando hasta la posición inicial en la imagen.

Figura 14.22 Mantenga la herramienta Pincel fuera del contorno de la chica. Presione la tecla Bloq Mayús para cambiar a un cursor de precisión si el icono Pincel está interfiriendo en la vista.

5. Con la herramienta Lazo poligonal, pulse los puntos contenidos en la transparencia, pulse alrededor de algunas zonas del fondo y cierre la selección; luego presione Alt(Opción)+Supr (Retroceso) para hacer transparente la selección.
6. Presione Ctrl(⌘)+D y luego Ctrl(⌘)+S; mantenga abierto el archivo.

¡Terminamos! Ahora ya está hecho todo el trabajo referente a los bordes en la imagen tinygal.psd y su imagen debería ser similar a la mostrada en la Figura 14.23.

No es necesario que el autor le diga ahora cuál es el siguiente paso. La imagen todavía contiene áreas grandes de fondo no deseadas. Para eliminarlas rápidamente, ajuste la resolución de la imagen para poder visualizar el cuadro completo y luego use la herramienta Lazo poligonal para seleccionar los fragmentos no deseados. A continuación, presione Alt(Opción)+Supr (Retroceso), presione Ctrl(⌘)+D para deseleccionar el marco y pase a otro área, hasta que la imagen sólo contenga la figura de la chica rodeada de un color púrpura de tono medio.

Para que la máscara realice un borrado permanente en la imagen, pulse la miniatura de máscara de capa que se encuentra en la paleta Capas, arrástrela al icono de la papelera de la misma paleta y pulse el botón Aplicar del cuadro de advertencia que aparece en la pantalla.

Después de haber ejecutado esta tarea, sería una buena idea devolver a la cuadrícula de transparencia sus colores predeterminados. Para ello, presione Ctrl(⌘)+K, luego Ctrl(⌘)+4 y después en la lista desplegable Colores de cuadrícula, seleccione Claro. Pulse OK para volver al espacio de trabajo.

Figura 14.23 Se han creado áreas transparentes que bordean a la chica diminuta.

Colocación de la chica sobre una mano grande

La fase uno de la composición se ha completado: la imagen de la chica diminuta está ahora preparada para poder colocarla en la imagen bighand.tif. El resto del capítulo se centra en cómo colocar a la chica sobre la mano del hombre, cómo comprobar las pequeñas imperfecciones del trabajo de enmascaramiento sobre la chica cuando ésta se encuentra en un entorno distinto y cómo aplicar sombras a la escena. Y, por supuesto, la ilusión se verá favorecida si el pulgar del hombre queda encima, no debajo, de la pierna de la chica.

Desplazamiento y colocación de la chica diminuta

Añadir la chica diminuta a la imagen bighand.tif es tan sencillo como arrastrar y colocar. Lo que no es tan simple es alinear a la chica de modo que parezca que realmente está descansando sobre la palma de la mano del hombre. En el siguiente conjunto de pasos desplazaremos una copia de la chica hasta la imagen bighand.tif y ésta será de aquí en adelante el centro de interés de nuestro trabajo.

A continuación vamos a ver cómo comenzar con la ilusión fotográfica:

Copia y desplazamiento de elementos entre ventanas de documentos

1. Teclee **33** en el cuadro de Porcentaje de zoom y luego presione Intro.
2. Desplace la imagen tinygal.psd a la esquina izquierda del espacio de trabajo.
3. Abra la imagen bighand.tif que está en la carpeta Chap14 del CD adjunto. Teclee **33** en el cuadro de Porcentaje de zoom y presione Intro.
4. Coloque la imagen bighand a la derecha de la imagen tinygal.
5. Presione V (herramienta Mover) y luego pulse dentro de la ventana del documento tinygal. Arrastre y coloque la imagen en el documento bighand.tif, como se muestra en la Figura 14.24. Así se añade una nueva capa al documento bighand.tif.

Figura 14.24 Arrastre una copia de la chica a la que ha aplicado la máscara a la ventana del documento bighand.

6. Guarde y cierre tinygal.psd, maximice en la pantalla la imagen bighand.tif con una resolución de visualización del 100% y luego guarde la imagen en su disco duro como bighand.psd, en el formato nativo de Photoshop.

7. Con la herramienta Mover, coloque a la chica en la Capa 1 para que parezca que está sobre la palma de la mano del hombre con sus manos sobre los dedos y el nudillo del pulgar, como se muestra en la Figura 14.25.
8. Presione Ctrl(⌘)+S y mantenga abierto el archivo.

Figura 14.25 Colocación de la chica diminuta para que parezca que descansa cómodamente en la palma de la mano del chico grande.

Consejo:

Un método alternativo para copiar una capa en una ventana de imagen distinta es arrastrar el título de la paleta Capas a la ventana anfitriona.

Ahora vamos a hacer un bonito trabajo de aplicación de máscara para hacer que el pulgar del hombre se sitúe sobre la pierna de la chica.

Pulgares fuera

Para que parezca que el pulgar de la mano grande está sobre la pierna de la chica, hay que aplicar máscara a la pierna de la chica para eliminarla. Asegúrese ahora de que la chica está colocada donde quiere que esté, ya que el trabajo de enmascaramiento se desalinearía si cambia de idea acerca de la posición de la chica.

Para discernir dónde está el borde del pulgar, hay que «sobre-enmascarar», ampliando la máscara de la pierna de la chica más de lo necesario. Después, debe cambiar al color frontal blanco y pintar la pierna siguiendo el borde del pulgar.

A continuación vamos a ver cómo añadir dimensión a la composición:

Enmascaramiento de la pierna por encima del pulgar

1. Amplíe la resolución de visualización al 200% y recorra la ventana de modo que la pierna de la chica y el pulgar del hombre queden centrados en la pantalla. Necesitará tener en pantalla las paletas Capas y Pinceles, colocadas de manera que no interfieran con su vista de la composición.
2. Pulse el icono Añadir máscara de capa, situado en la parte inferior de la paleta Capas. Ahora la Capa 1, la que contiene a la chica, está en modo máscara.
3. Seleccione la herramienta Pincel y la cuarta punta de pincel empezando por la izquierda de la fila superior.
4. Comience a pintar el lado derecho de la pierna de la chica. Continúe aplicando máscara hasta que pueda ver el pulgar entero del hombre, como se muestra en la Figura 14.26.

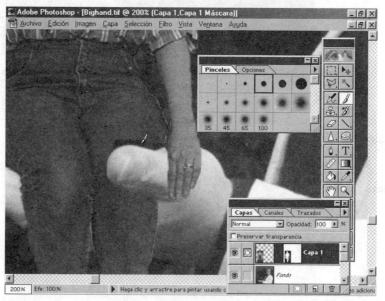

Figura 14.26 Deje a la vista el pulgar, aplicando máscara sobre la pierna de la chica diminuta.

5. Cuando tenga completamente descubierto el pulgar, haga zoom hasta tener una resolución de visualización del 300% con el pulgar centrado.
6. En la paleta Pinceles, elija la tercera punta por la izquierda de la fila superior y presione X para que el color frontal actual sea el blanco. Este color restaurará las áreas que haya ocultado.

7. Tómese su tiempo y dé pinceladas con cuidado alrededor del borde exterior del pulgar, como se muestra en la Figura 14.27.
8. Cuando esté terminada la edición, pulse la miniatura de máscara de capa y arrástrela a la papelera. En el cuadro de advertencia que aparece, pulse Aplicar para hacer permanentes los cambios.
9. Presione Ctrl(⌘)+S y mantenga abierto el archivo.

Las sombras son el siguiente punto de la agenda. Veamos cómo se puede integrar más todavía la chica diminuta con el gigante.

Creación de una sombra del pulgar

El pulgar queda encima de los pantalones de la chica, o eso parece. Dado que la luz procede de la esquina superior derecha de la escena, esto significa que debería haber una sombra con la forma y tamaño del pulgar del hombre, cayendo encima de los pantalones de ella, debajo del dedo. Normalmente, las sombras tienen algo del color ambiental pero, generalmente, la luz que incide sobre los pantalones azules es de color neutro. Por tanto, en los pasos siguientes, utilizaremos el negro para crear la sombra.

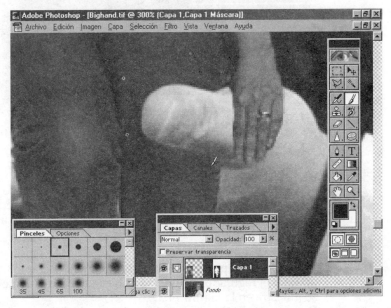

Figura 14.27 Restaure las áreas de los pantalones de la chica alrededor del pulgar aplicando el color blanco.

Cómo pintar una sombra en la escena

1. En la paleta Capas, pulse el botón de menú flotante y seleccione Nueva capa.

2. En el cuadro de diálogo Nueva capa, teclee **Sombra del pulgar** en el campo Nombre, en la lista desplegable Modo seleccione Multiplicar y luego pulse OK. La nueva capa Sombra del pulgar se coloca encima de la Capa 1, la cual contiene a la chica.

3. Con mucho cuidado, pinte una sombra del pulgar, como se muestra en la Figura 14.28. Si en algún momento se mete en la zona del pulgar o de la mano grande, utilice la herramienta Borrador para corregir el error. Tómese tiempo para este trabajo; está *pintando* literalmente, no retocando.

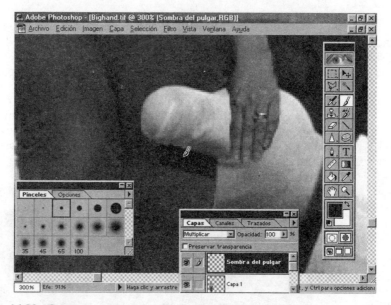

Figura 14.28 Cree una sombra usando el color frontal negro sobre la nueva capa que ha creado.

Las sombras no deberían ser 100% opacas; no lo son en la vida real y no lo van a ser en este capítulo. Es por esto por lo que le hemos pedido que pinte en una nueva capa, para que pueda disminuir su opacidad sin afectar al resto de la composición.

4. En la paleta Capas, pulse el botón de menú flotante Opacidad y luego arrastre el regulador de opacidad hasta aproximadamente el 40%, como se muestra en la Figura 14.29.

5. Presione Ctrl(⌘)+S y mantenga abierto el archivo.

En esta composición hay tres áreas más que hay que sombrear y todas ellas pueden incluirse en la misma capa. En la sección siguiente añadiremos una capa nueva, muestrearemos un color de sombra para las áreas de carne y haremos que la chica parezca realmente feliz por estar sentada en la palma de la mano de un gigante.

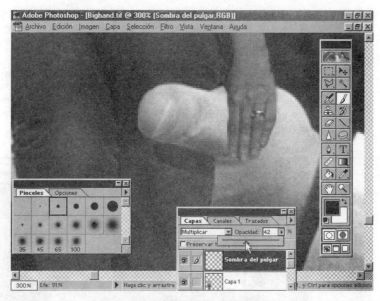

Figura 14.29 Disminuya la opacidad de la sombra, de modo que el observador pueda ver los pantalones a través de ella.

Muestreo y aplicación de un color de sombra

En contraste con el negro plano usado para sombrear los pantalones de la chica, las manos de ellas no deberían arrojar una sombra negra sobre el área anexa a las mismas; es decir, la mano del hombre.

¿Dónde buscamos ese color especial que es indicativo de un elemento que arroja una sombra sobre la carne? Es sencillo: puede encontrarlo en la parte sombreada más oscura de la mano del hombre; muestree el color y luego pinte usando dicha muestra.

A continuación vamos a ver cómo usar la herramienta Cuentagotas junto con la herramienta Pincel para añadir una sombra por debajo de la mano de la chica:

Muestreo y sombreado

1. Pulse el título de la capa Fondo que está en la paleta Capas. Cuando haga esto, la capa que se crea a continuación se situará directamente encima de la capa actual, que es exactamente donde queremos que esté esta nueva capa de sombras.
2. Pulse el botón de menú flotante de la paleta Capas y seleccione Nueva capa.
3. En el cuadro de diálogo Nueva capa, escriba **Otras sombras** en el campo Nombre. Seleccione Multiplicar en la lista desplegable Modo y luego pulse OK. Ahora la capa de edición actual es «Otras sombras».

4. Seleccione la herramienta Pincel. Presione Alt(Opción) y pulse sobre el área más sombreada de la mano del hombre (la parte inferior de la misma, que está más alejada de la fuente de luz). Este es el nuevo color para pintar la sombra.

5. Pinte alrededor de las partes inferior e izquierda de la mano de la chica, como se muestra en la Figura 14.30. Puesto que la capa Otras sombras está debajo de la capa de la chica, no es necesario tener excesivo cuidado al pintar alrededor del borde de la mano de la chica. La mano de ella oculta las pinceladas dadas por detrás.

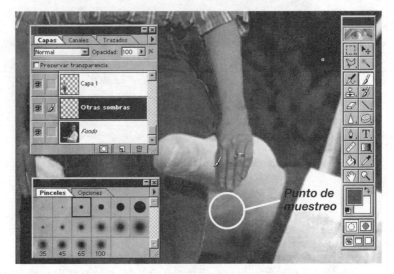

Figura 14.30 Muestree un tono color carne adecuado para sombrear y luego pinte con él a lo largo de los bordes izquierdo e inferior de la mano de la chica.

6. Pinte entre las rodillas de la chica. Lógicamente, las piernas de ella deberían arrojar una sombra sobre el dedo del hombre.

7. Desplácese hasta la punta del dedo índice del hombre y luego pinte otra sombra a la izquierda de la pierna de la chica, como se muestra en la Figura 14.31. Tenga cuidado y mantenga la punta del pincel dentro de la silueta del dedo del hombre; de lo contrario, añadirá sombreado al fondo de la composición.

8. Por último, aplique un par de toques entre los dedos de la chica, en la parte izquierda de la imagen.

9. Arrastre el regulador Opacidad de la capa Otras sombras hasta aproximadamente el 70% o hasta que le parezca que las sombras son visibles sin ser demasiado intensas.

10. Presione Ctrl(⌘)+S y mantenga abierto el archivo.

La siguiente tarea es un trabajo de limpieza. Observará, probablemente, que uno o dos píxeles a lo largo del contorno de la chica no combinan bien con el fondo. Esto era de esperar; las puntas de los pinceles suavizadas generan bordes limpios, pero no siempre eliminan los píxeles aislados cuyo color no es adecuado cuando se compone con un nuevo fondo.

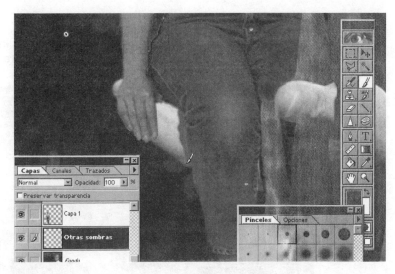

Figura 14.31 Para obtener un sombreado global uniforme, debe añadir la sombra producida por la pierna de la chica sobre el dedo índice del hombre.

Máscara de capa para los retoques

Vamos a volver a emplear la función Máscara de capa de Photoshop para corregir cualquier deficiencia de la capa que contiene a la chica. Después de todo el duro trabajo realizado, sería una pena echar a perder la ilusión porque se viera cualquier halo alrededor de la chica, un signo claro de que «se ha utilizado Photoshop». El gran secreto en la creación de una composición fantástica que parezca real está ligado al trabajo de detalle: se *supone* que el trabajo de Photoshop debe ser invisible para los observadores.

En el siguiente conjunto de pasos vamos a limpiar el trabajo de contorneado hecho alrededor de la chica:

Ediciones extremadamente pequeñas

1. Pulse el título Capa 1 de la paleta Capas para que sea la capa de edición actual.
2. Haga zoom en la imagen hasta tener una resolución de visualización del 300% y luego recorra la imagen hasta poder ver el brazo izquierdo de la chica en el centro de la pantalla.
3. Pulse el icono Máscara de capa de la paleta Capas, seleccione la herramienta Pincel y, en la paleta Pinceles, seleccione la segunda punta de la izquierda de la fila superior.
4. Presione D (colores por defecto) para asegurarse de que el color frontal actual es el negro (en este modo, se ocultan las áreas sobre las que se pinta).
5. Presione Bloq Mayús para cambiar del cursor de la herramienta Pincel al cursor de precisión. Las figuras mostradas en el libro no muestran esto,

ya que el cursor de precisión es casi imposible de ver en un libro impreso en blanco y negro.

6. Empiece a buscar cualquier defecto en el contorno de la chica. Cuando vea alguno, pinte sobre él, como se muestra en la Figura 14.32.

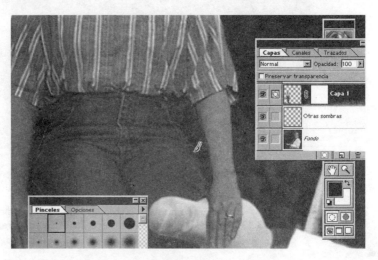

Figura 14.32 Oculte las áreas que separan visualmente a la chica de la mano sobre la que se apoya, pintando sobre ellas.

7. Mantenga presionada la barra espaciadora para cambiar a la herramienta Mano y luego arrastre la imagen a otras áreas después de haber limpiado un área específica. Pinte cualquier defecto que vea.

8. Cuando haya terminado, arrastre la miniatura de máscara de capa al icono de la papelera, situado en la parte inferior de la paleta Capas. Pulse Aplicar en el cuadro de advertencia que aparece.

9. Presione Ctrl(⌘)+S y mantenga abierto el archivo.

Una cuestión de enfoque

Cuanto más depure su composición, más asombroso parecerá su realismo. Si mira detenidamente la capa de fondo y la capa en la que está la chica, observará una ligera diferencia en el enfoque de la imagen. La chica está más definida que el hombre y esta pequeña diferencia de foco no ayuda a integrar la composición.

¿Adivina lo que vamos a hacer? Desenfocaremos a la chica, muy ligeramente, para que se adapte al enfoque del hombre.

A continuación vamos a conseguir en la imagen una mezcla más armoniosa.

Uso del filtro Desenfoque gaussiano para corregir el enfoque

1. Seleccione Filtro, Desenfocar, Desenfoque gaussiano.

2. En el cuadro de diálogo, arrastre el regulador hasta 0,3 píxeles; si no puede especificar esta cantidad precisa usando el regulador, teclee **0,3** en el campo píxeles, como se muestra en la Figura 14.33. El filtro Desenfoque

gaussiano puede disminuirse hasta 0,1 píxeles. El autor ha utilizado el valor de 0,3 después de usar el método de prueba y error. Si estuviéramos trabajando con imágenes grandes, probablemente esta cantidad no sería adecuada. Pulse OK para aplicar el desenfoque.

Figura 14.33 Elimine algo del enfoque de la imagen desenfocando la capa. Los bordes se combinan con la capa de fondo.

3. Presione Ctrl($\mathcal{H}$)+S y mantenga abierto el archivo.

Como puede ver en la Figura 14.34, hay una continuidad de enfoque perfecta entre la chica y la mano grande.

Figura 14.34 Cuando los elementos de la composición tienen el mismo enfoque, los observadores tienden a creer la historia visual que se presenta.

Desplazamiento y corrección del color

Un último detalle que depurar, sencillo pero importante, y tendremos una imagen sobresaliente. ¿Ha observado que la piel de las personas parece distinta en interiores que en exteriores? Esto ocurre porque en el exterior el cielo azul refleja una tonalidad azul sobre la piel de las personas, lo que hace que un observador perciba un tono azulado sobre la persona que está viendo. En interiores con luces incandescentes, la piel de las personas toma un tono más cálido.

Consejo:

El problema de las imágenes con enfoques distintos está ligado a la calidad de los objetivos, el enfoque usado para tomar las imágenes y la distancia entre los elementos y la cámara. El autor sugiere que para sus aventuras «de hacer pequeña a la gente» invierta en un objetivo moderadamente caro y busque las condiciones de iluminación que le permitan tomar las imágenes a f8 o un diafragma más cerrado. En cuanto a la distancia relativa del objeto a la cámara realmente no hay nada que hacer excepto componer la imagen en el visor, lo que hará que el granulado de la película sea del mismo tamaño en ambas imágenes.

Por tanto ¿cuál es el tono de esta composición? Realmente, es un verde tenue, puesto que el hombre está rodeado de árboles verdes, lo que contrasta con la chica que al estar iluminada por la luz del sol «a cielo abierto» (alejada del follaje), adopta una tonalidad un poco rosácea. La forma de corregir esto es usar la orden Tono/saturación para desviar ligeramente hacia al verde la imagen de la chica.

Para ello, son necesarios los sencillos pasos siguientes:

Uso de la orden Tono/saturación para corregir las tonalidades de color

1. Presione Ctrl(⌘)+U para acceder a la orden Tono/saturación.
2. Arrastre el regulador Tono hasta aproximadamente +4, como se muestra en la Figura 14.35. No es necesario desplazar más el valor del Tono, puesto que la chica también fue fotografiada con un fondo verde.
3. Pulse OK para aplicar el cambio.
4. Presione Ctrl(⌘)+S.
5. Opcional. Puede guardar una copia acoplada de su trabajo en un formato de archivo que sea accesible a la mayoría de los usuarios. Para ello, presione Ctrl(⌘)+Alt(Opción)+S. Seleccione un destino para el archivo, pulse en el formato TIFF en la lista desplegable Guardar como (Macintosh:Formato) y pulse Guardar.
6. Ahora puede cerrar el archivo cuando desee.

Resumiendo, la creación de elementos más pequeños (o más grandes) de lo habitual está ligada fundamentalmente a cómo se definan las selecciones. El resto de los procedimientos son parcialmente manuales y en parte automatizados por Photoshop. La próxima vez que necesite una imagen que impresione visualmente, para vender algo o simplemente para añadirla al álbum de fotos familiar, piense en pequeño.

Figura 14.35 Cambie la tonalidad del color en la capa de la chica para adaptarse a los tonos de la piel en la capa Fondo.

Resumen

Existen dos elementos fundamentales en la realización de una composición «pequeña» satisfactoria: conseguir imágenes que se puedan componer correctamente y saber cómo utilizar las herramientas de selección de Photoshop que, posiblemente, son el núcleo de la potencia de Photoshop como editor de imágenes. Si ha trabajado los pasos expuestos en este capítulo, ahora dispone de muchas variaciones para realizar trabajos de edición poco usuales e imperceptibles. Transportar personas a una soleada playa habiendo sido fotografiados durante el invierno; añadir un pariente que falta en una fotografía de una reunión familiar. Puede hacer cualquier cosa que se le ocurra, puesto que ha aprendido las técnicas necesarias.

El Capítulo 15 nos lleva a ese intermundo creativo denominado «Utilización de varias aplicaciones». Cuando no pueda encontrar en Photoshop la solución gráfica mejor y más rápida (lo que normalmente es improbable), use una aplicación auxiliar para hacer que su trabajo en Photoshop cobre vida. Tenga a mano algunos diseños de productos para poder seguir con sus aventuras.

CAPÍTULO 15

UTILIZACIÓN DE VARIAS APLICACIONES

El mundo de la edición es un complejo panorama de aplicaciones, dispositivos de salida, tipos de letra y otros elementos físicos y electrónicos. Aunque Photoshop juega hoy en día un papel fundamental a la hora de llevar a imprenta (o a la Web) los trabajos, sería poco realista esperar que Photoshop haga todo el trabajo con la misma efectividad con la que lo haría una aplicación «complementaria», como Adobe Illustrator.

El truco para completar cualquier trabajo que le encomienden estriba en:

- Conocer cuándo Photoshop no es la mejor opción para un elemento o parte determinados de un trabajo.
- Conocer qué aplicación puede proporcionar la función que Photoshop requiere para completar el trabajo.

El trabajo de este capítulo representa un cierto reto. Está relacionado con una etiqueta de una lata en una fotografía; una etiqueta tan mal colocada que el cliente dice: ¡Ni hablar! Si no hay presupuesto o tiempo para hacer una fotografía mejor, veremos en las páginas siguientes cómo una aplicación de dibujo vectorial y Photoshop, trabajando juntas, pueden corregir las cosas.

La sustitución completa como método de retoque

En su vida profesional, probablemente no se encuentre nunca con una imagen con un fallo tan llamativo como el de la Figura 15.1. La etiqueta mal colocada es una exageración de lo que podría suceder si no hubiera suficiente cola en la parte posterior de una etiqueta. Si somos capaces de corregir algo tan enormemente erróneo como la etiqueta de este trabajo, podremos rápidamente solventar problemas menores de naturaleza similar.

Figura 15.1   Lo que parece un problema fotográfico irresoluble, puede corregirse si sabemos qué herramientas utilizar.

Puesto que una imagen digitalizada es un mapa de bits, el rotar la etiqueta en la lata de café haría menos preciso el enfoque de la etiqueta, y el objetivo de esta imagen es vender una marca de café específica. Una etiqueta difusa es, simplemente, inaceptable. No; lo que hace falta en esta imagen es eliminar completamente la etiqueta de la lata, volver a crear el logotipo en un programa de dibujo vectorial, y luego mezclar en la imagen el logotipo creado manualmente y la lata. Utilizando un programa de dibujo vectorial, podremos rotar la etiqueta sin perder enfoque o claridad.

Utilización de la herramienta Pluma para definir la lata de café

Para eliminar completamente la etiqueta de la lata de café, vamos a pintar sobre ella utilizando un gradiente de relleno, porque la lata tiene una iluminación no uniforme. Puede observar en la fotografía que el color marrón de la lata es más brillante en el lado derecho que en el izquierdo.

Para realizar una selección lo más precisa posible de la lata, utilizaremos en los siguientes pasos la herramienta Pluma con el fin de definir su borde.

Definición del borde de la lata de café

1. Abra la imagen Tropcafe.tif de la carpeta Chap15 del CD adjunto.
2. Pulse dos veces la herramienta Zoom para obtener una vista al 100% de la imagen Tropcafe.tif, y maximice la ventana de imagen.
3. Con la herramienta Mano, arrastre la imagen para que sea bien visible la parte superior de la lata de café.
4. Seleccione la herramienta Pluma. Trabajaremos en el sentido contrario a las agujas del reloj alrededor del borde de la lata para definirlo.
5. Pulse para crear un punto de anclaje en el borde superior derecho de la parte marrón de lata, no en el borde metálico de la misma.
6. Pulse y arrastre para crear un segundo punto de anclaje unos dos centímetros y medio a la izquierda del primer punto en la pantalla, en la línea de unión entre el borde metálico y la parte marrón. El cursor tiene ahora un punto de dirección. Arrastre en el punto de dirección para ajustar el segmento de recorrido entre el primer y segundo puntos de anclaje, de forma que el segmento se ajuste a la línea situada entre la lata y su borde.
7. Pulse y arrastre para crear otro punto de anclaje en la línea que separa la parte marrón de la lata y el borde metálico, a la izquierda del punto de anclaje anterior, como muestra la Figura 15.2.
8. Pulse y arrastra para crear un punto en el borde superior izquierdo de la parte marrón de la lata. Mantenga pulsada la tecla Alt(Opción) para cambiar a la herramienta Convertir punto de ancla, y arrastre el punto de dirección situado más a la izquierda, de forma que la línea de dirección conectada al punto de dirección se alinee con el borde izquierdo de la lata.
9. Pulse el último punto de anclaje creado, mantenga apretada la barra espaciadora para cambiar a la herramienta Mano, y arrastre hacia arriba la imagen para desplazarse a la parte inferior de la lata. Suelte la barra espaciadora; ahora la herramienta Pluma estará activa de nuevo.

Figura 15.2 Defina el borde de la lata pulsando y arrastrando con la herramienta Pluma.

10. Pulse para crear un punto de anclaje en el lugar donde el borde inferior visible de la lata se junta con los granos de café. Con ello habrá creado un segmento de trazado que define el borde izquierdo de la lata.

11. Pulse y arrastre a lo largo de los bordes de los granos de café, como muestra la Figura 15.3. Cuando se encuentre con un área aguda y cóncava entre los bordes de los granos, mantenga pulsada la tecla Alt(Opción) para cambiar a la herramienta Convertir punto de ancla, y arrastre en un punto de dirección para hacer que la propiedad del punto de anclaje sea una conexión aguda entre los segmentos del trazado. Mantenga entonces pulsada la tecla Ctrl(⌘), para cambiar a la herramienta de Selección directa, y arrastre el punto de dirección para ajustar el segmento de trazado correspondiente y que se adapte al borde de los granos de café. No se olvide de pulsar una vez en el último punto de anclaje antes de continuar con la herramienta Pluma para hacer que el trazado sea un único trazado continuo, compuesto de segmentos entre los puntos de anclaje.

12. Pulse, sin arrastrar, un punto de anclaje en el extremo inferior derecho de la lata, como muestra la Figura 15.4. Una vez hecho esto, mantenga apretada la tecla Alt(Opción) y arrastre hacia arriba aproximadamente una pulgada de pantalla para alinear el punto de dirección con el lado derecho de la lata.

13. Pulse el punto de anclaje con la herramienta Pluma. Mantenga apretada la barra espaciadora y arrastre hacia abajo en la imagen hasta que pueda ver el primer punto de anclaje creado.

14. Pulse el primer punto de anclaje para cerrar el recorrido.

15. En la paleta Recorridos (pulse F7 si no está visible actualmente en la pantalla), efectúe una doble pulsación en el título del Trazado en uso para mostrar el cuadro de diálogo Guardar trazado.

16. Denomine al trazado con el nombre **Trazado lata** y pulse OK. El recorrido habrá sido guardado y no podrá ser sobrescrito.

Figura 15.3 Utilice las teclas modificadoras para conmutar entre la herramienta Pluma, la herramienta Convertir punto de ancla y la herramienta de Selección directa a medida que trabaje en el borde inferior.

Figura 15.4 Deje de arrastrar puntos de anclaje y, simplemente, pulse en el extremo inferior derecho de la lata.

17. Pulse Mayús+Ctrl(⌘)+S y guarde la imagen en su disco duro como Tropcafe.tif, en formato de archivo TIFF; mantenga abierta la imagen. Pulse dos veces la herramienta Mano para mover su resolución de visión de forma que pueda ver la imagen completa.

A continuación vamos a muestrear dos colores originales de la lata, colores que emplearemos en la sección siguiente para crear una lata en blanco.

Relleno de la lata de café

El éxito artístico con el que pueda pintar sobre la lata de café depende completamente de la precisión con que haya definido el borde de la lata. Tómese un tiempo y examine, con la adecuada ampliación, el borde de la lata para asegurarse de que los puntos de anclaje están colocados de manera precisa. Si no lo están, use la herramienta de Selección directa para mover los puntos de anclaje, y ajuste los puntos de dirección para modificar la curva de los segmentos del trazado situados entre los diferentes puntos de anclaje.

En los pasos siguientes cargaremos como selección el trazado recién creado, tomaremos muestras de colores en la lata, reemplazaremos ésta con un relleno de degradado lineal y guardaremos la selección en un canal para su uso posterior.

Pintado de la lata

1. Seleccione la herramienta Cuentagotas y pulse en un área de color claro de la lata.
2. Pulse el icono para Conmutar los colores frontal y de fondo en la barra de herramientas, de forma que el color recién muestreado pase a ser el color de fondo actual.
3. Pulse sobre un área de color marrón más oscuro en la parte izquierda de la lata. La Figura 15.5 muestra dos áreas adecuadas para muestrear.

Figura 15.5 Tome una muestra de un color claro y otro oscuro de la lata, utilizando la herramienta Cuentagotas.

4. En la paleta Trazados, pulse el icono Cargar trazado como selección, como muestra la Figura 15.6, y pulse un área vacía de la paleta para ocultar el trazado y dejar sólo visible el marco de selección.

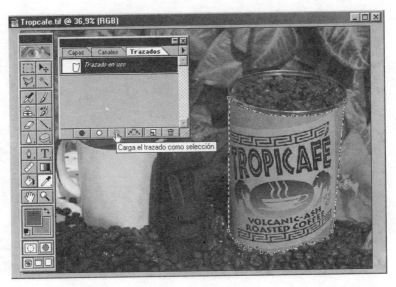

Figura 15.6 Cargue el trazado recién creado como marco de selección en la imagen.

5. Pulse la pestaña Capas de la paleta y después en el icono Crear capa nueva. Se creará la Capa 1, que pasará a ser la capa actual de edición.

6. Pulse dos veces la herramienta Degradado lineal en la caja de herramientas, lo que activa la herramienta y muestra la paleta de Opciones. Arrastre sobre el símbolo de la herramienta, en la caja de herramientas, y seleccione Degradado lineal, si es que no es la herramienta activa.

7. En la paleta de Opciones, seleccione Color frontal a color de fondo en la lista desplegable de Degradado.

8. Arrastre la herramienta de Degradado lineal desde una posición situada a las 8 en punto, a la izquierda de la lata, hasta una posición situada a las 3 en punto, a la derecha de la lata, como muestra la Figura 15.7.

9. En la paleta Canales, pulse el icono Guardar selección como canal, mostrado en la Figura 15.8. Pulse Ctrl(⌘)+D para deseleccionar el marco.

Si aparece un canal Alfa 1 negro con una silueta blanca de la lata en lugar de un canal blanco con una lata negra, pulse dos veces el título Alfa 1 en la paleta Canales. En el cuadro Opciones de canal, seleccione El color indica: Áreas seleccionadas y después pulse OK. El esquema de colores del canal alfa se invertirá y podremos continuar.

10. Seleccione Archivo, Guardar como, y guarde la imagen con el nombre de Tropcafe.psd, en el formato nativo PSD de Photoshop. Mantenga abierta la imagen.

No vamos a usar la selección que hemos guardado en un canal; en lugar de ello, lo que haremos es modificarla para que sirva como selección para sombrear el borde superior de la lata.

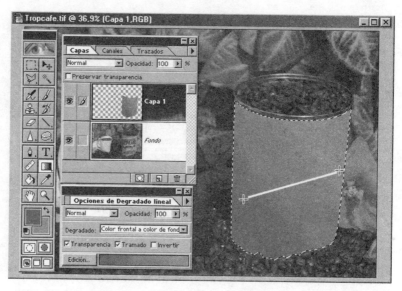

Figura 15.7 Simule el efecto de la iluminación sobre la lata, utilizando la herramienta Degradado lineal y una serie de colores muestreados en la imagen original.

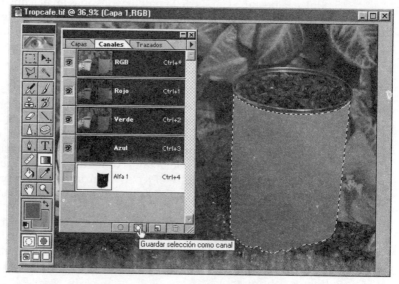

Figura 15.8 Guarde la selección creada en un canal alfa.

Creación de una plantilla para una sombra paralela

El canal alfa guardado describe el labio superior de la lata, así como sus otros lados. Lo que nos interesa en este momento es crear una sutil sombra paralela, arrojada por el borde metálico de la lata sobre la superficie marrón de la misma, ya que esta sombra puede percibirse en la fotografía original. Eliminando selectivamente en el canal alfa guardado, utilizando un trazado duplicado que moveremos hacia abajo, conseguiremos una plantilla de canal casi perfecta que cargar y con la cual efectuar el sombreado en la imagen.

Los pasos a dar para realizar el sombreado son los siguientes:

Desplazamiento de un trazado para ajustar un canal

1. Pulse el título Alfa 1 en la paleta Canales. Esta operación muestra una vista de la selección guardada.
2. En la paleta Trazados, arrastre el título del Trazado lata hasta el icono Crear un nuevo trazado, situado en la parte inferior de la paleta. Ahora tenemos un nuevo trazado duplicado, denominado Trazado lata copia, que está seleccionado como trazado activo.
3. Pulse la herramienta Selección directa, mantenga apretada la tecla Alt(Opción) y sobre el trazado para seleccionar el trazado completo. Después, use las teclas de cursor unas cuatro veces para mover el trazado hacia abajo, como muestra la Figura 15.9.

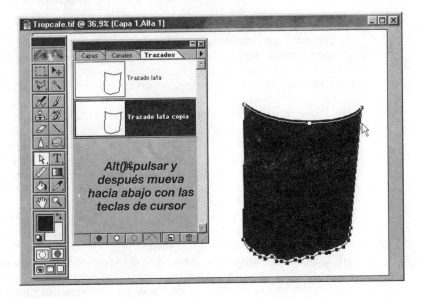

Figura 15.9 Desplace la copia del trazado recién creado hacia abajo utilizando las teclas de cursor.

4. En la paleta Trazados, pulse el icono Carga el trazado como selección y después D (colores por defecto), de forma que el color de fondo actual sea el blanco. Pulse un área vacía de la paleta para ocultar el trazado.
5. Pulse Supr (Retroceso), de forma que se quede con un fragmento de la selección de la lata, como muestra la Figura 15.10.

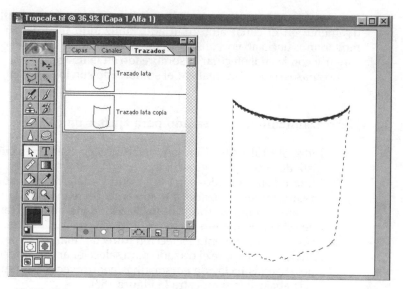

Figura 15.10 El fragmento que está creando servirá como plantilla para sombrear la lata.

El borrado que hemos realizado de la parte inferior de la lata no es perfecto, porque hemos desplazado el trazado directamente hacia abajo, mientras que la lata de la imagen está formando un ángulo. Necesitamos eliminar parte de las áreas negras que no queremos que aparezcan en el canal alfa...

6. Pulse Ctrl(⌘)+D, seleccione la herramienta Borrador y, en la paleta Opciones, seleccione el Cuadrado en la lista desplegable.
7. Pase el cursor sobre los flecos situados en la parte superior izquierda de la selección de la lata, como muestra la Figura 15.11. Esto debería ser suficiente para crear una plantilla limpia para la sombra paralela.
8. Presione la tecla Ctrl(⌘) y pulse el título del canal Alfa 1 para cargarlo como marco de selección.
9. Pulse Ctrl(⌘)+* para mostrar la vista de color compuesto de la imagen Tropcafe.psd y pulse dos veces la herramienta Zoom para seleccionar una resolución de imagen del 100%.
10. Desplace la imagen de forma que el marco de selección esté centrado en la pantalla y elija la herramienta Subexponer en el menú flotante de herramientas de cambio de tono. La herramienta Subexponer parece una pequeña mano haciendo el signo de «OK».
11. En la paleta Opciones, seleccione la opción Luces en la lista desplegable y deje el valor de Exposición en el 50%.
12. Seleccione el pincel de 65 píxeles en la paleta Pinceles.
13. Asegúrese de que la Capa 1 es la capa actual de edición y efectúe un par de trazos dentro del marco de selección para subexponer el color, haciendo que el área seleccionada parezca ser una sombra arrojada por el borde de la lata, como muestra la Figura 15.12.
14. Pulse Ctrl(⌘)+D para deseleccionar el marco y después Ctrl(⌘)+S; mantenga el archivo abierto.

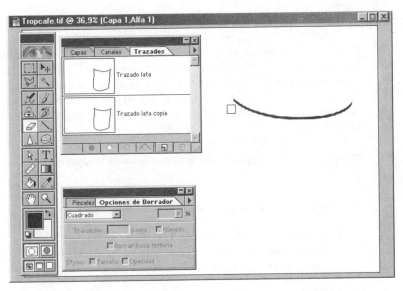

Figura 15.11 Borre el borde superfluo en la silueta de la lata contenida en el canal alfa.

Figura 15.12 Utilice la herramienta Subexponer para disminuir la exposición de las áreas más iluminadas en el área seleccionada por el marco.

Como está observando bien de cerca la lata a medida que la vuelve a crear, podrá observar un error garrafal a lo largo de su contorno. La etiqueta estaba tan mal pegada a la lata que la esquina inferior derecha sobresale y se superpone sobre parte de la flor situada a la derecha de la lata. Arreglaremos este problema de forma rápida en la sección siguiente.

Clonación de un borde de la lata de café

El área en la que estamos fijando nuestra atención cae fuera del trazado de la lata que hemos realizado (el original, no la copia). Para facilitar el mantener intacto el borde de la lata mientras que realizamos una clonación sobre parte de la flor, vamos a cargar el trazado de la lata e invertiremos la selección, de forma que la lata quede enmascarada mientras que el resto de la imagen (incluyendo la flor) está disponible para ser editada.

A continuación se describe cómo utilizar la herramienta Tampón para eliminar la porción restante de la etiqueta de la imagen.

Retoque de un elemento a través de las capas

1. Seleccione la herramienta Tampón, introduzca el valor **200** en el campo Porcentaje de zoom y pulse Intro. Utilice las barras de desplazamiento para mover la imagen hasta ver el lugar donde la etiqueta se superpone a la flor.
2. En la paleta Capas, pulse el título de la capa de Fondo, dado que es en ella donde se localizan el fragmento de etiqueta y la flor.
3. En la paleta Pinceles, seleccione el segundo pincel por la izquierda de la segunda fila.
4. En la paleta Trazados, pulse el título Trazado lata y después el icono Cargar el trazado como selección, situado en la parte inferior de la paleta. Pulse a continuación un área vacía de la paleta para ocultar el trazado.
5. Pulse Ctrl(⌘)+Mayús+I para invertir la selección.
6. Presione la tecla Alt(Opción) y pulse el borde de la flor, muy cerca de la lata. Después, efectúe una serie de trazos sobre el área de la etiqueta, hasta llegar al borde del marco.
7. Presione la tecla Alt(Opción) y pulse un área de la flor que no esté demasiado cerca del fragmento restante de la etiqueta; a continuación efectúe una serie de trazos sobre la parte restante de la etiqueta, como muestra la Figura 15.13.
8. Pulse Ctrl(⌘)+D. Pulse Ctrl(⌘)+S y mantenga abierto el archivo.

A continuación vamos a reconstruir el aspecto del granulado de la emulsión fotográfica y a corregir algún problema de enfoque.

Adición de toques fotorrealistas

En estos momentos la composición adolece de dos problemas:

- El borde de la lata es demasiado abrupto en el punto donde se junta con los granos de café.
- La lata que hemos recreado en la Capa 1 no exhibe el granulado típica de la emulsión fotográfica, a diferencia del resto de la imagen.

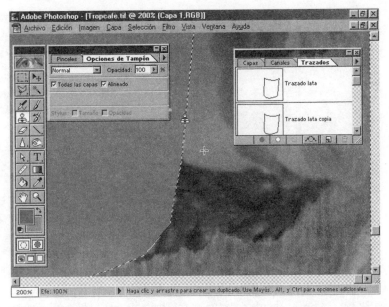

Figura 15.13 Elimine la etiqueta clonando áreas seleccionadas de la flor.

En los siguientes pasos vamos a suavizar el foco entre capas, de forma que el borde de los granos se mezcle un poco más con la parte inferior de la lata, y después añadiremos ruido a la lata para simular el granulado de la película fotográfica.

Mejora del aspecto artístico de la composición

1. Seleccione un Porcentaje de zoom del 200% y centre la imagen en la parte inferior de la lata, donde ésta se junta con los granos de café.
2. Seleccione la herramienta Desenfocar del menú flotante de herramientas de enfoque, en la caja de herramientas. El cursor adopta la forma de una lágrima.
3. En la paleta Opciones marque la casilla Todas las capas. Esto quiere decir que estaremos mezclando áreas de la capa de Fondo con áreas de la Capa 1, viéndose afectadas ambas capas. Fije un valor de 20 para la Presión de la herramienta Desenfocar en la paleta Opciones.
4. Seleccione el tercer pincel de la izquierda en la segunda fila de la paleta Pinceles.
5. Efectúe una serie de trazos sobre el borde de los granos de café, como muestra la Figura 15.14. Debería bastar con un par de trazos sobre cada sección de borde para hacer que el enfoque de la imagen sea el correcto. Puede conmutar a un cursor de precisión para este trabajo de edición en detalle pulsando la tecla Bloq Mayús (no se olvide de desactivar Bloq Mayús cuando termine, especialmente si va a usar a continuación un procesador de textos).

Figura 15.14 Desenfoque ligeramente los bordes de los granos de café, para hacer que el borde de la lata de café tenga un foco coherente con el resto de la imagen.

6. Cuando haya terminado de suavizar el borde, pulse la pestaña Canales de la paleta.
7. Arrastre el título del canal Alfa 1 hasta el icono de papelera.
8. Pulse la pestaña Trazados y luego el título del Trazado de la lata. Pulse después en el icono Cargar el trazado como selección. Pulse en un área vacía de la paleta para ocultar el trazado.
9. En la paleta Canales, pulse el icono Guardar selección como canal. Pulse Ctrl(⌘)+D para deseleccionar el marco.
10. En la paleta Capas, pulse el botón del menú flotante y seleccione la opción Acoplar imagen.

La razón por la que estamos acoplando la imagen es que, en breve, vamos a aplicar ruido a la lata de café que hemos pintado. Si ésta se encontrara en una capa, la ventana de previsualización del filtro Ruido no mostraría tanto el Fondo como la Capa 1, sino sólo la capa actual de edición. Y no habría manera de utilizar la previsualización para estimar comparativamente cuánto ruido añadir a la selección.

11. Presione la tecla Ctrl(⌘) y pulse el canal Alfa 1 en la paleta Canales para cargar la selección guardada de la silueta de la lata.
12. Seleccione Filtro, Ruido, Añadir ruido.
13. En el cuadro de diálogo Añadir ruido, arrastre en la ventana de previsualización hasta que pueda ver a partes iguales la lata y la imagen de fondo.
14. Incremente la Cantidad de ruido hasta 5 (lo que debería hacer que apareciera una cantidad homogénea de ruido en la ventana de previsualización) y seleccione una Distribución Gaussiana del ruido, como muestra la Figura 15.15. El ruido gaussiano tiende a dejar «gránulos» de ruido en la

imagen, reproduciendo con bastante fidelidad la textura de la emulsión fotográfica.

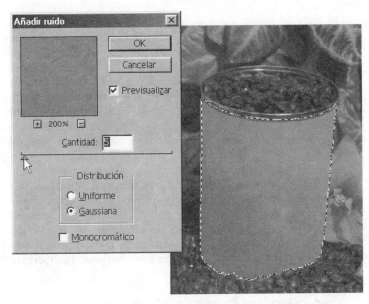

Figura 15.15 Utilice una pequeña cantidad de ruido gaussiano para hacer que el aspecto de la etiqueta de la lata sea coherente con el resto de la imagen.

15. Pulse OK y después Ctrl(⌘)+D para deseleccionar el marco. Pulse Ctrl(⌘)+S y mantenga la imagen abierta.

Ya hemos llegado lo más lejos que podemos en Photoshop. Aunque podríamos utilizar el modo cilíndrico de la Transformación 3D para curvar un texto y adaptarlo a la curvatura de la lata, se produciría una reasignación de los píxeles en el dibujo del texto, con lo que el resultado sería un texto más borroso de lo que nosotros o el cliente querríamos. Nuestro siguiente viaje nos va a llevar a una herramienta de dibujo vectorial con el fin de recrear el texto. Antes de ello, sin embargo, vamos a hacer una copia exclusivamente del área sobre la que necesitamos dibujar en la aplicación vectorial.

Nota:

Los autores son conscientes de que algunos lectores pueden no disponer una aplicación de dibujo vectorial como Illustrator, Macromedia Free-Hand, CorelXARA o CorelDRAW (los «protagonistas» en el mercado de las herramientas de dibujo vectorial). Dichos lectores pueden trabajar con este capítulo sin necesidad de poseer una herramienta de dibujo, porque hemos creado un archivo EPS de la etiqueta de la lata con la orientación y tamaño adecuados; puede cargar este archivo en Photoshop desde el CD adjunto. Los autores recomiendan, sin embargo, que los lectores traten de utilizar, aunque sea temporalmente, una aplicación de dibujo vectorial, dado que este capítulo trata de la utilización de varias aplicaciones, como pronto podrá ver.

Un pequeño comentario acerca de EPS, los archivos Illustrator y la resolución

El plan de ataque es el siguiente: en los siguientes pasos vamos a recortar una copia de la imagen en la que hemos venido trabajando para quedarnos sólo con la lata. Gracias a ello evitaremos que la aplicación de dibujo vectorial consuma innecesariamente memoria al conservar la imagen completa en la memoria.

En primer lugar veremos cuáles son los pasos necesarios para construir la etiqueta en Macintosh. Los usuarios de Windows deberían también leer lo que aquí se explica acerca de los formatos EPS. Antes de embarcarnos en nuestra primera aventura con Illustrator y las herramientas Extensis VectorTools para Macintosh, es conveniente ver una panorámica general del mecanismo de transporte entre el mundo del dibujo vectorial y el mundo de los mapas de bits al que Photoshop pertenece.

Si ha leído el Capítulo 1, «Gráficos por computadora y términos relacionados», se habrá dado cuenta de que los gráficos vectoriales y los de mapas de bits pertenecen a dos campos completamente distintos del mundo de los gráficos por computadora. Existe, sin embargo, un medio de comunicación entre ambos mundos gráficos: el estándar de facto representado por el tipo de archivo PostScript encapsulado (EPS, *E*ncapsulated *P*ostScript). Existen dos tipos de archivos EPS:

- El archivo EPS interpretado, que contiene información vectorial y puede ser abierto y editado en aplicaciones de dibujo vectorial como Illustrator, CorelDRAW y CorelXARA.
- El archivo EPS ubicable, que Photoshop e Illustrator pueden escribir pero son incapaces de reabrir, porque la información EPS está compuesta exclusivamente por códigos de impresión. Las imágenes EPS ubicables contienen, normalmente, una cabecera de imagen de baja resolución, con el fin de hacerse una idea de dónde colocarlas dentro, por ejemplo, de un documento de Quark o de PageMaker. Cuando se imprime el documento, se envía a la impresora esta información EPS, apareciendo la imagen en el documento impreso. Los archivos EPS ubicables, sin embargo, no pueden ser interpretados como dibujos por Photoshop o por los programas de dibujo vectorial, por lo que no tendremos en cuenta este tipo de archivo durante nuestro trabajo en este capítulo.

Un archivo de Illustrator (para los usuarios de Windows, un archivo con la extensión AI) es un tipo especial de archivo EPS. Contiene información interpretada, como el primer tipo de archivo EPS mencionado, pero también puede incluir información gráfica adicional, como el número de pasos de mezcla, la posición en la página, etcétera. Es correcto decir que un archivo «AI» es un tipo de archivo EPS, pero sería incorrecto afirmar que todos los archivos EPS son archivos de Illustrator. La razón es que los archivos EPS pueden carecer de ciertas definiciones gráficas, por haber sido escritos por aplicaciones vectoriales distintas de Illustrator, como CorelXARA o Free-Hand.

El aspecto clave que hace que sea sencillo escribir un archivo EPS para un programa vectorial cuya escala se pueda modificar para adaptarse a una fotografía de destino es que los archivos EPS contienen información sobre la anchura y altura de un diseño. Esto quiere decir que Photoshop puede leer dichos valores de altura y anchura y, teniendo en cuenta la resolución definida por el usuario, generar una copia del dibujo en formato de mapa de bits adecuadamente escalada y que puede ser situada en una capa de la composición Photoshop.

Vamos a preparar la imagen de destino antes de embarcarnos en el diseño de la etiqueta de la lata. En la Figura 15.16 puede ver una copia de la imagen Tropcafe.psd en el momento de ser recortada. Para realizar esta operación, seleccione Imagen, Duplicar, denomine al archivo Tropicafe can.tif y pulse OK. Después, con la herramienta Marco rectangular, arrastre para crear un marco alrededor de la lata y seleccione Imagen, Recortar. Guarde el archivo en su disco duro en formato TIFF y cierre Photoshop.

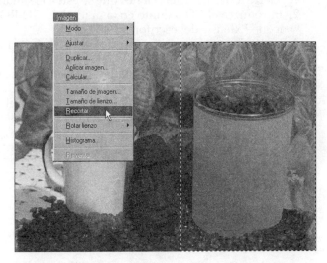

Figura 15.16 Recorte una copia del diseño que hay que utilizar como plantilla en la aplicación de dibujo vectorial.

Puesto que no todos los programas de dibujo vectorial son idénticos en las distintas plataformas, nuestra primera excursión en el diseño de etiquetas de sustitución será en Macintosh. En la siguiente sección utilizaremos Illustrator (o Free-Hand) y una versión de demostración de Extensis VectorTools 2.0 para Macintosh, con el fin de diseñar una etiqueta para la lata y distorsionarla para que se adapte a la curvatura de la lata de café de Tropcafe.psd.

Instalación de VectorTools en Macintosh

La gente de Extensis se ha superado a sí misma con la creación de VectorTools 2.0. Esta versión no sólo ofrece un gran número de iconos de atajo para funciones muy utilizadas, como las órdenes Pathfinder (búsqueda de trazados) y la orden de menú Arrange (disponer), sino que incluye herramientas que Illustrator y Free-Hand simplemente no tienen. Y sin ciertas herramientas no puede crearse una etiqueta que se curve alrededor de una lata.

La versión especial de VectorTools 2.0 incluida en el CD adjunto es completamente funcional. Puede crear diseños e implementar atajos con la versión de demostración, pero sólo puede utilizar VectorTools durante 30 días. De forma que si no tiene intención de trabajar con los ejemplos siguientes durante, digamos, la próxima semana, le recomendamos que no instale VectorTools en este momento, para poder disponer del periodo completo de 30 días más adelante para apreciar este maravilloso conjunto de herramientas.

A continuación explicamos cómo instalar VectorTools.

Instalación de VectorTools

1. Cierre todas las aplicaciones que se estén ejecutando.
2. Introduzca el CD adjunto en la unidad de CD-ROM y pulse dos veces el icono Extensis del escritorio.
3. En la ventana Extensis, pulse dos veces el icono Product Installers (instalación de productos).
4. En la ventana Product Installers, pulse dos veces el icono VectorTools 2.0.
5. En la ventana VectorTools 2.0, pulse dos veces el icono VectorTools 2.0.1 Installer, como muestra la Figura 15.17.

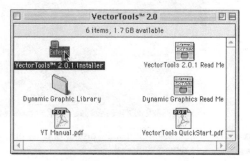

Figura 15.17 Hay que recorrer varias carpetas para llegar al instalador de VectorTools, pero merece la pena.

6. Pulse Continue, luego Accept y otra vez Continue a medida que aparecen las pantallas iniciales.
7. Despliegue el cuadro Easy Install (instalación simple) y seleccione Custom Install (instalación personalizada). Elija la aplicación huésped (Illustrator 6 o 7 o Free-Hand 5.5 o 7) y pulse el botón Select Folder (selección de carpeta).
8. Cree una nueva carpeta (recomendado) o seleccione una carpeta existente de su disco duro para la instalación; después, pulse Select.
9. Pulse Install. Aparecerá el cuadro con el contador de instalación.
10. La instalación se habrá completado con éxito cuando aparezca un cuadro de información. Pulse Quit (salir).
11. Ejecute Illustrator o Free-Hand. En la siguiente sección se explica cómo utilizar Illustrator; las órdenes Free-Hand son las mismas que las órdenes Illustrator que allí se describen.

Ya estamos preparados para empezar. En la sección siguiente vamos a importar la imagen Tropicafe can y a trabajar con capas y con VectorTools.

Colocación de la imagen y de la etiqueta

En la carpeta Examples, Chap15 del CD adjunto le proporcionamos el archivo Troplabl.eps. Este es el diseño que se utilizó originalmente para imprimir la etiqueta de la fotografía, pero si quiere poner a prueba sus dotes creativas y diseñar su propia etiqueta en los pasos siguientes, ¡adelante!

En la imagen Troplabl.eps podrá observar una característica distintiva que conviene que añada a su diseño en caso de que decida crear su propia etiqueta (no es demasiado difícil). El archivo Troplabl.eps tiene un estrecho borde de unas 0,3 pulgadas por fuera de la etiqueta. Este borde se utiliza como guía, para no distorsionar la etiqueta de forma que ocupe toda la lata, de uno a otro borde. Las etiquetas en las latas necesitan algo de espacio libre para poder leer la etiqueta de un vistazo, sin verse distraído por un texto dispuesto en un ángulo muy pronunciado sobre la lata cilíndrica. Si diseña su propia etiqueta, añada este «relleno» al diseño; le ayudará a la hora de trabajar con el módulo VectorShape de VectorTools.

Los pasos para adaptar la etiqueta a la curva de la lata de café son los que a continuación se detallan.

Utilización de Illustrator y VectorTools

1. Pulse ⌘+O, seleccione la imagen Tropicafe can.tif de su disco duro y pulse Open.
2. Seleccione Windows, Show Layers.
3. Pulse dos veces el título de la Capa 1 y luego, en el cuadro Layer Options, escriba **Photo** en el campo Name. Pulse OK para volver al espacio de trabajo.
4. Desmarque el icono de editabilidad (que representa un lápiz) situado al lado del título Photo en la paleta Layers. La fotografía está ahora bloqueada y no se la puede mover accidentalmente.
5. Pulse el botón de menú flotante de la paleta Layers y seleccione la opción New Layer. Denomine la capa **Tropicafe logo** y pulse OK, como muestra la Figura 15.18. Ésta es ahora la capa actual de edición.
6. Este paso puede tomar dos formas. Si desea diseñar su propia etiqueta, oculte la capa Photo (pulse el punto situado bajo el icono que representa un ojo) y realice el diseño sin la distracción que la imagen representa. Si quiere usar la etiqueta Troplabl.eps, pulse ⌘+O y selecciónela en la carpeta Chap15 del CD adjunto. Pulse ⌘+A para seleccionar todos los elementos, pulse ⌘+C para copiar y pulse ⌘+W para cerrar el archivo sin guardarlo.
7. Pulse ⌘+V para pegar la etiqueta en el documento y, después, pulse fuera de la etiqueta para deseleccionarla.
8. Con la herramienta de selección, arrastre la etiqueta hasta que se encuentre sobre la imagen (aquellos usuarios que hayan diseñado su propia eti-

queta deben restaurar la visibilidad de la capa Photo en este punto).
Observe en la Figura 15.19 que la etiqueta Troplabl muestra el recuadro
mencionado anteriormente y que todos los objetos que forman la etiqueta están agrupados. Así pues, si ha diseñado su propia etiqueta, asegúrese de que todos los objetos están agrupados y trace un recuadro, sin relleno, por fuera de la etiqueta.

Figura 15.18 Bloquee la imagen en una capa, y cree una nueva capa en la que realizar el diseño.

Figura 15.19 Independientemente de si crea el dibujo o lo copia, asegúrese de agruparlo
(⌘+G) y de incluir un borde por fuera del diseño.

10. Pulse la etiqueta con la herramienta de selección y después el icono del cilindro en la paleta VectorShape.

11. Marque la casilla de verificación Copy, porque la paleta VectorShape crea una serie de cambios progresivos sobre un grupo seleccionado de objetos. Si su primer intento de crear una etiqueta curvada falla, puede borrar la copia y seguir disponiendo del original en la capa Tropicafe logo.

12. Experimente con los reguladores de altura (Height), diámetro (Diameter) y, especialmente, interpolación (Interpol), mostrados en la Figura 15.20, hasta que la ventana de previsualización muestre el dibujo con la distorsión aproximada que desea. El regulador de interpolación controla la precisión con que se calculará el dibujo transformado. Después, pulse Apply; el programa curvará una copia de la etiqueta original para adaptarla a una forma cilíndrica.

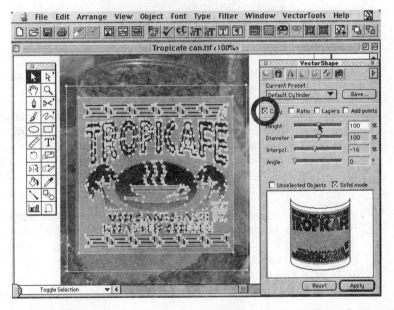

Figura 15.20 Experimente con la cantidad de distorsión que quiere aplicar a la etiqueta.

13. Si la etiqueta parece estar pegada a la lata, nuestra labor es correcta, por lo que deberemos deseleccionar la etiqueta distorsionada y eliminar el original de la capa. Si no le convence la forma en que la etiqueta se ha distorsionado, borre la etiqueta transformada, seleccione la original y pruebe con una nueva configuración de la paleta VectorShape.

14. Cierre la paleta VectorShape y, con la herramienta de rotación, gire ligeramente la etiqueta en el sentido de las agujas del reloj para adaptarla al ángulo de la lata, como muestra la Figura 15.21. También puede cambiar la escala del dibujo, si es que el recuadro no coincide con los bordes de la lata.

15. Guarde el documento como Tropicafe logo.ai.

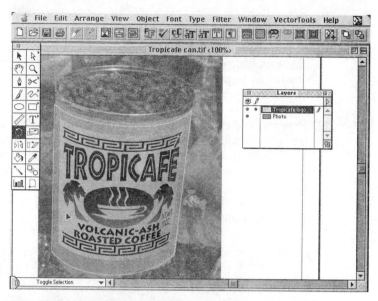

Figura 15.21 Gire la etiqueta para que el recuadro se alinee con los bordes izquierdo y derecho de la lata.

16. Pulse la capa Photo y luego el botón de menú flotante, y seleccione la orden de borrado de la capa. Los usuarios de Illustrator 7 pueden, simplemente, arrastrar el título de la capa Photo hasta el icono de papelera. Si su pantalla se asemeja a la de la Figura 15.22, ha ejecutado la tarea correctamente hasta el momento, y debe guardar el archivo una vez más antes de cerrar Illustrator.

Los usuarios de Macintosh no necesitan preocuparse acerca de las extensiones de archivo o de si es mejor utilizar un archivo Illustrator o EPS para guardar la imagen. El autor ha incluido una extensión en las pantallas anteriores para que los usuarios de Windows pueden entender qué tipo de formato de archivo se está empleando en la tarea.

Utilización de programas Windows para curvar la etiqueta

Aunque los usuarios Windows de CorelDRAW o CorelXARA pueden importar la imagen Troplabl.eps del CD adjunto, el autor ha incluido un archivo CMX de la etiqueta en la carpeta Chap15, que los usuarios de CorelDRAW 5 y versiones posteriores y los usuarios de CorelXARA 1.5 y versiones posteriores pueden usar en el ejemplo siguiente.

Nota:

Si no dispone de CorelDRAW ni CorelXARA, puede utilizar el archivo Tropbent.eps de la carpeta Chap15 para completar la tarea de este capítulo.

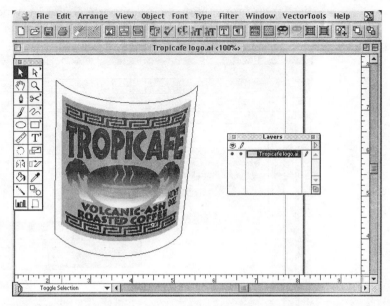

Figura 15.22 Borre la imagen en mapa de bits del archivo y guarde únicamente el dibujo como un archivo de Illustrator.

El curvado de objetos, más apropiadamente denominado «moldeado» de objetos, es una función incorporada en CorelDRAW y CorelXARA. No se necesita ninguna aplicación auxiliar para conseguir el mismo efecto que los usuarios de Macintosh pueden lograr con VectorTools.

Si dispone de cualquiera de los dos programas, los pasos necesarios para crear una etiqueta distorsionada son los que a continuación se detallan. Hemos utilizado XARA en el ejemplo, indicando las órdenes equivalentes en Corel-DRAW.

Distorsión de la etiqueta de la lata en CorelXARA

1. En XARA, pulse Ctrl+O y seleccione la imagen Tropicafe.tif del disco duro. La imagen aparecerá en la capa 1. En CorelDRAW, debe seleccionar File, Import para importar la imagen, la cual aparecerá con el mismo nombre de capa.
2. Bloquee la capa y, si pretende diseñar su propia etiqueta, ocúltela. En XARA, la paleta Layers (capas) se muestra al pulsar en el botón Layers Gallery (galería de capas) en la barra de herramientas; en CorelDRAW, puede encontrarse la persiana Layers en el menú Layout.
3. En ambos programas, cree una nueva capa y selecciónela como capa actual de edición.
4. Si no va a diseñar su propia etiqueta, pulse Ctrl+Mayús+I en XARA para importar el archivo Troplabl.cmx de la carpeta Chap15 del CD adjunto, como muestra la Figura 15.23. En CorelDRAW, importe de manera similar el archivo Troplabl.cmx en su propia capa. Si quiere

diseñar su propia etiqueta, no importe el archivo y oculte la capa que contiene la fotografía.

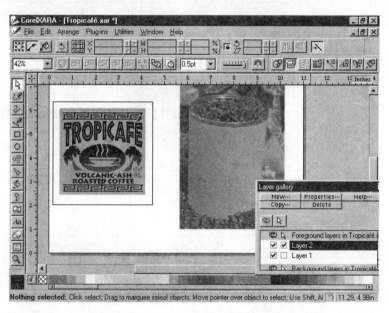

Figura 15.23 Asegúrese de que la fotografía está en una capa bloqueada y su diseño de etiqueta se encuentra en una capa nueva, sin bloquear.

5. Teniendo la etiqueta del CD, o la suya propia, en la segunda capa, haga de nuevo visible la imagen situada en la primera.

6. En XARA, seleccione la etiqueta y agrúpela (Ctrl+A, Ctrl+G); después, seleccione la herramienta Mould (moldear). En DRAW, seleccione la persiana Effects, Envelope.

7. En XARA, pulse el botón Banner envelope, como muestra la Figura 15.24. Los lados izquierdo y derecho del molde son líneas rectas, mientras que los lados superior e inferior están curvados (demasiado curvados, pero ahora corregiremos este problema). En DRAW, pulse Add New, defina con un marco de selección los nodos intermedios del contorno a lo largo del plano horizontal y bórrelos; después, haga lo mismo con los nodos intermedios verticales. Efectúe una doble pulsación en el borde izquierdo del contorno, para mostrar la persiana Nodes, y seleccione el botón To Line. A continuación, haga lo mismo con la línea punteada derecha del contorno.

8. Con la herramienta Mould o la herramienta de selección, en ambos programas alinee las cuatro esquinas del recuadro de la etiqueta con las esquinas de la lata de café. A continuación, arrastre las asas de control de los cuatro nodos para moldear la forma de la etiqueta y que se adapte a la lata, como muestra la Figura 15.25. A continuación, si está usando DRAW, pulse el botón Apply de la persiana Envelope.

9. En ambos programas, borre la capa que contiene la fotografía, como muestra la Figura 15.26 y seleccione la opción File, Export.

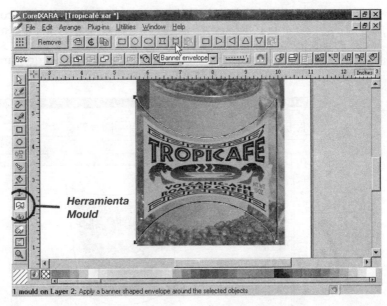

Figura 15.24 Cree un contorno alrededor de la etiqueta seleccionada. Asegúrese de que los lados izquierdo y derecho están rectos y de que los lados superior e inferior están curvados

Figura 15.25 Moldee la forma del contorno para crear una forma cilíndrica curva que se adapte a la geometría de la lata de café.

10. En el cuadro Export, seleccione Adobe Illustrator (*.ai, *.eps) como formato al que se desea exportar y seleccione una ubicación y un nombre

para el archivo. En DRAW, seleccione Illustrator 3.0 como formato, pulse el botón Export Text as curves (exportar texto como curvas) y después pulse OK. En XARA, pulse Ctrl+Mayús+E, seleccione Adobe Illustrator como formato de exportación, escriba un nombre para el archivo y pulse el botón Export.

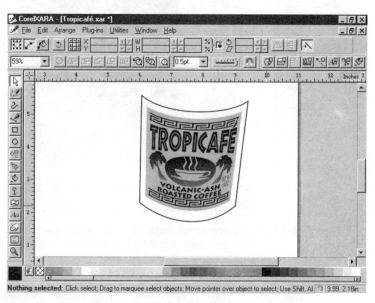

Figura 15.26 ¡No exporte la fotografía! Bórrela antes de exportar la etiqueta distorsionada.

11. Con eso habrá terminado. Guarde el archivo en el disco duro, en su formato nativo, y salga de la aplicación de dibujo vectorial.

De una forma u otra, ahora disponemos de un archivo EPS con la etiqueta de la lata. Es el momento de volver a Photoshop e importar el trabajo realizado.

Ajuste de las dimensiones con Photoshop

Como ya hemos mencionado en este mismo capítulo, PostScript encapsulado (y PostScript) es un lenguaje de descripción de página que permite comunicar a un dispositivo de salida (una impresora láser, una imprenta o, incluso, un monitor) las características de un archivo EPS o PS. Esto significa que, además de una descripción de los colores y de la geometría utilizados en el archivo de la etiqueta, también las *dimensiones* del diseño quedan descritas explícitamente cuando éste es importado desde Photoshop o Illustrator.

Importación, copiado y alineación de la etiqueta

Si no ha comprobado el tamaño y la resolución de Tropcafe.psd, éste es un buen momento para hacerlo. Si reabre el archivo en Photoshop y selecciona Imagen,

Tamaño de imagen, verá que ésta tiene 10,12 pulgadas de anchura y 6,827 de altura, con una resolución de 150 píxeles por pulgada. La resolución es un factor clave a la hora de importar el diseño de la etiqueta. La altura y la anchura serán correctas, porque la tecnología PostScript incluye las dimensiones del diseño en el archivo PostScript, pero, como todo diseño vectorial, la etiqueta es independiente de la resolución. Por tanto, es necesario indicar a Photoshop cuál debe ser la resolución del archivo importado.

En los pasos siguientes vamos a convertir la etiqueta a formato de mapa de bits con la resolución correcta, lo añadiremos al documento Tropcafe.psd y lo colocaremos de forma que encaje adecuadamente en la lata.

Apertura y colocación de un gráfico vectorial

1. Teniendo Tropcafe.psd abierto con una resolución de visualización aproximada del 25%, ejecute la orden Archivo, Abrir y seleccione el archivo creado en el programa de dibujo vectorial o el archivo tropbent.eps, situado en la carpeta Chap15 del CD adjunto.

2. Aparecerá el cuadro de diálogo Rasterizando Generic EPS. Como puede ver en la Figura 15.27, Photoshop ha leído la Altura y Anchura de la imagen correctamente, medidas en Pulgadas (puede verificar la corrección de los valores midiendo el diseño en su aplicación de dibujo), pero la resolución adoptará el último valor que hayamos especificado en este cuadro, por lo que lo más probable es que sea incorrecta para este trabajo. Escriba **150** en el campo Resolución, seleccione Color RGB en el menú desplegable de Modo y pulse OK.

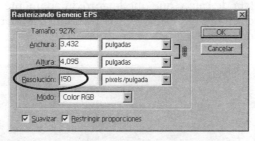

Figura 15.27 Asegúrese de que la Altura y Anchura están expresadas en pulgadas y escriba en el campo Resolución el valor 150, que es la resolución de Tropcafe.psd.

3. En seguida aparecerá en el área de trabajo tropbent.eps (o el nombre que usted le haya dado al archivo). Con la herramienta Mover, arrastre la etiqueta desde su ventana de imagen hasta el archivo Tropcafe.psd, como muestra la Figura 15.28. Aparecerá una nueva Capa 1 en la imagen Tropcafe.psd.

4. Cierre el archivo Tropbent.eps sin guardarlo.

5. Aumente el Porcentaje de zoom de la imagen Tropcafe.psd hasta el 100% y maximice la ventana. Mantenga presionada la barra espaciadora y arrastre en la ventana de imagen hasta que pueda ver la parte superior de la lata de café.

Figura 15.28 Para copiar la etiqueta EPS, arrástrela hasta el documento Tropcafe utilizando la herramienta Mover.

6. Con la herramienta Mover, arrastre el contenido de la Capa 1 para situar las guías, el recuadro que creamos alrededor de la etiqueta, de forma que los bordes izquierdo y derecho coincidan con los bordes respectivos de la lata de café y que quede aproximadamente 1/4 de pulgada de pantalla entre la parte superior del recuadro y la parte superior de la lata, como muestra la Figura 15.29.

Figura 15.29 Coloque la etiqueta sobre la lata en la imagen.

7. Con la herramienta Borrador en modo Cuadrado, borre el recuadro de la Capa 1, como muestra la Figura 15.30. Mueva el contenido de la ventana para poder borrar el recuadro completo.
8. Pulse Ctrl(⌘)+S; mantenga abierto el archivo.

Figura 15.30 Utilizando la herramienta Borrador, elimine el recuadro diseñado alrededor de la etiqueta.

Si observa atentamente la etiqueta original de la imagen, podrá ver el borde de la etiqueta en la parte superior de la lata (porque las etiquetas de papel tienen una profundidad, aunque sea pequeña). Es éste sutil detalle el que vamos a recrear a continuación.

Creación de un borde ficticio para la etiqueta

La herramienta Pluma será la que empleemos para definir con precisión el borde superior de la etiqueta. Los trazados, en Photoshop, no necesitan ser cerrados; vamos a diseñar un trazado abierto y dibujaremos una línea sobre él para crear la ilusión de que la etiqueta situada en la Capa 1 está *sobre* la superficie de la lata.

La manera de añadir una tercera dimensión a la etiqueta es la siguiente:

Dibujo de una línea sobre un trazado

1. Desplácese en la imagen hasta la parte superior de la lata.
2. Asegúrese de que los dos trazados guardados no están seleccionados pulsando un área vacía de la paleta Trazados.
3. Con la herramienta Pluma, pulse y arrastre para crear una línea que defina el borde superior de la etiqueta, como muestra la Figura 15.31.

Figura 15.31 Utilice la herramienta Pluma para dibujar un recorrido situado sobre el borde superior de la etiqueta.

4. Pulse la muestra de color frontal y, en el Selector de color, elija un color marrón muy claro, como H:31, S:36% y B:100%. Pulse OK para salir del Selector de color.
5. Seleccione la herramienta Pincel y, en la paleta de Opciones, elija el pincel más pequeño de la fila superior.
6. Pulse el Trazado en uso en la paleta Trazados y después, como muestra la Figura 15.32, pulse el icono Rellenar el trazado con el color frontal, situado en la parte inferior de la paleta.

Figura 15.32 Pinte el trazado definido anteriormente para dibujar el borde superior de la etiqueta de la lata.

7. Pulse un área vacía de la paleta Trazados para ocultar el Trazado en uso y poder ver la línea recién creada, como muestra la Figura 15.33.

Figura 15.33 La etiqueta encaja mejor en la imagen, ahora que tiene un borde superior.

8. Pulse Ctrl(⌘)+S y mantenga el archivo abierto.

Su trabajo de restauración ha sido excelente hasta ahora. Lo que ahora necesitamos para integrar aún más el dibujo con la fotografía es añadir algo de ruido a la etiqueta y una iluminación sutil a la lata, un elemento éste que no estaba en la imagen original.

Añadir ruido e iluminación

La etiqueta, al igual que el sombreado de la lata, necesita algo de ruido para que parezca como si contuviera el granulado de la emulsión fotográfica. Este paso es muy simple. Lo que no resulta tan simple es añadir algo de iluminación a la lata, lo que requerirá varios pasos. La iluminación debe ser lo suficientemente suave para resultar creíble, pero lo suficientemente fuerte como para encajar la lata visualmente en el conjunto de la imagen.

La manera de añadir estos dos toques de fotorrealismo a la composición es la siguiente:

Añadir elementos fotorrealistas

1. Seleccione Filtro, Ruido, Añadir ruido.
2. En el cuadro de diálogo Añadir ruido, introduzca el valor **5** y pulse el botón de Distribución Gaussiana, como muestra la Figura 15.34. Estas configuraciones son idénticas a las anteriormente aplicadas a la lata.

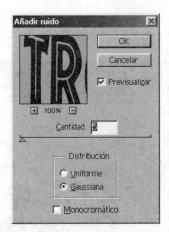

Figura 15.34 Añada a la etiqueta la misma cantidad de ruido que añadió a la lata.

3. Pulse OK para aplicar el ruido y pulse dos veces la herramienta Mano para disminuir el Porcentaje de zoom hasta ver la imagen en su totalidad.
4. En la paleta Trazados, pulse el título Trazado lata y después en el icono Cargar el trazado como selección de la parte inferior de la paleta, como muestra la Figura 15.35.

Figura 15.35 Cree una selección en la imagen de la lata.

5. En la paleta Canales, pulse el icono Guardar selección como canal y después Ctrl(⌘)+D para deseleccionar la selección. Deberá tener ahora una silueta negra de la lata sobre un fondo blanco en el nuevo canal Alfa 1. Si no es así, pulse dos veces el canal Alfa 1, seleccione el botón El color indica: Áreas seleccionadas y pulse OK para cerrar el cuadro de Opciones de canal.

6. Cree un marco con la herramienta Lazo poligonal, como muestra la Figura 15.36. Este área será usada como una plantilla para crear el reflejo luminoso de la lata.

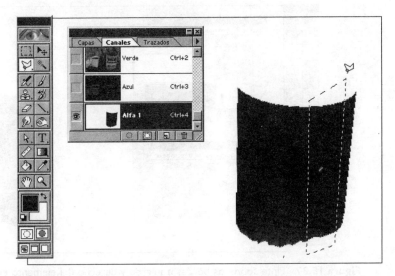

Figura 15.36 Sólo es necesario usar una porción vertical de la selección guardada como plantilla para el reflejo luminoso de la lata en la imagen.

7. Pulse Ctrl(⌘)+Mayús+I para invertir la selección. Pulse D (colores por defecto) y después Supr. Esta operación elimina todo lo que quede fuera del marco, quedando un segmento vertical en el canal Alfa 1. Pulse Ctrl(⌘)+D para deseleccionar el marco.

8. Seleccione la herramienta Desenfocar (el icono con forma de lágrima) del menú flotante de herramientas de enfoque en la caja de herramientas. En la paleta Opciones, introduzca el valor **90** en el campo Presión y pulse Intro. En la paleta Pinceles, seleccione la punta de 100 píxeles.

9. Pinte los bordes izquierdo y derecho del segmento vertical, como muestra la Figura 15.37. Esto hará que se desenfoquen ambos bordes, por lo que, al crear el reflejo luminoso, éste se difuminará gradualmente hasta mezclarse con el resto de la lata y no existirán bordes marcados.

10. En la paleta Capas, arrastre el regulador de Opacidad de la Capa 1 (la etiqueta) hasta un valor aproximado del 80%. Esta acción reduce la intensidad de negro en la etiqueta. Como puede observar, no hay nada en la imagen que sea un 100% negro, de forma que, al reducir la opacidad, la etiqueta se integra mejor con los elementos fotográficos de la imagen.

11. En la paleta Capas, pulse el botón de menú flotante y seleccione la opción Acoplar imagen.

12. En la paleta Canales, presione la tecla Ctrl(⌘) y pulse el título del canal Alfa 1 para cargar la selección.

13. Seleccione la herramienta Sobreexponer en el menú flotante de herramientas de tono, en la caja de herramientas. Seleccione la opción Som-

bras en la lista desplegable de la paleta Opciones y fije un valor de Exposición de en torno al 60%.

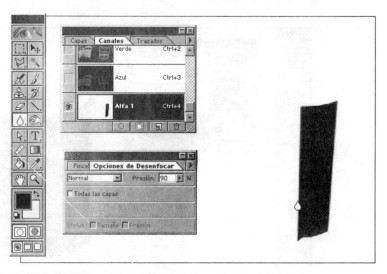

Figura 15.37 Pinte sobre los bordes izquierdo y derecho del elemento en el canal alfa para crear una transición suave entre el negro (seleccionado) y el blanco (enmascarado).

14. Seleccione la punta de 100 píxeles en la paleta Pinceles y trace una vez (o como máximo dos) hacia abajo dentro del marco de selección, como muestra la Figura 15.38.

Figura 15.38 Trace sobre las partes más densas de la selección para hacerla más clara, simulando un sutil reflejo sobre la lata.

15. Pulse Ctrl(⌘)+D para deseleccionar el marco. Pulse Ctrl(⌘)+S y mantenga el archivo abierto.

Puesto que hemos embellecido un poco la lata, ¿por qué no agregar un poco de vapor a la taza de café, para que toda la imagen sea más «apetitosa»?

Añadir vapor a la taza

1. Utilizando la herramienta Sobreexponer, con su configuración actual, pinte unas tres veces sobre el café de la taza.
2. Dibuje una línea ondulada que salga de la taza y se dirija hacia la lata de café, para dirigir visualmente el ojo hacia el producto. Puede que necesite trazar sobre el mismo área más de una vez para hacer el vapor visible, pero no lo haga demasiado obvio o pronunciado. Debe resultar algo similar a lo que se muestra en la Figura 15.39.

Figura 15.39 Dibuje sobre la parte superior del café en la taza y efectúe un par de trazos hacia afuera de la taza para simular el vapor.

3. Con esto hemos terminado. Si quiere, arrastre el canal alfa y los trazados que ha creado hasta el icono de papelera; después, guarde la imagen en su disco duro como Tropicafe.tif, en el formato de archivo TIFF. Al hacer esto, permitirá que sus clientes que no tengan Photoshop puedan ver e imprimir su obra maestra.

Como puede ver en la Figura 15.40, ahora tiene una imagen profesionalmente retocada que podría perfectamente aparecer en cualquier revista u otro soporte. Y el éxito obtenido en esta tarea se debe enteramente al hecho de saber cuándo invocar una aplicación auxiliar para complementar el trabajo de Photoshop.

Figura 15.40   Hemos cambiado el aspecto «amateur» de esta imagen por un aspecto profesional, utilizando Photoshop y una herramienta de dibujo vectorial.

Resumen

Photoshop es muy amigable y tiene una gran capacidad de respuesta cuando se trata de trabajar con archivos que no han sido generados en Photoshop. Una aplicación de dibujo vectorial complementa Photoshop, por lo que el lector debería considerar seriamente el añadir una a su arsenal de herramientas gráficas. Trabajará más rápido y con más precisión cuando sepa qué herramientas usar para una determinada tarea y cómo funcionan dichas herramientas.

Igualmente importante en su aprendizaje de Photoshop es el saber cuándo usar (y cuándo *no* usar) un filtro específico. Continúe con el Capítulo 16, «Uso creativo de los filtros», donde podrá ver cómo emparejar una imagen con el filtro que le permita mejorarla.

CAPÍTULO 16

UTILIZACIÓN CREATIVA DE LOS FILTROS

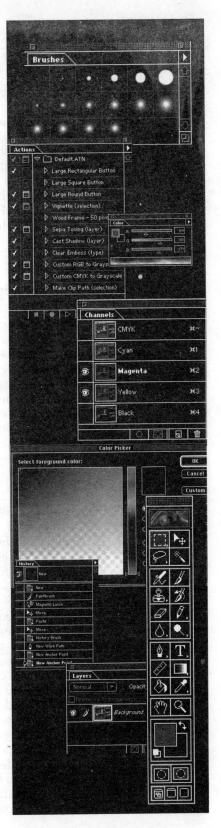

Photoshop 5 se vende con 98 filtros modulares, de modo que en este capítulo no vamos a tratar de mostrar imágenes de cada uno de ellos.

La bondad de un filtro radica en el objetivo al que sirve, y no todas las órdenes de Photoshop que pueden considerarse filtros se encuentran localizadas en el menú Filtro. En este capítulo analizaremos el proceso de integración, es decir, la manera en que un filtro encaja dentro del proceso de diseño, de forma que tengamos siempre el control sobre el resultado de un elemento que hayamos mejorado utilizando filtros. Utilice los filtros cuando la ocasión lo requiera, y haga siempre alguna operación adicional al filtrado cuando trabaje con una imagen. Ponga algo de usted mismo en el diseño; el filtrado será el adorno artístico de la tarta.

Creación de una página Web principal con la ayuda de filtros

Supongamos que una organización ficticia, Woodwork Lovers (organización de amantes del trabajo de la madera) nos pide que diseñemos un tapiz de fondo y algunos botones llamativos para su sitio Web oficial. El tapiz de fondo debe *sugerir* una plancha de madera, más que representarla, así que necesitaremos usar las funciones de Photoshop para diseñar el fondo. Lo mismo cabe decir de los botones de navegación: deben ser el resultado de un diseño artístico y no una mera digitalización de un botón de madera. Veamos primero cómo diseñar el fondo en Photoshop; después, echaremos un vistazo a cómo crear los botones de navegación.

Utilización del editor de degradados

Antiguamente, con la versión 3 de Photoshop, era necesario utilizar un filtro modular de terceras fuentes para crear mezclas compuestas por más de dos colores. Las versiones 4 y 5 de Photoshop cambiaron esta situación, con la inclusión de la herramienta Modificar degradado, que puede ser considerada un filtro modular. Si disponemos de la imagen adecuada de catálogo con una textura natural, podemos muestrear rápidamente los colores para crear una mezcla compleja con la apariencia de la madera, de la piedra o del metal.

A continuación vamos a ver cómo utilizar la herramienta Modificar degradado de Photoshop para crear una mezcla personalizada con la apariencia de la madera:

Muestreo de colores con la herramienta Modificar degradado

1. Arranque Photoshop y abra la imagen wood.tif de la carpeta Chap16 del CD adjunto. Esta es la imagen en la que tomaremos algunas muestras de tonos de color madera.
2. Pulse dos veces la herramienta Degradado para seleccionarla y mostrar la paleta Opciones.
3. Pulse el botón Modificar en la paleta Opciones y mueva el cuadro de diálogo Modificar degradado, de forma que pueda ver por completo tanto el cuadro de diálogo como la imagen wood.tif.
4. Pulse el botón Nuevo; escriba **madera** en el campo del nombre, y pulse OK para cerrar el cuadro de diálogo.
5. Pulse el rotulador de la izquierda, debajo de la banda de previsualización del degradado, y luego pulse la imagen wood.tif con la herramienta Cuentagotas, como muestra la Figura 16.1. Esto selecciona el rotulador de color y añade el color recién muestreado a la banda de previsualización del degradado.
6. Pulse justo a la derecha del primer rotulador de color para añadir un nuevo rotulador a la banda de degradado.
7. Pulse un tono marrón diferente en la imagen wood.tif. El nuevo rotulador adoptará el color sobre el que hayamos pulsado.

Pulse aquí...

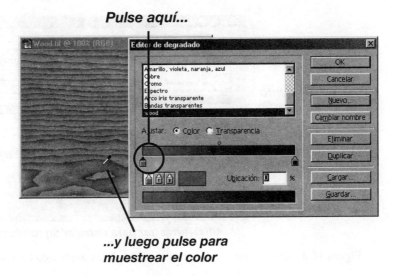

...y luego pulse para muestrear el color

Figura 16.1 Seleccione un rotulador de color y utilice la herramienta Cuentagotas para cambiar la asignación de color del rotulador en la banda de degradado.

8. Repita los pasos 6 y 7 otras tres veces para obtener un conjunto de tonos diferentes de color madera, como muestra la Figura 16.2.

Figura 16.2 Tome muestras en diferentes áreas de la imagen wood.tif para introducir tonos diferentes en la banda de degradado.

Sólo hace falta seleccionar unos cinco colores de la imagen wood.tif. Para rellenar el resto de la banda de degradado, podemos *duplicar* los rotuladores de color...

9. Mantenga apretada la tecla Alt(Opción) y arrastre uno de los rotuladores de color hasta situarlo a la derecha de los otros. Esta operación duplica el rotulador de color.

10. Repita el paso 9 unas 15 veces para rellenar la banda de degradado con colores entremezclados, como muestra la Figura 16.3.

Punto medio

Alt(#)+arrastrar para duplicar un rotulador

Figura 16.3 Cree un patrón de tonos entremezclados duplicando los marcadores de color.

Nota:

El icono con forma de rombo situado sobre la banda de degradado, entre los rotuladores de color, es el selector de punto medio. Si desea que haya una transición de color abrupta entre dos rotuladores, arrastre el selector de punto medio hacia la izquierda o hacia la derecha. En la Figura 16.3 se muestra un selector de punto medio resaltado.

11. Pulse OK para volver al área de trabajo. Ya puede cerrar wood.tif cuando quiera.

Ya tenemos los ingredientes necesarios (una paleta de colores muestreados) para nuestra receta de madera sintética. En la siguiente sección veremos cómo se utiliza la mezcla que acabamos de definir.

Filtrado de la mezcla personalizada

Aunque el degradado que hemos diseñado en la sección anterior es bastante complicado y comparte muchas de las cualidades visuales de la madera real, un degradado lineal o de otro tipo producirá un simple patrón que no necesariamente parecerá madera. Para simular el aspecto de la madera, hay que filtrar unas cuantas veces una muestra del degradado lineal.

A continuación vamos a ver cómo transformar una mezcla compleja en una imagen artística de fondo:

Distorsión de un degradado lineal para crear una textura sin uniones

1. Pulse Ctrl(⌘)+N, dele a la nueva imagen el nombre **My-wood.tif**, teclee **300** en el campo Anchura, **200** en el campo Altura y **72** en el campo Reso-

lución, y seleccione el modo de Color RGB de la lista desplegable de Modo. Pulse OK para crear la nueva imagen.

Vamos a crear una textura para mosaicos sin junturas utilizando los pasos siguientes. Las dimensiones pueden ser cualesquiera, pero conviene que sean pequeñas, porque las texturas para mosaico de fondo en la WWW se descargan con rapidez cuando son pequeñas.

2. Seleccione la herramienta Degradado de la caja de herramientas. Manteniendo pulsada la tecla Mayús, arrastre de arriba a abajo en la nueva ventana de imagen, como muestra la Figura 16.4.

Figura 16.4 Aplicación del degradado en combinación con la mezcla personalizada creada anteriormente.

Consejo:

Hay tres sitios dentro del área de trabajo en los que pueden seleccionarse colores para un degradado:

- *Cualquier ventana abierta de imagen. Podemos muestrear un color tanto de una ventana de imagen activa como de una imagen que esté en segundo plano dentro del área de trabajo. El cursor se transforma en una herramienta cuentagotas cada vez que «saltamos» fuera del editor de degradados.*
- *Las muestras de color de fondo y color de primer plano, en la caja de herramientas, sobre las cuales puede pulsarse con el ratón.*
- *La banda de color en la paleta Color. Puede mostrarse esta paleta pulsando la tecla F6, incluso aunque estemos en el cuadro de diálogo Modificar degradado.*

3. Seleccione Filtro, Distorsionar y, a continuación, Onda. Este es un filtro ideal para simular madera, porque tuerce las áreas de la imagen de forma que semejan las vetas de la madera.

4. Utilice la configuración de la Figura 16.5 para crear una mezcla ondulada en la imagen. Asegúrese de seleccionar el botón Dar la vuelta antes de pulsar OK.

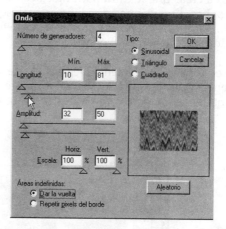

Figura 16.5 Transforme las estrías de la imagen en ondas para crear una imagen con aspecto de madera.

Aunque la opción Dar la vuelta se encarga de ajustar el aspecto vertical de la imagen, de forma que ésta pueda replicarse verticalmente sin junturas, el aspecto horizontal probablemente no sea el adecuado para un mosaico sin junturas. Esto se debe al número de generadores de onda utilizados y a la anchura total de la imagen. Vamos a pasar por alto este hecho, de momento; un poco más adelante lo corregiremos...

5. Seleccione Filtro, Otro, Desplazamiento. Introduzca el valor **100** en los campos Horizontal y Vertical, seleccione el botón Dar la vuelta (*véase* la Figura 16.6) y pulse OK. El filtro Desplazamiento muestra cómo se verá una imagen cuando se la disponga en mosaico.

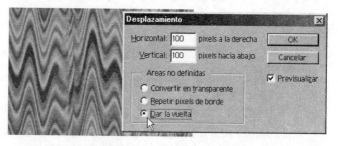

Figura 16.6 Utilice el filtro Desplazamiento para intercambiar las partes exteriores e interiores de una imagen. Los bordes originales estarán ahora situados cerca del centro.

Como podrá observar, en la imagen My-wood hay una juntura vertical abrupta, donde el patrón no está perfectamente alineado. Esto no constituye un problema: utilizaremos la herramienta Dedo para eliminar la juntura...

6. Seleccione la herramienta Dedo. Seleccione el segundo pincel de la derecha, en la segunda fila de la paleta Pinceles, y arrastre sobre la imagen
para suavizar la línea vertical abrupta, como muestra la Figura 16.7. No
importa si nuestro trabajo de edición no produce vetas perfectas en la
imagen, ya que pronto aplicaremos otro filtro que disimulará cualquier
fallo de edición.

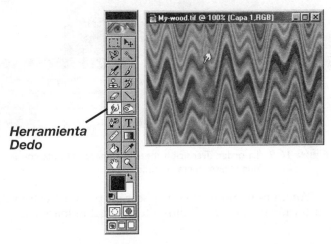

**Herramienta
Dedo**

Figura 16.7 La herramienta Dedo trata las áreas de la imagen como si fueran pintura mojada.
Utilice la herramienta para eliminar la línea de unión en la imagen.

7. Seleccione Filtro, Distorsionar, Ondas marinas (*véase* la Figura 16.8). Pulse OK para aplicar las configuraciones predeterminadas del filtro. Ondas
marinas crea grietas y baches irregulares en la imagen, lo que la hace
asemejarse más a la madera natural.

Figura 16.8 El filtro Ondas marinas ayuda a dar al patrón un aspecto más natural.

El filtro Ondas marinas no debe sobrecargar la composición. Necesitamos
difuminar el efecto para permitir que se muestre parte del efecto del filtro Onda
aplicado anteriormente...

8. Pulse Ctrl(⌘)+Mayús+F para mostrar el cuadro de diálogo Transición. Arrastre el regulador de Opacidad hasta el 50%, aproximadamente, como se muestra en la Figura 16.9, y pulse OK.

9. Pulse Ctrl(⌘)+S; mantenga abierto el archivo.

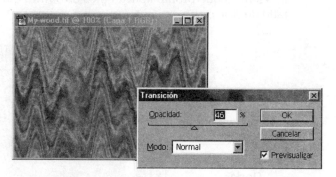

Figura 16.9 La orden Transición mezcla la imagen filtrada con la imagen existente antes de que el filtro fuera aplicado.

Ahora es el momento de aplicar un poco de textura de superficie a nuestra ilustración de madera. El filtro Efectos de iluminación es perfecto para esta tarea.

Efectos de iluminación y el Canal de textura

Además de simular la luz en una escena, el filtro Efectos de iluminación de Photoshop puede crear relieves en una imagen, lo que se denomina efectos de Canal de textura. Pueden crearse los relieves a partir de la información contenida en el canal alfa, o utilizar cualquiera de los canales de color para crear relieves más o menos pronunciados.

En la secuencia de pasos siguiente añadiremos una cantidad moderada de relieve a la imagen My-wood.tif y después iluminaremos y reduciremos el contraste de la imagen, de forma que podamos usar texto de color negro sobre el fondo del sitio Web.

A continuación vamos a ver cómo finalizar el fondo de madera para nuestro cliente:

Utilización de Efectos de iluminación para crear texturas

Nota:

• •

La orden Transición no se limita a los filtros. Puede pulsarse Ctrl(⌘)+Mayús+F para aplicar una transición a los Niveles, al Tono/saturación o a otras órdenes después de aplicarlas.

• •

1. Seleccione la opción de menú Filtro, Interpretar, Efectos de Iluminación. Aparecerá el cuadro de diálogo Efectos de iluminación en el área de trabajo.

2. Seleccione el tipo Direccional en la lista desplegable Tipo de luz, arrastre el regulador de Material hasta la posición 0 (a mitad de camino entre Plástico y Metálico) y seleccione el canal Verde en la lista desplegable Canal de textura. El Verde es un canal de color adecuado para producir relieves, porque contiene una cantidad de información tonal moderada en la imagen My-wood, que es predominantemente marrón (el verde y el rojo producen marrón en el modelo de color aditivo RGB).

3. Arrastre el punto de dirección de la luz en la ventana de previsualización hasta una posición ligeramente por encima de la misma. Arrastre el regulador de Altura hasta un valor aproximado de 8, para producir un relieve sutil en la imagen. La Figura 16.10 muestra la imagen y estas configuraciones. La exposición de la imagen se puede definir mediante la distancia entre el punto de dirección de la luz y el punto objetivo de la misma; trate de ajustar la exposición en la ventana de previsualización para que sea la misma que en la ventana de imagen My-wood.tif.

4. Pulse OK para aplicar la textura Efectos de iluminación.

5. Utilice la orden Imagen, Duplicar si quiere guardar la muestra de madera texturada tal cual. En los sucesivos pasos, trabaje con la copia de la imagen My-wood.

6. Pulse Ctrl(⌘)+L para mostrar el cuadro de diálogo Niveles. Teclee **2,08** en el campo Niveles de entrada del centro. Esto incrementa el brillo de los tonos intermedios de la imagen. Teclee **24** en el campo Niveles de salida de la izquierda, lo que incrementará el brillo de los tonos negros de la imagen. Pulse OK para aplicar los cambios.

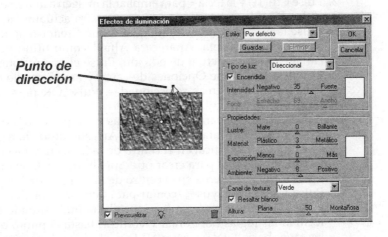

Figura 16.10 El filtro Efectos de iluminación permite aplicar una textura a la imagen.

7. Seleccione Archivo, Guardar como, y elija JPEG en la lista desplegable Guardar como.

8. En el cuadro Opciones JPEG, arrastre el regulador de Calidad al valor 7, seleccione el botón Línea de base optimizada y después pulse OK.

9. Con esto hemos terminado. Salve la imagen original My-wood.tif una vez más, y ciérrela. También puede cerrar la copia JPEG del archivo. ¡Y no acepte que su cliente le pague con monedas de madera!

A la hora de utilizar imágenes JPEG en la WWW, lo mejor es utilizar un estándar de compresión aceptado comúnmente. Algunos navegadores Web no pueden leer el formato JPEG Progresiva (aunque tanto MS-Explorer 4 como Netscape Navigator 4 sí que pueden), por lo que la mejor opción para hacer que nuestra imagen pueda ser aceptada de una forma lo más amplia posible en la Web es Línea de base optimizada.

Creación de botones en Photoshop

Los botones de navegación de las páginas Web deben ser pequeños, de entre 10 y 30 píxeles de anchura. En las secciones siguientes vamos a utilizar un tamaño ligeramente mayor, sin embargo, para poder ver mejor los efectos creados con algunas de las nuevas funciones de Photoshop.

Comencemos por el principio: hay que diseñar una plantilla en un canal alfa que sirva como forma del botón. He aquí cómo utilizar las Reglas de Photoshop para crear una plantilla para un atractivo botón de madera:

Creación de la plantilla de un botón

1. Pulse Ctrl(⌘)+N, escriba **200** en los campos Anchura y Altura del cuadro de diálogo Nuevo, teclee **72** en el campo Resolución, elija Color RGB en la lista desplegable de Modo y pulse OK.
2. Pulse Ctrl(⌘) y la tecla + para ampliar la imagen a una resolución del 200%.
3. Pulse F7 si la paleta Capas no se muestra actualmente en la pantalla. Pulse la pestaña Canales y luego el icono Crear canal nuevo en la parte inferior de la paleta. Aparecerá Alfa 1 como título de la paleta; este canal es el canal actual de edición. Pulse el menú flotante de la paleta Canales, seleccione Opciones de canal y asegúrese de elegir la opción El color indica: Areas seleccionadas. Pulse OK para salir del cuadro Opciones.
4. Pulse Ctrl(⌘)+R para mostrar Reglas en la parte superior y en la parte izquierda de la ventana de imagen. Arrastre desde la regla vertical para crear una guía vertical en el centro de la imagen, y luego arrastre desde la regla horizontal para crear otra guía horizontal, de forma que ambas guías formen una cruz en el centro de la ventana de imagen.
5. Pulse Ctrl(⌘)+Mayús+, (coma) para activar la opción Ajustar con las guías. Arrastre el *cuadrado de origen* (el cuadrado situado en el vértice que forman las reglas horizontal y vertical) hasta el punto donde se cruzan las guías horizontal y vertical. Este es el punto de comienzo para nuestra plantilla de botón.
6. Pulse y mantenga apretado Mayús+Alt(Opción) mientras que, con la herramienta Marco elíptico, arrastre desde el punto central de las guías hasta que el cursor se encuentre, más o menos, en la posición de las reglas correspondiente a los 40 puntos. Estaremos creando un botón de 80 píxeles de diámetro (un píxel es aproximadamente igual a un punto).
7. Pulse D (colores por defecto) y después Alt(Opción)+Supr (Retroceso). Pulse Ctrl(⌘)+D para deseleccionar el marco de selección. Ahora tenemos un punto de 80 píxeles de diámetro en la ventana del documento.

8. Mantenga pulsado Mayús+Alt(Opción) y, comenzando desde el punto cero, arrastre para crear un círculo que sea ligeramente más pequeño que el círculo de 80 píxeles. Pulse Supr (Retroceso) y Ctrl(⌘)+D. Ahora tenemos una figura con forma de dónut.

9. Mantenga pulsado Mayús+Alt(Opción) y, comenzando desde el punto cero, arrastre para crear un círculo que quepa dentro del dónut. Pulse Alt(Opción)+Supr (Retroceso) y después Ctrl(⌘)+D para deseleccionar el marco de selección. La plantilla resultante debería ser como la que muestra la Figura 16.11.

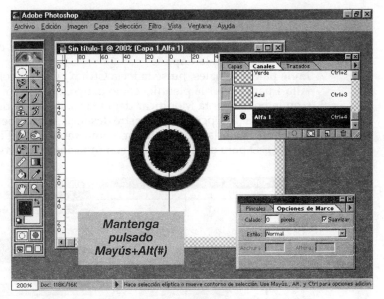

Figura 16.11   Defina una serie de círculos concéntricos para crear una elegante plantilla de botón.

10. Seleccione Acoplar imagen en el menú flotante de la paleta Capas. Seleccione Archivo, Guardar, y guarde la composición con el nombre Button.psd, en el formato nativo de Photoshop. Seleccione Vista, Ocultar Guías, y pulse Ctrl(⌘)+R para ocultar las reglas. Mantenga el documento abierto.

A continuación, aplicaremos un relleno al botón y exploraremos la función Efectos del menú Capa de Photoshop 5.

Añadir profundidad al botón

Para que un botón resalte en una página Web, debe parecer tridimensional. Nuestro botón ya tiene forma, pero hay otras dos propiedades que debemos añadirle:

1. La textura de la superficie: el material del que el botón está hecho.

2. La tercera dimensión del botón, su profundidad, y la forma en que dicha profundidad reacciona a la iluminación.

El añadir la textura de la superficie es bastante sencillo; basta con utilizar la mezcla personalizada (madera) que creamos anteriormente con la herramienta Modificar degradado. La clave del proceso está en decidir qué filtro es el adecuado para hacer que el botón parezca tridimensional. He aquí cómo realizar ambas tareas:

Creación de un botón fotorrealista

1. En la paleta Capas, pulse el icono Crear capa nueva, con lo que pasaremos a trabajar en la Capa 1.
2. En la paleta Canales, pulse la tecla Ctrl(⌘) y pulse con el ratón el título Alfa 1 para cargar la plantilla como marco de selección.
3. Con la herramienta Modificar degradado, defina el degradado Madera en la paleta de Opciones y arrastre desde la parte superior del cuadro de selección hasta la parte inferior, como muestra la Figura 16.12. Pulse Ctrl(⌘)+D para deseleccionar a continuación el marco de selección.

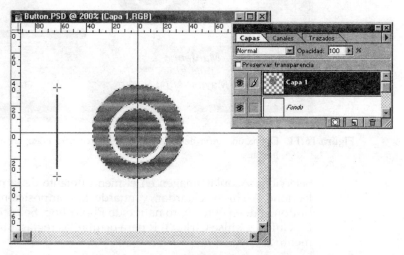

Figura 16.12 Cree un relleno complejo para el botón utilizando un relleno Degradado en combinación con la mezcla personalizada anteriormente definida.

4. Seleccione Capa, Efectos, Inglete y relieve.
5. En la lista desplegable Estilo, seleccione Inglete interior. Mantenga pulsado el botón desplegable Ángulo para que aparezca el cuadro de previsualización de dirección, y arrastre la línea de previsualización del cuadro hasta el extremo superior izquierdo, como muestra la Figura 16.13. Esto hará que el botón parezca estar iluminado desde la parte superior izquierda.
6. Pulse OK para aplicar el efecto Inglete interior al contenido de la capa. Observará que aparece una f dentro de un círculo en el título de la capa

que se muestra en la paleta Capas. Dicho símbolo es un recordatorio de que cualquier cosa que se pinte en el futuro en esta capa se verá afectada por el efecto Inglete interior.

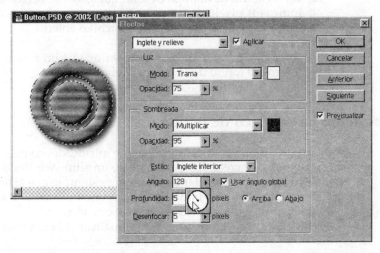

Figura 16.13 Añada iluminación, sombreado y un aspecto tridimensional utilizando la orden Capa, Efectos.

7. Pulse el título de la capa Fondo en la paleta Capas, y después pulse el icono Crear capa nueva. La Capa 2 aparecerá debajo de la Capa 1.
8. Seleccione la herramienta Marco elíptico, mantenga pulsada la tecla Mayús y, a continuación, arrastre desde la parte superior izquierda del botón hacia la parte inferior derecha, hasta obtener un marco de selección de tamaño similar a la forma del botón.
9. Arrastre dentro del marco, de forma que éste se coloque un poco a la derecha y hacia abajo del botón. Pulse Alt(Opción)+Supr (Retroceso) para rellenar el círculo con el color frontal, como muestra la Figura 16.14; pulse después Ctrl(⌘)+D para deseleccionar el marco de selección.

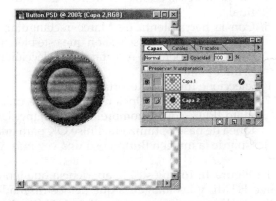

Figura 16.14 Cree una sombra paralela para el botón rellenando un círculo en una capa situada bajo el botón.

10. Arrastre el regulador de Opacidad de la Capa 2 hasta un 50% aproximadamente.
11. Seleccione Filtro, Desenfocar, Desenfoque gaussiano.
12. En el cuadro de diálogo Desenfoque gaussiano, teclee **3** en el campo que indica los píxeles y después OK para desenfocar el círculo.
13. Pulse Ctrl($\mathcal{H}$)+S y mantenga el archivo abierto.

Lo único que nos queda por hacer es añadir un fondo para que el botón encaje dentro del fondo de la página Web.

Disposición en mosaico de la textura

Cuando un diseño es lo suficientemente intrincado, como el fondo de madera que acabamos de crear, los visitantes de un sitio Web tienden a no percibir la caja de contorno rectangular de los botones siempre que la textura de fondo del botón sea la misma que la del fondo del documento. Consulte el Capítulo 19 para obtener más información acerca de esta técnica.

A continuación vamos a ver cómo finalizar el botón para la página Web:

Añadir un fondo mediante la definición de un motivo

1. Abra la imagen Wood.jpg guardada anteriormente. Pulse Ctrl($\mathcal{H}$)+A para seleccionar todo y ejecute la orden de menú Edición, Definir motivo. A continuación puede cerrar la imagen wood.jpg.
2. Pulse el título de la capa de Fondo, en la paleta Capas, y después Ctrl($\mathcal{H}$)+A.
3. Compruebe que la herramienta Marco elíptico continúa seleccionada, pulse con el botón derecho del ratón (Macintosh: mantenga apretada la tecla Ctrl y pulse con el ratón) y seleccione Rellenar en el menú contextual.
4. Seleccione Motivo en la lista desplegable Usar y pulse OK. Pulse Ctrl($\mathcal{H}$) +D para deseleccionar el marco. La Figura 16.15 muestra el resultado final.
5. Con la herramienta de Marco rectangular, arrastre con cuidado para definir un marco de selección que esté bien ajustado alrededor del botón y la sombra, pero sin recortar de la selección ninguno de los elementos de primer plano.
6 Seleccione Imagen, Recortar.
7. Pulse Ctrl+Alt($\mathcal{H}$+Opción)+S y guarde una copia de su trabajo en formato JPEG, con el nombre de Button.jpg. Utilice el tipo de compresión Línea de base optimizada. Pulse OK para guardar la copia.
8. Guarde la imagen Button.psd una vez más, y ciérrela.

La Figura 16.16 muestra la apariencia que tendrían en la Web un poco de código HTML y las imágenes que hemos diseñado. Si quiere reproducir esta página y dispone de un buen editor HTML, el archivo Woodwork.psd (las letras de madera) se encuentra en la carpeta Chap16 del CD adjunto.

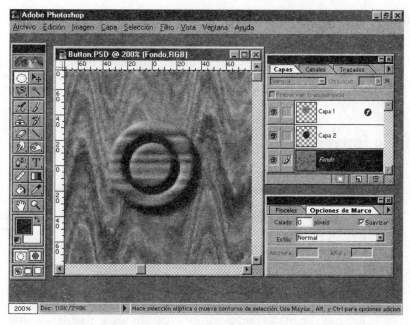

Figura 16.15 Añada el mismo fondo que utilizará en la página Web mediante la orden Rellenar, Usar:Motivo.

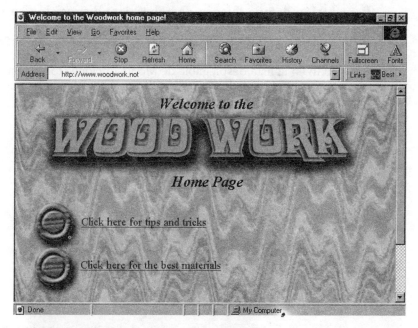

Figura 16.16 Con el degradado adecuado y unos cuantos filtros, se puede reproducir el aspecto de los elementos naturales.

Creación de un terreno fractal

La apariencia de las fotografías aéreas resulta también bastante popular en los fondos de las páginas Web. Pueden simularse masas de tierra o simplemente un primer plano de un montón de basura, utilizando unos pocos trucos no documentados y un par de filtros de Photoshop.

El filtro Interpretar nubes

El filtro Interpretar nubes genera un ruido de procesamiento, lo que es una manera sofisticada de decir que realiza una buena simulación de las nubes y del humo. Las texturas de procesamiento se suelen escribir matemáticamente en una de dos formas: o la textura es finita, es decir, se acaba (produce un patrón en mosaico cuando se aplica a un área grande) o la textura nunca termina (continúa produciendo áreas diferenciadas, independientemente del tamaño de la imagen). El filtro Nubes de Photoshop es una textura de procesamiento con terminación que se repite cada 256 píxeles.

Podemos aprovechar este hecho que poca gente conoce para construir un fondo para cualquier tipo de sitio Web. Vamos a comenzar este trabajo con un lienzo del tamaño apropiado, el filtro Nubes, y guardando una copia del efecto de nubes para mezclarla en la composición más adelante.

Preparación de una imagen de nubes para disposición en mosaico

1. Pulse Ctrl(⌘)+N. En el cuadro de diálogo Nuevo, escriba **256** en los campos Anchura y Altura, teclee **72** en el campo Resolución y elija Color RGB en la lista desplegable de Modo, opciones todas ellas que se muestran en la Figura 16.17. Pulse OK para crear la nueva ventana de documento.

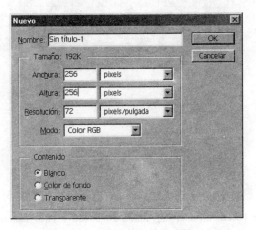

Figura 16.17 Cree una nueva imagen con el mismo tamaño que el factor de repetición del filtro Nubes.

2. Pulse Y (colores por defecto) y seleccione Filtro, Interpretar, Nubes. La Figura 16.18 muestra la imagen de las nubes generada en el documento, que utiliza los colores frontal y de fondo predeterminados.

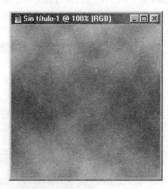

Figura 16.18 El filtro Nubes genera una textura de procesamiento utilizando los colores frontal y de fondo actuales.

3. Puede que no le guste la imagen de nubes generada; Photoshop genera miles de diseños de nubes diferentes, proporcionando uno distinto cada vez que se aplica el filtro. Pulse Ctrl(⌘)+F para volver a aplicar el filtro, hasta que obtenga un diseño de nubes que sea de su agrado.
4. Pulse Ctrl(⌘)+A y después Ctrl(⌘)+C.
5. En la paleta Canales, pulse el icono Crear canal nuevo y luego pulse Ctrl(⌘)+V para pegar una copia del motivo de nubes en el canal. Pulse Ctrl(⌘)+D para deseleccionar el marco de selección. Seleccione la orden Acoplar imagen en el menú desplegable de la paleta Capas.
6. Pulse Ctrl(⌘)+S y dele a la imagen el nombre de Land.tif; mantenga el archivo abierto.

Es el momento de jugar un poco con la imagen, utilizando las órdenes de modos de Photoshop.

De color RGB a color indexado

A lo largo de las sucesivas versiones de Photoshop, los usuarios han tenido la posibilidad de asignar las imágenes de color indexado a diferentes espectros de color, cambiando la tabla de asignación de colores. Y a lo largo de las sucesivas versiones, los usuarios se han preguntado *para qué* podría servir esta posibilidad. Vamos a ver cómo, reemplazando selectivamente los colores en una versión en color indexado de la imagen Land.tif, se pueden simular masas de tierra.

El procedimiento para reasignar los colores en la imagen es el siguiente:

Reasignación de una tabla de colores

1. Seleccione Imagen, Modo, Color indexado.
2. Acepte los valores predeterminados del cuadro de diálogo Color indexado pulsando OK.

3. Seleccione Imagen, Modo, Tabla de colores.
4. Comenzando a partir del primer color, arrastre hacia abajo y hacia la derecha, de forma que las cinco filas superiores queden resaltadas, como ilustra la Figura 16.19. Esta acción indica a Photoshop que queremos reasignar las cinco primeras filas en la tabla de color de la imagen.

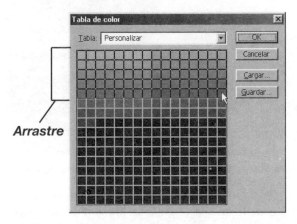

Figura 16.19 En la Tabla de colores de una imagen podemos seleccionar cualquier color o grupo de colores que queramos reasignar.

5. Aparecerá el Selector de color con la indicación «Seleccione el primer color» en la parte superior. Defina un color crema pálido, utilizando el campo de color y el regulador de tono, como muestra la Figura 16.20.

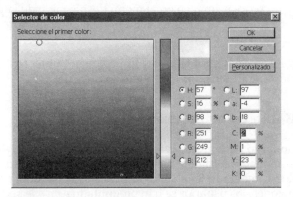

Figura 16.20 Seleccione el color inicial para el grupo de colores que desee cambiar.

6. Pulse OK. Photoshop mostrará el Selector de color con la indicación «Seleccione el último color» en la parte superior, como muestra la Figura 16.21. Seleccione un marrón oscuro utilizando el campo de color y el regulador de tono y luego pulse OK.
7. En el cuadro de diálogo Tabla de colores arrastre para seleccionar las siguientes seis filas de muestras de color. Repita los pasos 5 y 6 para reasignar los colores.

Figura 16.21 Seleccione el color final para el grupo de colores que desee cambiar.

8. Finalmente, en el cuadro de diálogo Tabla de colores arrastre para seleccionar las filas inferiores de muestras de color. Repita los pasos 5 y 6 para reasignar los colores. La Tabla de colores debería tener el aspecto de la Figura 16.22 (¡aunque la suya estará en colores, claro está!).

Figura 16.22 Las bandas de degradados de color generarán masas de tierra en la imagen de las nubes.

9. Pulse OK. La imagen Land.tif tendrá ahora un aspecto similar al de la Figura 16.23. No será exactamente igual, porque el motivo de nubes utilizado por el autor es, probablemente, distinto del que usted haya utilizado.

10. Seleccione Imagen, Modo, RGB. A continuación seleccione Filtro, Interpretar, Efectos de iluminación.

11. En el cuadro de diálogo Efectos de iluminación, seleccione el tipo Direccional en la lista desplegable Tipo de luz. Sitúe el punto de dirección en la ventana de previsualización, de forma que la línea de dirección de la luz apunte hacia la una en punto. Arrastre el punto de dirección hacia la ventana de previsualización, de forma que la exposición global de la ventana de previsualización sea la misma que la de su imagen.

Figura 16.23 Alterar la tabla de colores de una imagen en color indexado puede producir bordes marcados en la imagen, con suaves gradaciones de color.

12. En la lista desplegable Canal de textura, seleccione Alfa 1 y arrastre el regulador de Altura hasta un nivel aproximado de 60, como muestra la Figura 16.24. Pulse OK para aplicar la textura a sus masas de tierra.

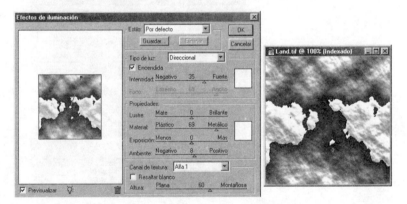

Figura 16.24 Utilice el canal de textura de Efectos de iluminación para añadir una textura nubosa a la imagen.

13. Pulse Ctrl(⌘)+S y mantenga el archivo abierto.

Con esto hemos completado la tarea. Puede guardar una copia de la imagen Land.tif en formato JPEG y utilizarla como un fondo en mosaico sin junturas para una página Web. En cualquier caso, debería probar la propiedad de disposición en mosaico sin junturas de su imagen, bien utilizando la orden Desplazamiento, o definiendo la imagen como motivo y rellenando con ella una ventana de imagen a pantalla completa.

Hay muchas maneras en Photoshop de tomar un dibujo plano y hacerlo parecer tridimensional. En la siguiente sección vamos a echar un vistazo a una nueva función, el filtro Transformación 3D.

Transformación 3D y visualización de productos

Imagine un método para proyectar una superficie 2D en un objeto 3D desde dentro de Photoshop. Con él podrían transformarse rectángulos en cubos y círculos en esferas. Bueno... pues deje de imaginar: ¡Photoshop 5 proporciona este tipo de servicio! Con el dibujo apropiado y unos cuantos pasos realizados cuidadosamente, pronto podrá transformar la etiqueta de un paquete de cereales en una escena 3D.

Preparación de un dibujo para la transformación 3D

Lo único que hace el filtro Transformación 3D es dibujar un armazón cúbico sobre el que se puede pegar el dibujo deseado en una única manera. El armazón utilizado para la distorsión tiene una cara izquierda, una cara derecha y una cara superior; por tanto, si queremos situar la etiqueta en el frontal de una caja, como haremos en los pasos siguientes, deberemos crear el dibujo con suficiente espacio libre a su alrededor y colocar la etiqueta en la parte inferior izquierda o en la parte inferior derecha de la ventana de imagen. En la Figura 16.25 podemos ver la manera en que nuestro producto ficticio, Harvest Pride, está colocado en el documento Pride.tif. Si prefiere utilizar su propio diseño en los pasos siguientes, coloque el dibujo de forma similar en una ventana de imagen.

Figura 16.25 Coloque el dibujo en la ventana de imagen de forma que pueda alinearse con la cara izquierda o la cara derecha del cubo que diseñe con el filtro Transformación 3D.

Los resultados del filtro Transformación 3D son realistas, pero por sí solos no pueden completar una escena. Las siguientes secciones muestran cómo complementar los efectos del filtro para crear una escena completa de una mesa para el paquete de cereales.

La forma de comenzar nuestra tarea sería la siguiente:

Creación de una forma 3D

1. Abra la imagen Pride.tif, de la carpeta Chap16 del CD adjunto (o utilice, en su lugar, una imagen de su propia creación).
2. Seleccione Filtro, Interpretar, Transformación 3D.
3. Pulse el botón que representa un cubo, y arrastre sobre la imagen desde la esquina superior izquierda hasta la esquina inferior derecha, de forma que la cara derecha del cubo quede, más o menos, situada sobre el dibujo del paquete, como en la Figura 16.26.

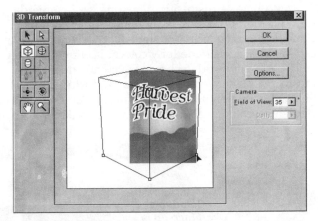

Figura 16.26 Cree el armazón del cubo de forma que su cara derecha caiga sobre la ilustración del paquete de cereales.

4. Si la cara derecha no cae directamente sobre la ilustración, utilice la herramienta Selección, situada en la esquina superior izquierda de la caja de herramientas, y arrastre el armazón hasta que el vértice situado entre sus caras izquierda y derecha quede en el borde izquierdo de la ilustración.
5. Con la herramienta Selección directa (situada en la esquina superior derecha de la caja de herramientas), arrastre el anclaje inferior izquierda del armazón hacia el vértice. Esto disminuye la profundidad de la caja. A continuación, arrastre el anclaje inferior derecha hacia la esquina inferior derecha de la ilustración (*véase* la Figura 16.27). Es posible que necesite ajustar de nuevo el anclaje inferior izquierda para hacer que la caja sea tan estrecha...como lo suelen ser las cajas de cereales.
6. Una vez que la cara derecha se adapte básicamente a la forma de la ilustración es el momento de mover y rotar la selección. Pulse la herramienta Trackball, mostrada en la Figura 16.28, y arrastre hacia abajo y hacia la derecha para obtener una vista en perspectiva de la caja. A continuación, con la herramienta Gran angular, arrastre la caja hacia la izquierda de forma que tenga una visión clara de la misma en la ventana de previsua-

lización. El filtro Transformación 3D hace una copia del contenido de la ventana de imagen, así que tendrá en la pantalla tanto el dibujo sin distorsionar como la caja 3D.

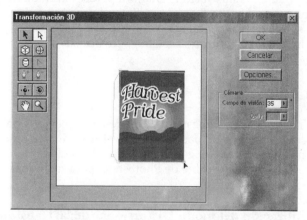

Figura 16.27 Arrastre los puntos de anclaje de la cara derecha para que la cara derecha del armazón se adapte a la forma del dibujo de los cereales.

7. Pulse OK para aplicar la Transformación 3D.

Figura 16.28 Dele una apariencia tridimensional a la ilustración utilizando la herramienta Trackball de Transformación 3D.

8. Con la herramienta Lazo poligonal, pulse las seis esquinas de la caja en la ventana de imagen y cierre la selección pulsando una sola vez el primer punto de la selección.
9. Pulse con el botón derecho del ratón (Macintosh: mantenga pulsada la tecla Ctrl y pulse con el ratón) y seleccione Capa vía cortar en el menú contextual.
10. Arrastre la capa de Fondo en la paleta Capas al icono de papelera de la paleta.

11. Guarde su trabajo como Pride.psd en el formato nativo de Photoshop. Mantenga el archivo abierto.

Bueno, la ilustración 2D ahora parece sin duda un paquete de cereales 3D, salvo por el hecho de que está flotando en el espacio. A continuación usaremos las funciones de Photoshop para dotar de contexto al paquete de cereales colocándolo en un entorno sencillo, pero atractivo.

Añadir una superficie de mesa

Una superficie de una mesa de madera complementaría perfectamente el tema de carácter natural del paquete de cereales 3D. En los pasos siguientes utilizaremos una imagen de catálogo de algún tipo de madera, en combinación con la función de Transformación libre de Photoshop, para crear una superficie de mesa.

Utilización del modo Distorsionar de la Transformación libre para crear un efecto de perspectiva

1. Abra la imagen Oak.tif de la carpeta Chap16 del CD adjunto.
2. En la paleta Capas, arrastre el título de la capa de Fondo a la ventana de la imagen Pride.psd. Esto inserta una copia de la madera en la imagen Pride.
3. Arrastre el título de la Capa 2 y suéltelo en el título de la Capa 1, en la paleta Capas, para colocar la madera detrás del paquete de cereales.
4. Arrastre la ventana de imagen para desplazar la imagen Pride.psd, de forma que se pueda ver algo del color de fondo; necesitaremos un poco de espacio adicional para ajustar las asas utilizadas para Distorsionar en la Transformación libre.
5. Pulse Ctrl(⌘)+T para mostrar la caja de contorno de la Transformación libre. Después, pulse con el botón derecho del ratón (Macintosh: mantenga pulsada la tecla Ctrl y pulse con el ratón) y seleccione Distorsionar en el menú contextual, como muestra la Figura 16.29.
6. Arrastre las asas de la caja de contorno para crear una forma irregular, como la mostrada en la Figura 16.30. Con esto habrá creado una superficie de mesa en perspectiva, en la que una de las esquinas se sale por el borde derecho de la composición.
7. Cuando la madera esté distorsionada apropiadamente, pulse dos veces dentro de la caja de contorno para terminar la definición del efecto o pulse Intro.
8. Pulse Ctrl(⌘)+S y mantenga el archivo abierto.

Añadir un sombreado y un fondo

Vamos ahora a arreglar el diseño un poco más. En los pasos siguientes, añadiremos un tono de fondo a la composición y una sombra al paquete de cereales.

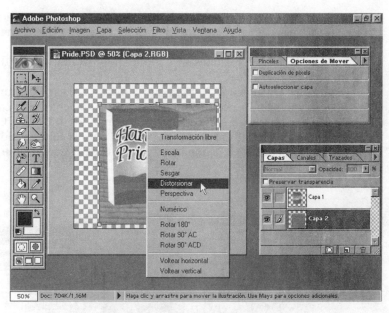

Figura 16.29 En el modo Distorsionar de la Transformación libre, cada esquina de la caja de contorno puede ser movida independientemente, sin afectar a las otras esquinas.

Figura 16.30 Distorsione la selección de la madera para que tenga la misma perspectiva que el paquete de cereales.

A continuación vamos a ver cómo trabajar con las capas para materializar el diseño:

Añadir un sombreado al diseño

1. Pulse el icono Crear capa nueva en la paleta Capas y arrastre la Capa 3 a la parte inferior de la paleta. La Capa 3 es la capa actual de edición.

2. Arrastre en el icono de la herramienta Degradado, y seleccione Degrada-do radial en el correspondiente menú desplegable de herramientas (es la segunda herramienta por la izquierda).

3. En la paleta Opciones, seleccione Color frontal a color de fondo en la lista desplegable.

4. Pulse D y después X, para que el blanco sea el color frontal activo.

5. Comenzando por la esquina superior derecha de la caja, arrastre para crear una línea como la mostrada en la Figura 16.31. Con ello creamos una especie de efecto de «amanecer» para la composición, sugiriendo así la hora del día a la que la mayor parte de la gente come cereales.

Punto inicial

Figura 16.31   Rellene la capa inferior con un gradiente que atraiga la mirada de la audiencia hacia el diseño del paquete.

6. Pulse el título de la Capa 2 en la paleta Capas para hacer que ésa sea la capa actual de edición, y pulse a continuación el icono Crear capa nueva. Aparecerá una nueva capa entre la madera y el paquete de cereales.

7. Utilizando la herramienta Lazo poligonal, pulse para crear una serie de puntos por detrás y a la izquierda de la caja, hasta crear una forma oblonga como la mostrada en la Figura 16.32. Pulse D y luego Alt(Opción)+Supr (Retroceso) para rellenar la forma con el color negro frontal. Pulse Ctrl(⌘)+D para deseleccionar el marco.

8. Arrastre el regulador de Opacidad de la paleta Capas hasta un valor aproximado del 50%. Esto permite que se vea parte del veteado de la madera a través de la sombra recién creada.

9. Pulse Ctrl(⌘)+S; mantenga el archivo abierto.

El lado izquierdo del paquete de cereales parece demasiado simple. Normalmente estaría cubierto con información nutricional, una lista de ingredientes y esos cupones de descuento que nadie parece nunca recortar. Nos encargaremos de remediar este descuido en la siguiente sección.

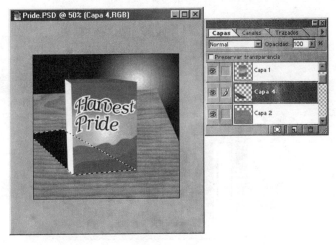

Figura 16.32 Cree una sombra «detrás» del paquete de cereales.

Añadir «información comercial» a la caja

Cuando se imprimen los ingredientes de los cereales en el correspondiente paquete, el contorno del texto es rectangular. Desde nuestro punto de vista en la escena, sin embargo, el panel izquierdo es un paralelogramo. En la siguiente secuencia de pasos crearemos un texto ficticio para el lateral del paquete y emplearemos de nuevo el modo Distorsionar de la Transformación libre, para hacer que los lados del panel que creemos encajen en el lateral del paquete.

El modo de terminar la composición sería el siguiente:

Adición de un panel lateral a un paquete de cereales

1. Pulse el título de la Capa 1 (el paquete de cereales) en la paleta Capas y pulse a continuación el icono Crear capa nueva, en la parte inferior de la paleta. Aparecerá el título de la nueva Capa 5; en ella es donde diseñaremos el panel lateral para el paquete.

2. Con la herramienta Marco rectangular, arrastre para crear una forma que sea de un tamaño aproximadamente igual al del panel izquierdo del paquete. Pulse X y luego Alt(Opción)+Supr (Retroceso) para rellenar de blanco la selección rectangular. Pulse Ctrl(⌘)+D para deseleccionar el marco.

3. Pulse X, seleccione la herramienta Pincel, elija el segundo pincel más pequeño en la paleta Pinceles y dibuje unos cuantos garabatos rectos imitando texto en el panel que acaba de crear. En la Figura 16.33 puede ver la versión del texto ficticio hecha por los autores.

4. Pulse Ctrl(⌘)+T y luego pulse con el botón derecho del ratón (Macintosh: mantenga apretada la tecla Ctrl y pulse con el ratón). Seleccione Distorsionar en el menú contextual.

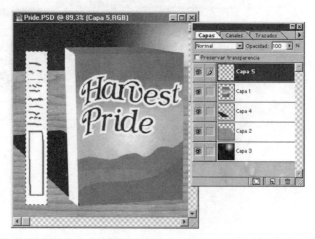

Figura 16.33 Simule la apariencia de un texto de muy pequeño tamaño pintando líneas onduladas a lo ancho del panel que ha creado.

5. Alinee las cuatro esquinas del panel con las cuatro esquinas del lateral de la caja, como muestra la Figura 16.34.

Figura 16.34 Ajuste el ángulo de perspectiva para que se corresponda con el lateral del paquete, ajustando la caja de contorno de distorsión a cada una de las cuatro esquinas.

6. Pulse Intro o efectúe una doble pulsación dentro de la caja de contorno de distorsión para finalizar la operación.

7. Pulse Ctrl(⌘)+S. Con esto el diseño estará terminado y debería ser similar a la Figura 16.35. Puede ya cerrar la imagen cuando lo desee.

Figura 16.35 Utilizando distintas capas, el modo Distorsionar de la Transformación libre y el filtro Transformación 3D podemos crear una escena completa.

Hasta ahora sólo hemos examinado uno de los posibles usos del filtro Transformación 3D. ¿Qué tal si nos embarcamos a continuación en una aventura de curvado de texto?

Utilización de la forma esférica de la Transformación 3D

Una de las tareas más comunes en los diseños, y una de las más difíciles de ejecutar, es la sutil curvatura de texto para crear un elemento tipográfico de diseño. En la siguiente sección veremos cómo transformar un texto de una forma diferente a como hemos hecho con el paquete de cereales.

Creación de un texto arqueado

Una de las mejores maneras de atraer la atención hacia una cabecera u otra frase de un diseño consiste en arquear el texto. La herramienta Transformación 3D hace que esta tarea no requiera prácticamente ningún esfuerzo, y los pasos siguientes le muestran cuál es el procedimiento:

La transformación 3D esférica

1. Abra la imagen Birthday.psd de la carpeta Chap16 del CD adjunto. La imagen tiene un texto de color negro en la capa «Happy Birthday!», con una imagen de fondo de una tarta con una vela.

2. Pulse la capa Happy Birthday! para convertirla en la capa actual de edición. Seleccione Filtro, Interpretar y luego Transformación 3D.
3. Seleccione la herramienta Esfera y arrastre para crear un círculo alrededor del texto Happy Birthday! Utilice la herramienta de Selección para centrar el círculo alrededor del texto, si fuera necesario.
4. Con la herramienta Trackball empuje hacia arriba hasta que el texto se asemeje al mostrado en la Figura 16.36. Pulse OK para aplicar el efecto.

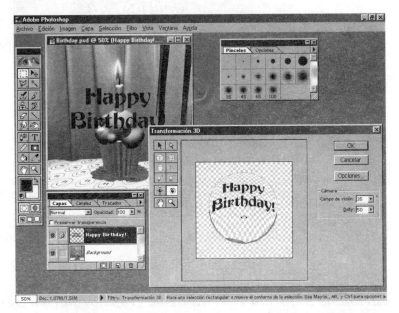

Figura 16.36 La herramienta esfera trata el texto y otras formas del diseño como si se encontraran sobre la superficie de un globo.

El color del texto es inadecuado para poder ser leído sobre la imagen de la tarta, pero lo creamos de esta manera para que se pudiera apreciar mejor el texto en la ventana de previsualización de Transformación 3D; un texto de color blanco situado en una capa no puede verse en la ventana Transformación 3D. Este problema puede corregirse fácilmente, y también necesitamos eliminar un efecto visual no deseado que ha aparecido en la imagen como consecuencia del proceso de Transformación 3D: podrá observar que Transformación 3D también ha hecho aparecer una porción de la parte trasera de la esfera en el diseño y, obviamente, no queremos que aparezca.

5. En la paleta Capas, marque la casilla Preservar transparencia.
6. Seleccione la herramienta Pincel, elija el último pincel de la fila superior en la paleta Pinceles y seleccione como color frontal actual el blanco.
7. Pinte con color blanco sobre el texto negro. Como puede ver en la Figura 16.37, el color sólo se aplica sobre las áreas opacas de la capa.
8. Desmarque la casilla Preservar transparencia y, a continuación, arrastre con la herramienta Lazo para crear un marco alrededor de la porción de

esfera de la imagen. Pulse Supr (Retroceso) y después Ctrl(⌘)+D para deseleccionar el marco.

9. ¡Hemos terminado! Guarde la imagen en su disco duro como Birthday.psd. Después, puede cerrarla cuando lo desee.

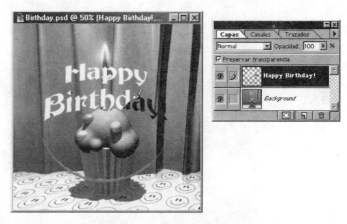

Figura 16.37 Utilice la opción Preservar transparencia para recolorear rápidamente un texto.

El modo Esfera de la herramienta Transformación 3D abre múltiples posibilidades de diseño de texto. Con ella podemos hacer que el texto se incline o se doble, o rodee a otros elementos de diseño dentro de la composición.

Siguiendo la corriente: filtros para complementar la geometría

A continuación vamos a echar un vistazo a algunos de los filtros artísticos que se suministran con Photoshop. Estos potentes filtros pueden no ofrecer las mismas posibilidades creativas que los que hasta ahora hemos visto, pero, aplicados a la imagen correcta, permiten obtener resultados sobresalientes.

El aspecto clave de las secciones siguientes es el de elegir la imagen correcta para cada filtro. Algunas imágenes no se prestan a utilizar todos los filtros modulares. Esencialmente, deberemos «seguir la corriente»; en otras palabras, si tenemos una imagen con una composición geométrica «dura» y bien definida, deberemos utilizar un filtro que acentúe dicha propiedad. Y si tenemos una imagen con un contenido suave, elegiremos un filtro que refuerce las características de suavidad.

Estilización de la escena de la mesa

Cambiar el punto focal de interés en una imagen resulta sencillo de realizar con la ayuda de filtros. Pueden dejarse áreas sin filtrar y jugar a continuación con el brillo y el contraste de la escena para atraer la atención hacia el punto que queramos. La siguiente tarea utiliza la imagen Desk.tif del CD adjunto. Como puede ver en la Figura 16.38, la lámpara domina la composición debido a su color y a su tamaño relativo. Suponga, sin embargo, que desea que el yoyo sea el foco de atracción de la composición. ¿Cómo podríamos lograr esto utilizando filtros? Los pasos siguientes tienen la respuesta.

Figura 16.38 En esta imagen, la lámpara es, claramente, el punto de atención.

Desplazamiento del énfasis visual utilizando filtros

1. Abra la imagen Desk.tif de la carpeta Chap16, en el CD adjunto. No se fije sólo en las figuras que siguen; Desk.tif es una imagen en color que sólo podrá apreciar adecuadamente en su pantalla.
2. Con la herramienta Marco rectangular, arrastre en la imagen alrededor del yoyo y luego pulse con el botón derecho del ratón (Macintosh: mantenga apretada la tecla Ctrl y pulse con el ratón). Seleccione Capa vía copiar en el menú contextual.
3. Oculte la nueva capa (pulse el icono que representa un ojo) y luego pulse la capa de Fondo para seleccionarla como capa actual de edición.
4. Seleccione Filtro, Artístico, Cuarteado.
5. Arrastre el regulador del Número de niveles hasta el valor 3. Este control posteriza la imagen original y el valor 3 simplifica los colores de Desk. tif.
6. Arrastre el regulador de Simplicidad de borde hasta el valor 2. Esto simplifica las líneas de la imagen, ignorando los detalles más finos.
7. Deje el parámetro Fidelidad de borde con su valor predeterminado de 2. Esto crea una representación más distorsionada de la escena, la cual, como puede observar en la Figura 16.39, es ahora más estilizada, disminuyendo su importancia visual.

Figura 16.39 Utilice el filtro Cuarteado para estilizar las áreas de la capa de Fondo.

8. Pulse OK para aplicar el filtro.

9. Pulse Ctrl(⌘)+U para mostrar el cuadro de diálogo Tono/saturación.

10. Marque la casilla Colorear y arrastre a continuación el regulador de Tono hasta un valor aproximado de 259. Esto proporciona a la imagen un tono púrpura. Pulse OK para aplicar la orden.

11. Vuelva a mostrar el yoyo de la Capa 1, eliminando su condición de oculta. Seleccione dicha capa como capa actual de edición y luego elija la opción de menú Capa, Efectos, Sombra paralela.

12. Introduzca el valor **28** en el campo Distancia y un valor también de **28** en el campo Desenfocar, y pulse OK. Esta configuración genera la gruesa pero sutil sombra mostrada en la Figura 16.40.

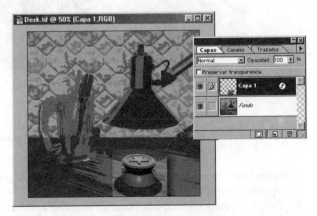

Figura 16.40 Utilice Efectos de Capa para distanciar del fondo aún más el yoyo resaltado.

13. Con esto terminamos y hemos enfatizado con éxito el yo-yo en la imagen, a pesar de los otros elementos dominantes. Guarde su trabajo como Yo-Yo.psd en el formato nativo de archivo de Photoshop.

A continuación vamos a probar un enfoque diferente, creando una «sinfonía inacabada» a partir de la imagen Desk.tif.

Utilización de dos filtros y dos capas

Al pintor americano Gilbert Stuart se le recuerda principalmente por su retrato inacabado de George Washington. Aunque Stuart y su hija realizaron muchas versiones de esta obra, la versión con la esquina esbozada, sin pintar, se ha convertido en todo un símbolo entre las obras maestras.

En los pasos siguientes recrearemos este aspecto clásico utilizando diferentes filtros y una copia adicional de la imagen Desk situada en una capa.

Creación de una obra maestra inacabada

1. Abra la imagen Desk.tif de la carpeta Chap16, en el CD adjunto.
2. En la paleta Capas, arrastre el título de la capa de Fondo hasta el icono Crear capa nueva. Esta operación duplica la capa, y la copia del fondo pasa a ser la capa de edición actual.
3. Seleccione Filtro, Estilizar, Hallar bordes. Este filtro no dispone de ninguna opción, aplicándose de manera inmediata (*véase* la Figura 16.41). Observe que el filtro Hallar bordes funciona mejor con las imágenes que contengan una geometría claramente definida, como es el caso de ésta.

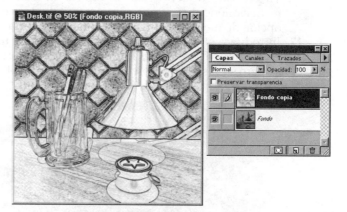

Figura 16.41 El filtro Hallar bordes elimina el relleno de las distintas áreas y traza un borde allí donde exista un contraste de color.

4. Seleccione la herramienta Borrador y, en la paleta Opciones, seleccione la opción Pincel en la lista desplegable.
5. Pulse un área vacía de la paleta Pinceles; aparecerá el cuadro de diálogo Nuevo pincel.
6. Introduzca el valor **45** en el campo Diámetro, asegúrese de que la Dureza seleccionada es del 100% y pulse OK. En la paleta aparecerá un pincel nuevo, de gran tamaño y con los bordes bien marcados.
7. Empiece a borrar la capa Fondo copia mediante pinceladas diagonales, de arriba a abajo. Permita que se aprecien las diferentes pinceladas y no borre completamente la capa. Detenga la operación cuando la imagen sea similar a la que se muestra en la Figura 16.42.

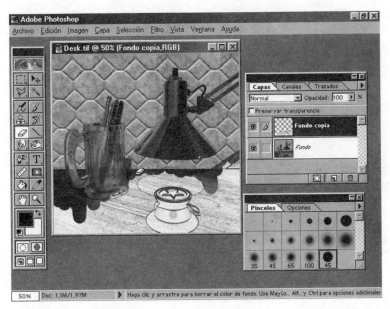

Figura 16.42 Borrando la mayor parte de la capa a la que se ha aplicado Hallar bordes, podemos hacer que la imagen parezca un cuadro inacabado, donde se aprecian los trazos del lápiz.

La imagen de Fondo es demasiado compleja como para contrastar de manera adecuada con la capa generada mediante Hallar bordes. En los pasos siguientes vamos a encargarnos de simplificar la capa de Fondo...

8. Pulse el título de la capa de Fondo, en la paleta Capas, y seleccione Filtro, Artístico, Bordes añadidos.

9. Arrastre el regulador de Anchura de borde hasta el valor 4, lo que aumenta el grosor de los bordes dibujados en la imagen.

10. Arrastre el regulador de Intensidad de borde hasta el valor 7, lo que hará que resalten bastante en la imagen los bordes dibujados.

11. Deje el regulador de Posterización con su valor predeterminado de 2. Este regulador controla el número de colores diferentes que el filtro reproducirá en la imagen. Pulse OK para aplicar el filtro.

12. Pulse la capa Fondo copia y luego Ctrl($\mathcal{H}$)+U.

13. En el cuadro de diálogo Tono/saturación, arrastre el regulador de Saturación hasta -100, para eliminar todo el color, y pulse OK. Ahora hay suficiente contraste entre la imagen en color posterizada y el «bosquejo a lápiz» de la capa generada mediante Hallar bordes, como muestra la Figura 16.43.

14. Seleccione Archivo, Guardar como, y guarde la imagen en su disco duro con el nombre de Sketch.psd, en el formato de archivo nativo de Photoshop. Puede cerrar la imagen cuando quiera.

Hasta ahora no hemos tenido que preparar ninguna imagen antes de aplicar un filtro, porque las imágenes que hemos empleado no requerían ningún arreglo especial antes de la aplicación de cada filtro específico. Para completar nuestra exploración relativa al uso creativo de filtros, echemos un vistazo al filtro favorito de los autores: el filtro de Color diluido

Figura 16.43 Las dos versiones de la imagen se mezclan de manera armoniosa porque se han utilizado los filtros apropiados.

Utilización del filtro de Color diluido

El filtro Color diluido es, tal vez, el más sofisticado de todos los filtros modulares, porque genera imágenes que parecen bonitas acuarelas tradicionales, con aguas y trazos de color en su superficie.

El mejor tipo de imágenes para utilizar con el filtro de Color diluido son las escenas naturales, porque las acuarelas y las imágenes de carácter natural han ido históricamente de la mano. La audiencia espera, por tanto, que el contenido visual de nuestra acuarela sintética sea una escena de tipo natural.

Aplicar el filtro Color diluido a una fotografía de una escena natural sin ajustar primero la imagen producirá, sin embargo, una acuarela fea. El filtro Color diluido tiende a crear áreas oscuras, disminuyendo, en conjunto, la intensidad de color en la imagen. Es necesario, por tanto, incrementar primero el color y aumentar la iluminación de la imagen antes de aplicar el filtro.

Creación de escenas de acuarela (el marco no está incluido en el precio)

1. Abra la imagen Fall.tif de la carpeta Chap16, en el CD adjunto.
2. Pulse Ctrl(⌘)+L para mostrar el cuadro de diálogo Niveles.
3. Introduzca el valor **1,45** en el campo central de los Niveles de entrada y pulse OK. Esto elimina los tonos intermedios de la imagen, pero eso no importa, porque el filtro Color diluido generará profundas sombras en la mayoría de las áreas cuya iluminación hemos incrementado.
4. Pulse Ctrl(⌘)+U para mostrar el cuadro de diálogo correspondiente a la orden Tono/saturación.

5. Arrastre el regulador de Saturación hasta un valor aproximado de +30 y pulse OK. La escena otoñal es más brillante de lo que sería esperable, pero el filtro Color diluido aplanará en cierto grado la imagen.

6. Seleccione Filtro, Artístico, Color diluido.

7. Arrastre el regulador Detalle de pincel hasta el valor 14, lo que incrementará el nivel de detalle en la imagen filtrada.

8. Arrastre el regulador Intensidad de sombra hasta 0. Esto elimina en parte el efecto de «bloqueo» que puede apreciarse tradicionalmente cuando una acuarela real se seca de manera no uniforme.

9. Arrastre el regulador de textura hasta el valor 2. Esto controla la intensidad de las «licencias artísticas» que el filtro puede tomarse con la imagen original. Cuando el cuadro de diálogo se asemeje al mostrado en la Figura 16.44, pulse OK.

Figura 16.44 Utilice esta configuración para realizar una versión con acuarela bastante detallada de la imagen original.

10. Con esto hemos terminado. Como puede ver en la Figura 16.45 (aunque esté en blanco y negro), el trasladar la escena a un soporte diferente (desde fotografía a acuarela) proporciona un mayor interés visual a la escena original.

Figura 16.45 Truco Photoshop n° 1003: Puede aumentarse el interés de una fotografía visualmente aburrida filtrándola sin más.

11. A menos que esté buscando algo para colgar sobre su sofá, no es necesario que guarde Fall.tif. Puede cerrar la imagen, sin guardarla, cuando lo desee.

El filtro Color diluido asimismo funciona bien con fotografías de personas. Es posible que no pueda *reconocer* a las personas después de filtrar la imagen, pero cuanto más carácter tenga una cara, mayor interés visual puede añadirse utilizando el filtro Color diluido.

Resumen

Hemos visto diversos ejemplos de cómo utilizar filtros como un paso más dentro del proceso creativo. Con unas pocas excepciones, un filtro modular no mejorará por sí sólo el aspecto de una imagen, de la misma manera que el vestirse de artista no hace que uno sea un artista mejor.

En el Capítulo 17, «Efectos especiales con Photoshop», vamos a pasar de los efectos con filtros a los efectos especiales. En él podrá ver cómo los trucos utilizados en Hollywood pueden realizarse directamente en su computadora personal.

EFECTOS ESPECIALES EN PHOTOSHOP

Los efectos especiales pertenecen a una de estas dos categorías:

- El espectador no es consciente de que se ha utilizado un efecto especial.
- El efecto especial resulta obvio, pero ha sido ejecutado de forma tan realista que el espectador suspende su incredulidad.

En este capítulo trataremos de ambos tipos de efectos especiales: una ilusión convincente y una tarea de retoque que es completamente invisible para el espectador.

En primer lugar veremos cómo crear un hombre invisible y, más adelante en el capítulo, utilizaremos la cara de una persona para retocar la cara de otra persona diferente. Si esto le suena divertido es porque en realidad lo es, y forma parte del repertorio de trucos de los diseñadores profesionales.

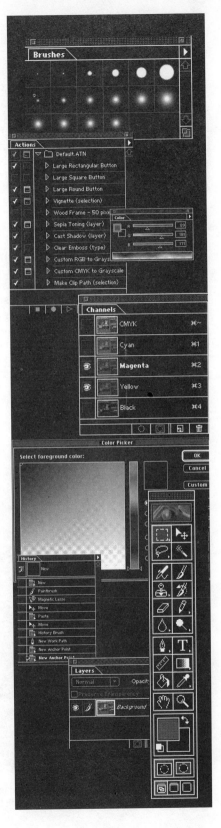

Cómo extraer a alguien de sus ropas (con su permiso)

En opinión del autor, se han utilizado demasiadas copias de Photoshop para generar imágenes de personas famosas despojadas de sus ropas. Así que, para variar, ¿por qué no despojar de su persona a la ropa, dejando sólo *la ropa* en la imagen? Es un buen truco visual crear un «hombre invisible» y la primera sección de este capítulo le guiará a través de los pasos necesarios para crear dicha ilusión.

Comience con una imagen que contenga movimiento

La imagen que utilizaremos en esta sección acerca del hombre invisible fue cuidadosamente planeada para hacer que el cuerpo del actor parezca estar en movimiento. Si hacemos que el modelo pose simplemente de pie, la ilusión del hombre invisible no resulta tan convincente, porque parece como si simplemente hubiéramos rellenado un traje con periódicos o algo similar. Cuando terminemos con ella, la imagen Bigwalk.tif parecerá como si una camisa y unos pantalones estuvieran paseando por su cuenta por la acera.

La imagen base para nuestra composición del hombre invisible se muestra en la Figura 17.1. Fíjese en el movimiento y en los dobleces existentes tanto en la camisa como en los pantalones. También resulta importante el entorno del actor; la vegetación con follaje y el cemento facilitarán la replicación de estas áreas sobre el actor.

Figura 17.1 Planifique cuidadosamente las imágenes que utilizará con sus efectos especiales para que la edición de la imagen sea una tarea creativa en lugar de rutinaria.

Eliminación de un área clonando en ella

El área de la cabeza del actor será fácil de eliminar clonando árboles en ella. Rellenar la camisa en la zona donde se encuentra el cuello del actor resultará algo más complicado. Empecemos, sin embargo, por el principio. En los pasos siguientes utilizaremos la herramienta Tampón para eliminar la mayor parte de la cabeza del actor. Más tarde nos encargaremos del cuello de la camisa.

Perder la cabeza en el trabajo

1. Abra la imagen BigWalk.tif de la carpeta Chap17, en el CD adjunto.
2. Agrande la visión de la cabeza del actor hasta una resolución del 200%.
3. Seleccione la herramienta Tampón y luego el tercer pincel por la izquierda en la segunda fila de la paleta Pinceles.
4. Apriete la tecla Alt(Opción) y pulse con el ratón en un área de vegetación de la imagen, no demasiado cercana a la cabeza del actor. Con ello se fija el punto de muestreo para la herramienta Tampón.
5. Realice una serie de trazos sobre la parte superior de la cabeza del actor, como muestra la Figura 17.2.

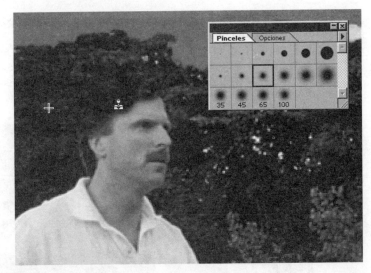

Figura 17.2 Sustituya la parte superior de la cabeza del actor con la vegetación circundante.

6. Apriete la tecla Alt(Opción), pulse en un área verde del fondo distinta y continúe eliminando la cabeza del actor. Es importante que las áreas sustituidas no parezcan todas iguales; es por ello que resulta crucial cambiar el punto de muestreo de la herramienta Tampón a intervalos regulares. Recuerde que dichas áreas de vegetación serán visibles en la imagen final.
7. Cuando haya alcanzado la parte superior del cuello de la camisa del actor, seleccione Archivo, Guardar como y guarde la imagen en su disco duro con el nombre de Bigwalk.tif. Mantenga abierto el archivo.

Es el momento de sustituir el cuello del actor con un color que sugiera el interior de una camisa vacía.

Utilización de las herramientas Pluma y Aerógrafo

Para las selecciones con bordes marcados, como el borde del cuello de la camisa del actor, la herramienta Pluma es ideal para aislar las áreas dentro de las cuales queremos pintar. Si se fija en el sombreado de la camisa, observará que existen algunas transiciones de color marcadas y otras suaves. Debemos suponer que esta camisa del hombre invisible estará descansando sobre sus hombros y que no habrá muchas arrugas en su interior. Por tanto, son necesarias transiciones suaves de sombras para crear el interior de la camisa. En los siguientes pasos se emplea la herramienta Aerógrafo porque no deja marcas de pinceladas, sino sólo transiciones suaves entre los diferentes colores que especifiquemos.

La forma de rellenar el interior del cuello de la camisa es la siguiente.

Eliminación del cuello

1. Agrande la imagen del cuello del actor (o lo que queda de él) hasta una resolución del 400%.
2. Con la herramienta Pluma, arrastre para crear una serie de puntos de anclaje a lo largo de la línea divisoria entre los tonos de color carne del cuello del actor y el borde interior del cuello de la camisa, como en la Figura 17.3.

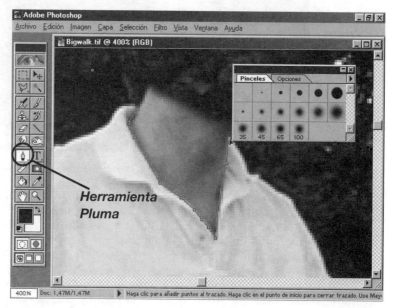

Figura 17.3 Defina un recorrido a lo largo del borde del cuello de la camisa del actor.

3. Cierre el recorrido a lo largo de la parte superior del cuello de la camisa. No es necesario ser muy precisos, ya que más adelante refinaremos la línea del cuello de la camisa.

4. En la paleta Trazados, pulse el icono Carga el trazado como selección y luego un área vacía de la paleta, para ocultar el trazado.

5. Seleccione la herramienta Aerógrafo y luego el pincel de 35 píxeles de la paleta Pinceles. Apriete la tecla Alt(Opción) y luego pulse en un área blanca de la camisa del actor. Este color será el que actúe como base para el interior de la camisa.

6. Cubra completamente el interior del marco de selección y después apriete Alt(Opción) y pulse un área sombreada cerca del cuello de la camisa del actor para muestrear su color.

7. Pinte el lado izquierdo del marco de selección, como muestra la Figura 17.4. Estamos añadiendo una sombra como la que arrojaría la parte delantera de la camisa sobre el interior.

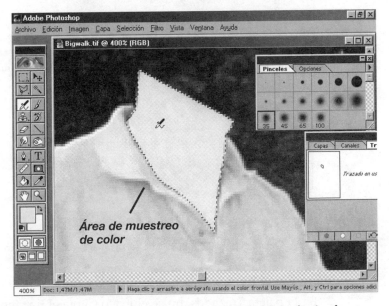

Figura 17.4 Añada un sombreado suave utilizando la herramienta Aerógrafo.

8. Pulse Ctrl(⌘)+D para deseleccionar el marco.

9. Pulse Ctrl(⌘)+S y mantenga abierto el archivo.

Encarguémonos ahora de la parte superior de la camisa del actor.

El «ritmo» de las herramientas

En cuanto haya comenzado a trabajar en esta tarea, observará que adopta un cierto ritmo natural de dos pasos: en primer lugar se define un área con la herramienta Pluma, y después se replica sobre ella otra parte de la imagen empleando la herramienta Tampón.

Esto es exactamente lo que necesitamos para crear el borde superior del cuello de la camisa. La manera de completar esta área es la que a continuación se explica.

Dando forma al cuello

1. Con la herramienta Pluma, cree un arco que conecte el lado izquierdo del cuello de la camisa con el lado derecho. Cierre el recorrido por encima de la parte superior del cuello, como en la Figura 17.5.

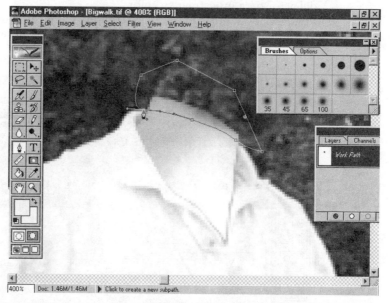

Figura 17.5 Defina el borde del cuello de forma que sea coherente con las otras áreas del mismo.

2. En la paleta Trazados, pulse el icono Carga el trazado como selección y luego pulse un área vacía de la paleta para ocultar el trazado de trabajo.
3. Con la herramienta Tampón, apriete la tecla Alt(Opción) y pulse en un área de vegetación que no esté muy próxima al marco de selección. Después, realice una serie de trazos sobre el borde inferior de la selección, hasta obtener un borde superior del cuello limpio y continuo.
4. Pulse Ctrl(⌘)+D para deseleccionar el marco. Pulse Ctrl(⌘)+S y mantenga abierto el archivo.

Observará que algunas áreas del borde en la parte anterior del cuello de la camisa no encajan muy bien con las sombras que dibujamos con el aerógrafo. En la siguiente sección nos ocupamos de corregir este problema.

Utilización de la herramienta Dedo

La herramienta Dedo resulta muy adecuada para «trucar» aquellas áreas de la imagen de las que no nos sintamos muy seguros. Utilizando la herramienta Dedo, que trata los píxeles como si fueran pintura húmeda, pueden reconciliarse de forma muy efectiva áreas diferentes que tengan los bordes muy marcados.

En el estado actual de nuestra tarea hay dos áreas que necesitan un cierto trabajo: la parte superior izquierda del cuello de la camisa, por un lado, y la parte central derecha, donde hay algunos dobleces en el cuello. Veamos cómo la herramienta Dedo puede corregir ambas áreas problemáticas.

Pasando el Dedo por la imagen

1. Seleccione la herramienta Dedo; en la versión 5 de Photoshop esta herramienta ha sido recolocada en el menú flotante de herramientas de enfoque de la caja de herramientas.
2. Seleccione el pincel de la izquierda en la segunda fila de la paleta Pinceles. Asegúrese, en la paleta Opciones, de que la Presión está fijada al 50%.
3. Arrastre desde el borde izquierdo del cuello hacia el área que habíamos rellenado con el aerógrafo, como muestra la Figura 17.6. Sólo hacen falta tres o cuatro trazos para mezclar las dos áreas. Arrastre *desde* el borde del cuello *hacia* el interior de la camisa.

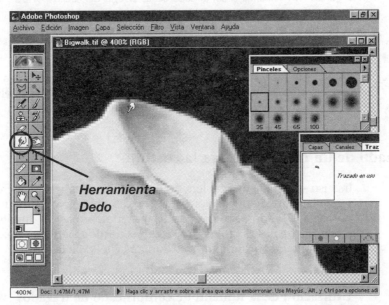

Figura 17.6 Difumine las áreas originales del cuello de la camisa hacia el área rellenada mediante el aerógrafo.

4. En el lado derecho del cuello, arrastre con la herramienta Dedo desde las áreas sombreadas de las arrugas hacia el interior de la camisa, como

muestra la Figura 17.7. Con ello podrá crear una continuidad con el cuello que no estaba presente en la imagen original.

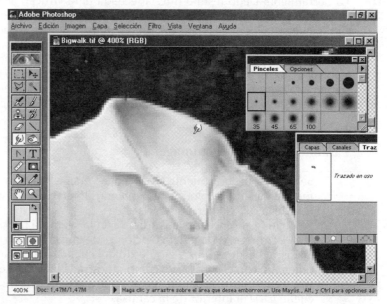

Figura 17.7 Extienda el sombreado de las arrugas del cuello. Arrastre la herramienta Dedo desde las áreas originales hacia el área pintada con el aerógrafo.

5. Pulse Ctrl(⌘)+S y mantenga abierto el archivo.

Lo que falta en la imagen es el borde interior, la costura, del cuello de la camisa. Naturalmente, dicha costura estaba oculta por el cuello del actor, pero vamos a añadir un borde convincente en la siguiente sección.

Trazado de un recorrido para la costura

Incluso si emplea una tableta digitalizadora, es muy difícil crear arcos limpios y regulares mediante herramientas de dibujo. Es por esto que Photoshop proporciona Trazados que pueden usarse como guías de dibujo. En la siguiente secuencia de pasos vamos a crear un recorrido abierto y a trazar sobre él con el color frontal, para simular la costura del cuello de la camisa.

Utilización de la función de contorneado de trazados

1. Con la herramienta Pluma, arrastre para crear un arco con una longitud aproximada de $1/2$ pulgada de pantalla, en el interior del cuello de la camisa. Mire la Figura 17.8 para ver la forma y localización del recorrido necesario.

2. Con la herramienta Cuentagotas, seleccione un área sombreada de la camisa del actor. Éste será ahora el color frontal activo.

3. Seleccione la herramienta Pincel y luego el segundo pincel de la izquierda en la fila superior. Luego pulse el icono Contornea el trazado con el color frontal, en la parte inferior de la paleta Trazados. La Figura 17.8 ilustra este proceso.

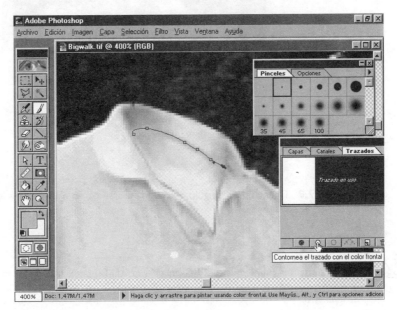

Figura 17.8 Se pueden pintar arcos suaves y regulares mediante la función de contorneado de un trazado.

4. Pulse un área vacía de la paleta Trazados, para ocultar el trazado y ver el resultado de la operación.

Dado que estamos trabajando con el cuello de la camisa, ¿qué le parecería si tratamos de sugerir la etiqueta del fabricante en el interior del cuello?

5. Con la herramienta Lazo, mantenga apretada la tecla Alt(Opción) y pulse para crear cuatro esquinas en mitad del cuello de la camisa, ligeramente por encima de la costura recién creada, como muestra la Figura 17.9.

6. Pulse con el botón derecho del ratón (Macintosh: apriete la tecla Ctrl y pulse con el ratón) y seleccione Contornear en el menú contextual.

7. En el cuadro de diálogo Contornear, especifique 1 pixel de Anchura y fije como Posición el Centro del marco de selección. Pulse OK para generar el contorno.

8. Pulse Ctrl(⌘)+D para deseleccionar el marco. Pulse Ctrl(⌘)+S y mantenga abierto el archivo.

No tiene ningún sentido tratar de embellecer la etiqueta del fabricante más allá de lo que este simple rectángulo proporciona. La resolución de la imagen

no es suficiente para tratar de insertar un nombre o un logotipo en este pequeño rectángulo; como puede observar, los pantalones y el cinturón del actor
tampoco incluyen ningún texto legible.

Figura 17.9   Defina un rectángulo que pueda usarse como plantilla para la etiqueta del fabricante.

*Si selecciona una función de contorneado de un trazado pero no selecciona ninguna herramienta
de dibujo, el contorno del trazado se generará usando la herramienta Lápiz y un pincel de 1 píxel
de diámetro.*

En la Figura 17.10 puede ver el resultado después de completar la primera
fase de nuestro ejercicio de ilusionismo. Ahora, el sujeto de la figura ¡se parece
en cierto modo al compañero de habitación del autor en la Universidad!

Alineación de puntos de muestreo para el borrado de los brazos.

Una de las ventajas de haber tomado esta fotografía en un paseo es que hay
muchos puntos de referencia para alinear la herramienta Tampón con su objetivo. El brazo derecho del actor, por ejemplo, está situado sobre un área donde
la hierba y el cemento se juntan. Así borrar el brazo es más una tarea de definir
de manera precisa el punto de muestreo que una prueba de habilidad.

La manera de hacer que el actor desaparezca un poco más es la siguiente.

Clonación de áreas adicionales del fondo

1. Reduzca la resolución al 300% y desplace la ventana de forma que el brazo derecho del actor quede centrado en la pantalla.

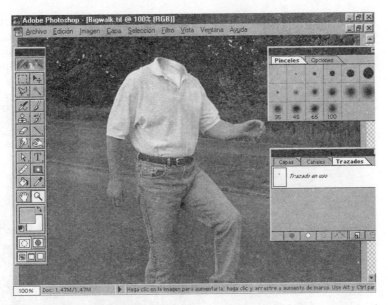

Figura 17.10 Utilizando las técnicas de replicación y algo de dibujo en los lugares adecuados, se puede generar una ilusión convincente.

2. Seleccione la herramienta Tampón y el segundo pincel de la izquierda en la segunda fila de la paleta Pinceles. Apriete Alt(Opción) y pulse sobre el borde donde la hierba y el paseo se juntan.

3. Pulse en el área donde crea que la carretera se junta con la hierba detrás de la muñeca del actor, más o menos en el lugar indicado en la Figura 17.11. Habiendo alineado el punto de muestreo con el punto objetivo, puede clonar libremente sobre el brazo del actor.

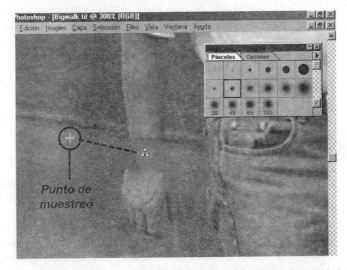

Figura 17.11 Haga que la herramienta Tampón se alinee con el borde entre la hierba y la carretera. La tarea de replicar sobre otras áreas resulta así simplificada.

4. Deténgase antes de llegar al codo del actor. Defina con la herramienta Pluma un borde estrecho de selección donde el antebrazo se junta con la manga de la camisa. Cierre el trazado por fuera del área del codo para rodear el resto del brazo del actor, como muestra la Figura 17.12.

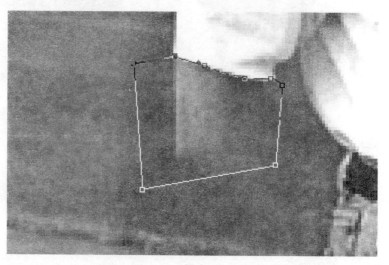

Figura 17.12   Defina un trazado alrededor del área que aún queda por eliminar. Asegúrese de que el trazado sea bien preciso a lo largo del borde de la manga.

5. Pulse el icono Carga el trazado como selección, en la parte inferior de la paleta Trazados, y luego pulse un área vacía de la paleta para ocultar el trazado de trabajo.
6. Con la herramienta Tampón, apriete la tecla Alt(Opción) y pulse un área de hierba que no esté muy próxima al marco de selección.
7. Elimine con una serie de trazos el área de selección, como muestra la Figura 17.13.
8. Pulse Ctrl($\mathcal{H}$)+S; mantenga abierto el archivo.

Para continuar con la tarea, nos encargaremos en la siguiente sección del brazo izquierdo del actor.

Diseño del interior de la manga

Si se fija atentamente en los pasos de retoque del ejemplo anterior, podrá observar que la manga se aleja del observador, lo que facilitó la tarea de seleccionar hasta el borde y borrar el brazo.

Si nos fijamos en el brazo izquierdo del actor, sin embargo, podemos ver que hay un problema que necesitamos solucionar. La manga de la camisa apunta ligeramente hacia el observador; por tanto, para poder crear una manga «vacía» convincente, tendremos que utilizar una técnica similar a la empleada al eliminar la cabeza del actor.

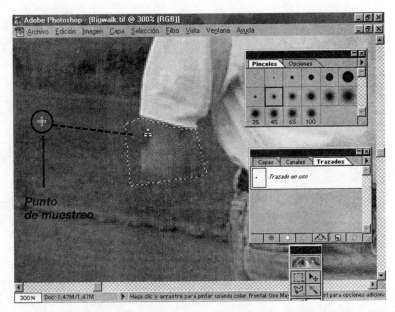

Figura 17.13 Seleccione los puntos de muestro y objetivo de la herramienta Tampón de forma que la línea de unión vaya en la misma dirección diagonal que la carretera de la imagen.

A continuación vamos a ver cómo efectuar los retoques para eliminar el brazo izquierdo del actor.

Eliminación del brazo izquierdo

1. Con la herramienta Pluma, cree un trazado cerrado similar al que se muestra en la Figura 17.14. Observe que una pequeña parte del brazo del actor cae fuera del trazado. Esto se ha hecho así a propósito, porque dicha área será reemplazada por la vista «interior» de la manga.

2. Pulse el icono Carga el trazado como selección, en la parte inferior de la paleta Trazados, y luego pulse un área vacía de la paleta para ocultar el trazado.

3. Con la herramienta Tampón, utilice la carretera como guía para la determinación del punto de muestreo. Apriete la tecla Alt(Opción) y pulse con el ratón justo en el borde de la carretera situada detrás del brazo.

4. Pulse sobre el codo del actor, en el punto donde crea que se juntan la hierba y la carretera del fondo. Arrastre a voluntad dentro de la selección para replicar sobre el brazo izquierdo, como muestra la Figura 17.15.

5. Pulse Ctrl($\mathcal{H}$)+D para deseleccionar el marco. Haga zoom para obtener una vista al 400% de la manga de la camisa.

6. Con la herramienta Pluma, cree una forma ligeramente oval que pase sobre el borde de la zona del brazo no eliminada y sobre el borde de la manga de la camisa. La Figura 17.16 muestra con claridad este área.

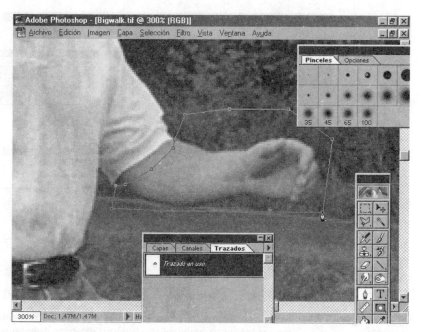

Figura 17.14 Defina un trazado que rodee el brazo izquierdo. No rodee completamente el área del codo.

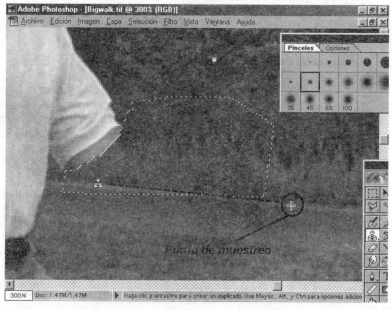

Figura 17.15 Mantenga alineados los puntos fuente y objetivo para la operación de clonación, utilizando un punto de referencia visual común, y el trabajo de retoque será indetectable.

Figura 17.16 Cree una forma que sirva como remate de la manga de la camisa.

7. Pulse el icono Carga el trazado como selección, en la paleta Trazados, y luego pulse un área vacía de la paleta para ocultar el trazado de trabajo.

8. Con la herramienta Aerógrafo, apriete Alt(Opción) y pulse un área blanca de la camisa para muestrear el color; después, rellene el marco de selección.

9. Apriete Alt(Opción) y pulse un área sombreada de la camisa. Seleccione el modo Multiplicar en la paleta Opciones de Aerógrafo.

10. Pulse, sin arrastrar, una o dos veces sobre la parte izquierda del marco de selección. Como puede ver en la Figura 17.17, esta operación permite sombrear el «interior» de la manga.

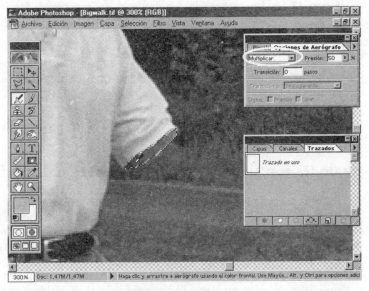

Figura 17.17 Lo simple es bello. Utilice sólo uno o dos «toques» con la herramienta Aerógrafo para completar el sombreado interior de la manga.

11. Pulse Ctrl(⌘)+D para deseleccionar el marco. Pulse Ctrl(⌘)+S y mantenga abierto el archivo.

Informe de progreso: si su imagen se parece en este punto a la de la Figura 17.18, está haciendo un buen trabajo. Nuestro actor parece perder sustancia a cada minuto que pasa, ¿verdad?

Figura 17.18 Una cabeza y dos brazos menos, y sólo nos queda desembarazarnos de las zapatillas.

Su trabajo de edición ha sido excelente hasta el momento, y ahora es el momento de ir un poco más allá. Sería una excelente ilusión el que la escena contuviera sólo los pantalones y la camisa, sin las zapatillas, levitando por encima de la carretera. En las siguientes secciones vamos a quitarle las zapatillas al actor.

Los pantalones son siempre demasiado largos o demasiado cortos

Incluso si uno piensa que tiene la talla justa para que los pantalones le queden bien, la longitud parece ser siempre ideal para ir de pesca o, por el contrario, disponemos de unos cuantos centímetros extra de tela sobre los que apoyar el talón. El actor de la imagen no es una excepción, y por eso decidió sacar la lengüeta de las zapatillas para sujetar la tela que sobraba.

Esto nos causa un cierto problema a la hora de eliminar las zapatillas, porque éstas ocultan en parte el bajo del pantalón. Solventaremos esta dificultad menor en los pasos que siguen.

Clonación sobre la zapatilla izquierda

1. Reduzca la ampliación de la escena hasta el 300%. Centre en la pantalla la zapatilla izquierda del actor (que queda a la derecha en la imagen).
2. Con la herramienta Pluma, defina un trazado que rodee el pie y cuya parte superior deje fuera la lengüeta de la zapatilla, como muestra la Figura 17.19.

Figura 17.19 Haga que la línea superior del trazado sea consecuente con el bajo del pantalón. Ignore la lengüeta de la zapatilla que oculta el bajo parcialmente.

3. Pulse el icono Carga el trazado como selección, en la parte inferior de la paleta Trazados, y luego pulse un área vacía de la paleta para ocultar el trazado.
4. Con la herramienta Tampón, apriete Alt(Opción) y pulse un área de la carretera. A continuación pinte sobre la zapatilla en el marco de selección, como muestra la Figura 17.20.
5. Pulse Ctrl(⌘)+D para deseleccionar el marco.
6. Con la herramienta Pluma, defina un área justo a la izquierda de la lengüeta de la zapatilla y algo más grande que ésta. Este área, mostrada en la Figura 17.21, será la pieza de repuesto para la lengüeta.
7. Pulse el icono Carga el trazado como selección, en la paleta Trazados, y luego pulse un área vacía de la paleta para ocultar el trazado.
8. Con la herramienta Mover, mantenga apretado Ctrl(⌘)+Alt(Opción) y arrastre una copia del contenido del marco de selección hasta que cubra la lengüeta de la zapatilla, como muestra la Figura 17.22.
9. Cuando la copia esté en la posición correcta, pulse Ctrl(⌘)+D para depositar la copia, reemplazando así el área de la lengüeta.
10. Pulse Ctrl(⌘)+S y mantenga abierto el archivo.

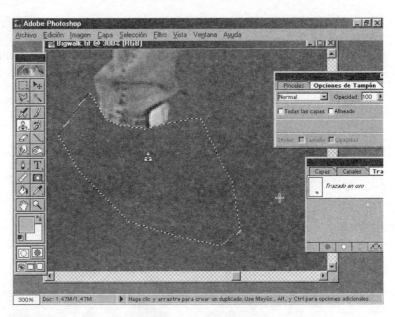

Figura 17.20 Clone el área del pavimento sobre el área de la zapatilla.

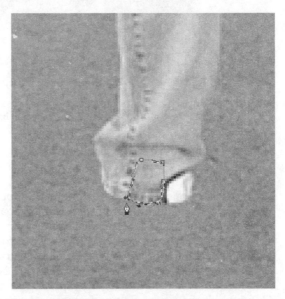

Figura 17.21 Cree un trazado alrededor de una porción de la pernera del pantalón que pueda ser usada para reemplazar el área de la lengüeta.

Cuando la ropa tiene arrugas, es difícil decir si un trozo copiado «pertenece» a la trama original de la tela. Esto es así para la operación de copia realizada en el ejemplo anterior. ¿Es absolutamente correcta esa parte frontal del bajo del pantalón? No; pero nadie se dará cuenta.

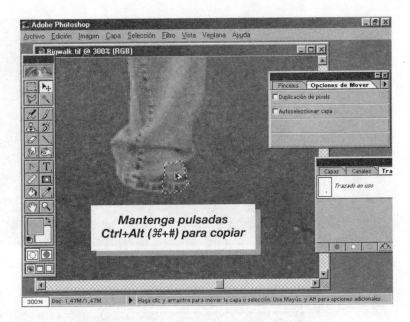

Figura 17.22 Con la herramienta Mover y otras herramientas de selección, Ctrl(⌘)+Alt(Opción) permite arrastrar una copia del contenido de la selección.

Borrado de la otra zapatilla

Las técnicas de selección y clonación para eliminar la zapatilla restante son esencialmente las mismas que las usadas en los pasos anteriores de esta sección. Utilizaremos un método diferente, sin embargo, para rematar el bajo del pantalón después de eliminar por clonación la zapatilla superflua.

La forma de completar la tarea de edición del hombre invisible sería la siguiente.

Finalización del trabajo de edición

1. Desplace la ventana de imagen hasta que la zapatilla restante esté en el centro de la pantalla.
2. Con la herramienta Pluma, cree un trazado cerrado que abarque la zapatilla, teniendo especial cuidado en mantener la continuidad en la línea del borde del pantalón. Como puede ver en la Figura 17.23, parte de la lengüeta de la zapatilla caerá fuera del recorrido.
3. Pulse el icono Carga el trazado como selección, en la parte inferior de la paleta Trazados. Pulse un área vacía de la paleta para ocultar el trazado.
4. Con la herramienta Tampón, apriete Alt(Opción) y pulse un área de la carretera. A continuación pinte en el marco de selección para eliminar la zapatilla mediante clonación, como muestra la Figura 17.24.

Figura 17.23 Permita que la parte superior del recorrido cruce la lengüeta de la zapatilla.

Figura 17.24 Sustituya el área de la zapatilla con muestras tomadas de la carretera.

5. Pulse Ctrl(⌘)+D para deseleccionar el marco.

6. Seleccione la herramienta Pincel y la segunda punta de la izquierda en la segunda fila de la paleta Pinceles. Seleccione el modo Multiplicar en la lista desplegable de la paleta de Opciones.

7. Mantenga apretada la tecla Alt(Opción), para cambiar a la herramienta Cuentagotas, y pulse un área de los descoloridos pantalones. Esta operación establece el color frontal activo.

8. Trace con cuidado sobre la lengüeta de la zapatilla que resta en la imagen. Bastará con uno o dos trazos en el modo Multiplicar. La Figura 17.25 muestra el resultado de este proceso.

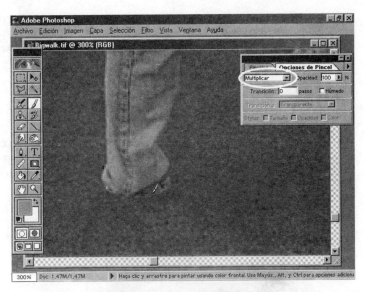

Figura 17.25 El modo Multiplicar incrementa la densidad del color frontal elegido, sombreando efectivamente la parte blanca de la zapatilla.

9. ¡Hemos terminado! Pulse Ctrl(⌘)+S y mantenga abierto el archivo.

Por desgracia, aunque el día en que la fotografía fue tomada hacía buen tiempo, no había sombras. No importa; en la sección siguiente añadiremos una sombra a las ropas de la escena, incrementando el realismo de esta imagen fantástica.

Realización e importación de sombras

Probablemente, el desafío mayor con el que se encontrará cuando efectúe retoques en imágenes es el de reconstruir una sombra. Se trata de una tarea que es en parte adivinación, en parte trabajo artístico y en parte un proceso de prueba y error. Para ayudarle a terminar la edición del hombre invisible, los autores hemos preparado una sombra para que la copie en la imagen Bigwalk.tif. La forma en que la sombra fue preparada es la siguiente, para el caso de que desee intentar diseñar alguna sombra en el futuro:

1. La imagen Bigwalk.tif fue exportada a Adobe Illustrator y fijada en una capa, creándose una nueva capa para la sombra.
2. La figura fue perfilada y después sesgada, utilizando la herramienta Shear para dar una apariencia angular y aplanada.
3. La sombra fue guardada entonces en un archivo EPS de Illustrator e importada a Photoshop para poderla convertir al formato de mapa de bits. Puesto que el tamaño de la sombra es proporcional a las ropas que la generan, no fue necesario efectuar ningún cambio de tamaño.

¿Es la sombra completamente precisa? Probablemente no, pero su forma es la adecuada y contiene los detalles suficientes para que la audiencia suspenda su incredulidad. No ponga más trabajo del necesario en la creación de una sombra; si parece correcta, funcionará.

A continuación presentamos el modo de añadir una sombra de las ropas andantes a la carretera.

Adición de una sombra a la escena

1. Abra la imagen Shadow.tif de la carpeta Chap17, en el CD adjunto.
2. Con la herramienta Mover, arrastre la imagen de la sombra hasta la imagen Bigwalk.tif, como muestra la Figura 17.26. Ya puede cerrar la imagen Shadow.tif cuando lo desee.

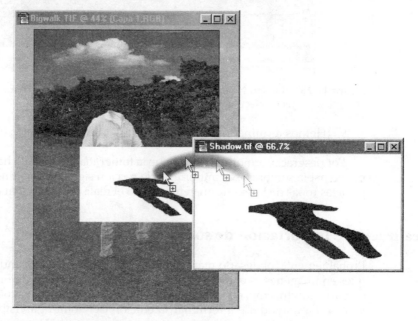

Figura 17.26 Copie la imagen de la sombra a la imagen Bigwalk.tif utilizando la herramienta Mover.

3. Cuando se emplea la herramienta Mover para copiar imágenes entre ventanas, se crea una nueva capa en la imagen de destino. Esto resulta bastante conveniente, porque necesitaremos recolocar la sombra. Reduzca la resolución de visión de la imagen Bigwalk hasta el 50%. Pulse **5** en el teclado numérico para hacer que la capa activa (la de la sombra) sea un 50% opaca. Ahora puede verse en la imagen tanto la sombra como la capa subyacente con las ropas.
4. Con la herramienta Mover, arrastre la sombra hasta que quede ligeramente detrás de las ropas en la imagen, como muestra la Figura 17.27. Observará que parte de la sombra invade una pernera de los pantalones; no tiene importancia, porque pronto eliminaremos dichas áreas.

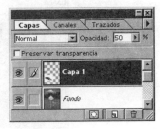

Figura 17.27 Puesto que la iluminación de la escena viene de la parte superior derecha, la sombra debe caer debajo y a la izquierda de las ropas.

5. Pulse el botón del modo Máscara de capa en la paleta Capas.
6. Seleccione la herramienta Pincel. Asegúrese, en la paleta Opciones, de que el modo es Normal y la opacidad del 100% y seleccione, en la paleta Pinceles, el tercer pincel de la izquierda en la fila superior.
7. Fije una resolución de imagen del 200% y centre en la pantalla el área que debemos retoçar, la de las piernas.
8. Pinte con el pincel dentro de las piernas para ocultar las áreas de la capa de la sombra, como muestra la Figura 17.28. Allí donde una sombra cruce la imagen de la pierna, pinte sobre ella.
9. Cuando haya eliminado la sombra del interior de la pernera, arrastre la miniatura de la Máscara de capa hasta el icono de papelera en la paleta Capas. En el cuadro de confirmación que aparecerá, pulse Aplicar para borrar las áreas que han sido ocultadas mediante la máscara.
10. Seleccione el modo Multiplicar para la capa de la sombra en la paleta Capas. Esto elimina el color blanco en la imagen de la capa de la sombra.
11. Trate de ajustar la opacidad de esta capa. Los autores hemos encontrado que un valor de opacidad en torno al 40% proporciona una sombra adecuada, que permite que se perciban los detalles de la carretera a través suyo, como sucedería con una sombra real.
12. En la paleta Capas pulse el botón de menú flotante y seleccione Acoplar imagen.
13. Pulse Ctrl(⌘)+S. ¡Ya ha terminado! Puede cerrar la imagen cuando lo desee.

La Figura 17.29 muestra la imagen terminada. Desde luego, le presta un nuevo significado a la frase «perder hasta la camisa».

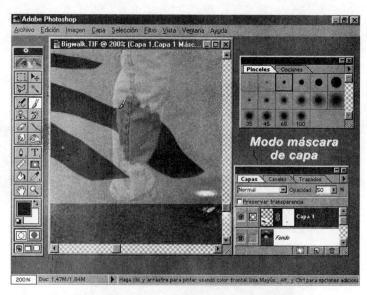

Figura 17.28 Aplique Máscara de capa para ocultar aquellas partes de la sombra que se superponen a la pernera del pantalón.

Figura 17.29 «¡Gary, si no lavas pronto esas ropas, van a ponerse en pie y a echar a andar por sí mismas!»

Con esto hemos terminado la parte del capítulo dedicada a la «ilusión que parece real». Ahora es el momento de enfrentarse con la necesidad real de diseño de cambiar el aspecto de una persona sin que nadie se de cuenta. ¡Nos espera la cirugía plástica virtual!

Cómo reemplazar una cara

Suponga que hubiera tomado una fotografía de ésas que sólo se hacen «una vez en la vida», como la que los autores hicieron para esta sección: una imagen de un miembro de la Policía Montada del Canadá vigilando una reserva de flamencos (¡Sí; la hemos trucado un poquito!). Suponga también que la imagen tiene posibilidades comerciales pero, por desgracia, no fuimos capaces de conseguir una autorización del modelo (en este caso, el policía) para la distribución de la foto.

La Figura 17.30 muestra la imagen sobre la que trabajaremos en este capítulo. Por supuesto que tenemos los derechos para publicar la fotografía de la cara del oficial, pero vamos a suponer aquí que ni nosotros ni usted tenemos esos derechos. La ecuación es muy simple: si no hay una autorización del modelo, no se puede utilizar la apariencia del sujeto.

Figura 17.30 Si fotografía personas con la idea de obtener un provecho comercial o por diversión, asegúrese de hacerlas firmar una autorización de distribución.

Ajuste del tamaño y la iluminación

Con el fin de evitarle la tarea de localizar una, le proporcionamos la cara de repuesto para el oficial en el archivo Stand-in.tif de la carpeta Chap17, en el CD adjunto. Esta fotografía fue tomada con la misma iluminación, proveniente de la parte superior derecha, que en la fotografía del policía canadiense, y se pidió al actor que adoptara una expresión seria, similar a la del oficial. Lo que no puede determinarse con la lente es el tamaño exacto de la cara de repuesto. Esto es algo que debemos medir en Photoshop y cambiar el tamaño de la cara de repuesto de manera correspondiente.

La manera de comenzar la tarea, haciendo algunos cálculos preliminares, es la siguiente:

Utilización de la herramienta Medición

1. Pulse F8 si la paleta Info no se encuentra ya en pantalla.
2. Abra la imagen Flamingo.tif de la carpeta Chap17, en el CD adjunto. Efectúe una doble pulsación en la herramienta Zoom para fijar la resolución de la imagen en el 100% (1:1).
3. Cambie el tamaño de la ventana de imagen de forma que sólo sea visible la cara del oficial. Es necesario dejar espacio en la pantalla para ver la imagen de repuesto.
4. Abra la imagen Stand-in.tif de la carpeta Chap17, en el CD adjunto.
5. Coloque ambas imágenes de manera que tenga una visión clara de las dos caras. Seleccione la imagen Flamingo.tif como imagen frontal activa.
6. Seleccione la herramienta Medición y arrastre desde la barbilla del oficial hasta la parte superior de la nariz. Como puede ver en la Figura 17.31, la distancia es, aproximadamente, 123 píxeles.

Figura 17.31 Mida la longitud del área que va a reemplazar.

7. Pulse la imagen Stand-in.tif y, con la herramienta Medición, arrastre desde la barbilla del actor hasta la parte superior de la nariz. En la Figu-

ra 17.32 puede ver que la distancia (unos 189 píxeles) es mayor que la que hay en la cara del oficial. Tendremos que realizar un cambio de escala en la imagen Stand-in.tif del 65%, ya que 123 dividido por 189 da como resultado 0,65.

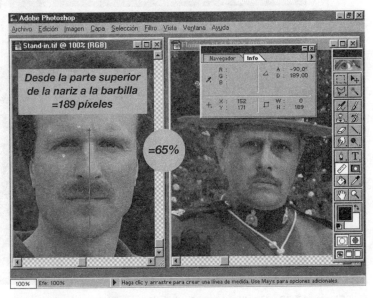

Figura 17.32 Establezca la proporción entre las dos medidas para obtener el porcentaje de cambio de tamaño de la imagen de repuesto.

8. Con la imagen Stand-in.tif como imagen frontal, seleccione Imagen, Tamaño de imagen.
9. Pulse para marcar la casilla Remuestrear la imagen. En el área Dimensiones en píxeles, seleccione Por ciento en la lista desplegable y escriba, en el campo Anchura, el valor **65**. La medida de Altura cambiará en consecuencia. Pulse OK para aplicar el cambio de tamaño. La Figura 17.33 muestra la imagen después del cambio de tamaño.
10. Guarde la imagen en su disco duro con el nombre de Stand-in.tif, y guarde también en su disco duro la otra imagen con el nombre Flamingo.tif. Mantenga abiertas ambas imágenes.

Puede observar que la imagen de repuesto es adecuada, pero no perfecta. El oficial de la imagen de los flamencos tiene ligeramente ladeada la cabeza. En la siguiente sección corregiremos este aspecto en la imagen Stand-in.tif y comenzaremos con la tarea de sustitución.

Rotación de una imagen

Necesitamos rotar la imagen Stand-in, pero ¿cuánto? Generalmente, el grado de rotación es distinto de lo que a simple vista parece. Podríamos pensar, por ejemplo, que necesitamos rotar la imagen de repuesto unos 5 grados, pero este valor es demasiado alto. La mejor técnica consiste en proceder mediante prueba y error; comience con un valor pequeño de rotación y, si no es correcto, deshaga la operación utilizando la lista histórica de órdenes.

Figura 17.33 Cambie el tamaño de la imagen de repuesto para que se ajuste al tamaño medido de la cara en la imagen original.

A continuación explicamos cómo girar la cabeza del actor y comenzar con el trabajo de retoque.

Inclinación de la cabeza

1. Teniendo como imagen frontal la imagen Stand-in.tif, seleccione Imagen, Rotar lienzo, Arbitrario. Aparecerá el cuadro de diálogo Rotar lienzo.
2. Introduzca el valor **2** en el campo Ángulo, pulse el botón AC (sentido de las agujas del reloj), como muestra la Figura 17.34, y pulse OK para aplicar la rotación.
3. La cantidad de rotación aplicada parece correcta, por lo que ya podemos continuar. Con la imagen Flamingo.tif como frontal, pulse F7 para mostrar la paleta Capas y después pulse el icono Crear capa nueva. Realizaremos el trabajo de retoque con la «red de seguridad» que proporciona el trabajar en una capa.
4. Seleccione la herramienta Tampón y el cuarto pincel de la izquierda en la segunda fila de la paleta Pinceles. Asegúrese de tener una visión clara de ambas imágenes en este momento.
5. Apriete la tecla Alt(Opción) y pulse el centro de la barbilla del actor en Stand-in.tif, para fijar el punto de muestreo.

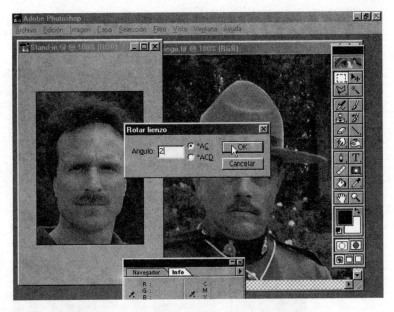

Figura 17.34 Seleccione un valor pequeño de rotación para empezar.

6. Pulse en el título de la imagen Flamingo.tif para seleccionarla como ventana de edición activa, y comience a arrastrar hacia arriba, comenzando justo en el centro de la barbilla del oficial, como muestra la Figura 17.35.

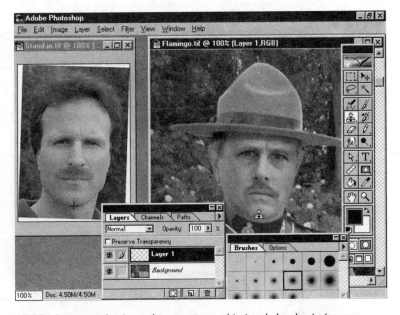

Figura 17.35 Sincronice las áreas de muestreo y objetivo de las dos imágenes.

7. Trabaje en dirección ascendente, manteniéndose dentro de la cara del oficial, y disfrute de la tarea. En la Figura 17.36 puede ver el trabajo de retoque realizado hasta llegar a la altura de los ojos del oficial.

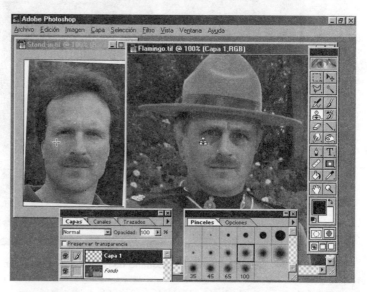

Figura 17.36 Mantenga la herramienta Tampón cerca de los rasgos faciales del oficial. No invada la línea del pelo, el borde de la cara o las orejas, porque estas áreas no están correctamente alineadas.

8. Complete la edición clonando sobre los ojos. Si su imagen se parece a la de la Figura 17.37, va por buen camino.

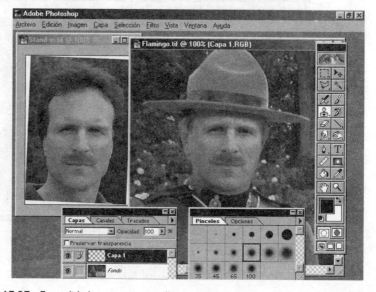

Figura 17.37 En realidad, no es tan sencillo convertirse en un miembro de la Policía Montada.

9. Guarde la imagen en su disco duro con el nombre de Flamingo.psd en el formato de archivo nativo de Photoshop. Puede cerrar cuando quiera el archivo Stand-in.tif, pero mantenga abierta la imagen de los flamencos.

Un trabajo eficiente y preciso ¿verdad? Y todo porque nos tomamos el tiempo necesario para medir las dos imágenes. Pero espere, porque aún quedan aspectos por corregir en la imagen. ¡Siga leyendo!

Ajuste de los tonos de la piel

Hay una razón adicional por la que hemos estado trabajando en una capa en la imagen de los flamencos, además de para disponer de una «red de seguridad». En la pantalla, la piel del oficial es más pálida que la del actor que hemos replicado encima (este detalle no se aprecia en un libro en blanco y negro).

Este problema es muy simple de corregir, como podrá ver en los pasos siguientes.

Utilización de la orden Tono/saturación

1. Coloque la imagen Flamingo.tif en el borde derecho de la pantalla.
2. Pulse Ctrl(⌘)+U para mostrar el cuadro de diálogo Tono/saturación.
3. Arrastre el regulador de saturación hasta un valor aproximado de -20, como muestra la Figura 17.38, o hasta que los tonos de la piel en la Capa 1 se asemejen a los de la capa de Fondo.

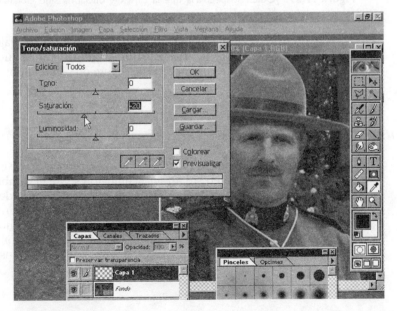

Figura 17.38 Reduzca la saturación hasta que no se perciba ninguna diferencia entre los tonos de la piel en ambas capas.

4. Pulse OK para aplicar el cambio.
5. Seleccione una vista a pantalla completa para apreciar mejor su trabajo. Pulse Ctrl(⌘)+S; ya puede cerrar la imagen cuando quiera.

En realidad, la opinión de los autores es que ¡la cara de repuesto tiene un aspecto más natural que la del oficial! En la Figura 17.39 puede ver la imagen terminada.

Figura 17.39 ¿Quién sospecharía que la cara del oficial ha sido clonada desde una imagen diferente?

Hay un truco subliminal en la imagen que refuerza el trabajo de edición realizado. La escena en sí es tan ridícula que la atención de la audiencia no se fija en la cara del oficial. ¡Las maniobras de diversión son una potente herramienta de tratamiento de imágenes!

Resumen

Los efectos especiales son lo que nosotros queramos hacer de ellos. Si su objetivo es cambiar una imagen sin atraer la atención sobre el cambio, ahora conoce algunos de los pasos necesarios. Y si quiere crear una serie de ropas andando tranquilamente por la calle, también conoce los correspondientes secretos.

Independientemente de lo experto que llegue a ser con Photoshop, las imágenes que cree necesitarán cobrar vida más allá del monitor. El Capítulo 18, «Impresión de sus imágenes», le llevará a través de los secretos de la impresión de trabajos.

PARTE

V

Edición y más allá

CAPÍTULO 18

IMPRESIÓN DE SUS IMÁGENES

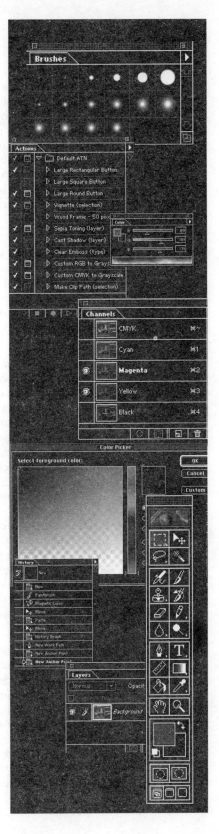

Parece que todo el jaleo en la comunidad de diseñadores gráficos gira en torno a la producción de gráficos atractivos para la Web. Es posible que el trabajo relacionado con la Web sea la mayor fuente de excitación para muchos, pero la gran mayoría de los trabajos de los artistas gráficos están todavía destinados a ser reproducidos sobre un soporte físico. La creación y retoque de anuncios, vallas publicitarias, periódicos, revistas, paquetes, fotografías y camisetas son algunas de las áreas en las que se solicita que los artistas apliquen sus dotes creativas un día sí y otro también. Incluso aunque su trabajo esté centrado exclusivamente en la edición electrónica, es probable que usted o su cliente quieran también imprimir su trabajo sobre papel u otro soporte físico.

Pese a la novedad, velocidad y facilidad de publicación que ofrece la World Wide Web, la forma clásica de imprimir en un medio físico sigue siendo hoy en día el vehículo primordial de comunicación entre personas. Salvo que cada uno de sus clientes tuviera un PC o que su monitor tuviera un cable infinitamente largo –y ninguna de las dos cosas parece probable– necesitará con frecuencia presentar una copia en papel de su trabajo en Photoshop. Este capítulo es una excursión por las rutas que se pueden seguir para obtener el mejor resultado a partir de la creación inicial. Cualquier soporte de salida, impresión sobre papel, película de 35 mm o separación de colores, requiere que sobre la copia del trabajo original se efectúen transformaciones específicas y, a veces, ajustes. La regla número uno a la hora de editar algo es decidir, antes de componer la imagen, sobre qué soporte de salida se va a hacer.

Diferentes métodos para la salida física

Aunque los artistas del diseño gráfico por computadora pueden acceder a algunos métodos de impresión registrados, los dispositivos de salida se clasifican en diversas categorías básicas. En este libro vamos a ocuparnos de las siguientes opciones:

- **Impresión personal doméstica o de pequeña empresa.** Los dispositivos típicos de salida son impresoras láser en blanco y negro o impresoras de inyección de tinta de color, que imprimen sobre papel.
- **Impresión en una fotomecánica.** Dependiendo del tamaño y especialidad de la empresa de fotomecánica, puede pedir cualquier cosa, desde impresiones con ganancia de color hasta diapositivas de sus imágenes en Photoshop, filmadas en película de 35 mm o formatos más grandes.
- **Impresión comercial**. De todas las categorías de dispositivos de salida, la impresión comercial por separación de colores ofrece la resolución más alta. También es uno de los procesos menos familiares para muchos diseñadores gráficos.
- **Edición electrónica.** Es necesario preparar el trabajo para optimizar la presentación en pantalla, pero la edición electrónica (presentaciones internas o trabajo para la Web) es un medio que no utiliza los espacios cromáticos, o la resolución de imágenes, de la impresión en color tradicional. Los capítulos 19, «Creación de gráficos para la Web» y 20, «Diseño de animaciones » están dedicados a las técnicas y especificaciones de la edición electrónica.

En la Figura 18.1 puede ver los distintos medios de edición que se utilizan hoy en día con mayor frecuencia.

La edición, el arte de publicar sus creaciones, requiere una actualización permanente, ya que la tecnología cambia de forma muy rápida. Posiblemente no vamos a poder cubrir, en este capítulo, el ámbito completo de los dispositivos de salida. Vamos a ocuparnos únicamente de algunos de los problemas básicos, y sus soluciones, que pueden presentarse cuando quiera pasar su trabajo de una manera fiel a un medio físico. Como diseñador de Photoshop, o como artista, debería familiarizarse con los diferentes tipos de dispositivos de salida para el trabajo digital.

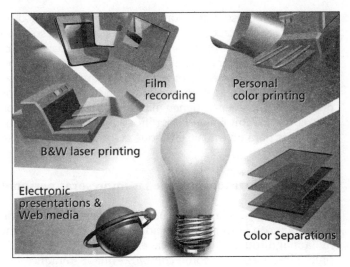

Figura 18.1 Cuando se necesita publicar una idea gráfica, se puede elegir entre muchos soportes diferentes. Elija el que mejor se ajuste a su audiencia.

Impresoras personales

En 1998 el mercado de las impresoras personales para pequeñas empresas o para uso doméstico se puede dividir en dos categorías distintas: impresoras láser de blanco y negro e impresoras de color. Como diseñadores, vemos inmediatamente que los dispositivos de salida en color o en blanco y negro son dispositivos de expresión artística completamente distintos, pero hay también una diferencia de carácter *técnico* que diferencia la salida en color de la salida en blanco y negro.

Las impresoras de inyección de tinta y otros tipos de impresoras de color sólo pueden dar salida al producto terminado; es decir, la salida de las impresoras personales en color se puede utilizar para producir tiradas cortas con un presupuesto bajo. El color que se obtiene no es ni remotamente parecido al de las imprentas, hablando en términos de calidad, precisión del color y duración, aunque existen diversas posibilidades en cuanto a la selección del papel. Independientemente de sus limitaciones, la salida por impresora personal de color puede cubrir el expediente cuando se tiene un presupuesto escaso y la calidad del color no tiene demasiada importancia.

Por otro lado, la alta resolución de las impresoras láser de blanco y negro puede servir tanto para realizar pruebas de copias en papel de su trabajo *como* para impresiones listas para filmar. Como la capacidad de una impresora láser de blanco y negro es extensible, este capítulo se ocupa en primer lugar de los dispositivos de salida personales para color, y luego analiza lo que puede aportar la impresión en blanco y negro.

Impresoras personales de color

Se ha hablado mucho en las revistas del sector y en publicaciones informáticas acerca de si merece la pena la impresión en color en equipos de sobremesa. Hoy en día, una impresora de color que cuesta menos de 45.000 pesetas pone la impresión en color al alcance de cualquiera que adquiera su primera computadora. La impresión personal en color es un concepto apasionante, pero debe tener en cuenta que «merecer la pena» no es sinónimo de «profesional», si es que se toma en serio sus creaciones. El mercado de las impresoras personales de color está al borde de convertirse en un mercado maduro, pero de momento, los resultados que permite obtener no tienen ni punto de comparación con los de una imprenta de color o una impresión fotográfica. La impresora personal de color no se puede utilizar para un trabajo en el que la precisión del color sea crítica.

Ventajas e inconvenientes de las impresoras personales de color

Si compara la salida de una impresora personal de color con lo que ve en la pantalla o con la salida producida por una imprenta comercial o una filmadora, la magnitud de la diferencia en cuanto a calidad de imagen y en cuanto a precisión del color es como comparar una instantánea Polaroid con una transparencia de 8x10. Las impresoras personales de color tienen *gamas* de color (el rango de colores que pueden reproducir) mucho más pequeñas que un monitor, una película o una imprenta. Generalmente hay una caída significativa en un tono determinado dentro del rango de colores que se puede imprimir. Una impresora personal de color podría, por ejemplo, imprimir violetas y azules de gran riqueza, pero un color turquesa más sutil podría transformarse en verde y el dorado en naranja. ¿Cómo corregiría una reducción particular en el espectro de colores? A veces se puede corregir el equilibrio de colores de una impresión utilizando las opciones del controlador proporcionado por el fabricante de la impresora (aunque no con las opciones de impresión de Photoshop). Sin embargo, la mayoría de las veces un cambio de tonalidad apreciable de una imagen impresa *no* se puede corregir totalmente a menos que efectuemos un cambio inverso en la imagen original.

Si no puede imprimir los colores como los ve en el monitor en una impresora personal de color, lo que tiene que hacer es equilibrar el color de una *copia* de un archivo concreto. La regla número dos en el campo de las imágenes digitales es que, cuando el producto final es una imagen impresa, los colores de la imagen impresa son los únicos que importan. Esto significa que, aunque los colores que vea en el monitor puedan parecerle claramente imprecisos, si el archivo está perfecto al imprimirlo, es el archivo o el monitor el que presenta los colores «defectuosos» y no la impresora de color. Esta filosofía puede parecer extraña, especialmente cuando casi todos los productos gráficos incorporan sistemas de tratamiento de colores y el propio Photoshop tiene un buen conjunto de controles de calibración. Sin embargo, si una impresión en color parece defectuosa y no se pueden cambiar de forma significativa sus opciones de color, para conseguir los colores impresos previstos lo que hay que cambiar son los *datos del archivo*. Y la mejor forma de hacer esto es siempre con una *copia* del propio trabajo, por si acaso se decide en el futuro a generar un determinado diseño para varios dispositivos de salida diferentes, cada uno de los cuales tendrá, con toda seguridad, una gama distinta de colores.

Para el diseñador profesional, la impresión personal de color es personalmente gratificante y le permite transmitir un boceto del producto final a cualquier sitio a donde se pueda enviar un trozo de papel por correo o por cualquier otro medio. A pesar de la falta de precisión inherente a las impresoras personales de color, éstas bastan y sobran para sacar una copia rápida en papel, una tarjeta de felicitación o algún otro tipo de producto final. Por otro lado, muchos fabricantes de soportes para impresora en color ofrecen acetato, etiquetas, tarjetas de visita e incluso pequeñas muestras de tela. El medio físico también influye en el aspecto artístico al utilizar las impresoras de color junto con el papel, la película o el tipo de tela apropiados. Para el purista del arte, estas opciones le alejan de la imagen que tiene en pantalla, pero hay un claro nicho de mercado para la combinación casera de talento creativo, Photoshop y una impresora de color.

Para asegurarnos de que se va a obtener el mejor resultado posible a partir del diseño ya terminado en una impresora personal de color, hay que hacer dos cosas:

- Imprimir todas las imágenes en el modo de color RGB (Rojo, Verde y azul) de Photoshop. Aunque la mayor parte de las impresoras de color personales utilizan una combinación de cian, magenta, amarillo y, con frecuencia, negro, el dispositivo de conversión del modo de color de estas impresoras está diseñado para convertir internamente las imágenes RGB a CMYK (cian, magenta, amarillo y negro). Consulte sus manuales y busque las instrucciones específicas de la impresora; verá cómo la mayor parte de las veces las impresoras de inyección de tinta le pedirán una entrada de color RGB.
- Reunir una muestra representativa de las imágenes que genere en su trabajo, utilizar la herramienta Cuentagotas de Photoshop para crear muestras de color de unos 100 colores distintos de sus imágenes y luego pintar dichos colores como muestras en un documento de imagen nuevo. Imprima este documento en su impresora en color y compare las muestras con las áreas de color de su trabajo.

Las muestras de color que no sean ni remotamente parecidas a los colores que vea en pantalla serán los «problemas de color» que tenga con su impresora. Tendrá que evitar estos colores cuando la salida final sea esa impresora en concreto. Utilice la orden Gama de colores de Photoshop para seleccionar esas áreas en copias de los archivos originales y cambiar los colores por aquéllos que la impresora imprima con mayor precisión.

Como seres capaces de ver en color, tenemos tendencia a ser indulgentes a la hora de evaluar un diseño pobre pero hecho en colores o de color impreciso; «mejor algo de color que nada» suele ser la mejor observación respecto a la impresión de color que está al alcance de los bolsillos de la mayor parte de los diseñadores y de muchos de sus clientes. Pero aunque la calidad de una imagen impresa en una impresora personal de color no se puede considerar igual que la de otra realizada en una imprenta a cuatro colores, eso *no* significa que no se pueda generar una salida de calidad profesional con una impresora personal.

La salida de impresora personal con calidad profesional en *blanco y negro* está al alcance de casi todo el mundo. La salida en blanco y negro es un medio estable y maduro en el mundo de los gráficos por computadora. Las siguientes secciones se centran en los detalles específicos de impresión y en las técnicas que puede utilizar con Photoshop para producir una salida de alta calidad profesional en blanco y negro desde su impresora personal.

Salida en blanco y negro: personal y profesional

Las computadoras y las tecnologías de impresión han avanzado en los últimos años hasta el punto de que una prueba de láser en blanco y negro puede servir con total dignidad como trabajo artístico listo para filmar. Las tramas de lineatura y los puntos de semitono de la impresión tradicional se pueden simular ahora con las impresoras láser y las fotocomponedoras digitales para proporcionar copias impresas de su trabajo de gran calidad, aptas para cubrir las necesidades habituales de diseño, edición, presentación y de carácter personal.

Todo hardware de tratamiento digital de imágenes tiene que convertir la información de color en cantidades enteras, cuantificables, de pigmento (llamadas *puntos*). Se utilizan distintos tipos de puntos: los dos tipos primarios son los semitonos y los no-semitonos. El tipo de punto que se utilice puede influir significativamente en si se puede imprimir el trabajo comercialmente. Echemos una ojeada a la fisiología de la realización electrónica de los puntos y examinemos los métodos con los cuales toda imagen electrónica generada puede reflejar lo más fielmente posible la imagen de la pantalla.

Utilización de un lenguaje de órdenes de impresión (Printer Command Language, PCL)

La tecnología que incorporan las impresoras LaserJet de Hewlett-Packard, el *Lenguaje de órdenes de impresión* (PCL, Printer Command Language), fue adoptada con rapidez en el mundo empresarial y se convirtió en un sistema estándar emulado por el resto de los fabricantes. Las impresoras PCL destacan por su velocidad y la riqueza de los negros que producen.

Sin embargo, las imágenes en escala de grises tienen una gama más amplia que la que puede expresar una impresora láser, debido a las limitaciones de la paleta de tonos disponibles. Las impresoras láser pueden depositar un punto de tóner coloreado (generalmente negro) sobre una superficie (normalmente un papel blanco). La gama de color para la salida de impresora láser es, exactamente, 2 —blanco y negro— sin que haya porcentajes intermedios de negro. Las impresoras PCL simulan la aparición de tonos continuos en una imagen utilizando una técnica semejante a la empleada por las imprentas comerciales para crear los tonos. Ambas utilizan puntos ordenados sobre una página de tal forma que el ojo integra los puntos y el cerebro los «ve» como una imagen continua, tonal. En la Figura 18.2, Pushpin.tif es una imagen en escala de grises de Photoshop y Laserprint.tif es un archivo que se creó pasando por un escáner una copia láser del primero.

Dado que este libro está impreso en papel, hemos tenido que exagerar los ejemplos de las figuras de este capítulo. Las digitalizaciones de las imágenes impresas se realizaron a 35 píxeles por pulgada, es decir, una cuarta parte de la resolución de muestreo requerida para producir una impresión de calidad media.

La fidelidad con que una copia láser representa a la imagen original depende de tres factores:

- La precisión con que la impresora coloca los puntos en una página.
- La organización o tramado de los puntos sobre la página.
- La resolución de la impresora (tamaño de los puntos, expresado en puntos por pulgada)

Las impresoras láser que utilizan tecnología PCL tienen una resolución que oscila entre 300 ppp y 600 ppp. Aunque ésta es una resolución adecuada para imprimir correspondencia comercial o un gráfico, las limitaciones de esta resolución son decepcionantes al intentar reproducir una obra maestra de Photoshop. El ojo humano percibe con facilidad el tramado de los puntos de una imagen en escala de grises impresa con una resolución que oscile entre 300 y 600 ppp. Una imagen impresa en tono continuo en una láser tiene que llegar a 1.200 puntos por pulgada para que el ojo del espectador se centre en la composición y la tonalidad más que en los puntos de tóner que componen la imagen.

Figura 18.2 Las impresoras láser sólo pueden representar un color en una página por lo que, para simular las imágenes en escala de grises, tienen que utilizar los semitonos.

Inconvenientes de las impresoras PCL

Las impresoras PCL son más que apropiadas para imprimir correspondencia, facturas o, simplemente, gráficos para enseñar a un cliente. El inconveniente de las impresoras PCL es que no pueden interpretar la información tonal que se corresponde directamente con el modelo de una imprenta. Una copia fiel de la forma en que una imprenta coloca los puntos de tinta exige una información, capacidad de proceso y precisión mayores que las que la tecnología PCL y el dispositivo de control de la impresora pueden proporcionar.

Si tiene conectada a su computadora una impresora PCL que oscile entre 300 y 600 ppp, y quiere imprimir un cuadro en escala de grises de Photoshop, no hay ninguna opción que pueda seleccionar para aumentar la calidad y precisión de la imagen impresa. Como la impresora PCL no puede ordenar con precisión los puntos en motivos de línea tradicionales, las opciones de Trama de Photoshop del cuadro de diálogo Ajustar página están atenuadas por defecto. Se puede deseleccionar el cuadro Utilizar trama por defecto de impresora, e introducir los valores que desee en los campos Lineatura y Ángulo, pero eso no mejorará la calidad de la impresión PCL. Aparecerá una versión estilizada de su trabajo, pero su trabajo no puede imprimirse con una precisión mayor que la que el lenguaje de la impresora pueda comprender.

Impresión por difusión de error

El proceso de *difusión de error*, como su nombre indica, utiliza fórmulas matemáticas similares a las de la opción Tramado del modo Color indexado de Photoshop para suavizar las áreas de contraste muy marcado cuando se transfiere una imagen desde una alta capacidad de color a otra mucho más baja - tóner negro sobre papel blanco. Desgraciadamente, el proceso de difusión de error no está disponible en Photoshop. Adobe Systems intenta animar a los usuarios a seguir un método profesional al crear las imágenes, y la impresión por difusión de error recibe a menudo sonrisas de comprensión y hasta carcajadas, si se menciona en algunos círculos editoriales.

La impresión por difusión de error mediante una impresora PCL requiere un *controlador de impresora* del fabricante. Un controlador de impresora es un programa software incluido en su computadora, que recibe información de una aplicación y la convierte a código máquina que la impresora puede entender. Windows 95 incluye un sistema de tramado por difusión de error para impresoras que no sean PostScript (Imprimir, Configurar, Propiedades, Gráficos, en Photoshop y en otras aplicaciones). Windows NT, en el instante de escribir estas líneas, no admite la difusión de errores dentro de las Propiedades del cuadro Configurar página. Si tiene Photoshop y una impresora PCL de 300 ppp y no utiliza Windows 95, piense en invertir en un controlador para impresora con difusión de error. El proceso de difusión de error del controlador de la impresora intercepta la información que una aplicación envía a su sistema y ordena a la impresora que siga sus propias instrucciones en vez de las que le dan los controladores de impresora predeterminados que se instalaron con ella. La Figura 18.3 muestra una impresión por difusión de error al lado de una de PCL.

El inconveniente más notable de la impresión por difusión de error es su imprecisión. Este método tiene en cuenta la incapacidad de la impresora para representar las áreas de la imagen original como valores tonales distintos. El resultado es que los puntos de tóner se disponen al azar sobre la página; las áreas más densas reciben más tóner, y las más claras menos. Los puntos en una impresión por difusión de error no están organizados, lo que hace que no sea apropiada para obtener una copia del trabajo lista para filmar. Si no tiene que producir este tipo de trabajos, la impresión por difusión de error crea una imagen suave y agradable a la vista a partir de una impresora cuya resolución sea limitada.

Semitono PCL   **Tramado de difusión**

Figura 18.3   La impresión por difusión de error crea una disposición desordenada de los puntos de tóner, lo que proporciona un mejor aspecto que la impresión PCL.

Impresoras PostScript

Las impresoras personales PostScript no son nuevas para los usuarios de Macintosh; una de las primeras especificaciones para impresiones de alta calidad para las computadoras personales fue introducida hace algunos años junto con el sistema operativo Macintosh. Comparadas con las impresoras PCL, las PostScript son un poco lentas (incluso con PostScript de nivel 2), pero proporcionan unos resultados asombrosamente fieles a la imagen original. El método que utilizan las impresoras PostScript para organizar y colocar los puntos de tóner es casi idéntico a la salida de las tramas físicas que utilizan las impresoras comerciales.

A diferencia del PCL, el lenguaje de descripción PostScript de Adobe Systems es un lenguaje de programación completo y complejo, diseñado para ser independiente de la plataforma y del dispositivo. Fotocomponedoras, impresoras láser, filmadoras, faxes e, incluso, equipos que aún no se han inventado, todos pueden «leer» un archivo o una imagen estándar PostScript si sus fabricantes les incorporan los intérpretes PostScript. Por tanto, una de las ventajas de la impresión PostScript es que proporciona un estándar de calidad uniforme. Puede descansar tranquilo sabiendo que su imagen se reproducirá de forma tan precisa como sea posible cuando se traduzca de píxeles a puntos.

Como la tecnología de impresión PostScript puede simular los diseños de trama de las imprentas tradicionales, las copias en papel pueden servir como trabajos listos para filmar. Si piensa en ello, ¿cómo se reproduciría cualquiera de las imágenes que ha creado en las tareas llevadas a cabo a lo largo del libro? Hasta los años ochenta, la imagen creada en una computadora tenía que ser representada mediante una filmadora, imprimiéndose después el negativo fotográfico, sobre el que se colocaba una trama de lineatura para, finalmente, copiar la imagen de nuevo en un fotolito. Con la llegada del semitono digital se pueden ahorrar varias generaciones (pasos), ganando en calidad de imagen, y la tecnología PostScript de Adobe proporciona el medio para generar puntos desde impresoras y fotocomponedoras que pueden competir en fidelidad con los métodos de creación de imágenes tradicionales.

¿Qué hay dentro de un punto?

Todos estamos familiarizados con el proceso general de funcionamiento de una impresora láser, e incluso con el de una fotocomponedora. Dichas máquinas disponen un motivo de puntos sobre papel o sobre película. Lo que no resulta tan obvio, sin embargo, es la *organización* de los puntos, la forma y la frecuencia con que los puntos se alinean en distintos ángulos, quedando listos para impresión. Las siguientes secciones introducen el concepto de semitonos y los cálculos del número de densidades (tonos de negro) necesarios para conseguir una impresión perfecta.

Examen de una imagen digitalizada de semitono

Las imágenes de *tono continuo*, como las fotografías, tienen una *gama* (anchura tonal o de color) tan cercana a la de la percepción del ojo humano que no se ve el *rayado* (la separación entre los diferentes tonos que hay en una transición de color). En otras palabras, los tonos de una imagen son *continuos*, sin que los colores componentes de un cierto tono tengan un principio o fin definidos. Un relleno degradado de Photoshop es un buen ejemplo visual de un elemento de diseño que muestra características de tono continuo. Por el contrario, en un helado de vainilla y chocolate distinguimos claramente dónde termina el chocolate y empieza la vainilla; mientras el helado está congelado, no muestra las características de tono continuo.

Tal y como se describió anteriormente en este capítulo, la gama de color del material impreso en blanco y negro se limita al color frontal y al de fondo; para expresar los valores de brillo en una imagen en escala de grises, se ordenan puntos de distintos tamaños según un motivo determinado para corresponderse con los valores de la imagen original que representan. La Figura 18.4 muestra una imagen impresa PostScript y, a su lado, una impresión PCL. Como puede ver, los puntos de la copia en PostScript tienen distintos tamaños y una misma forma. La calidad es suficiente para entregársela a los colaboradores o clientes, a la vez que es perfecta como impresión comercial.

La Figura 18.5 le permite hacerse una idea más clara de cómo los puntos de PostScript se corresponden con sus equivalentes tonales en una imagen digital. Como puede ver, las áreas del original que tienen aproximadamente un 50% de negro están representadas, en la impresión PostScript, por celdas de semitono que ocupan la mitad del «espacio blanco». Cada punto que ve es una *celda de semitono digital* dentro de una trama invisible que contiene todos los puntos de semitono.

Intente hacer un pequeño experimento. Aleje este libro a, aproximadamente, un metro de distancia y observe el ejemplo de semitonos de la Figura 18.5. Intente hacer lo mismo con la imagen PCL y con la de la impresión por difusión de error. Verá que la coherencia de las formas, tamaño y organización (llamada *trama*) de los puntos es tal que su imaginación interpreta con facilidad lo que ve como la imagen de un botón. Esta es la diferencia principal entre la representación de semitonos y otras tecnologías. A continuación vamos a ocuparnos de la organización de los puntos que componen una imagen de semitono y de cómo optimizar sus diseños de Photoshop para que se impriman de la mejor forma posible.

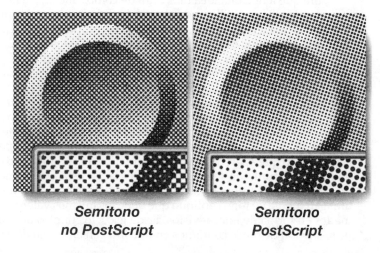

Semitono
no PostScript

Semitono
PostScript

Figura 18.4 La mayor parte de las impresoras láser pueden producir semitonos, pero los semitonos fotográficos de PostScript tienen la calidad de una publicación.

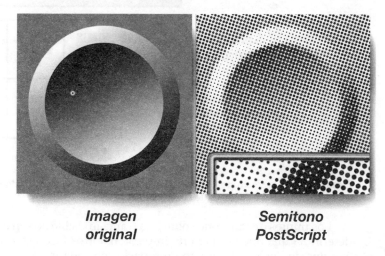

Imagen
original

Semitono
PostScript

Figura 18.5 Los puntos de semitonos de PostScript representan los tonos continuos equivalentes mediante sus respectivos tamaños, a la vez que se ordenan en una trama.

Comprensión de las celdas de semitonos, la resolución y otros factores

Las resoluciones de la impresora y de la pantalla se miden de distinta forma y tienen distintas capacidades de expresión de tonos y de colores. La *resolución* juega un papel importante en la calidad de la imagen impresa; la resolución para la impresión PostScript se define en *líneas por pulgada* (o puntos de semitono) y no en puntos por pulgada. La frecuencia de semitono y la resolución se emplean para evaluar una imagen impresa tanto desde el punto de vista estético como para la impresión comercial.

Para que tenga una idea más clara de cómo funciona la impresión en semitono, imagínese una rejilla que cubre el área de la página impresa en la que va a colocar la imagen. Esta rejilla, o *trama*, está compuesta por *celdas*. Cada celda de la trama se compone de una pequeña rejilla de puntos de tóner que forman, entre todos, un punto de mayor tamaño. El número de pequeños puntos de la celda que estén rellenos con tóner determina la densidad de la celda de semitono individual. Cuantos más puntos de tóner se rellenen en la celda de semitono, más oscura será la celda y más grande el punto de semitono digital. El tamaño de un sólo punto de semitono PostScript está en relación directa a la *sombra*, o grado de densidad, de la imagen original. La Figura 18.6 representa este tramado de semitonos con los puntos de semitono situados en su interior. Los porcentajes de espacio cubierto que aparecen en la parte inferior de la figura se corresponden con el tamaño del punto de semitono de la celda. En esta figura puede ver la relación que hay entre la trama de semitono física, tradicional, el semitono digital y una imagen fuente de tono continuo que tiene los mismos valores de semitono. Ordenados en forma de línea y vistos desde lejos, los puntos de semitono transmiten la sensación de tonos continuos en una imagen en escala de grises.

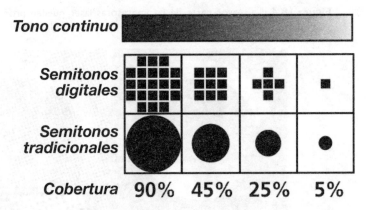

Figura 18.6 Un semitono digital es el equivalente actual de un tramado de semitonos aplicado a fotografías de tono continuo.

Los puntos de semitono sobre una trama invisible no son el único factor que determina una buena salida de impresión. Otros factores importantes son los ángulos de línea y el número de espacios en cada línea aptos para recibir los puntos de semitono.

Ángulos de línea

Hay que ordenar en la página los puntos de semitono en una serie de líneas que conforman la *trama*. El ángulo en que se colocan las líneas es lo que se llama *ángulo de línea*.

Por su propia naturaleza, las imágenes de tono continuo contienen muchos ángulos rectos, como los laterales de edificios o las rayas de una camisa a cuadros. Por este motivo, configurar el ángulo de una línea de semitono con el valor 0° ó 90° no es una buena idea. Hay que especificar un ángulo de tramas de semitonos que sea *oblicuo* a los elementos de una imagen digitalizada; en la mayor parte de los casos, un valor de 45° resulta adecuado. Si las líneas de trama se aproximan mucho a las tramas existentes en las imágenes, *resuenan* visualmente, creando de forma involuntaria patrones de *interferencia*. La Figura 18.7 presenta la forma en que se ordenan puntos de semitono de distintos tamaños en una trama con un ángulo de 45°.

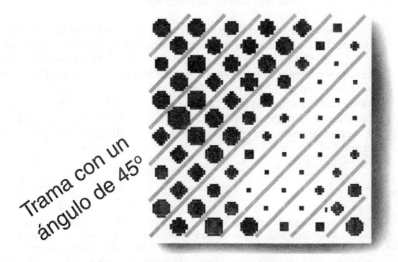

Figura 18.7 Las líneas de puntos de semitono ordenadas en ángulo ayudan a evitar la aparición de patrones indeseados en el diseño impreso.

Photoshop, como muchas otras aplicaciones, ofrece un ángulo de línea por omisión de 45° para los puntos de semitono. En Photoshop existe una opción para ajustar este ángulo, lo cual sólo será necesario si fotografía una imagen que tenga rayas diagonales muy marcadas.

Para imprimir tramas de semitono específicas puede utilizarse la orden de Photoshop Archivo, Ajustar página, Trama, que presenta el cuadro de diálogo Tramas de semitonos mostrado en la Figura 18.8. Aunque aparecen las mismas opciones de Tramas de semitonos cuando se define una impresora PostScript o una PCL como impresora específica, la forma y la frecuencia de los puntos no se representan como verdaderos semitonos en una impresora que no sea PostScript (es decir, en una PCL). Para conseguir un efecto de verdadero semitono digital, hay que utilizar un dispositivo de salida compatible con el lenguaje PostScript. Si marca la casilla Utilizar trama por defecto de la impresora, en el cuadro de diálogo de Tramas de semitonos, las opciones para el ajuste de trama se atenúan, quedando inactivas. Generalmente, cuando la salida se obtiene en una impresora que no es PostScript, es mejor dejar que sea la impresora la que genere la salida utilizando su propio proceso interno de tramado.

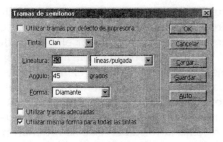

Figura 18.8 Las opciones del cuadro de diálogo de Tramas de semitonos de Photoshop son útiles sólo para salidas PostScript.

En el cuadro de diálogo de Tramas de semitonos de Photoshop se pueden definir las opciones de Lineatura, Forma (del punto) y Ángulo de semitono.

La opción Lineatura del cuadro de diálogo Tramas de semitonos es otra de las opciones que pueden especificarse al imprimir desde Photoshop. La *lineatura*, o número de líneas por pulgada utilizadas al imprimir puntos de semitono, tiene una correlación directa con el número de *monotonos* que se pueden simular en una impresora. Hay una forma muy simple de conseguir la mejor lineatura para una imagen en escala de grises, utilizando los ojos y algo de matemáticas.

Consejo:

La opción Utilizar tramas adecuadas del cuadro de diálogo de Tramas de semitonos hace referencia a una tecnología de Adobe diseñada para impresoras PostScript de nivel 2 de alta resolución y para impresoras con controladores Emerald. Los intérpretes PostScript de nivel 2 están instalados en la mayor parte de las impresoras PostScript más recientes y producen impresiones de semitonos mejores y más rápidas que el estándar PostScript anterior.

La tecnología de trama adecuada suele encontrarse en fotocomponedoras y no en impresoras láser personales, pero vale la pena comprobar el manual de la impresora para ver si admite Post-Script de nivel 2 y tramas adecuadas. Si es así, asegúrese de seleccionar esta casilla, de forma que pueda utilizar las ventajas de esta función. Si no está seguro de si su impresora es apta para tramas adecuadas, marque de todas formas la casilla. Si la impresora no admite esta opción, ignorará la información.

Lineatura

El valor por defecto para una impresora de 300 ppp suele ser de 45 a 60 líneas por pulgada, y para impresoras de 600 ppp, de unas 85 líneas por pulgada. La capacidad real de líneas por pulgada de cualquier impresora está determinada por el fabricante. El hecho fundamental acerca de las salidas de impresora láser de resolución media o baja es que al *aumentar* las líneas por pulgada, se *reduce* el número de valores de escala de grises que se pueden simular en la página impresa. Existe una correlación directa.

Dos son los factores que controlan el número máximo de valores tonales que se pueden simular en una impresión láser: la resolución de la imagen digital, expresada en píxeles por pulgada y el número de densidades que pueden representar los tonos de gris en la imagen impresa.

La regla «Multiplicar por dos»

Una impresión precisa con trama de semitono de una imagen en escala de grises debe tener un valor de líneas por pulgada no inferior a la mitad del valor en píxeles por pulgada del archivo original. Por ejemplo, muchas de las imágenes del CD adjunto tienen una resolución de 150 píxeles por pulgada. Para imprimir esas imágenes con un mínimo de valor estético, la trama de semitonos no tendría que ser inferior (ni superior) a 75 lpp.

Para calcular la resolución óptima para imprimir una imagen digitalizada, utilice esta fórmula matemática:

Frecuencia de líneas de la impresora (en lpp) x 2 = Resolución de la imagen (en ppp)

Si imprime una imagen con una resolución de más de dos veces la trama de lineatura activa definida para una impresora, está creando un cuello de botella de productividad. No puede extraer más detalle visual de una imagen del que la impresora es capaz de reproducir. El exceso de información de la imagen se manda a la impresora, donde se descarta en el momento de imprimir, lo que supone una pérdida de tiempo innecesaria antes de obtener su copia en papel. Tiene dos alternativas si la imagen tiene una resolución mayor de la que puede sacar la impresora:

- Seleccione Imagen, Tamaño de imagen; marque la casilla Volver a muestrear la imagen, e introduzca un valor para la resolución en el cuadro Tamaño de impresión. La resolución que introduzca tiene que ser dos veces el valor de la lineatura definida en el cuadro de diálogo de Tramas de semitonos que se encuentra en el cuadro de diálogo Ajustar página. Utilizando esta opción, cambiará físicamente la organización de los píxeles para crear una resolución nueva. Si selecciona esta opción para imprimir, acuérdese de guardar el archivo de imagen resultante con un nombre de archivo distinto. La casilla Volver a muestrear la imagen debería ser deseleccionada para evitar distorsiones involuntarias en las imágenes con las que trabaje en el futuro.

Consejo:

Tenga en cuenta esta regla al especificar las dimensiones y la resolución de una imagen para una copia impresa. Al crear una imagen, es una buena práctica «tirar por lo alto». Si está especialmente orgulloso de alguna de las obras que ha realizado en Photoshop a 300 píxeles por pulgada, guárdela de esta forma. Puede que algún día logre imprimirla con alta resolución. Pero a continuación haga una copia teniendo en cuenta la resolución de su impresora de destino actual. Puede utilizar la orden de Photoshop Imagen, Tamaño de imagen, o el Asistente Redimensionar imagen para especificar una resolución más baja para cualquier imagen.

- Si no tiene en mente unas dimensiones concretas de imagen para su copia en la láser, puede seleccionar Imagen, Tamaño de imagen y luego reducir la resolución a menos de dos veces del valor especificado para la lineatura, teniendo deseleccionada la casilla Volver a muestrear la imagen. A diferencia de la mayor parte de las aplicaciones de Windows y Macintosh, Photoshop *no* ofrece opciones de tamaño en el cuadro de diálogo de la orden Imprimir; antes de imprimir, hay que comprobar las dimensiones de la imagen para asegurarse de que ésta cabrá en la página. Como la resolución de la imagen es inversamente proporcional a sus dimensiones, este sistema no cambia ningún contenido visual de la imagen; después de imprimir, puede restaurar la resolución original del archivo.

Cuando imprime desde Photoshop, el documento activo se imprime en el centro de la página. Una función útil de Photoshop es el cuadro de previsualización de imagen, que se puede desplegar en cualquier momento (antes de imprimir) pulsando el cuadro Tamaños de archivo, situado a la derecha del campo Porcentaje de zoom. Como puede ver en la Figura 18.9, la imagen Oceanside.tif queda fuera de la página de impresión definida en este momento en Photoshop. El área blanca del cuadro de presentación preliminar de la página es el área disponible en la página impresa y el cuadro con la «x» en su interior es el documento. En su orientación actual, hay que dar un tamaño nuevo a esta imagen, de forma que la «x» se vea entera en el cuadro de presentación preliminar; de otra forma, se cortaría la impresión por ambos lados. Si quiere colocar la imagen sobre la página en cualquier otra posición, tendrá que importar la imagen a un programa de autoedición, como PageMaker, e imprimirla desde allí.

Figura 18.9 El cuadro emergente del tamaño de imagen le dirá si la imagen es demasiado grande para imprimirla con el tamaño de página actualmente definido.

Además de visualizar el cuadro de presentación preliminar de la imagen, Photoshop avisa al usuario, antes de imprimir, de si la imagen es demasiado grande para imprimirla con el tamaño de página definido actualmente. El mensaje de la Figura 18.10 apareció cuando intentamos imprimir la imagen Oceanside.

Si le sucediera esto, tiene tres alternativas, además de dejar que la impresora recorte su trabajo:

- Gire la página que va a imprimir. Cuando esto sea posible, utilice la orden Archivo, Ajustar página, de forma que el lado de la imagen más ancho quede dentro de la nueva orientación de la página. Para hacer esto, pulse los botones Vertical o Apaisada en el campo de Orientación del cuadro de diálogo Ajustar página.
- Ejecute la orden Imagen, Tamaño de imagen, marque las casillas de verificación Restringir proporciones y Volver a muestrear la imagen en el cuadro de diálogo de Tamaño de imagen, e introduzca valores menores en los cuadros Altura y Anchura del campo Tamaño de impresión para crear una imagen más pequeña. Pulse OK y luego imprima su trabajo. Ésta *no* es una acción recomendable, puesto que cambia la calidad de la imagen, tal y como describimos anteriormente.
- Seleccione Imagen, Tamaño de imagen. Con la casilla Volver a muestrear la imagen deseleccionada, aumente la cantidad de píxeles por pulgada del campo Resolución. Esto hará disminuir las dimensiones físicas de la imagen.

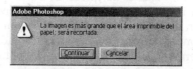

Figura 18.10 Photoshop le avisa cuando la resolución y las dimensiones de la imagen son demasiado grandes para el tamaño de página actualmente definido.

Aun cuando no se haga cambio alguno en el archivo al incrementar la resolución de la imagen en el cuadro de diálogo Tamaño de imagen cuando está deseleccionada la casilla Volver a muestrear la imagen, Photoshop considera esta acción como un cambio en el archivo. Photoshop presentará un cuadro de aviso, antes de cerrar una imagen, si ha cambiado la especificación de las dimensiones o la resolución de la misma.

La razón por la que Photoshop pregunta sobre las dimensiones y la resolución es que la resolución de la imagen es una propiedad específica de algunos formatos de archivo, aunque no de todos, y las aplicaciones que pueden importar imágenes suelen utilizar la información de resolución para determinar las dimensiones de una imagen insertada en un documento. El formato Tagged Image File Format (TIF o TIFF), por ejemplo, almacena la información sobre la resolución de la imagen en la cabecera del archivo. Una imagen de 2»x2» con una resolución de 150 píxeles por pulgada, se importará generalmente a una aplicación de tipo PageMaker como 2»x2». Si aumenta las dimensiones de este archivo en Photoshop mientras la casilla Volver a muestrear la imagen no está seleccionada, la resolución de la imagen podría disminuir y, aunque el *contenido* de la imagen no cambiaría, se importaría a otras aplicaciones como un archivo de dimensiones mayores, que podría no imprimirse de la mejor forma. La razón de que la salida pueda parecer pobre es que el archivo cubriría un área mayor, con menos píxeles por pulgada.

Todavía no estamos listos para imprimir en Photoshop. Ya tenemos algunas de las claves para imprimir con la resolución de imagen correcta, pero todavía no sabemos cómo conseguir el equilibrio entre la lineatura de las tramas de semitonos y el número de tonos distintos que la impresora puede manejar. La regla «multiplicar por dos» sólo es la mitad de la ecuación para imprimir una imagen en escala de grises en una impresora láser.

Tal y como se dijo con anterioridad, cuando se utiliza una impresora PostScript existe cierta flexibilidad a la hora de determinar el valor de las líneas por pulgada. Puede ajustar el granulado de las líneas (el espacio entre ellas), especificando una frecuencia de lineatura más baja, pero, dependiendo de la resolución de su impresora (medida en ppp), puede que no logre una impresión demasiado buena. La impresión puede parecer congestionada o turbia y carente de refinamiento. Por esto hay que determinar *cuántos tonos distintos* se pueden representar en una imagen en escala de grises por medio de líneas de semitono.

El número de tonos en una imagen en escala de grises

Una imagen en escala de grises de 8 bits puede llegar a contener hasta 256 tonos. Una impresora láser tiene un umbral definido para expresar toda la información de la escala de grises; esto se puede hacer dolorosamente obvio si imprime con una impresora de baja resolución. A veces necesitará conseguir un equilibrio entre la frecuencia de líneas y el número de tonos diferentes que los puntos de semitono pueden representar. El equilibrio se expresa con las siguientes ecuaciones matemáticas:

Resolución de la impresora (en ppp) / Lineatura de la impresora (en lpp) = n

n al cuadrado = tonos de gris

En breve utilizaremos esta ecuación para ver con cuánta fidelidad puede representar una impresora los valores tonales de una imagen en escala de grises.

Cálculos para determinar la calidad de imagen

Suponga que tiene una imagen con una resolución de 150 píxeles por pulgada, como la utilizada anteriormente en el ejemplo. Sabemos, por la primera ecuación, que el parámetro de la frecuencia en líneas por pulgada de la trama de semitonos tiene que ser la mitad de la resolución de la imagen en píxeles por pulgada, o sea, 75 líneas por pulgada. El cálculo siguiente es para una impresora de 300 ppp:

300(ppp) / 75(lpp) = 4, por tanto

$4^2 = 16$ sombras de gris

Realmente patético ¿no? Cuando se reproduce una imagen de 256 sombras de gris a 75 lpp en una impresora de 300 ppp, toda la información se reduce a ¡16 tonos distintos! Es totalmente inaceptable para cualquier persona que se tome en serio la creación de imágenes.

Para ser justos, una trama de semitonos de 75 lpp es un valor demasiado alto para una impresora de 300 ppp. La mayor parte de los fabricantes recomiendan un valor de entre 45 y 60. La lineatura de trama que debe utilizar con una impresora es, por lo tanto, una cuestión de estética. Cuanto menor sea el número de líneas utilizadas para expresar los motivos de semitono, más tonos diferentes simulará, pero más visibles serán las líneas en la imagen. Una frecuencia de trama de *menos* de 45 por pulgada es claramente visible en una página impresa, hasta el punto de que el motivo de líneas domina *la composición* de la imagen impresa.

Impresoras de alta resolución

Para obtener un facsímil razonable de su imagen digital, una impresora con una resolución entre 600 y 1.800 ppp es más adecuada para obtener las pruebas en papel. De hecho, muchas publicaciones profesionales en blanco y negro se pueden enviar a una imprenta directamente, entregando una copia lista para filmar obtenida en una impresora láser de 1.800 ppp. Actualmente se pueden adquirir tarjetas adicionales que pueden convertir la resolución de una impresora de 600 ppp en una salida PostScript de 1.200 ppp (que produce prácticamente los mismos resultados que una impresora de 1.800 ppp), y Lexmark, LaserMaster, NewGen y otros fabrican impresoras láser de alta resolución a precios asequibles, que pueden producir buenas copias listas para filmar. Por lo tanto, no comprometa la calidad de su obra impresa; en lugar de ello, mejore la capacidad de su dispositivo de salida. Las siguientes ecuaciones muestran la gama de escala de grises que puede simular una impresora PostScript de 1.200 ppp con tramas de semitonos de 85 lpp:

$$1.200(ppp)/85(lpp) = 14.2$$

$$14.12^2 = 199.37$$

¡No está mal! De los 256 tonos posibles en una imagen en escala de grises, se pueden representar 199 a 1.200 ppp, con una trama de 85 lpp.

Pero ¿qué ocurrirá cuando utilice estos parámetros para una imagen en escala de grises que contenga *más* de 200 tonos? Pues que perderá algo de control sobre los detalles visuales más finos de la imagen y dejará al azar los tonos extra; en una imagen en la que no se hayan asignado tonos suficientes para la impresión pueden aparecer bandas tonales muy acusadas. Y si lo que salga de su impresora tiene que servir como trabajo listo para filmar para la impresión comercial, se corre el riesgo de obtener una impresión final que tenga áreas duras, con un fuerte contraste donde menos se lo esperaba, por haber dado a la máquina más información visual de la que podía manejar.

Piense en alguna alternativa a que una máquina dicte la calidad de su impresión terminada. Aunque no puede cambiar la trama, *puede reducir* el número de tonos de una *copia* de la imagen con tal sutileza y finura que quien lo vea nunca notará que se ha perdido algo. Para reducir el número de tonos de su imagen y que encaje en las limitaciones impuestas por la impresora, primero tiene que determinar cuántos tonos hay en su imagen y luego utilizar la función Niveles de

Photoshop para eliminar tantos tonos de gris como sea posible. En la sección siguiente veremos cómo calcular el número de tonos de una imagen.

Método de Photoshop para el cómputo de colores

Photoshop puede utilizarse para determinar el número de tonos distintos de una imagen en escala de grises. Sin embargo, el método que tiene que seguir no es muy directo y antes de intentarlo debería guardar una copia de la imagen con un nombre distinto. Cuando se convierte una imagen RGB en una imagen en modo de Color indexado, el campo Colores del cuadro de diálogo de Color indexado (situado bajo la lista desplegable Profundidad de color) indica el número de colores que hay en una imagen. Si Photoshop no le ofrece en los campos Paleta y Profundidad de color los valores Exacta y Otro, respectivamente, se debe a que tiene más de 256 colores.

Para utilizar lo mejor posible la información sobre el número de colores distintos de una imagen que ofrece el modo Color indexado, primero hay que convertir una imagen de color al modo Escala de grises y luego volver al modo Color RGB, para determinar el número de tonos de la imagen. Utilice las técnicas del Capítulo 11, «Diferentes modos de color» para convertir una copia de su trabajo a modo de color LAB y luego guarde el canal Luminosidad como la imagen en modo Escala de grises que quiere utilizar para imprimir.

En el ejemplo siguiente, utilizará la imagen Toaster.tif de la carpeta CHAP18 del CD adjunto para que Photoshop calcule los tonos de la imagen. La imagen era originalmente una imagen en color que se ha convertido al modo Escala de grises. Veamos cuántos tonos contiene la imagen.

Cálculo de los tonos de escala de grises

1. Abra la imagen Toaster.tif de la carpeta CHAP18 del CD adjunto.
2. Seleccione en el menú Imagen, Modo y luego Color RGB.
3. Escoja, en el menú, la orden Imagen, Modo, Color indexado. Como puede ver en la Figura 18.11, Photoshop ha calculado que se puede utilizar un conjunto exacto de valores diferentes y guardarlo como paleta de color personalizada compuesta por 213 colores.

Figura 18.11 Cuando una imagen contiene menos de 256 colores o tonos, Photoshop calcula una paleta exacta que contiene sólo esos colores.

4. Pulse Cancelar y luego seleccione Archivo, Volver. Después pulse Volver en el cuadro de advertencia que aparezca y guarde la imagen en el disco duro como Toaster.tif.

Como se explicó en la sección anterior, con una impresora a 1.200 ppp y utilizando una trama de 85 líneas por pulgada puede obtener fielmente 199 tonos. Para imprimir la imagen Toaster adecuadamente ¡deben desaparecer 14 tonos (238-199) de la imagen!

Pero ¿cuáles? Aquí es donde tiene que coger el teléfono para llamar a la imprenta y que le cuenten los datos específicos de la imprenta utilizada para su trabajo. Su impresor conoce las posibilidades y las limitaciones de una plancha obtenida a partir de la imagen lista para filmar. De hecho, como verá en la sección siguiente, puede reducir la información tonal de una imagen a *menos* de lo que su impresora láser puede manejar, y crear así una imagen que se transfiera convenientemente a soporte de papel.

La tinta es diferente del tóner

Una imprenta y una impresora láser son dos formas *físicas* diferentes de generar una imagen de semitono. Los puntos de semitono de tinta sobre papel penetran en el soporte físico, mientras que los puntos de tóner de la láser descansan sobre la superficie del papel. Los impresores con experiencia le dirán a menudo que evite las sombras que se acercan al blanco o al negro absolutos en el material que entregue para filmar. La razón es que, aunque las tramas de semitonos impresas por una láser pueden generar un área completamente negra, del 100 por ciento de densidad, *sobre* una página, la tinta de imprenta penetra *dentro* de la página y se extiende. Dependiendo del papel, la tinta, la imprenta y la trama utilizada, un semitono digital que contenga tonos que representen los extremos de los valores posibles de brillo no se «mantendrá». Por ejemplo, un área que reticule, digamos, a una densidad del 90 o del 95 por ciento, podría saturar completamente con tinta las áreas impresas correspondientes. Cuando una trama no se «mantiene» en la imprenta, las áreas más oscuras se hacen negras y «sangran», creando un charco que se acaba secando y da lugar a un área mal representada del diseño original.

Las malas representaciones del diseño pueden producirse también en áreas de luz y blanco. Un área no cubierta en una copia láser que se envía a una imprenta se convierte a veces en un área de imagen que contiene un «punto sensible», causado por la ausencia en la imagen de puntos de tinta de semitono. Las densidades cero y uno por ciento en una imagen, expresadas como puntos de tinta de semitono, crean involuntariamente un borde en la imagen (un fenómeno denominado aparición de bandas). Piense en esto por un momento. Los puntos de uno por ciento tienen que *empezar* en algún sitio, ¿no? La idea es cubrir incluso las áreas totalmente blancas de la imagen original con al menos una densidad del uno por ciento de puntos de semitono.

Reducción del contraste en la copia láser

Para manejar extremos tonales de imagen, vuelva a su imagen digital original y haga una *copia* para modificarla. Después, en la copia, reduzca el contraste de la imagen de forma que no haya negros ni blancos absolutos. Aunque la imagen modificada parecerá plana y aburrida en el monitor, se animará cuando se imprima con una plancha obtenida a partir de su copia láser en papel. Una vez más, la versión «correcta» de su imagen será el papel, cuando la salida final sea el papel, y no lo que se ve en el monitor.

En el ejemplo de la imagen Toaster, supongamos que, después de hablar con el impresor, descubre que la imprenta no maneja porcentajes de semitonos inferiores a una densidad del 12 por ciento. La solución estriba en cambiar la distribución de los tonos de la imagen, de forma que el primer 12 por ciento (los tonos realmente claros) reciban una nueva asignación en valores más oscuros. Esto traslada la escala tonal de la imagen a una escala de tonalidad imprimible. No lo vea como una degradación de su trabajo, sino como una forma de optimizarlo para presentarlo en otro medio distinto.

Lo primero que tiene que hacer es calcular qué tonos de la imagen se localizan por encima de ese 12 por ciento. Una gama de brillos que oscila entre 0 y 255 no se corresponde directamente con la densidad de porcentaje, que oscila entre el 0 por ciento y el 100 por ciento, por lo que hay que utilizar la siguiente ecuación:

256-[Densidad de semitono (en tanto por ciento)x2.56] = Valor de brillo

Ahora introduzca en la ecuación el valor de la densidad mínima del 12 por ciento para esa imprenta concreta

$12 (\%) \times 2{,}56 = 30{,}72$

$256 - 30{,}72 = 225{,}28$

Luego la solución es bajar el nivel de salida del rango superior de la imagen a 225.

Igualmente, si el impresor comercial le dice que el 90 por ciento de negro es el punto de tono *más denso* que la imprenta puede generar, tendrá que aplicar la misma regla tal y como sigue:

$90 (\%) \times 2{,}56 = 230{,}40$

$256 - 230{,}40 = 25{,}60$

En este caso, tendría que introducir **26** en el campo de la izquierda de Nivel de salida en el cuadro de diálogo de la orden Niveles.

En el siguiente conjunto de pasos vamos a reducir el número de tonos de la imagen Toaster.tif para optimizar la copia lista para filmar, de forma que sea reproducida con precisión en la imprenta.

Reducción del contraste de imagen para las imprentas

1. Abra la imagen Toaster que guardó anteriormente en el disco duro.
2. Pulse Ctrl(⌘)+L para visualizar el cuadro de diálogo de Niveles.
3. Introduzca **225** en el campo de la derecha de Niveles de salida.
4. Introduzca **26** en el campo de la izquierda de Niveles de salida, como muestra la Figura 18.12.

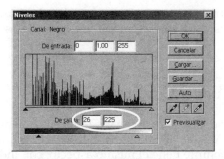

Figura 18.12 Reduzca los niveles de salida de la imagen para atenuar los negros y los blancos absolutos en una impresión en blanco y negro.

5. Pulse OK para aplicar los cambios de tono, pulse Ctrl(⌘)+Mayús+S (Archivo, Guardar como) y guarde el archivo como Output.tif en el disco duro.

Si su impresor sólo le especifica un umbral de alta o baja densidad, no utilice la orden Niveles para redistribuir ambos extremos tonales, tanto inferior como superior, de la imagen de destino. Photoshop vuelve a calcular y redistribuir todos los píxeles de una imagen cuando se hace un cambio en un área de brillo específica. La capacidad de Photoshop de redistribuir la disposición de valores tonales para que haya transiciones suaves puede acabar con sus oportunidades de conseguir una impresión óptima si especifica un nivel de salida que el impresor no ha especificado.

Si sigue los pasos señalados en la sección previa para convertir la imagen en modo Escala de grises a RGB y luego comprueba la posible paleta de Color indexado de esta imagen, descubrirá que ahora la imagen Output.tif contiene 172 tonos diferentes. Esto está dentro de una gama tonal de una impresora de 1.200 ppp a 85 lpp. Por lo tanto, puede imprimir adecuadamente esta imagen y, en este ejemplo, puede servir como una copia de impresora lista para filmar y optimizada para la imprenta.

Cuando termine de imprimir, puede liberar espacio del disco duro borrando la copia de la imagen Toaster o de cualquiera de las imágenes que ya haya optimizado para obtener una copia de impresora lista para filmar. Tras degradar una imagen reduciendo los tonos, nunca podrá recuperar la información de píxeles que se ha simplificado para poder imprimir la imagen. Por esto, siempre debe especificar las dimensiones de la imagen digital y las resoluciones de impresión en una *copia* del trabajo.

Opciones de impresión de Photoshop

Volviendo a la idea de cuál es la aplicación que será mejor utilizar como salida, las secciones siguientes describen cómo se utilizan las opciones de salida de Photoshop para generar imágenes en papel. Cuando crea estar preparado para pulsar Ctrl(⌘)+Mayús+P para acceder al cuadro de diálogo Ajustar página, las siguientes secciones le guiarán a través de las opciones que se va a ir encontrando.

El cuadro de diálogo Ajustar página

Cuando se selecciona Ajustar página en el menú Archivo, aparece el cuadro de diálogo Ajustar página, mostrado en la Figura 16.13. La pantalla de Ajustar página siempre tiene el mismo aspecto, con independencia del controlador de impresora que haya especificado en su sistema.

En este cuadro de diálogo tiene la opción de imprimir con la impresora por defecto (la que tiene definida actualmente en su sistema) o puede seleccionar otra impresora en la lista desplegable Nombre de impresora, que es una lista de todos los controladores de impresoras instalados actualmente en su sistema. Normalmente, la mayor parte de los botones y casillas de verificación de este cuadro de diálogo pueden dejarse con sus parámetros por defecto. Las secciones siguientes le explican estos parámetros, para que sepa cuáles tiene que cambiar cuando tenga la necesidad de imprimir algo especial. Para los ejemplos que siguen hemos elegido un controlador de impresora de color Epson Stylus. Si su impresora fuera una láser de blanco y negro o un dispositivo de salida diferente, puede que no disponga de algunas de estas opciones.

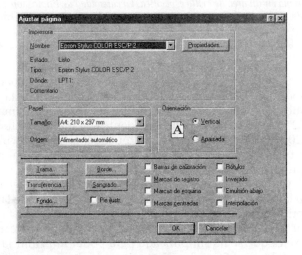

Figura 18.13 Cuadro de diálogo de Ajustar página.

Tramas

Al igual que las imprentas comerciales, las impresoras personales de color utilizan tres colores (cian, magenta y amarillo) o cuatro (cian, magenta, amarillo y negro) para obtener los colores de su imagen. Estos pigmentos pueden estar en forma de cera, tinta, tóner o tinte. Las impresoras que utilizan cuatro colores suelen dar mejores resultados que las de tres colores, porque los pigmentos contienen muchas impurezas y los negros de la imagen necesitan una pasada de refuerzo del pigmento negro de la impresora para que las áreas oscuras de la imagen impresa no presenten un aspecto verdoso.

Los ángulos de trama de cada color utilizado por la impresora están definidos en ángulos que no generan líneas resonantes entre sí. El uso de diferentes ángulos de trama reduce las posibilidades de que los pigmentos de cian, magenta, amarillo y negro produzcan un patrón de interferencia en la imagen impresa cuando se imprimen en la misma página en pasadas sucesivas. Un patrón de interferencia (o efecto *moiré*) es el resultado de que las líneas de la trama (las líneas que componen las celdas de semitono) se superpongan a intervalos regulares dentro de la imagen.

Si pulsa el botón Tramas del cuadro de diálogo Ajustar página, se visualiza el cuadro de diálogo de Tramas de semitonos mostrado en la Figura 18.14. Observe que la casilla Utilizar tramas por defecto de impresora está seleccionada. A menos que quiera conseguir un efecto especial con su impresión en color o que esté muy familiarizado con las especificaciones de su máquina, es conveniente dejar seleccionada esta opción.

Los fabricantes de impresoras personales de color han fijado los ángulos de trama óptimos al construir la máquina; en realidad, no hay necesidad alguna de cambiarlos. Cuando active esta opción, el resto de las opciones quedarán ocultas y no podrá cambiar los parámetros de Tramas de semitonos.

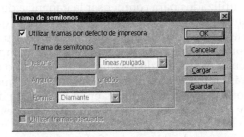

Figura 18.14 Salvo que sepa lo que supone modificar las especificaciones de trama para un dispositivo de salida determinado, deje que Photoshop utilice los parámetros de trama propios del dispositivo.

Borde

Pulsar este botón le lleva a un cuadro de diálogo que le permite colocar un borde negro alrededor de su imagen. Puede especificar la anchura de ese borde en pulgadas, puntos o milímetros, pero no puede seleccionar un color que no sea el negro.

Sangrado

Si pretende recortar físicamente la imagen impresa, Photoshop puede insertar las marcas de recorte en la imagen para que sirvan de guía a la persona que maneje la cortadora de papel. Puede especificar el punto donde tienen que aparecer las marcas de recorte en la imagen, introduciendo un valor en el campo Anchura del cuadro de diálogo Sangrado.

Fondo

Si la imagen no ocupa toda la página y quiere que salga un color a su alrededor, aquí puede elegir ese color. Al pulsar el botón Fondo se despliega el selector de color de Photoshop o el Selector de color que el usuario haya seleccionado en Preferencias de Photoshop. No olvide que, al elegir un color de fondo para su salida, aumentará enormemente el coste de la tinta, cera o tóner que utilice la impresora y el tiempo de impresión. No debe escoger esta opción a la ligera.

Transferencia

Las funciones de transferencia están diseñadas para compensar los errores de calibración de las fotocomponedoras. Estas funciones *no* se usan en las típicas impresoras personales de color y sólo deberían utilizarse para crear trabajos listos para filmar en blanco y negro. Si pulsa el botón Transferencia visualizará el cuadro de diálogo de Funciones de transferencia, donde se pueden ajustar los valores utilizados para compensar la ganancia de punto. *Ganancia de punto* es el aumento de tamaño de los puntos de semitono que se produce cuando la tinta utilizada para imprimir una imagen en una imprenta se extiende al ser absorbida por el papel. Las fotocomponedoras compensan la ganancia de punto reduciendo el tamaño de los puntos de semitono que ponen en la película de la que están hechas los fotolitos. La información que se necesita para determinar los valores que introduzcamos en el cuadro de diálogo Funciones de transferencia y en el cuadro de diálogo Archivo, Ajustes de color, Ajustes CMYK (utilizando la lista desplegable Ganancia de punto y el campo de porcentaje) *debe* proporcionárnosla el impresor. Sólo el impresor sabe cuál es el valor apropiado para el papel, la tinta y la imprenta en la que imprimirá su imagen. Si todo esto parece complicado, es porque lo es. Es mucho mejor insistir en que la fotocomponedora esté bien calibrada que «calcular a ojo» las curvas de las Funciones de transferencia.

Pie de ilustración y Rótulos

Marque la casilla Pie ilustr. si ya ha introducido un rótulo en el campo Pie de ilustración del cuadro de diálogo Archivo/Obtener información. El pie de ilustración se imprimirá en Helvética de 9 puntos en el margen de su imagen impresa. Marque la casilla Rótulos si también quiere que se impriman, con el mismo tipo y tamaño de letra, el nombre del archivo y del canal de imagen. En estas opciones no se pueden cambiar el tamaño ni la tipografía. Le interesará marcar estas casillas cuando envíe una prueba en papel a un taller de fotocomposición o a cualquier otra empresa que maneje gran cantidad de imágenes de distintos clientes.

Marcas de registro

Cuando imprima separaciones de color para colores simples, proceso de colores o duotonos, marque esta casilla para colocar ojos de buey en el margen alrededor de la imagen que permitan al impresor alinear los fotolitos. Las marcas de registro no se utilizan para imprimir una imagen compuesta en una impresora personal de color; sólo se imprime una página.

Barras de calibración

La activación de esta función genera un rectángulo con relleno degradado que se imprime en el margen de la página. Esta función la utilizan los impresores para comprobar que su imprenta o impresora está proporcionando la densidad de color apropiada. Por ejemplo, una parte del 10 por ciento de la barra de calibración tendría que seguir siendo el 10 por ciento cuando el impresor la mida con el dispositivo llamado *densitómetro*. Los densitómetros son instrumentos de precisión que miden los valores tonales del material impreso. Si está imprimiendo separaciones CMYK, la función Barras de calibración añade una barra de color progresiva. Los impresores utilizan estas barras progresivas para comprobar los valores de alineación y densidad de los valores C, M, A y N de los pigmentos, tal y como están aplicados en combinación en la página impresa. Para ver un ejemplo real de barra de calibración, coja una caja de cereales o cualquier otro envoltorio impreso. Por lo general, las barras de calibración están impresas en las solapas interiores, como forma de comprobar cómo sale una tirada de producción de la imprenta.

Marcas de esquina y Marcas centradas

Si la imagen no ocupa toda la página y se va a ajustar físicamente a los bordes de la imagen, puede especificar que se impriman las Marcas de esquina o las Marcas centradas. Marque ambas casillas para imprimir los dos tipos de marcas de recorte.

Invertido y Emulsión abajo

Utilice estas opciones cuando imprima películas para hacer los fotolitos. Verifique con su impresor cómo configurar estas opciones para las imprentas que se vayan a utilizar. *No* intente adivinar ni haga suposiciones basándose en lo que haya oído o leído, porque se arriesgará a producir películas inutilizables. Cuando imprima una imagen completa, terminada, sobre papel, estas casillas deben siempre dejarse *deseleccionadas*.

Interpolación

Esta opción sólo se aplica a algunas impresoras PostScript de nivel 2. Si imprime una imagen de baja resolución, seleccionar esta casilla obliga a la impresora a aumentar (remuestrear) la resolución de la imagen. La ventaja de utilizar esta opción es que la interpolación reduce la tendencia de las imágenes de baja resolución a producir bordes escalonados, con aliasing. El inconveniente es que se reduce la calidad del conjunto de la imagen y que el enfoque de la imagen no será tan claro como en el monitor. Si piensa que la interpolación de la imagen es necesaria para el resultado final, seleccione en Photoshop Imagen, Tamaño de imagen y aumente las dimensiones o la resolución del Tamaño de impresión con la casilla Remuestrear la imagen marcada. En Photoshop tiene la posibilidad de ver cuál será el efecto de la interpolación; si quien lo hace es el impresor, tendrá que pagar la prueba, le guste o no.

Uso de la orden Imprimir del menú Archivo

Una vez configuradas las opciones de Ajustar página, es el momento de imprimir la imagen utilizando la orden de Photoshop Archivo, Imprimir (Ctrl(⌘)+P). Este cuadro de diálogo tiene normalmente la misma apariencia, independientemente del tipo de impresora con la que se esté trabajando. Los parámetros más importantes son: Calidad de impresión, Gestión de color PostScript (o Gestión de color de impresora, si ésta es un modelo PCL) y Codificación (sólo disponible con los controladores de impresora PostScript). La Calidad de impresión se tiene que configurar en el nivel más alto que la impresora sea capaz de producir. El modo de color seleccionado en el campo Espacio tiene que corresponderse con el modo de color de la impresora. Como ya dijimos, la mayor parte de las impresoras personales de color requieren una salida RGB y no CMYK.

Impresión en diferentes modos de color

Photoshop puede imprimir una imagen en color en una impresora de blanco y negro, y aunque nosotros recomendamos la imagen en modo escala de grises por proporcionar los mejores datos visuales para una impresora de blanco y negro, habrá veces en que la salida final que tenga prevista sea una separación de colores en lugar de una imagen única que represente una copia monocromática de su imagen en color original. Si está definido un controlador de impresora PostScript como dispositivo de salida, el cuadro de diálogo de Imprimir de Photoshop se aparta un poco del que se muestra cuando define una impresora que no sea PostScript. El juego completo de opciones de salida sólo le aparecerá con la salida PostScript. Como puede ver en la Figura 18.15, en la parte inferior del cuadro de diálogo de Imprimir se incluye el campo Espacio, que contiene muchas configuraciones diferentes de monitor, salida para difusión y configuraciones específicas de gamma para escala de grises, todas ellas pensadas para tratar de ajustar lo que se muestra en el monitor a la salida impresa.

Las opciones de Espacio aparecen en el cuadro de diálogo Imprimir para todo tipo de impresoras cuando la imagen que se va a imprimir es de color, pero cuando se imprime una imagen en escala de grises sólo aparecen las opciones Escala de grises, Escala de grises - Gama 1,8 y Escala de grises - Gama 2,2. Estas opciones son convenientes para la impresión por defecto en una impresora personal láser en blanco y negro.

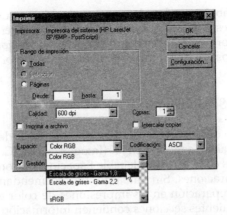

Figura 18.15 Photoshop le permite enviar a la impresora información organizada en diferentes modos de color.

Modo RGB

Una impresora de blanco y negro no entiende la información de color; sólo se ocupa de la forma en que se distribuye el tóner negro. Cuando se selecciona RGB en el campo Espacio y tenemos una imagen en escala de grises guardada en modo de Color RGB, Photoshop envía toda la información de color del archivo a la impresora. Ésta descarta la mayor parte de la información y sólo procesa lo que considera pertinente para imprimir la imagen sobre la página en forma de puntos negros de tóner. Cuando se imprime una imagen de color en una impresora de escala de grises, el resultado nunca puede ser óptimo y el proceso es lento, porque la impresora debe ir determinando qué información descartar y cuál conservar, basándose en una serie preestablecida de reglas programada por el fabricante de la impresora. Cuando se intenta imprimir una imagen con una resolución superior a la de la impresora, se produce otro «cuello de botella» de impresión similar.

Modo Escala de grises

Si selecciona Escala de grises en el campo Espacio, Photoshop proporciona dos opciones de gamma para producir la impresión. Photoshop hace una copia interna de su imagen en color y la convierte a Escala de grises utilizando el método habitual para esta conversión. Aunque es mejor esto que seleccionar información RGB para enviar a la impresora, los métodos de Photoshop para la conversión a Escala de grises *no* son la mejor forma de producir una imagen en este modo. Consulte el Capítulo 11 para obtener información sobre conversiones de precisión al pasar de RGB a escala de grises. Las impresiones láser de mejor calidad son las que se sacan de imágenes que, partiendo de una buena separación tonal de las áreas de la imagen, se han convertido manualmente al formato de archivo de escala de grises apropiado y en los que la imagen en escala de grises se ha ajustado para adaptarse a las posibilidades de la impresora.

También puede seleccionarse Archivo, Ajustes de color, Ajustes de escala de grises para saber cómo se verá una imagen en color al ser enviada a una impresora en blanco y negro. De nuevo, lo mejor es enviar información en escala de grises a una impresora en blanco y negro.

Modo Separaciones

Cuando quiera realizar separaciones de color, debe primero convertir una copia de su trabajo a modo CMYK (Imagen, Modo, Color CMYK) y seleccionar Separaciones en la lista desplegable Espacio para comenzar el proceso de impresión de separaciones. Sin embargo, no recomendamos a los usuarios que tengan poca preparación en las impresiones de color crear sus propias separaciones. Las siguientes secciones contienen información sobre las separaciones y sobre cuáles son los mejores métodos de conversión.

Cuando imprima en una impresora personal de color, es poco probable que necesite imprimir en CMYK o convertir la imagen que quiera imprimir. La mayor parte de las impresoras de color de inyección de tinta utilizan sus propios circuitos internos de conversión para leer los datos de imágenes en el modo RGB a la hora de imprimir tintas CMYK.

Aquí hay que dejar claro que las impresoras de color PostScript de nivel 2 generalmente prefieren tomar datos de Color Lab. Obtendrá colores más definidos e imágenes mejores si a estos tipos de impresoras les envía imágenes en modo de Color Lab. Las impresoras PostScript de nivel 1 (como las impresoras personales y las fotocomponedoras más antiguas) no manejan el color Lab con demasiada soltura.

Opciones de Codificación

Un campo adicional, Codificación, aparece a veces en la parte inferior derecha del cuadro de diálogo Imprimir, dependiendo del controlador de impresora que esté utilizando. Cuando tenga la opción Codificación, debe ajustar la impresora a ASCII para una mayor compatibilidad a la hora de imprimir en red. Debe seleccionar la opción Binaria si su impresora acepta el modo binario y está conectada a su computadora. La opción Binaria es el doble de rápida que la opción ASCII. La codificación JPEG es útil cuando quiera imprimir con gran rapidez y esté dispuesto a resignarse a la pérdida de información asociada a la compresión JPEG.

Finalmente, la opción Imprimir en archivo *no* se debe seleccionar si se espera sacar de la impresora una versión en papel del trabajo. Más adelante en este capítulo estudiaremos las opciones Imprimir en archivo como forma de enviar su trabajo a un taller de composición.

Una vez que se haya decidido respecto a todos los parámetros de este cuadro de diálogo, pulse OK y espere a que su imagen salga por la impresora. Tiene que ser paciente: la impresión de las imágenes grandes, fotorrealistas, impresas con parámetros de alta calidad puede llevar mucho tiempo.

Si sólo quiere imprimir parte de una imagen, utilice la herramienta Marco rectangular para seleccionar el área que quiera imprimir. Todos los píxeles que queden dentro del marco deben ser opacos. Pulse Ctrl(⌘)+P. En el cuadro de diálogo Imprimir, marque la casilla Selección en el cuadro Rango de impresión y pulse OK.

Aumento de la calidad de impresión y reducción del trabajo del artista

En este capítulo ha visto lo que puede hacer por sí mismo con una impresora láser de alta resolución y los métodos de Photoshop que optimizan una imagen para reproducirla mejor. Sin embargo, a medida que vaya adquiriendo experiencia en la creación de imágenes se dará cuenta de que está pasando el mismo tiempo ante la computadora que ante el impresor. Se familiarizará con los requisitos especiales de una imprenta concreta y aprenderá a confiar en la gente que genera en papel el trabajo que usted les encarga.

También es el momento en que podría empezar a pensar en abandonar el «brebaje casero» del semitono de su impresora láser para dejar que su impresor genere el archivo que usted le entregue directamente en una fotocomponedora. En vez de depender de los puntos de tóner para representar los semitonos, las fotocomponedoras producen positivos y negativos fotográficos a partir de archivos digitales. La película que produce una fotocomponedora se puede utilizar para generar fotolitos. Algunas fotocomponedoras se saltan el paso de la película y en su lugar crean directamente el fotolito a partir del archivo digital.

Muchas de las fórmulas y técnicas que se han aprendido en este capítulo se pueden aplicar igualmente al trabajo que se envía a una fotocomponedora. Si va a crear imágenes que formen parte de una tirada de impresión en color, hay una serie de funciones adicionales de Photoshop que puede utilizar para asegurarse un buen trabajo. Si está dispuesto a dar el salto a otros tipos de salida, debe leer las siguientes secciones.

La fotocomposición y el taller de fotocomposición

Muy poca gente tiene una imprenta conectada directamente a su computadora. La mayor parte de la gente necesita establecer un vínculo entre la naturaleza etérea de las imágenes digitales y esa cosa tangible y física que son los fotolitos y la tinta sobre el papel. Sus aliados a la hora de cruzar el puente que separa su trabajo artístico de la salida física son los talleres de fotocomposición y la imprenta.

Un taller de fotocomposición prepara y transforma su archivo en un formato que se pueda utilizar para producir una salida física. Los talleres de fotocomposición utilizan equipos caros y complejos: fotocomponedoras, filmadoras, impresoras de color de alta resolución y dispositivos de prueba son las herramientas necesarias para ediciones de alta calidad. Puede que todo lo que necesite para hacer que su imagen adquiera vida sea la salida proporcionada por estos dispositivos, como en el caso de las impresiones láser en color o de las diapositivas. Por otro lado, para dar a conocer al mundo sus imágenes puede que necesite que le hagan las *separaciones* de película, que cualquier impresor podrá utilizar después para obtener los fotolitos. Si su objetivo es la impresión de color en una imprenta, necesitará los servicios de una fotocomponedora como paso previo al proceso de impresión.

Los talleres de fotocomposición y las imprentas no son siempre dos negocios separados; a veces puede encontrarlos bajo un mismo techo. E incluso, cuando son dos negocios independientes, los servicios que ofrecen se pueden superponer. Tanto la imprenta como el taller de fotocomposición pueden tener sus propias fotocomponedoras, impresoras de color digitales y dispositivos de prueba. La diferencia entre ambas es que la imprenta saca los fotolitos de negativos y hace producciones en serie de su trabajo en imprentas de alta velocidad, que aplican la tinta al papel. Independientemente de si su taller de fotocomposición y su imprenta están en el mismo lugar, el papel que juegan ambas empresas y su conocimiento de los equipos especializados, son vitales a la hora de producir con éxito buenas copias impresas de su trabajo.

¿Cuánto debe saber sobre fotocomposición?

Como creador de imágenes por computadora, su primera responsabilidad es dedicar sus capacidades, talento y tiempo a realizar un trabajo sobresaliente. Igual que los artistas buscan mentores que les ayuden a refinar sus artes, tiene que enviar sus creaciones a expertos en sus respectivos campos de trabajo. Aunque su nivel de dedicación a la hora de producir una copia impresa acabada de su imagen esté limitado en algunos aspectos, tiene que entender *unas cuantas* cosas sobre el proceso de impresión. Hay una serie de cosas que puede hacer con su archivo digital antes de enviarlo al taller de fotocomposición o a la imprenta para conseguir que el trabajo de su aliado en este negocio sea más sencillo y usted quede más satisfecho de la imagen acabada.

Aunque es cierto que no necesita saber todos los trucos ni tener todos los conocimientos que tienen ellos, sí *tiene* que saber cómo enviarles las copias digitales del trabajo que haya hecho, tanto en color como en escala de grises, para que ellos puedan transformar adecuadamente su imagen digital en una imagen física. También necesita conocer los tipos de servicios que ellos le pueden proporcionar, lo que puede esperar cuando contrata sus servicios y cómo sus equipos afectan a la mayor parte de sus decisiones de diseño básicas.

Si está leyendo este capítulo desde el principio, ya ha empezado a aprender lo necesario para que el taller de fotocomposición y la imprenta sean sus aliados. La tecnología PostScript, la forma en que funcionan las tramas y celdas de semitono y la relación entre la resolución y las dimensiones del archivo son tan importantes para la producción comercial de la salida impresa como lo son para la impresión personal.

Estrategias para subcontratar su trabajo de impresión

Para aumentar la distribución de su trabajo en un medio de alta calidad, tiene que dar una copia del archivo de la imagen digital a un impresor. Por el momento, ya le hemos presentado una de las dos formas de conseguir este objetivo: crear usted mismo una copia en papel de su obra, lista para filmar. El taller de fotocomposición nació porque no todos los impresores tienen equipos informáticos y, en parte, porque preparar imágenes fotográficas para reproducirlas en una imprenta siempre ha sido un trabajo de gran especialización. El servicio que realiza el personal de un taller de fotocomposición consiste en tomar sus archivos y prepararlos para la impresión. Preparar sus archivos para la impresión supone, como poco, utilizar una fotocomponedora o una filmadora que genere una película a partir de los archivos digitales. Una vez que su imagen esté en película, cualquier impresor puede generar los fotolitos para la imprenta.

Por lo tanto, el verdadero truco para producir una salida de alta calidad está en cómo empaquetar el trabajo y llevarlo al taller de fotocomposición en un formato a partir del cual ellos puedan generar otro formato listo para filmar. Las siguientes secciones le presentan el proceso especial y la forma de guardar el trabajo que necesitará utilizar con las copias de sus archivos de Photoshop.

Utilización de imágenes CMYK

Si la salida prevista para su trabajo de Photoshop es una imprenta de cuatro colores, tiene que enviar sus imágenes al taller de fotocomposición en modo de color CMYK (Cyan, Magenta, Yellow, Black; cian, magenta, amarillo, negro). Este modo de color utiliza cuatro canales de color para producir los colores que se pueden imprimir en una imprenta. La gama de colores CMYK es más limitada que la ofrecida por el modo RGB; nuestros ojos pueden percibir una gama de colores más amplia de la que se puede reproducir utilizando pigmentos de color sustractivos y reflexivos.

Cuando los tres colores de proceso (cian, magenta y amarillo) se mezclan, producen otros. Si los colores están mezclados en proporciones iguales se *tiene* que producir negro. Sin embargo, las impurezas en los pigmentos de la tinta hacen imposible, por lo general, que se consiga el negro absoluto (la absorción total de la luz). Para solventar este problema, se utiliza una plancha adicional de color negro para aplicar la tinta negra. De la media ponderada de las planchas utilizadas con los otros tres colores se saca una plancha de separación de negro.

Como el monitor que usa para desarrollar su trabajo utiliza una combinación aditiva de colores rojo, verde y azul, nunca podrá ver en pantalla un reflejo fiel de cómo va a salir la imagen de color CMYK. Por este motivo, y debido a que el canal extra que utiliza el modelo CMYK produce archivos mucho más grandes, la mayor parte de la edición de imágenes se debe hacer en el modelo de color RGB. Una vez que la edición esté completa, hay que convertir una *copia* de la imagen al modelo CMYK. Se pierde calidad de imagen al convertir el mismo archivo desde RGB a CMYK y a la inversa varias veces; guarde siempre, por tanto, una copia RGB y sólo convierta a CMYK sus duplicados.

La función Avisar sobre gama

Cuando se está trabajando en el modo RGB es fácil especificar colores que no se van a reproducir con fidelidad en el modelo CMYK. Se dice que estos colores están *fuera de la gama*. Afortunadamente, Photoshop proporciona varias formas de identificar y corregir los colores fuera de la gama, siendo la más fácil la función de Photoshop Avisar sobre gama, que aparece en el menú Vista.

En los siguientes pasos se utiliza la función Avisar sobre gama de Photoshop para identificar cualquier color de la imagen Flowers.tif que no se pueda convertir con fidelidad al modelo de color CMYK.

Visualización de los colores fuera de la gama

1. Abra la imagen Flowers.tif de la carpeta CHAP18 del CD adjunto.
2. Pulse dos veces la herramienta Mano para visualizar la imagen con una resolución que ocupe toda la pantalla, sin barras de desplazamiento.
3. Seleccione Vista, Avisar sobre gama. De repente, como muestra la Figura 18.16, las flores más brillantes de la imagen tienen por encima manchas de un color plano. Estas motas marcan los colores que están fuera de la gama.

Color de Aviso de gama

Figura 18.16 Photoshop presenta un aviso de gama superpuesto sobre la ventana de la imagen para indicar las áreas de la misma que no se pueden imprimir con tintas CMYK.

El color que se utilizará para marcar los colores fuera de la gama se puede configurar seleccionando Preferencias, Transparencia y gama. Dependiendo de los colores de la imagen, elija un color de aviso de gama que contraste con la información de la imagen original. Para Flowers.tif se eligió el blanco, porque no se utilizaba en la imagen.

Para corregir los colores fuera de gama de la imagen hay que cambiar las áreas iluminadas por colores similares que sean admitidos en CMYK. La herramienta Esponja se puede utilizar de forma eficaz para devolver los colores a la gama en áreas aisladas de la imagen; los colores de aviso de gama proporcionan una marca sobre la propia imagen sólo para aquellas áreas que requieren cambio de color.

Devolución de los colores a la gama

1. Seleccione la herramienta Esponja del menú flotante de las herramientas de cambio de tono en la caja de herramientas.
2. En la paleta Opciones, elija Desaturar en la lista desplegable. En este ejemplo estará bien configurar una Presión del 50%.

3. En la paleta Pinceles, seleccione el grosor que tiene el diámetro de 35 píxeles.

4. Arrastre con cuidado hacia atrás y hacia delante sobre las zonas marcadas por el color de aviso de gama (*véase* la Figura 18.17). Puede que sea necesaria una segunda aplicación de la Esponja en las zonas que presenten la mayor concentración de dicho color.

Figura 18.17 Utilice la herramienta Esponja con la opción Desaturar para eliminar parte de los colores fuera de gama de la imagen.

5. Pulse Ctrl(⌘)+Mayús+S (Archivo, Guardar como) y guarde la imagen en el disco duro como Flowers.tif

En muchas ocasiones, como en este ejemplo, las imágenes de color exuberantes no se pueden imprimir en CMYK debido a la *saturación* de los colores (la pureza y la intensidad de un tono con respecto a los otros tonos presentes en ciertos colores). Aunque la Esponja es una herramienta realmente buena a la hora de reducir la saturación en áreas concretas de la imagen, también hace que esas áreas sean visualmente más aburridas. Esto se puede corregir hasta cierto punto después de hacer la conversión al modo CMYK, como se explicará en la sección siguiente.

Conversión de imágenes RGB a CMYK

Convertir una imagen RGB a CMYK es algo fácil de hacer. Seleccione Color CMYK en el menú Modo de Imagen; no obstante, antes de hacer esto debe comprobar que su monitor esté bien calibrado. La calibración es importante, porque Photoshop parte de los valores RGB que encuentra en su imagen y construye tablas de equivalencia que convierten los colores RGB en las formulaciones apropiadas CMYK. Si su monitor no estuviera calibrado correctamente, no conseguiría lo que espera cuando la imagen salga de la imprenta. Antes de seguir, asegúrese de leer en el Capítulo 3, «Personalización de Photoshop 5», los consejos y pasos necesarios al utilizar las funciones de calibración de Photoshop.

La única persona que puede darle los detalles de una separación de color CMYK es el impresor en cuyas máquinas vaya a imprimir esta imagen. Todo el procesamiento que haga Photoshop con una imagen depende de la clase de papel, tinta e imprenta que utilice. Las selecciones que haga en el cuadro de diálogo Archivo, Ajustes de color, Ajustes CMYK exigen que sepa el método —GCR o UCR— que el impresor tiene pensado utilizar, y cuáles han de ser los parámetros para cada uno de ellos. GCR (*Reemplazamiento del componente gris*) y UCR (*Sustracción del color subyacente*) son los «estilos» que utilizan los impresores para reducir la cantidad de colores de proceso que se utilizan en áreas de color neutro o negro y reemplazarlos por tinta negra. Esto se hace para evitar que se enturbie la imagen impresa o que se aplique en un área más tinta de la que el papel puede absorber. En el cuadro de diálogo Archivo, Ajustes de color, Ajustes CMYK hay una larga lista de especificaciones de tinta para papel estucado y sin estucar. Además, Photoshop permite compensar en este cuadro de diálogo el *porcentaje previsto de ganancia de punto*, es decir, el aumento de extensión de un punto de tinta cuando ésta se aplique y sea absorbida por las fibras del papel.

Si cambia cualquiera de estos parámetros de fotocomposición, incluidos los de configuración Adobe Gamma en el Panel de control del sistema, después de haber convertido una imagen a CMYK, tendrá que tirar la imagen y crear otra nueva a partir de la copia RGB de la imagen que tenga guardada. Nunca debe convertir una imagen RGB a CMYK y luego a la inversa. Perdería gran cantidad de información de color, porque la gama de color CMYK es más restringida que la gama de color RGB. Una vez que haya convertido la información de color a CMYK, ya no puede volver a sus valores originales en RGB y se tiene que quedar con los colores CMYK.

Haga siempre una copia de la imagen RGB y convierta la copia a CMYK. Luego, si tiene que hacer ajustes, aún tiene la imagen original RGB a partir de la cual puede crear un nuevo archivo CMYK.

No se aventure a hacer adivinaciones con estos parámetros, ni pierda el tiempo y el dinero convirtiendo imágenes RGB a CMYK e imprimiendo después separaciones, a menos que haya hablado largo y tendido sobre estos parámetros con el impresor.

Si está seguro de haber definido correctamente los parámetros de Archivo, Ajustes de color, seleccione Imagen, Modo, Color CMYK para convertir la imagen Flowers.tif al modo de color de impresión. Para mejorar en este momento los colores de la imagen puede utilizar la orden Niveles para aumentar ligeramente el contraste de la imagen. Al hacer esto asigna más información neutra y tonal a las áreas de la imagen a las que les falte contraste, a la vez que refuerza la presencia de los colores subyacentes. Esta acción cambia el contenido de la imagen, pero si su objetivo es crear la mejor copia posible en papel de un archivo digital, lo más importante es el aspecto de la copia impresa y no el de la copia del archivo que vea en el monitor.

Impresión mediante separación de colores

Cuando tenga delante una imagen CMYK correctamente realizada, podrá imprimir la separación de colores si sabe con exactitud qué parámetros de impresión configurar. Estos parámetros se han descrito anteriormente en este capítulo, en la sección sobre impresoras de color personales. Para obtener un archivo CMYK perfecto, tendrá que sostener largas conversaciones con su impresor. Para imprimir la separación de colores, tiene que saber todo lo necesario sobre la imprenta que se va a utilizar para realizar la separación de colores. Lo más probable es que, si va a incurrir en el gasto de imprimir la imagen en una imprenta de color, es porque necesita una resolución mejor que la que pueda proporcionarle la impresora personal que tenga, sea cual sea. Necesitará los servicios de una fotocomponedora. Las fotocomponedoras tienen resoluciones que van desde 1.200 ppp a más de 3.000 ppp y pueden costar varios millones de pesetas.

Si un taller de fotocomposición va a generar sus separación de colores en papel o película, deles el archivo CMYK y déjeles hacer los ajustes para su foto-componedora. Asegúrese de que sepan para qué impresor es ese proyecto y anímeles a preguntarle cualquier duda que tengan. Lo que sí se espera es que usted pueda proporcionar por lo menos la siguiente información estándar sobre los requisitos del impresor:

- Si la imagen tiene que estar en negativo o positivo.
- Si la emulsión de la imagen es por arriba o abajo.
- La frecuencia de trama óptima para la imprenta, el papel y las tintas que se van a utilizar.
- La forma de los puntos de semitono que hay que usar y los ángulos de trama para las planchas que el impresor considera más adecuadas para la imprenta.
- La ganancia de punto prevista en la imprenta.

Si por casualidad dispusiera de una impresora PostScript y quisiera utilizarla para crear la separación de colores, tendría que hacer estos ajustes (junto con los ajustes de las marcas de recorte, las marcas de registro y las barras de calibración) para su impresor en el cuadro de diálogo de Ajustar página, como ya se ha explicado en este capítulo. Como lo más normal es que imprima en papel y no en película fotográfica, deje las opciones Invertido y Emulsión abajo deseleccionadas y salga del cuadro de diálogo Ajustar página. Después elija Imprimir en el menú Archivo e introduzca el valor necesario de Calidad de impresión. Seleccione la opción Separaciones en la lista desplegable Espacio y luego pulse OK. Obtendrá en su impresora cuatro impresiones en blanco y negro. El impresor puede utilizar estas separaciones de impresión en papel como separaciones listas para filmar para generar a partir de ellas los fotolitos.

¿Conviene hacer uno mismo la separación de colores?

Ahora sabe que Photoshop ofrece la *posibilidad* de generar las separaciones de color de una imagen. Esto significa que las planchas cian, magenta, amarillo y negro que un impresor utiliza en una imprenta pueden obtenerse a partir de una copia obtenida en una láser. Pero el hecho de que Photoshop le dé las herramientas para generar la separación de colores *no* significa que sea necesario que quiera —o *tenga que* — hacerlo.

Además de ser la aplicación preferida por los diseñadores que trabajan en plataformas tanto Macintosh como Windows, Photoshop es una herramienta magnífica para uso de las casas de impresión comercial. En los departamentos de producción de los talleres de fotocomposición y de las agencias publicitarias se utilizan muchas copias de este programa, dado que la *otra* mitad del arte de la creación digital es la *impresión* de la imagen. Y Photoshop tiene las funciones para realizar ambas tareas.

Pero la impresión de color es una ciencia y, como tal, es mejor dejarla para los profesionales. Por este motivo, recomendamos que los artistas y diseñadores *no* utilicen el grueso de las funciones de fotocomposición en color de Photoshop. Deje que quien conoce mejor los medios de *edición* se encargue del trabajo. Puede visitar a dos o tres impresores antes de decidirse por uno de ellos, y trabaje con el que entienda el estilo o aspecto que quiere conferir a sus imágenes. Aprenderá mucho trabajando con un buen taller de fotocomposición o un buen impresor, pero ¿por qué hacer usted mismo lo que otra persona ya está haciendo bien? Salvo que quiera hacerlas la competencia.

Un buen impresor o taller de composición que esté familiarizado con Adobe Photoshop puede guiarles a usted y a su trabajo a través del mundo del proceso de impresión. Sólo ellos conocen las mejores tramas, recubrimientos de tinta, ajustes de ganancia de punto y colocación de la emulsión que se necesitan para conseguir resultados óptimos con las imprentas y los papeles que se van a utilizar para dar vida a su trabajo.

Cuando sepa cómo se van a terminar los trabajos después de salir de sus manos, podrá planificar su trabajo (tamaño de archivo, capacidad de color, resolución, etc.) de forma que se garantice la salida terminada mejor posible.

Opciones de impresión en archivo

Ocasionalmente querrá empaquetar el trabajo que va a enviar a un taller de fotocomposición o a un impresor en forma de documento «predigerido», almacenado en un archivo de impresión. La ventaja de imprimir una imagen en archivo es que todo lo que tienen que hacer los receptores de este documento es cargar el archivo en un dispositivo de salida determinado para que usted pueda recibir el trabajo. Como se especifican los ajustes de impresora y otras opciones con la misma exactitud con que lo haría para un dispositivo de impresión local conectado a su máquina, elimina la adivinación y la posibilidad de que quienes vayan a realizar el trabajo de generar la imagen introduzcan errores. El receptor ni siquiera necesita instalar Photoshop en la máquina que controle la fotocomponedora.

El inconveniente de enviar un archivo de impresión a un taller es que no pueden retocar su contenido aunque haya algún error en la ganancia de punto, el recorte o tamaño de imagen o cualquier otro parámetro de la imagen enviada.

En general, no recomendamos bajo ningún concepto el uso de la opción Imprimir a archivo que aparece en el cuadro de diálogo Imprimir de Photoshop como forma de llevar un diseño a un taller de fotocomposición o a un impresor. El archivo será, normalmente, mayor que un TIFF equivalente que contenga los mismos datos, y los documentos así generados exigen que se utilice el controlador de impresión concreto que utiliza la fotocomponedora del taller de fotocomposición para que su trabajo pueda imprimirse. Si hay alguna razón empresarial o personal importante que le obligue a elegir la opción Imprimir a archivo recorra, por favor, la siguiente lista de comprobación antes de enviar el documento al taller que generará el archivo:

- *¿Ha instalado en su sistema el mismo controlador de impresora que utiliza el taller de fotocomposición o el impresor?* Con frecuencia, el taller de fotocomposición estará encantado de copiarle su controlador de impresora en un disco flexible para que lo instale, sin cobrarle nada. Esto les evita dolores de cabeza y les garantiza que el archivo estará escrito de forma que su fotocomponedora pueda entenderlo.
- *¿Sabe qué tipo de codificación utiliza el taller de fotocomposición?* En caso negativo, no se arriesgue y codifique en ASCII el archivo de impresión. ASCII es un código inteligible universalmente; es más lento y produce archivos más grandes que la opción de codificación Binaria que se encuentra en el cuadro de diálogo Imprimir, pero las máquinas Macintosh, DOS, Windows y Unix pueden entender las órdenes de impresión en ASCII.
- *¿Está seguro de que la información del archivo es correcta?* Nadie puede cambiar los archivos de impresión, excepto unos pocos individuos que saben abrirse paso por los archivos PostScript.

Puede que ahorre tiempo en el taller de fotocomposición imprimiendo en archivo, pero en muchos casos esta opción le va a causar más quebraderos de cabeza de los que puede imaginar.

Impresión en PDF o EPS

Como PostScript es independiente de la plataforma y del dispositivo, hay numerosas implementaciones de PostScript en distintas impresoras y se han creado diferentes intérpretes para las aplicaciones que utilizan las ventajas de este lenguaje de descripción de página. Desgraciadamente, esto también cuestiona lo «estándar» de un diseño concreto generado en PostScript; con frecuencia, un archivo PostScript no se podrá generar por culpa de un operador (función que forma parte del código PostScript) ilegal.

Hay dos formas de dar salida a un documento Photoshop en PostScript, esencialmente para imprimir el diseño en un archivo, que minimizan las posibilidades de error de PostScript y hacen que su relación con el taller de fotocomposición esté exenta de discusiones.

Cuando imprima un archivo utilizando un controlador de impresora PostScript, el diseñador quedará atado a las especificaciones del dispositivo de salida. Es casi como si estuviera imprimiendo por poderes. Sin embargo, el formato de PostScript encapsulado (EPS) también es una descripción de página PostScript de los contenidos de un archivo pero que se puede incluir en un documento para efectuar la impresión. Por ejemplo, puede incluir un archivo EPS en un documento de PageMaker y que el taller de fotocomposición genere una copia del archivo en una fotocomponedora de alta resolución. La ventaja de escribir un archivo en formato EPS es que le permite algún control sobre la forma en que se escribe el archivo.

En la Figura 18.18 puede ver el cuadro de diálogo Opciones EPS de Photoshop, donde puede especificar el ángulo de trama o la función de transferencia utilizados en la imagen, eliminando errores potenciales que no pueden cambiarse cuando se usa el procedimiento normal de salida Imprimir a archivo. También puede incluirse la Gestión de color PostScript como parte del archivo. Al guardar un archivo en formato EPS, puede elegirse el esquema de codificación (nuestro consejo: utilice siempre ASCII) y puede especificarse que se imprima sólo una imagen de baja resolución a efectos de posicionamiento, si decide que esta imagen forme parte de un documento mayor.

Figura 18.18   Guardar un archivo en formato PostScript encapsulado le permite imprimir el archivo sin introducir en él las características específicas del dispositivo.

El formato EPS es «genuino» PostScript, y permite que se editen diferentes propiedades de color y de lineatura del diseño, después de haber escrito el archivo, si se coloca el archivo EPS en un documento que lo albergue.

En los últimos dos años muchos profesionales de la imagen se han pasado al formato de documento Acrobat de Adobe como forma de «limpiar» los archivos PostScript que no salían bien en las fotocomponedoras. Un archivo EPS escrito por Photoshop o por otro programa se puede convertir al formato Acrobat. Además, Photoshop 5 puede guardar archivos de imagen en formato Acrobat PDF. Pregunte a su impresor si puede utilizar un documento Acrobat para obtener la salida final de la impresión en color. El formato de archivo Acrobat PDF es, básicamente, una forma rápida de enviar a su impresor un documento, que será impreso de manera precisa.

La filmadora

Como ha ido descubriendo a lo largo de este libro, hay una relación estrecha y fuerte entre los gráficos en mapa de bits y las imágenes fotográficas tradicionales. Las *imágenes en mapa de bits* contienen una información gráfica en forma de áreas de luces y sombras de tonos continuos que nuestros ojos reconocen como una imagen. El granulado fotosensible de la película y del papel fotográfico también representa imágenes en forma de capas de tonos continuos. Muchas de las imágenes con las que ha trabajado en este libro, y muchos de los elementos contenidos en sus propios trabajos, son fotografías tradicionales, de base fotoquímica, que se han digitalizado.

Una buena noticia para los creadores de imágenes digitales es que la conversión de la información fotográfica a información digital es un camino de ida y vuelta. El dispositivo llamado *filmadora* puede tomar cualquier imagen que haya creado o mejorado en Photoshop y generarla fielmente en el medio familiar, agradable desde el punto de vista estético y eminentemente práctico, que es la película en color, bien como negativo o como transparencia. Puede encontrar filmadoras de alta resolución en algunos talleres de fotocomposición, comúnmente llamados *talleres de creación de imágenes en diapositiva* o *centro de creación de imágenes*. Una de las prioridades es aprender cómo trabajar con este tipo de empresas, porque no hay mayor satisfacción para el diseñador profesional o aficionado que tener en sus manos la fotografía de uno de sus trabajos en Photoshop.

Esta sección le enseña cómo preparar una imagen digital en Photoshop para reproducirla en una película fotográfica con los mejores resultados.

Formatos de salida de filmadora

La filmadora que se suele encontrar con mayor frecuencia en los centros de creación de imágenes es la que representa las imágenes digitales en película de 35 mm. Hoy en día, las diapositivas son el pilar de las presentaciones de negocios, aunque el fotógrafo suele utilizar más los negativos de 35 mm. Ambas necesidades se satisfacen utilizando la misma filmadora. Las filmadoras de salida de gran formato también se encuentran en los centros de creación de imágenes especializados que manejan películas de 4x5 pulgadas u 8x10 pulgadas. Los formatos de 4x5 pulgadas se pueden utilizar para producir impresiones de alta calidad, tamaño póster, para ediciones en color de alta calidad y para la industria de la televisión. El formato 8x10 se utiliza principalmente para realizar transparencias de alta calidad para presentaciones corporativas y educativas. Este formato también se emplea para producir ampliaciones tamaño pared para ferias comerciales, para trabajos de efectos especiales de la industria del cine y para acomodarse a las exigencias de la edición de muy alta calidad, donde el color sea crítico.

Transferencia de una imagen de Photoshop a película

Antes de empezar a empaquetar las imágenes para utilizar las ventajas que ofrece el paso de formato digital a película, hay que explorar alguno de los puntos más delicados del trabajo con película y con el centro de creación de imágenes. Para garantizar que su trabajo en Photoshop pasado a película parezca tan bueno como aparece en su monitor, hay que entender los requisitos especiales de la filmadora para con los datos que escribe: los formatos de archivo, los tipos de datos, las relaciones de aspecto, los parámetros de monitor y el tamaño de archivo que, preferiblemente, debe utilizar. Éstas son consideraciones generales, independientes del tipo de salida que exijamos a la filmadora. Las siguientes secciones le muestran cómo puede afectar cada uno de estos parámetros a su trabajo, para bien o para mal, centrándonos en el producto más frecuente de un centro de creación de imágenes en diapositiva: la diapositiva de 35 mm.

La configuración de su monitor

Tanto el monitor como la filmadora utilizan un modelo de color RGB. Cuando guarda un archivo de Photoshop en un formato RGB de 24 bits, como un TIFF o un Targa, cada uno de los colores utilizados en el archivo queda descrito en términos de los valores que tiene de rojo, verde y azul. La filmadora lee estos valores para determinar cómo plasmarlos en la película. Si su monitor está bien calibrado, se representarán con precisión en la diapositiva los colores que vea en la pantalla. Si el monitor *no* estuviera bien calibrado, le podría aparecer en el fotograma de la película el color naranja por dorado o púrpura donde quería azul.

El ajuste de colores es un deporte al que se debe dedicar cada persona a quien le preocupe conseguir una salida precisa, pero también es un juego en el que nunca podrá declarar una «victoria» definitiva. Un monitor, un aparato de televisión, una película, la tinta de una imprenta sobre el papel, esa *misma* tinta en un papel *distinto*, y las diferentes tecnologías de impresión (inyección de tinta, papel térmico, tintes de sublimación), todos ellos muestran colores diferentes porque utilizan distintos materiales físicos y distintas tecnologías para expresar el color. Algunas tecnologías pueden no ser capaces de expresar un color que otras sí pueden. Afortunadamente, la *película* puede expresar una escala de colores muy amplia. Si utiliza un monitor adecuadamente calibrado para editar sus imágenes, los colores que vea en pantalla se podrán generar con precisión en la película.

Igualar la gama de su monitor con la del TRC (el *tubo de rayos catódicos*, el elemento fundamental de la creación de imágenes en una filmadora) de una filmadora concreta supone un proceso de prueba y error. Pregunte a su taller de composición por el valor de gamma de su filmadora y calibre su monitor de acuerdo con ello. La gamma del TRC de una filmadora puede oscilar fácilmente entre 1.7 y 2.1. Una vez calibrado su monitor para igualarlo con el valor de gamma del taller, guarde los parámetros de calibración en la utilidad Adobe Gamma de Photoshop y envíe una imagen al taller para que la procese como prueba. Consulte el Capítulo 3 para obtener información sobre la calibración de su monitor, el ajuste del valor de gamma y la forma de guardar la configuración personalizada. Si le devuelven la diapositiva demasiado brillante o demasiado pálida, reduzca o aumente gamma unas décimas de punto y vuelva a intentarlo. Cuando encuentre el número de gamma mágico, guarde este parámetro para volverlo a utilizar cuando cree imágenes que vaya a generar en película en la *misma* filmadora del *mismo* taller.

El ajuste de gamma que produce los mejores resultados con la filmadora del taller de fotocomposición puede ir cambiando con el tiempo. El parámetro gamma es un factor en cierto modo esquivo: a medida que envejecen los monitores y el TRC, va palideciendo la intensidad de sus luminóforos y los valores de gamma cambian. Los cambios en el valor de gamma causados por el envejecimiento del fósforo se van produciendo gradualmente, y puede que no se dé cuenta de que esos cambios se están produciendo. Sería una buena idea echar una ojeada crítica a sus imágenes terminadas, buscando las señales de que está desincronizándose con el taller de fotocomposición. Si descubre que sus imágenes están saliendo algo más brillantes o pálidas de como solían salir, es el momento de hacer ajustes en sus parámetros de gamma.

El tamaño correcto de archivo

Determinar el tamaño de archivo apropiado para enviar a un taller de fotocomposición en el que le hagan las diapositivas no es un proceso tan directo como el determinar la resolución para las imprentas. Imprimir en papel y crear imágenes en película son dos procesos distintos que utilizan medios distintos. Los archivos de imagen que se van a generar en filmadoras se miden en unidades de almacenamiento (kilobytes y megabytes), no en píxeles por pulgada. La calidad final de salida de una filmadora se basa en cuánta información puede manejar la filmadora y en cuánta información se le ha dado para que trabaje con ella.

Cuando los talleres de fotocomposición describen lo que ofrecen, suelen decir que realizan imágenes de 2-KB (2.000-línea), 4-KB (4.000-línea) u 8-KB (8.000-línea). Estos términos hacen referencia al tamaño de la *trama de píxeles* que la filmadora puede generar. Cuando un archivo se representa a 2 KB, esos «2 KB» describen una trama de píxeles de 2.048 píxeles de ancho por 2.048 píxeles de alto. Una imagen de 4 KB es una trama de píxeles de 4.096 por 4.096. Un archivo RGB de 24-bit que tenga 2.048 píxeles de ancho por 1.365 píxeles de alto (relación de 2:3) produce un archivo de 8MB. Una imagen en escala de grises del mismo tamaño sólo ocupa 2.67 MB. Un archivo RGB de 24-bit que contuviera una imagen a 4 KB y tuviera una relación de 2:3 sería de 4.086 píxeles de ancho por 2.731 píxeles de alto y ocuparía 32 MB, mientras que su contrapartida en escala de grises sólo ocuparía 10,7 MB.

Los talleres de composición suelen basar gran parte de sus tarifas para la creación de imágenes en el tamaño del archivo que se les entrega, porque, cuanto más grande sea el archivo, más difícil es su manipulación. Los archivos grandes, por otro lado, ocupan mucho espacio en el disco duro y procesarlos lleva más tiempo que los archivos más pequeños. Los archivos inferiores a 5 MB suelen ser muy baratos de procesar, pero los costes de proceso suben para archivos de 20 a 30 MB.

¿Qué significa suficientemente grande?

¿Qué tamaño *debe* tener el archivo? No hay una regla rígida y rápida. Depende de lo que quiera hacer con la diapositiva, del detalle que ésta tenga y del ojo crítico que tenga su audiencia. Las diapositivas tienen colores bastante jugosos; cuando las diapositivas se proyectan, la diferencia entre una de «baja resolución» y otra de «alta resolución» suele ser, por lo general, difícil de percibir, debido a la baja calidad del proyector y de la pantalla. Si mira las dos diapositivas, una al lado de otra, con una lupa en un bonito día en el que esté de buen humor, puede que vea una diferencia significativa.

La mayor parte de los talleres de fotocomposición le generarán una diapositiva de prueba o le enseñarán ejemplos de diapositivas obtenidas con distintos tamaños de archivo. Experimente con distintos tamaños de archivo hasta encontrar el tamaño que se ajuste a sus necesidades, su paciencia y su bolsillo. Aunque los discos Zip se han convertido en el estándar para el envío de archivos grandes, el tiempo sigue siendo dinero para un taller de fotocomposición. Los archivos más grandes llevan más tiempo de proceso y al cliente se le cobra ese tiempo.

La cuestión fundamental al hablar de lo grande que debe ser un archivo se reduce a cuál sea su definición de *aceptable*, que es un término relativo; nosotros lo situaríamos entre 1.13 MB y 4.5 MB para diapositivas de 35 mm. Pida a su taller de fotocomposición que le enseñe diapositivas sacadas de archivos de distintos tamaños, de forma que pueda decidir cuál es el significado de «aceptable».

Utilización de la relación de aspecto adecuada

La *relación de aspecto* es la proporción entre la altura y la anchura de una imagen. Si quiere que la imagen llene por completo el marco de la película en la que se va a generar, su imagen y la película tienen que tener la misma relación de aspecto. La relación de aspecto de la película de 35 mm es 2:3; las películas de 4x5 pulgadas y 8x10 comparten una relación de aspecto de 4:5. Si prevé el envío de la imagen a una filmadora, tendrá que planificar su composición para que la relación entre la altura y la anchura de la imagen encaje con el formato de la película en la que se va a generar.

Una de las cosas que saca de sus casillas a los técnicos de los talleres de fotocomposición son los archivos que no tienen la relación de aspecto apropiada. Independientemente de la inclinación artística del personal del taller, lo más probable es que no le haga muy feliz que sea el taller el que configure su imagen para que encaje en la relación de aspecto. Cuando la imagen no llena el marco, el taller tiene que tomar una decisión: recortar o no recortar. Si recortan la imagen, se ven obligados a tomar una decisión artística que era responsabilidad *suya* como diseñador.

Cómo conseguir la relación de aspecto adecuada

Para garantizar que su trabajo tenga la relación de aspecto adecuada, no tiene que ser un mago de las matemáticas ni tener una calculadora en el bolsillo. Deje que sea Photoshop el que haga la adaptación en su lugar y luego utilice su vista para decidir si recortar o colocar un fondo alrededor de la imagen, para que las dimensiones de la imagen se correspondan con la relación de aspecto de la película.

Los siguientes pasos le enseñarán a «involucrar» a Photoshop en el cálculo de las dimensiones que tiene que tener su imagen para conseguir la relación de aspecto apropiada para generar la imagen en una película de 35 mm.

Determinación de la relación de aspecto de una imagen

1. Pulse Ctrl(⌘)+N para mostrar el cuadro de diálogo Nuevo.
2. Seleccione Pulgadas en la lista desplegable de Anchura; repita esta operación con la lista desplegable de Altura.
3. Pulse la lista desplegable de Modo y seleccione Escala de grises. Aquí puede utilizar cualquier modo, pero el modo Escala de grises utiliza la tercera parte de los recursos del sistema que utilizan las imágenes en modo RGB.
4. En el campo Anchura, teclee 3; en el campo Altura, 2; en el campo Resolución, 72. Pulse OK para abrir el documento nuevo.

Si va a enviar el trabajo para que le den una salida en gran formato (4x5 pulgadas u 8x10), ponga 5 en el campo Altura y 4 en Anchura. Estos dos formatos comparten la misma relación de aspecto 4:5. Tradicionalmente, el trabajo en 35 mm se procesa de forma apaisada y los formatos mayores en vertical.

5. Abra el archivo Pastime.tif de la carpeta CHAP18 del CD adjunto.
6. Seleccione Imagen, Tamaño de imagen; cambie las unidades a pulgadas (si no están ya configuradas así).
7. Con la casilla Remuestrear la imagen *deseleccionada*, teclee 3 en el campo Anchura. Cambiará la Resolución de la imagen y, como muestra la Figura 18.19, la nueva altura de imagen que aparece es 2,737 pulgadas.

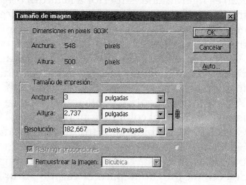

Figura 18.19 Reduzca las proporciones en los campos del cuadro Tamaño de impresión para conseguir la relación de aspecto deseada en la imagen de destino.

El valor Altura de 2,737 indica que la imagen Pastime.tif tiene una relación de aspecto de 2,737 a 3, lo cual no es la relación 2:3 necesaria para que encaje en el marco de una filmadora de 35 mm y lo ocupe entero.

8. Mantenga pulsado Alt(Opción) y pulse el botón Restaurar (que es el botón Cancelar cuando no se tiene Alt(Opción) pulsado). Escriba en papel los valores originales de anchura y altura (7,611 y 6,944) y luego pulse en Cancelar.

Hemos pulsado Cancelar porque todavía *no* queremos cambiar el tamaño de la imagen Pastime.tif. Mantenga la imagen abierta.

Cuando se marca la casilla Restringir proporciones, que está en el cuadro de diálogo Tamaño de imagen, al cambiar una dimensión el resto de los valores cambian automáticamente a un valor que conserva la relación de aspecto (proporciones) *actual*. Al especificar el valor 3 en el campo Anchura, puede determinar rápidamente si se puede escalar la imagen a una proporción de 2:3. En este ejemplo, la altura es mayor de 2, lo que indica que no es una imagen proporcionada según la relación 2:3. Para que esta imagen tenga dicha relación sin alterar el diseño, hay que recortarla o añadirle algo. Pero puede que no quiera recortar ninguna de sus imágenes terminadas *ni* añadir más información de imagen en torno a alguno de los bordes de la misma. Una buena alternativa, que además mejora la imagen, es aumentar el tamaño del lienzo de fondo para crear un borde alrededor de la imagen, consiguiendo que el conjunto de la imagen tenga la relación de aspecto adecuada.

A continuación vamos a dar cuerpo a las proporciones de la imagen para que sea apropiada para la filmadora.

Cálculo de la relación de aspecto

1. En Photoshop, pulse la barra de título Sin título-1, la imagen en blanco de 2»x3», para que sea el documento activo en Photoshop.
2. Seleccione Imagen, Tamaño de imagen. Teclee 7,25 en el campo Altura. 7,25 es ligeramente superior a la altura original de 6,9 pulgadas de Pastime.tif, pero necesitamos que el fondo aparezca alrededor de toda la imagen, no solo en la parte superior e inferior del cuadro. Una vez que haya introducido el nuevo valor de la Altura, el campo correspondiente a la Anchura mostrará el valor 10,875 pulgadas. Escriba estos números.
3. Pulse Cancelar y cierre la imagen Sin título-1 sin guardarla. Ahora la imagen activa de Photoshop es Pastime.tif.
4. Pulse I (herramienta Cuentagotas) y pulse un área oscura de cielo en la imagen. Ahora el color de fondo activo en Photoshop es azul oscuro.
5. Oprima X (Cambiar color frontal/ de fondo).
6. Seleccione Imagen, Tamaño de lienzo, y luego elija la unidad de medida pulgadas en la lista desplegable de Anchura; teclee 10,875 en este campo. Seleccione pulgadas para el campo Altura y teclee en él el valor 7,25, como muestra la Figura 18.20. Por último, pulse OK.

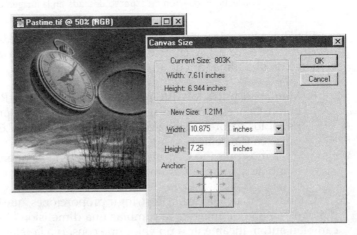

Figura 18.20 El cambiar el tamaño del lienzo hace que la imagen adquiera la relación de aspecto apropiada.

7. Pulse Ctrl(⌘)+Mayús+S (Archivo, Guardar como) y guarde la imagen en su disco duro en formato de archivo TIFF. Como puede ver en la Figura 18.21, ahora ha centrado la imagen con un borde de color que la complementa y ya se puede enviar al taller de fotocomposición para que la filmen.

Figura 18.21 Ahora Pastime.tif tiene la relación de aspecto apropiada para una diapositiva; y además tiene una buena apariencia.

Realización de negativos de 35 mm

Si ha decidido sacar una impresión fotográfica grande y de alta calidad de un negativo, lo primero que tiene que hacer es pensar en el tamaño del archivo. Tiene que mandar un archivo mayor que el que enviaría para una diapositiva. Igual que se necesita un negativo de formato grande para hacer una impresión realmente grande en una fotografía tradicional, con la fotografía digital los archivos más grandes van de la mano de las impresiones más grandes, porque contienen más información.

De la misma forma que con la diapositiva, no hay regla rígida y rápida respecto a qué tamaño de archivo proporcionará una impresión «aceptable». Kodak afirma que los fotógrafos no deberían hacer impresiones superiores a 8 por 10 pulgadas a partir de una versión estándar de un archivo Kodak Photo CD, formato digital especial cuyas resoluciones múltiples incluyen un archivo básico de 18 MB. Creemos que la definición de Kodak de qué es una impresión aceptable parece un poco sobrestimada y que se pueden considerar «aceptables» impresiones hechas con un archivo mucho más pequeño. Una vez más, como con las diapositivas, el tamaño de archivo es un asunto en el que tendrá que encontrar su propio nivel de satisfacción, equilibrando el tamaño de archivo y la calidad de la impresión.

Consejo:

Si tiene una filmadora conectada a su computadora y está imprimiendo la imagen de su archivo desde Photoshop, puede hacer que Photoshop le inserte un color de fondo. Esta opción se encuentra disponible seleccionando Archivo, Ajustar página y pulsando el botón Fondo, situado en la esquina inferior izquierda del cuadro de diálogo Ajustar página. Elija un color para el fondo en el Selector de color y pulse OK. Esto no cambia la imagen, sólo la forma de imprimirla. Si utiliza esta opción, no podrá previsualizar la imagen para ver cómo queda antes de imprimir el archivo. Este método deja más cosas al azar que el configurar el tamaño de lienzo.

Si su impresor no es un «gurú» de las computadoras y tiene previsto entregarle un negativo para que realice la fotocomposición tradicional y su posterior inserción en un documento impreso, genere su negativo a partir de un archivo mayor.

Ya sea para sí mismo o para la imprenta, debe decir en el taller de fotocomposición *por qué* quiere que le hagan un negativo. Si el taller conoce el objetivo concreto del negativo, podrá hacer ajustes más delicados en los parámetros de la filmadora y «afinar» el negativo para que esté optimizado para la impresión fotográfica o de imprenta.

En la sección anterior sobre la preparación de una diapositiva aumentamos el tamaño del lienzo de una imagen hasta la proporción 2:3 y dimos al lienzo adicional un color oscuro. Los bordes oscuros son buenos en las diapositivas, porque atraen la atención sobre la información de la imagen a la vez que evitan a la audiencia la luz brillante del proyector que pasa a través de las áreas claras de la diapositiva. Pero en impresiones y negativos, lo habitual es utilizar bordes blancos y no oscuros. El blanco es el color de borde que la mayor parte de la gente espera ver en una impresión. Y si hay que cortar la imagen, el blanco suele hacer que el «área viva» (el área de imagen) sea más fácil de recortar.

Nota:

Para obtener más información acerca de la tecnología PhotoCD, consulte el Capítulo 2, «Obtención de un catálogo de imágenes».

Conversión de un diseño vertical a diapositiva apaisada

La mayor parte de las filmadoras están calibradas para imágenes apaisadas, lo que cubre las necesidades de la mayor parte de los usuarios. Antes de guardar su archivo en el disco que vaya a enviar al taller de fotocomposición, rote la imagen para hacer que esté toda ella dentro del marco y evitar que la recorten demasiado.

Photoshop le permite hacer esto con facilidad, aunque el proceso no sea tan fácil para los recursos de su sistema. Rotar la imagen requiere una gran capacidad de proceso. Es un efecto de Photoshop, similar a la orden Perspectiva o Distorsionar, en el que la orden Rotar lienzo le dice a Photoshop que vuelva a calcular los valores de color de todos los píxeles de la imagen que se han seleccionado. Antes de utilizar la orden Rotar lienzo, asegúrese de haber acoplado la imagen y de haber eliminado cualquier canal o trazado innecesario. También tiene que cerrar cualquier otra imagen que haya abierto y cerciorarse de que no está ejecutando ninguna otra aplicación en segundo plano, como un procesador de textos o un salvapantallas. Para cambiar la orientación de la imagen de vertical a apaisada, pulse el menú Imagen, seleccione Rotar lienzo y pulse 90°AC (sentido de las agujas del reloj) o 90° ACD (sentido contrario a las agujas del reloj).

Resumen

Independientemente del método elegido para sacar sus imágenes de la computadora e imprimirlas en un cierto soporte, la clave para tener éxito con sus imágenes es la calidad de la imagen impresa. Utilice las opciones de configuración del monitor hasta cierto punto y aplique luego los principios que ha aprendido en este capítulo, y su ojo artístico, para evaluar qué es lo que puede generar mejor una imagen concreta en un medio físico determinado.

El Capítulo 19, «Creación de gráficos para la Web», se centra en los «nuevos soportes» y en el arte de expresar nuestros conceptos personales en la World Wide Web. Veremos cómo ser creativos y mantener al mismo tiempo tamaños de archivo pequeños para garantizar una rápida descarga de la información.

CAPÍTULO 19

CREACIÓN DE GRÁFICOS PARA LA WEB

Los sitios Web compiten por la atención de la audiencia de la misma forma que lo hacen los anuncios en las revistas o las vallas publicitarias. Una de las tácticas más efectivas para conseguir que un mensaje sea percibido consiste en aplicar al concepto diferenciador que se tenga en mente el arsenal de herramientas de efectos especiales de Photoshop.

Este capítulo muestra el concepto, las herramientas y el proceso de creación de una página Web. Se pone un énfasis especial en el diseño de un fondo atractivo para la página que llame la atención; en la forma de hacer resaltar los titulares; en la creación de miniaturas para su visualización en la página y en cómo proporcionar botones de navegación a aquéllos que la visiten. La parte más difícil será la de conjuntar todos estos elementos pero, afortunadamente, disponemos de este capítulo como guía y de Photoshop como herramienta.

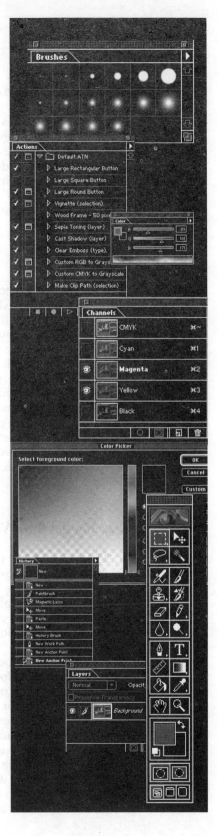

El cliente: la página principal de texturas

El escenario para la tarea de este capítulo es que un cliente ficticio, que no hace otra cosa que diseñar texturas atractivas, acude a nosotros para que creemos una página principal para sus texturas. Desde el punto de vista conceptual, por tanto, sería una buena idea mostrar algunas de esas texturas en la página Web y hacer también que el fondo de la página sea una textura en mosaico sin junturas.

Comenzaremos construyendo una textura de fondo.

El filtro Vidriera

El filtro Vidriera de Photoshop funciona de la forma siguiente: seleccionamos la imagen que queremos reducir a una serie de fragmentos de cristal y el color frontal se convierte en el plomo que separa los distintos trozos de cristal. ¿Qué sucede, sin embargo, si la imagen es completamente blanca? Pues que acabaremos teniendo una trama de color negro contra un fondo blanco, y el efecto semeja el de un mosaico, que resulta perfecto como imagen base para la textura que vamos a crear. Con el fin de ahorrar ancho de banda, sin embargo, esta textura de fondo debe ser de pequeño tamaño y repetirse a lo largo y ancho de la página Web sin que nadie note las junturas. Con un poco de trabajo manual, podemos corregir la vidriera para que pueda disponerse en mosaico sin junturas.

A continuación mostramos cómo crear una vidriera, cómo desplazarla, cómo eliminar las áreas que no permiten una replicación sin junturas y cómo dibujar líneas para hacer que la textura se pueda disponer en mosaico adecuadamente.

Utilización del filtro Vidriera para crear un mosaico de imagen

1. Pulse Ctrl($\mathcal{H}$)+N y, en el cuadro de diálogo Nuevo, introduzca el valor **300** en los campos de Anchura y Altura, escriba **72** en el campo Resolución, seleccione Color RGB en la lista desplegable y pulse OK. Aunque 300 es un valor algo grande para una textura Web en mosaico, vamos a trabajar con una imagen de gran tamaño en el ejemplo con el fin de ver mejor lo que sucede; posteriormente reduciremos el tamaño de la imagen.
2. Pulse D (colores por defecto) y luego seleccione Filtro, Textura, Vidriera.
3. Introduzca el valor **12** en el campo Tamaño de celda. Los valores de Tamaño de celda no tienen nada que ver con el tamaño en píxeles de las celdas; es un valor relativo. El valor 12, al que el autor llegó por un proceso de prueba y error, funcionará bien en nuestro ejemplo.
4. Arrastre el regulador de Anchura de borde hasta el valor 4, lo que hará que la trama tenga, aproximadamente, 4 píxeles de anchura. *Aproximadamente* es la palabra clave aquí, porque la trama puede tener 3 o 5 píxeles, dependiendo de la dirección de cada línea de la trama en la imagen.
5. Deje el parámetro Intensidad de luz con su valor predeterminado de 3. La Intensidad de luz, que afecta al color de las celdas de la vidriera, no

resulta relevante aquí, porque las celdas de este ejercicio no tienen color alguno. Cuando su cuadro de diálogo del filtro muestre los valores de la Figura 19.1, pulse OK para aplicar el filtro.

Figura 19.1 Estos son los valores que debería utilizar para generar la textura para la imagen de fondo de la página Web.

6. Seleccione Filtro, Otro, Desplazamiento.
7. En el cuadro de diálogo Desplazamiento, introduzca el valor **150** en ambos campos y marque la opción Dar la vuelta, como muestra la Figura 19.2. Como puede ver, el motivo de la vidriera no puede disponerse adecuadamente en mosaico, pero ya nos encargaremos de arreglar este problema. Pulse OK para aplicar el Desplazamiento.

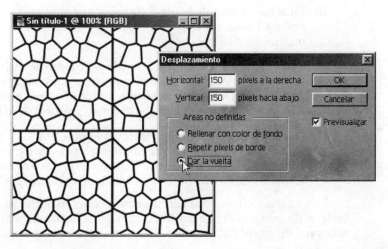

Figura 19.2 Utilice la orden Desplazamiento para ver si los bordes de una imagen encajan o no al disponerla en mosaico.

8. Seleccione una resolución de visión de la imagen del 200%. Seleccione la herramienta Borrador y, en la paleta Opciones, seleccione Cuadrado como forma del borrador en la lista desplegable.

9. Borre las líneas verticales y horizontales duras que atraviesan el centro de la imagen. Para facilitar la conexión de las celdas, puede borrar también parte de la trama, como muestra la Figura 19.3.

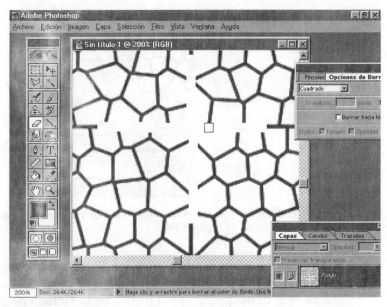

Figura 19.3 Borre aquéllas áreas de la imagen donde las celdas no quedan alineadas entre sí adecuadamente.

10. En el menú flotante Lápiz de la caja de herramientas seleccione la herramienta Línea. En la paleta Opciones, escriba **3** en el campo Grosor y marque la casilla Suavizar.

Aunque en el campo Anchura de borde del cuadro de diálogo Vidriera hayamos fijado el valor 4, le recomendamos que utilice aquí una herramienta Línea de 3 píxeles de grosor. Dicho grosor resulta uniforme con el resto de la trama y el valor fue elegido experimentando con diversos grosores de la herramienta.

11. Conecte las celdas como muestra la Figura 19.4
12. Cuando su imagen resulte similar a la de la Figura 19.5, seleccione Archivo, Guardar y guarde la imagen en el disco duro como Cell.psd, el formato nativo de Photoshop. Mantenga el archivo abierto.

La imagen Cell.psd nos servirá ahora como plantilla para crear la propia imagen de mosaico del fondo. Sin embargo, necesitamos realizar algún trabajo adicional de modificación sobre ella, como verá en la próxima sección.

Desenfoque del trabajo y edición del efecto

El diseño de la vidriera servirá como mapa de textura en el filtro Efectos de iluminación. Ahora bien, cuanto menos enfocada esté la imagen, más pronunciado será el relieve de la textura (que es el efecto deseado). Sin embargo, si desenfocamos la imagen, los *bordes* del diseño no estarán perfectamente desenfocados. No hay problema. En los pasos que siguen, desplazaremos la imagen después de desenfocarla y usaremos la herramienta Dedo para efectuar los retoques menores.

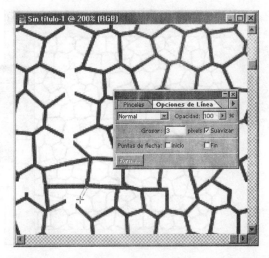

Figura 19.4 Cree líneas rectas que conecten las celdas o que prolonguen las líneas que ya existen en la imagen para hacer que la imagen se componga de celdas continuas.

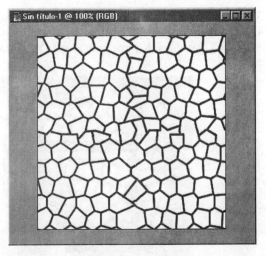

Figura 19.5 Ha creado un patrón de mosaico sin junturas a partir de la imagen de la vidriera.

Creación de una plantilla desenfocada para los Efectos de iluminación

1. Apriete la tecla F7, si la paleta Canales no está en pantalla, y pulse la pestaña Canales.

2. Arrastre el título del canal Azul hasta el icono Crear canal nuevo, situado en la parte inferior de la paleta. Como puede ver en la Figura 19.6, el nombre del nuevo canal en la imagen es Alfa 1. Realizamos esta operación porque rellenaremos, en breve, con un color el canal RGB, borrando así el complejo diseño de vidriera.

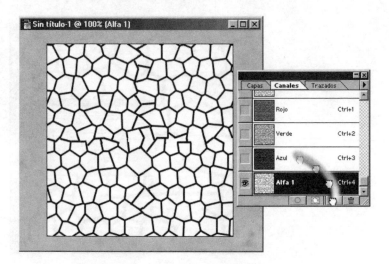

Figura 19.6 Guarde el diseño copiándolo en un canal.

3. Seleccione Filtro, Desenfocar, Desenfoque gaussiano.
4. Arrastre el regulador hasta el valor de 2 píxeles, como muestra la Figura 19.7, y pulse OK para aplicar esta moderada cantidad de desenfoque.

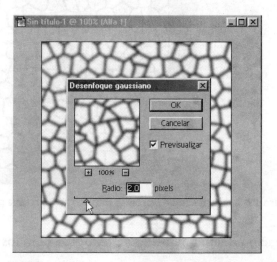

Figura 19.7 Desenfoque ligeramente el diseño de vidriera para que el filtro Efectos de iluminación haga la textura más pronunciada.

5. Seleccione Filtro, Otro, Desplazamiento.
6. En el cuadro de diálogo Desplazamiento, introduzca el valor **150** en los campos Horizontal y Vertical, asegúrese de que la casilla Dar la vuelta está marcada, como muestra la Figura 19.8, y pulse OK. Observará que hay una sutil ruptura de la continuidad de las celdas en el lugar en el que el diseño ha sido volteado de dentro hacia fuera.

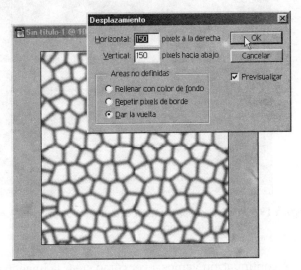

Figura 19.8   Utilice el filtro Desplazamiento para descubrir los fallos de continuidad en el motivo del mosaico.

7. Aumente la resolución de la imagen en pantalla hasta el 200%.
8. Seleccione la herramienta Dedo y, en la paleta Pinceles, elija el pincel de la izquierda de la segunda fila. La Presión del 50% fijada por defecto en la paleta Opciones resulta adecuada.
9. Pase el dedo sobre todos los bordes marcados de la imagen, como muestra la Figura 19.9
10. Pulse Ctrl(⌘)+S; mantenga el archivo abierto.

Ya está preparado para hacer que el diseño de la vidriera le ayude a construir un patrón de mosaico llamativo.

El filtro Efectos de iluminación y la edición de tono/color

Una de las cosas que diferencia a los amateurs de los profesionales a la hora de diseñar sitios Web, es que los profesionales saben cuándo renunciar a parte de un diseño por el bien de la página. Se supone que los gráficos de fondo deben ser sutiles para que los visitantes puedan leer el mensaje del primer plano. En los siguientes pasos utilizaremos la opción Canal de textura de Efectos de iluminación para generar una textura visualmente llamativa, cuyo tono suavizaremos después para que sirva a su propósito en el sitio Web.

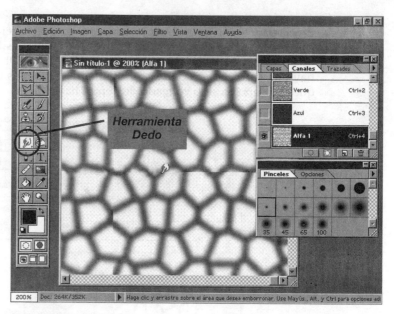

Figura 19.9 La herramienta Dedo, con un grosor pequeño, permite eliminar del diseño los bordes marcados.

A continuación vamos a ver cómo crear la imagen texturada y después utilizaremos las órdenes Niveles y Tono/saturación para «aclarar» el diseño.

Creación de una imagen de fondo sutil para la Web

1. Pulse Ctrl(⌘)+* para presentar el canal compuesto RGB de Cell.psd.
2. Pulse la muestra de color frontal en la caja de herramientas. A continuación, en el Selector de color, seleccione un tono de color lavanda (H:271, S:35%, B:98% es un buen color). Pulse OK para volver al área de trabajo.
3. Pulse Ctrl(⌘)+A (Selección, Todo) y después Alt(Opción)+Supr (Retroceso) para rellenar el canal RGB con el color elegido. Pulse Ctrl(⌘)+D para deseleccionar el marco.
4. Seleccione Filtro, Interpretar, Efectos de iluminación.
5. Seleccione el tipo Direccional en la lista desplegable Tipo de luz y acerque a la imagen el punto de origen en la ventana de previsualización, de forma que la imagen en la ventana de previsualización tenga el mismo brillo que la imagen original.
6. Seleccione Alfa 1 en la lista desplegable Canal de textura y arrastre el regulador de Altura hasta un valor aproximado de 6, como en la Figura 19.10.
7. Pulse OK para aplicar el filtro y luego pulse Ctrl(⌘)+L para mostrar el cuadro Niveles.
8. Arrastre el regulador correspondiente a los tonos medios hacia la izquierda, hasta que el campo central de niveles de entrada tenga un valor aproximado de 1,9. Después arrastre el regulador de color negro de

los niveles de salida hacia la derecha, hasta que el campo de la izquierda muestre un valor de 133. Como puede ver en la Figura 19.11, reasignar tonos mucho más brillantes a la imagen hace que el diseño tenga un aspecto de pintura al pastel, que es exactamente lo que se necesita en una imagen de fondo WWW. Pulse OK para aplicar el cambio.

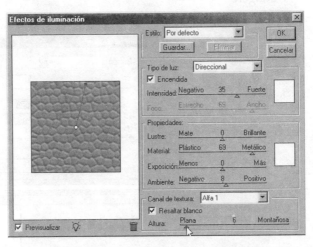

Figura 19.10 Cree una textura ligeramente resaltada, utilizando el diseño de la vidriera en combinación con el filtro Efectos de iluminación.

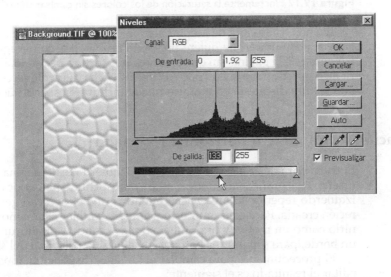

Figura 19.11 Intensifique el negro y los tonos medios en la imagen para obtener una versión «lavada» del gráfico.

Reducir la cantidad de negro en la imagen también ha hecho que ésta pierda color. La forma de restaurar parte del color, manteniendo los tonos claros, es la siguiente:

9. Pulse Ctrl(⌘)+U para mostrar el cuadro Tono/Saturación y arrastre el regulador de Saturación hasta un valor aproximado de +54, como muestra la Figura 19.12. Pulse OK, arrastre el título del canal Alfa 1, en la paleta Canales, al icono de papelera y guarde el archivo en su disco duro como Background.tif, en el formato de archivo TIFF. Mantenga abierta la imagen.

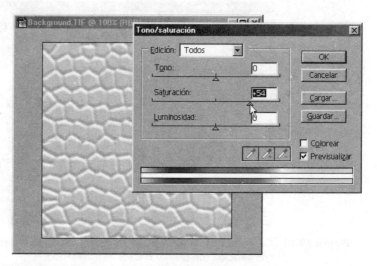

Figura 19.12 Incremente la saturación de los colores sin cambiar su brillo.

Bueno... ya es hora de aceptar alguna pequeña sugerencia de nuestro cliente. Éste nos comunica que quiere una serie de botones de navegación en la parte izquierda de la página, sin que aparezca una textura de fondo. Esto puede requerir algo más de trabajo y un poco de inventiva. La siguiente sección muestra cómo una textura dispuesta en mosaico puede incluir un espacio vacío a la izquierda.

Creación de un motivo horizontal recortado

El truco para dejar algo de espacio a la izquierda de la página Web consiste en diseñar un gráfico que tenga una gran anchura pero poca altura. El lado izquierdo repetirá su área vacía, mientras que el derecho generará la textura recién creada. Para conseguir esto, vamos a cambiar el tamaño del dibujo, definirlo como un motivo para un lienzo más grande y añadir un espacio vacío y un borde, para separar los botones de la página principal del sitio Web.

El procedimiento para cambiar el tamaño, disponer en mosaico el gráfico y editar el resultado es el siguiente:

Creación de un motivo de mosaico asimétrico

1. Con Background.tif, seleccione Imagen, Tamaño de imagen y elija por ciento en la lista desplegable de Anchura. Escriba el valor **50** en el campo

Anchura, como muestra la Figura 19.13, y pulse OK para cambiar el tamaño del gráfico a 150 píxeles por lado.

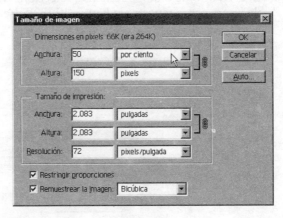

Figura 19.13 Reduzca un 50% el tamaño del motivo.

2. Pulse Ctrl(⌘)+N y, en el cuadro de diálogo Nuevo, escriba **800** en el campo Anchura y **150** en el campo Altura, como muestra la Figura 19.14.

Figura 19.14 Estas son las dimensiones finales para el elemento horizontal de mosaico que se va a crear.

¡Muy bien! Vamos a hacer una breve pausa. ¿Por qué 800 por 150 píxeles? Porque podemos asumir que la mayor parte de las personas que visiten el sitio en 1998 dispondrán de una resolución de vídeo de 800 por 600. Los 150 píxeles representan la altura de Background.tif. Cuando rellenemos la imagen con el motivo, se preservará la capacidad de disposición en mosaico vertical.

3. Pulse OK para crear la nueva imagen.
4. Teniendo activa la imagen Background.tif, pulse Ctrl(⌘)+A (Selección, Todo) y ejecute la orden Edición, Definir motivo.

5. Pulse la imagen Sin título-1 para seleccionarla como imagen activa en Photoshop y seleccione Edición, Rellenar.

6. En el cuadro de diálogo Rellenar, seleccione Motivo en la lista desplegable Usar:, como muestra la Figura 19.15. Pulse OK para aplicar el motivo a la nueva imagen.

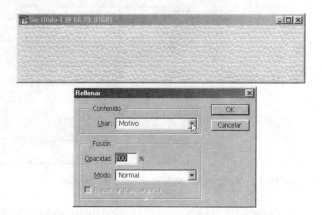

Figura 19.15   Rellene la nueva imagen con el motivo de mosaico que ha creado.

7. Pulse dos veces la herramienta Zoom para fijar un porcentaje de aumento del 100%. Utilice las barras de desplazamiento para ir a la parte izquierda del documento.

8. Con la herramienta Marco rectangular, mantenga apretada Mayús y arrastre desde la parte superior izquierda hacia abajo, moviéndose al mismo tiempo hacia la derecha. Pulse Alt(Opción)+Supr (Retroceso) para rellenar el marco de selección con el color lavanda pálido anteriormente seleccionado, como muestra la Figura 19.16. Pulse Ctrl(⌘)+D para deseleccionar el marco.

9. Guarde la imagen en su disco duro como Background tile.tif, en el formato de archivo TIFF. Mantenga el archivo abierto.

Se necesita algo más de separación entre el color sólido y el motivo. En la siguiente sección verá cómo usar la herramienta Degradado lineal de Photoshop y el Editor de degradado para crear un elemento de diseño con forma de tubo.

Creación de un degradado lineal personalizado

No es difícil conseguir en la imagen un efecto con forma de tubo o cañería. Si piensa en cómo se vería en la imagen un tubo pequeño, vertical y estrecho, verá que no es más que un área de un color cualquiera, con un brillo a todo lo largo de su parte central. Puede utilizarse el Editor de degradado de Photoshop para crear una mezcla con el fin de conseguir esta misma transición: «tono, tono más claro y luego otra vez el tono original».

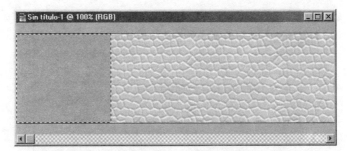

Figura 19.16 Toda la imagen es un motivo de mosaico. Cree un recorte en la parte izquierda del motivo, rellenándolo con el color frontal.

En los pasos siguientes vamos a crear una mezcla para un degradado lineal personalizado y la aplicaremos a la imagen utilizando la herramienta Degradado lineal.

Creación de un tubo utilizando el Editor de degradado

1. Pulse la herramienta Degradado lineal. Después, en la paleta Opciones, pulse Edición.
2. En el Editor de degradado, pulse Nuevo y escriba **3D** en el campo Nombre. Pulse OK para volver al Editor de degradado.
3. Pulse el rotulador de más a la izquierda para seleccionarlo y después la muestra de color para acceder al Selector de color.
4. Seleccione un púrpura oscuro en el Selector de color (H:274, S:79% y B:26%, por ejemplo) y pulse OK para volver al Editor de degradado.
5. Pulse el rotulador de más a la derecha y después la muestra de color para acceder al Selector de color.
6. Seleccione un color púrpura pálido (como H:274, S:20% y B:97%) y después pulse OK para salir del Selector de color.
7. Arrastre el rotulador de color púrpura claro hasta el centro de la banda de degradado.
8. Pulse el rotulador púrpura oscuro, mantenga presionada la tecla Alt(Opción) y arrastre una copia del rotulador hasta el extremo derecho de la banda de degradado.
9. Arrastre los marcadores intermedios situados en la parte superior de la banda de degradado hacia el rotulador central de color púrpura claro, como muestra la Figura 19.17. ¡Felicidades! Acaba de crear un degradado con aspecto de «tubo».
10. Pulse OK para salir del Editor de degradado. A continuación, con la herramienta Marco rectangular, seleccione el área donde se juntan el color sólido y el motivo en Background tile.tif. La selección debe abarcar toda la imagen, de arriba a abajo, y tener unos 12 píxeles de anchura.
11. Seleccione la herramienta Degradado lineal, mantenga presionada la tecla Mayús y arrastre desde la izquierda hacia la derecha de la selección (*véase* la Figura 19.18). Puesto que se trata de unas dimensiones muy pequeñas, vuelva a repetir este paso en caso de no conseguir el efecto deseado en el primer intento.

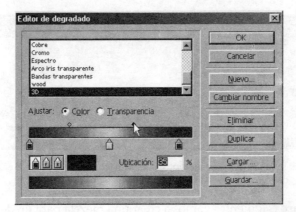

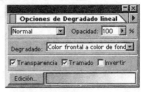

Figura 19.17 Cree un degradado lineal personalizado ajustando la posición de los rotuladores de color y de los marcadores intermedios.

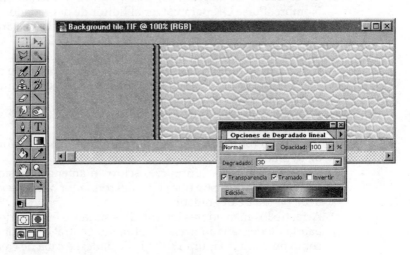

Figura 19.18 Arrastre de izquierda a derecha para aplicar el relleno degradado de «tubo» que acaba de crear.

12. Pulse Ctrl(⌘)+D para deseleccionar el marco y después Ctrl(⌘)+S. Mantenga abierto el archivo.

Ahora que ha completado la imagen del mosaico de fondo, es el momento de crear un área de trabajo que incluya dicho fondo. Dicha área de trabajo se puede utilizar para diseñar otros elementos de la página Web y ajustar sus dimensiones.

Dimensionamiento y creación del espacio de trabajo

Obviamente, no resulta conveniente en una página Web crear un gráfico a pantalla completa. Tal gráfico tardaría una eternidad en descargarse y perderíamos, seguramente, la atención de la audiencia durante la espera. Pero, dado que es necesario ver cómo funcionan conjuntamente los pequeños componentes de la página Web, le recomendamos que cree un «prototipo» a escala real de la página y que experimente con la forma en que los elementos interactúan.

¿Qué tamaño debería tener su diseño? Aunque muchos diseñadores utilizan resoluciones de vídeo de 800x600 y superiores, todavía hay mucha gente dentro de la audiencia potencial que emplea una resolución de pantalla de 640x480. Siempre es mejor ajustarse a las necesidades más básicas para asegurarnos de que todo el mundo puede acceder al contenido del mensaje, así que los pasos siguientes muestran cómo preparar una plantilla destinada a las personas que utilizan 640x480.

Creación de una plantilla para el trabajo de diseño de una página Web

1. Pulse Ctrl(⌘)+N e introduzca el valor **800** en el campo Anchura y **600** en el campo Altura. Escriba **72** en el campo Resolución y pulse OK para crear la nueva ventana de imagen.
2. Guarde la imagen en su disco duro con el nombre Workspace.tif.
3. Teniendo como imagen activa Background tile.tif, pulse Ctrl(⌘)+A (Selección, Todo) y seleccione la orden de menú Edición, Definir motivo. Pulse Ctrl(⌘)+D para deseleccionar el marco de selección.
4. Seleccione Archivo, Guardar como y guarde la imagen Background tile.tif como Back.jpg, en formato de archivo JPEG. Seleccione Línea de base optimizada en el campo Opciones de formato y arrastre el regulador de calidad hasta el valor 5. Pulse OK para guardar el archivo y cierre después Back.jpg cuando lo desee.
5. Teniendo Workspace.tif como imagen activa, seleccione Edición, Rellenar y elija Motivo en la lista desplegable Usar:. Cuando haya rellenado la imagen, como muestra la Figura 19.19, puede cerrar la imagen Background tile.tif.

El que un visitante disponga de una resolución de 640x480 no quiere decir que nosotros dispongamos de un lienzo de 640x480 con el que diseñar la página Web. La mayoría de los navegadores tienen barras de desplazamiento y barras de botones que ocupan espacio de pantalla. En la Figura 19.20 puede ver la interfaz de MS-Internet Explorer. El espacio «vivo» disponible para trabajar es de 620 píxeles de ancho por 326 píxeles de alto. Vamos a poner algunas guías en el documento para hacer la composición de la página más simple.

6. Pulse Ctrl(⌘)+R para mostrar reglas alrededor del documento. Necesitamos hacer los cálculos en píxeles, así que, si las unidades que se muestran son pulgadas o centímetros, pulse F8 para mostrar la paleta Info, pulse la cruz situada a la izquierda del campo XY y seleccione píxeles en el menú flotante.

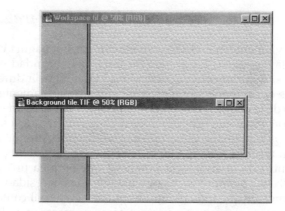

Figura 19.19 Rellene una imagen de 800x600 píxeles con el mosaico de fondo para comprobar lo que verán los visitantes tanto a resolución de 800x600 como a 640x480.

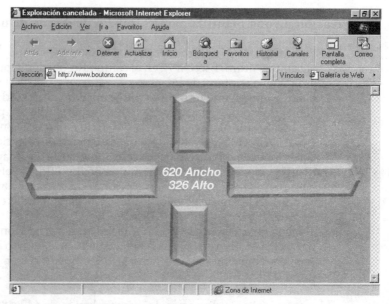

Figura 19.20 Los elementos de interfaz quitan parte del espacio disponible para diseñar la página Web.

7. Arrastre una guía vertical desde la regla vertical hasta aproximadamente 620 y luego una guía horizontal desde la regla horizontal hasta aproximadamente 326, como muestra la Figura 19.21. La zona interior comprendida entre dichas guías y el borde de la imagen representa el espacio disponible para trabajar cuando nuestra audiencia use una resolución de 640x480.

8. Pulse Ctrl($\mathcal{H}$)+S; mantenga abierto el archivo.

Ahora es el momento de crear un título para la página, para lo cual utilizaremos la herramienta Texto y la orden Efectos de Capa.

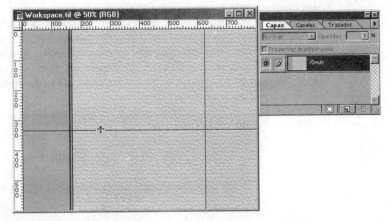

Figura 19.21 Arrastre unas guías hasta el límite exterior especificado para los elementos de la página Web.

Añadir información con la herramienta Texto

En la siguiente secuencia de pasos añadiremos la frase «Welcome to the Textures Home Page» en la parte superior de la página Web. Para que el impacto visual sea mayor, hemos diseñado de antemano la palabra «Textures» utilizando Adobe Dimensions, un útil complemento para Photoshop y para cualquiera que desee construir elementos Web. Crear el resto del texto es su competencia.

La elección del tipo de fuente estará influida por los efectos especiales que vayamos a aplicar al texto, si es que vamos a aplicar alguno. Al realizar esta tarea, nosotros elegimos una fuente denominada Ad Lib, clara y legible, que no resulta difícil de leer cuando se la muestra con un tamaño grande y un efecto de relieve. Si no dispone de dicha fuente, puede utilizar un tamaño grande de Helvética en los pasos siguientes.

Creación de un título mediante la herramienta Texto

1. Aumente la resolución del documento Workspace hasta el 100%. Maximice la vista del documento y colóquelo de forma que la parte superior de la ventana de imagen llegue hasta el menú de Photoshop; necesitaremos ver tanto el cuadro de diálogo de la herramienta Texto como el texto que estemos creando para el documento.

2. Pulse con la herramienta Texto para crear un punto de inserción en la ventana de imagen; aparecerá el cuadro de diálogo Texto. Desplácelo de forma que pueda ver la parte superior de la ventana de imagen.

3. Pulse la muestra de Color y especifique un color mostaza oscuro en el Selector de color (como H:52, S:100% y B:59%) . Pulse OK para salir del Selector de color.

4. En la lista desplegable de Fuente, seleccione Ad Lib (u otra fuente de aspecto limpio, de tipo sans serif).

5. En el campo de texto, escriba **Welcome to the**.
6. Introduzca el valor **45** en el campo Tamaño, sitúe el cursor fuera del cuadro Texto y mueva el texto en la imagen para asegurarse de que cabe entre el tubo 3D y la guía situada en el extremo derecho. Si no cabe, disminuya el Tamaño de la fuente. Cuando el documento tenga un aspecto similar al de la Figura 19.22, pulse OK para introducir el texto en la imagen.

Figura 19.22 Seleccione un tamaño de fuente con el que la frase quepa entre el tubo y la guía situada a la derecha de la página.

7. Seleccione Capa, Efectos, Inglete y relieve.
8. Seleccione Relieve acolchado en el campo Estilo, pulse el menú flotante de Ángulo para mostrar la casilla de dirección y arrastre la casilla de dirección para que apunte, aproximadamente, hacia las 4 en punto, como en la Figura 19.23.
9. Pulse OK para aplicar el Efecto de Relieve acolchado.
10. Pulse Ctrl(⌘)+S y mantenga abierto el archivo.

Ha llegado el momento de añadir el segundo elemento a la composición: el texto 3D que le proporcionamos en el CD adjunto. En la sección siguiente, insertaremos el texto 3D y le añadiremos una sombra.

Añadir un efecto a un objeto importado

Cuando se trabaja con los Efectos de capa, es indiferente que dibujemos un trazo en la capa o importemos un gráfico. El perfil de las áreas opacas de la capa mostrará el efecto que hayamos elegido.

Para añadir dimensión a la página Web, importaremos el texto 3D y utilizaremos un Efecto de capa distinto: una Sombra paralela.

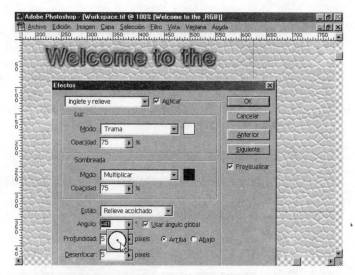

Figura 19.23 El ángulo indica la dirección en que debe arrojarse la sombra en el efecto Relieve acolchado. Los brillos estarán situados 180° en la dirección opuesta (las 10 en punto).

Añadir un elemento a una capa de Efectos

1. Abra la imagen Textures.psd de la carpeta Chap19, en el CD adjunto.
2. Con la herramienta Mover, arrastre la imagen hasta el documento Workspace, como muestra la Figura 19.24.

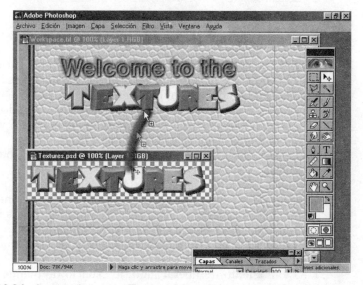

Figura 19.24 Arrastre la imagen Textures hasta el documento Workspace, para crear una copia de la misma en una nueva capa.

3. Seleccione Capa, Efectos, Sombra paralela.
4. Desmarque la Casilla de verificación Usar ángulo global. Esta casilla de verificación se emplea para «sincronizar» el ángulo de todas las capas de Efectos; en este caso, no queremos que la sombra paralela tenga el mismo ángulo que el texto con el Relieve acolchado.
5. Escriba **120** en el campo Ángulo, **10** en el campo Desenfocar y, cuando la imagen de su pantalla se asemeje a la de la Figura 19.25, pulse OK para aplicar el efecto.

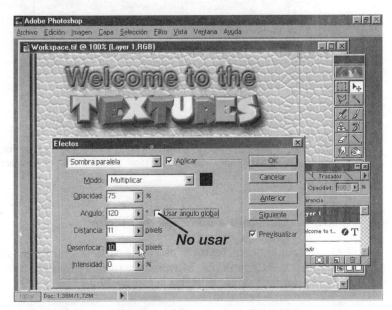

Figura 19.25 Defina, para la sombra paralela, un ángulo diferente del utilizado con el texto en Relieve acolchado.

6. Seleccione la herramienta Texto y pulse para crear un punto de inserción debajo del texto 3D que contiene la palabra Textures.
7. Escriba **Home Page** en el campo de texto, pulse la muestra de Color y elija, en el Selector de color, el mismo color utilizado para el texto «Welcome to the» (el que le sugerimos era H:52, S:100% y B:59%) . Pulse OK para abandonar el Selector de color.
8. Mueva el texto en su capa de imagen hasta que toda la frase esté centrada.
9. Pulse OK para insertar el texto en la imagen.
10. Seleccione Capa, Efectos, Inglete y relieve. Seleccione Relieve acolchado en la lista desplegable de Estilo. El ángulo para el texto debe ser el mismo que el de la última vez que aplicamos este efecto. Photoshop «recuerda» las configuraciones dentro de la misma sesión. Pulse OK para aplicar el efecto.
11. Es momento de liberar algo de espacio de memoria combinando las capas. Desmarque el icono del ojo correspondiente a la capa de Fondo y pulse el título de cualquiera de las otras capas. A continuación, pulse el

botón de menú flotante de la paleta Capas y seleccione la opción Combinar visibles, como en la Figura 19.26.

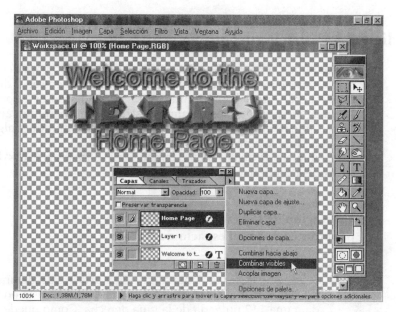

Figura 19.26 Cuando termine de componer los elementos en las capas, puede combinar éstas en una capa única.

12. Pulse el espacio donde estaba situado el icono del ojo (a la izquierda del título Fondo) para hacer que la capa de Fondo sea de nuevo visible.
13. Pulse Ctrl(⌘)+S; mantenga abierto el archivo.

Ya hemos terminado el fondo y el título. Ahora vamos a ocuparnos de añadir gráficos a la página.

Cuando combine capas que contengan texto y efectos, estas opciones desaparecen. La capa única resultante contiene únicamente elementos que no pueden ser editados. Asegúrese de no haber cometido un error ortográfico antes de realizar la operación de combinación.

Dimensionamiento de los gráficos y uso de la lista de Acciones

Una simple ojeada le dirá que no hay mucho espacio para los gráficos en esta página, pero si reducimos el tamaño de las imágenes originales, queda el suficiente sitio para unas tres imágenes de un tamaño aceptable. En la siguiente sección, vamos a programar la lista de Acciones para reducir, enfocar y añadir un borde y una sombra a tres gráficos candidatos a formar parte de la página. La lista de Acciones simplifica la repetición de operaciones de edición, así que, si la primera imagen nos queda correcta, las otras dos pueden modificarse en un abrir y cerrar de ojos.

Medición del espacio disponible

Utilizaremos la herramienta Medición de Photoshop para determinar el espacio vertical y horizontal en el que las imágenes deben caber dentro de la página. Recuerde que deberemos utilizar un tamaño «conservador», pequeño para las imágenes, porque los documentos HTML no permiten alinear y espaciar perfectamente cada gráfico individual; siempre se introduce algo de borde alrededor de los elementos.

La manera de determinar el tamaño final para los gráficos de la página Web es la que a continuación se explica.

Utilización de la herramienta Medición para dimensionar el espacio de trabajo

1. Pulse F8 para mostrar la paleta Info.
2. Seleccione la herramienta Medición y arrastre desde una posición situada, aproximadamente, a 1/2 pulgada del tubo hasta otra posición situada a una 1/2 pulgada de la guía derecha. Como puede ver en la Figura 19.27, la anchura disponible para las imágenes es de unos 410 píxeles. Dividiendo por tres este número, vemos que la máxima anchura de cada una de las imágenes no puede exceder los 137 píxeles. Es mejor utilizar un valor más pequeño para dejar algo de espacio entre las imágenes. Seleccionaremos una anchura máxima de 126 píxeles, para permitir que haya un borde de 10 píxeles entre una imagen y otra.
3. Arrastre la herramienta Medición desde una posición situada, aproximadamente, a 1/2 pulgada por debajo del texto de título hasta otra posición situada a una 1/2 pulgada por encima de la guía horizontal. Como puede ver en la Figura 19.28, hay una altura máxima de unos 126 píxeles para las imágenes. Por tanto, el tamaño máximo de las tres imágenes que situaremos en la página debe ser de 126 píxeles tanto en altura como en anchura.
4. Ya hemos terminado de usar la herramienta Medición. Mantenga el archivo abierto y recuerde el número 126, porque lo emplearemos en el script de Acciones que vamos a programar.

Programación de la paleta Acciones

La paleta Acciones ha sido mejorada en la versión 5 al poder automatizar muchas más tareas. Como ya hemos dicho, vamos a redimensionar las imágenes proporcionadas en el CD adjunto (o utilice, si lo prefiere, sus propias imágenes) y crearemos un encuadre para las mismas, de forma que éstas parezcan «hundirse» en el fondo, de forma similar a como el texto con relieve acolchado parece estar grabado en el fondo.

Figura 19.27 Mida la anchura del espacio disponible en la página, divida por 3 y deje algo de separación entre las imágenes.

Figura 19.28 Mida la máxima altura de las imágenes que insertará en la página Web.

A continuación vamos a ver cómo crear una lista de Acciones, con órdenes para hacer que una imagen quepa en la página Web. Después, aplicaremos las Acciones programadas a las otras dos imágenes.

Creación de una lista de Acciones personalizada

1. Abra la imagen Boca.tif de la carpeta Chap19, en el CD adjunto.
2. Selecciona Ventana, Mostrar Acciones.
3. En el menú flotante Acciones, seleccione Acción nueva.
4. Escriba **Recorte** en el campo Nombre, como muestra la Figura 19.29, y pulse el botón de Grabación. Cualquier cosa que haga a continuación pasará a formar parte de un script de Acciones denominado Recorte.

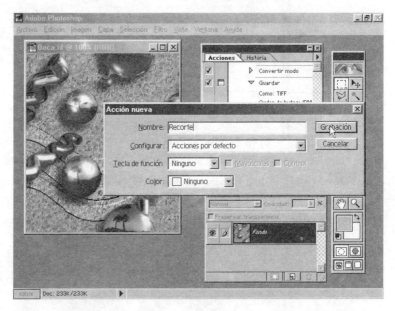

Figura 19.29 Asigne un nombre al script de Acciones y comience la grabación.

5. Seleccione Imagen, Tamaño de imagen y escriba **126** (píxeles) en el campo Altura, como muestra la Figura 19.30. El campo Anchura decrecerá proporcionalmente. Pulse OK para cambiar el tamaño del gráfico.
6. Seleccione Filtro, Enfocar, Máscara de enfoque.
7. Arrastre el regulador de Cantidad hasta un valor aproximado del 39%. La Cantidad de Máscara de enfoque determina el porcentaje del efecto entre los valores 1 y 500; aquí estamos usando un valor moderado.
8. Introduzca el valor **0,9** (píxeles) en el campo Radio. Este parámetro determina la profundidad de píxeles que se verán afectados en los bordes de color. Si especifica un valor alto, se verán afectados por el efecto de enfoque más píxeles de los que rodean a los píxeles de los bordes de color. Si especifica un valor bajo, sólo se enfocan los bordes. El parámetro puede tomar cualquier valor comprendido entre 0,1 y 250, por lo que sólo estamos enfocando en nuestro ejemplo los bordes dentro de la imagen.
9. Escriba **1** en el campo Umbral. El umbral define el grado de contraste requerido entre píxeles adyacentes para aplicar el enfoque a un borde. El valor puede variar entre 0 y 255. Un valor pequeño, como 1, produce un

efecto de enfoque pronunciado. Si el cuadro de diálogo Máscara de enfoque se asemeja al de la Figura 19.31, pulse OK para aplicar el efecto.

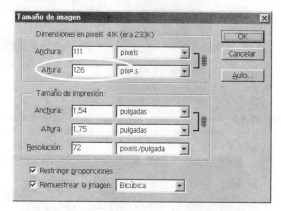

Figura 19.30 Cambie el tamaño del gráfico para que quepa adecuadamente, junto con los otros dos, en la parte inferior de la página Web.

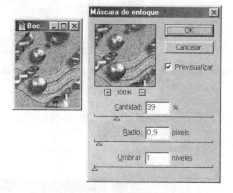

Figura 19.31 Máscara de enfoque permite aplicar un pronunciado, pero sutil, efecto de enfoque a una imagen.

10. Con la herramienta Mover seleccionada, pulse dos veces la tecla de cursor arriba en el teclado y luego pulse dos veces la tecla de cursor izquierda. Esto convierte la imagen de Fondo en una capa y desplaza la imagen para crear un encuadre en los lados derecho e inferior, como muestra la Figura 19.32

11. Seleccione Capa, Efectos, Sombra interior.

12. En el cuadro de diálogo Sombra interior, escriba los valores Ángulo: 132° y Distancia: 8 píxeles, como muestra la Figura 19.33. Pulse OK para aplicar la Sombra interior.

13. Seleccione Acoplar imagen en el menú flotante de la paleta Capas y luego Archivo, Guardar como.

14. Seleccione JPEG en la lista desplegable Guardar como y guarde la imagen en su disco duro con el nombre Boca.jpg.

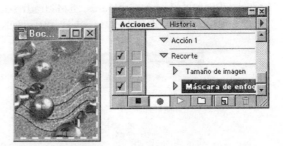

Figura 19.32 Mueva la imagen utilizando las teclas de cursor para el ajuste fino, con el fin de crear un encuadre en los lados derecho e inferior.

Figura 19.33 Utilice Sombra interior para crear un efecto de sombra que simule que la imagen está hundida.

15. En el cuadro de diálogo Opciones JPEG, seleccione un valor de 7 para la Calidad (*véase* la Figura 19.34) y elija Línea de base optimizada en Opciones de formato. Pulse OK para guardar el archivo.

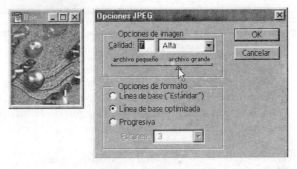

Figura 19.34 Seleccione una calidad alta y el formato Línea de base optimizada para guardar la imagen JPEG.

16. Pulse el botón Detener ejecución/grabación, como muestra la Figura 19.35. Su script de Acciones está terminado y puede aplicarse a las otras dos imágenes.
17. Puede cerrar el archivo Boca.jpg cuando lo desee.

Figura 19.35 Cuando su «receta» de Acciones esté terminada, pulse el botón Detener grabación. Se guardará el script.

Ahora que hemos guardado la serie de Acciones como un script, es hora de aplicar el script a las otras dos imágenes.

Ejecución de un script de Acciones

1. Abra la imagen Fastfood.tif de la carpeta Chap19, en el CD adjunto.
2. Pulse en el título Recorte de la paleta Acciones y luego el botón Ejecutar selección actual para reproducir el script, como muestra la Figura 19.36. Las mismas acciones aplicadas a la imagen Boca serán aplicadas ahora a la imagen Fastfood, la cual será también guardada en formato JPEG. Pulse Detener ejecución/grabación una vez que el script haya sido ejecutado.

Figura 19.36 La larga serie de modificaciones realizadas a la imagen Boca han sido ahora aplicadas a la imagen Fastfood.

3. Cierre la imagen Fastfood.jpg y abra la imagen glasbrik.tif de la carpeta Chap19, en el CD adjunto.
4. Pulse el botón Ejecutar selección actual; en cuestión de momentos aparecerá la imagen Glasbrik.jpg en el área de trabajo. Puede cerrarla cuando lo desee.

Suponga que su cliente, el señor Textura, aparece para ver cómo va su encargo. La siguiente sección muestra cómo construir a toda velocidad un prototipo de la página Web.

Previsualización de la apariencia de la página Web

Puesto que componer una página Web requiere combinar los distintos elementos, sólo hay una manera en este momento de mostrar al cliente su trabajo sin tener que escribir código HTML. Tendremos que colocar las imágenes procesadas mediante el script en capas del documento Workspace, como a continuación se explica.

Creación de un prototipo de página Web

1. Abra la imagen Workspace.psd y la imagen Boca.jpg creada en la anterior serie de pasos.
2. Con la herramienta Mover, arrastre la imagen Boca hasta el documento Workspace.psd. Coloque la imagen en la parte inferior izquierda de la página, dentro del área delimitada por las guías. Después, puede cerrar Boca.jpg cuando lo desee.
3. Repita los pasos 1 y 2 con las imágenes JPEG Glasbrik y Fastfood. Colóquelas equiespaciadas y alineadas en sentido horizontal, como muestra la Figura 19.37.

Figura 19.37 La adición de imágenes JPEG al documento Workspace nos ayuda a nosotros y al cliente a comprobar el aspecto final de la página.

4. Pulse Ctrl(⌘)+S y mantenga abierto el archivo.

La página se ensambla de manera adecuada y el sitio Web puede tener un buen aspecto. Sin embargo, todavía nos falta por añadir los botones de navegación. Para ello vamos a medir el espacio utilizable en la página y a utilizar los efectos de Photoshop para crear un botón 3D.

Medición del espacio y creación de los botones de navegación

Como recordará, el cliente quiere que se sitúen los botones de navegación en la zona de color sólido situada a la izquierda del efecto con forma de tubo. En aras de la uniformidad, utilizaremos un único diseño y después, cuando creemos la página HTML, haremos referencia al archivo de dicho botón tantas veces como el cliente necesite introducir un botón en la página.

Comencemos por el principio; en la siguiente sección veremos cuál es el tamaño que podemos dar al botón.

Definición del espacio disponible para los botones de navegación

1. Utilice las barras para desplazarse hasta el extremo izquierdo del documento Workspace.
2. Pulse F8 si la paleta Info no se encuentra ya en la pantalla.
3. Con la herramienta Medición, arrastre una línea horizontal dentro del área de color sólido de la página, comenzando y terminando a una distancia aproximada de 1/2 pulgada de ambos bordes, como muestra la Figura 19.38. La paleta Info nos muestra que un botón cabrá adecuadamente en la parte izquierda de la página si tiene una anchura de 83 píxeles.

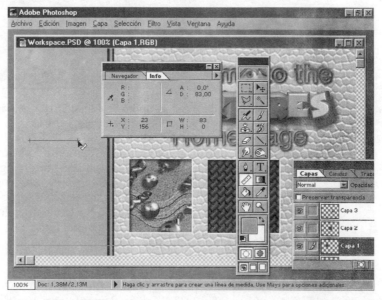

Figura 19.38   Mida la anchura del área de color sólido de la página Web para determinar qué anchura pueden tener los botones de navegación.

4. Pulse Ctrl(⌘)+N para abrir el cuadro de diálogo de Nuevo documento.
5. Introduzca el valor **83** (píxeles) en el campo Anchura y el valor **44** (píxeles) en el campo Altura, lo que nos proporcionará un botón rectangular. Escriba **72** en el campo Resolución, seleccione el botón Transparente en el campo Contenido y pulse OK para crear el nuevo documento. Este es un documento definido como capa, por lo que se pueden aplicar Efectos de Capa sin tener que convertir primero el documento.
6. Rellene la imagen con un tono púrpura intermedio (por ejemplo, H:280, S:73% y B:94%).
7. Seleccione Capa, Efectos, Inglete y relieve.
8. Seleccione Inglete interior en la lista desplegable Estilo. Introduzca el valor **120** en el campo de Ángulo, lo que hará que el brillo del botón esté situado a las 10 en punto, de forma coherente con la iluminación del resto de los elementos de la página.
9. Pulse el botón de menú flotante Profundidad y arrastre el regulador hasta el valor 10. Cuando el cuadro de diálogo se asemeje al mostrado en la Figura 19.39, pulse OK para crear el botón.

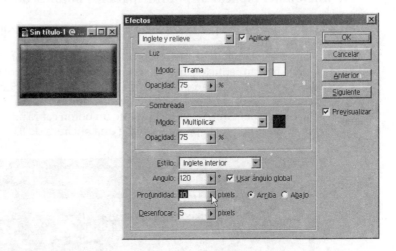

Figura 19.39 Cree un botón 3D en el cuadro de diálogo Efectos de Capa.

10. Seleccione la opción Acoplar imagen en el menú flotante de la paleta Capas y guarde su imagen con el nombre Button.jpg. En el cuadro de diálogo Opciones JPEG, seleccione Línea de base optimizada. No es necesario seleccionar una calidad muy alta, dado que la imagen del botón no contiene muchos detalles. Seleccione un valor de Calidad de 3 o 4 y pulse OK para guardar la imagen del botón.
11. Ya puede cerrar cuando desee la imagen Button.jpg. Mantenga abierto el documento Workspace.psd.

Sólo nos queda por generar la versión JPEG de uno de los elementos para su colocación en la página HTML, y ese elemento es el título. Vamos a generarla y a pedir al cliente que nos pague el trabajo realizado.

Acoplamiento y recorte de una copia del documento

Puesto que no queremos estropear el archivo Workspace.psd recortando los elementos del título, en la siguiente secuencia de pasos trabajaremos con una copia del documento.

La manera de recortar y exportar el último de los elementos necesarios para la página Textures es la que a continuación se describe.

Combinación de los elementos de texto en una sola capa

1. Seleccione Imagen, Duplicar. Acepte el nombre para la imagen duplicada que se ofrece por omisión en el cuadro de diálogo Duplicar imagen pulsando el botón OK. Puede cerrar Workspace.psd cuando lo desee.
2. Oculte las imágenes situadas en la parte inferior de la página pulsando el icono de visibilidad correspondiente en la paleta Capas.
3. Con la herramienta Marco rectangular, arrastre para crear un rectángulo alrededor del título de la imagen, como muestra la Figura 19.40.

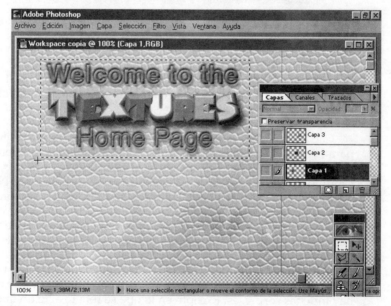

Figura 19.40 Efectúe el recorte con la herramienta Marco rectangular de la forma más ajustada posible, para abarcar sólo la cabecera y que sólo se muestre una mínima parte de la textura de fondo.

4. Seleccione Imagen, Recortar.
5. Seleccione la opción Acoplar imagen en el menú flotante de la paleta Capas. Aparecerá un cuadro de advertencia preguntándole si desea eliminar las capas ocultas.
6. Pulse OK. La imagen debe parecerse ahora a la mostrada en la Figura 19.41.

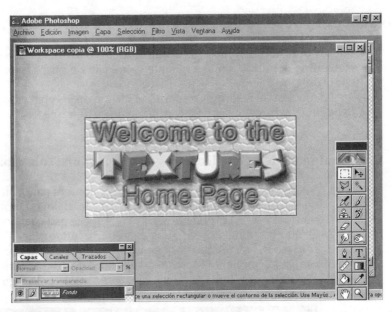

Figura 19.41 El elemento final para el sitio Web ha sido recortado y acoplado.

7. Seleccione Archivo, Guardar como y guarde la imagen en el formato de archivo JPEG, con el nombre Textures.jpg. En el cuadro de diálogo de Opciones JPEG, seleccione un valor de 6 para la Calidad y elija Línea de base optimizada en Opciones de formato. Pulse OK para guardar el archivo.

8. Puede cerrar Textures.jpg y salir de Photoshop cuando lo desee.

Cae fuera del alcance de este libro el enseñarle cómo escribir código HTML para hacer que todos los elementos encajen. Sin embargo, hemos diseñado un documento completo, Textures.html, utilizando los gráficos creados en este capítulo. Dicho documento se encuentra en la carpeta Chap19/HTML del CD adjunto. Para ver este documento, arrastre el archivo Textures.html hasta su navegador WWW. Si quiere, puede examinar la forma en que el documento fue construido analizando el archivo Texture.html en un editor de texto. Asimismo, puede sustituir las imágenes proporcionadas en la carpeta HTML por sus propias imágenes JPEG. Copie la carpeta a su escritorio, borre las imágenes JPEG, copie las suyas propias a la carpeta y cargue el documento HTML en su navegador para ver cómo encaja su trabajo. Como puede ver en la Figura 19.42, no hay muchas sorpresas. Excepto en lo que se refiere al texto que los autores han añadido encima de los botones, el documento tiene un aspecto bastante similar en formato HTML al que tenía la imagen Workspace.psd.

Nota:

Las tres opciones de formato disponibles para exportación de imágenes JPEG desde Photoshop son:

- *Línea de base (Estándar). Es la menos compacta de las opciones JPEG. Aunque el archivo se descargará más lentamente de lo que debiera a la computadora de aquéllos que visiten la pági-*

na, la codificación JPEG *Línea de base (Estándar)* puede ser entendida por casi todos los navegadores WWW.

- *Línea de base optimizada.* Puede ser entendida por la mayoría de los navegadores WWW. *Línea de base optimizada* ofrece un mayor grado de compresión y mejores colores que *Línea de base (Estándar)*.
- *Progresiva.* Muestra la imagen de forma gradual a medida que ésta es descargada por el navegador Web, utilizando una serie de pasadas para mostrar versiones cada vez más detalladas de la imagen global, hasta que se terminan de descargar todos los datos.

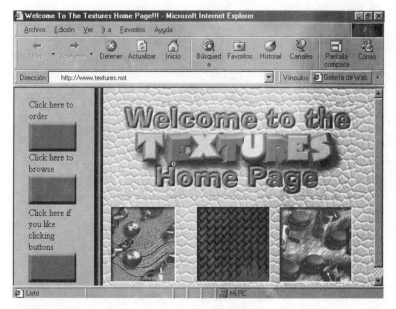

Figura 19.42 El documento HTML terminado.

Resumen

Si trabaja con alguien que domine el lenguaje HTML, le impresionará con lo que ha aprendido en este capítulo y entre los dos podrán empezar a pensar en aumentar sus tarifas de trabajo. Si trabaja por su cuenta, puede considerar el invertir en un programa como Adobe PageMill, que hace que la codificación HTML sea una mera cuestión de arrastrar y colocar. En cualquier caso, en este capítulo hemos visto lo mucho que puede ayudar un cuidadoso diseño de la página en términos de atractivo y de capacidad de captar la atención. Creando variaciones de los distintos elementos, es posible diseñar un gran número de páginas excitantes y originales.

El Capítulo 20, «Diseño de animaciones», nos lleva un paso más allá de los gráficos y de Photoshop para introducirnos de lleno en el campo de la animación. Photoshop es el espacio de trabajo y, con un par de aplicaciones auxiliares, verá cómo puede producir animaciones en breve plazo.

CAPÍTULO 20

DISEÑO
DE ANIMACIONES

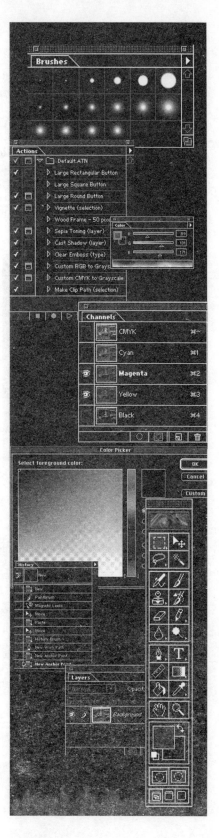

Muchas aplicaciones, tanto para Windows como para Macintosh, pueden producir secuencias de vídeo QuickTime o Video for Windows. A menudo, sin embargo, los programas de animación no son capaces de proporcionar «ese algo especial» que deseamos para nuestras animaciones: quizás un título, o un nuevo fondo.

Las buenas noticias son que no es necesario adquirir un paquete software de edición de vídeo de alto precio para producir secuencias de vídeo profesionales para computadoras personales. Este capítulo presenta el proceso de producción de una película digital QuickTime o Video for Windows, utilizando un paquete software que usted ya posee y las versiones de libre distribución de compiladores de animación (programas que ensamblan una serie de imágenes estáticas) proporcionadas en el CD adjunto.

Examen del proceso de animación

Aunque QuickTime o Video for Windows son tecnologías diferentes, ambas hacen esencialmente lo mismo: reproducen una secuencia altamente comprimida de imágenes estáticas (y usualmente sonido) que fueron compiladas utilizando procedimientos matemáticos especiales, de forma similar a como se comprimen las imágenes JPEG.

Este capítulo analiza el proceso de creación de una secuencia de vídeo, desde el momento de su concepción hasta la finalización de la misma, como ilustra la Figura 20.1.

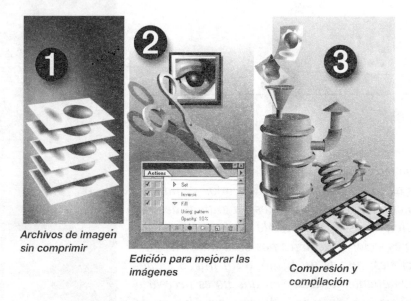

Archivos de imagen
sin comprimir

Edición para mejorar las
imágenes

Compresión y
compilación

Figura 20.1   Las tres fases del proceso de animación son la creación de una secuencia de imágenes estáticas, la edición por lotes de las mismas en Photoshop y la compilación de las imágenes en una secuencia de animación.

En este capítulo se explican las siguientes tres fases que forman el proceso de animación:

- Creación de una secuencia de imágenes estáticas.
- Edición por lotes de las imágenes en Photoshop.
- Compilación de las imágenes en una secuencia de animación.

Creación de imágenes estáticas

¿Cómo se comienza a crear una animación? Bueno, ... *podríamos* pintar imágenes que se fueran moviendo progresivamente sobre un fondo, todas ellas con las mismas dimensiones, pero esta sería una tarea tediosa y el mérito artístico de tal animación sería, cuando menos, cuestionable. Hoy en día, la mayoría de los programas con capacidades de animación *también* proporcionan la opción de escribir imágenes estáticas (cuadros de la animación) sin comprimir que se autonumeran, haciendo más fácil al usuario y al compilador de animación disponer adecuadamente de manera secuencial el conjunto de imágenes.

En este capítulo no sólo vamos a trabajar con las imágenes estáticas proporcionadas en el CD adjunto, sino que también tendremos la oportunidad de trabajar con una versión limitada de demostración del programa Flo', de Valis Group, un programa que permite mover, escalar y distorsionar áreas seleccionadas de una imagen estática con el fin de producir una animación.

Creación de secuencias de cuadros estáticos usando herramientas de animación de terceras fuentes

En este capítulo veremos cómo la paleta de Acciones de Photoshop permite procesar lotes de cuadros estáticos con el fin de mejorar globalmente la secuencia. Si tiene cualquiera de los siguientes productos, pruebe a crear una animación simple que no disponga de fondo:

- **Extreme 3D de Macromedia**. Defina un color de fondo para la animación que no exista en los objetos frontales. Alternativamente, puede especificar que los cuadros estáticos que se generen se almacenen en formato TIFF o Macintosh PICT y que contengan un canal alfa. Los canales alfa son canales de información adicional de una imagen, que pueden marcar áreas para que sean transparentes, opacas o parcialmente transparentes. El motivo de todo esto es que necesitamos alguna forma de separar del fondo la acción de primer plano; un color sólido puede funcionar igual de bien que un canal alfa, porque la orden Gama de colores de Photoshop nos permite crear una selección que puede luego ser guardada en un canal alfa.
- **Flo' de The Valis Group**. Se puede generar desde Flo' una secuencia de imágenes estáticas animadas, las cuales incluyen un canal alfa que hace que el separar los elementos de primer plano de un fondo vacío no requiera de ningún esfuerzo en Photoshop. Flo' puede escribir las imágenes estáticas en diversos formatos de archivo, con todos los cuales puede trabajar Photoshop.
- **Poser 2 de Fractal Design**. Puede crear sus propias imágenes estáticas si define un color de fondo para el documento de Poser que no se encuentre en las figuras de primer plano.
- **Truespace, Lightwave y 3D Studio MAX**. Puesto que estos tres programas pueden escribir cuadros estáticos secuenciales, los cuales pueden contener canales alfa, no es importante utilizar un color de fondo específico.
- **Painter 3 de Fractal Design**. Esta versión y las posteriores pueden escribir cuadros estáticos con un único canal de máscara de imagen. Además, este programa es capaz de decompilar una animación existente. Si ya ha creado una animación y quiere mejorarla, utilice Painter para extraer los cuadros estáticos secuenciales numerados.

Hay otros programas que también pueden generar una secuencia de archivos de imágenes estáticas. Como ya hemos dicho, el CD adjunto contiene una serie de cuadros de animación que puede usar cuando llegue a la *segunda* fase del proceso de animación.

Edición por lotes en Photoshop

En el Capítulo 19, «Creación de gráficos para la Web», ya tuvimos oportunidad de echar un primer vistazo a la lista de Acciones de Photoshop, pero la capacidad de programar esta lista estilo script va más allá de meramente recortar y enfocar una serie de imágenes. Pueden moverse objetos entre las capas, cambiar capas, añadir rellenos, crear y guardar selecciones y mucho más.

Nota:

Hace varios años, utilizando Typestry I de PIXAR, el autor creó una animación que no tenía ningún fondo. En algún momento durante los años siguientes, perdió el archivo fuente con las pistas de animación, quedándole sólo el archivo AVI para trabajar. La inspiración para los ejemplos de este capítulo le vino al autor hace algunos meses, cuando le surgió la necesidad de modificar el archivo.

En los ejemplos siguientes, utilizaremos cuadros sin comprimir y un útil script de la lista de Acciones que programaremos nosotros mismos para añadir diferentes fondos a las imágenes estáticas.

Compresión y compilación de los cuadros para crear una animación

Después de haber editado los cuadros secuenciales en Photoshop, necesitamos un compilador de animación para combinar las imágenes en una única secuencia de vídeo continua. Para ser honestos, si se va a dedicar al mundo de la animación, es mejor que adquiera Adobe Premiere o Macromedia Director, que sirven a la vez como paquete de edición de vídeo y como motor de compilación para los cuadros de la animación. Pero todos tenemos presupuestos limitados. Photoshop es una excelente herramienta para el proceso por lotes de cuadros de animación y en el CD adjunto se incluyen dos compiladores de animación de libre distribución completos: MainActor para Windows y MooVer para Macintosh.

Formatos de archivo y compatibilidad de los compiladores

Los archivos fuente a los que apliquemos los compiladores de libre distribución incluidos en el CD adjunto deben estar en un formato específico. MainActor para Windows admite archivos en formato BMP, PCX, GIF y JPEG; MooVer para Macintosh requiere archivos PICT de 16 bits (sin canal alfa).

Aunque no es ningún problema ofrecer instrucciones y procedimientos específicos para cada plataforma en este capítulo, los archivos incluidos en el CD han sido creados tanto en formato BMP como PICT, en la suposición de que usted no dispone de la versión comercial de Flo', la aplicación descrita en este capítulo. Por tanto:

- La lista de Acciones de Photoshop no cambiará la extensión ni el formato de los archivos del CD que editemos. Los nombres de los archivos del CD están en formato 8.3 (incluidos los archivos Macintosh), debido a los problemas de compatibilidad entre plataformas implicados en la realización de una copia maestra híbrida para el CD.
- Photoshop no creará una copia de un archivo en Macintosh que tenga, por ejemplo, una extensión BMP, aún cuando el formato del archivo sea PICT. Esto puede resultar bastante confuso más adelante, cuando quiera limpiar su disco duro.
- Los archivos editados pueden ser importados directamente en los programas de libre distribución de compilación sin necesidad de ejecutar otra lista de Acciones de Photoshop para convertir los formatos de archivo.

Consejo:

• •

En lugar de permitir al paquete de animación compilar un producto acabado, escriba una animación sin comprimir en una serie de archivos numerados secuencialmente. Para hacer que una secuencia de vídeo se reproduzca a una velocidad razonable, todos los compiladores aplican técnicas de compresión con pérdidas a las imágenes estáticas, por lo que no puede volverse a recuperar la calidad original del material utilizado como fuente. Consiga un disco duro de gran tamaño, una unidad Zip de Iomega o un grabador de CD y organice estos archivos sin comprimir para el futuro. No sólo descubrirá que editar los cuadros es más sencillo (como se ilustra en este capítulo), sino que puede crear variaciones de una misma animación reutilizando los cuadros originales no comprimidos. Puede, por ejemplo, hacer que un personaje camine por una calle atestada, o cambiar de opinión y cambiar en Photoshop la calle por una pradera de pastos. Tendrá muchos productos finales (películas) pagando el precio de generar archivos de cuadros de animación una sola vez, ¡e invirtiendo en soportes de tamaño suficiente en los que guardarlos!

• •

Si dispone de Flo', al llegar a los pasos donde se da nombre a los archivos, puede dar a éstos el nombre que desee. En concreto, puede utilizar nombres de archivo largos si está ejecutando Windows 95, Windows NT o Mac OS, y los usuarios de Macintosh no necesitan añadir la extensión de tres caracteres a los archivos.

Animación con Flo' y máscaras de transparencia

Cuando comience a utilizar canales alfa, la profesionalidad de sus trabajos de animación (y sus resultados) recibirá un gran empujón.

A diferencia de la versión comercial de Flo', la versión de demostración (incluida en el CD adjunto) no acepta información de canal alfa, por lo que no puede reproducir los ejemplos de este capítulo. Pero puede familiarizarse con las herramientas e incluso escribir una secuencia QuickTime o AVI con la versión de prueba, ¡con lo que tendrá una buena excusa para *comprar* la versión comercial!

En Flo' se puede importar una imagen estática y utilizar herramientas de dibujo vectorial para seleccionar áreas. El área seleccionada puede después ser estirada, movida, rotada... casi cualquier cosa que pueda hacerse con un dibujo vectorial, sólo que los efectos se aplican a imágenes en formato de mapa de bits. Y no existen junturas apreciables entre las áreas seleccionadas y distorsionadas y las áreas de imagen original.

Aunque Flo' pueda parecer similar al paquete Goo de HSC Software, Flo' apareció varios años antes y es un programa independiente de edición de imágenes muy potente, que proporciona resultados de calidad profesional. En Macintosh, Flo' dispone de versiones específicamente diseñadas para crear imágenes multicapa (MetaFlo') y para componer películas (MovieFlo'), ambas con capacidad de animación Web. Esta sección muestra cómo utilizar la versión «estándar» de Flo', disponible tanto para Macintosh como para Windows.

La calidad de *interpolación*, es decir, la forma en que Flo' calcula los colores de los píxeles cuando se estiran o comprimen una serie de áreas, puede compararse con la función de Transformación libre de Photoshop, que es sobresaliente. Siéntase libre de instalar Flo' y experimentar con el programa. Las siguientes secciones describen la funcionalidad proporcionada tanto por la versión de demostración como por la versión comercial, e indica cómo utilizar la versión comercial para escribir cuadros de animación que contengan un canal alfa.

Edición de la imagen Boombox para la animación

El truco para componer la imagen de primer plano, una sombra y un fondo consiste en hacer la sombra parcialmente opaca, de forma que parte del fondo sea visible. Esto produce una animación atractiva y creíble, incluso con los estúpidos movimientos que la radio realiza.

Para construir un canal alfa que le «diga» a otra aplicación (como Flo') que «la radio es cien por cien opaca, pero la sombra es opaca sólo en un cuarenta por ciento», necesitamos trabajar con capas de Photoshop y guardar la opacidad del contenido de las capas en un único canal alfa antes de acoplar la imagen. En los siguientes pasos hemos hecho parte del trabajo: Aquavox.psd, que puede encontrarse en la carpeta Examples/CHAP20 del CD, contiene la radio flotando en una ventana de imagen con el 100% de transparencia. También contiene este archivo una sombra con el 100% de opacidad; necesitaremos reducir esta opacidad para permitir que parte de la imagen de fondo se muestre a través de la sombra. Después podremos guardar este archivo en el formato Targa (Windows) o PICT (Macintosh) que puede leer y con el que puede trabajar la versión comercial de Flo'.

Para definir en Photoshop un canal alfa que contenga diferentes valores de transparencia, los pasos a dar son los que a continuación se indican.

Creación de una sombra semitransparente

1. Abra la imagen Aquavox.psd de la carpeta Examples/CHAP20, en el CD adjunto. Con la herramienta Lazo, seleccione la sombra. Mantenga presionada la tecla Ctrl(⌘) y arrastre ligeramente el interior de la selección para convertirla en una selección flotante, como muestra la Figura 20.2

Figura 20.2   Convierta la selección de la sombra en flotante rodeándola con el Lazo, presionando Ctrl(⌘) y arrastrándola ligeramente.

Nota:

En estas imágenes se muestra la imagen Aquaback.tif, la cual no se usará hasta más adelante, por lo que no debe cargarla ahora. La incluimos en la pantalla sólo son el propósito de darle una idea del fondo utilizado en esta secuencia de animación.

2. Pulse con el botón derecho del ratón (Macintosh: mantenga apretada la tecla Ctrl y pulse con el ratón) y seleccione Capa vía cortar en el menú contextual. La sombra se encontrará ahora en la Capa 1, por encima de la capa Aquavox.

3. Arrastre el título Capa 1 en la paleta Capas por debajo del título Aquavox.

4. Arrastre el regulador de Opacidad de la paleta Capas a un valor en torno al 40 por ciento para hacer la sombra semitransparente, como muestra la Figura 20.3.

5. Seleccione la opción Combinar visibles en el menú flotante de la paleta Capas. La única capa resultante tendrá el título de Capa 1 en la paleta Capas.

6. Presione la tecla Ctrl(⌘) y pulse el título de la capa en la paleta Capas, para cargar las áreas no transparentes de la capa como un marco de selección. Observe en la Figura 20.4 que no hay un indicativo visual de «camino de hormigas» alrededor de la sombra situada en esta única capa. La razón es que las áreas con menos del 50% de opacidad son seleccionadas, pero Photoshop no las marca con líneas de marco de selección.

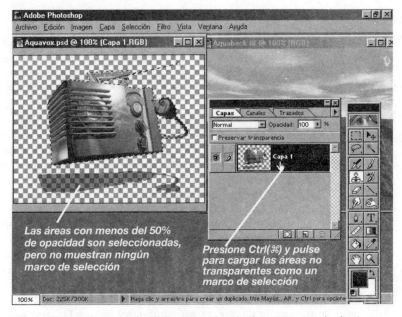

Figura 20.3 Reduzca la opacidad de la capa de la sombra para permitir que se vean a través suyo los elementos de fondo cuando se compile la animación.

Figura 20.4 Cuando presiona Ctrl(⌘) y pulsa el título de una capa, todas las áreas no transparentes se cargan como marco de selección, aunque no aparezcan líneas de marco.

Consejo:

● ●

Vamos a hacer una breve pausa. En la parte izquierda de la Figura 20.5 puede ver el resultado del paso 7 utilizando la configuración del autor para las selecciones de canal. El autor utilizó El color indica: Áreas seleccionadas, que puede especificarse efectuando una doble pulsación en cualquier canal alfa guardado para mostrar el cuadro de diálogo Opciones de canal. La configuración predeterminada de Photoshop es El color indica: Áreas de máscara, que es la opción necesaria para los pasos que siguen.

● ●

7. Pulse la pestaña Canales y, después, el botón Guardar selección como canal. A continuación, pulse Ctrl(⌘)+D para deseleccionar.

Flo' utiliza el color blanco para indicar las selecciones y no puede cambiarse esta opción para las imágenes importadas en Flo', de modo que...

8. Pulse el título Alfa 1 en la paleta Canales. Si el aspecto del canal Alfa 1 es el de una silueta blanca de una radio con una sombra de color más claro, como en la parte de derecha de la Figura 20.5, todo está correcto y puede continuar en el paso 10. Pero si el canal Alfa 1 es como el de la imagen de la izquierda en la Figura 20.5, deseleccione el marco y pulse Ctrl(⌘)+I para invertir el esquema de color del canal.

Pulse para guardar el marco de selección

Pulse Ctrl(⌘)+D y a continuación Ctrl(⌘)+I

Figura 20.5 Puede configurar Photoshop para guardar las selecciones como color o como áreas en blanco, pero Flo' interpreta la información en el canal alfa según la regla «blanco=selección».

9. Pulse Ctrl(⌘)+* para volver a la representación en color compuesto de la imagen. En la paleta Capas, pulse el icono Crear capa nueva y arrastre el título de la Capa 2 por debajo de la capa que contiene la radio y la sombra.

10. Teniendo el color negro seleccionado como color frontal activo, pulse Ctrl(⌘)+A y luego Alt(Opción)+Supr (Retroceso). Pulse Ctrl(⌘)+D para deseleccionar. A continuación, vamos a acoplar la imagen y a arruinar (aparentemente) la sombra semitransparente de la radio. En

realidad, la información de la sombra está guardada en el canal Alfa 1 y estamos añadiendo negro al fondo para que, cuando se lea el canal alfa en Flo', las áreas parcialmente seleccionadas de negro representen la sombra. Además, al crear un fondo negro, nos aseguramos de que los flecos alrededor de la radio, cuando se componga con la imagen Aquaback.tif, sean prácticamente invisibles.

11. Seleccione Acoplar imagen en el menú flotante de la paleta Capas y pulse Ctrl(⌘)+Mayús+S (Archivo, Guardar como). Guarde el archivo como Aquavox.tga. A continuación, los usuarios de Windows deben seleccionar el formato Targa y marcar la opción 32 bits/píxel en el cuadro Opciones de Targa, como muestra la Figura 20.6. Los usuarios de Macintosh deben guardar la imagen en el formato PICT, con la opción 32 bits/píxel. Los dos formatos de archivo son distintos, pero ambos contienen un canal alfa que separa del fondo de la imagen la radio y la sombra.

12. Cierre Photoshop. Ha llegado el momento de animar la radio en Flo'.

Utilización de Flo'

Esta sección muestra cómo trabajar con la versión comercial de Flo'. Si no dispone de la versión completamente funcional, léala de todas maneras para descubrir algunas de las funciones avanzadas del programa. Cuando llegue el momento de procesar por lotes las imágenes estáticas de Flo', utilice los archivos incluidos en el CD adjunto.

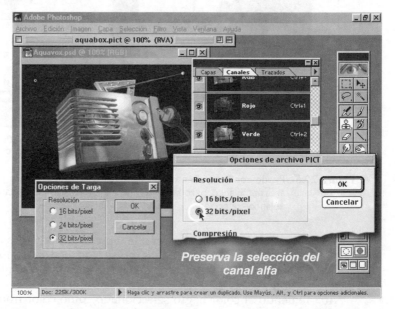

Figura 20.6 Tanto los archivos PICT como los Targa pueden contener un único canal adicional de información que indique que ciertas áreas deben ser leídas como selección.

Puede pasar un buen rato experimentando con las dos imágenes de ejemplo de la versión de demostración de Flo', y los autores le recomiendan que esta aplicación sea parte de su caja de herramientas avanzadas de diseño. Pero, por si acaso su caja de herramientas no está completa todavía, todas las imágenes creadas en los pasos siguientes se encuentran en la carpeta Examples/Chap20/Aquavox, de forma que pueda completar los ejercicios en Photoshop después de esta excursión en el trabajo con canales alfa y la versión comercial de Flo'.

Ahora es un buen momento para copiar todos los archivos de los cuadros a su disco duro. Seleccione la carpeta Aquavox en la ventana de la unidad del CD adjunto y arrastre la carpeta hasta su escritorio o hasta otro disco duro para copiarla.

Vamos a trabajar con la imagen Aquavox.tga (o Aquavox.pict) guardada en Photoshop para crear cuadros clave. Un *cuadro clave* (keyframe) es simplemente una imagen estática, dentro de una secuencia de animación, que representa una disposición drásticamente distinta de los objetos en comparación con el cuadro clave anterior. Un cuadro clave es una especie de ancla. Por ejemplo, una animación de una puerta cerrándose tiene dos cuadros clave: uno de la puerta abierta y otro de la puerta cerrada. Flo' permite al usuario crear cuadros clave, encargándose la aplicación de calcular los cuadros que deben ir situados entre los cuadros clave, con el fin de completar una secuencia con transiciones suaves.

Los siguientes pasos pueden usarse con la imagen de la radio para crear una animación de 42 cuadros, en la que cada cuadro contiene un canal alfa modificado que refleja las distorsiones realizadas en la radio.

Animación de la radio

1. Flo' muestra en primer lugar una nueva ventana de documento vacía. El usuario debe insertar una imagen en la ventana y trabajar con ella. Con las imágenes que contienen canales alfa, sin embargo, es preciso seleccionar File, Accept Alpha Channel *antes* de seleccionar la opción de menú File, Place y elegir el archivo boombox, como muestra la Figura 20.7.

En la Figura 20.8 están etiquetados los controles básicos que se emplean para trabajar con una imagen. Los controles de la columna de la izquierda aplican cambios globales a una imagen, mientras que los botones de la derecha se emplean para aplicar cambios a áreas que definamos con un cursor de herramienta de dibujo. Como puede ver, estas funciones son similares a la Transformación Libre de Photoshop, pero pueden aplicarse a un área aislada, definida por el usuario, de la imagen, consiguiendo un efecto que se asemeja a trabajar con un dedo sobre una pintura húmeda.

Aunque este libro se ha preocupado de resaltar el hecho de que un buen diseño comienza por un buen concepto, el único concepto que el autor puede ofrecer aquí es el de crear una radio que se retuerza y se expanda y cuyas dimensiones se vean afectadas por la música que esté reproduciendo. ¿Suena un poco simple? Sí, pero nos proporciona un tema para comenzar a retorcer la imagen y a crear cuadros clave.

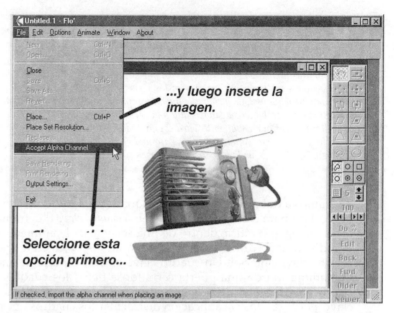

Figura 20.7 Flo' no sabe si deseamos importar toda la información en forma de imagen o si un canal alfa debe enmascarar una serie de áreas seleccionadas. Ejecute la orden Accept Alpha Channel antes de importar una imagen que contenga un canal alfa.

Figura 20.8 Los controles de la derecha en Flo' ofrecen diferentes distorsiones que se pueden aplicar a un área determinada, con un radio de acción definido del efecto dentro de la imagen.

2. Pulse la herramienta Scale (escalar) en la columna de la derecha y dibuje un círculo alrededor del altavoz. Aparecerá un círculo cuando se aproxime al punto inicial del trazado que dibuje (el círculo es similar al círculo en miniatura que aparece al utilizar el cursor de la herramienta Pluma de Photoshop para cerrar un trazado en su punto inicial.

Si no desea hacer un dibujo libre, también puede seleccionar los modos de dibujo de círculos y de rectángulos para definir el área que desee escalar, como muestra la Figura 20.9.

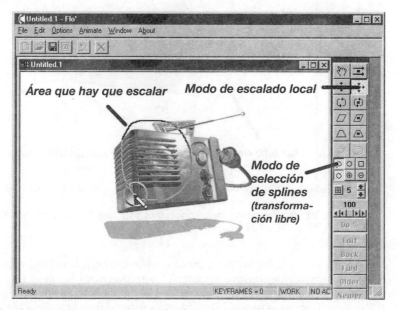

Figura 20.9 Dibuje un trazado alrededor del área que quiera cambiar en la imagen.

Después de cerrar el trazado, aparecen alrededor del mismo varios elementos de interfaz. *No toque ninguno de los elementos todavía*; espere a comprender para qué sirve cada uno de ellos. En la Figura 20.10 puede ver indicada un asa de rotación; con ella podemos rotar la caja de contorno de la distorsión de escala antes de escalar el área. Asimismo, si pulsa el trazado exterior, aparecen nodos con los que puede modificarse el radio de acción del efecto de escala. Esto quiere decir que puede restringirse la operación de cambio de escala del altavoz de la radio a un área limitada de la imagen. El símbolo «X» marca el centro del efecto de distorsión de escala; si lo mueve, el efecto tendrá lugar con respecto a la posición del nuevo centro.

3. Arrastre, alejándola del centro, cualquiera de las asas del rectángulo de contorno (*véase* la Figura 20.10). Luego, suelte el cursor para aplicar el efecto de distorsión de escala.
4. Experimente con la herramienta Move (mover) dibujando un trazado alrededor de la mitad superior de la radio y arrastrando el punto central

ligeramente hacia abajo. Después, efectúe una doble pulsación sobre el botón Back para devolver la imagen a su estado original.

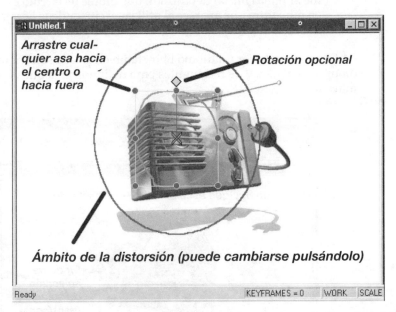

Figura 20.10 Flo' ofrece muchas opciones para mejorar un efecto simple, como escalar un área de imagen.

5. Pulse la herramienta Rotate (rotar), dibuje un círculo alrededor del cable de alimentación, arrastre el punto central hacia el centro de la radio y arrastre la flecha del cursor de rotación ligeramente hacia la izquierda. Esto hace que el cable parezca moverse en la animación final.

6. Puede pulsar los botones Back (retroceso), Fwd (avance), Older (anterior) y Newer (posterior) para ver una distorsión que haya realizado. Si desea efectuar alguna modificación, pulse el botón Edit (editar); aparecerán el trazado y el ámbito de la distorsión y podrá modificar cualquiera de las configuraciones que haya hecho en la imagen.

Nota:

En la Figura 20.11 puede ver el efecto de escalar el recorrido dibujado alrededor del altavoz de la radio. No debe preocuparle el efecto de pixelización o granulado que aparece en la ventana de imagen. Flo' trabaja en modo de previsualización y sólo cuando se decide representar una imagen estática o una animación Flo' realiza los cálculos precisos e interpola los píxeles para crear distorsiones suaves.

Observe también, en la Figura 20.11, que los botones inferiores de la barra de herramientas están activados. Hay muchas opciones para retroceder hasta una distorsión previa o eliminar una distorsión pulsando estos botones. Esta es la manera en que se definen los cuadros clave de una animación, «juntando» diferentes posiciones y especificándolas como cuadros clave.

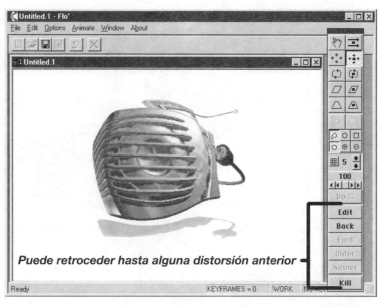

Figura 20.11   En la parte inferior de la caja de herramientas hay disponibles opciones para ir hacia atrás o hacia delante dentro de un conjunto de diferentes distorsiones o para eliminar una distorsión.

7. Cuando haya definido unas seis distorsiones (experimente con todas las herramientas; no existe ninguna forma «correcta» de completar esta tarea), será el momento de generar a partir de la radio una serie secuencial de imágenes estáticas. Localice el cuadro en el que desea que la animación comience (utilice los botones Older, Newer, Back y Fwd) y seleccione la orden de menú Animate, Start Keyframe (Animación, Cuadro clave inicial), como en la Figura 20.12.

8. Pulse Back, Newer o cualquier cuadro clave que considere que debe ir a continuación y seleccione Animate, Add Keyframe (Añadir cuadro clave). El cuadro de diálogo que aparece es ligeramente diferente en Windows y en Macintosh pero, esencialmente, se utiliza para determinar el número de cuadros que debe haber entre el primer cuadro clave y el actual. Configure el parámetro Frame Difference (Diferencia de cuadros) con el valor 7 y pulse OK para volver al área de trabajo.

9. Repita el paso 8 cinco veces para crear 35 cuadros de animación. Complete la animación con el primer cuadro clave, de forma que la animación forme un bucle. Tanto los reproductores de vídeo de Macintosh como los de Windows tienen una opción de bucle para la reproducción continua de segmentos cortos de animación, como éste.

10. Pulse los controles Fwd y Back de la caja de herramientas hasta que llegue al primer cuadro clave. A continuación, seleccione Animate, Close Loop (Cierre de bucle). En el cuadro de diálogo, seleccione un valor de 7 para Frame Difference y pulse OK. La animación tendrá ahora una longitud de 42 cuadros.

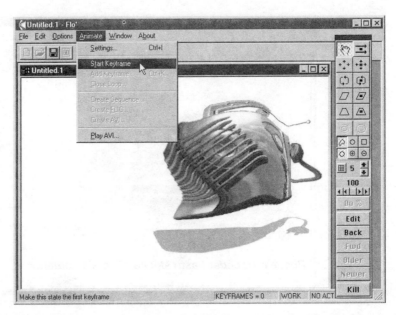

Figura 20.12 La orden Start Keyframe define el primer cuadro clave de una secuencia de animación.

11. Seleccione Options, Create Alpha Channel (Opciones, Crear canal alfa), como muestra la Figura 20.13. Si se olvida de hacer esto, los cuadros individuales no contendrán la información de selección que Photoshop necesita.

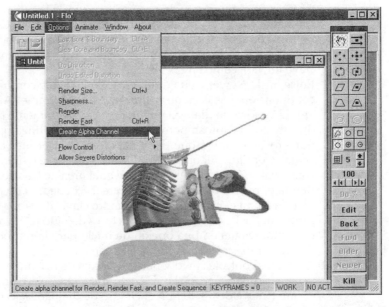

Figura 20.13 Flo' permite escribir animaciones o cuadros estáticos con o sin canal alfa. Definitivamente, ¡seleccione Options, Create Alpha Channel!

12. Seleccione Animate, Create Sequence (Crear secuencia). En Macintosh, seleccione Animate, Create Numbered PICTS (Crear PICTS numerados).

13. Aparecerá el cuadro de diálogo Save Sequence (Guardar secuencia), el cual propone un nombre predeterminado seguido de cinco ceros. Si está usando una copia comercial de Flo' para Windows, escriba **Aqu00000.tga** en el campo File Name (nombre de archivo) y seleccione TGA 32 en la lista desplegable Save as Type (guardar como tipo), como muestra la Figura 20.14. En Macintosh no se necesita una extensión de archivo, pero es necesario empezar la secuencia con el cuadro cero, añadiendo cinco ceros a los caracteres distintivos del nombre de archivo. Flo' incrementa automáticamente el número de archivo en una unidad a medida que escribe los cuadros intermedios de la animación. Seleccione la carpeta en la que Flo' debe escribir los cuadros y pulse Save.

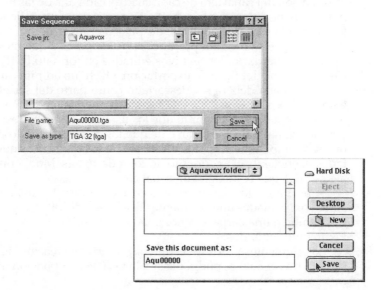

Figura 20.14 Utilice tres caracteres distintivos, seguidos de cinco ceros, para comenzar la secuencia de archivos que Flo' escribe.

14. En el cuadro de diálogo Render size (Tamaño de representación), pulse OK para aceptar el tamaño de representación por omisión, que es del 100% de la imagen original de la radio. Puede especificar diferentes porcentajes (tamaño de los cuadros) para sus propias creaciones, pero el tamaño ya ha sido fijado en este ejemplo de forma que los cuadros individuales se correspondan con las dimensiones de la imagen Aquaback.tif.

Es el momento de tomarse un descanso mientras Flo' escribe los cuadros de la animación. En realidad, Flo' es uno de los generadores de animaciones más rápidos de su categoría; en el Pentium 166 del autor, se tardó menos de cuatro minutos en generar los 42 cuadros. La ventana de imagen mostrará una información algo extraña a medida que el programa escribe los archivos.

15. Flo' dibuja un 50% de negro en las áreas vacías de la imagen; este color es descartado en Photoshop después de cargar la selección alfa guardada y mover la imagen a una nueva capa. Cuando la imagen en la ventana de documento pierda su recuadro 50% negro, la animación estará terminada. Guarde el archivo fuente (con el nombre de MIARCH.FLO, o algo más original) y cierre el programa Flo'.

Ahora es el momento de crear un nuevo archivo de proceso por lotes utilizando la lista de acciones de Photoshop.

Añadir un fondo, con un toque especial

En primer lugar, cargaremos la radio y la sombra semitransparente leyendo la información del canal alfa de cada cuadro; cada una de las imágenes guardadas por Flo' tiene su propio canal alfa. En segundo lugar, rellenaremos la capa de fondo con la escena Aquaback, después de mover la radio a una nueva capa.

Sólo es necesaria una precaución en los pasos siguientes. Los usuarios de Windows guardarán los archivos editados en formato BMP, y la implementación de Adobe del filtro de exportación a BMP no admite canales alfa. Por tanto, el canal alfa deberá ser descartado como parte del script de Acciones. Sin embargo, los archivos PICT de Macintosh pueden tener 16 o 32 bits (24 bits con un canal alfa de 8 bits), por lo que los usuarios de Macintosh *deben* ejecutar un paso adicional para asegurarse de que los cuadros editados y guardados pueden ser compilados con MooVer: necesitamos especificar que los archivos editados se encuentran en formato de color de 16 bits. MooVer no cargará las imágenes PICT que contengan un canal alfa.

Si no ha creado las imágenes en Flo', utilice las imágenes de la carpeta Aquavox, copiadas anteriormente en su disco duro, para los pasos que siguen; cree también una carpeta denominada «Aqua-finished» en su disco duro para los archivos editados.

Los siguientes pasos muestran el proceso de creación de un script en Photoshop, tras el cual se podrá pasar a la fase de compilación de la secuencia.

Programación de la paleta Acciones para la edición del canal alfa

1. Pulse F9, en Photoshop, para mostrar la paleta Acciones.
2. Abra la imagen Aquaback.tif de la carpeta Examples/CHAP20, en el CD adjunto; pulse Ctrl(⌘)+A para seleccionar todo y después ejecute la orden Edición, Definir motivo. Después puede cerrar el archivo.
3. Abra cualquiera de los archivos de la radio de la carpeta Aquavox.
4. En la paleta de Acciones, seleccione Acción nueva en el menú flotante. En el cuadro de diálogo Acción nueva, escriba **Sacando a pasear a la radio** y pulse Grabación.
5. En la paleta Canales, presione la tecla Ctrl(⌘) y pulse el canal Alfa 1 para cargar la información visual como marco de selección, como muestra la Figura 20.15.
6. Elija una herramienta de selección (por ejemplo, Lazo), pulse con el botón derecho del ratón (Macintosh: mantenga apretada la tecla Ctrl y

pulse con el ratón) dentro del marco de selección y elija la opción Capa vía cortar en el menú contextual.

Figura 20.15 Presione Ctrl(⌘) y pulse para cargar la selección que Flo' creó en la imagen Targa o PICT.

7. En la paleta Capas, pulse el título de la capa de Fondo y seleccione Edición, Rellenar en el menú. A continuación, y esto es *muy* importante, seleccione Motivo en el campo Usar, fije una Opacidad del 100% y seleccione Normal en la lista desplegable de Modo.

Asegúrese de no saltarse la última parte del paso 7; si lo hace, estropeará la programación de la lista de Acciones. Photoshop retiene las configuraciones previas en algunos cuadros de diálogo, y es posible que usted haya cambiado dichas configuraciones durante sus propias experimentaciones.

8. Pulse OK; el fondo aparecerá detrás de la radio y la sombra parece convincente en la escena Aquaback. Seleccione Acoplar imagen en el menú desplegable de la paleta Capas, como muestra la Figura 20.16. Arrastre hasta la papelera el canal Alfa 1 en este punto.
9. Pulse Ctrl(⌘)+Mayús+S (Guardar como) y, a continuación, ...
Usuarios de Windows: Seleccione la carpeta Aqua-finished como destino del archivo y el formato BMP en la lista desplegable Guardar como. El número de secuencia del archivo se conserva; sólo cambian el formato y la extensión.
Usuarios de Macintosh: Seleccione la carpeta Aqua-finished de su disco duro y pulse Guardar. Asegúrese de elegir 16 bits por píxel en el cuadro de Opciones de archivo PICT y pulse OK.

Figura 20.16 Photoshop no permite guardar una imagen en formato BMP o PICT a menos que conste de una única capa.

10. *Todos*: Presione las teclas Ctrl(⌘)+W para cerrar el archivo y pulse después el botón Detener ejecución/grabación, en la paleta Acciones.

Ejecución por lotes de la edición definida en la lista de Acciones

Sólo queda por tomar unas cuantas decisiones más, informando a la paleta de acciones de dónde encontrar los archivos y dónde colocar las copias después de que hayan sido editadas. El ver cómo Photoshop ejecuta una edición por lotes es casi tan interesante como ver crecer la hierba: después de ver que uno o dos de los archivos han sido correctamente procesados, puede dedicarse a ordenar el cajón superior de su mesa (el que tiene las monedas sueltas, los paquetitos de azúcar y un bolígrafo roto) mientras espera.

A continuación mostramos los pasos para hacer que Photoshop edite todos los cuadros de la animación de la misma forma exacta en que lo hicimos anteriormente.

Ejecución de Photoshop en modo de proceso por lotes

1. Ejecute la orden Archivo, Automatizar, Lote. Asegúrese de que «Sacando a pasear a la radio» es la selección actual en la lista desplegable de Acciones (Photoshop incluye varias Acciones predefinidas).
2. Pulse el botón Seleccionar debajo del campo Origen y seleccione la carpeta Aquavox del disco duro. Pulse OK para volver al cuadro de diálogo Lote.

Nota:

La opción *Avisar al acabar*, en *Preferencias Generales* de Photoshop, resulta especialmente útil. Cuando Photoshop haya procesado todas las imágenes, la acción «Añadir fondo» se completa, el botón *Ejecutar* de la paleta cambia a *Detener* y, habilitando los sonidos del sistema, podemos saber desde el salón que el trabajo ha terminado.

3. Pulse el botón Seleccionar debajo del campo Destino. En la ventana de directorio, seleccione la carpeta Aqua-finished creada anteriormente. Observe que la casilla Ignorar los comandos de acción «Guardar en» sólo debe marcarse si, durante la programación del script «Sacando a pasear a la radio», guardó la imagen en una carpeta *distinta* de «Aqua-finished». Si guardó AQU00000 en la carpeta Aqua-finished, *no* marque esta casilla. El cuadro de diálogo Lote debe ser similar ahora al de la Figura 20.17.

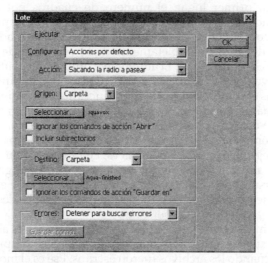

Figura 20.17 Asegúrese de que los archivos de acción, de origen y de destino son correctos antes de pulsar OK.

6. Pulse OK y espere un momento. Probablemente no vea una imagen representada en una ventana de documento a medida que Photoshop procesa todas las imágenes, porque los comandos se ejecutan con demasiada rapidez para que pueda ser redibujada la pantalla, a menos que disponga de una tarjeta de vídeo de gran potencia.
7. Cuando haya sido editado automáticamente el último archivo, cierre Photoshop.

Ahora puede borrar la carpeta Aquavox de su disco duro, a menos que quiera guardarla en algún otro medio más barato de almacenamiento del que disponga. Los archivos editados estarán almacenados en la carpeta Aqua-finished.

¿Está preparado para la Fase 3 del proceso de animación? En la sección siguiente vamos a utilizar los compiladores de animación del CD adjunto para crear nuestros propios «flicks» (como se suele decir en la jerga profesional).

Compresión, sincronización y ordenación de los archivos

Codec es el nombre que se le da a los dispositivos o sistemas de compresión y descompresión de archivos. Intel ofrece Indeo, mientras que Microsoft y Apple disponen de sus propias opciones nativas de compresión y descompresión. Sin embargo, en las secciones siguientes vamos a emplear la compresión Cinepak porque, de todos los codecs de archivos disponibles en el momento de escribir estas líneas, sólo Cinepak es compatible entre diversas plataformas. Para poder reproducir una secuencia QuickTime en Windows y transferir fielmente una animación Video for Windows a formato QuickTime sin pérdida de datos, es necesario emplear un esquema de compresión que sea compatible entre plataformas.

Aunque este libro no pretende ser una guía completa de animación digital, hay un par de detalles más que debe tener en cuenta cuando utilice los compiladores en los pasos que siguen.

En primer lugar, el número de cuadros por segundo, cps (frames per second, fps), es completamente relativo cuando se muestran las animaciones en una computadora conectada a la Web. La velocidad y la duración de la animación dependen completamente de la velocidad de proceso de la máquina en que sea reproducida. El autor suele utilizar frecuentemente en sus animaciones una velocidad menor de los 25 cuadros por segundo que son estándar en las cintas de vídeo, porque la reproducción en máquinas antiguas con procesadores más lentos causa un efecto denominado «pérdida de cuadros» (frame dropping) cuando la transferencia de los datos de una animación que está siendo descomprimida y reproducida sobrepasa la capacidad del procesador para manejar los datos. La pérdida de cuadros hace que una secuencia se detenga, salte abruptamente de una posición a otra y, en general, que aparezcan otras anomalías de aspecto poco profesional cuando se especifica una reproducción «en tiempo real», a 25 cps, para las animaciones destinadas a ser reproducidas en una computadora personal.

Finalmente (y esto es probablemente obvio), es absolutamente necesario que la secuencia de archivos que le proporcione al compilador tenga el mismo orden que cuando los archivos fueron escritos. Ese es el motivo por el que Poser, Extreme 3D, Flo' y otros paquetes de animación añaden cuatro o cinco dígitos a los nombres de archivo, de forma que nosotros y el compilador podamos identificarlos más adelante y la radio Aquavox realice transiciones suaves.

La primera excursión de este capítulo en el campo de los compiladores comienza con una exposición acerca de cómo emplear MainActor para Windows para compilar los cuadros de Aquavox, seguida de una explicación de MooVer para Macintosh. Aunque estos pasos utilizan las secuencias de imágenes de Aquavox, puede repetir el proceso fácilmente por su cuenta, empleando sus propios archivos secuenciales de imágenes.

MainActor: compilación de vídeo al alcance de un botón

Antes de nada, instale en su disco duro MainActor versión 1.61, que se encuentra en el CD adjunto. La instalación es rápida y, después de la misma, los usuarios de Windows 95 y de Windows NT encontrarán un elemento MainActor en el menú de Inicio. Una de las diferencias significativas entre la versión registrada y la no registrada es un cuadro de aviso con un temporizador que aparece frecuentemente en la versión de libre distribución. Como consecuencia, necesitará estar al tanto del proceso de compilación; no debe irse a tomar un café mientras MainActor está compilando.

Asimismo, para que MainActor funcione es necesario haber instalado DirectX en el sistema. DirectX es la parte software de un esquema de aceleración hardware/software que funciona con casi todas las tarjetas de vídeo fabricadas en los últimos dos años. Si su versión de Windows 95 venía preinstalada en la máquina, si su tarjeta de vídeo incluía software DirectX, si alguna aplicación como Extreme 3D lo ha instalado, si ha actualizado su sistema Windows 95 con la versión de mantenimiento 2 o si está ejecutando Windows NT 4 puede ejecutar MainActor inmediatamente después de la instalación. Si no dispone de DirectX, puede descargarlo de http://www.microsoft.com.

Si tiene instalados tanto DirectX como MainActor, siga estos pasos para compilar los cuadros de Aquavox:

Utilización de MainActor para compilar archivos AVI de Windows

1. Ejecute MainActor y pulse OK después de que el cuadro de aviso termine su temporización.
2. Pulse el icono Abrir Archivo de la caja de herramientas para mostrar el cuadro de diálogo Multi-Select Project(s) (Selección múltiple de proyecto).
3. Localice la carpeta Aqua-finished en su disco duro. Pulse el primer archivo en la ventana de la carpeta, pulse Ctrl+A para seleccionar todos los archivos, como muestra la Figura 20.18 y pulse el botón Open (Abrir).
4. Después de que los cuadros hayan sido cargados, seleccione la opción de menú Edit, Select All (Edición, Seleccionar todo), pulse con el botón derecho del ratón sobre la ventana de cuadros y seleccione Local Timecodes (Códigos temporales locales). Observe que, por omisión, los cuadros se miden en milésimas de segundo, mostrándose cada cuadro durante 1000 ms, es decir, un segundo. La animación durará, por tanto, 42 segundos, ¡lo que es un *poquiiiito* largo!
5. En el cuadro de diálogo Local Timecode, mostrado en la Figura 20.19, introduzca el valor **33** y pulse Accept (Aceptar). A 33 milésimas de segundo por cuadro, la velocidad de la secuencia compilada es de unos 30 cps. Los autores llegaron al valor 33 por un proceso de prueba y error, utilizando MainActor, pero es un valor conveniente de utilizar con este programa si va a realizar siempre la reproducción en el monitor de una computadora personal.
6. Pulse el botón de Guardar (el icono con un disco, resaltado en la Figura 20.20); aparecerá otro temporizador en la versión no registrada de MainActor y después el cuadro de diálogo Save Window (Guardar). Seleccione Millions of Colors: Cinepak (Millones de colores: Cinepak), seleccione la opción AVI en el campo de módulo, Module (también puede seleccionarse QuickTime en la lista desplegable) y pulse Save.
7. Aparecerá el cuadro de diálogo Select File (Seleccionar archivo). En este cuadro es donde damos nombre al archivo y seleccionamos una ubica-

ción en el disco duro para la secuencia compilada. Dé el nombre **Aqua-vox.avi** al archivo y pulse Save.

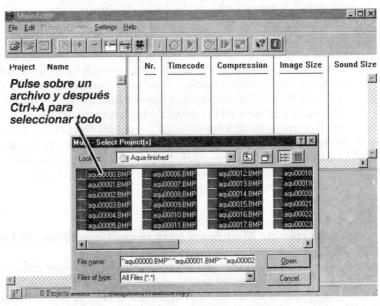

Figura 20.18 Pulse en la ventana de archivos y luego Ctrl+A para seleccionar todos los archivos que forman la animación Aquavox.

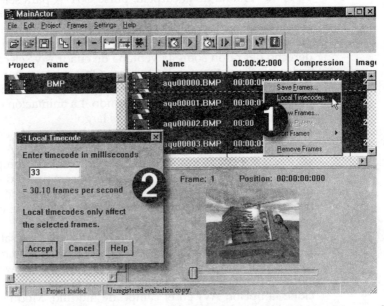

Figura 20.19 Debe darse al código temporal local cualquier valor comprendido entre 25 y 75 milésimas de segundo para conseguir una reproducción agradable y precisa en las máquinas actuales.

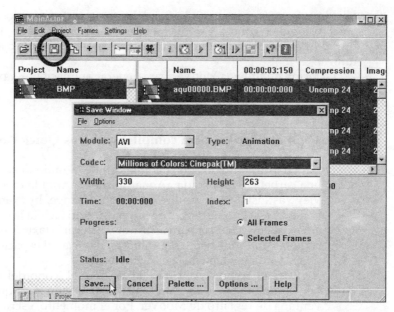

Figura 20.20 Seleccione el mecanismo de compresión Cinepak para disponer de una compresión compatible entre plataformas.

8. Vigile la barra de progreso; cada diez cuadros, aparecerá el cuadro de aviso, con su temporizador, pidiendo confirmación para continuar. Cuando se complete la barra de progreso, puede cerrar la aplicación.

MainActor dispone de otras opciones que no hemos visto en este ejercicio; la mayoría de los valores predeterminados funcionan bien a la hora de generar una secuencia de vídeo.

Nota:

Por cierto... no se deje influir por ese pesado cuadro de aviso a la hora de juzgar la calidad de MainActor (o de otros programas similares). De hecho, MainActor tiene el «recordatorio» menos molesto de todos los compiladores de libre distribución que hemos encontrado en la Web. MainActor tiene muchas funciones que merece la pena probar y, si no puede permitirse el comprar un editor de vídeo comercial más complejo, MainActor proporciona una solución a un precio muy asequible.

MooVer: compilación QuickTime para Macintosh

Después de instalar MooVer versión 1.42 desde el CD adjunto, aparecerá una carpeta en el escritorio; dicha carpeta contiene el icono de MooVer, documentación, un formulario de registro y archivos de ejemplo. MooVer es un compilador de animación con una interfaz del tipo «arrastrar y colocar»; al soltar un archivo sobre el icono de MooVer, el programa pregunta en una serie de cuadros de diálogo por la longitud, el modo de color y el tipo de codec que se desea utilizar.

La forma de utilizar MooVer para generar animaciones a partir de los cuadros editados es la que a continuación se indica.

Utilización de MooVer para compilar archivos QuickTime

1. Los cuadros editados de la animación de la radio deben encontrarse en una carpeta denominada «Aqua-finished». Abra la carpeta y seleccione View, as List (ver como lista) y luego Arrange, by Name (ordenar por nombre) en el menú Apple de System 8. Esto facilita la disposición de los archivos en secuencia para arrastrar y colocar. Maximice la ventana de la carpeta Aqua-finished, asegurándose de dejar el espacio suficiente para poder ver la ventana de la carpeta MooVer.

2. Arrastre el archivo AQU00000.pct sobre el icono del programa MooVer, como muestra la Figura 20.21. Esta acción hace que se muestre la ventana de registro de MooVer. Por el momento, escriba su nombre en el campo Your Name y pulse sobre Don't Register Yet (no registrarse todavía). Puede registrarse *después* de haber hecho los ejercicios de este capítulo.

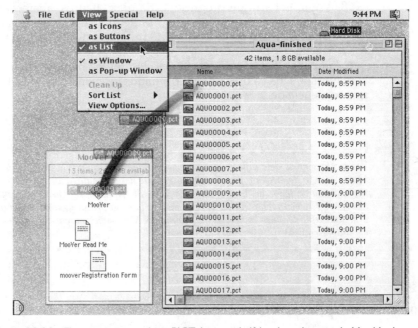

Figura 20.21 El arrastrar un archivo PICT (sin canal alfa) sobre el icono de MooVer hace que comience el proceso de compilación de una secuencia de vídeo.

Consejo:

Si selecciona QuickTime en el campo Module del cuadro de diálogo Save Window de MainActor, podrá trasladar su animación a Macintosh y utilizar ResEdit (un modificador gratuito de tipos de archivo ampliamente difundido) para añadir un descriptor de recurso al archivo e introducir los parámetros Type (tipo) y Creator (creador) correctos. El tipo de archivo es MooV y el tipo de creador es TVOD. Al dar nombre a estos tipos, es esencial respetar las mayúsculas y minúsculas, o la secuencia no podrá ser reproducida en Macintosh.

3. Podrá ver entonces el cuadro de diálogo MooVer Settings (Configuración de MooVer), mostrado en la Figura 20.22. Seleccione la opción Millions of colors si no es la opción predeterminada y pulse a continuación el botón Compression Settings (Configuración de compresión). Esta es una parte importante de la configuración de MooVer, que influye sobre la calidad global de la secuencia.

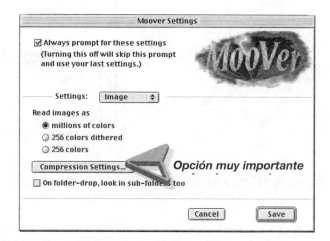

Figura 20.22 Pulse el botón Compression Settings para tener acceso a los parámetros de velocidad de transferencia, tipo de compresión y calidad.

4. En el cuadro de diálogo Compression Settings, seleccione el compresor Cinepak, arrastre el regulador de calidad hasta un valor aproximado de 75-80 (el valor predeterminado en MainActor es de un 75% de compresión). En el campo Motion (Velocidad), seleccione 30 cuadros por segundo en la lista desplegable y desmarque la casilla Key frame every (Cuadro clave cada...). Puede limitar la velocidad de transferencia de datos (opción Limit data rate to) a 90 K por segundo si pretende reproducir sus animaciones en computadoras 68K. Los Macintosh más antiguos perderán cuadros de las secuencias QuickTime si la cantidad de datos descomprimidos y enviados al procesador es mayor de 90 K/segundo. En la Figura 20.23 puede ver la configuración recomendada para este cuadro de diálogo.

Consejo:

De nuevo, el autor recomienda utilizar Cinepak para la compresión; Apple distribuye reproductores QuickTime para Windows gratuitamente y, a menos que utilice Cinepak, los usuarios de Windows no podrán ver su secuencia.

5. Pulse OK para ir al cuadro de directorio (el cuadro 2 en la Figura 20.23). Seleccione un nombre para la película y una ubicación en el disco duro y pulse Save.

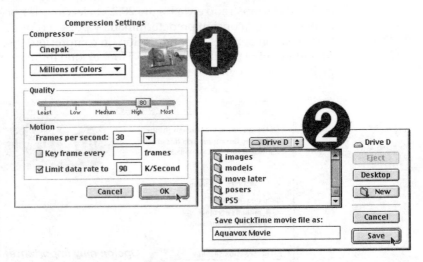

Figura 20.23 Determine la configuración de compresión y guarde la película en el disco duro.

6. ¡Todavía no hemos terminado! En este momento disponemos de una película de un único cuadro. Podemos seleccionar en bloque todos los restantes archivos en la ventana de la carpeta Aqua-finished (es recomendable seleccionar unos 15 cada vez, pero no todos al mismo tiempo) y soltarlos sobre el icono del programa MooVer, como muestra la Figura 20.24. La ventana Aquavox Movie que podrá ver es la ventana de previsualización de MooVer; a medida que suelte archivos sobre el icono del programa, podrá ver el progreso de la animación. Pero lo que se puede ver *no es* la película terminada, ni debemos tampoco tratar de arrastrar un archivo hasta la ventana de previsualización.

Nota:

Las computadoras Pentium y PPC actuales con velocidades de proceso superiores a 133 MHz pueden aceptar 150 K/segundo fácilmente, y éste es el valor predeterminado en MainActor.

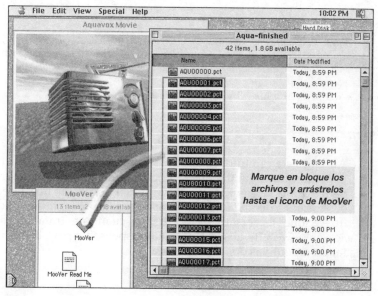

Figura 20.24 Compile la película arrastrando archivos numerados secuencialmente, por orden, hasta el icono del programa MooVer.

7. Pulse ⌘+Q para salir de MooVer y considere seriamente la posibilidad de registrarse. Ahora tiene una película QuickTime, en la ubicación donde haya determinado que se escriba, que puede reproducir pulsando dos veces su icono.

En la Figura 20.25 puede ver la película Aquavox mientras se reproduce.

Figura 20.25 La paleta de Acciones está limitada sólo por su propia imaginación. Utilícela para editar cuadros de secuencias de vídeo, cambiar el tamaño de los gráficos de una página Web o cualquier otra cosa que desee.

Para compartir una película QuickTime con un usuario de Windows, seleccione la opción Output (Salida) en el menú desplegable Settings del cuadro de diálogo MooVer Settings y marque la casilla Cross-Platform compatible (Compatible entre plataformas). Después compile la animación.

Resumen

Aunque este capítulo trata sobre la animación, también es un capítulo sobre el papel fundamental que juega Photoshop a la hora de integrar gráficos procedentes de diversas fuentes. Sería difícil encontrar una tarea que no pudiera beneficiarse, de una forma u otra, de las herramientas de Photoshop. La paleta de Acciones es versátil, fácil de usar y, cuando se trata de realizar animaciones «caseras», resulta absolutamente indispensable para liberarnos de realizar las tareas repetitivas de forma manual.

¿QUÉ HACEMOS A CONTINUACIÓN?

Reflexiones finales

Es cierto... ahora hay muchas más páginas debajo de su dedo gordo izquierdo que debajo del derecho. Lo que quiere decir que este libro debe terminar porque el editor se ha quedado sin papel. Hablando en serio, este libro no ha sido el comienzo de su educación en el tema de los gráficos por computadora (su educación comenzó cuando desarrolló el suficiente interés acerca de los gráficos como para ir a buscar un libro), ni tampoco es el final de la misma. Ciertamente, los autores volverán con un libro acerca de la versión 6 a su debido tiempo, pero, mientras tanto, asegúrese de tener presente este capítulo, porque todavía queda mucho más por aprender.

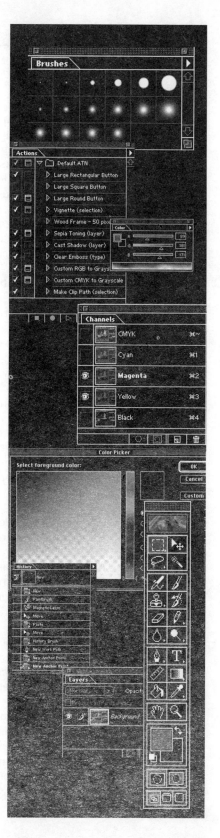

Aprender de la realidad

De la misma forma en que, ocasionalmente, es necesario apartar la vista de la pantalla para respirar algo de aire fresco, debería pensar seriamente en dejar la computadora durante uno o dos días. Salga a la calle, visite a algún amigo al que aprecie y con el que no haya hablado en una temporada o, incluso, apúntese a algún curso que le parezca interesante sobre cualquier tema. La mente creativa está siempre buscando estímulos externos: vemos una escena bonita, nuestra mente la filtra y, en algún momento, expresamos lo que sentimos acerca de dicha escena utilizando Photoshop o incluso (¡ejem!) lápiz y papel. Cuando le asalte el impulso creativo (que ha sido, históricamente, un impulso arrollador), debe hacer dos cosas:

- Comprenda la naturaleza del *concepto*. Puede ser tan comercial como un dibujo impactante para vender un coche o tan personal como el crear una imagen para decirle a su esposa que la quiere.

Un concepto es algo escurridizo. Mucha gente piensa, por ejemplo, que un concepto es «Muy bien: hacemos que este elefante haga equilibrios sobre una pierna al lado de una lavadora». Esta frase describe lo que alguien quiere ver en una composición, pero no es el concepto. ¿Por qué está ahí el elefante? ¿Por qué se encuentra al lado de una lavadora? Si no hay una razón, no hay ningún concepto y lo mejor es que volvamos a la mesa de dibujo.

Un posible ejemplo de concepto (al autor no le gusta regalar demasiados conceptos) sería un payaso, en color, caminando por la calle de una ciudad en blanco y negro. La imagen dice que existe el humor en el mundo serio y frío de la vida real: ése es el concepto. ¿Observa la diferencia entre el payaso y el elefante?

- Consiga un catálogo de fotografías, pero también ideas, y escríbalas. Existe una cierta retroalimentación con las ideas. Una vez que alumbramos una, la idea nos lleva a un cierto nivel emocional en el que son generadas nuevas ideas. No hay nada más triste que estar sentado delante de Photoshop sin ninguna idea en mente. Es una pérdida de tiempo, que podría dedicarse mejor a examinar la complejidad geométrica de una flor, o cómo las nubes pueden crear estados de ánimo específicos.

Los humanos estamos tan inmersos en la mecánica de la vida laboral que, a menudo, nos privamos a nosotros mismos de inspiración e ideas realmente buenas. Después de escribir este libro, el autor pretende segar el césped, inspeccionar todas las flores que su esposa ha plantado, contemplar el cielo, observar cómo un insecto busca su comida... y, después, abrir Photoshop u otra aplicación y ver a dónde conducen dichas impresiones de la vida real. Ser un artista significa ver la vida con la mayor amplitud de miras posible y después filtrar lo que se piensa acerca de lo que se ha visto para generar una composición gráfica; no es mucho más sencillo que eso. No se sienta intimidado por el resultado de su trabajo; simplemente, sumérjase sin vergüenza o miedo por la aceptación pública de su trabajo y contemple lo que ha hecho como forma de expresión personal.

Aprender a aprender

No es sencillo saber instintivamente cómo aprender. Las escuelas tienden a hacernos memorizar más que inventar, y tendemos a ser condicionados, no enseñados, incluso por los profesores mejor intencionados, pero dogmáticos. El autor piensa que un libro es un medio de comunicación distinto de los demás medios, porque el lector tiene la opción de cerrar el libro y descansar en cualquier momento que desee. Además, esperamos haber hecho de este libro, principalmente, una guía de información, lo que coloca al autor en la posición de ser en segundo lugar un colega del diseño artístico y un «vendedor de información» en primer lugar. Esperamos haber establecido un cierto tono de diálogo en el libro, pero no a expensas de nuestro objetivo principal, que es el de enseñar.

Este es el séptimo libro que los autores han escrito acerca de Photoshop. Durante estos años, hemos recibido misivas de nuestros amigos y lectores con preguntas (y, de vez en cuando, alguna queja aquí y allá). Como cualquier otro artista, los autores dependen de las respuestas recibidas para decidir qué es lo que hay que contar y cuál es la mejor forma de comunicarse con el lector. Las respuestas más útiles que hemos recibido han sido las relativas a la forma en que los lectores utilizan el libro.

Muchos lectores nunca hacen los ejemplos; en lugar de ello, hojean el libro en busca de alguna receta mágica o de una técnica. Para muchos usuarios, este enfoque es adecuado cuando necesitan resolver rápidamente un problema específico. Pero los lectores que más partido sacan (los que incrementan su nivel artístico y sus habilidades) son los que encuentran el tiempo para sentarse con el libro una o dos horas por sesión y trabajan cada capítulo. Como la mayoría de las cosas en esta vida, el dominio de un arte viene con la práctica. Sólo entonces se hacen tangibles los principios que subyacen a los ejemplos. Si se ha limitado a hojear los capítulos hasta llegar aquí, invierta en su propio talento y trabaje su capítulo favorito. Siga los pasos de los ejemplos y haga luego algo similar con imágenes de su propia cosecha. Adquiera realmente los conocimientos.

También los autores *leemos* de vez en cuando (!), e incluso un libro basado en series de ejercicios tiene algunas «buenas ideas» entre sus páginas que pueden no ser una serie formal de pasos para completar una imagen. Lo que hacemos cuando descubrimos una perla de sabiduría se describe en (¡lo adivinó!) la siguiente lista de pasos:

Marcar las buenas ideas en un libro

1. Tome un cuadernillo de notas autoadhesivas.
2. Arranque una hoja.
3. Colóquela entre las páginas del libro donde se encuentre el concepto de interés.

En cuanto a la información organizada en procedimientos dentro de este libro, sin embargo, *no* considere a éste un libro de trabajo. Hemos tratado de hacer del libro una buena guía de *recursos*, y también un libro sobre arte.

Es posible que usted sea un entusiasta del diseño gráfico que simplemente desea retocar fotografías como pasatiempo; o un diseñador de una gran empresa que está obligado a medir su producción en términos de cantidad; o un artista que busca «ese algo especial» para refinar su trabajo; en cualquiera de los casos, es posible que no sepa hacia dónde se dirige desde el punto de vista creativo. Pero todos nos pertrechamos con las herramientas adecuadas para nuestros viajes artísticos, tanto virtuales como físicas. Como este libro muestra, Photoshop no es sólo una parte necesaria del conjunto de herramientas de creación de gráficos por computadora, sino que es una pieza *clave* del mismo.

El autor ha tenido el privilegio profesional de no tener que escribir nunca acerca de una aplicación en la que no creyera. El juntar todos los ejemplos del libro, los trucos, los consejos, las técnicas y los secretos ha requerido el ser capaz de aprender correctamente. Pero también ha requerido emplear un programa de diseño tan capaz como Photoshop como vehículo de expresión del autor. En sus manos tiene la aplicación correcta, el libro correcto (esperamos) y, ahora, está en sus manos el crear su propia galería de ideas.

¿QUÉ MÁS COSAS INCLUYE EL LIBRO?

En las páginas siguientes encontrará información acerca del contenido del CD adjunto e instrucciones para instalar Acrobat Reader 3. Acrobat Reader es un componente de gran importancia del CD adjunto, porque permite hojear las más de 200 texturas, 25 escenas y fuentes personalizadas diseñadas por los autores, al cargar el archivo FST-7.pdf. Si sigue las instrucciones de instalación de Acrobat Reader 3, también podrá acceder a IP5Gloss.pdf en el directorio raíz del CD adjunto. Este archivo es un glosario en línea, a todo color y repleto de hipervínculos, con el que desplazarse entre una serie de secciones con explicaciones acerca de Photoshop 5 y sobre gráficos por computadora en general. Hay más de 250 páginas en el Glosario que no debe perderse.

Mire las páginas siguientes para ver lo que pueden hacer las herramientas Extensis Vector Tools para ver el aspecto de las herramientas Extensis PageTools (en caso de que posea PageMaker) y para echar un vistazo a las nuevas fuentes de la carpeta Boutons. Además, en dichas páginas proporcionamos un esbozo de Texture Creator, de Three-D Graphics; el CD incluye una versión de demostración de este programa con la que, aunque no contiene tantas configuraciones como la versión comercial, podrá experimentar con el programa durante 30 días y crear algunas bellas imágenes fotorrealistas de madera, piedra, mármol y otras texturas naturales.

También hemos incluido una referencia a nuestro sitio Web en esta sección. Si tiene problemas, sugerencias o (lo más importante) alabanzas relativas a este libro, nos gustaría oírlas. ¿Quién sabe? Podría usted ser citado en nuestro próximo libro acerca de la versión 6 de Photoshop (*por favor*, no nos escriba preguntando cuándo va a salir), al igual que otros lectores son citados al comienzo de *este* libro.

En la carpeta Boutons/Fonts del CD adjunto, encontrará tipos de letra originales en formato TrueType y Adobe Type 1. Se trata de fuentes de pantalla y de símbolos que pueden emplearse para diseñar un título o añadir un dibujo simple a un diseño de Photoshop, Illustrator o cualquier otra aplicación que pueda leer tipos de letra. Cree sus propios botones Web y otros elementos con las lecciones prácticas sobre tipografía contenidas en este libro.

El programa Extensis PageTools está exclusivamente diseñado para Adobe PageMaker. Esta versión de evaluación de 30 días, completamente funcional, pone toda una serie de órdenes al alcance de sus dedos, proporciona estilos de caracteres y dispone de otras mejoras para ayudarle a trabajar de manera más eficiente. Asimismo, la carpeta Extensis del CD incluye PhotoFrame, un efecto de enmarcado; Intellihance 3, para crear imágenes con una exposición perfecta; y Mask Pro 1, para definir selecciones demasiado complejas para ser enmascaradas de forma manual.

Extensis ha tenido la amabilidad de proporcionar VectorTools, entre otros plug-ins para los productos de Adobe incluidos en el CD adjunto. Las versiones de evaluación de 30 días de estos plug-ins, completamente funcionales pueden deformar texto en Illustrator 6 o 7, además de proporcionar una serie de comandos con sólo pulsar un botón de una paleta. Explore la carpeta Extensis incluida en el CD.

Texture Creator, de Three-D Graphics, es el compañero ideal de diseño de páginas Web. Genere texturas naturales, como madera o piedra, con cualquier resolución y haga que los motivos se dispongan adecuadamente en forma de mosaico. El CD adjunto incluye una versión de demostración de Texture Creator.

Instalación de Acrobat Reader 3.01

El CD adjunto del libro contiene varios archivos de Adobe Acrobat. De particular importancia son el archivo FST-7.psd, que es una guía de las escenas, texturas y fuentes incluidas en la carpeta Boutons, e IP5gloss.pdf, el Glosario en línea.

Si ya tiene instalada la versión 3.01 de Acrobat Reader, o una posterior, puede ignorar esta sección. Si no tiene instalado Acrobat Reader 3.01 y no quiere hacer uso del programa de instalación del CD, instalar Acrobat Reader es realmente sencillo.

Para Macintosh

Vaya a la carpeta Reader3 del CD adjunto y pulse dos veces el icono Reader 3.01 Installer. Pulse Continue en la pantalla inicial y pulse Accept en la pantalla que le presenta el acuerdo de licencia (sea consciente de que está aceptando los términos y condiciones de instalación de Reader 3.01). El «resumen» de este acuerdo es que puede usted instalar y usar el programa Reader en su computadora (Reader sólo se ejecuta sobre PowerMacintosh; no está diseñado para funcionar sobre computadoras basadas en el 68K). Además, puede compartir una copia de Reader 3.01 con sus amigos, pero no puede distribuir Reader 3.01 como parte de una herramienta comercial. Tampoco puede decompilar el programa ni alterarlo de ninguna manera. Son una condiciones bastante favorables desde cualquier punto de vista, ¿verdad?

Después de pulsar Accept, el programa de instalación mostrará las opciones para seleccionar la ubicación en la cual se instalará el programa. Pulse Select Folder (seleccionar carpeta), seleccione la carpeta de instalación (también puede elegir crear una nueva carpeta) y pulse el botón Select. Pulse después el botón Install; si hay alguna aplicación ejecutándose en segundo plano, pulse el botón de continuar y Acrobat cerrará automáticamente dichas aplicaciones.

Eso es todo. Reinicie su computadora cuando el programa le pregunte, después de terminar la instalación, y dispondrá de un mecanismo de acceso a toda la información incluida en el CD adjunto.

Usuarios de Windows

Pulse dos veces el archivo Ar32e301.exe, situado en la carpeta Reader3 del CD adjunto. El archivo es el mismo para los usuarios de Windows 95 y NT. Pulse Yes cuando el programa le pregunte si desea continuar con la instalación. Pulse Next en la pantalla de bienvenida, pulse Yes en la de aceptación del acuerdo de licencia (la sección para usuarios de Macintosh que precede a ésta contiene una descripción de lo que el acuerdo de licencia implica), pulse Browse en la siguiente pantalla para especificar un directorio para Acrobat Reader 3.01, pulse OK tras especificar un directorio nuevo o uno ya existente y pulse después el botón Next. Después de completar la instalación, verá una pantalla que le pregunta si desea leer el archivo ReadMe que acompaña al programa Acrobat Reader. Puede desmarcar esa casilla y pulsar el botón Finish (terminar). Pulse OK en el cuadro de diálogo que le da las gracias por elegir Adobe Acrobat. No es necesario reiniciar la computadora, por lo que puede directamente examinar el contenido de los archivos PDF del CD adjunto.

ÍNDICE ANALÍTICO